国家电网
STATE GRID

国家电网有限公司特高压建设分公司
STATE GRID UHV ENGLNEERING CONSTRUCTION COMPANY

U0743452

特高压工程典型施工方法

（2022年版）

变电工程分册

国家电网有限公司特高压建设分公司　组编

中国电力出版社
CHINA ELECTRIC POWER PRESS

内 容 提 要

为进一步落实国家电网有限公司"一体四翼"战略布局，促进"六精四化"三年行动计划落地实施，提升特高压工程建设管理水平，国家电网有限公司特高压建设分公司系统梳理、全面总结特高压工程建设管理经验，提炼形成《特高压工程建设标准化管理》等系列成果，涵盖建设管理、技术标准、施工工艺、典型工法、经验案例等内容。

本书为《特高压工程典型施工方法（2022年版） 变电工程分册》，包括土建篇、特高压换流站篇、柔性直流换流站篇3篇15项典型施工方法。每项典型施工方法内容涵盖了前言、本典型施工方法特点、适用范围、施工工艺流程及操作要点、人员组织、材料与设备、质量控制、安全措施、文明施工及环境保护措施、效益分析和应用实例等，为后续特高压工程建设提供管理借鉴和实践案例。

本套书可供从事特高压工程建设的技术人员和管理人员学习使用。

图书在版编目（CIP）数据

特高压工程典型施工方法：2022年版．变电工程分册/国家电网有限公司特高压建设分公司组编．—北京：中国电力出版社，2023.10
ISBN 978－7－5198－8162－7

Ⅰ.①特… Ⅱ.①国… Ⅲ.①特高压输电－变电所－电力工程－工程施工－中国 Ⅳ.①TM723

中国国家版本馆CIP数据核字（2023）第182051号

出版发行：中国电力出版社
地　　址：北京市东城区北京站西街19号（邮政编码100005）
网　　址：http://www.cepp.sgcc.com.cn
责任编辑：翟巧珍（806636769@qq.com）　胡　帅（010-63412821）
责任校对：黄　蓓　常燕昆　李　楠　朱丽芳
装帧设计：郝晓燕
责任印制：石　雷
印　　刷：北京九天鸿程印刷有限责任公司
版　　次：2023年10月第一版
印　　次：2023年10月北京第一次印刷
开　　本：880毫米×1230毫米　16开本
印　　张：30.5
字　　数：813千字
定　　价：210.00元

《特高压工程典型施工方法（2022年版）变电工程分册》

编 委 会

主　　任　蔡敬东　种芝艺

副主任　孙敬国　张永楠　毛继兵　刘　皓　程更生　张亚鹏
　　　　　邹军峰　安建强　张金德

成　　员　刘良军　谭启斌　董四清　刘志明　徐志军　刘洪涛
　　　　　张　昉　李　波　肖　健　白光亚　倪向萍　肖　峰
　　　　　王新元　张　诚　张　智　王　艳　王茂忠　陈　凯
　　　　　徐国庆　张　宁　孙中明　李　勇　姚　斌　李　斌

本 书 编 写 组

组　　　　长　邹军峰

副 组 长　白光亚　倪向萍

土建篇主要编写人员　吴　畏　曹加良　陈绪德　李康伟　潘青松
　　　　　　　　　　孟令健　李国满　杨洪瑞　杨恒杰　杨　帆
　　　　　　　　　　肖景瑞　程怀宇　王小松　刘　波　刘凯锋
　　　　　　　　　　许　瑜　李　昱　谢永涛　蔡刘露　侯纪勇
　　　　　　　　　　巨　斌　靳卫俊　刘　畅　吴继顺　吴昊亭

特高压换流站篇和柔性直流换流站篇主要编写人员
　　　　　　　　　　张　诚　郎鹏越　侯　镭　张　鹏（变电）
　　　　　　　　　　唐云鹏　宋洪磊　刘　超　汪　通　邢珂争
　　　　　　　　　　徐剑峰　李同晗　靳卫俊　谢永涛　刘　振
　　　　　　　　　　马云龙　阮朝国　王开库　郑炳焕　陈　楠
　　　　　　　　　　汪　序　李　远　孟　进　蔡坤良　方一森
　　　　　　　　　　张　刚　盛有雨　林　森　王德时　葛　超
　　　　　　　　　　陈伟林　杜常见　谌柳明　汪旭旭

序

从 2006 年 8 月我国首个特高压工程——1000kV 晋东南—南阳—荆门特高压交流试验示范工程开工建设，至 2022 年底，国家电网有限公司已累计建成特高压交直流工程 33 项，特高压骨干网架已初步建成，为促进我国能源资源大范围优化配置、推动新能源大规模高效开发利用发挥了重要作用。特高压工程实现从"中国创造"到"中国引领"，成为中国高端制造的"国家名片"。

高质量发展是全面建设社会主义现代化国家的首要任务。我国大力推进以稳定安全可靠的特高压输变电线路为载体的新能源供给消纳体系规划建设，赋予了特高压工程新的使命。作为新型电力系统建设、实现"碳达峰、碳中和"目标的排头兵，特高压发展迎来新的重大机遇。

面对新一轮特高压工程大规模建设，总结传承好特高压工程建设管理经验、推广应用项目标准化成果，对于提升工程建设管理水平、推动特高压工程高质量建设具有重要意义。

国家电网有限公司特高压建设分公司应三峡输变电工程而生，伴随特高压工程成长壮大，成立 26 年以来，建成全部三峡输变电工程，全程参与了国家电网所有特高压交直流工程建设，直接建设管理了以首条特高压交流试验示范工程、首条特高压直流示范工程、首条特高压同塔双回交流示范工程、首条世界电压等级最高的特高压直流输电工程为代表的多项特高压交直流工程，积累了丰富的工程建设管理经验，形成了丰硕的项目标准化管理成果。经系统梳理、全面总结，提炼形成《特高压工程建设标准化管理》等系列成果，涵盖建设管理、技术标准、工艺工法、经验案例等内容，为后续特高压工程建设提供管理借鉴和实践案例。

他山之石，可以攻玉。相信《特高压工程建设标准化管理》等系列成果的出版，对于加强特高压工程建设管理经验交流、促进"六精四化"落地实施，提升国家电网输变电工程建设整体管理水平将起到积极的促进作用。国家电网有限公司特高压建设分公司将在不断总结自身实践的基础上，博采众长、兼收并蓄业内先进成果，迭代更新、持续改进，以专业公司的能力与作为，在引领工程建设管理、推动特高压工程高质量建设方面发挥更大的作用。

2023 年 6 月

　　2011~2017 年，国家电网公司陆续出版了《国家电网公司输变电工程标准工艺》（一）~（六）系列成果，包括标准工艺和典型施工方法，其中线路工程典型施工方法累计发布 43 项。2022 年，国家电网有限公司将原《国家电网公司输变电工程标准工艺》（一）~（六）系列成果，按照变电工程、架空线路工程、电缆工程专业进行系统优化、整合，单独成册，出版了《国家电网有限公司输变电工程标准工艺》。输变电工程标准工艺是国家电网有限公司标准化成果的重要组成部分，对统一线路工程施工工艺要求、规范施工工艺行为、严格工艺纪律、提高施工工艺水平，推动工程建设质量提升发挥了重要作用。

　　为落实国家电网有限公司基建"六精四化"三年行动计划，进一步统一工程建设标准，建立适合特高压工程的技术标准体系，努力打造特高压工程标准规范制订中心，国家电网有限公司特高压建设分公司高质量建成并全力推动特高压工程"五库一平台"落地应用。国家电网有限公司特高压建设分公司组织各部门、工程建设部，结合特高压工程特点：一是梳理分析 2017 年版《国家电网公司输变电工程标准工艺（四）》中适用于特高压工程方面的典型施工方法，予以继续沿用；二是总结近几年±1100kV 特高压换流站工程、柔性直流换流站工程、调相机工程方面已应用的新设备、新要求、新施工方法，编写典型施工方法，填补 2017 年版《国家电网公司输变电工程标准工艺（四）》；三是梳理特高压变电工程上已成熟应用的，并且未纳入 2017 年版《国家电网公司输变电工程标准工艺（四）》的，编制相应的典型施工方法，根据工程建设实际情况，修编部分典型施工方法，作为修订完善补充。

　　《特高压工程典型施工方法（2022 年版）　变电工程分册》包括土建篇、特高压换流站篇和柔性直流换流站篇 3 篇。变电土建部分继续执行 2017 年版《国家电网公司输变电工程标准工艺（四）》交、直流典型施工方法 7 项，新增阀厅钢网架顶升典型施工方法、大体积混凝土基础典型施工方法共 2 项，修编压型钢板围护结构典型施工方法等 3 项。变电电气部分继续执行 2017 年版《国家电网公司输变电工程标准工艺（四）》交、直流典型施工方法 25 项，新增±1100kV 换流变压器（ABB 技术路线）安装、特高压换流站直流穿墙套管安装、柔性直流换流站工程换流阀安装等典型施工方法 8 项。

　　每项典型施工方法内容涵盖了前言、整体流程及职责划分、安装前必须具备的条件及准备工作、设备及附件接收、储存和保管、设备安装、质量管控、安全管控、文明施工、附录等，是对特高压工程建设技术和管理经验的总结，为施工方案的选择和编制提供了经典范例，对具体的施工作业有很强的指导意义。

　　国家电网有限公司特高压建设分公司将结合"五库一平台"建设，继续开展典型施工方法的深化研究，根据特高压工程建设实际，对特高压工程典型施工方法进行动态更新，持续完善，打造更完善的特高压技术标准体系，服务特高压工程高质量建设。

编者

2023 年 6 月

目录

第一部分 土 建 篇

典型施工方法名称：换流变压器防火墙典型施工方法

典型施工方法编号：TGYGF001—2022—BD—TJ

编 制 单 位：国家电网有限公司特高压建设分公司

主 要 完 成 人：李康伟　陈绪德　程怀宇　程宙强

目　次

1　前　　言

换流变压器防火墙是换流站的一种典型构筑物，现在常采用钢筋混凝土剪力墙薄壁结构，一般要求清水混凝土工艺。通过多个工程应用总结提升，逐渐形成了以定制组合钢模为基础工艺的换流变压器防火墙典型施工方法，该方法具有操作相对简单、钢模刚度高不易出现胀模、模板表面平整度高、成型混凝土表面平整且无明显色差、钢模板周转使用率高、工程造价低、机械化应用水平高等特点，目前在特高压换流站高低端换流变压器防火墙施工中全面应用。本典型施工方法主要介绍换流变压器防火墙采用组合钢模板的施工工艺流程及关键技术。

2　本典型施工方法特点

（1）本方法标准化程度高，操作相对简单。采用成套钢模系统，模板系统具有工厂机床"自动化"加工及现场"模块化"组装式特点。

（2）本方法采用标准化定制模板，标准化施工工艺，具有施工简便、组装灵活、工效高、用工用料省及环境影响小的特点。

（3）本方法组合钢模刚度高，成型混凝土表面平整光滑，无明显色差，极大提升了清水混凝土观感质量。

3　适 用 范 围

3.1　本方法适用于特高压换流站工程换流变压器防火墙、柔性直流换流站工程换流变压器防火墙的施工，如图 1-1-1 所示。

3.2　其他变电站、市政工程高大薄壁钢筋混凝土剪力墙结构可参照执行。

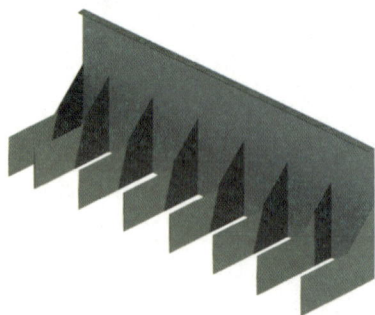

图 1-1-1　防火墙示意图

4　编 制 依 据

GB 1499.2—2018 钢筋混凝土用钢　第 2 部分：热轧带肋钢筋

GB/T 1499.3—2022 钢筋混凝土用钢　第 3 部分：钢筋焊接网

GB 50026—2020 工程测量标准

GB 50119—2013 混凝土外加剂应用技术规范

GB 50164—2011 混凝土质量控制标准

GB 50204—2015 混凝土结构工程施工质量验收规范

GB/T 50214—2013 组合钢模板技术规范

GB 50300—2013 建筑工程施工质量验收统一标准

GB 50666—2011 混凝土结构工程施工规范

GB/T 50905—2014 建筑工程绿色施工规范

JGJ/T 8—2016 建筑变形测量规范

JGJ 18—2012 钢筋焊接及验收规程

JGJ 33—2012 建筑机械使用安全技术规程

JGJ 46—2005 施工现场临时用电安全技术规范

JGJ 80—2016 建筑施工高处作业安全技术规范

JGJ 107—2016 钢筋机械连接技术规程

JGJ 130—2011 建筑施工扣件式钢管脚手架安全技术规范

JGJ 162—2008 建筑施工模板安全技术规范

JGJ 169—2009 清水混凝土应用技术规程

Q/GDW 1274—2015 变电工程落地式钢管脚手架施工安全技术规范

Q/GDW 10183—2021 变电（换流）站土建工程施工质量验收规范

Q/GDW 10248—2016 输变电工程建设标准强制性条文实施管理规程

国家电网有限公司输变电工程质量通病防治手册（2020 年版）

国家电网有限公司输变电工程标准工艺

5　施　工　准　备

5.1　技术准备工作

5.1.1　施工图审查。开工前，必须进行设计交底及施工图纸会检，并应有书面的施工图纸会检纪要。

5.1.2　编制施工方案。开工前组织编制施工方案，并按规定程序进行审批。方案中，应根据防火墙的主体结构划分施工段，便于钢模板配置和流水施工作业的安排。

5.1.3　施工技术交底。开工前必须进行施工技术交底。技术交底内容充实，具有针对性和指导性。全体施工人员应参加交底会，掌握交底内容，签字后形成书面交底记录。

5.1.4　模板施工前，必须先进行模板及支撑系统的配置设计，绘出模板排列图以及方案的编写并经审批。技术员必须对模板支承、排列、施工顺序、拆装方法以及安全施工技术向班组人员作详细交底。

5.1.5　每条防火墙至少设一条可靠的能满足模板安装和检查需要的测量控制轴线。

5.1.6　现场执行样板引路的制度，在样品展示区制作样板墙，对模板系统的安全性、稳定性、面部工艺、转角定型模板加固等进行实验，将所有缺陷在事前解决好。

5.2　人员组织准备

5.2.1　人员分工

5.2.1.1　项目经理对施工全面负责，全权负责工程的施工管理工作，在计划、布置、检查施工时，把安全文明施工工作贯穿到每个施工环节，在确保安全的前提下组织施工。

5.2.1.2　项目生产经理对施工现场负责，在项目部的管理组织机构下负责施工区域内技术、安全、质量、工期、文明施工的现场管理与协调。

5.2.1.3　项目总工负责解决现场技术问题，负责技术资料的收集与审核。

5.2.1.4　质量员负责项目部级验收，向现场监理工程师报验并组织验收，负责质量保证与验评资料的收集与审核。

5.2.1.5　安全员负责现场安全、文明施工的管理与监督，负责安全资料的收集与审核。

5.2.1.6　技术员负责作业项目的安全（技术）交底，安全工作票的编制，指导作业人员按图施工，负责技术资料的编制与报验。

5.2.1.7　施工员负责具体施工生产安排，合理组织调配本队施工力量、机具等资源，合理安排施工程序，坚持文明施工，确保本队施工任务安全、优质、按期完成，以实现工程总目标的要求。

5.2.1.8 取样员负责材料取样、送样和委托工作，严格按试验管理办法取样、制作。

5.2.1.9 材料员负责做好工程物资、机械设备的采购管理工作，按施工进度计划及材料需用量计划，及时组织材料、机械、机具及各类构配件进场，负责材料、物资、设备的运输、储存、保管工作。

5.2.2 人员投入计划

人员投入计划表见表1-1-1。

表1-1-1 　　　　　　　　　　　　　人员投入计划表

序号	岗位	数量	职责划分
1	项目经理	1	全面负责整个项目的实施
2	项目总工	1	负责施工方案的策划，负责技术交底，负责施工期间各种技术问题的处理
3	质检员	2	负责施工期间质量检查及验收，包括各种质量记录
4	安全员	2	负责施工期间的安全管理
5	测量员	2	负责施工期间的测量与放样
6	资料员	1	负责施工期间的资料整理
7	施工员	3	负责施工期间的施工管理
8	材料人员	1	负责各种材料、机械设备及工器具的准备
9	机械操作工	2	负责施工期间机械设备的操作、维护、保养管理
10	混凝土工	20	负责混凝土浇筑
11	电焊工	4	负责防火墙预埋件加工
12	起重工	2	负责模板安装起吊
13	架子工	10	负责模板支撑系统搭设及安装
14	模板工	15	负责模板安装及拆除
15	钢筋工	20	负责钢筋加工及安装
16	电工	2	负责施工期间的电源管理
17	普通用工	15	负责其他工作

5.2.2.1 测量员、质检员、安全员、机械操作工、电焊工、电工、架子工等须持证上岗。

5.2.2.2 混凝土浇筑人员准备及分工：根据泵车数量配备相应施工班组，一个班组12人左右（3人负责振捣，2人扶泵管，2人平槽，5人辅工）。

5.3 施工机具准备

5.3.1 施工前应根据施工组织部署编制工器具及机械设备使用计划，并提前七天进场。使用前应检查各项性能指标是否在标准范围内，确保其运行正常。

5.3.2 机械使用前应进行性能检查，确保其性能满足安全和使用功能的要求，验收合格后方可投入使用。

5.3.3 以某±800kV换流站高端防火墙浇筑为例：每段防火墙混凝土浇筑量约为300m³，防火墙浇筑量约为30m³/h，1台泵车浇筑时间需10h左右。为保证混凝土浇筑质量，防火墙划分2个施工段，采取分段、流水施工。先行施工防火墙后浇带北侧板墙，再行施工防火墙后浇带南侧板墙。每段安排1个泵车，每台泵车配备8辆搅拌车。

5.3.4 主要施工机械表见表1-1-2。

表 1 - 1 - 2　　　　　　　　　　主 要 施 工 机 械 表

序号	名称	单位	数量	功能	备注
1	振捣棒	只	6	混凝土振捣	
2	钢筋弯曲机	台	2	钢筋加工	
3	钢筋切断机	台	2	钢筋加工	
4	钢筋调直机	台	1	钢筋加工	
5	混凝土运输车	辆	16	运输混凝土	
6	混凝土泵车	辆	2	泵送混凝土	
7	电锯	台	4	模板加工	
8	电焊机	台	4	钢筋、预埋件焊接	
9	塔吊或汽车起重机	辆	1	吊运材料	每个防火墙配置 1 台

5.3.5　主要测量工器具表见表 1 - 1 - 3。

表 1 - 1 - 3　　　　　　　　　　主 要 测 量 工 器 具 表

序号	名称	单位	数量	编号	功能	备注
1	全站仪	台	1	Y409384	坐标定位	
2	经纬仪	台	1	100253	垂直度及轴线	
3	水准仪	台	1	810522	标高	
4	钢卷尺	把	2	0108 - 1、16LS - 02	放线	50m 钢尺 1 把，5m 钢尺 1 把

5.4　材料准备

5.4.1　钢筋应规定抽取试件做力学性能检验，其质量必须符合有关标准的规定。根据 GB 50204—2015 强制性条文规定，钢筋重量偏差应复检。钢筋焊接应符合 GB/T 1499.3—2022、JGJ 18—2012 等的规定。

5.4.2　混凝土配合比是影响混凝土色泽不均的最大因素，防火墙正式浇筑前需会同搅拌站实验室对清水混凝土配合比进行试配，通过浇筑混凝土样板确定最佳配合比。为使防火墙达到清水混凝土效果，水泥品种应同一厂家、同一型号；骨料质地坚硬、洁净、含泥量低、级配良好、空隙率较小、热膨胀系数小，同一防火墙建议采用同一批次砂石材料，浇筑前一批次到场囤积；其他掺和料和外加剂均需符合要求。

5.4.3　混凝土浇筑施工前，应配备足够的混凝土搅拌设备及原材料，混凝土供应厂家必须保证能连续浇筑混凝土的情况下方可进行浇筑施工。因防火墙混凝土要求比较高，所以混凝土厂家应经严格考察并样板实验后方可确定。

5.4.4　模板安装前要对组装好的大钢模进行编号，以保证每一施工段模板相对位置不变，并安排专人看护，不得乱用。

5.4.5　所有钢板、工字钢、混凝土等原材以及施工过程必须按要求严格控制，其要点详见表 1 - 1 - 4。

表 1 - 1 - 4　　　　　　　阀厅防火墙施工工艺亮点细化管理卡

目标：清水混凝土质量		质量控制指标：偏差控制在 Q/GDW 1183—2012 验收标准以内	
技术员：李四	施工员：张三		质量员：王五
责任单位：××公司			施工班组：刘一

质量控制要点	序号	实现目标措施	责任人	监督人
钢模板	1	材质为热轧出厂平板，进场钢板尺寸为 1500mm×6000mm×6mm，质量要符合国标要求，钢板表面平整度允许偏差为 2mm	李四	张三
	2	钢板校方加工后尺寸为 1500mm×2900mm×6mm，校方后，对角线尺寸允许偏差为 1mm，模板正面刷油，背面刷防锈漆两遍	李四	张三
工字钢	1	用于加工的 16 号工字钢质量要符合国标要求	李四	张三
	2	加工好进场的工字钢背面平直度允许偏差为 1mm，且需通体涂刷防锈漆两遍，防止其生锈后进而污染清水混凝土表面	李四	张三
加固方管	1	用于加固的 □60mm×40mm×3mm 质量要符合国标要求	李四	张三
	2	方管表面涂刷防锈漆两遍，防止其生锈后进而污染清水混凝土表面	李四	张三
工艺线条	1	工艺线条尺寸为 6mm 厚×40mm 宽和 6mm 厚×100mm 宽，从钢模板上端和下端切割而来	李四	张三
	2	6mm 厚×40mm 宽工艺线条下口倒 45°斜角，6mm 厚×100mm 宽工艺线条上口倒 45°斜角，以保证脱模时不损坏混凝土棱角。加工好后工艺线条平直度允许偏差为 2mm	李四	张三
	3	工艺线条除背面刷清漆外其余部分涂刷防锈漆两遍，防止其生锈后进而污染清水混凝土表面，另工艺线条必须编号进场	李四	张三
钢模加工	1	工字钢点焊于钢板背面，间距尺寸准确、牢固可靠且钢板、工字钢不得有变形	李四	张三
	2	工艺线条通过螺栓连接于钢板上下两端，中间增贴 2mm 厚双面胶防止漏浆，工艺线条安装牢固，不得松动	李四	张三
	3	钢模板下端按图纸开 φ30mm 螺栓孔，尺寸准确	李四	张三
	4	厂家加工后的小钢模尺寸为 1500mm×2900mm	李四	张三
组装场地	1	场地必须平整，无积水	刘一	张三
	2	组装平台要求平整度偏差不得大于 2mm	刘一	张三
钢模组装	1	组装模板的尺寸大小必须严格按照施工方案的排版布置图加工。并且编号和进行预拼装	刘一	张三
	2	按照排版图，将小钢模组装成大钢模，拼缝处需严密防止漏浆。组装钢模用 2m 靠尺检查，平整度不超过 2mm	刘一	张三
	3	组装钢模加工好后堆放必须平整，且有保护措施，防止模板变形，且按编号堆放	刘一	张三
组装钢模吊装	1	组装钢模吊装严格按照施工方案进行。吊装过程，防止模板变形，以及防止钢模冲撞脚手架	刘一	张三
	2	组装钢模的调整，必须拉通线，平直度不得超过 2mm	刘一	张三
	3	组装钢模加固注意下方对拉螺栓必须用双螺帽，组装钢模拼接处采用微调装置，表面平整度不得大于 3mm	刘一	张三
	4	脚手架必须严格按照施工方案和规范搭设，防止因脚手架的不稳定而影响到防火墙的观感质量	刘一	王五
混凝土浇筑	1	混凝土浇筑过程中，应连续分层浇筑，停滞时间不得超过 90min。浇捣过程中严格控制浇筑速度	刘一	王五
	2	混凝土浇筑过程中应安排专人对模板及其支架、钢筋进行观察和维护，随时检查模板、钢筋情况，如发现胀模、漏浆和位移时，应立即停止浇筑进行处理，并在混凝土初凝前修整好	刘一	王五
	3	浇水养护应在混凝土浇筑完毕后 12h 内进行，养护时间不得少于 7 天。混凝土终凝后应及时表面洒适量水进行保湿养护。防止混凝土表面由于失水过多而产生干缩裂缝	刘一	王五

续表

质量控制要点	序号	实现目标措施	责任人	监督人
钢模拆除	1	拆模操作时应按顺序分段进行，严禁猛撬、硬砸或大面积撬落和拉倒	刘一	王五
	2	拆模的顺序应按"后安装的先拆除原则"，先拆掉支撑的水平和斜支撑，后拆模板支撑	刘一	王五
模板整理	1	拆除后的钢模堆放在平整处，防止钢模变形	刘一	王五
	2	拆除的组装钢模清理时必须干净彻底，并涂刷脱模剂	刘一	王五
混凝土面修补	1	使用与混凝土同标号的水泥、粉煤灰进行试配，经实验后确定修补配合比	刘一	王五
	2	线条漏水起砂现象处理：用绒布轻轻将疏松的砂粒擦掉，再用油漆刷涂刷调配好的水泥砂浆即可	刘一	王五
	3	工艺线条修补：先调配好修补用的水泥砂浆，再用长尺压住线槽棱角，确保修补的棱角方正、平直。线槽内用水泥砂浆批平。修补时注意，对于棱角损坏较大的部位，要分多次修补到位	刘一	王五
	4	修补完成后再用砂皮（布）进行打磨处理。打磨时必须均匀，确保混凝土颜色均匀一致	刘一	王五
保护液施工	1	整体上观察墙面平整、洁净、均匀、无色差，保持混凝土原有表面颜色。通过墙体表面防水测试达到不渗水后用水淋墙面，颜色无任何变化	刘一	王五
成品半成品保护	1	混凝土浇筑过程中造成的钢筋污染，在上一施工段钢筋绑扎前要将钢筋表面一层浮浆清除干净	刘一	李四
	2	防火墙阳角部位用模板防护，表面刷黄黑油漆	刘一	李四
	3	混凝土浇筑过程中，对成型墙面以及模板造成的污染及时用水冲洗干净	刘一	李四
	4	模板拆除后由于模板造成的墙面污斑以及工艺线条造成的锈斑要及时洗刷干净	刘一	李四

5.4.6　现场使用的模板及配件应按规格和数量逐项清点和检查，并在每一标准段模板安装前经清理修复检查后方能使用。

5.4.7　组装好的大钢模，不得随意堆放，平放在平整的地坪上，以防止模板翘曲变形。

6　施工工艺流程及操作要点

6.1　施工工艺流程图
换流变压器防火墙施工工艺流程图如图 1-1-2 所示。

6.2　操作要点
6.2.1　施工段划分
（1）以某±800kV 换流站工程为例，低端防火墙纵向总长 67m，顶标高＋18.638m，墙厚 300mm；换流变压器之间的横向防火墙与纵向防火墙呈垂直向布置，长 19m，墙厚 300mm，间隔分别为 11.5m 和 11m。防火墙均设双层、双向钢筋网，混凝土强度等级为 C30（高端防火墙纵向总长 67m，顶标高＋28.5m，墙厚 300mm，横向隔墙长 17.25m，墙厚 300mm，间隔为 11.5m 和 11m）。

（2）双极低端防火墙采用流水施工工艺，每施工段均一次连续施工完成。竖向按标高－2.00m 为起点至标高＋18.638m，共划分为 8 个施工段，其中第一层为木模（高度为 2420mm）。其他施工段采用标准钢模板施工，中间 6 段高度均为 2560mm，顶层高度为 2858mm（含 500mm 压顶），如图 1-1-3 所示。

（3）双极高端防火墙采用流水施工工艺，每施工段均一次连续施工完成。竖向按标高－2.50m 为起点至标高＋28.5m，共划分为 12 个施工段，其中第一层为木模（高度为 2360mm）。其他施工段

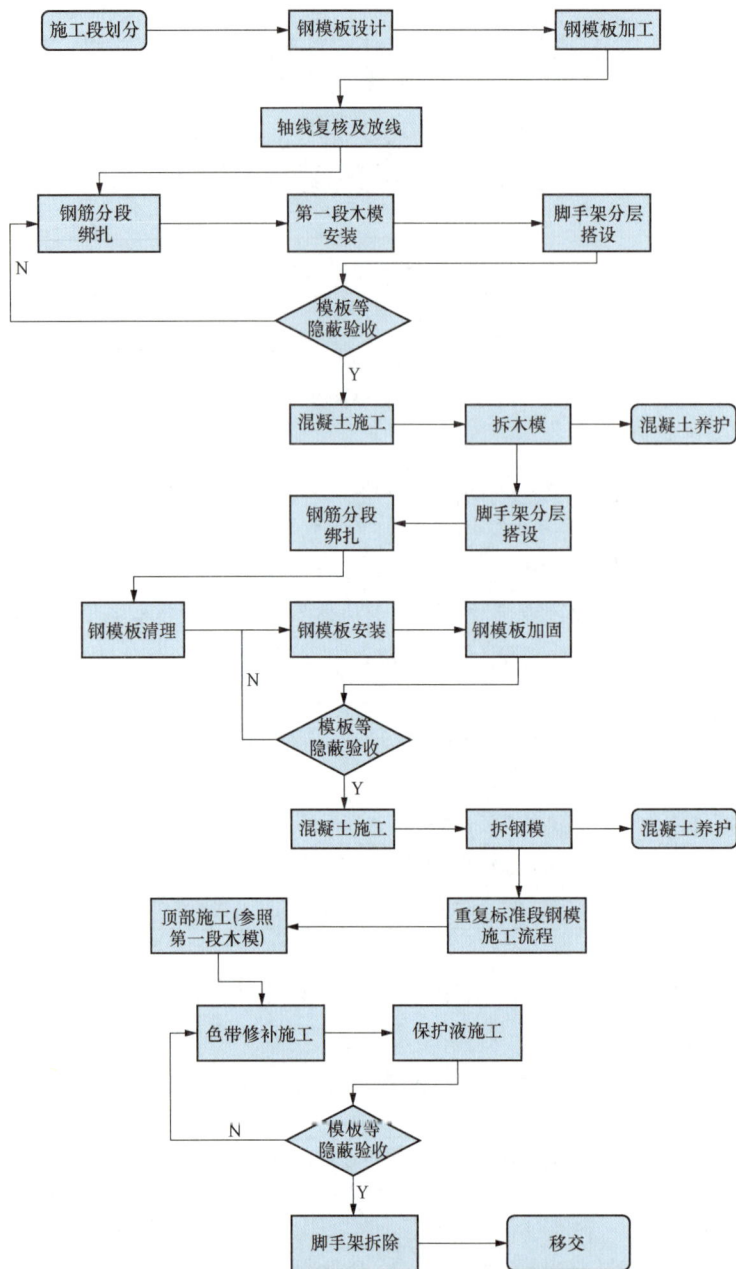

图 1-1-2 换流变压器防火墙施工工艺流程图

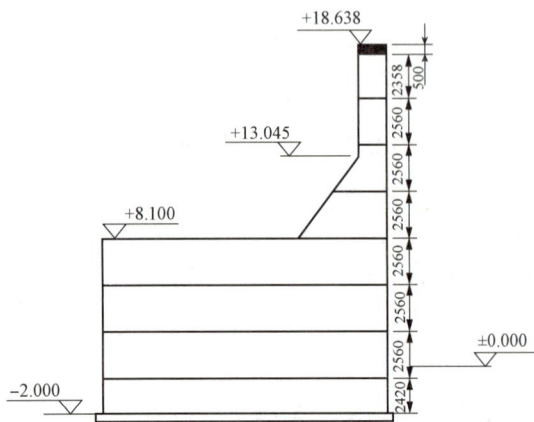

图 1-1-3 双极低端防火墙施工段划分示意图

采用钢模板施工，中间 10 段高度为 2560mm，顶层高度为 2560mm（含 400mm 压顶），如图 1-1-4 所示。

6.2.2 钢模板设计

（1）通过以防火墙横墙顶标高＋8.1m 高度分别向上、向下分缝。防火墙钢模板标准高度为 2500mm（分设置含 100mm 线槽和不设置工艺色带做法两种），为最大限度节约施工材料和调节防火墙钢模板模数，第一板和顶板可采用木模板，高度分别为 2420mm 和 2858mm，其余均为标准钢模板。

（2）钢模板主要材料的选用。经计算，面板采用6mm厚冷轧钢板，模板四框龙骨选用8号槽钢沿四周布置，内置檩条采用8号槽钢300mm水平设置。

（3）模板加固设计方案。通过模板上、下端接缝处设置对拉螺杆来固定模板，混凝土浇筑时的侧压力通过模板传至外龙骨，外龙骨传至对拉螺杆上。模板竖向端头龙骨处设置$\phi20$mm中间带有直线段调节孔，供对拉螺栓通过，水平间距为@300mm。对拉螺栓采用M20成品对拉螺栓，对拉螺栓采用双螺母锁紧，以弥补其拉力上的不足，模板安装加固示意图如图1-1-5所示。

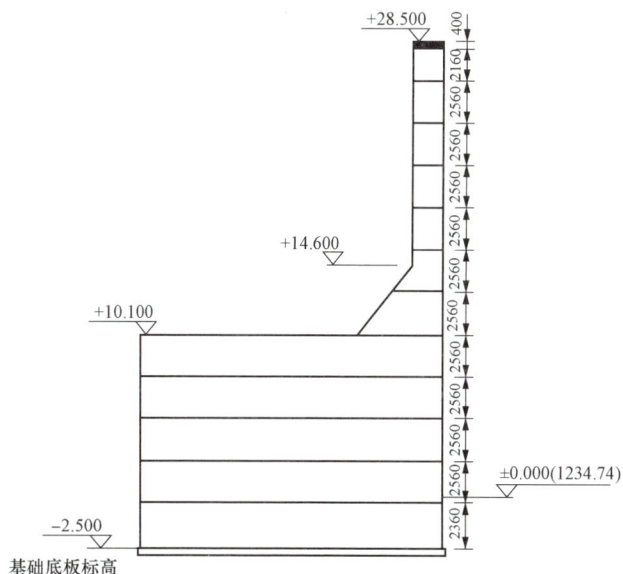

图1-1-4　双极高端防火墙施工段划分示意图

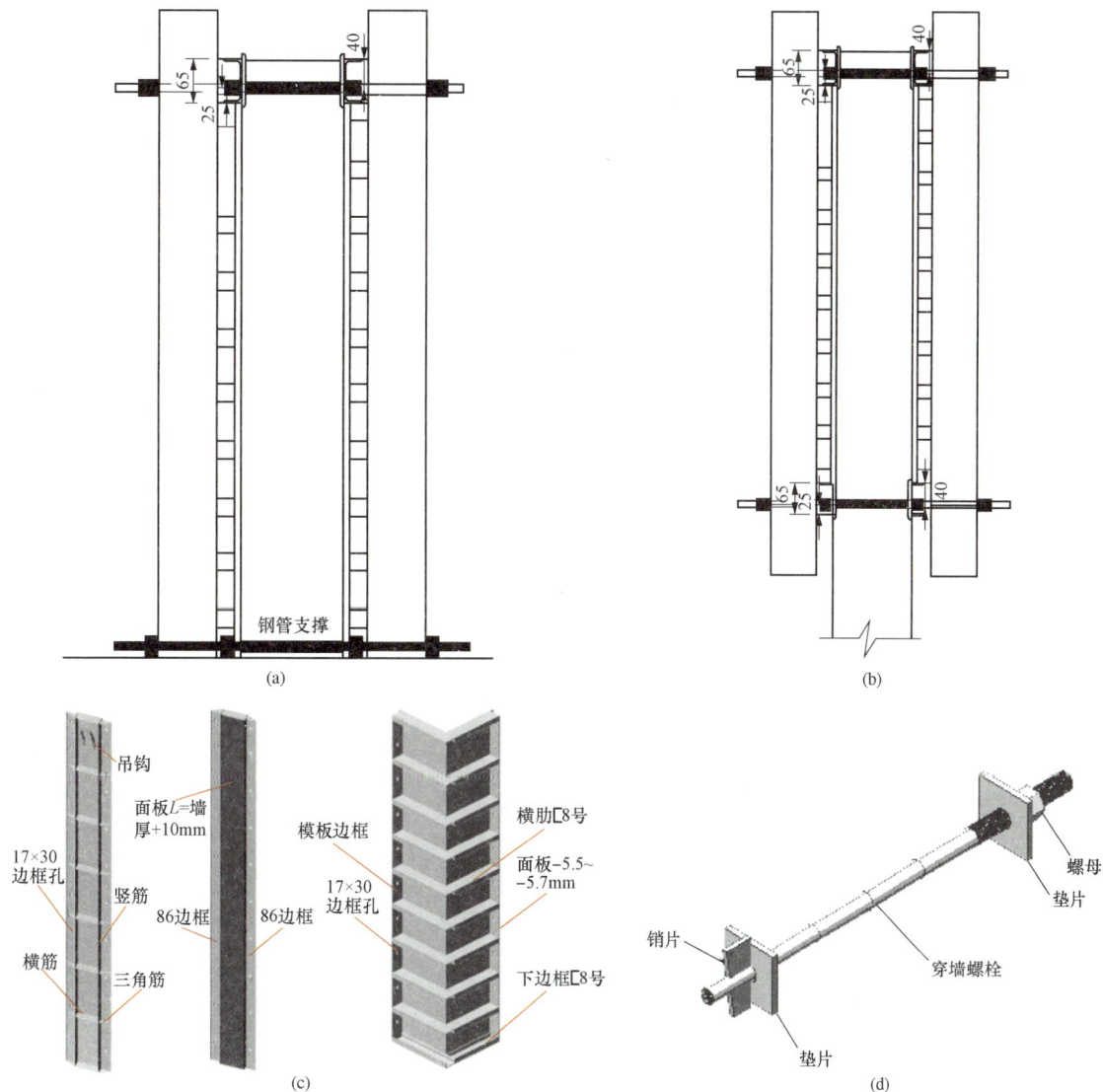

(a)

(b)

(c)

(d)

图1-1-5　模板安装加固示意图

（a）第一段模板支设示意图；（b）标准段模板支设示意图；（c）端板、角板示意图；（d）穿墙螺栓示意图

（4）根据防火墙结构尺寸，钢模板单片尺寸设计有八种规格，其中主要尺寸有 2500mm×3000mm；内龙骨间距 300mm；主龙骨槽钢长边方向间距 300mm，短边方向间距 150mm，钢模板立面示意图如图 1-1-6 所示。

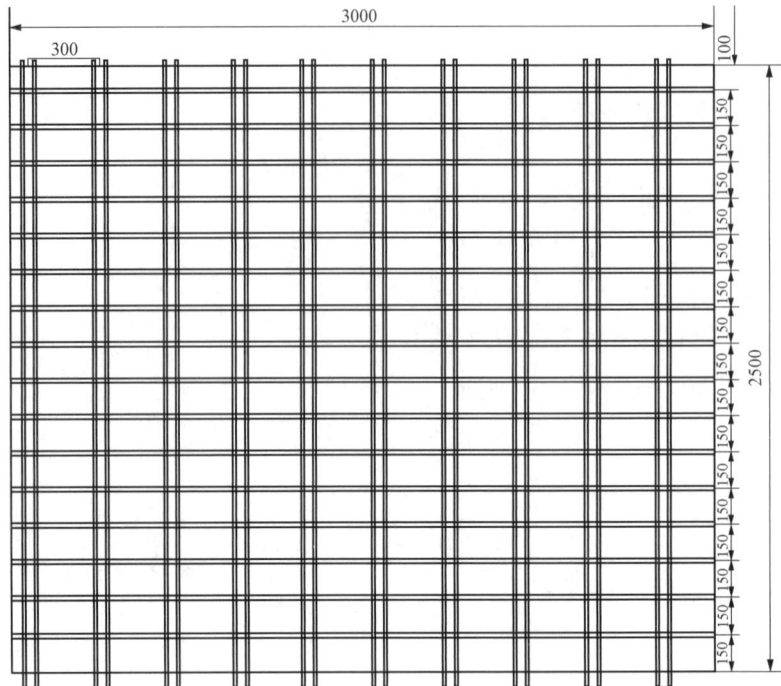

图 1-1-6 钢模板立面示意图

（5）外龙骨采用 14mm 号槽钢，侧向紧贴内龙骨，端头处设置 ϕ22mm 中间带有直线段的调节孔，供对拉螺栓穿过，水平间距为 625mm。对拉螺栓采用 ϕ20mm HPB300 级成品通丝对拉螺杆，水平间距同外龙骨，上下垂直最大间距为 2560mm，外龙骨示意图如图 1-1-7 所示。

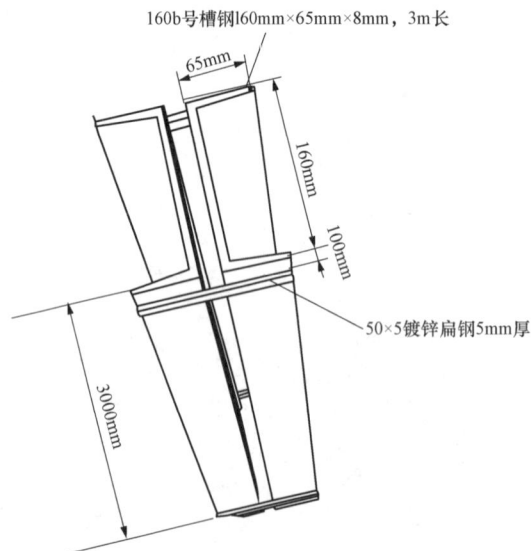

图 1-1-7 外龙骨示意图

（6）竖向相邻钢模板间拼接采用企口式搭接，以利于模板拼缝紧密，防止接缝处混凝土漏浆。相邻钢模板龙骨间设对拉螺杆紧固，防止成型模板错缝，钢模板竖向企口搭接节点图如图 1-1-8 所示。

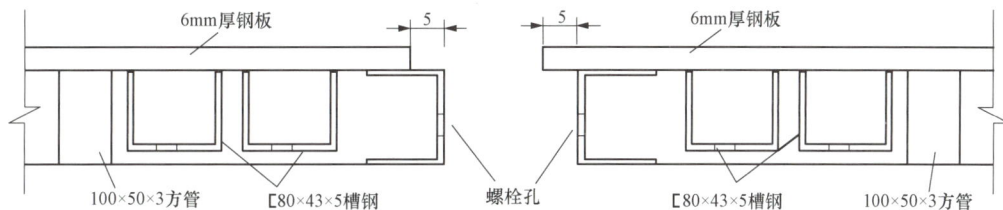

图 1-1-8 钢模板竖向企口搭接节点图

（7）有色带工艺：水平施工缝处设置 100mm 高、6mm 厚通长镀锌扁铁，便于模板对接处理，通长扁铁外侧点焊 6mm 槽钢，中间开 φ21mm 孔，用于安装对拉螺栓。混凝土浇筑完成后取出形成 100mm 高、6mm 厚凹槽作为分隔带，通长扁铁及槽钢示意图如图 1-1-9 所示。

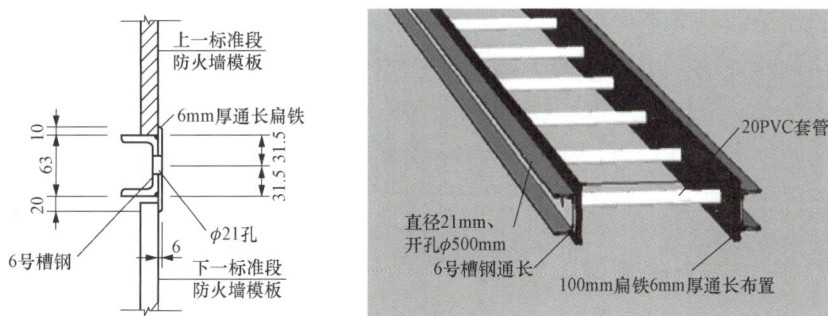

图 1-1-9 通长扁铁及槽钢示意图

（8）无色带工艺：水平施工缝处不设置扁铁，模板与下层防火墙实体直接贴合，采用对拉螺栓固定 φ22mm 孔 8mm 槽钢，上层钢模板直接顶在槽钢上部，无色带工艺实景图如图 1-1-10 所示。

(a)　　　　　　(b)

图 1-1-10 无色带工艺实景图
（a）无色带安装图；（b）无色带拆模实景图

6.2.3 钢模板加工

（1）钢模板宜在钢材加工厂进行定制加工，相对于现场加工，工厂焊接及锻造可大大提高钢模板平整度和牢固性。

（2）模板制作加工完毕，按使用部位进行编号。制作成型的模板应进行预拼装验收，施工项目部会同业主、监理到加工厂进行验收。验收合格后，外侧喷涂防腐漆，内侧涂刷脱模剂，并做好成品模板的遮盖措施，防止其因日晒雨淋而变质、变形。

6.2.4 轴线复核及放线

（1）应先对防火墙中心线进行复核，保证防火墙翼墙中心距、防火墙纵墙与换流变压器基础中心距离等满足规范偏差要求。

（2）绑扎钢筋前弹出墙体边线，放线精准，墙体轴线位移偏差应控制在规范允许偏差范围内。

6.2.5 钢筋分段绑扎

（1）防火墙钢筋施工总体顺序为暗柱钢筋连接→绑扎暗柱钢筋→绑扎墙板竖向钢筋→绑扎水平受力钢筋→墙体拉结筋安装。

（2）钢筋连接方式：防火墙暗柱主筋建议采用直螺纹连接或电渣压力焊连接，墙板钢筋宜采用绑扎搭接。

（3）钢筋安装前应清理基层，凡钢筋表面的附着残浆、基层松动层及浮浆等必须清理干净。

（4）防火墙的钢筋绑扎顺序为先竖向筋、后横向筋。采用绑扎接头的钢筋，于搭接区段的两端和中间分三点用铁丝扎牢。防火墙剪力墙筋应逐点绑扎，所有绑扎扎丝端头向内倾，以防锈蚀污染混凝土表面。

（5）按设置的水平施工段划分，当一节竖向钢筋机械连接或绑扎后，利用防火墙脚手架上设置钢管作钢筋临时固定。扎丝的绕向须对称，以增强钢筋网的抗剪能力。水平筋及箍筋的绑扎宜高出划分的施工段交界处 300mm，以方便施工操作，同时又确保竖向筋在混凝土浇捣过程中不位移。

（6）在墙体两排竖向钢筋之间设置的拉结筋，应与板墙竖向和横向钢筋交叉点绑扎牢固可靠，确保墙体钢筋网片在浇筑过程中不往外扩涨。

（7）防火墙中不采用钢筋保护层垫块，而是采用固定每一施工段中钢筋的位置来控制钢筋保护层：底部防火墙插筋保证位置准确，模板上部用钢管扣件将防火墙主筋固定住，以保证两侧保护层厚度；在浇筑时用方木横向放置在模板之间，待混凝土浇筑至方木标高时，将方木取出，这样可以有效控制钢筋网片的保护层厚度，第一板防火墙在基础底板上植入钢筋控制保护层。

（8）将底层交界面内杂物清理干净，吹（吸）干净灰尘，清理粘在钢筋上的干硬砂浆、松软混凝土块和其他污染物。

（9）不得使用灰浆皮、钢筋头、石子、碎砖、木片等杂物充当垫块。结构钢筋骨架控制侧向保护层宜采用水泥砂浆吊挂垫块（垫块上带有铅丝或穿丝孔）、塑料卡子。定位筋长度和切口应保证墙体厚度。

（10）钢筋安装完成后进行自检，对钢筋品种、规格、数量、间距等进行复核，发现问题及时消缺。验收合格后，及时填报"隐蔽工程验收单"报监理单位验收，验收通过后才能进入下道工序施工。

6.2.6 第一段木模安装

（1）基层找平：为确保木模板上口平整，利于钢模板安装垂直，采取的措施为在换流变压器筏板基础防火墙板墙下口进行 M10 砂浆基层找平，如图 1-1-11 所示。

（2）第一段木模板施工。

1）第一段防火墙采用拼装模板普通施工工艺。模板加固方案：模板采用 18mm 厚优质大模板，100mm×

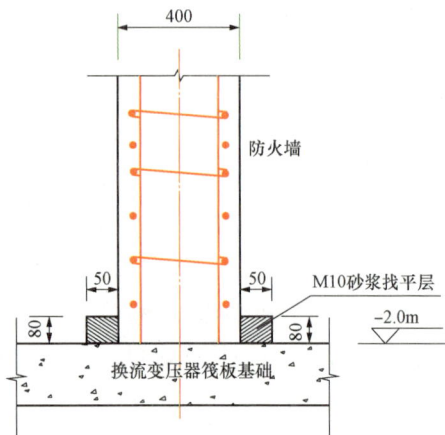

图 1-1-11 基底模板安装示意图

50mm@300mm 方木作为横向内楞，ϕ48.3mm×3.6mm 双钢管@500mm 作为竖向外楞；在底部和模板上口共设置 2 排横向 ϕ12mm 对拉螺栓@500mm 配双螺帽，如图 1 - 1 - 12 所示。

2）模板安装必须正确控制轴线位置及截面尺寸，模板拼缝要紧密。所有模板拼缝处以及模板需增加 2mm 厚 PE 胶棉条。

3）模板加固调节：模板安装就位后，沿墙体拉一条通长直线来校正模板上口的平直度。

4）为使钢模板与下口胶合板结合精密，模板上口统一设置宽度为 40mm 的 6mm 厚色带，采用自攻钉固定牢固。

5）模板安装完毕后，必须在混凝土浇灌前进行模板安装及钢筋、埋件隐蔽工程验收，验收合格后方可浇筑混凝土。

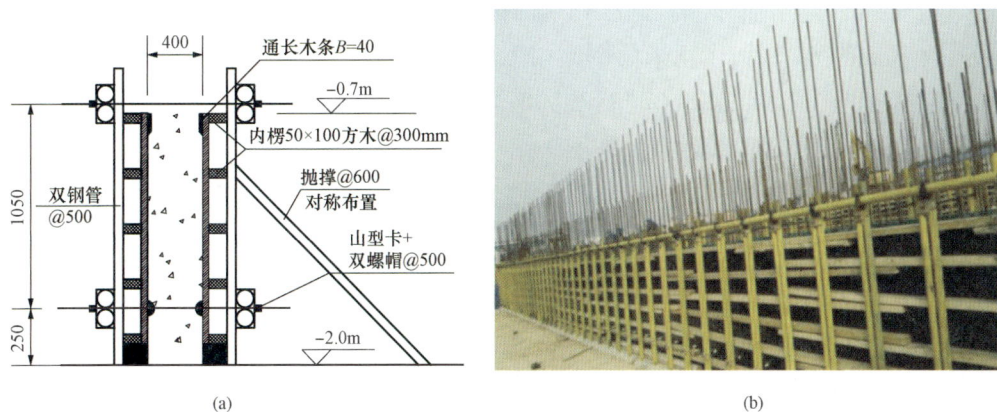

图 1 - 1 - 12　木模板安装示意及实景图
（a）木模板支撑示意图；（b）木模板安装实景图

6.2.7　脚手架分层搭设

（1）防火墙钢模板系统利用塔吊配合施工。模板施工一般采用落地式脚手架（局部有"之"形的脚手架走道）。需要编制换流变压器防火墙落地式脚手架搭拆专项方案。

（2）对于第一段木模施工，为便于施工，一般先进行钢筋和模板安装，安装完成后再进行脚手架搭设。对于标准层钢模板施工，一般采取先进行分层脚手架搭设，搭设完成再进行钢模板吊装安装。

（3）对于钢模板施工，应待底层钢模板拆除后再进行上层脚手架搭设。

（4）脚手架分层搭设应分层验收，并将验收牌挂在脚手架明显位置。

6.2.8　钢模板清理

（1）第一段钢模板安装前，应对钢模板进行除锈抛光处理，对于运输过程中有明显变形部位需要校正后再实施。

（2）钢模板翻模后再安装前应进行抛光清渣处理，抛光后用水将表面浮尘冲洗干净，待钢模表层干燥后涂刷脱模剂（严禁采用废机油，南方潮湿天气不建议采用含水率较高的食用油）。安装完成后，严格施工三级自检，监理专监模板验收制度，如图 1 - 1 - 13 所示。

6.2.9　钢模板安装

（1）封模前埋件安装。根据现场实际情况，把埋件安装在附加钢筋上，调整好位置后将锚脚和附加钢筋焊接固定，埋件应使其紧贴模板。

（2）根据模板排版图对号入座、定点安装，采用塔吊进行每段模板吊装、加固、校正。模板安装必须正确控制轴线位置及截面尺寸，模板拼缝要紧密。安装顺序应根据拼缝顺序先防火墙的

图1-1-13　钢模板清理实例

纵墙板，后隔墙板。

（3）标准钢模板吊装（标准浇筑板高度为2560mm）。按照模板安装顺序，采用塔吊进行标准段模板的吊装，必须平稳，防止钢模变形，并且在吊装过程中必须有牵引绳辅助就位，防止钢模冲撞脚手架；模板就位在通长扁铁上的6mm槽钢上后必须用短钢管与脚手架临时固定，确保其稳定安全。随后按上述方法进行安装另一对侧钢模板，每安装完成对称两面模板后，钢模之间的交接处采用螺栓连接固定，使之形成整体，模板加固示意图如图1-1-14所示。

（4）防火墙定制加工配套端头板，宽度同防火墙宽度，高端同组合钢模板标准模板，端头阳角采用倒圆角工艺，$R=25mm$，端头板和侧模连接应设置双面胶带，保证线条与模板间不渗水泥浆。在进行端头钢模板安装时，应校核防火墙轴线尺寸，确保轴线偏差满足规范要求，端头钢模板安装示意图如图1-1-15所示。

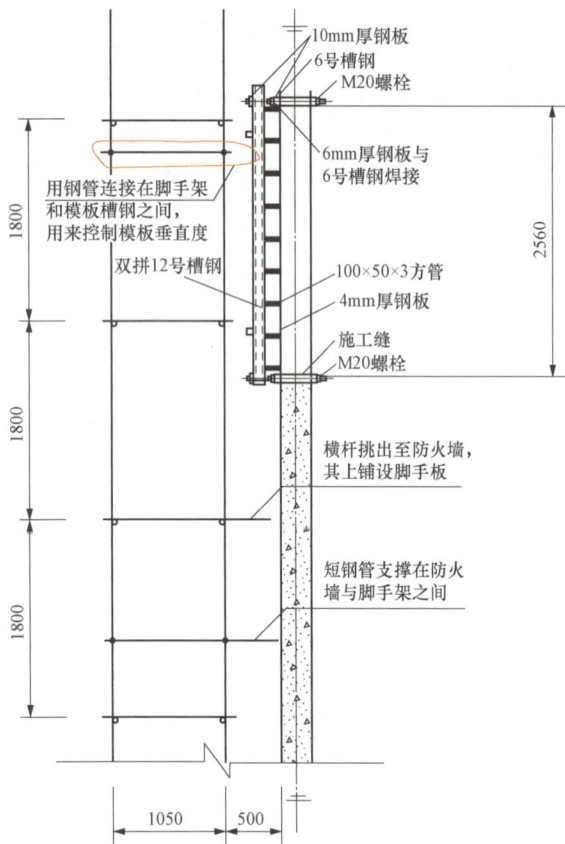

图1-1-14　模板加固示意图

图1-1-15　端头钢模板安装示意图

（5）所有钢模板就位后，再进行钢模板上部通长扁铁安装。方法同第一段防火墙上部通长扁铁安装。

（6）因防火墙预留洞口尺寸一般较大，为保证防火墙预留洞口成型质量，预留洞口采用防火墙端头板施工工艺，预留洞口布置示意图如图1-1-16所示。

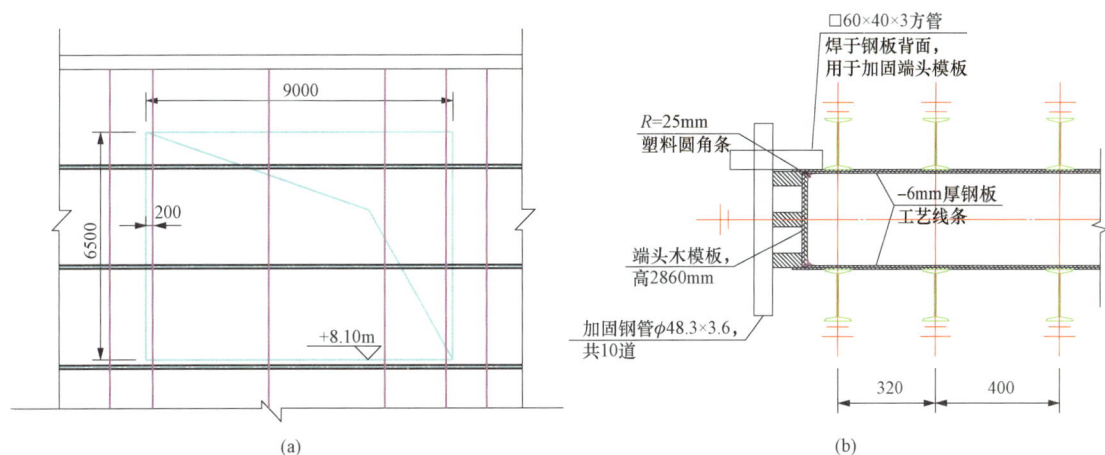

图 1-1-16 预留洞口布置示意图
（a）防火墙洞口布置图；（b）防火墙洞口模板加固图

6.2.10 钢模板加固

（1）安装前需根据钢模板位置于防火墙两侧拉通线，以便控制模板安装后顺直。墙一侧模板就位后必须用短钢管与脚手架临时固定其垂直，确保其稳定安全。一侧钢模就位后，下口 M20 对拉螺栓加优质 PVC 套管穿过模板下口对拉螺杆孔。

（2）钢模调节加固：墙两侧钢模就位后，在钢模板上设置外龙骨 16mm 槽钢采用 M20 对拉螺栓将模板固定，确保模板间距尺寸准确，最后紧固；随后根据防火墙轴线，沿墙体拉一条通长直线来校正模板上口平直度（利用松或紧短钢管支撑进行调节），利用铅垂线按总高度控制校正垂直度，最后用短脚手管连接加固钢模和脚手架，调节固定模板的垂直度、平直度和稳定性，将模板校正。钢模板水平直线度不得大于 2mm；钢模板垂直度不得大于 3mm。模板整体水平度、垂直度调整完成后对模板整体性加固进行复查，以免混凝土浇筑胀模，钢模板加固示意图及实例如图 1-1-17 所示。

6.2.11 模板等隐蔽验收

（1）模板安装完毕后，必须在混凝土浇灌前进行模板安装及钢筋、埋件隐蔽工程验收，验收合格后方可浇筑混凝土。

（2）隐蔽验收应重点检查：

1）钢筋保护层是否满足要求。

2）埋件埋管是否遗漏、预留孔洞尺寸是否准确、模板贴缝是否紧密，模板加固措施是否得当等等。

（3）模板垂直度、平整度控制：每次验收时，必须按总高（筏板基础上放出控制轴线并注意保护，每段模板以防火墙底端轴线来校正其垂直度）来测控垂直度；以防火墙通长校正平直度。

（4）为防止钢模板水平位移，在加固的钢模板与脚手架之间采用短钢管连接整体，如图 1-1-18 所示。

6.2.12 混凝土施工

（1）泵送混凝土要求：浇筑混凝土时提前和搅拌站取得联系，要求发料速度不宜过快或过慢。根据以往工程实际经验，防火墙混凝土浇筑量 30m³/h 左右。要求搅拌站严格控制混凝土出厂坍落度，根据浇筑气温条件和搅拌车运输路程计算坍落度损失值适当提高坍落度，但要求入模坍落度控制在（160±20）mm。混凝土浇筑时取样员对现场各搅拌车混凝土坍落度进行测试，测试合格

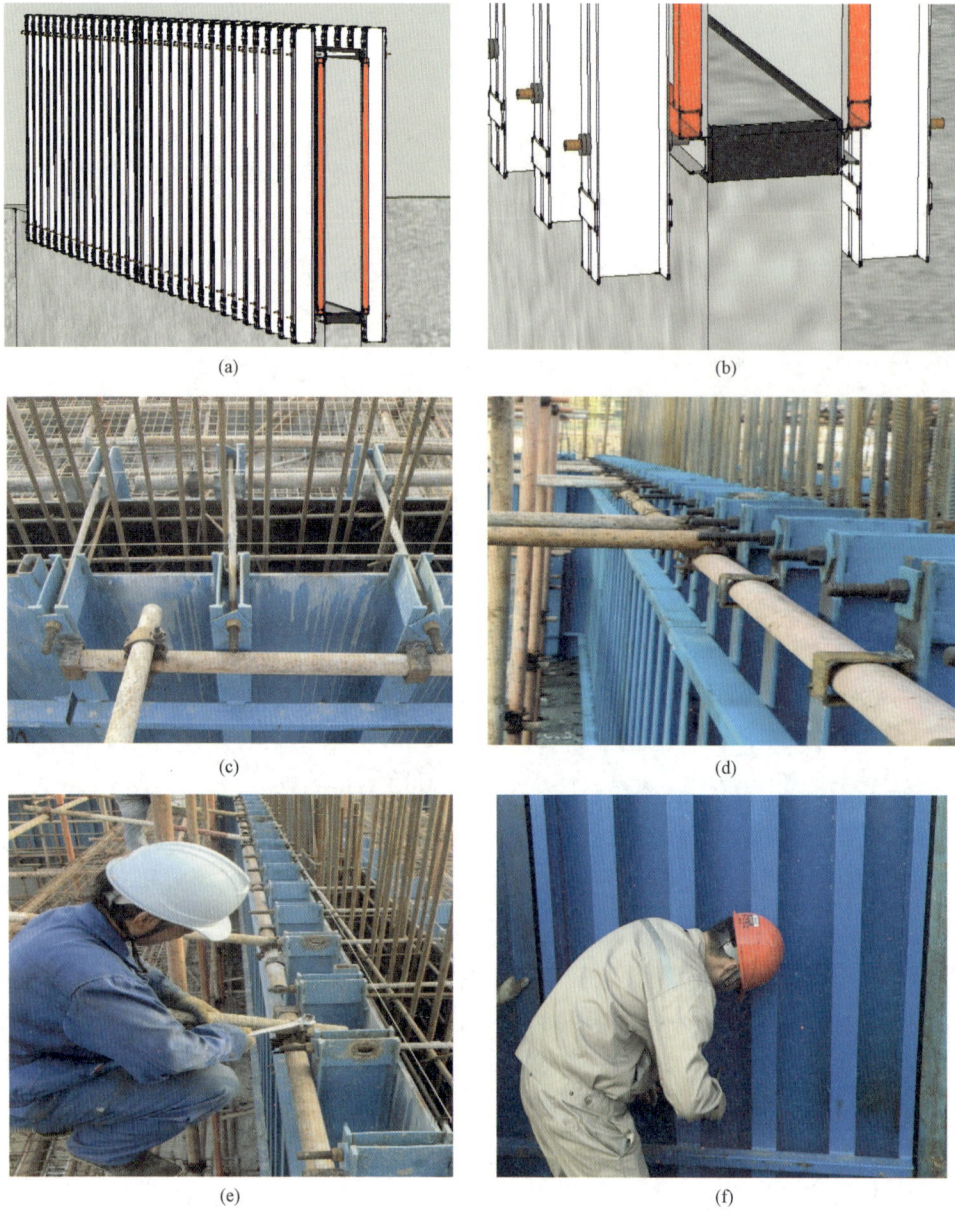

图1-1-17 钢模板加固示意图及实例

（a）钢模板加固立面示意图；（b）钢模板加固节点示意图；（c）钢模板加固示意一；
（d）钢模板加固示意二；（e）钢模板加固复查；（f）钢模板自验收

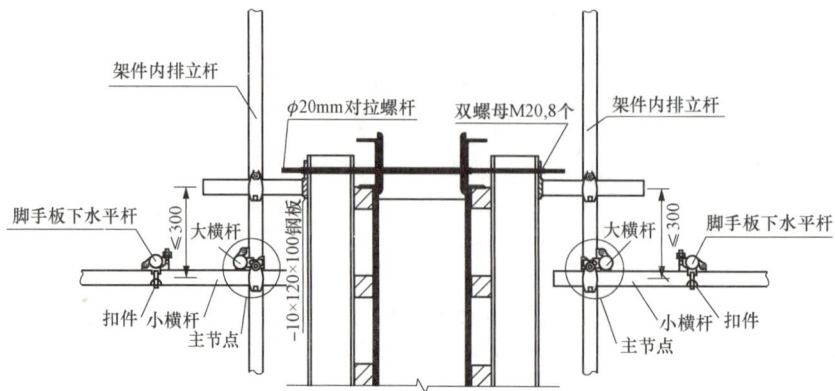

图1-1-18 钢模板与脚手架的连接示意图

后方可浇筑。

（2）现场派专人测定坍落度数据，并负责混凝土试块制作和留置。派人到混凝土供应厂家监督其操作过程。

（3）混凝土浇筑前，先在施工缝处用与混凝土成分相同的水泥砂浆进行接浆处理，厚约20～30mm。

（4）混凝土浇筑：结合防火墙仓位布局和每次混凝土浇筑量等情况，混凝土浇筑采取：

1）从一端向另一端赶浆斜坡流淌浇筑，即利用混凝土自重与振捣辅助流淌充实防火墙模板，防火墙混凝土浇筑顺序示意图如图1-1-19所示。

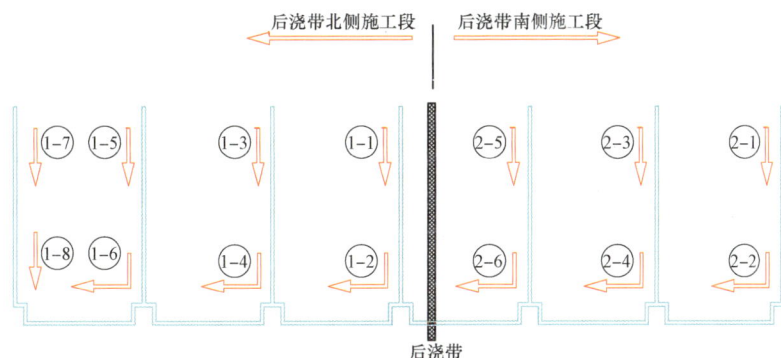

图1-1-19　防火墙混凝土浇筑顺序示意图

2）为防止混凝土汽车泵软管在布料时混凝土泄至板墙外，防火墙板墙两侧加设斜向挡板导引的方法解决，如图1-1-20所示。

（5）混凝土振捣。

1）板墙混凝土振捣应根据混凝土浇筑部署振捣，从一端向另一端赶浆振捣，1台泵车布置3台振捣频率一致的振捣器：1台位于混凝土出浆口，2台对浇筑完成防火墙进行精振。采用"行列式"振捣方法（如图1-1-21所示），插点均匀排列，逐点移动，顺序进

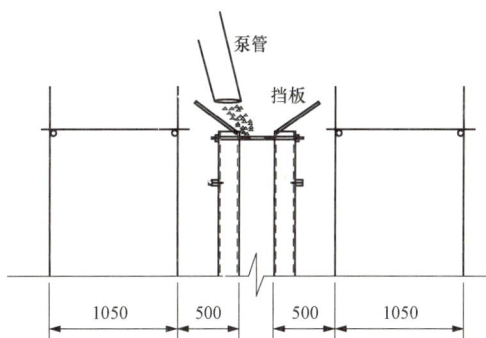

图1-1-20　挡板导引示意图

行。振捣时专业瓦工负责做到快插慢拔，快插是为了防止先将表面混凝土振实而与下面混凝土产生分层、离析现象；慢拔是为了使混凝土填满振动棒抽出时所造成的空洞。在振捣过程中，应将振捣棒上下略作抽动，以便上下振动均匀，插点有序，振捣时间要掌握好，不要过长，也不要过短，一般控制在20～30s范围，宜在混凝土表面泛浆，不出现气泡为止。在振捣过程中，不得触及钢筋、模板，以免其发生移位，出现跑模、墙柱插筋移位现象。

2）为控制后续精振到位，防止振捣棒未插入板墙底部造成底部混凝土漏振。振捣棒应根据防火墙板墙高度在3m的位置做好标识。精振完成后板墙表面如有混凝土下沉应及时进行混凝土布料处理。

3）为及时排除混凝土表面气泡，在混凝土初凝前应进行二次回振处理。

（6）混凝土浇筑控制要点：因钢模板防火墙拼缝紧密，板墙内混凝土气泡和拌和水难以排除，因此防火墙混凝土浇筑需做好以下几点：

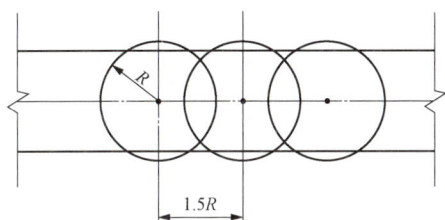

图1-1-21　"行列式"振捣布置示意图
R—振捣作业半径

1）严格控制好混凝土坍落度。

2）为防止水平接缝处出现"烂根"现象，混凝土浇筑前先浇筑一定的与混凝土相同配合比砂浆进行接浆处理。

3）振捣时应严格控制振捣工艺，既不漏振也不过振，确保混凝土内部气泡能通过振捣面充分排出。

4）混凝土浇筑完成以后进行二次回振，有利于表面气泡排除。

5）混凝土振捣完成后，泛至混凝土表面的泌水采用海绵条进行清除，确保上口混凝土强度和避免出现"砂线"。

（7）混凝土浇筑过程中应安排专人对模板及其支架、钢筋进行观察和维护，随时检查模板、钢筋情况，如发现胀模、漏浆和位移时，应立即停止浇筑进行处理，并在混凝土初凝前修整好。

（8）混凝土浇筑前应密切注意天气预报，避免在雨天进行。当连续浇筑遇到下雨天时，则应及时调整混凝土配合比并防止雨水淋入搅拌车出料口内，浇筑好的混凝土应用塑料薄膜覆盖，防止混凝土与雨水直接接触。

6.2.13 拆钢模

（1）防火墙的拆除以混凝土不掉边角为原则（混凝土强度至少达 1.2N/mm² 方可进行模板拆除），一般在 20℃左右的气温下连续养护 2 天即可拆模。

（2）模板拆除：先拆除加固和调节脚手管，然后拆除模板上下的对拉螺栓。

（3）将拆下的模板放至指定的地面进行清理、整修及涂刷脱模剂。应按照以下方式进行：

1）拆下的钢模板应逐块进行检查和清理。发现板面翘曲，边肋变形、扭曲、开焊等情况时，应进行修理，钢模板板面不用的孔洞，应用与钢模板面板同厚度的钢板补焊平整，并用砂轮磨平。

2）钢模板一经使用，必须进行清理，可用灰铲铲掉残余的灰浆，对粘结牢固的混凝土，可用扁凿子轻轻剔去，再用砂纸或磨光机打磨钢模板表面或用钢丝刷除锈，直至光亮无锈为止，清理时严禁用铁锤敲击钢模板的方法来清理钢模板上的混凝土，以免造成板面凹凸不平。

3）清理整修好的钢模板应刷脱模剂。暂时不用的钢模板应刷一道防锈油，以防钢模板锈蚀。

4）钢模板的配件，在使用后必须经过清理检查，损坏断裂的挑出，不能修复的报废。螺栓的螺纹处应整修加油。

5）为了使钢模板背面不致粘结混凝土，减少钢模板清理时的用工量，延长钢模板使用寿命，灌注混凝土尽量防止混凝土倒在或洒落在钢模板背面。如已经散落在钢模板背面的混凝土，应在未凝结前及时用水冲洗干净，以免混凝土硬化后清理困难，或清理剔凿时造成钢模板和配件的损坏。

（4）拆模应按照模板支设时的相反顺序进行，即先支后拆、后支先拆。

（5）拆模时，撬棍、锥子等直接与成品混凝土接触的工具操作一定要谨慎，必须在找准部位和切入点的情况下缓缓楔入，用力或锤击不能过猛。不得出现豁边、缺棱、掉角、划伤、坑洼等缺陷。

（6）模板拆除后，防止混凝土表面被污染，应及时覆盖薄膜。

（7）拆下的钢模板应逐块清理干净、修整，并摆放整齐。

6.2.14　顶部施工

（1）施工方法同第一段防火墙。顶部防火墙施工采用 18mm 厚双面胶木模板。模板安装时拼缝之间粘贴双面胶，防止混凝土漏浆。

（2）混凝土浇筑时，振捣要密实，同时上表面采用收光处理。

（3）浇筑完 12h 后，应进行养护，确保混凝土表面处于湿润状态。

（4）模板拆除时，不得出现豁边、缺棱、掉角、划伤、坑洼等缺陷。

6.2.15　混凝土养护

（1）混凝土拆模以后，若养护不好，表面就会出现细微裂纹，或者被污染，影响混凝土的观感。常规的养护方法是浇水养护，浇水后会产生污水污染混凝土表面，影响混凝土光泽。结合施工现场实际情况与天气温度情况，为使表面保持混凝土原色，防止混凝土表面由于失水过多而产生干缩裂缝，采取的是塑料保鲜膜全面覆盖混凝土板墙表面，有效保证混凝土外观质量。

（2）如在干燥地区或夏季施工，应保证墙面湿润，可在防火墙或脚手架顶部设置自流式水雾喷头，不间断进行洒水湿润。

（3）混凝土成品保护：混凝土浇筑过程中对下部混凝土墙面造成的污染及时用水冲洗干净；模板拆除后应及时做好混凝土边角保护。

6.2.16　色带修补施工

6.2.16.1　设置分隔缝处理的做法

（1）对拉螺杆处理。

1）防火墙上模板支设留置的对拉螺栓孔的填塞修补在整体结构完成后进行。

2）填塞前进行清孔，主要清除孔内残浆、浮灰等。

3）孔的填塞采用发泡剂材料，首先采用发泡剂填满螺栓孔洞，待发泡剂块成型后孔洞两端采用砂浆分遍填实、分遍抹压的方法进行。

（2）工艺线条处理。

1）使用与混凝土同标号的水泥、粉煤灰并掺入 801 胶水进行试配，经实验后确定修补配合比。

2）工艺线条修补：先调配好修补用的水泥砂浆，再用长尺压住线槽棱角，确保修补的棱角方正、平直。线槽内用水泥砂浆找平。修补时注意，对于棱角损坏较大的部位，要分多次修补到位以免出现裂缝。

3）修补完成后再用砂皮进行打磨处理。打磨时必须均匀，确保混凝土颜色均匀一致。然后在 100mm 宽、6mm 深的线槽内批防水腻子两遍，然后刷灰保护液，增强防火墙立体效果，如图 1-1-22 所示。

图 1-1-22　设置分隔缝和无分隔缝实景图
（a）示意图一；（b）示意图二

6.2.16.2 不设置分隔缝处理的做法

（1）螺栓孔洞的封堵。

1）在整体结构完成后，再进行防火墙上模板支设留置的对拉螺栓孔的填塞修补。

2）填塞前进行清孔，主要清除孔内残浆、浮灰等。

3）孔的填塞采用发泡剂材料，首先采用发泡剂填满螺栓孔洞，待发泡剂快成型的时候用 ϕ18mm 左右的圆木棍将外露部分发泡剂塞进孔洞 30mm，最后孔洞两端采用砂浆分遍填实、分遍抹压的方法进行，在砂浆收水凝结过程中分遍压实和紧面压光。填塞修补砂浆凝结后对其进行保湿养护，养护时间不少于 7 天。

（2）施工缝的处理。

1）待螺栓孔封堵养护结束，即可进行施工缝的处理。

2）采用角磨机对施工缝上下口倒 45°角，剔除毛糙的边角，保证边角美观。

3）采用钢丝刷清除施工缝表面浮渣，表面上松动砂石和软弱混凝土层，同时还应加以凿毛，用水冲洗干净并充分润湿，残留在混凝土表面的积水应清除，应清除钢筋上的油污、浮浆及浮锈等杂物。

4）采用角磨机修整分隔带。然后涂饰涂料或直接喷涂混凝土保护液。

6.2.17 保护液施工

混凝土保护液施工工艺主要包括混凝土基层处理、混凝土表面修补及保护液涂刷三个过程。

（1）基层处理。

1）首先应除掉混凝土表面的杂质，特别应注意去除混凝土表面的钢筋、扎丝等所有能形成锈迹的杂物。

2）用砂皮（布）对墙面进行整体打磨处理。打磨时必须均匀，确保混凝土颜色均匀一致。

（2）混凝土表面修补：防火墙整体上要求混凝土面层平整，颜色自然。对于混凝土表面的明显缺陷（蜂窝、麻面、孔洞漏筋、锈斑及明显裂纹）进行修补。

1）使用与混凝土同标号的水泥、粉煤灰进行试配，经实验后确定修补配合比。

2）线条漏水起砂现象处理，用绒布轻轻将疏松的砂粒擦掉，再用油漆刷涂刷调配好的水泥砂浆即可。

3）修补完成后再用砂皮（布）进行打磨处理。打磨时必须均匀，确保混凝土颜色均匀一致。

（3）混凝土保护液涂刷。

1）涂刷作业条件：①10℃以下的低温或 80％以上的高湿度将使材料的性能长时间无法发挥，造成涂膜、主材性能低下，应避免在这类环境下施工；②若在雨天及其前后施工，将发生涂膜流失，造膜不良，因此遇雨天应立即停工，并用保护膜覆盖涂装面；③强风时会发生涂装不均、涂料飞散等情况，应避免施工；④由于气候条件的变化而引起底材、涂装面结露时，会引发涂膜粘结不良，应立即停止施工。

2）保护液涂刷分三层施工完成，即底涂、中涂及罩面涂。

3）底涂采用喷涂施工，涂刷时按照从上到下、从左到右的顺序进行，涂刷时宜分格。每格面积约为 2m²，相邻两格接茬宽度大于 100mm。

4）中涂采用喷涂，中涂是底层和罩面涂之间的过渡涂层，起到承上启下的作用。作业顺序和方法和底涂相同。

5）面涂施工，待中涂完成至少 3h 涂膜干燥的情况下施工，采用喷涂施工。喷嘴距离混凝土 40～60μm，与混凝土面垂直，匀速移动。涂膜混凝土表面均匀成膜，无流坠现象即可。

（4）保护液质量标准：喷涂完成后混凝土墙面表面平整装饰效果明显，形成稳定的、均匀的保护膜。整体上观察墙面平整、洁净、均匀、无色差，保持混凝土原有表面颜色。通过墙体表面防水测试达到不渗水即用水淋墙面，颜色无任何变化即满足要求。

（5）保护液性能要求。

1）底漆应对清水混凝土基材具有良好的渗透性、耐碱性和附着力。

2）中间漆（调整材）应具有良好的调色性能，能有效减少基材色差。

3）面漆应具有良好的耐候性和耐沾污性能。

4）配套涂料的涂膜应具有相容性。

7　质　量　控　制　措　施

7.1　施工质量控制标准

7.1.1　现浇混凝土结构外观及尺寸偏差质量控制标准

现浇混凝土结构外观及尺寸偏差质量控制标准见表1-1-5。

表1-1-5　　　　　　　　　现浇混凝土结构外观及尺寸偏差质量控制标准

类别	序号	检查项目		质量标准
				Q/GDW 10183—2021 要求
主控项目	1	外观质量☆		没有严重缺陷。对已经出现的严重缺陷，由施工单位提出技术处理方案，并经监理（建设）、设计单位认可后进行处理，对经处理的部位，重新检查验收
	2	尺寸偏差☆		没有影响结构性能和使用功能的尺寸偏差。对超过尺寸允许偏差且影响结构性能和安装、使用功能的部位，由施工单位提出技术处理方案，并经监理（建设）、设计单位认可后进行处理。对经处理的部位，重新检查验收
一般项目	1	外观质量	颜色	无明显色差
			修补	少量修补痕迹
			气泡	气泡分散
			裂缝	宽度小于0.2mm
			光洁度	无明显漏浆、流淌及冲刷痕迹
			对拉螺栓孔	排列整齐，孔洞封堵密实，凹孔棱角清晰圆滑
			明缝	位置规律、整齐，深度一致，水平交圈
			暗缝	横平竖直，水平交圈，竖向成线
	2	墙、柱、梁轴线位移		≤5
	3	墙、柱、梁截面尺寸偏差		±5
	4	垂直度	层高	8
	5		全高（H）	不大于 H/1000，且不大于 30mm
	6	表面平整度		3
	7	角线顺直		4
	8	预留洞口中心线位移		10
	9	标高偏差	层高	±8
			全高	±15
	10	阴阳角	方正	4
			顺直	4
	11	混凝土预埋件、预埋螺栓、预埋管拆模后质量		应符合设计要求

7.1.2 防火墙质量目标

（1）清水混凝土：混凝土外光内实、表面平整，无裂缝、无明显色差。

（2）分项合格率100%；分部工程合格率100%；单位工程优良率100%；各检验批一次验收合格率达100%，隐蔽工程的验收签证率100%，严格控制原材料的质量，按有关标准进行复检，跟踪管理，做到可追溯。

7.2 强制性执行条文

强制性条文执行计划表见表1-1-6。

表1-1-6　　　　　　　　　　　强制性条文执行计划表

一、GB 50300—2013《建筑工程施工质量验收统一标准》				
条文编号	条文内容	责任人	检查人	备注
5.0.8	通过返修或加固处理仍不能满足安全使用要求的分部工程、单位（子单位）工程，严禁验收	张三	李四	（项目总工）技术负责人负领导责任、质量负责人以质量事故或问题上报
6.0.6	建设单位收到工程竣工报告后，应由建设单位项目负责人组织监理、施工、设计、勘察等单位项目负责人进行单位工程验收	张三	李四	（项目总工）技术负责人组织、质量负责人具体落实
二、GB 50204—2015《混凝土结构工程施工质量验收规范》				
条文编号	条文内容	责任人	检查人	备注
4	模板分项工程			
4.1.1	模板及其支架应根据结构形式、荷载大小、地基土类别、施工设备和材料供应等条件进行设计。模板及其支架应具有足够的承载能力、刚度和稳定性，能可靠的承受浇筑混凝土的重量、侧压力以及施工荷载	张三	李四	
4.1.3	模板及其支架拆除的顺序及安全措施应按施工技术方案执行	张三	李四	班组长需落实执行，技术员方案明确
5	钢筋分项工程	张三	李四	
5.1.1	当钢筋的品种、级别或规格需作变更时，应办理设计变更文件			
5.2.1	钢筋进场时，应按现行国家标准 GB 1499.2—2018 等的规定抽取试件作力学性能检验，其质量必须符合有关标准的规定。检查产品合格证、出厂检验报告和进场复验报告	张三	李四	质检员负责验查
5.2.2	对有抗震设防要求的结构，其纵向受力钢筋的强度应满足设计要求；当设计无具体要求时，对一、二、三级抗震等级设计的框架和斜撑构件（含梯段）中的纵向受力钢筋应采用 HRB335E、HRB400E 检验所得的强度实测值，应符合下列规定： 1　钢筋的抗拉强度实测值与屈服强度实测值的比值不应小于1.25。 2　钢筋的屈服强度实测值与强度标准值的比值不应大于1.3。 3　钢筋的最大力下总伸长率不应小于9%	张三	李四	材料员给出比值并记录，不符合要求时技术员明确使用部位，质检员仅负责验查
5.5.1	钢筋安装时，受力钢筋的品种、级别、规格和数量必须符合设计要求。 检查数量：全数检查。 检验方法：观察，钢尺检查	张三	李四	

条文编号	条文内容	责任人	检查人	备注
5.2.2	混凝土分项工程： 水泥进场时应对其品种、级别、包装或散装仓号、出厂日期等进行检查，并应对其强度、安定性及其他必要的性能指标进行复验，其质量必须符合现行 GB 175—2007《通用硅酸盐水泥》等的规定。 当在使用中对水泥质量有怀疑或水泥出厂超过三个月（快硬硅酸盐水泥超过一个月）时，应复查实验，并按其结果使用。 钢筋混凝土结构、预应力混凝土结构中，严禁使用含有氯化物的水泥。 检查数量：按同一生产厂家、同一等级、同一品种、同一批号且连续进场的水泥，袋装不超过 200t 为一批，散装不超过 500t 为一批，每批抽样不少于一次。 检验方法：检查产品合格证、出厂检验报告和进场复验报告	张三	李四	技术员做好使用部位要有记录，质检员仅负责验查
	混凝土中掺用外加剂的质量及应用技术符合现行 GB 8076《混凝土外加剂》、GB 50119《混凝土外加剂应用技术规范》和有关环境保护的规定。 检查数量：按进场的批次和产品抽样检验方案确定。 检验方法：检查产品合格证、出厂检验报告和进场复验报告	张三	李四	掺用外加剂品种由技术员提出委托
5.4.1	结构混凝土的强度等级必须符合设计要求。用于检查结构构件混凝土强度的试件，应在混凝土的浇筑地点随机抽取。取样与试件留置应符合下列规定： 1 每拌制 100 盘且不超过 100m³ 的同配合比的混凝土，取样不得少于一次； 2 每班拌制的同一配合比的混凝土不足 100 盘时，取样不得少于一次； 3 当一次连续浇筑超过 1000m³ 时，同一配合比的混凝土每 200m³ 取样不得少于一次； 4 每一楼层、同一配合比的混凝土，取样不得少于一次； 5 每次取样应至少留置一组标准养护试件，同条件养护试件的留置组数应根据实际需要确定。 检验方法：检查施工记录及试件强度实验报告	张三	李四	
6.2.3	现浇结构分项工程 现浇结构的外观质量不应有严重缺陷。 对已经出现的严重缺陷，应由施工单位提出技术处理方案，并经监理（建设）单位认可后进行处理。对经处理的部位，应重新检查验收。 检查数量：全数检查 检验方法：观察，检查技术处理方案	张三	李四	质检员仅负责旁站和验收记录及上报
8.3.1	现浇结构不应有影响结构性能和使用功能的尺寸偏差。混凝土设备基础不应有影响结构性能的安装偏差。 对超过尺寸允许偏差且影响结构性能和安装、使用功能的部位，应由施工单位提出技术处理方案，并经监理（建设）单位认可进行处理。对经处理的部位，应重新检查验收。 检查数量：全数检查。 检验方法：量测，检查技术处理方案	张三	李四	质检员仅负责旁站验收记录及上报

7.3 质量通病防治措施

质量通病防治措施清单见表1-1-7。

表1-1-7 质 量 通 病 防 治 措 施

序号	质量通病项目	现象	原因分析	预防措施
1	轴线测量	混凝土浇筑后拆除模板时，发现墙实际位置与轴线位置有偏移	(1) 翻样不认真或技术交底不清，模板拼装时组合件未能按规定到位。 (2) 轴线测放产生误差。 (3) 墙模板根部和顶部无限位措施或限位不牢，发生偏位后又未及时纠正，造成累积误差。 (4) 支模时，未拉水平、竖向通线，且无竖向垂直度控制措施。 (5) 混凝土浇筑时未均匀对称下料，或一次浇筑高度过高造成侧压力过大挤偏模板。 (6) 对拉螺栓、顶撑、木楔使用不当或松动造成轴线偏位	(1) 认真对生产班组及操作工人进行技术交底，作为模板制作、安装的依据。 (2) 模板轴线测放后，组织专人进行技术复核验收，确认无误后才能支模。 (3) 墙模板根部和顶部必须设可靠的限位措施，以保证底部位置准确。 (4) 支模时要拉水平、竖向通线，并设竖向垂直度控制线，以保证模板水平、竖向位置准确。 (5) 根据混凝土结构特点，对模板进行专门设计计算，以保证模板及其支架具有足够强度、刚度及稳定性。 (6) 混凝土浇筑前，对模板轴线、支架、顶撑、螺栓进行认真检查、复核，发现问题及时进行处理。 (7) 混凝土浇筑时，要均匀对称下料，浇筑高度严格控制在施工规范允许的范围内
2	接缝不严	由于模板间接缝不严有间隙，混凝土浇筑时产生漏浆，混凝土表面出现蜂窝，严重的出现孔洞、露筋	(1) 翻样不认真或有误，模板制作马虎，拼装时接缝过大。 (2) 交接部位，接头尺寸不准、错位	(1) 强化工人质量意识，认真制作定型模板和拼装。 (2) 胶合模板安装周期不宜过长，浇筑混凝土时，木肋要提前浇水湿润。 (3) 交接部位支撑要牢靠，拼缝要严密（必要时缝间加双面胶纸），发生错位要校正好
3	脱模剂使用不当	模板表面用废机油涂刷造成混凝土污染，或混凝土残浆不清除即刷脱模剂，造成混凝土表面出现麻面等缺陷	(1) 拆模后不清理混凝土残浆即刷脱模剂。 (2) 脱模剂涂刷不匀或漏涂，或涂层过厚。 (3) 使用了废机油脱模剂，既污染了钢筋及混凝土，又影响了混凝土表面装饰质量	(1) 拆模后，必须清除模板上遗留的混凝土残浆后，再刷脱模剂。 (2) 严禁用废机油作脱模剂，脱模剂材料选用原则为：既便于脱模又便于混凝土表面装饰。选用的材料有皂液、滑石粉、石灰水及其混合液和各种专门化学制品脱模剂等。 (3) 脱模剂材料拌成稠状，涂刷均匀，不得流淌，一般刷两遍为宜，以防漏刷，也不宜涂刷过厚。 (4) 脱模剂涂刷后，须在短期内及时浇筑混凝土，以防隔离层遭受破坏
4	箍筋不方正	矩形箍筋成型后拐角不成90°，或两对角线长度不相等	箍筋边长成型尺寸与图纸要求误差过大；没有严格控制弯曲角度；一次弯曲多个箍筋时没有逐根对齐	注意操作，使成型尺寸准确；当一次弯曲多个箍筋时，在弯折处逐根对齐

续表

序号	质量通病项目	现象	原因分析	预防措施
5	钢筋成型尺寸不准	已成型的钢筋长度和弯曲角度不符合图纸要求	下料不准确；画线方法不对或误差大；用手工弯曲时，扳距选择不当；角度控制没有采取保证措施	钢筋下料长度调整，配料时事先考虑周到；对于形状比较复杂的钢筋，如要进行大批成型，最好先放出实样，并根据具体条件预先选择合适的操作参数（画线过程、扳距取值等）以作为示范
6	蜂窝	混凝土结构局部出现酥松、砂浆少、石子多、石子之间形成空隙，类似蜂窝状的窟窿	（1）混凝土拌和不均匀，和易性差，振捣不密实； （2）下料不当或下料过高，未设串筒使石子集中，造成石子砂浆离析； （3）混凝土未分层下料，振捣不实，或漏振，或振捣时间不够； （4）模板缝隙未堵严，水泥浆流失； （5）钢筋较密，使用的石子粒径过大或坍落度过小； （6）未稍加间歇就继续灌上层混凝土	（1）严格控制混凝土配合比，经常检查，做到计量准确，拌和均匀，坍落度适合； （2）混凝土下料高度超过2m设串筒或溜槽：浇筑分层下料，分层振捣，防止漏振；模板缝堵塞严密，浇筑中随时检查模板支撑情况防止漏浆；在下部浇完间歇1~1.5h，沉实后再浇上部混凝土，避免出现"烂脖子"
7	麻面	混凝土局部表面出现缺浆和许多小凹坑、麻点，形成粗糙面，但无钢筋外露现象	（1）模板表面粗糙或粘附水泥浆渣等杂物未清理干净，拆模时混凝土表面被粘坏； （2）模板未浇水湿润或湿润不够，构件表面混凝土的水分被吸去，使混凝土失水过多出现麻面； （3）模板拼缝不严，局部漏浆； （4）模板隔离剂涂刷不匀，或局部漏刷或失效，混凝土表面与模板粘结造成麻面； （5）混凝土振捣不实，气泡未排出，停在模板表面形成麻点	模板表面清理干净，不得粘有干硬水泥砂浆等杂物，浇筑混凝土前，模板浇水充分湿润，模板缝隙用油毡纸、腻子等堵严，模板隔离剂涂刷均匀，不得漏刷；混凝土分层均匀振捣密实，至排除气泡为止
8	混凝土裂缝	（1）墙体裂缝 （2）洞口四角出现裂纹	（1）混凝土水灰比、坍落度过大。 （2）混凝土早期养护不好。 （3）洞口四角应力裂纹	（1）严格控制混凝土施工配合比，对于商品混凝土的坍落度加强检查力度。 （2）混凝土浇筑前先将基层和模板浇水湿透，浇筑完毕后采取有效的养护措施，并满足以下要求： 1）在浇筑完毕后12h以内对混凝土加以覆盖并保湿养护； 2）混凝土浇水养护时间不得少于14天； 3）浇水次数能保持混凝土处于湿润状态； 4）采用塑料布覆盖养护的混凝土，其敞露的全部表面覆盖严密。 （3）洞口四角增设构造筋

续表

序号	质量通病项目	现象	原因分析	预防措施
9	商品混凝土混合物离析	混凝土混合物经搅拌运输车送至施工现场后，由于搅拌车问题卸料时初始粗骨料上浮，继而稠度变稀	（1）部分型号的搅拌运输车搅拌性能不良，经一定路程的运送，初始出料时混凝土混合物发生明显的粗骨料上浮现象。 （2）混凝土搅拌运输车拌筒内留有积水，装料前未排净或在运送过程中，任意往拌筒内加水	（1）混凝土搅拌运输车在卸料前，中、高速旋转拌筒，使混凝土混合物均匀后卸料。 （2）加强管理，对清洗后的拌筒，须排尽积水后方可装料。装料后，严禁随意往拌筒内加水

7.4　标准工艺应用

标准工艺应用清单见表 1-1-8。

表 1-1-8　　　　　　　　标 准 工 艺 应 用 清 单

一、《国家电网有限公司输变电工程标准工艺　变电工程土建分册》标准工艺共 158 项，本工法应用 7 项

序号	分部	标准工艺名称
1	第 1 章　工程测量与土石方工程	第一节　工程测量控制网
2	第 4 章　主体结构工程	第五节　钢筋加工与安装
3		第七节　钢筋电渣压力焊
4		第八节　钢筋机械连接
5		第九节　混凝土浇筑与养护
6		第十节　施工缝留设及处理
7	第 7 章　室外工程	第四节　现浇混凝土防火墙

二、《国家电网有限公司特高压建设分公司土建工艺标准（2022 版）》共 26 项，本工法涉及 1 项

序号	分部	编号	工艺标准名称
1	第三章　主体结构工程工艺标准	TGYGY007-2022-BD-TJ	换流变压器现浇混凝土防火墙

7.5　质量保证措施

7.5.1　混凝土裂缝控制

（1）对同一单位工程，拌制清水混凝土用的水泥必须为同一厂家生产的同一品种。宜选用普通硅酸盐水泥，优先选用国内享有一定知名度、以往工程多次使用过的品牌。如果某品牌水泥为公司首次采用则必须对该品牌水泥进行市场调查，调查其矿源的稳定性和其他用户的反映，并做相关的性能试验。水泥的强度等级宜选择 42.5，水泥必须符合现行国家标准规定。

（2）石子必须为同规格、同品种、连续级配材料。石子应质地坚硬、清洁、级配良好、空隙率较小、热膨胀系数小，其含泥量不得大于 0.5%，泥块含量不得大于 0.2%，针片状颗粒含量不宜大于 10%，骨料最大粒径按照输送泵的性能确定，一般不得大于输送管直径的 1/4，不得含有碱骨料等有害杂物。其质量应符合 JGJ 52—2006《普通混凝土用砂、石质量及检验方法标准（附条文说明）》。

（3）黄砂必须为同产地、同规格材料，细度模数应在 2.4 以上的中、粗砂，颜色均匀，含泥量不得大于 2%，泥块含量不得大于 0.5%，严禁使用山砂、海砂。质量应符合 JGJ 52—2006。

（4）粉煤灰必须为同厂家、同样等级产品，宜选用一、二级低钙灰，对首次采用的粉煤灰同

样应做相应的性能试验。粉煤灰质量应符合 GB 1596《用于水泥和混凝土中的粉煤灰》的规定。

（5）混凝土拌和用水应符合 JGJ 63—2006《混凝土用水标准（附条文说明）》的规定，见表 1-1-9。

表 1-1-9　　　　　　　　　　　　　混凝土拌和用水质量要求

质量标准	pH	不溶物（mg/L）	可溶物（mg/L）	氯化物（以 Cl^- 计）（mg/L）	硫酸盐（以 SO_4^{2-} 计）（mg/L）	碱含量（mg/L）
允许值	>4.5	<2000	<5000	<1000	<2700	<1500

（6）混凝土配制工艺性能要求。

1）混凝土最大水胶比 0.45。

2）坍落度 160±20（施工坍落度）。

3）初凝时间≥2h。

4）最大碱含量 3.0kg/m^3。

5）最大氯离子含量（水泥用量的百分比）0.15。

6）混凝土应掺入 UF500 抗裂纤维，其掺量为 0.9kg/m^3。纤维应满足以下要求：密度 0.9g/cm^3，长度 2～3mm，弹性模量大于 8.5GPa，直径为 10～20μm，抗拉强度不小于 750MPa，断裂伸长率不小于 10%。

（7）混凝土试验要求。

1）混凝土根据配合比要求和原材料要求进行多组试配，并经有关部门认可。

2）根据工期安排要求，进行 3 天、7 天、28 天强度试验，通过不同阶段的试验确定混凝土的强度是否达到设计要求。通过试验搅拌，测定出机混凝土的温度、初凝时间、终凝时间和坍落度数据。

3）拌和设备投入混凝土生产前，应按经批准的混凝土施工配合比进行最佳投料顺序和拌和时间的试验。混凝土拌和必须按照试验部门签发并经审核的混凝土配料单进行配料，严禁擅自更改。

4）首次使用的混凝土配合比应进行开盘鉴定，其工作性能应满足设计配合比的要求。开始生产时应至少留置一组标准养护试件，作为验证配合比的依据。

5）外加剂预先均匀溶解在水中，测定密度、浓度后按定量加入混凝土中拌和。

6）混凝土养护：模板拆除应避免太阳光暴晒，及时洒水湿润后，始终保持混凝土表面湿润，防止混凝土表面由于失水过多而产生干缩裂缝。

7）混凝土养护时间不得少于 7 天，有特殊要求部位宜适当延长养护时间。

8）混凝土应连续养护，养护期内始终使混凝土表面保持湿润和适宜的温度。

7.5.2　分工明确

根据施工工序责任到人，明确每道工序质量目标、责任人和监督负责人，上道工序不合格不允许进入下道工序，见表 1-1-4 阀厅防火墙施工工艺亮点细化管理卡。

7.5.3　成品保护措施

（1）上层混凝土浇筑时，下层设专人看护，有水泥浆或混凝土流到下层墙面上时，立即使用水管和毛巾浇水冲（擦）洗，确保擦洗干净，不留痕迹。

（2）泵车司机按现场施工管理人员与技术人员要求控制浇筑速度与泵管下料位置，泵管移动时，管内余浆尽量排净，防止余料污染成型墙面。

（3）拆模时严禁使用撬棍直接在混凝土墙面上撬动模板，使用小锤轻击模板背棱，模板与混凝土脱离后，直接用吊车整片将模板吊离。

（4）模板拆除、提升与安装过程中，严禁吊钩、钢管、模板、槽钢划擦或撞击成型混凝土墙面。

（5）脚手架板要满铺，使用工具袋，工器具使用小绳绑在手腕上，防止掉落。

（6）预埋铁件及时涂刷防锈漆，防止锈水污染墙面；刷漆时埋件周边贴纸胶带，防止油漆污染墙面；漆桶放置稳当可靠，防止倾覆洒出油漆污染墙面。

（7）洞口及棱角处及时采用木板护角。

8 安 全 措 施

8.1 风险识别及预防控制措施

安全风险辨识及预防控制措施表见表1-1-10。

表 1-1-10　　　　　　　安全风险辨识及预防控制措施表

风险编号	工序	风险可能导致的后果	风险评定值 D	风险级别	风险控制关键因素	预控措施	备注
02030100	钢筋工程						
02030101	钢筋安装	触电、物体打击、机械伤害	54（6×3×3）	4	人员异常、环境变化、气候变化	一、钢筋加工（D值54，4级） （1）钢筋制作场地应平整，工作台应稳固，照明灯具应加设防护网罩。进场后的钢筋应按规格、型号分类堆放，并醒目标识。 （2）展开盘圆钢筋时，要两端卡牢，防止回弹伤人。圆盘钢筋放入圈架应稳，如有乱丝或钢筋脱架，必须停机处理。进行调直工作时，不允许无关人员站在机械附近，特别是当料盘上钢筋快完时，要严防钢筋断头打人。 （3）切断长度小于400mm的钢筋必须用钳子夹牢，且钳柄不得短于500mm，严禁直接用手把持。 （4）严禁戴手套操作钢筋调直机，钢筋调直到末端时，人员必须躲开；当钢筋送入调直机后，手与曳轮必须保持一定距离，不得接近；在调直机未固定、防护罩未盖好前不得送料；作业中严禁打开各部防护罩及调整间隙。短于2m或直径大于9mm的钢筋调直，应低速加工。操作钢筋弯曲机时，人员站在钢筋活动端的反方向；弯曲小于400mm的短钢筋时，要防止钢筋弹出伤人。 （5）焊接时，防止钢筋碰触电源。电焊机必须可靠接地，不得超负荷使用。 （6）采用直螺纹连接时，操作钢筋剥肋滚轧直螺纹的操作人员不得留长发、穿无纽扣衣衫，工作时应避开在切断机、切割机、吊车等外在设备对面，以防事故发生。任何人不得戴手套接触旋转中的丝头和机头。 （7）在钢筋冷拉过程中，经常检查卷扬机的夹头，钢筋两侧2m范围内，严禁人员和车辆通行。 二、钢筋搬运及安装（D值54，4级） （1）多人抬运钢筋，起、落、转、停等动作应一致，人工上下传递时不得站在同一垂直线上。在建筑物平台或走道上堆放钢筋应分散、稳妥，堆放钢筋的总重量不得超过平台的允许荷重。若采用汽车起重机进行搬运，需做好相应管控措施。	人员资质、数量已核对，隔离措施已做，天气良好

续表

风险编号	工序	风险可能导致的后果	风险评定值 D	风险级别	风险控制关键因素	预控措施	备注
02030101	钢筋安装	触电、物体打击、机械伤害	54（6×3×3）	4	人员异常、环境变化、气候变化	（2）搬运钢筋时与电气设施应保持安全距离，严防碰撞。在施工过程中应严防钢筋与任何带电体接触。 （3）在使用起重机械吊运钢筋时必须绑扎牢固并设溜绳，钢筋不得与其他物件混吊。 （4）高处钢筋安装时，不得将钢筋集中堆放在模板或脚手架上。在建筑物平台或过道上堆放钢筋，不得超载，不得靠近边缘，摆放方向正确。 （5）绑扎框架柱钢筋时，作业人员不得站在钢筋骨架上，不得攀登柱骨架上下；绑扎柱钢筋，不得站在钢箍上绑扎，不将料、管子等穿在钢箍内作脚手板。 （6）4m以上框架柱钢筋绑扎、焊接时应搭设临时脚手架，不得依附立筋绑扎或攀登上下，柱子主筋应使用临时支撑或缆风绳固定。搭设的临时脚手架应符合脚手架相关规定。 （7）钢筋、预埋件进行焊接作业时应加强对电源的维护管理，严禁钢筋接触电源。焊机必须可靠接地，焊接导线及钳口接线应有可靠绝缘，焊机不得超负荷使用。框架柱竖向钢筋焊接应根据焊接钢筋的高度搭设相应的操作平台，平台应牢固可靠，周围及下方的易燃物应及时清理。作业完毕后应切断电源，检查现场，确认无火灾隐患后方可离开。 （8）在高处修整、扳弯粗钢筋时，作业人员应选好位置系牢安全带。在高处进行粗钢筋的校直和垂直交叉作业应有安全保证措施。 （9）在事故油池、消防水池等有限空间作业时，应坚持"先通风、再检测、后作业"的原则，在确认有限空间内气体合格后，方可开始施工。施工过程中应保持通风良好，并根据现场实际情况进行实时检测并做好记录	人员资质、数量已核对，隔离措施已做，天气良好
02030200	模板工程						
02030201	模板安装	坍塌、高处坠落	90（3×2×15）	3	人员异常、环境变化、气候变化	（1）模板安装前应确定模板的模数、规格及支撑系统等，在施工作业过程严格执行不得变动，模板支撑脚手架搭设经验收合格，各类安全警告、提示标牌齐全。 （2）建筑物框架施工时，模板运输时施工人员应从安全通道上下，不得在模板、支撑上攀登。严禁在高处的独木或悬吊式模板上行走。 （3）模板顶撑应垂直，底端应平整并加垫木，木楔应钉牢，支撑必须用横杆和剪刀撑固定，支撑处地基必须坚实，严防支撑下沉、倾倒。 （4）支设柱模板时，其四周必须钉牢，操作时应搭设临时工作台或临时脚手架，搭设的临时脚手架应满足脚手架搭设的各项要求。支设4m以上的立柱模板和梁模板时，搭设工作平台，不足4m的可使用马凳操作，不得站在柱模板上操作和在梁底板上行走，更不允许利用拉杆、支撑攀登上下。	人员资质、数量已核对，隔离措施已做，天气良好

风险编号	工序	风险可能导致的后果	风险评定值 D	风险级别	风险控制关键因素	预控措施	备注
02030201	模板安装	坍塌、高处坠落	90 (3×2×15)	3	人员异常、环境变化、气候变化	（5）模板安装时，禁止作业人员在高处独木或悬吊式模板上行走。支设梁模板时，不得站在柱模板上操作，并严禁在梁的底模板上行走。 （6）采用钢管脚手架兼作模板支撑时必须经过技术人员的计算，每根立柱的荷载不得大于 20kN，立柱必须设水平拉杆及剪刀撑。 （7）作业期间，如遇六级及以上大风或雷暴、冰雹、大雪等恶劣天气时，停止露天高处作业。 （8）恶劣天气后，必须对支撑架全面检查维护后方可开始安装模板。 （9）在事故油池、消防水池等有限空间作业时，应坚持"先通风、再检测、后作业"的原则，在确认有限空间内气体合格后，方可开始施工。施工过程中应保持通风良好，并根据现场实际情况进行实时检测并做好记录	人员资质、数量已核对，隔离措施已做，天气良好
02030202	模板拆除	坍塌、物体打击、机械伤害	126 (6×3×7)	3	人员异常、环境变化、交叉作业	（1）拆模前，应保证同条件试块试验满足强度要求。 （2）模板拆除应严格执行施工方案。按顺序分段进行。严禁猛撬、硬砸及大面积撬落或拉倒。高处拆模应划定警戒范围，设置安全警戒标识并设专人监护，在拆模范围内严禁非操作人员进入；高处作业人员脚穿防滑鞋，并选择稳固的立足点，必须系牢安全带。 （3）作业人员在拆除模板时应选择稳妥可靠的立足点，高处拆除时必须系好安全带。拆除的模板严禁抛扔，应用绳索吊下或由滑槽、滑轨滑下。滑槽周围不小于 5m 处应划定警戒范围，设置安全警戒标识并设专人监护，严禁非操作人员进入。 （4）作业人员拆除模板作业前应佩戴好工具袋，作业时将螺栓、螺帽、垫块、销卡、扣件等小物品放在工具袋内，后将工具袋吊下，严禁随意抛下。 （5）拆下的模板应及时运到指定地点集中堆放，不得堆在脚手架或临时搭设的工作台上。 （6）作业人员在下班时不得留下松动的或悬挂着的模板以及扣件、混凝土块等悬浮物。 （7）拆除的模板严禁抛扔，应用绳索吊下或由滑槽、滑轨滑下。 （8）作业期间，如遇有六级及以上大风或雷暴、冰雹、大雪等恶劣天气时，停止露天高处作业。 （9）在事故油池、消防水池等有限空间作业时，应坚持"先通风、再检测、后作业"的原则，在确认有限空间内气体合格后，方可开始施工。施工过程中应保持通风良好，并根据现场实际情况进行实时检测并做好记录	人员资质、数量已核对，隔离措施已做，无交叉作业
02030300	混凝土工程						

续表

风险编号	工序	风险可能导致的后果	风险评定值 D	风险级别	风险控制关键因素	预控措施	备注
02030301	混凝土作业	触电、机械伤害	54（6×3×3）	4	人员异常、环境变化、交叉作业	（1）启动搅拌机待其转动正常后投料，搅拌机上料斗升起过程中，禁止在斗下敲击斗身，出料口设置安全限位挡墙。采用自动配料机及装载机配合上料时，装载机操作人员要严格执行装载机的各项安全操作规程。 （2）指定专人（搅拌机手）操作搅拌机，操作前检查传动机械装置安好、接地线已装设。搅拌机运转时，严禁作业人员将铁铲等工具伸入滚筒内。严禁出料时中途停机，也不得满载启动。 （3）采用吊罐运送混凝土时，钢丝绳、吊钩、吊扣必须符合安全要求，连接牢固，罐内的混凝土不得装载过满。吊罐转向、行走应缓慢，不得急刹车，下降时应听从指挥信号，吊罐下方严禁站人。 （4）浇筑混凝土前检查模板及脚手架的牢固情况，作业人员必须穿好绝缘靴，戴好绝缘手套后再进行振捣作业，在操作振动器时严禁将振动器冲击或振动钢筋、模板及预埋件等，振动器搬动或暂停，必须切断电源。不得将运行中的振动器放在模板、脚手架或未凝固的混凝土上。 （5）模板安装验收合格。在混凝土浇筑时，禁止集中布料导致局部荷载过大，造成支撑结构变形垮塌。 （6）混凝土施工时，确保模板和支架有足够的强度、刚度和稳定性；布料设备不得碰撞或直接搁置在模板上，手动布料时，必须加固杆下的模板和支架。泵送设备支腿应支承在水平坚实的地面上，支腿底部与路面等边缘应保持一定的安全距离；泵启动时，人员禁止进入末端软管可能摇摆触及的危险区域。 （7）在事故油池、消防水池等有限空间作业时，应坚持"先通风、再检测、后作业"的原则，在确认有限空间内气体合格后，方可开始施工。施工过程中应保持通风良好，并根据现场实际情况进行实时检测并做好记录	人员资质、数量已核对，隔离措施已做，天气良好
02030400	砌筑工程						
02030401	主体填充墙砌筑	高处坠落、物体打击	42（3×2×7）	4	人员异常、环境变化、交叉作业	（1）作业人员严禁站在墙身上进行砌砖、勾缝、检查大角垂直度及清扫墙面等作业或在墙身上行走。 （2）采用门型脚手架上下榀门架的组装必须设置连接棒和锁臂。在脚手架的操作层上必须连续满铺与门架配套的挂钩式钢脚手板。当操作层高度大于等于 2m 时，应布设防护栏杆。脚手架上堆料量不准超过荷载，侧放时不得超过三层。同一块脚手板上的操作人员不超过 2 人；不准用不稳固的工具或物体在脚手板上垫高操作，同一垂直面内上下交叉作业时，必须设安全隔板，作业面应设置挡脚板。 （3）作业人员在高处作业前，应准备好使用的工具，严禁在高处砍砖，必须使用七分头、半砖时，宜在下面用切割机进行切割后运送到使用部位。在高处作业时，应注意下方是否有人，不得向墙外砍砖。下班前应将脚手板及墙上的碎砖、灰浆清扫干净。砌筑用的脚手架在施工未完成时，严禁任何人随意拆除支撑或挪动脚手板。	人员资质、数量已核对，隔离措施已做，天气良好

续表

风险编号	工序	风险可能导致的后果	风险评定值 D	风险级别	风险控制关键因素	预控措施	备注
02030401	主体填充墙砌筑	高处坠落、物体打击	42（3×2×7）	4	人员异常、环境变化、交叉作业	（4）作业人员在操作完成或下班时应将脚手板上及墙上的碎砖、砂浆清扫干净后再离开，施工作业应做到"工完、料尽、场地清"。 （5）吊运砖、砂浆的料斗不能装得过满，吊臂下方不得有人员行走或停留。严禁抛掷材料、工器具	人员资质、数量已核对，隔离措施已做，天气良好

8.2　安全保障措施

（1）距地 2m 以上施工或可能造成坠落的区域内施工的人员必须正确佩戴安全带，施工时安全带必须挂钩在可靠处。登高作业时，连接件（包括钉子）等材料必须放在箱盒内或工具袋里，施工工具必须装在工具袋中，严禁散放在脚手板上。

（2）脚手架距离防火墙过远（约 50cm），在进行防火墙钢筋绑扎时要先在两侧脚手架之间铺设脚手板，形成施工作业面，然后再挂上安全带进行施工。

（3）在进行上一段防火墙施工前，下一段防火墙与脚手架之间要有可靠防护措施：脚手架横杆挑出至防火墙，并铺设脚手板，脚手板与横杆之间用 18 号铅丝绑扎牢固。

（4）模板系统的吊装应严格遵守塔吊操作规程作业，有专职的指挥信号员。高空吊装物体，应采用捆绑式吊装方法加装速差自控器以防绳索滑动导致物体坠落伤人，在吊物下严禁站人，吊装过程中应指定专人监护。

（5）脚手架操作平台采用 $\phi48\text{mm}×3.5\text{mm}$ 钢管搭设，应严格执行 JGJ 130—2011 进行施工。

（6）施工的同时做好安全设施，脚手架操作平台必须有 1.2m 高的安全护栏，搭设的跑道及临时设施必须符合使用要求并牢固完整，派专人定时检查维修，确保人员通行及施工的安全。脚手架的操作层应保持畅通，不得堆放超载的材料。工作前应检查脚手架的牢固和稳定性。

（7）拆除模板时，防火墙墙身的混凝土强度必须达到设计要求。

（8）内外安全网、脚手网、平台铺板、防护棚等安全设施经常检查，发现问题及时修复，并做好记录。模板系统平台上按要求配备灭火器，做好防火工作。

（9）注意收听天气预报，如遇 5 级以上大风、雨雪等恶劣天气，应停止作业。做好脚手架加固措施，保证平台稳固。脚手架上施工人员迅速下到地面，切断电源。

（10）作业人员工作前要事先检查所使用的工具是否牢固，扳手等工具必须用绳链系挂在身上，工作时精神要集中，防止钉子扎脚和从空中滑落。

（11）吊装和拆除模板前应向操作班组进行安全技术交底，在作业范围设安全警戒线并悬挂警示牌，拆除时派专人（监护人）看守。

（12）在吊装和拆模板时，要有专人指挥和切实的安全措施，并在相应的部位设置隔离区，严禁非操作人员进入作业区。

（13）模板施工时，每人要有足够工作面，数人同时操作时要明确分工，统一信号，协力进行。

（14）特殊工种须持证上岗，上岗人员应定期检查。搭设脚手架人员必须戴好安全帽、系好安全带、穿防滑鞋。

（15）施工人员在施工中不得乱拆乱动物件，施工中用的材料放置妥善，下班时应清理操作平台上的杂物。

（16）操作平台上不得超荷载堆放，结构不应大于 $3kN/m^2$，必须每天对操作平台进行清理。

（17）电气开关、起重机具、起吊索具、吊钩、构件支架、模板夹具等重要设备及关键器件，每班作业前均应逐一认真检查。

（18）塔吊操作要求。

1）超过额定负载时无特批措施不得起吊。

2）指挥信号不明、重量不明不得起吊。

3）吊索和附件捆绑不牢或散装物装得太满，不符合安全要求不得起吊。

4）不得吊着重物加工。

5）吊物上站人或物上有其他物件时不得起吊。

6）氧气瓶、乙炔瓶等危险物品没有安全措施不得起吊。

7）露天作业六级以上大风、暴雨、大雾天不得起吊。

8）斜拉斜牵不得起吊。

9）散件捆扎不牢不得起吊。

10）吊物下方有人不得起吊。

8.3　文明施工保证措施

（1）文明施工目标：达到"设施标准、行为规范、施工有序、环境整洁"；严格遵循安全文明施工"六化"要求；树立安全文明施工品牌形象；创建安全文明施工典范工程。

（2）所有施工人员进入施工现场必须遵守施工现场六大纪律：严禁酒后进入施工现场，严禁在施工现场流动吸烟，严禁擅自进入危险作业区；进入施工现场必须正确佩戴安全帽，系好帽带，严禁坐安全帽，遵守安全设施使用规则，自觉使用安全设施保护自身安全。

（3）施工用电须严格遵守用电安全规程，电缆线不得随意拉接，现场配电柜必须配置漏电装置，非专业人员不得操作。

（4）特种作业人员必须持证上岗，严禁无证操作。施工现场应保持整洁，土方集中堆放，做到"工完、料尽、场地清"。

（5）施工用料应堆放整齐，各施工设备不得随意停放。所有施工机械应服从指挥，控制场内行驶速度，不得野蛮施工。

（6）混凝土浇筑后应及时组织人力清理干净，现场做到"工完、料尽、场地清"。

（7）作业区域必要时采用警戒绳和挂设安全标语牌及标识示警，非施工人员严禁入内。土方运输车及混凝土搅拌车出施工区应清洗轮胎，并派专人清扫道路。保持施工区内外道路干净无污染。

9　环保、水保措施

（1）环境管理目标：从设计、材料、施工、建设管理等方面采取有效措施，落实环境保护和水土保持方案及批复意见，建设资源节约型、环境友好型的绿色和谐工程。落实"同时设计、同时施工、同时投产"的"三同时"制度，在施工过程中保护生态环境，不发生生态环境污染事故，力争减少施工场地和周边环境植被的破坏，减少水土流失，确保顺利通过国家环保、水保验收。

（2）遵守国家环境保护的法律规定，加强现场环境管理，实行环保目标责任制。对施工现场的环境进行综合治理，对施工现场的重要环境因素：水泥浆水排放、建筑垃圾等进行重点监控落实措施。

（3）施工前应根据平面布置图对施工区域作统一安排，布局合理。对建筑垃圾集中堆放点、危险物定置点应标识清楚。

（4）妥善处理泥浆水的排放，必须经过沉淀池沉淀后方可排入污水系统。

（5）防止噪声污染，减轻噪声扰民。严格控制作业时间，一旦晚上需工作时应停止强噪声作业，同时要尽量选用低噪声机具和工艺。做到施工噪声白天不超过 70dB，晚上不超过 45dB。如必须连续施工时，应事先征得环保部门的批准。

（6）采取有效措施控制施工过程中的扬尘。施工现场垃圾渣土要及时清理出场。施工道路上尘土要及时清理。车辆出场车轮不带泥砂，防止造成周围环境污染。

10 效 益 分 析

钢模板施工工艺较适用于换流站换流变压器工程防火墙施工中使用，具有以下特点：

（1）目前换流站防火墙基本实现了标准化设计，钢模板可以重复周转使用，根据统计可以周转使用 50 次以上。相对于木模板，其大大减少了模板辅助材料的投入，施工成本有显著降低。

（2）墙体钢筋绑扎和现场模板组拼可同时进行，现场拼装施工速度快、易操作，提高支模速度，与常规的钢筋混凝土实体墙和钢筋混凝土框架＋填充墙节相比，可缩短施工工期 50％～71％，大幅度提高施工效率。

（3）相对于以往木模板和塑料模板，组合钢模板刚度高，混凝土基本不胀模，尺寸标准，平整度高。混凝土浇筑成型外光内实，表面光洁无色差，自然、淳朴、典雅，符合节能绿色环保理念。

（4）社会及经济效益．以设计标准化为基础，采用通用钢模板浇筑混凝土构筑物，可提高现场机械化施工程度，减少劳动力投入，降低现场安全风险，加快工程建设进度。钢模板符合国家"节材代木"经济政策，通用钢模板经久耐用，可最大限度提高模板循环利用频率，提高周转次数，避免传统施工模板现配、现制、现支、现拆的弊端，维护费用低，可降低全寿命周期成本。

（5）相对于木模板和塑钢模板，组合钢模板尺寸大，单块标准板质量大，垂直运输要采用起重机、塔式起重机等配合，材料运输周转成本较高。

11 应 用 实 例

特高压换流站工程换流变压器防火墙应用普遍，实例如图 1-1-23 和图 1-1-24 所示。

12 防火墙模板及支撑体系计算书

12.1 工程属性

新浇混凝土墙名称为防火墙，工程属性见表 1-1-11。

图 1-1-23　古泉换流站高端换流变压器防火墙

图 1-1-24　南昌换流站低端换流变压器防火墙

表 1-1-11　　　　　　　　　　　　工　程　属　性

参数名称	值
新浇混凝土墙墙厚（mm）	350
混凝土墙的计算长度（mm）	81 000
混凝土墙的计算高度（mm）	2500

12.2　荷载组合

侧压力计算依据规范为 JGJ 162—2008《建筑施工模板安全技术规范》，荷载组合见表 1-1-12。

表1-1-12 荷载组合

参数名称	值
混凝土重力密度 γ_c（kN/m³）	24
外加剂影响修正系数 β_1	1
混凝土浇筑速度 V（m/h）	2
新浇混凝土初凝时间 t_0（h）	4
混凝土坍落度影响修正系数 β_2	1
混凝土侧压力计算位置处至新浇混凝土顶面总高度 H（m）	2.5
新浇混凝土对模板的侧压力标准值 G_{4k}（kN/m²）	$\min\left[0.22\gamma T_{A0}\beta_1\beta_2 V^{\frac{1}{2}},\ \gamma_c H\right]=\min\left[0.22\times24\times4\times1\times1\times2^{\frac{1}{2}},\right.$ $\left.24\times2.5\right]=\min\left[29.87,\ 60\right]=29.87\text{kN/m}^2$
倾倒混凝土时对垂直面模板荷载标准值 Q_{3k}（kN/m²）	2.000
结构重要性系数 γ_0	1
可变荷载调整系数 γ_L	0.9

新浇混凝土对模板的侧压力标准值 $G_{4k}=\min\left[0.22\gamma T_{A0}\beta_1\beta_2 V^{\frac{1}{2}},\ \gamma_c H\right]=\min\left[0.22\times24\times4\times1\times1\times2^{\frac{1}{2}},\ 24\times2.5\right]=\min\left[29.87,\ 60\right]=29.87\text{kN/m}^2$

$S_{max}=\gamma_0\times(1.3G_{4k}+\gamma_L\times1.5Q_{3k})=1\times(1.3\times29.87+0.9\times1.5\times2.000)=41.53\text{kN/m}^2$

正常使用极限状态设计值 $S_k=G_{4k}=29.87\text{kN/m}^2$

12.3 面板布置

小梁布置方式为竖直，面板布置见表1-1-13，模板设计立面图如图1-1-25所示。

表1-1-13 面板布置

参数名称	值
左部模板悬臂长（mm）	125
小梁一端悬臂长（mm）	250
主梁一端悬臂长（mm）	250
对拉螺栓竖向间距（mm）	500
小梁间距（mm）	250
主梁间距（mm）	500
对拉螺栓横向间距（mm）	500

图1-1-25 模板设计立面图

12.4 面板验算

面板类型为覆面木胶合板，面板验算见表1-1-14。

表1-1-14 面板验算

参数名称	值
面板厚度（mm）	18
面板弹性模量 E（N/mm²）	9350
面板抗弯强度设计值 $[f]$（N/mm²）	15.444

墙截面宽度可取任意宽度，为便于验算主梁，取 $b=500\text{mm}$，$W=bh^2/6=500\times18^2/6=27\,000$（$\text{mm}^3$），$I=bh^3/12=500\times18^3/12=243\,000$（$\text{mm}^4$）。

面板荷载受力示意图如图 1-1-26 所示。

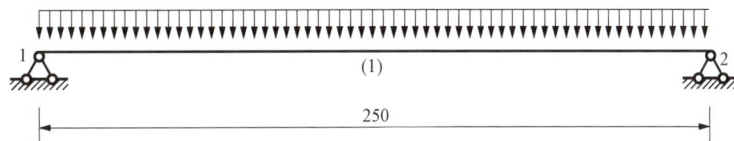

图 1-1-26 面板荷载受力示意图

12.4.1 强度验算

$$q=bS_1=0.5\times41.528=20.764\ (\text{kN/m})$$

面板弯矩图如图 1-1-27 所示。

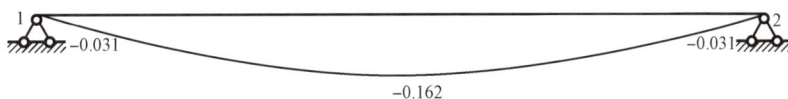

图 1-1-27 面板弯矩图

注 图中数据单位为 kN·m。

$$M_{\max}=0.162\text{kN}\cdot\text{m}$$

$$\sigma=M_{\max}/W=0.162\times10^6/27\,000=6\ (\text{N/mm}^2)\leqslant[f]=15.444\text{N/mm}^2$$

满足要求！

12.4.2 挠度验算

$$q=bS_2=0.5\times29.868=14.934\ (\text{kN/m})$$

面板变形图如图 1-1-28 所示。

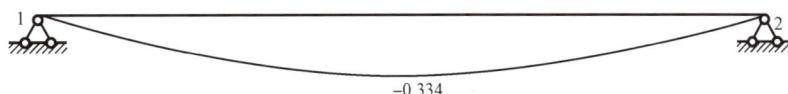

图 1-1-28 面板变形图

$$\nu=0.334\text{mm}\leqslant[\nu]=l/400=250/400=0.625\ (\text{mm})$$

满足要求！

12.5 小梁验算

小梁材质及类型为方木，小梁验算见表 1-1-15。

表 1-1-15 小 梁 验 算

参数名称	值
小梁截面类型（mm）	60×80
小梁弹性模量 E（N/mm²）	9350
小梁抗弯强度设计值 $[f]$（N/mm²）	15.444
小梁截面惯性矩 I（cm⁴）	256
小梁截面抵抗矩 W（cm³）	64

小梁荷载受力示意图如图 1-1-29 所示。

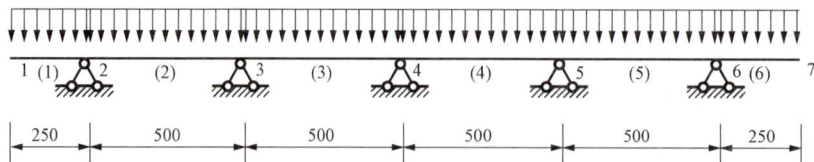

图 1-1-29 小梁荷载受力示意图

12.5.1 强度验算

$$q=bS_1=0.25\times41.528=10.382（kN/m）$$

小梁弯矩图如图 1-1-30 所示。

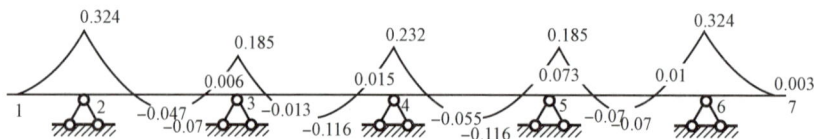

图 1-1-30 小梁弯矩图

注 图中数据单位为 kN·m。

小梁剪力图如图 1-1-31 所示。

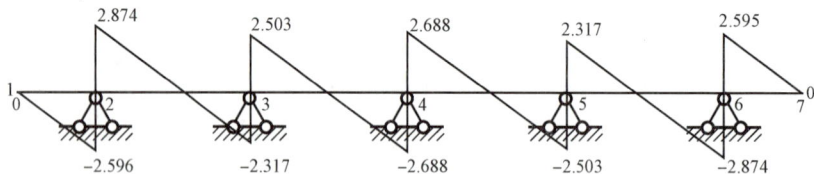

图 1-1-31 小梁剪力图

注 图中数据单位为 kN。

$$M_{max}=0.324kN\cdot m$$

$$\sigma=M_{max}/W=0.324\times10^6/64\,000=5.069N/mm^2\leqslant[f]=15.444N/mm^2$$

满足要求！

12.5.2 挠度验算

$$q=bS_2=0.25\times29.868=5.467kN\cdot m$$

小梁变形图如图 1-1-32 所示。

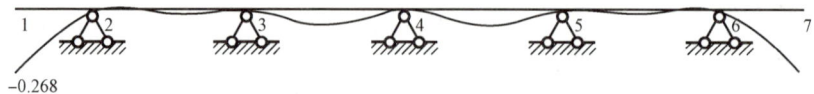

图 1-1-32 小梁变形图

注 图中数据单位为 mm。

$$\nu=0.268mm\leqslant[\nu]=l/400=500/400=1.25mm$$

满足要求！

12.5.3 支座反力计算

$$R_1=5.469kN，R_2=\cdots=R_{173}=5.469kN，R_{174}=3.281kN$$

12.6 主梁验算

主梁材质及类型为钢管，主梁验算见表 1-1-16。

表 1 - 1 - 16　　　　　　　　　　　　　　主 梁 验 算

参数名称	值
主梁截面类型（mm）	$\phi 48 \times 3.5$
主梁抗弯强度设计值 $[f]$（N/mm²）	205
主梁计算截面类型（mm）	$\phi 48 \times 3$
主梁弹性模量 E（N/mm²）	206 000
主梁截面抵抗矩 W（cm³）	4.49
主梁截面惯性矩 I（cm⁴）	10.78

主梁荷载受力示意图如图 1 - 1 - 33 所示。

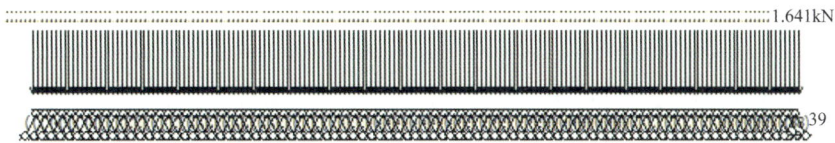

图 1 - 1 - 33　主梁荷载受力示意图

12.6.1　强度验算

主梁弯矩图如图 1 - 1 - 34 所示。

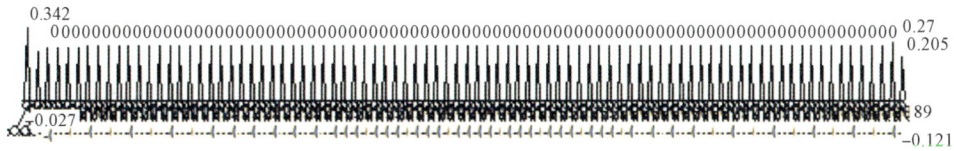

图 1 - 1 - 34　主梁弯矩图

注　图中数据单位为 kN·m。

$M_{\max} = 0.342 \text{kN·m}$

$$\sigma = M_{\max}/W = 0.342 \times 10^6 / 4490 = 76.141 \text{N/mm}^2 \leqslant [f] = 205 \text{N/mm}^2$$

满足要求！

12.6.2　挠度验算

主梁变形图如图 1 - 1 - 35 所示。

图 1 - 1 - 35　主梁变形图

注　图中数据单位为 mm。

$$\nu = 0.488 \text{mm} \leqslant [\nu] = l/400 = 500/400 = 1.25 \text{mm}$$

满足要求！

12.7　对拉螺栓验算

对拉螺栓验算见表 1 - 1 - 17。

表 1-1-17 对 拉 螺 栓 验 算

对拉螺栓类型	M20	轴向拉力设计值 N_{tb}（kN）	38.2

对拉螺栓横向验算间距 $m = \max[500, 500/2+250] = 500mm$

对拉螺栓竖向验算间距 $n = \max[500, 500/2+250] = 500mm$

$N = 0.95mnS_1 = 0.95 \times 0.5 \times 0.5 \times 41.528 = 9.863kN \leqslant N_{tb} = 38.2kN$

满足要求！

典型施工方法名称：压型钢板围护结构典型施工方法

典型施工方法编号：TGYGF002—2022—BD—TJ

编　制　单　位：国家电网有限公司特高压建设分公司

主　要　完　成　人：李康伟　程怀宇　靳卫俊　孟令健

目　次

1 前　言

在特高压换流（变电）站中常采用钢结构＋彩钢板围护结构型式。彩色压型钢板（简称彩钢板）是用表面经化学处理且双面设彩色涂层的薄钢板经辊压冷弯成型的板材，是性能良好的轻质、高强、美观的现代建筑材料。特高压换流站彩钢板围护系统主要应用于换流站阀厅、主辅控制楼、GIS 室、备品库等建筑的围护，其围护系统本身具有一定的力学结构性能，同时又具有美观、防腐、阻燃的特点。

2　本典型施工方法特点

2.1　本方法详细介绍了特高压变电（换流）站工程各种结构形式压型钢板围护系统的安装工艺及关键技术。

2.2　本方法详细介绍了特高压变电（换流）站工程压型钢板围护系统的安全质量控制措施，具备较强的参考性。

3　适　用　范　围

3.1　本方法适用于特高压变电（换流）站建筑物围护结构的施工，包括但不限于主辅控楼、综合楼、高低端阀厅、GIS 室、调相机厂房、继电器小室、检修备品库等。

3.2　以某换流站建筑为例：墙面围护结构按各单体建筑功能需要及构造层次、用料不同，主要分为以下 5 种类别。

3.2.1　内外双层压型钢板·复合保温墙体（钢结构外墙）。

3.2.2　内外双层压型钢板·复合保温防火墙体（钢结构外墙与主控楼/辅控楼相邻墙面）。

3.2.3　双层压型钢板·复合防火墙体（极 1 与极 2 低端阀厅之间）。

3.2.4　外单层压型钢板·复合保温墙体（主控楼、辅控楼等）。

3.2.5　内单层压型钢板·复合保温墙体（阀厅防火墙侧）。

4　编　制　依　据

GB/T 8923.1—2011 涂覆涂料前钢材表面处理　表面清洁度的目视评定　第 1 部分：未涂覆过的钢材表面和全面清除原有涂层后的钢材表面的锈蚀等级和处理等级

GB/T 12754—2019 彩色涂层钢板及钢带

GB/T 12755—2008 建筑用压型钢板

GB/T 13350—2017 绝热用玻璃棉及其制品

GB 50194—2014 建设工程施工现场供用电安全规范

GB 50205—2020 钢结构工程施工质量验收标准

GB 50207—2012 屋面工程质量验收规范

GB 50210—2018 建筑装饰装修工程质量验收标准

GB 50300—2013 建筑工程施工质量验收统一标准

GB/T 50326—2017 建设工程项目管理规范

GB 50345—2012 屋面工程技术规范

GB/T 50375—2016 建筑工程施工质量评价标准

GB/T 50430—2017 工程建设施工企业质量管理规范

GB 50611——2010 电子工程防静电设计规范

GB 50656—2011 施工企业安全生产管理规范

GB 50661—2011 钢结构焊接规范

GB/T 50719——2011 电磁屏蔽室工程技术规范

GB 50720—2011 建设工程施工现场消防安全技术规范

GB 50729—2012 ±800kV 及以下直流换流站土建工程施工质量验收规范

GB 50755—2012 钢结构工程施工规范

GB 50870—2013 建筑施工安全技术统一规范

GB 50896—2013 压型金属板工程应用技术规范

GB/T 50905—2014 建筑工程绿色施工规范

GB/T 51103—2015 电磁屏蔽室工程施工及质量验收规范

Q/GDW 11957.2—2020 国家电网有限公司电力建设安全工作规程

压型钢板、夹芯板屋面及墙体建筑构造（一）（01J925—1）

压型钢板、夹芯板屋面及墙体建筑构造（二）（06J925—2）

压型钢板、夹芯板屋面及墙体建筑构造（三）（08J925—3）

国家电网有限公司输变电工程质量通病防治手册（2020 年版）

国家电网有限公司输变电工程标准工艺（2022 年版）

5 施 工 准 备

5.1 技术准备工作

5.1.1 施工方案编制完成并进行交底。

5.1.2 开工前，编制完成工程安全管理及风险控制方案，识别、评估施工安全风险，制订风险控制措施。

5.1.3 建筑物钢结构吊装完成，防火涂料喷涂完毕，混凝土小室外墙砌筑完成后，建筑物室外散水硬化完成。

5.1.4 墙面、屋面系统的深化设计必须满足现行各类规范的要求，包括墙面、屋面板的抗风设计并提供屋面系统有关技术标准。

5.1.5 深化设计具体内容包括屋面内外板、墙面内外板的选型及设计；绘制屋面及墙面压型钢板排板图，调整节点构造，编制压型钢板配件加工任务单（包括配件形状、尺寸、色彩、色彩朝向、厚度、数量等）。

5.1.6 对现场周边交通状况进行调查，确定大型设备及构件进场路线。

5.1.7 因材料品种多、数量大，须有足够的堆料场放置。将墙面檩条、墙面板、保温棉等材料采取就近原则堆放，方便施工，减少搬运。施工前需要跟现场建管单位协调区域进行材料临时堆放和加工。

5.2 人员组织准备

5.2.1 项目管理组织机构

压型钢板施工工程实行项目管理，成立项目经理负责制的工程施工项目部。要求选派具有丰富管理经验和技术能力的项目经理，代表承建方履行合同，负责工程的全面管理。项目管理组织机构在办理开工申请时报监理、业主审批。

5.2.2　人员岗位职责

各岗位人员职责应符合国家相关法律法规要求，满足项目业主及招标单位的要求。严格按照国家和地方政府关于工程建设和城市（乡镇）管理的政策和法规进行工程建设管理，坚决贯彻落实现场业主、监理等参建单位的各项规章制度，严格对各岗位人员的职责进行分工和明确，主要人员岗位职责及配置见表 1-2-1。

表 1-2-1　　　　　　　　　　　　　　主要人员岗位职责及配置表

序号	岗位	数量	职责
1	项目经理	1	全面负责整个项目的实施
2	技术负责人	1	负责施工方案编写、交底和各种技术问题的处理
3	质检员	2	负责项目质量检查及验收，包括各种质量验收记录
4	安全员	2	负责项目的安全管理
5	测量员	2	负责项目的测量与放样
6	资料员	1	负责项目的资料整理
7	施工员	3	负责项目的施工管理
8	安装人员	50	压型钢板及附属配件安装

在以上人员中，测量员、质检员、安全员及特殊工种作业人员须持有效证件上岗。

5.3　施工机具准备

主要施工工器具、仪器仪表以及吊装机械的配备应以保质保量完成施工任务为目的，主要仪器仪表、施工机具等配备见表 1-2-2～表 1-2-5。

表 1-2-2　　　　　　　　　　　　　　仪 器 仪 表 配 置 表

序号	名称	规格	精度等级	数量	单位	备注
1	水准仪	S3	0.7mm/1mm	1	台	检测合格
2	经纬仪	DJ6	2″	2	台	检测合格

表 1-2-3　　　　　　　　　　　　　　施工作业工机具配置表

设备名称	型号及额定功率	性能	数量	单位	备注
直流电焊机	AX-400	26kW	4	台	现场焊接
角向砂轮机	JB1193-71		12	台	
手电钻	GBM 350RE	900W	60	台	压型钢板安装
对讲机			10	台	
砂轮切割机			1	台	
移动电源箱			20	台	
滑轮			12	个	压型钢板安装用
施工爬梯	需经现场验收		24	个	每副 6m

表 1-2-4　　　　　　　　　　　　　　吊装设备及机械配置表

设备名称	规格型号	数量	单位	备注
汽车吊	50t	2	台	檩条吊装
汽车吊	25t	2	台	檩条吊装
钢丝绳	6×19s	14	根	
镀锌软钢丝绳	8mm	2000	m	

续表

设备名称	规格型号	数量	单位	备注
钢丝绳卡环	M8	400	个	
吊带	5t	14	副	
压板机		1	台	
折弯机		1	台	
电动剪刀		5	把	
手动剪刀		5	把	
C型线夹工具		2	把	
卸扣	1t	28	个	
卡环（U形环）	5t	18	个	
卡环（U形环）	10t	14	个	
棕绳	$\phi/20$	20	根	每根50m
电动葫芦		6	台	
手动扳手		30	把	
千斤顶	2t	2	个	
转运板车		1	辆	

表 1 - 2 - 5　　　　　　　　　　　　安 全 工 器 具 配 置 表

序号	名称	规格	数量	单位	备注
1	安全帽		300	顶	
2	安全带		200	副	
3	攀登自锁器		200	个	
4	警戒绳		200	m	
5	水平防护绳	$\phi 8mm$	1000	m	
6	安全警示牌		40	块	
7	安全隔离带		200	m	
8	垂直安全绳		400	m	

5.4　材料准备

5.4.1　严格按照招标文件要求进行材料采购，深化图未经设计院确认，或设计图未经过会审通过并出版，厂家不得订货加工。采购前必须通过供货商资质报审并经过监理审查、设计审查、物资核查、业主批准后方可将供货商列入合格供方。

5.4.2　应根据经建设单位确认的施工图纸要求采购原材料，所有原材料的供应必须符合合同及图纸设计要求。物资进场前必须提供所使用的所有材料的样品，通过监理组织的样品审查后方可大规模采购。设计工代参与样品审查，并反馈设计院进行确认。物资项目部参与审查，业主项目部最后批准。

5.4.3　所有采购材料必须索取材料分析单、检验书等合格证明文件。

5.4.4　主要材料采购应按照招标文件、设计规范书、设计图、施工合同等法定文件执行。

5.4.5　应采用优质的机器进行加工，储存、运输过程中避免损坏成品压型钢板。

6 施工工艺流程及操作要点

6.1 施工工艺流程

压型钢板围护结构典型施工工艺流程如图1-2-1所示,包括墙面板安装、屋面板安装、细部节点安装3个子流程。其中,墙面板安装和屋面板安装可以并行施工。

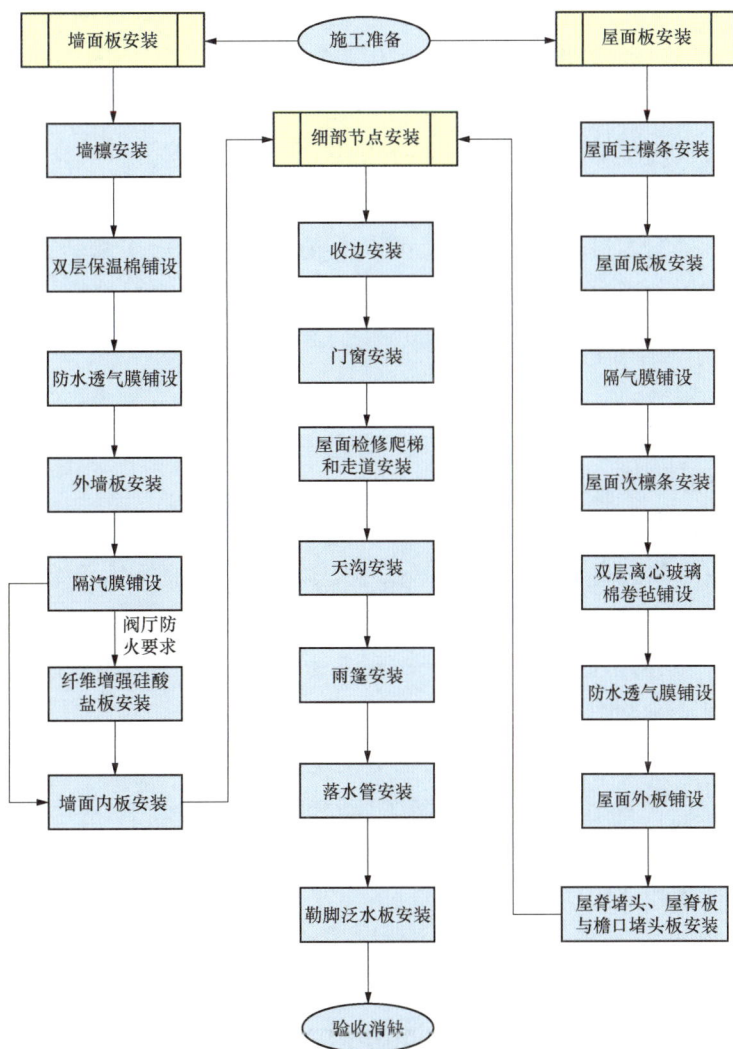

图1-2-1 压型钢板围护结构典型施工工艺流程图

6.2 操作要点

6.2.1 墙面板安装

围护结构压型钢板外板0.8mm厚,内板0.6mm厚,屋面板0.65mm厚。施工前根据提前准备色卡和压型钢板取样,提交建设、监理、设计单位根据颜色选型进行签字确认并留存。如无特殊地域要求,目前换流站一般墙面外板选用RAL6033、内板选用RAL9010、屋面外板选用RAL7035。

6.2.1.1 墙檩安装

(1)檩条施工前,对钢梁的标高、轴线位置进行校核,检查檩托板的焊接位置是否正确,确定无误办理工序交接后,方可进行檩条及次结构的施工。檩条及次结构进入施工现场后,应检查构件的规格、型号、数量,并对运输过程中产生的变形进行检查与校正,檩条直线度偏差

不大于 $L/250$，且不应大于 10mm，超过标准应在地面调直，确保构件的质量，同时向监理单位报验。

（2）在框架结构墙体上通常采用锚栓固定檩托板，钻孔时须保证钻头与基材表面垂直。保证孔径与孔深尺寸准确，钻孔应避开钢筋，特别是预应力筋和受力筋。安装完毕的螺栓要进行现场抗拉拔试验，检验其锚固力是否满足设计要求。

（3）根据檩条安装图按安装位置整理檩条及相关配件，禁止将构件吊错。如发现檩条变形时，应及时校正，禁止吊装变形的构件。檩条破损的位置需补漆，泥垢应用水冲洗干净。

（4）檩条起吊一般采用 2 根吊带并用 U 形环系住檩条两端，就位穿好螺丝以后解开吊带即可，注意防止螺栓掉落，可采用小麻袋装好檩条螺栓并系在檩条两端起吊。

（5）墙面檩条应从下往上安装，一般需要 1 台吊车以及 4 名安装工人，其中 2 名高空安装、2名地面配合。在地面牵拉的人员在斜方向进行牵拉，防止意外坠落伤及牵拉人员。在钢梁及钢柱的平行方向设置相应的生命线绳索，固定牢固，高空作业人员将安全带拴于该绳索上进行作业和移动。在高空安装的人员要求佩戴全方位的安全带，并将安全带系在生命线上，并且站稳或坐稳后方才可以进行安装作业。

（6）檩条安装螺栓配 2 平垫、1 弹垫、1 帽，螺栓安装方向统一将螺母安装在檩托座外边，丝扣外露 2～3 扣。檩条间距误差为 ±5mm。

（7）檩条安装完成后，及时进行拉条、撑杆的安装，并调直檩条。拉条的安装和调节应从上往下进行，保证墙檩的弯曲矢高不大于 $L/750$（L 为檩条长度），且不大于 12mm。

（8）檩条接地。檩条调直后才能进行相关焊接工作，将檩条两端与檩托板焊接，焊缝长度不少于 60mm，焊角高度 6mm。焊接完成后应及时刷漆防锈，涂装要求同檩条制造油漆涂装要求。

6.2.1.2　双层保温棉铺设

（1）保温棉分两层错缝（注意内外错缝，上下错缝）铺设，室内侧覆 F50 阻燃型铝箔玻璃棉，铝箔贴面朝室内；室外侧覆 W58 阻燃型防潮防腐玻璃棉，贴面朝室外。

（2）保温棉紧密铺设时，顶部采用彩钢板做的压条，打自攻钉固定。

6.2.1.3　防水透气膜铺设

（1）在外墙 W58 阻燃型防潮防腐玻璃棉上铺设 0.17mm 厚闪蒸高密度纺粘聚乙烯无纺布防水透气膜。铺设时应保证平整，无破损。

（2）薄膜要求从上而下纵向铺设，顶部采用彩钢压条及自攻钉固定。

（3）防水透气膜搭接宽度 100mm，用 0.1mm 厚、48mm 宽专用丙烯酸胶带密封。

6.2.1.4　外墙板安装

（1）墙面板在安装时，首先要制作施工爬梯用作安装梯，梯高必须超过檐口高度，采用葫芦拉升法将墙面板提升就位并安装。为了达到安全使用的效果，施工爬梯顶部以及中部必须用钢丝绳或者吊带与墙体进行可靠牢固的连接，底部铺设两道槽钢轨道控制平稳移动，确保梯子稳固不晃动，在安装时梯子必须确保直立。施工爬梯在安装使用前必须经过内部验收，安装梯连接位置确保牢固且顺直，方可进行安装。

（2）墙面彩钢板的垂直运输、就位采用手拉或电动葫芦的方式进行。具体方法是：在墙面的顶端檩条上设置葫芦悬挂点，在彩钢板的公肋一侧偏上端的位置钻两个吊挂孔，用挂钩与牵拉绳连接，牵拉人员或电动葫芦操作人员在地面进行牵拉垂直上移，安装梯上的作业人员做护持配合，将彩钢板牵拉至安装位置由安装梯上的作业人员由下而上顺次进行螺栓固定，如图 1-2-2 所示。

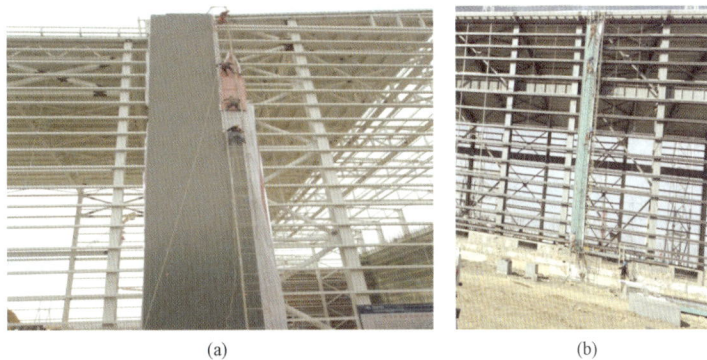

图 1-2-2　压型板安装示意

(a) 示意图一；(b) 示意图二

（3）压型钢板在地面预钻孔工艺。墙面压型钢板钉位要测量划线，每 10 块板一叠在地面预先将孔位全部钻好，安装后能确保自攻钉孔位在同一直线上，自攻钉横平竖直，整体美观。自攻钉排列水平误差不大于 20mm。在外墙板公肋 1/4 位置设置吊装孔，如图 1-2-3 所示。

（4）外板公肋与母肋搭接处通长粘贴丁基胶带。搭接处应按规范及设计要求做好防水密封处理。板内侧的上下两端，粘贴泡沫堵头，以保证外墙面形成封闭。

（5）安装前需将板面擦拭干净、无污渍。吊装时注意彩板顶部应设置保护套，防止彩板上升过程中刮坏已安装的墙面外板，如图 1-2-4 所示。

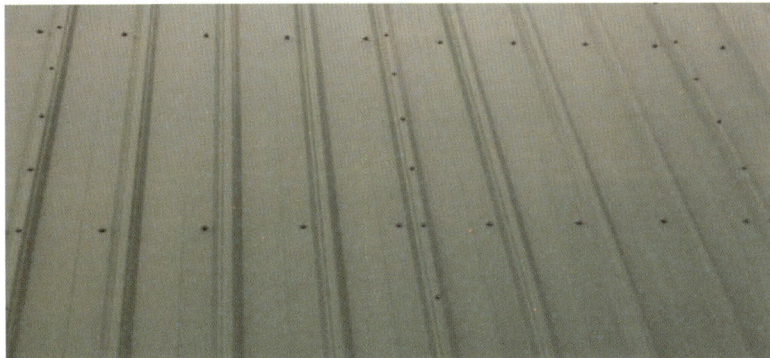

图 1-2-3　自攻钉效果图

图 1-2-4　彩板安装保护套

（6）墙板安装需考虑常年风向，纵向搭接缝应与常年风向相背。第一块板安装，必须使用经纬仪或吊铅锤检测。底部在墙根收边上成一条直线且水平，纵向必须垂直。测量合格、板面平整再打钉，并注意先在底部和顶部各打一颗钉，然后再打满钉。

（7）第二块板安装，不使用经纬仪或吊铅锤检测。通过控制底部在墙根收边上成一条直线且水平，第二块板的母肋与第一块板的公肋搭接严密无偏斜来保证。就位后仍是先在底部和顶部各打一颗钉，然后再打满钉。后续依此方法安装。

（8）当墙面高度方向有多块板搭接时，必须是顺水搭接（上板扣下板）。板水平方向的控制与板在墙根水平线控制类似，都是先定位保证上下两板的波峰对正无偏移，再在板的上下两端各打一颗钉固定后，才能打满钉。每完成 10 块板需复测垂直度不大于 $H7/800$（H 为彩板高度），且不大于 25mm。

（9）板与墙檩用自攻螺钉固定，固定间距不大于 200mm；母肋与公肋搭接处用缝合钉等距固定，固定间距 200～300mm，这个距离的倍数必须是檩条的间距，以保证在檩条固定处的自攻钉与缝合钉成一条直线。上下两块板水平接缝平直偏差不大于 10mm。相邻两板的下端错位不大于 6mm。上下两板搭接不少于 150mm，搭接处应做好密封处理。

6.2.1.5 隔汽膜铺设

（1）采用闪蒸高密度纺粘聚乙烯无纺布隔汽膜从上而下纵向铺设，顶部采用彩钢压条及自攻钉固定。隔汽膜铺设时应平整，无破损。

（2）隔汽膜搭接宽度 100mm，用 0.1mm 厚、48mm 宽专用丙烯酸胶带密封。

（3）将墙面的隔汽膜与屋面延伸下的隔汽膜粘结，搭接宽度不少于 500mm，确保建筑的气密性。在遇到钢柱及门窗洞口时，应延伸出不少于 100mm 的长度，用于收边处理。

6.2.1.6 纤维增强硅酸盐板安装

对于阀厅有防火要求的隔墙，需要在内板侧附加防火硅酸盐板提升隔墙防火等级。防火硅酸盐板安装前设置竖向轻钢龙骨，采用自攻钉四点固定在轻钢龙骨上。

6.2.1.7 墙面内板安装

（1）安装墙根角铁时要求角铁的固定点按图纸施工，两端角铁采用焊接，遇到钢柱时，同时与钢柱焊接。

（2）压型钢板的预钻孔工艺及安装测量工艺同外墙板安装。

（3）由于内墙板兼做屏蔽，所以与外墙板安装不同的是公肋与母肋搭接处取消丁基胶带，且需去脂去漆，每块板不少于 3 处，200mm 间距用缝合钉固定。

（4）上下两板采用逆水搭接（下板扣上板），在下板搭接波峰处也需去脂去漆。应保证搭接处上下两板的波峰对正无偏移，再在板的上下两端各打一颗钉固定后，才能打满钉。上下两块板水平接缝平直偏差不大于 10mm。

（5）内板采用自攻钉与阀厅地面接地环网的角铁连接。

6.2.2 屋面板安装

屋面压型钢板复合保温屋面，采用 360°直立锁边连接方式。排水坡度 1/10，屋面防水等级一级。整个屋面除屋脊部位外没有螺钉穿透，为水密性屋面，如图 1-2-5 所示。

6.2.2.1 屋面主檩条安装

（1）屋面檩条应从檐口往屋脊安装，安装要求与墙面檩条一致。安装时应从控制楼一侧往另一扇墙吊装，这样吊车就有足够的臂展空间。

（2）在主钢梁上安装型钢檩条及拉杆拉条，檩条与钢梁连接处点焊接地；同时安装天沟托架和不锈钢天沟及漏斗，安装前外侧拉通线调直。

6.2.2.2 屋面底板安装

（1）采用汽车起重机进行吊装，每叠为 10 块屋面板，为了防止彩钢板在吊装过程中受损变形，采用一根铁扁担作为支撑并设立两个吊点，采用四点绑扎，绑扎点应用软材料垫至其中，在彩钢板两端设置牵引绳，确保在上升过程中彩钢板保持平稳。当彩钢板上升到预定高度时，汽车起重机司机应听从屋面指挥人员手势，将屋面板吊至预定位置。

（2）屋面内板铺设因不需要着重考虑风向等因素，因此安装时需要保证的是铺设的平整度以及搭接方向是否与山墙面平行，每隔 5 块板要测量一次平行度，保证与檩条垂直。同时内板固定自攻钉要打均匀，确保内板整体受力均匀，在内板上放置的材料不要集中堆放，防止变形或者损坏。

（3）屋面底板安装可以先采用汽车起重机起吊一叠（叠板件数为 10 块屋面板）板放在山墙一端（其下为钢梁或靠近钢梁处），上升过程中应保持平稳。吊至预定位置后，及时与屋面檩条捆绑牢固，以抵抗风荷载。

图中标注：
- 0.8mm厚直立锁边屋面板
- 屋面板支架
- 0.6mm厚底层压型钢板
- 自攻螺钉
- 防水透气层
- 隔汽层
- 玻璃棉保温层
- 附加Z型檩条
- 屋面檩条
- 防冷桥垫块

(a)

- ⑬ 0.65mm厚屋面彩色镀铝锌外层压型钢板，360°直立缝咬口锁边连接(YX75-468)
- ⑫ 空气层
- ⑪ 50厚防冷桥檩条TP-600
- ⑩ 9mm厚纤维增强硅酸盐板
- ⑨ 0.17mm厚闪蒸高密度纺粘聚乙烯无纺布防水透气膜
- ⑧ C100×50×20×1.5镀锌附檩二
- ⑦ 75厚24K离心玻璃棉卷毡(室外侧玻璃棉带W58阻燃型防潮防腐贴面)
- ⑥ 75厚24K离心玻璃棉卷毡(室内侧玻璃棉带F50阻燃型铝箔)
- ⑤ Z150×70×20×2.5镀锌附檩一
- ④ □50×30×2.5，L=100mm
- ③ 0.25mm厚闪蒸高密度纺粘聚乙烯无纺布隔汽膜
- ② 0.6mm厚屋面彩色镀铝锌内层压型钢板，兼做屏蔽(YX28-200-1000)

施工顺序，余同

滑动支座，间距468mm
施工顺序⑫
每支座4颗自攻螺栓

自攻螺钉@200

(b)

- 0.65mm厚屋面彩色镀铝锌外层压型钢板 360°直立缝咬口锁边连接
- 0.6mm厚屋面彩色镀铝锌内层压型钢板 兼做屏蔽
- 滑动支座、间距468mm 每支座4颗自攻螺钉
- 专用防冷桥保温钉@156 TF-40-50
- 2mm厚通长钢片，Q345
- 9mm厚纤维增强硅酸盐板
- 75mm厚24K离心玻璃棉卷毡(室外侧玻璃棉带W58阻燃型防潮防腐贴面)
- 75mm厚24K离心玻璃棉卷毡(室内侧玻璃棉带F50阻燃型铝箔)
- 屋面附檩二：C100×50×20×1.5
- 屋面附檩一：Z150×70×20×2.5
- 屋面主檩条：H350×150×4.5×6
- 0.25mm厚闪蒸高密度纺粘聚乙烯无纺布隔汽膜
- 0.17mm厚闪蒸高密度纺粘聚乙烯无纺布防水透气膜

(c)

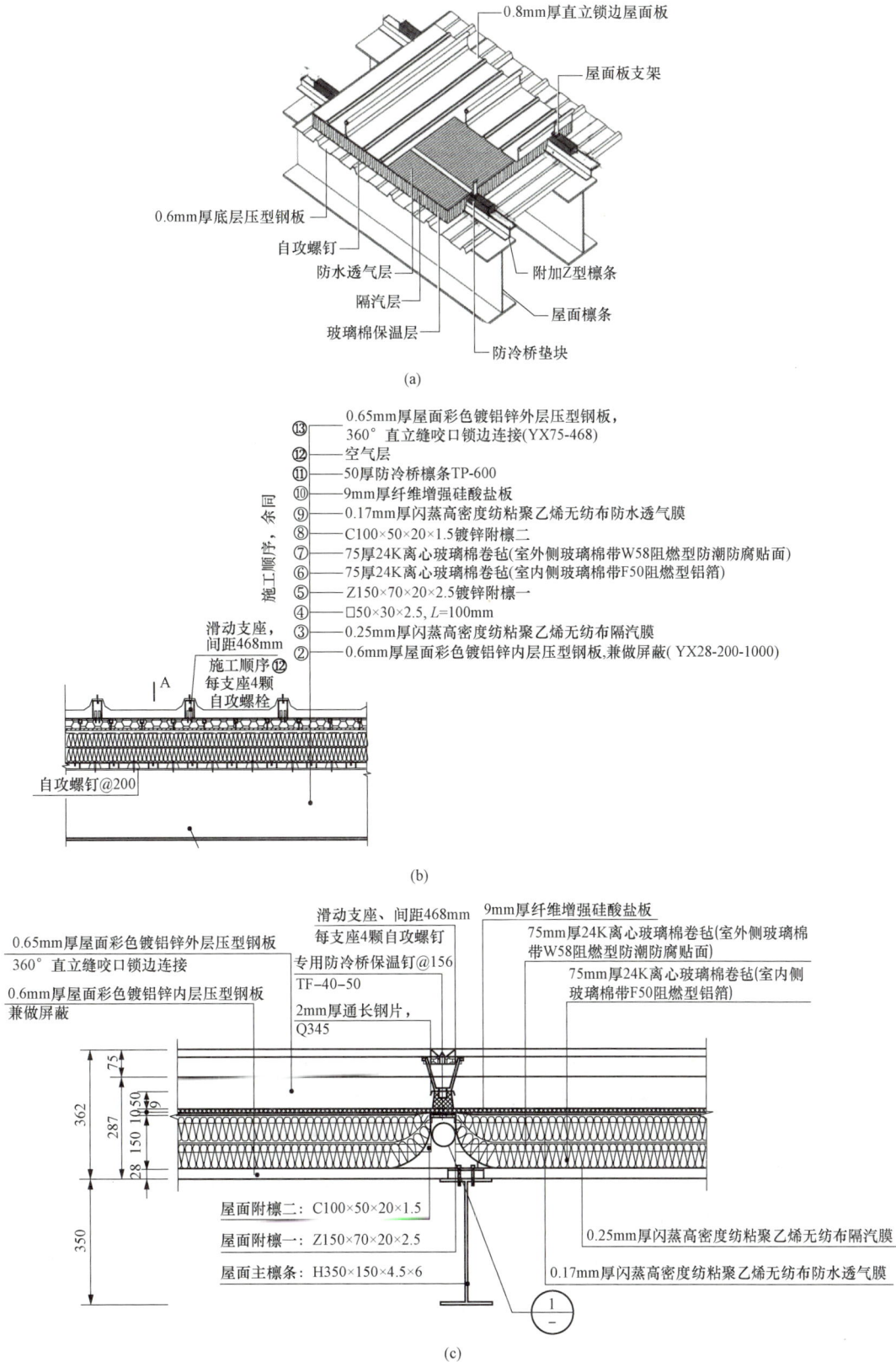

图 1-2-5 屋面板施工节点详图

(a) 屋面结构剖面示意图；(b) 屋面板剖面示意图；(c) 锁边处节点详图

（4）当以一定角度打开捆绑在一起的板件时，要提防板沿屋顶边或者坡度方向滑动。已经打开的板件束散开后尽快放置安装位置，自攻钉可靠紧固。4～5名高空安装工人先铺设一张板，然

后站在已铺设的内板上安装另一张板以确保安全。

（5）底板安装先不需打满钉（等次檩条安装时再满打自攻钉），但必须有足够固定点，防止被大风掀顶。可按每4根檩条固定4个点，每块板固定点不少于3排。

（6）在檩条上面安装底层压型钢板，底板单坡通长。压型钢板用自攻钉与檩条固定，钉间距不大于200mm（其中阀厅屋面板每2块底板波峰与波峰接合处单坡上、中、下三处内外接触面去漆脱脂，其中天沟檐口处安装接地铜鼻子线，屋脊和中间一排用红色接地线，通过自攻钉锁在主檩上）。

（7）安装屋脊内收边，坡面两边用自攻钉锁在主檩上。

6.2.2.3 隔汽膜安装

（1）隔汽膜铺设时应平整，无破损。隔汽膜搭接时，搭接宽度不少于100mm，用0.1mm厚、48mm宽专用丙烯酸胶带密封。

图1-2-6 隔汽膜安装示意图

（2）屋面隔汽膜安装时隔汽膜需向四周墙面延伸，长度不少于500mm，用于墙面预留出来的膜进行对接。且为了保证建筑的气密性，需在屋面四周用专用密封胶进行密封封堵。施工时，注意不要踩坏以及铁件刮坏隔汽膜，如图1-2-6所示。

6.2.2.4 屋面次檩条安装

（1）底板上对应主檩位置固定Z型次檩，固定时必须用自攻钉穿透底板，打在主檩条上。自攻钉间距必须按图纸要求施工。

（2）次檩条安装时要拉线安装确保顺直，固定时要移除之前屋面内板固定钉再进行安装，不然无法安装平整。

（3）次檩条确保要有一定的搭接，不能有间隙，不然影响固定座的安装。

（4）沿钢檩条方案安装防冷桥檩条，采用自攻钉（或防冷桥螺钉）将防冷桥檩条固定在钢檩条上。

（5）在对应主檩位置固定Z型附檩，用自攻钉穿透底板与主檩固定，间距不大于200mm（其中檐口每个波谷处打3颗自攻钉抗风）。

（6）在沿Z型附檩上面铺设高强度防冷桥保温条并覆盖钢套。

6.2.2.5 双层离心玻璃棉卷毡铺设

（1）两层离心玻璃棉卷毡需错缝铺设。注意贴膜的朝向，下层离心玻璃棉的阻燃型铝膜朝室内侧，上层岩棉的W58阻燃型防潮贴膜朝室外侧。

（2）保温棉搭接处需紧密，保证不露缝。保温棉安装分两层错缝铺设，内侧离心玻璃棉室内侧覆阻燃型铝箔，外侧离心玻璃棉室外侧覆防潮防腐贴面。每块离心玻璃棉边沿接口处用订书机订好离心玻璃棉，纵向搭接不低于10cm，搭接严密，保证不露缝（注：上下层离心玻璃棉需要错缝铺设，错缝间隙以两个固定座间距为宜）。

6.2.2.6 防水透气膜铺设

（1）防水透气膜铺设时应平整，无破损。防水透气膜搭接时，搭接宽度不小于100mm，用0.1mm、厚48mm宽专用丙烯酸胶带密封。

（2）从天沟处开始铺设，预留不小于200mm的搭接宽度，且要在搭接处用0.1mm、厚48mm

宽专用丙烯酸胶带密封以连为一体。防水透气膜安装时应采用上下搭接，搭接宽度不小于 50mm，如图 1-2-7 所示。

6.2.2.7　屋面外板铺设

（1）屋面外板采用 360°咬口锁边支座，如图 1-2-8 所示。屋面外板铺设要注意常年风向，板肋搭接需与常年风向相背。屋面板采用汽车起重机进行吊装，每叠为 10 块屋面板，为了防止彩钢板在吊装过程中受损变形，采用一根铁扁担作为支撑并设立两个吊点，采用四点绑扎，绑扎点应用软材料垫至其中，在彩钢板两端设置牵引绳，确保在上升过程中彩钢板保持平稳。当彩钢板上升到预定高度时，汽车起重机司机应听从屋面指挥人员手势，将屋面板吊至预定位置（超过 15m 长板参考类似吊装图）。

图 1-2-7　透气膜安装示意图

（2）屋面檐口处为防风防水措施：屋外板伸入天沟的长度不小于 150mm，且端头应平直。与天沟接口位置通长使用丁基胶带，板与板接口位置设置屋面板内堵头。檐口处使用屋面板压条打钉固定，打钉处内外必须使用防水密封胶处理，如图 1-2-9 所示。

（3）屋面外板安装好以后应用锁边机锁紧。

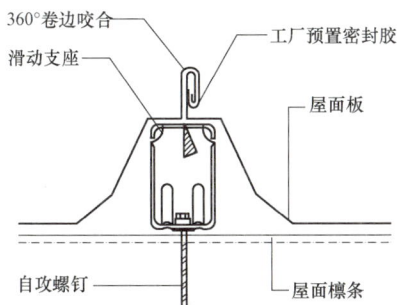

图 1-2-8　屋面外板锁边示意

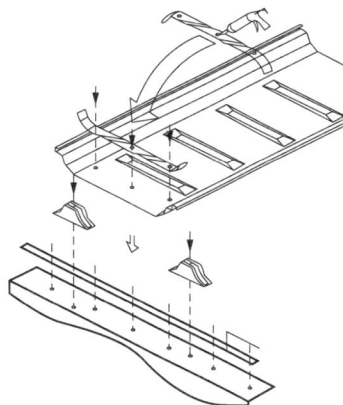

图 1-2-9　屋脊防风防水示意

（4）屋脊防风防水措施：屋脊两侧屋面板需做上折，屋脊处用与屋面板同样材质的钢板做屋脊盖板，并且与屋面板搭接 100mm 以上。屋脊封口板与屋面外板、盖缝板满粘丁基胶带，防水铆钉间距 150mm。屋脊收边应带线安装，收边搭接不少于 100mm，且用两道丁基胶密封，用铆钉每隔 150mm 固定于搭接处。

（5）屋面系统安装完成后，应在雨后或淋水试验检查是否有渗漏和积水。

6.2.2.8　屋脊堵头、屋脊板与檐口堵头板安装

（1）放线定出首装屋脊板的起始基准线，沿安装方向定出屋脊堵头及屋脊板两边线的安装控制线。

（2）安装屋脊堵头：堵头与屋面板接触部位满涂防水胶或粘贴防水封条，然后安装定位，依次安装后装堵头。

（3）将密封条紧贴在堵头及屋面板波峰上，以起始基准线和控制网线安装首装屋脊板，挤压平整并用拉铆钉与屋面板固定。

（4）安装后装屋脊板：在先装板上量测出后装板搭接长度，在板的搭接部位涂刷密封防水胶，后装板用拉铆钉与屋面板固定。

（5）随时检查板缝的密封及搭接长度。

（6）安装屋面檐口堵头板时，应先将封头板扣在板檐上，然后用拉铆钉与屋面板依次固定。

6.2.3 细部节点安装

6.2.3.1 收边安装

（1）屋面收边在控制外观工艺的前提下还要确保的就是防水性能，收边接口处均需要设置丁基胶条和玻璃胶。

（2）山墙收边：山墙收边应顺水搭接，搭接宽度不少于100mm，且用两道丁基胶密封。与墙板固定时，自攻钉间距不大于200mm，如图1-2-10所示。

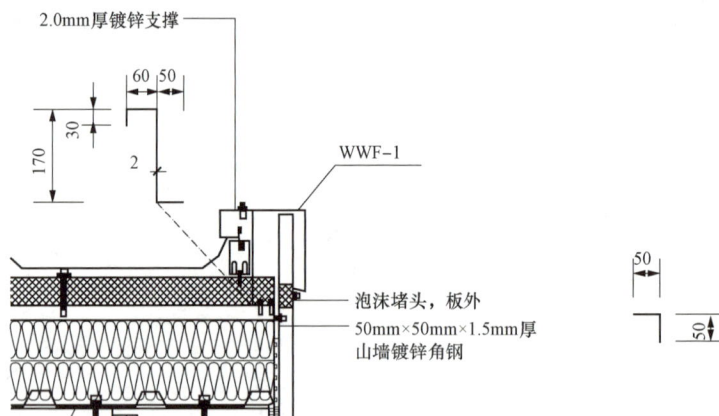

图1-2-10 山墙收边示意图

（3）内收边：与板肋平行的收边，如钢柱收边，应在收边内侧两边粘贴丁基胶带。自攻钉间距200mm，且应与缝合钉在同一直线上。在处理钢柱及门窗收边时，应先将预留出的隔汽膜用丁基胶粘贴，再安装收边。收边的垂直度应与内板的垂直度一致，且保证收边的顺直。与板肋垂直的收边，应在板的波谷处装泡沫堵头。

（4）外收边：与板肋平行的收边，如阴阳角收边，应顺水搭接，搭接长度不少于120mm，且搭接表面不能凹凸不平。垂直度与板的垂直度一致，收边应顺直。

（5）门窗收边：压型钢板与收边件应按顺水搭接方式，并分别设置内外板的泡沫堵头。窗上下与窗侧的插接边无毛刺，自攻钉的间距应一致，必须保证门窗的净空，所有收边防水采用内侧打胶。在铺设墙面保温棉及防水膜时，应将门窗框位置的檩条一起包裹。防水膜延伸到门窗框上，并用收边件固定。

6.2.3.2 门窗安装

（1）工艺流程：弹线→门窗洞口处理→防腐处理与埋设连接铁件→门窗拆包检查→就位和临时固定→门窗固定→门窗扇安装→堵缝、密封嵌填→清理→安装五金配件→包边、接地等。

（2）换流站所有门窗均采用质量等级为一级的优质成品，门窗五金配件均应配齐。

（3）按外立面策划弹好窗中线，并弹好室内+50cm水平线。校核门窗洞口位置尺寸及标高是否符合设计图要求，如有问题应提前进行处理。

（4）门窗位置应提前策划预留，墙面板门窗洞口开孔及收边裁剪使用电剪刀，切口应均匀，避免切口周边油漆损坏。

（5）窗框及门框与混凝土梁柱缝隙四周填充高标C30水泥，与钢构面缝隙填充防火型聚氨酯发泡胶。

（6）活动门扇、窗扇与门窗框合页开启处设置双层超韧性密封带，抗摩擦能力强，经久耐用，气密性好，具有很好的防水、防风尘的密闭效果。

（7）阀厅、辅控楼等有设备房间，门窗应具有电磁屏蔽性能，同时应围绕门窗的门扇、门框周边采用双层青铜电磁弹簧片复合刀口提供连续的导电连接。

6.2.3.3　屋面检修爬梯和走道安装

（1）屋面压型钢板系统，设计时应设置检修口、上人通道、检修通道及防坠落设施。上人屋面应在屋面上设置专用通道。典型爬梯截面、典型屋面检修走道截面、立面分别如图1-2-11～图1-2-13所示。

（2）屋面检修走道采用专用夹具固定在屋面外板360°卷边咬合处，如图1-2-14所示。为避免雨水渗漏隐患，不建议双极低端阀厅屋面钢结构巡视走道采用埋件焊接在中间框架顶部。

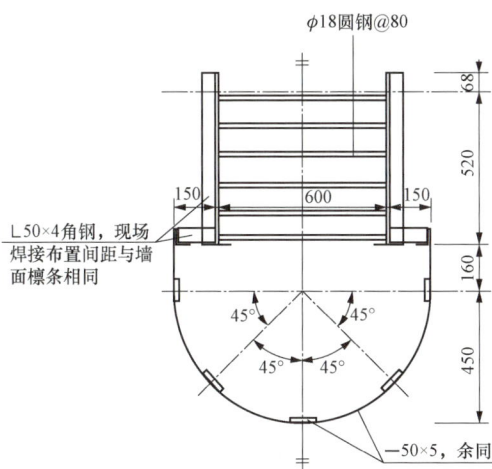

图1-2-11　典型爬梯截面图

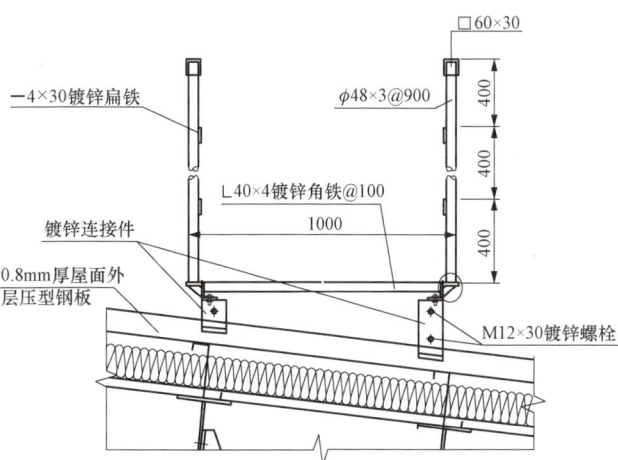

图1-2-12　典型屋面检修走道截面图

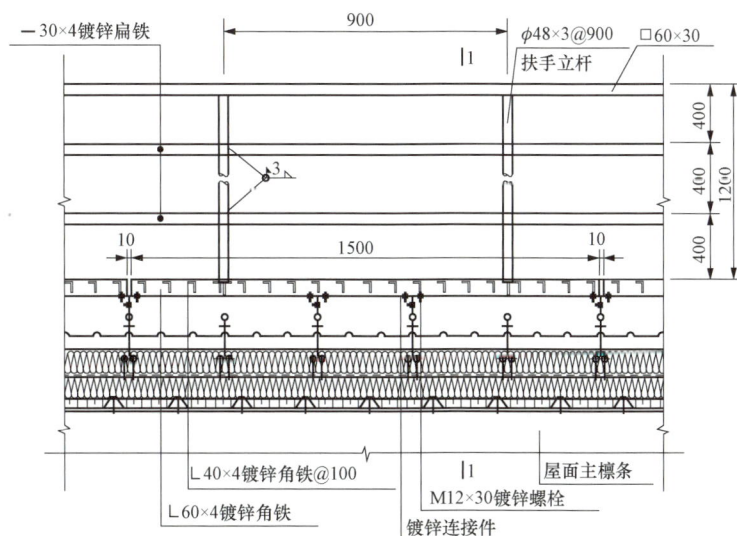

图1-2-13　典型屋面检修走道节立面图

6.2.3.4　天沟安装

（1）天沟主结构的焊接：龙骨安装前先检查钢结构是否平直，调校水槽位钢结构，根据天沟的深度及宽度测量放线，保证天沟在一条直线上，开始点焊天沟的立柱龙骨（即高度龙骨），点焊

图 1-2-14　专用夹具连接示意图

后确认在同一直线上的技术下进行满焊固定，顺向天沟龙骨以 6m 一段进行点焊，焊一条直线后拉一条线来校正是否在同一直线上，确认无误后进行满焊。焊接过程要保证焊缝均匀，清除多余焊渣进行防腐处理。

（2）天沟板的焊接：天沟建议工厂成品加工，根据设计详图，确定屋面天沟的展开尺寸，利用数控大型折弯机进行成型，以 6m 一段的形式，统一包装，拉至现场进行安装焊接。将加工好的水槽在屋面天沟处对接拼装，放置到位，一律满焊不得有任何渗漏现象，连接件的数量和间距需符合设计要求及有关规定，现场焊接以天沟对接形式，采用氩弧焊满焊对接，在对接处采用打磨处理，保证外观及焊缝的质量。

（3）落水槽安装：落水槽安装要求槽底平整，不得有较大变形，尺寸符合设计要求。落水槽的安装应对装规整、焊接良好、外观无显著变形。落水槽焊接时还需注意钢结构底部的水平度，落水槽焊接处应无渗水、槽底无积水等现象，槽底积水深度不得超过 0.3mm。落水槽底面出水口开孔位置及下水管焊接质量，应符合设计要求及有关规定。安装好的水槽板表面不得有裂纹、裂边腐蚀、穿通气孔，不得有轻微的压过划痕等缺陷。天沟收口附件板安装，测量定位后，用拉铆钉固定，板面整洁，线条顺直。

（4）天沟伸缩缝盖板设计为 150mm，天沟伸缩缝缝隙安装宽度为 50mm，可避免因季节性施工而产生的差异，避免因拉裂或顶撞产生的破坏。

（5）每条天沟安装好后，除应对焊缝外观进行认真检查外，还应在雨天检查焊缝是否有肉眼无法发现的气孔，如发现气孔渗水，则应用磨光机打磨该处，并重新焊接。

（6）根据屋面排水方式，在特定范围内保持一定坡度。在特定距离内加装伸缩缝，以防屋面水槽因钢结构变形，使水槽板拉裂。每隔一定距离设置一节伸缩缝，伸缩缝的位置严格按图纸预留。每条天沟安装好后，除应对焊缝外观进行认真检查外，还应在雨天检查焊缝是否有肉眼无法发现的气孔，如发现气孔渗水，则应用磨光机打磨该处，并重新焊接。

6.2.3.5　雨篷安装

（1）雨篷要求采取有组织排水方式，应提前策划，尽量以三通方式就近接入落水管。如果附近建筑物主落水管太远，可单独设置雨落管接入散水雨水井。

（2）雨篷高度及外宽尺寸符合设计要求，外观平整方正，棱角平直。

（3）雨篷包角收边应结合外墙面层材料合理设置。

6.2.3.6　落水管安装

（1）落水斗、落水管采用 304 不锈钢成品，单段落水管长度不超过 6m。

（2）找准天沟开孔位置，落水斗焊接密封。从上往下安装，先在落水斗口处吊铅垂弹直线。落水斗与落水管无缝对接，防止渗水，并保持落水斗垂直，用玻璃胶密封。

（3）落水管采用不锈钢紧箍固定，采用单点双抱箍用防水铆钉固定在檩条上，固定紧箍的钉孔与固定墙面外板的自攻钉在同一水平线。防水铆钉用玻璃胶密封。

（4）落水管从天沟顺直引下进入预埋排水井，应尽可能减少接头，在地面 1.1m 处设置检修口。

6.2.3.7　勒脚泛水板安装

（1）泛水板应采用辊压成型，确保外形美观、刚性好。泛水板必须配有硬质固定措施，泛水板上立边与外墙板的搭接应位于墙面檩条或固定于矮墙上的角钢处。

（2）泛水板上立边与外墙板搭接高度不小于 100mm，泛水板下立边与矮墙的搭接高度不小于 50mm，通过带防水密封胶垫的镀锌自攻钉将泛水板上立边、外墙板固定在墙面檩条或角钢上，搭接部位设置通长丁基橡胶密封带，搭接缝内用软质聚氨酯泡沫堵头封堵严实，自攻钉每波至少一个；通过水泥钉将泛水板下立边固定在矮墙上，水泥钉间距 250mm，如图 1-2-15 所示。

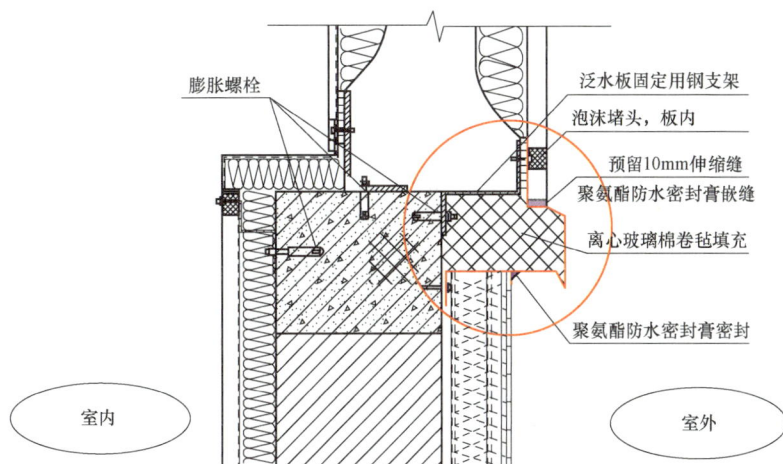

图 1-2-15　勒脚泛水板节点示意图

（3）泛水板与泛水板的搭接方向应与常年主导风向一致，搭接长度不小于外墙板的一个波，搭接部位设置防水密封胶带。泛水板与泛水板的搭接采用防水铆钉（封闭型抽芯铆钉）连接，搭接缝每面铆钉数不少于 2 个。

（4）泛水板水平段在外墙板外应设置不小于 5％的外排水坡度，排水坡起点标高应低于勒脚矮墙顶面标高，如图 1-2-16 和图 1-2-17 所示。

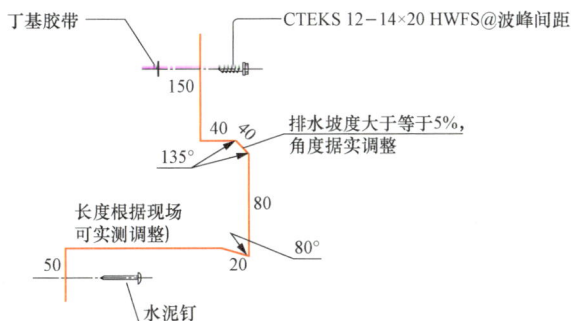

图 1-2-16　勒脚泛水板详图

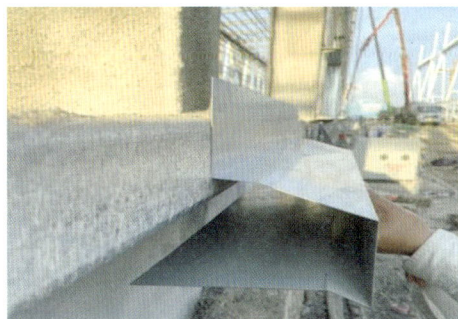

图 1-2-17　勒脚实景图

（5）泛水板与矮墙、外墙板之间的空隙应用离心玻璃棉卷毡填充密实，并满足防火要求。

（6）外露钉头和外露板缝均应采用聚氨酯耐候密封膏封涂密实。

（7）泛水板冗余变形协调能力要求：

1）泛水板在建筑物变形缝处应具备冗余变形能力。

2）泛水板平板与外墙板之间应留置容纳外墙板温度变形的伸缩缝，外墙板不得直接顶触到泛水板平板上，外墙板、泛水板单板长度不宜超过 36m。

3）泛水板之间的搭接应考虑泛水板温度变形影响。

6.2.3.8　其他要求

（1）屋面压型钢板应伸入天沟内或伸出檐口外，出挑长度应通过计算确定且不小于 150mm。

（2）屋面压型钢板系统檐口构造应有相应封堵构件及封堵措施。

（3）屋脊节点应有相应封堵构件及封堵措施。

（4）屋面泛水板立边有效高度不应小于 250mm，并应有可靠连接。

（5）屋面压型钢板系统泛水板设计应符合下列规定：

1）泛水板宜采用与屋面板、墙面板相同材质材料制作。

2）泛水板与屋面板、墙面板及其他设施的连接应固定牢固、密封防水，并应采取措施适应屋面板、墙面板的伸缩变形。

3）当设置泛水板时，下部应有硬质支撑。

4）采用滑动式连接的屋面压型金属板，沿板型长度方向与墙面板间的泛水板应为滑动式连接，并应符合构造要求，如图 1-2-18 所示。

（6）在压型钢板屋面与突出屋面设施交接处，应考虑屋面板断开、伸缩等构造处理。连接构造应设置泛水板，泛水板应有向上折弯部分，泛水板立边高度不得小于 250mm，如图 1-2-19 所示。

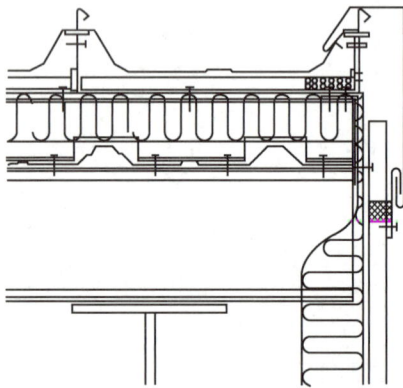

图 1-2-18　滑动式连接示意图　　　　　图 1-2-19　泛水板构造示意图

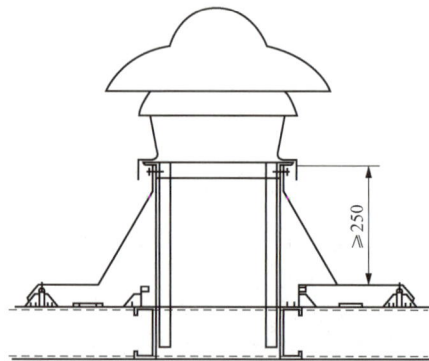

（7）阀厅应采用减少电磁波干扰影响的措施，要求所有的电磁屏蔽体之间连接成为全闭合六面电磁屏蔽体。

1）作为墙面和屋面用的钢板要在边缘处搭接。搭接板必须用防锈电磁屏蔽除漆去脂自攻钉将墙面及屋面内板连接在一起，提供间距不超过 200mm 的导电连接。

2）阀厅室内地坪镀锌焊接钢丝电磁屏蔽网与墙面内层压型钢板的接缝处通过角钢进行导电连接，墙面内层压型钢板与角钢采用@200mm 除漆去脂自攻钉连接。

7　质量控制措施

7.1　质量控制标准

压型钢板围护结构质量控制标准详见表 1-2-6～表 1-2-9。

表 1-2-6 围护结构安装工程质量控制标准

检查项目	质量标准	检验方法
檩条标高控制	定位轴线的偏移≤5.0mm	用拉线和钢尺检查
檩条、墙梁的间距	±5.0mm	用钢尺检查
檩条的弯曲矢高	$L/750$，且不应大于 12.0mm	用拉线和钢尺检查
墙梁的弯曲矢高	$L/750$，且不应大于 10.0mm	用拉线和钢尺检查
檩条接地	焊缝长度≥6cm	用钢尺检查
压型钢板制作	波高尺寸偏差不大于±1.5mm	用拉线和钢尺检查
	侧向弯曲≤20.0mm	用拉线和钢尺检查
	板长尺寸偏差不大于±6.0mm	用钢尺检查
	横向剪切偏差≤6.0mm	用拉线和钢尺检查
	油漆表面无刮痕、刮花现象	外观检查
压型钢板安装	压型钢板在支撑构件上的搭接长度≥120mm	用钢尺检查
	墙面压型钢板波纹线的垂直度 $L/800$ 不大于 25.0mm	用经纬仪和钢尺检查
	相邻两块压型钢板的下端错位不大于 6.0mm	用钢尺检查
保温棉安装	保温棉铺设连续，搭接合理	外观检查
隔汽膜安装	隔汽膜铺设连续，搭接合理	外观检查
密闭性处理	密闭性处理良好	密闭性试验
收边、泛水板安装	折弯面宽度不大于±3.0mm	用钢尺检查
	垂直度偏差小于 $L/800$ 且不大于 25.0mm	用经纬仪和钢尺检查

表 1-2-7 墙梁、檩条构件安装的允许偏差 （mm）

项目	允许偏差	检验方法
檩条、墙梁的间距	±5.0	用钢尺检查
檩条的弯曲矢高	$L/750$，且不应大于 12.0	用拉线和钢尺检查
墙梁的弯曲矢高	$L/750$，且不应大于 10.0	用拉线和钢尺检查

表 1-2-8 压型金属板安装的允许偏差 （mm）

项目	允许偏差	检验方法
檐口与屋脊的平行度	12.0	用拉线和钢尺检查
压型钢板波纹线对屋脊的垂直度	$L/800$，且不应大于 25.0	用拉线和钢尺检查
檐口相邻两块压型金属板端部错位	6.0	用拉线和钢尺检查
压型金属板卷边板件最大波浪高	4.0	用拉线和钢尺检查

表 1-2-9 压型钢板安装的允许偏差 （mm）

项目		允许偏差
墙面	墙板波纹线的垂直度	$H/800$，且不应大于 25.0
	墙板包角板的垂直度	$H/800$，且不应大于 25.0
	相邻两块压型金属板的下端错位	6.0

7.2 强制性执行条文

7.2.1 GB 50205—2020 的 4.2.1 指出，钢材、钢铸件的品种、规格、性能等应符合现行国家产品标准和设计要求，进口钢材产品的质量应符合设计和合同规定标准的要求。

7.2.2　GB 50205—2020 的 6.2.2.1 指出，焊接材料的品种、规格、性能等应符合现行国家产品标准和设计要求。

7.2.3　GB 50661—2011 的 4.0.1 指出，钢结构焊接工程用钢材及焊接材料应符合设计文件的要求，并应具有钢厂和焊接材料厂出具的产品质量证明书或检验报告，其化学成分、力学性能和其他质量要求应符合国家现行标准的规定。

7.2.4　GB 50205—2020 的 6.2.3.1 指出，钢结构连接用高强度大六角头螺栓连接副、扭剪型高强度螺栓连接副、钢网架用高强度螺栓、普通螺栓、铆钉、自攻钉、拉铆钉、射钉、锚栓（机械型和化学试剂型）、地脚锚栓等紧固标准件及螺母、垫圈等标准配件，其品种、规格、性能等应符合现行国家产品标准和设计要求。高强度大六角头螺栓连接副和扭剪型高强度螺栓连接副出厂时应分别随箱带有扭矩系数和紧固轴力（预拉力）的检验报告。

7.2.5　GB 50205—2020 的 5.5.2 指出，焊工必须经考试合格并取得合格证，持证焊工必须在其考试合格项目及其认可范围内施焊。

7.2.6　GB 50345—2012 的 5.1.3 指出，屋面工程所采用的防水、保温隔热材料应有产品合格证书和性能检测报告，材料的品种、规格、性能等应符合设计和产品标准的要求。材料进场后，应按规定出样检查，提出实验报告，严禁在工程中使用不合格的材料。

7.2.7　GB 50345—2012 的 5.3.6 指出，基层应平整、干燥、干净。

7.2.8　GB 50205—2020 的 14.2.2 指出，涂料、涂装遍数、涂层厚度均应符合设计要求。当设计对涂层厚度无要求时，涂层干漆膜总厚度：室外应为 $150\mu m$，室内应为 $125\mu m$，其允许偏差为 $-25\mu m$。每遍涂层干漆膜厚度的允许偏差为 $-5\mu m$。

7.3　质量通病及防治措施

7.3.1　骨架节点有松动或过紧现象，在外力作用下产生异常响声。

（1）产生原因：金属屋面支座节点调整后螺栓没拧紧，引起支点处螺栓松动；或多点连接支点上螺栓上得太紧及芯套太紧。

（2）解决方法：在钢结构安装调整完后，对所有的螺栓必须拧紧，按图纸要求采取不可拆的永久防松，必要时对有关节点进行焊接，避免结构在三维方面可调尺寸内松动，其焊接要求按钢结构焊接要求执行。

7.3.2　安装后的檩条、屋墙面与规定位置尺寸不符且超差过大。

（1）产生原因：测量放线时放基准线有误差；测量放线时未消除尺寸累计误差。

（2）解决方法：在测量放线时，按制订的放线方案，取好永久坐标点，并认真按施工图规定的轴线位置尺寸，放出基准线并选择适宜位置标定永久坐标点，以备施工过程中随时参照使用；放线测量时，注意消除累积误差，避免累积误差过大。

7.3.3　压型钢板安装不顺直，墙板纵向接缝错位。

（1）产生原因：压型钢板安装时未采取任何控制措施来确保其垂直度，压型钢板倾斜到一定程度后强行校直会导致纵向接缝错位。

（2）解决方法：每安装 3～5 块压型钢板，采用经纬仪进行测量，确保垂直度，板与板搭接确保紧密无错缝。

7.3.4　压型钢板凸凹不平整。

（1）产生原因：压型钢板内部檩条龙骨未安装平整顺直，导致彩板固定后随檩条的不平整出现凸凹不平现象。

（2）解决方法：压型钢板安装前对内部檩条龙骨平整度进行测量，采用拉通线、吊铅垂等方法调平调直后，再进行墙板安装。

7.3.5　自攻钉安装不平，垂直间距不一致。

（1）产生原因：自攻钉安装时未采取任何措施，随意固定，导致安装不整齐。

（2）解决方法：预先对支撑檩条在彩板上的固定点进行测量，在彩板上弹线、预钻孔，安装时自攻钉均固定在预钻孔的位置，确保所有安装的自攻钉横平竖直。

7.3.6　洞口尺寸不准，窗框不平行、不垂直，焊接不合格。

（1）产生原因：窗洞檩条安装未按图施工，施工精度不够，焊工不满足施工要求。

（2）解决方法：窗洞安装时必须采用水平管、铅垂等工具确保安装精度，焊工持证上岗，岗前试焊合格后，方可进入现场施工。

7.3.7　收边安装不顺直，窗洞漏水。

（1）产生原因：自攻钉未固定紧、收边未调直，窗洞接缝处未采取密封措施。

（2）解决方法：收边安装必须采用拉通线或者水准仪进行测量，确保平整顺直，窗洞封口严格按照要求加工和安装，接缝处用密封胶进行封堵。

7.3.8　门窗安装质量通病及防治措施：

（1）应明确门窗抗风压、气密性和水密性三项性能指标。其性能等级划分应符合国家现行规范的规定。

（2）组合门窗拼樘料必须进行抗风压变形验算，拼樘料应左右或上下贯通并直接锚入洞口墙体上，拼樘料与门窗框之间的拼接应为插接，插接深度不小于10mm。

（3）塑钢门窗型材必须使用与其相匹配的衬钢，衬钢厚度应满足规范要求，并作防腐处理。

（4）铝合金窗型材壁厚必须不小于1.4mm，门的型材壁厚必须不小于2mm。

（5）窗台低于0.8m时，应采取防护措施。

（6）外门构造应开启方便，坚固耐用；手动开启的大门扇应有制动装置，推拉门应有防脱轨的措施；双面弹簧门应在可视高度部分装透明的安全玻璃；旋转门、电动门、卷帘门的邻近应另设平开疏散门，或在门上设疏散门。

（7）门窗应设计成以3m为基本模数的标准洞口，尽量减少门窗尺寸，一般房间外窗宽度不宜超过1.5m，高度不宜超过1.5m。当单块玻璃面积大于1.5m² 时，应采用不小于5mm厚度的安全玻璃。

7.4　标准工艺应用

标准工艺应用清单见表1-2-10。

表 1-2-10　　　　　　　　标 准 工 艺 应 用 清 单

一、《国家电网有限公司输变电工程标准工艺　变电工程土建分册（2022年版）》，标准工艺共158项，本工法应用5项

序号	分部	标准工艺名称
1	第5章　屋面和地面工程	第九节　金属板屋面
2		第二十一节　雨棚
3	第6章　装饰装修工程	第一节　金属窗、铝合金窗
4		第三节　钢板门、防火门
5		第十八节　上人屋面钢爬梯

二、《国家电网有限公司特高压建设分公司土建工艺标准（2022年版）》共26项，本工法2项

序号	分部	编号	标准工艺名称
1	第3章　主体结构工程工艺标准	TGYGY008-2022-BD-TJ	压型钢板围护结构
2	第7章　建筑安装工程（含消防工程）工艺标准	TGYGY026-2022-BD-TJ	建筑雨落管

7.5 质量保证措施

7.5.1 质量目标

工程质量符合有关施工及验收规范的要求，符合设计的要求。工程"零缺陷"投运；实现工程达标投产、国家电网公司优质工程、国网创优示范工程、中国电力优质工程、争创国家优质工程、鲁班奖或其他国家级奖项；工程使用寿命满足公司质量要求；不发生因工程建设原因造成的六级及以上质量事故。工程质量评定为优良，钢结构围护分项工程合格率 100%，单位工程优良率 100%。

7.5.2 隐蔽工程验收

压型钢板围护结构施工过程中，严格执行隐蔽工程验收制度。凡是需要隐蔽的部位，隐蔽前提前 24h 通知监理组织验收，经过监理组织的隐蔽验收，需摄像拍照并评审合格后方可隐蔽。设计工代参与隐蔽验收，并反馈设计院进行确认。必要时邀请运行单位参加。物资项目部参与审查，业主项目部负责批准实施。

7.5.3 施工过程验收

（1）现场安装施工过程中，监理组织应针对每道工序进行验收，设计单位、物资项目部参加，关键工序邀请业主项目部参加。

（2）验收合格后经摄像拍照后厂家方可进行下一道工序的安装施工，重点检查以下方面：

1）变形缝、门窗洞口、进风口、出屋面、收边等薄弱点的工艺处理是否符合要求。

2）是否存在以赶形象进度为由减少工序减少材料使用现象。

3）屋面檐口天沟、屋脊堵头的密封处理以及彩板泡沫堵头的安装是否规范。

4）是否存在变形缝只做单层盖缝板，没有严格按节点大样施工现象。

5）是否存在外墙自攻螺钉安装没有垫片现象；屋面是否安装防冷桥垫块、是否采用两层膜隔气透气工艺。

6）是否存在防水、防沙尘、密封不严、钢板生锈的部位。

7）是否存在保温棉受潮影响阀厅屏蔽、微正压、温度、密闭性的现象。

7.5.4 屋面外层板淋水试验

屋面外层板安装完成后，清理屋面垃圾及彩钢板表面上的塑料保护膜，按相关要求进行淋水试验。

7.5.5 屋面抗风揭性能试验

屋面系统安装完成后，应按照规范要求进行金属屋面系统抗风揭性能试验。

8 安 全 措 施

8.1 风险识别及预防控制措施

风险识别与预控措施见表 1-2-11。

表 1-2-11 风险识别与预控措施表

序号	风险和环境因素描述	拟采用的风险控制技术措施
一	场地和环境	
1	施工现场照明不足	每个作业点安装充足的照明灯具并能正常投入使用
2	施工现场使用电焊周围和下方有危险因素	采取有效隔离防护措施，高处作业下方必须使用防火毯；在作业点下方挂接火盆，并设专人监护
3	电焊机露天摆放	露天摆放的电焊机放在干燥场所，有棚遮蔽或使用电焊机专用箱

续表

序号	风险和环境因素描述	拟采用的风险控制技术措施
4	临时施工平台搭设、使用不合理	专业人员搭设，验收合格并挂牌后，方可施工，并不得超载使用
5	施工中废弃物不集中回收	施工中废弃物要及时清理，不得乱扔乱抛，并集中回收到指定存放处
6	梯子、栏杆、平台不完善	在梯子、平台、栏杆不完善处加临时围栏、盖板并挂警示牌
7	施工现场孔洞、沟槽	施工现场的孔洞、沟槽加盖盖板、围栏，下方铺设安全网
二	作业和人员	
1	吊装物下逗留，坠物伤人	禁止在吊装物下通过停留，必须按操作规程施工
2	檩条、檩托等物件坠物伤人	随用随吊，多余吊下屋面，临时堆放应固定
3	垂直交叉作业层间未设严密、牢固的防护隔离措施，坠落伤人	垂直交叉作业层间用脚手板隔离
4	飞溅伤人	从事有飞溅物的作业时，施工人员戴护目镜
5	高处作业人员身体不适	作业人员经体检无不适合高处作业的病症方可参加施工
6	作业人员施工态度不端正	施工人员严禁嬉戏、打斗，严禁酒后作业
7	高处作业不系安全带或不正确使用安全带	高处作业必须正确使用安全带
8	私拉乱接电源	严禁私拉乱接电源，电源拆接、维护由专业电工负责
9	高处作业人员站在栏杆外工作，坐在平台、骑坐栏杆等	施工前进行交底，禁止高处作业人员站在栏杆外工作，或坐在平台、骑坐栏杆等进行施工
10	钢丝绳使用不当	钢丝绳必须有 8 倍以上保险系数并在与吊物尖锐棱角接触处垫半圆管
11	吊挂物脱落	钢丝绳与管道接触处垫防滑物，吊挂绳根牢固并进行二次保护
12	起重区域、起重臂下吊装通道有人	设警戒区域，设专门监护人，拒绝任何人通过
13	大件运输	路线检查合格，专人领车、监护设备与车体捆牢
三	使用工机具	
1	电焊机无可靠接地	电焊机外壳必须进行保护接零和重复接地
2	电动工具漏电	使用前进行检查，确认电动工具完好并装有漏电保护器
3	工机具高处坠落伤人	小件工具放进工具袋，大件工具系保险绳
4	工机具不合格或损坏	使用前进行检查、维修
5	操作非本专业工机具	严禁操作非本专业的工机具
6	施工触电	施工场所要干燥、电焊二次线使用胶皮软线。电源线架空，或埋入地下
7	锁具安全系数低	安全系数达到 8 倍以上

8.2　安全保障措施

8.2.1　安全生产管理措施

（1）及时排除各类事故隐患，落实整改措施，整改率为 100%。

（2）组织全体人员学习（Q/GDW 11957.2—2020），提高工人的安全生产技术、增强工人自身防护能力，项目部不违章指挥，工人不违章作业，增强工人的自我安全意识。

（3）加大安全生产管理力度，增加安全检查频率，各班（组）主要负责人对所负责范围内的安全生产要坚守工地，实行动态管理及时加强安全监督。

（4）所有高空作业人员必须做到持证上岗，作业人员持有省级安监部门颁发的高处作业操作证，且操作证必须在有效期内；登高用作业梯必须满足相关规范和规定的要求。

（5）现场必须建立特种作业人员台账（包括高处作业操作证和焊工操作证、电工操作证）。

8.2.2 安全保证措施

（1）凡进入施工现场的所有人员，都必须正确佩戴安全帽，使用安全帽前，要认真检查帽壳、帽衬有无损坏现象，装配圈要牢固，顶绳要系紧。戴帽后，要检查帽箍是否松紧适宜，后箍要箍紧，下颌带必须系紧，安全帽不得随意罩在头顶上或斜歪倒戴。

（2）现场作业人员管理要求：

1）墙面系统操作人员必须身体健康。上岗前经过培训，掌握登高作业的有关规定；到达工作区域时应先挂好安全带，移动作业时，应确保安全绳的固定牢靠，应确保防坠器的正常使用。

2）施工使用的绳索不得沾油，不得有扭伤、死弯、松散和摩擦断丝现象。

3）施工区域应设置安全警戒线，由专职安全员监督。

4）有低血压、高血压、心脏病者不得从事高空作业。

5）雨、雪天气或风力超过5级，操作人员不准进行吊装操作。

6）檩条和墙面板升降时，所有人员不得在下方停留。

7）每个工作面需设置一位专职人员进行协调监督，确保安全。

8）操作人员严禁酒后上岗，严禁穿拖鞋上岗，必须熟练掌握相关安全规范内容。

9）工人在上下钢结构时，必须使用被批准的梯子，梯子的顶部必须与钢柱绑住，施工人员不得从钢柱上滑下。

（3）高处作业安全保障措施：

1）现场要避免交叉作业，禁止上下垂直交叉作业。

2）厂区内满铺安全网、屋面四周设置安全立网、檩条安装方向挂设生命线防护，施工人员将安全带挂于生命线上进行施工操作。铺设安全网时，将安全网平铺，保证安全网的牢固性。

3）高空作业必须系好安全带：使用安全带时要高挂低用，防止摆动碰撞，绳子不能打结，当发现有异常时要立即更换，使用3m以上的长绳要加缓冲器。安全带高挂低用，且必须系在固定物上。临边作业、2m以上高空作业必须使用安全带。安全绳加止锁器防护，施工人员将安全带挂于止锁器上进行施工操作。

4）进行屋面系统安装施工时，为防止打滑，必须穿劳保鞋；进行带电作业时，为防止触电施工，必须佩戴绝缘手套。进行可能导致眼睛受到伤害的工作，必须佩戴护目镜。

5）在屋顶与临边的位置设置安全生命线、安全立网，中庭四中空区域满铺安全平网。手扶水平安全绳设置在高处作业的特殊部位。在构件吊装就位后，施工人员要在上面行走，为保证施工人员的安全，保持人体重心平衡，设置防坠落的水平安全绳，便于人员行走和操作。

6）严禁在屋面梁上直立行走，如确需在屋面梁上移动位置，须坐在屋面梁上向前移动。手扶水平安全绳仅作为高处作业特殊情况下为作业人员行走时的扶绳，严禁作安全带悬挂点使用。应经常的检查固定端或固定点有否松动现象。

（4）高空落物的预防措施：

1）当高空施工时下面2m范围内不允许站人，下面必须还要有个专职监护人员。当高空需要工具和材料时，必须使用滑车用绳系挂的方式传递上去，严禁随意高空抛物；在下面传递工具和材料时，上方必须停止施工。

2）在高空使用大的工具（如电锤等）时，要将工具用绳绑在钢梯上，其绳长不大于1.5m。使用小型工具、材料（扳手、螺丝等），要将小型工具、材料放入工具包内，工具包用绳子绑在钢梯上。

3）起吊前对吊物上杂物及小件物品清理或绑扎。

4）尽量避免交叉作业，拆架或起重作业时，作业区域设警戒区，严禁无关人员进入。

5）加强高空作业场所及脚手架上小件物品清理、存放管理，做好物件防坠措施。

6）切割物件材料时应有防坠落措施。

7）起吊零散物品时要用专用吊具进行起吊。

8）各个承重临时平台要进行专门设计并核算其承载力，焊接时由专业焊工施焊并经检查合格后才允许使用。

（5）施工机械设备的安全管理措施：

1）各种机械、电气焊设备必须经过安全技术培训考试合格的取证人员才能上岗作业，做到持证上岗，遵守操作规程和岗位制度，做到专人专岗、一机一岗，操纵、装拆、检修必须由持证专业人员完成。

2）各式起重机械、牵引及辅助工具标明最大负荷量，超高、低限位以及力矩限位、传感、继电保护、指示器、停靠装置、夹轨器必须灵敏、齐全、可靠，一经发现故障，应由专职人员停机维修。

3）施工现场使用的机动车辆，司机应持证上岗驾车，制动装置灵敏，严禁载人或违章行车。

4）电焊机应有良好的接地保护，电源线应按规定设置，接线端防护齐全，应有防雨措施，焊把把线绝缘良好，严禁随地拖拉。工作结束，应切断焊机电源，并检查操作地点，确认无起火危险后方可离开。

5）正确使用各种机械设备，严格遵守安全操作规程保证安全生产，做好机械设备清洁、润滑紧固、调整和防腐。保证机械设备的附属装置、随机工具经常整洁、完好、齐全。

（6）现场临时用电管理：

1）现场必须配备专职电工。低压电工不得从事高压作业，学习电工不得独立操作。严禁非电工作业。

2）临时用电电缆不得沿地面或基坑明敷，用木块将电缆保护起来，过路及穿过建筑物时必须穿保护管。

3）电缆不宜沿钢管、脚手架等金属构筑物敷设，必要时需用绝缘子做隔离固定或穿管敷设。严禁用金属裸线绑扎加固电缆。

4）电焊机使用时，焊把线、地线应同时拉到施焊点，二次线与焊机连接应用线鼻子，二次线及焊钳绝缘应完好无损。电焊机均应装设"安全节电器"，焊机室外使用时，应有防雨水措施。

5）现场所用的开关或流动式开关箱应装漏电保护器和防雨设施。安装时所有电动工具的电源线必须连接可靠，完好无损；雨天时室外不得使用电动工具。

6）施工现场外接电源，必须签订用电安全协议书，其中须注明允许安全用电额，办理用电交接手续，并安装电表计量。

（7）现场防火管理：

1）各种高压气瓶专人保管发放，减压器应有安全阀，氧气瓶与可燃性乙炔瓶不可同放一处，均距明火 10m 以上，存放、使用时避免阳光曝晒，不得相互碰撞，做好防振垫圈的保护。

2）焊、割作业点与氧气瓶等危险品的距离不得少于 10m，与易燃易爆物品不少于 30m；乙炔发生器和氧气瓶之间的距离不得少于 3m，使用时两者的距离不得少于 5m。氧气瓶、乙炔瓶等焊割设备上的安全附件应完整有效，否则不准使用。

3）现场焊接时有火花产生，因墙面是泡沫保温，所以防火非常重要，在墙面檩托开洞处，四周必须垫上防火板后才能进行檩托的焊接，防止焊接火花落入开口处，现场随时准备灭火用水。

4）施工现场的焊、割作业必须符合防火要求，严格执行"十不烧"规定。

5）严格执行动火审批制度，并要采取有效的安全监护和隔离措施。

6）现场必须按照要求配备充足合格的灭火器材，对施工人员进行消防灭火交底培训，指定专人维护、管理、定期更新、保证完整好用。

8.3　文明施工保证措施

8.3.1　文明施工管理规定

（1）坚持贯彻"安全第一，预防为主"的安全生产方针，贯彻执行国家有关安全生产、文明施工的指令、政策和法规等。

（2）服从项目法人/项目管理单位、监理对安全文明施工的管理，并全面遵守项目法人/项目管理单位、监理有关工程安全工作的各项规定。

（3）建立以项目经理为第一安全责任人的各级安全文明施工责任制。制订各级人员的安全文明施工职责，建立和健全安全文明施工保证体系和监督体系，并确保其有效运转。

（4）项目经理对现场安全文明施工、安全健康与环境工作负全面责任。对分包商的安全文明施工负监督和指导、教育责任。

（5）建立健全符合工程实际情况、具有可操作性的有关安全文明施工管理的各项制度，并确保实施到位。推行逐级签订安全责任书及安全方针目标公开承诺制度。安全工作与施工管理必须做到"五同时"（即同时计划、同时布置、同时检查、同时考核、同时总结）。

（6）施工技术方案和措施、作业指导书等必须包括切实可行的安全保证措施，并严格履行报审程序；实施中务必落实到位，使安全工作始终处于受控状态。

（7）负责经常性的内部安全检查，定期或不定期的组织内部安全大检查工作，参加项目法人/项目管理单位、监理单位组织的安全大检查工作，对发现的问题必须在限期内完成整改。

（8）发生安全事故必须按规定如实上报，参加事故的调查和处理工作，并严格按"三不放过"（即事故原因分析不清不放过、事故责任者和群众没有受到教育不放过、没有防范措施不放过）的原则进行处理。

（9）配备合格的施工用机具，加强现场施工机械、工器具、仪器、仪表的保养和维护，使其处于有效完好状态，并建立日常保养和维护制度和台账。

（10）管理好现场物资，特别是对危险品的管理，存放、使用应符合国家《民用爆炸物品管理条例》和安全规程要求。

（11）创造良好的文明施工环境，严格按设计要求和有关规定做好环境保护工作。

8.3.2　文明施工要点

（1）施工总平面布置必须满足施工需要，合理布置各类施工机具、临时库房、人员驻地、食堂、厕所、加工棚、料场、施工电源、弃土堆放场地、垃圾场等，并明确具体位置。

（2）现场施工道路保护畅通、平整、清洁，每天应安排专人清扫。混凝土路面的泥土、垃圾要及时清除，晴天应洒水防尘。道路上严禁堆放设备、材料、杂物。

（3）现场必须安排专人负责清扫场地卫生，保持现场干净、整洁，明确责任区和责任人。做到施工现场无建筑垃圾，无废料、杂物、无焊条头、无烟头。施工负责人每天进行一次现场卫生检查。

（4）现场的设备、材料、机具等必须按施工平面布置图要求摆放整齐，并挂牌标识清晰。

（5）现场实行挂牌施工，挂牌应写明工作内容、工作负责人、工作时间等内容。在脚手架搭设时还必须标明允许最大荷载、使用期限等。

（6）现场应按要求配备足够数量的消防设施，并合理布置在各施工场所，方便取用。

（7）施工现场禁止流动吸烟，只允许在专门划定的吸烟区吸烟。

（8）现场使用的照明箱、动力箱、配电箱应按标准统一制作，安装接线符合安全用电要求。施工机具应满足"一机一闸一保护"的要求，由电工或专人负责安装接线。

（9）施工现场必须有足够的照明，不留施工暗角。

（10）与土建、电气安装单位交叉施工时，由监理部负责组织协调，各项目经理分别对各自的施工区域安全文明施工负责，并签订安全协议书。

9　环保、水保措施

9.1　节材与材料资源利用措施

9.1.1　图纸会审时，应审核节材与材料资源利用的相关内容，达到材料损耗率比定额损耗率降低 30%。

9.1.2　根据施工进度、库存情况等合理安排材料的采购、进场时间和批次，减少库存。现场材料堆放有序，按照有关安全文明施工要求进行储藏和控制。储存环境适宜，措施得当。保管制度健全，责任落实。

9.1.3　制订材料进场、保管、出库计划和管理制度。

9.1.4　材料合理使用精心规划，减少废料率，建立可再生废料的回收管理办法。

9.1.5　材料运输工具适宜，装卸方法得当，防止损坏和遗洒。减少材料运输过程中材料的损耗率，加强施工过程材料可利用率。根据现场平面布置情况就近卸载，避免和减少二次搬运，并对包装材料进行妥善回收和处理。

9.1.6　优化安装工程的预留、预埋、管线路径等方案，在设计阶段就充分利用三维技术开展碰撞设计，提高预留、预埋的准确率，避免相关管线碰撞。

9.1.7　比较实际施工材料消耗量与计算材料消耗量，提高节材率。

9.1.8　优化压型钢板围护结构制作和安装方法。

9.2　节水与水资源利用措施

9.2.1　制订切实可行的施工节水方案和技术措施，加强施工用水管理，尽量做到回收重复利用。

9.2.2　制订计划严格控制施工阶段用水量，水消耗量较大的工艺制订专项节水措施，指派专人负责监督节水措施的实施，提高节水率。

9.2.3　生产、生活推广节水型水龙头和使用变频泵节水器具，实施有效的节水措施，降低用水量。

9.2.4　在非传统水源和现场循环再利用水的使用过程中，制订有效的水质检测与卫生保障措施，避免对人体健康、工程质量以及周围环境产生不良影响。

9.2.5　施工现场的办公区和生活区应设置明显的有节水、节能、节约材料等具体内容的警示标识，并按规定设置安全警示标识。

9.2.6　综合采用对生产生活用水的分类处理及利用模式，在施工及生产生活中做到按量供水，以节约用水。

9.2.7　结合现场气候条件，采取有效措施，减少生产生活中不必要的水分蒸发，以利于现场节水。

9.3 节能与能源利用措施

9.3.1 制订合理施工措施，提高施工能源利用率。

9.3.2 优先使用国家、行业推荐的节能、高效、环保的施工设备和机具，如选用变频技术的节能施工设备等。

9.3.3 施工现场分别设定生产、生活、办公和施工设备的用电控制指标，定期进行计量、核算、对比分析，并有预防与纠正措施。

9.3.4 在施工组织设计中，合理安排施工顺序、工作面，以减少作业区域的机具数量，相邻作业区充分利用共有的机具资源。安排施工工艺时，应优先考虑耗用电能的或其他能耗较少的施工工艺，避免设备额定功率远大于使用功率或超负荷使用设备的现象。

9.3.5 根据当地气候和自然资源条件，充分利用太阳能、风能及地热能等可再生能源。

9.3.6 机械设备与机具。

（1）建立施工机械设备管理制度，开展用电、用油计量，完善设备档案，及时做好维修保养工作，使机械设备保持低耗、高效的状态。

（2）选择功率与负荷相匹配的施工机械设备，避免大功率施工机械设备低负荷长时间运行。可采用节电型机械设备，如逆变式电焊机和能耗低、效率高的手持电动工具等，以利节电。机械设备宜使用节能型油料添加剂，在可能的情况下，考虑回收利用，节约油量。

（3）合理安排工序，提高各种机械的使用率和满载率，降低各种设备的单位耗能。

9.4 绿色施工过程控制和检查验收

9.4.1 绿色施工的过程控制与检查，由建设单位统一组织，在工程项目建设全过程中完成。

9.4.2 绿色施工全过程控制与检查，建设单位、监理单位、施工单位、物资供应单位、调试单位和运行单位应分别履行监管、监察和监控的职责。

9.4.3 严格执行绿色施工策划，及时检查并形成记录。

9.4.4 项目建设工作完成之后，专项完成本单位绿色施工总结。

10 效 益 分 析

10.1 压型钢板是用表面经化学处理且双面设彩色涂层的薄钢板经辊压冷弯成型的板材，是性能良好的轻质、高强、美观的现代建筑材料。

10.2 压型板涂膜有高强的黏着性；涂膜有优越的不受损的可加工性；不变色不龟裂的良好的耐候性；很强的耐腐蚀性；难燃性；色彩丰富美丽不褪；涂层表面易洗涤。这些特性就给彩钢板带来了许多优良特性。结合钢结构作为围护结构，其优点更加突出。

10.2.1 平面布置灵活，可完全根据工艺需要确定跨度、柱距，不像钢筋混凝土预制构件那样受模数限制。

10.2.2 立面设计有更多的选择，屋面的长度和坡度局限性很小，可设多样的天窗，选取多种采光方式。

10.2.3 立面丰富多彩，色泽宜人，彩型板直挺凹凸的槽楞有着独特的质感，使建筑物精致美观大方。

10.2.4 工厂化生产，自重轻，施工安装简便，改变拖泥带水为干净利索的施工状况，施工速度快，具有很好的经济效益。

10.3 压型钢板围护结构减少了现场湿作业，提高了现场机械化应用率，减少混凝土、砂石及木材使用，具有非常好的社会效益。

11　应　用　实　例

11.1　设计图例

彩钢板围护系统各类型墙体设计节点图，如图1-2-20～图1-2-23所示。

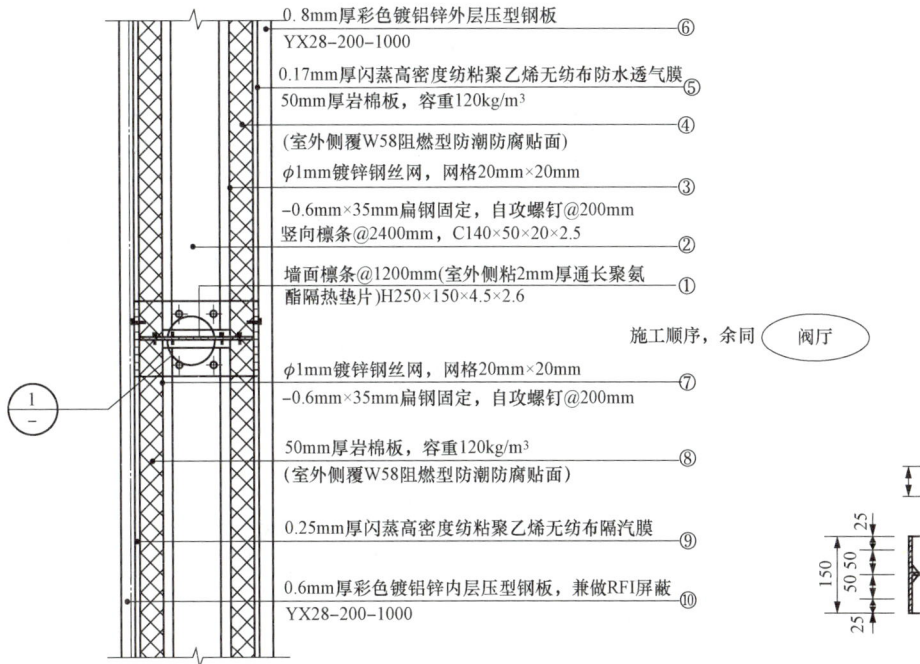

⑥ 0.8mm厚彩色镀铝锌外层压型钢板 YX28-200-1000

⑤ 0.17mm厚闪蒸高密度纺粘聚乙烯无纺布防水透气膜

④ 50mm厚岩棉板，容重120kg/m³ （室外侧覆W58阻燃型防潮防腐贴面）

③ φ1mm镀锌钢丝网，网格20mm×20mm

② -0.6mm×35mm扁钢固定，自攻螺钉@200mm 竖向檩条@2400mm，C140×50×20×2.5

① 墙面檩条@1200mm(室外侧粘2mm厚通长聚氨 酯隔热垫片)H250×150×4.5×2.6

施工顺序，余同　阀厅

⑦ φ1mm镀锌钢丝网，网格20mm×20mm -0.6mm×35mm扁钢固定，自攻螺钉@200mm

⑧ 50mm厚岩棉板，容重120kg/m³ （室外侧覆W58阻燃型防潮防腐贴面）

⑨ 0.25mm厚闪蒸高密度纺粘聚乙烯无纺布隔汽膜

⑩ 0.6mm厚彩色镀铝锌内层压型钢板，兼做RFI屏蔽 YX28-200-1000

图1-2-20　内外双层压型钢板·复合保温墙体设计节点示意图

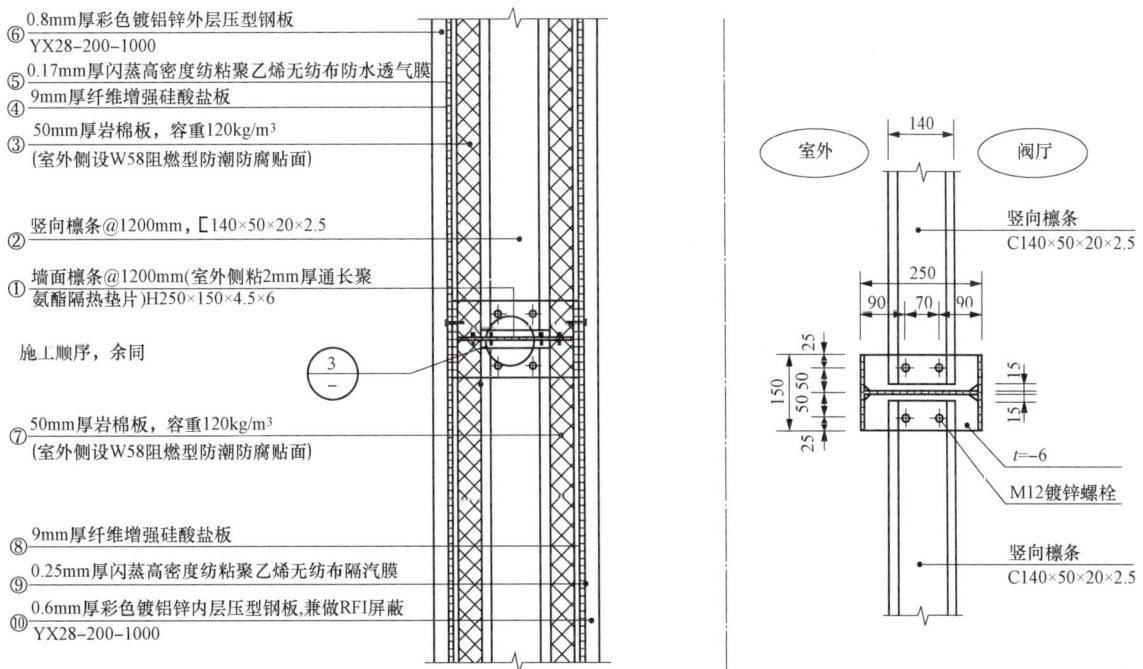

⑥ 0.8mm厚彩色镀铝锌外层压型钢板 YX28-200-1000

⑤ 0.17mm厚闪蒸高密度纺粘聚乙烯无纺布防水透气膜

④ 9mm厚纤维增强硅酸盐板

③ 50mm厚岩棉板，容重120kg/m³ （室外侧设W58阻燃型防潮防腐贴面）

② 竖向檩条@1200mm，[140×50×20×2.5

① 墙面檩条@1200mm(室外侧粘2mm厚通长聚 氨酯隔热垫片)H250×150×4.5×6

施工顺序，余同

⑦ 50mm厚岩棉板，容重120kg/m³ （室外侧设W58阻燃型防潮防腐贴面）

⑧ 9mm厚纤维增强硅酸盐板

⑨ 0.25mm厚闪蒸高密度纺粘聚乙烯无纺布隔汽膜

⑩ 0.6mm厚彩色镀铝锌内层压型钢板，兼做RFI屏蔽 YX28-200-1000

室外　阀厅

竖向檩条 C140×50×20×2.5

t=-6

M12镀锌螺栓

竖向檩条 C140×50×20×2.5

图1-2-21　内外双层压型钢板·复合保温防火墙体设计节点示意图

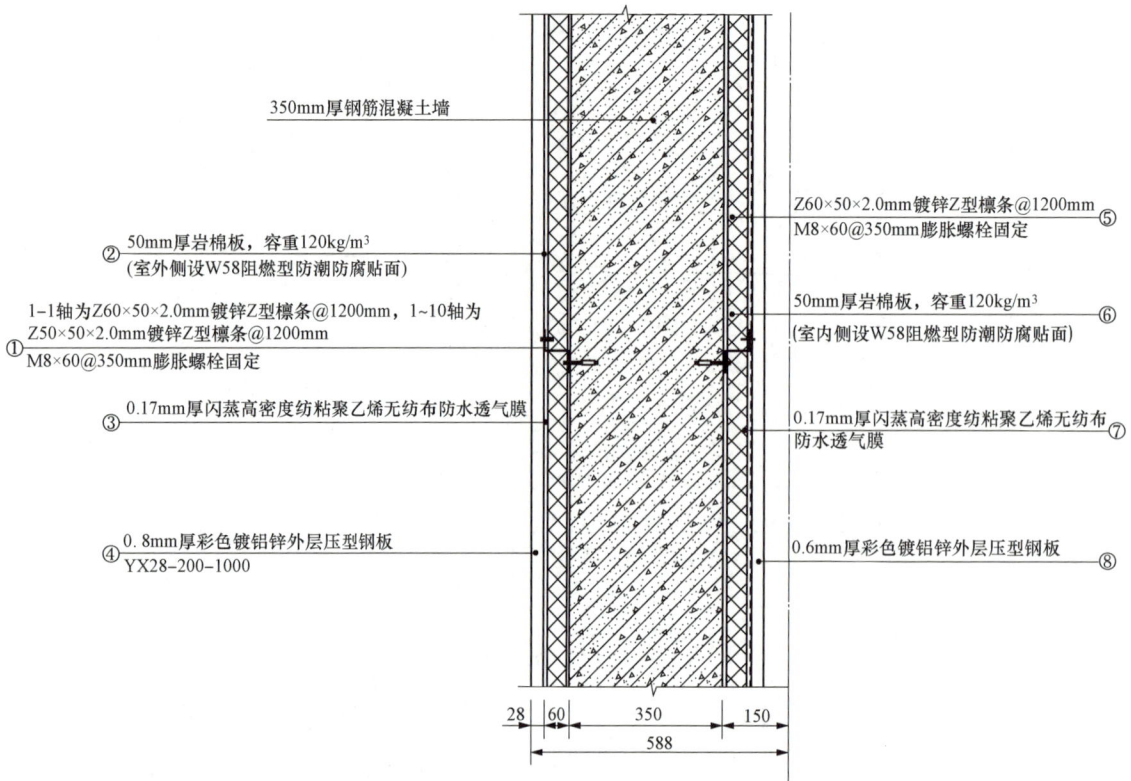

350mm厚钢筋混凝土墙

50mm厚岩棉板，容重120kg/m³
②（室外侧设W58阻燃型防潮防腐贴面）

1-1轴为Z60×50×2.0mm镀锌Z型檩条@1200mm，1~10轴为
①Z50×50×2.0mm镀锌Z型檩条@1200mm
M8×60@350mm膨胀螺栓固定

0.17mm厚闪蒸高密度纺粘聚乙烯无纺布防水透气膜
③

0.8mm厚彩色镀铝锌外层压型钢板
④YX28-200-1000

Z60×50×2.0mm镀锌Z型檩条@1200mm ⑤
M8×60@350mm膨胀螺栓固定

50mm厚岩棉板，容重120kg/m³ ⑥
（室内侧设W58阻燃型防潮防腐贴面）

0.17mm厚闪蒸高密度纺粘聚乙烯无纺布 ⑦
防水透气膜

0.6mm厚彩色镀铝锌外层压型钢板 ⑧

28 60 350 150
588

图1-2-22 双层压型钢板·复合防火墙体设计节点示意图

室外 ←①→ 阀厅

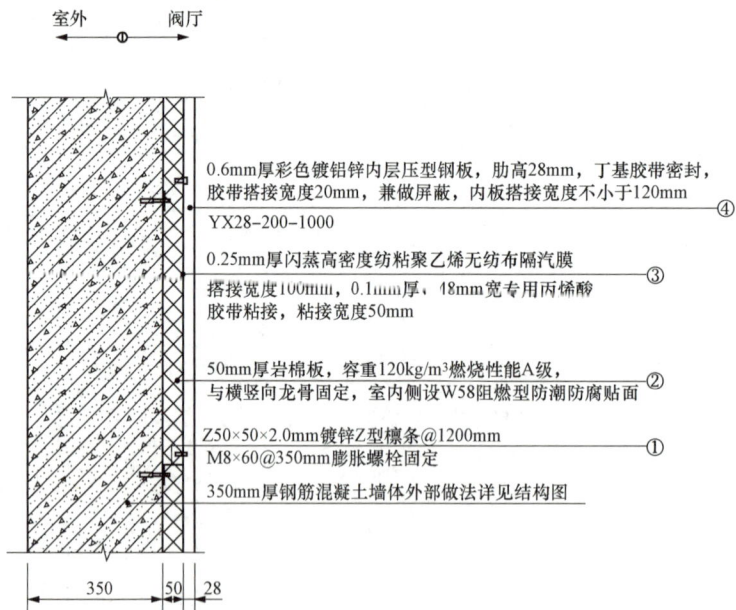

0.6mm厚彩色镀铝锌内层压型钢板，肋高28mm，丁基胶带密封，
胶带搭接宽度20mm，兼做屏蔽，内板搭接宽度不小于120mm ④
YX28-200-1000

0.25mm厚闪蒸高密度纺粘聚乙烯无纺布隔汽膜 ③
搭接宽度100mm，0.1mm厚、18mm宽专用丙烯酸
胶带粘接，粘接宽度50mm

50mm厚岩棉板，容重120kg/m³燃烧性能A级， ②
与横竖向龙骨固定，室内侧设W58阻燃型防潮防腐贴面

Z50×50×2.0mm镀锌Z型檩条@1200mm ①
M8×60@350mm膨胀螺栓固定

350mm厚钢筋混凝土墙体外部做法详见结构图

350 50 28

图1-2-23 单层压型钢板·复合防火墙体设计节点示意图

11.2 应用示例

目前特高压换流站阀厅、GIS室、主控楼外立面等均大面积采用彩钢板围护结构。在机场、高铁站、很多工业厂房都有广泛应用。换流站应用如图1-2-24和图1-2-25所示。

11.3 工艺示意图

彩钢板围护结构屋面防水胶工艺、泡沫堵头工艺、雨落管有组织排水、勒脚泛水板工艺分别如图1-2-26～图1-2-29所示。

图 1-2-24 某换流站彩钢板建筑全景图

图 1-2-25 某换流站辅控楼及高端阀厅外立面效果图

图 1-2-26 屋面防水胶工艺

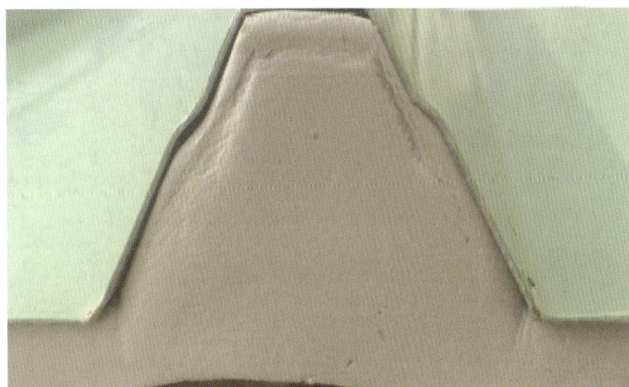

图 1-2-27 泡沫堵头工艺

图 1-2-28　雨落管有组织排水

图 1-2-29　勒脚泛水板工艺

11.4　安全措施示意图

墙板安装采用自主设计双排或三排井子梯进行安装，如图 1-2-30 和图 1-2-31 所示。屋面工程施工防坠落措施如图 1-2-32 所示。

图 1-2-30　基础硬化且设置槽钢示意图

图 1-2-31　三排井梯设置操作平台

图 1 - 2 - 32　屋面施工设置水平防坠网

典型施工方法名称：换流变压器广场典型施工方法

典型施工方法编号：TGYGF003—2022—BD—TJ

编　制　单　位：国家电网有限公司特高压建设分公司

主　要　完　成　人：李康伟　吴　畏　刘　畅　孟令健

目　次

1 前　言

换流变压器轨道广场是±800kV 特高压换流站中运输轨道的重要部位，用于在换流站内将换流变压器运输到运行位置或移出检修。轨道广场具有钢轨布置密集、混凝土面积大、广场面层下结构复杂的特点，其轨道安装精度、混凝土裂缝和场地排水是工艺控制难点。

本典型施工方法以某±800kV 换流站为示例，其具体参数为：双极搬运轨道钢轨 4250m；双极换流变压器广场面积约 25 300m²。搬运轨道面层为 130mm 厚 C30 混凝土，为防止面层出现裂缝，在面层内增设一层 ϕ6mm @100mm 的单层双向钢丝网，并掺加一定比例的抗裂纤维，纤维掺量为 0.9kg/m³，表面掺入 5mm 厚石英砂耐磨粉。广场面层进行找坡便于雨水汇集到设置极 1、极 2 轨道两侧的排水明沟内，避免面层积水。本方法是在总结多个特高压工程经验基础上编制，为工程施工提供了较完善的解决方案。

2　本典型施工方法特点

2.1　本方法从轨道加工及连接、混凝土浇筑及养护、伸缩缝后浇带设置、轨道基础面标高控制等方面，提出了针对性的解决方案，阐述了施工流程及关键技术。

2.2　本方法详细阐述了质量控制措施，通过采用跳仓法施工、创新专用模具、设置有组织排水等有效地解决了换流变压器广场开裂、边角压碎、大面积积水等质量通病。

3　适　用　范　围

3.1　本方法适用于特高压换流站大面积混凝土换流变压器广场施工。

3.2　其他多埋件、广场质量工艺要求高的大面积混凝土面层施工可参照实施。

4　编　制　依　据

GB 50119—2013 混凝土外加剂应用技术规范

GB 50496—2018 大体积混凝土施工标准

GB 50202—2018 建筑地基基础工程施工质量验收标准

GB 50204—2015 混凝土结构工程施工质量验收规范

GB 50300—2013 建筑工程施工质量验收统一标准

GB/T 50640—2010 建筑工程绿色施工评价标准

GB/T 50905—2014 建筑工程绿色施工规范

Q/GDW 10183—2021 变电（换流）站土建工程施工质量验收规范

Q/GDW 10248—2016 输变电工程建设标准强制性条文实施管理规程

JGJ 46—2005 施工现场临时用电安全技术规范（附条文说明）

JGJ 52—2006 普通混凝土用砂、石质量及检验方法标准（附条文说明）

国家电网有限公司输变电工程质量通病防治手册（2020 年版）

国家电网有限公司输变电工程标准工艺

5　施　工　准　备

5.1　技术准备工作

5.1.1　地基处理施工完成。

5.1.2 广场区域地下隐蔽工程（综合管沟、电缆沟、给排水管网等）均已施工完成。

5.1.3 广场水稳层施工完毕并养护达到 7 天。

5.1.4 面层施工物资到位（角钢、耐磨料、钢轨、网片钢筋）。

5.1.5 技术准备工作见表 1-3-1。

表 1-3-1   技 术 准 备 工 作

序号	必须具备的条件	责任单位	备注
1	施工图纸会审完毕	工程专业	/
2	单位工程定位放线完成，并验收完毕	工程专业	/
3	作业指导书编制完毕，经审批合格	工程专业	/
4	安全技术交底及双方签字进行完成	工程专业	/
5	材料到场齐全并经检验合格	工程专业	/
6	施工用工机具及计量器具准备完成并经检验合格	工程专业	/
7	具备现场通信条件，上下联系方便	工程专业	/
8	现场安全设施准备到位	工程专业	/
9	各工种作业人员进场，满足施工要求	综合专业	/

5.2 人员组织准备

换流变压器广场施工作业人员配备见表 1-3-2。

表 1-3-2   作 业 人 员 配 置 表

作业人员配置	人数	资格及要求	职责及权限
项目负责人	1	有较强组织协调能力，现场管理经验丰富	负责人员、机械、材料组织调配、分工协调工作
技术负责人	1	要求熟悉土建结构的施工，有组织才能	熟悉土建结构的施工，有组织才能
技术员	2	要求熟悉基础施工图，有土建结构施工经验，熟悉施工技术及验收规范	(1) 全面负责该单位工程的技术工作，组织施工图及技术资料的学习，参加图纸会审，编制施工技术措施，主持技术交底； (2) 编制施工指导书，做施工预算； (3) 深入现场指导施工，及时发现和解决技术问题； (4) 制订施工方法、工艺； (5) 负责单位工程一级质量验收，并填写验收单； (6) 负责施工项目重大危害因素及控制措施计划的编制，负责一切技术资料的收集
测量员	1	熟悉导线测量、定位测量的方法，能熟练操作各种测量仪器	负责施工放线和测量资料及成果的整理工作
安全员	1	有五年以上现场工作经验，熟悉 Q/GDW 11957.2—2020《国家电网有限公司电力建设安全工作规程》，责任心强，忠于职守，有安全员上岗证，持证上岗	(1) 在上级安全部门的领导下，全面负责安全管理工作； (2) 执行公司安全管理标准，遵循安全管理规程，做好施工现场的管理工作，对安全第一责任者负责； (3) 负责监督重大危害因素及控制措施计划的实施，施工现场的安全检查，制止违章作业； (4) 做好安监违章记录，为安全评比提供直接、真实的依据

续表

作业人员配置	人数	资格及要求	职责及权限
质检员	1	有质检工作经验，熟悉《变电站施工质量检验及评定标准 第一篇 土建工程篇》。熟悉施工图，经过培训，有质检员上岗证，持证上岗	（1）负责施工全过程的质量监督、检查及质保资料的搜集与整理工作； （2）有权对不能保证质量的方案提出异议，请求有关领导批准； （3）有权对可能造成质量事故的违章操作，及时制止并报告有关领导处理； （4）对不合格的工序有权责令其修改，并禁止下道工序的施工，同时报告有关领导； （5）有权对质量较好的单位和个人或出现质量事故的单位和个人建议领导和经济挂钩，实行奖罚
钢筋工	10	经过劳动局培训合格，持证上岗	熟悉本工种作业，按照图纸及交底要求完成钢筋加工及安装工作
木工	15	熟练工	熟悉本工种作业，按照图纸及交底要求完成模板安装、埋件安装等工作
混凝土工	30	熟练工	熟悉本工种作业，按照图纸及交底要求完成混凝土浇筑、振捣工作
瓦工	50	熟练工	熟悉本工种作业，按照图纸及交底要求完成混凝土收光等要求
电工	4	经过劳动局培训合格，持证上岗	负责现场照明及维护工作
卡车司机	4	经过劳动局培训合格，持证上岗	负责驾驶运土车辆及车辆的维护与保养工作
力工	50	经过入场教育	按照工长交底安排配合完成相关工作
焊工	3	经劳动局培训合格，持证上岗	熟悉本工种作业，按照图纸及交底要求完成轨道焊接、埋件固定等工作

5.3　施工机具准备

换流变压器广场施工工器具配置见表1-3-3。

表1-3-3　　　　　　　　　　施 工 工 器 具 配 置 表

序号	工器具名称	规格型号	单位	数量	备注
1	全站仪	NTS-662RLC	台	1	校验合格，且在有效期内
2	自动安平水准仪	DSZ2	台	1	校验合格，且在有效期内
3	盒尺	5m	台	6	校验合格，且在有效期内
4	钢卷尺	50m	把	2	校验合格，且在有效期内
5	塔尺	5m	把	1	校验合格，且在有效期内
6	小白线	/	m	500	/
7	钢轨切割机	/	台	1	/
8	地面切缝机	/	台	2	/
9	圆盘锯	/	台	1	/
10	钢筋切断机	/	台	2	/
11	钢筋弯钩机	/	台	2	/
12	套丝机	/	台	4	/
13	电焊机	/	台	4	/
14	无齿锯	/	台	2	/
15	搅拌机	/	台	1	/
16	汽车泵	/	台	2	/
17	混凝土罐车	/	辆	4	/

续表

序号	工器具名称	规格型号	单位	数量	备注
18	插入式振捣器	/	台	6	/
19	振捣棒	6m	条	10	/
20	线轴	/	轴	5	/
21	磨光机（大）	/	台	4	/
22	磨光机（小）	600mm	台	2	/
23	滚轴	/	台	1	/

5.4 材料准备

换流变压器广场防护用品及应急物资配置见表1-3-4。

表1-3-4　　　　　　　　　　防护用品及应急物资配置表

序号	名称	规格	单位	数量	备注
1	安全围栏	标准围栏	m	100	/
2	脚手管围栏	/	m	600	/
3	安全警示牌	/	个	50	/
4	安全帽	/	顶	30	/
5	绝缘手套	/	副	30	/
6	薄膜	/	卷	10	/
7	毛毡	/	m²	1000	/
8	防护棚	/	个	2	/

6 施工工艺流程及操作要点

6.1 施工工艺流程

换流变压器广场施工工艺流程如图1-3-1所示。

6.2 操作要点

6.2.1 地坪分仓排版

（1）混凝土广场分仓：开始施工前应根据工程设计图纸，结合混凝土凝固时间、结构尺寸、平面形状以及排水等因素，对整体广场进行分仓策划。

（2）以某800kV换流站极2低端换流变压器广场为例，策划时将整个广场地坪分成76块，每块分仓面积控制在200m²左右。先浇筑建筑物边缘分块（纵向由北向南），然后自搬运钢轨中间向两侧进行（横向从中间向两边）。各仓相互独立，施工间隔为1～2天。相邻仓号的混凝土施工时间间隔不小于7天。广场面积大致分为长和宽都不大于15m的区域，分条编号（见图1-3-2，该跳仓平面示意图仅用于平面排版，具体施工可能会根据现场实际情况进行调整）。广场混凝土面层钢筋根据施工安排先后有序绑扎，混凝土浇筑顺序按照跳仓进行：极2低端侧先浇注①-1、①-3、②-2、③-1、③-3、④-2，再浇注①-4、①-2、②-1、②-3、③-2、④-1、⑤-1、⑤-2、⑤-3、⑤-4、⑤-5、⑤-6、⑤-7。极2高端侧同理。跳仓接

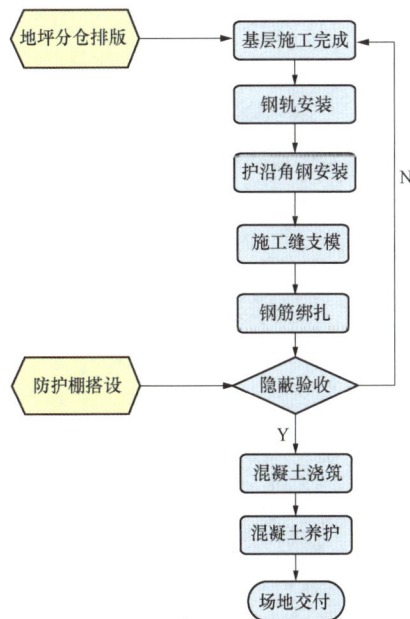

图1-3-1 换流变压器广场施工工艺流程图

81

缝处按施工缝的要求处理。各块之间留设 20mm 的接缝，缝内用硅酮耐候密封胶填嵌。

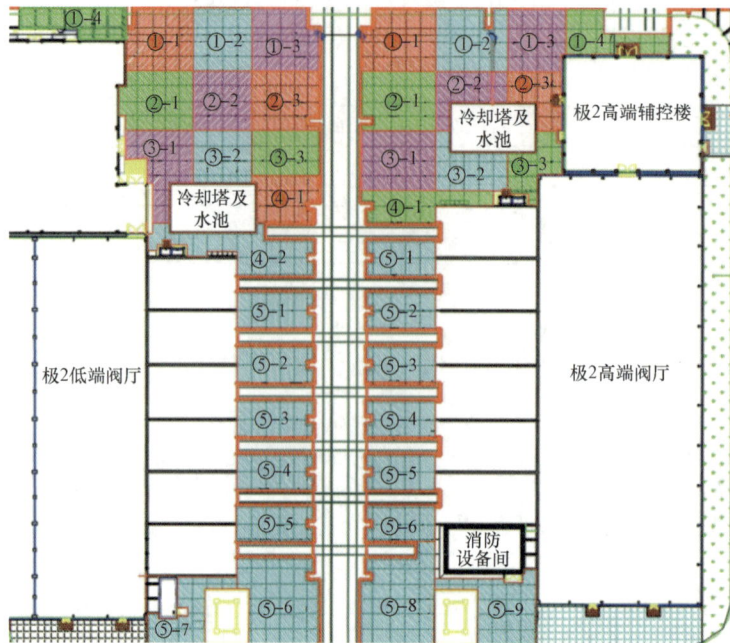

图 1 - 3 - 2　换流变压器广场跳仓屏幕示意图

（3）广场面层分格缝设置：结合换流变压器运输轨道基础施工缝，应提前进行分格策划布置，分仓做法如图 1 - 3 - 3 所示。

1）分格原则，除按轨道进行胀缝设置外，每 15～20m 一道胀缝，每 4～6m 一道缩缝。当混凝土达到设计强度 25％～30％时可进行缩缝切割，以切割时不出现缺棱掉角为宜，缩缝切割的深度不应小于路面厚度的 1/3（从顶面算起）；缩缝留设间距以 4～6m 为宜。

2）每日施工结束或因临时原因中断施工时，必须设置横向施工缝，其位置应尽可能选在缩缝或胀缝处，设在缩缝处的施工缝应采用加传力杆型缩缝，换流变压器广场与轨道基础相接处设置胀缝，与建（构）筑物相接处需设置变形缝，变形缝宽度为 20mm，中间加涂沥青木纤维板，切缝深度为 55mm，用中性耐候硅酮密封胶封堵。

3）胀缝和横向施工缝接茬处设置传力杆，传力杆采用 $\phi 28mm$ 光面圆钢筋，间距为 300mm，传力杆的纵向接缝或自由边的距离为 150～250mm，端头增设硬聚氯乙烯管套筒。

4）灌缝封口采用沥青砂浆灌缝，灌缝时，两侧粘贴美纹纸，保证灌缝的顺直度，并且不污染周围面层。

6.2.2　基层施工完成

（1）广场内电缆隧道、雨水管网、消防管沟等均已施工完成。

（2）轨道基础外区域广场基层施工注意事项：

1）某换流站广场基层做法如图 1 - 3 - 4 所示。

2）场地平整，素土夯实，使用 25t 振动式压路机压实，其中压实系数为 0.95。

3）铺设聚酯纤维土工格栅。格栅应平顺铺展，拉紧勿出现褶皱，防止格栅平铺之后被风吹掀起和施工填料及碾压时产生位移，与场地填料结合紧密。格栅搭接宽度不得小于 100mm。

4）级配碎石垫层：应严格控制级配碎石的含水率小于等于 3％，含泥量小于等于 5％，含泥块量小于等于 2％。夯实完毕对级配碎石的压实系数进行检测，合格之后方可进入下一步施工，级配碎石配合比参考见表 1 - 3 - 5。

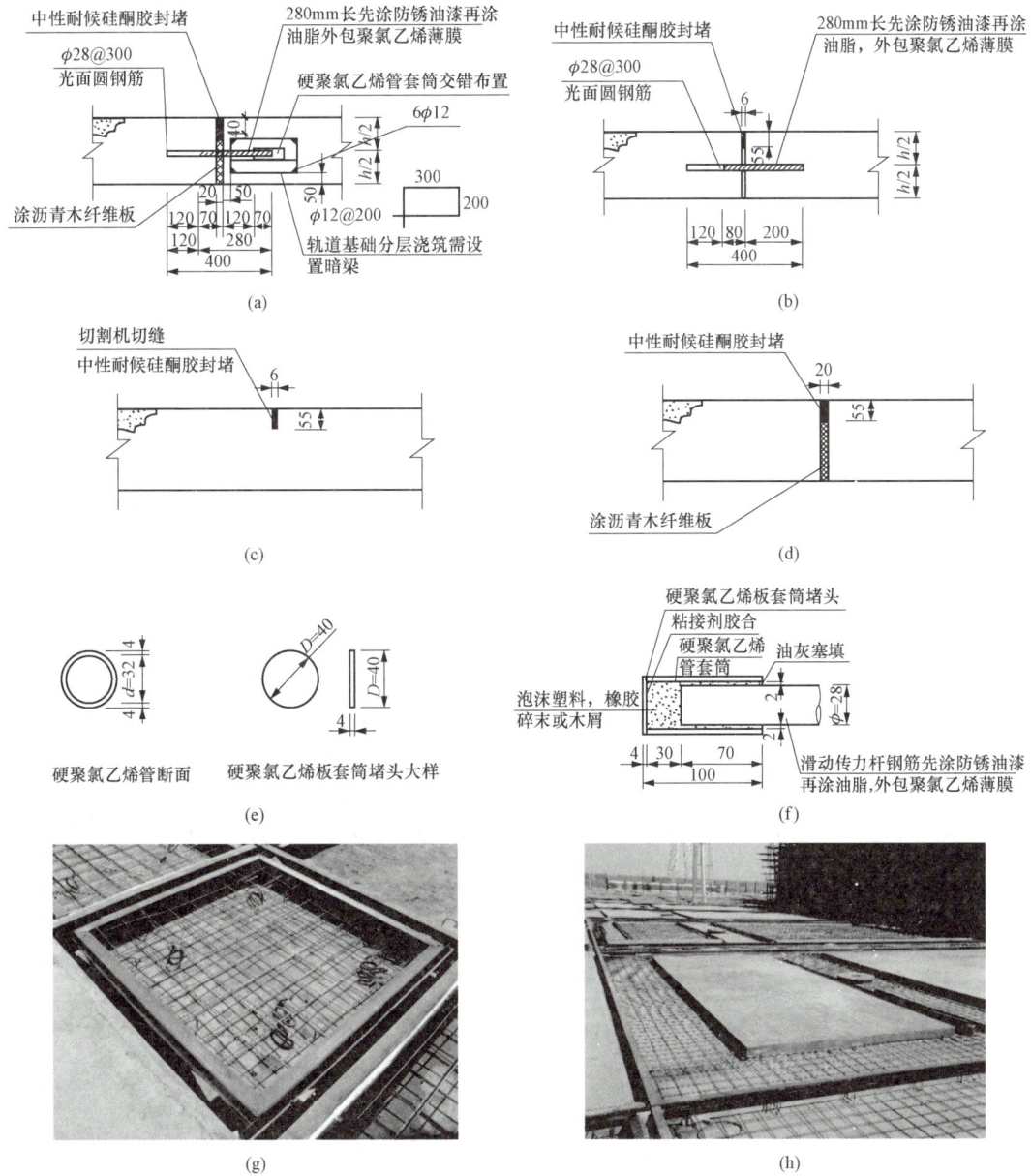

图 1-3-3 广场分仓做法示意图

（a）胀缝结构图；（b）横向施工缝结构图；（c）缩缝结构图；（d）变形缝结构图；

（e）传力杆堵头详图；（f）传力杆断面图；（g）分仓示例图1；（h）分仓示例图2

表 1-3-5   级 配 碎 石 配 合 比

项目		通过质量百分率（%）
筛孔尺寸（mm）	37.5	100
	31.5	90～100
	19	73～88
	9.5	49～69
	4.75	29～54
	2.36	17～37
	0.6	8～20
	0.075	0～7[①]
液限（%）		<28
塑性指数		<6（或9[②]）

①对于无塑性的混合料，小于 0.075 的颗粒含量应接近高限。

②潮湿多雨地区塑性指数宜小于 6，其他地区塑性指数宜小于 9。

5）水泥稳定碎石：水稳料建议采用预拌水稳料，比较容易控制水稳的质量。水稳层铺设时先用机械进行大面积摊平，再用人工细部找平，压实系数要求不低于0.97。注意水稳层的养护，压实完12h后进行浇水养护，养护期至少为7天直到达到设计强度，在养护期间不得有车辆在上面行驶。

（3）主轨道基础埋件施工。

1）主轨道基础埋件采用200mm×200mm×20mm埋件（不需要镀锌），按设计间距对称布置，在东西向和南北向轨道交汇处采用300mm×300mm×20mm（中间设置ϕ50mm通气孔），如图1-3-5所示。

2）为了防止主轨道钢筋笼在混凝土浇筑过程中振动棒振动产生偏移，埋件不得固定在钢筋笼上，应与钢筋笼独立分开。

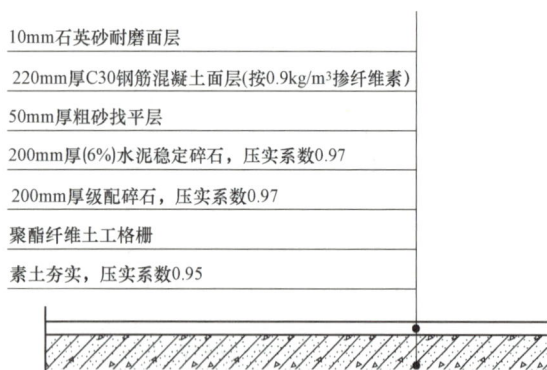

10mm石英砂耐磨面层
220mm厚C30钢筋混凝土面层（按0.9kg/m³掺纤维素）
50mm厚粗砂找平层
200mm厚(6%)水泥稳定碎石，压实系数0.97
200mm厚级配碎石，压实系数0.97
聚酯纤维土工格栅
素土夯实，压实系数0.95

图1-3-4 基层及面层做法（参考）

图1-3-5 埋件固定示意图

6.2.3 钢轨安装

（1）钢轨加工。

1）根据图纸要求搬运轨道在分段处需要断开，转弯处需按45°角拼接，搬运轨道钢轨在安装前需要按照图纸要求，在现场按照实际尺寸放样加工，钢轨安装示意图如图1-3-6所示。

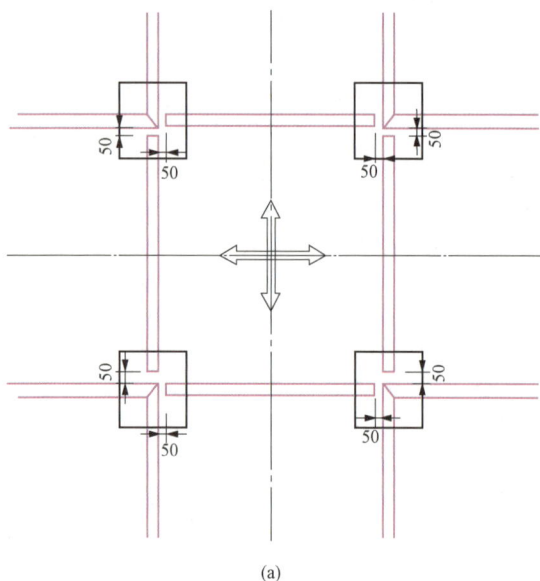

(a)

(b)

图1-3-6 钢轨安装示意图

（a）示意图一、（b）示意图二

2）搬运轨道采用 QU80 钢轨，其具有强度高、抗冲击、挤压、物料磨损性能强，一般切割设备较难胜任，因此采用金属带锯床切割，其优点在于设备费用较低、投入人力少、切割快速、断面光滑，金属带数字化锯床如图 1-3-7 所示。

图 1-3-7　金属带数字化锯床

（2）搬运轨道安装前对基础预埋件的标高及位置进行复测，合格后方可进行轨道的安装。

（3）将排版加工好的钢轨安置就位，钢轨焊接部位的铁锈、油污、水分及尘土等杂物彻底清除干净，并打磨出金属光泽。

（4）为保证广场面层的平整度，必须保证钢轨和包角角钢在安装时标高和牵引孔埋件标高一致，轨顶标高和埋件顶标高控制在 ±3mm 以内（基础施工阶段控制）；钢轨顶面标高精细测量控制在埋件标高偏低处，利用适当厚的垫板将钢轨垫至设计标高，垫板与埋板之间采用 ϕ5mm 的 J507 焊条将其焊牢（垫板规格一般为 120mm×160mm），轨道的两根钢轨标高采用水平尺检查确保其一致，钢轨安装效果图如图 1-3-8 所示。

（5）轨道的两根钢轨之间的净距采用自制钢尺来测量控制（如图 1-3-9 所示）。

图 1-3-8　钢轨安装效果图

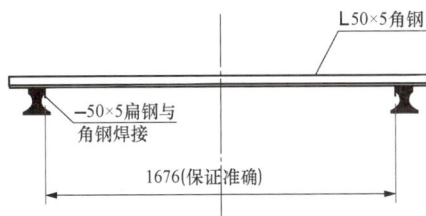

图 1-3-9　自制钢轨间距测量尺示意图

（6）钢轨的标高、间距都控制好后，采用准备好的 250～280A 直流焊机和 ϕ5mm 的 J507 焊条（焊条在焊前必须经 350～400℃烘焙 1h，烘干后放在保温筒内随取随用）进行焊接，焊缝高大于 6mm，焊接好后除去表面浮渣并涂刷银粉漆（钢轨内侧），钢轨焊接式固定细部施工详图如图 1-3-10 所示。

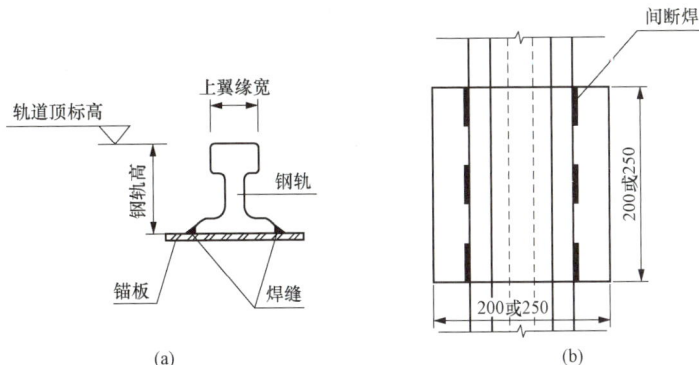

图 1-3-10　钢轨焊接式固定细部施工详图

（a）钢轨焊接断面图；（b）钢筋焊接平面图

（7）在轨道基础沉降缝处，钢轨要跨接安装，防止由于沉降而形成的钢轨表面高低差偏大，钢轨焊接质量标准按照表 1-3-6 要求控制。

表 1-3-6 钢轨焊接质量标准

序号	项目名称	允许偏差（mm）
1	轨道轴线偏差	2m 范围内偏差小于 1mm
2	钢轨标高偏差	±3
3	轨道两钢轨间标高差	≤1
4	轨道两钢轨间净距偏差	≤3
5	钢轨对接间距	≤5
6	轨道交叉处轨道空隙	±1

（8）钢轨安装完成后，钢轨的接地要紧跟施工。轨道埋件接地，牵引孔与轨道埋件连接，轨道间连接均采用－50mm×5mm 镀锌扁钢，在轨道接缝处的接地应做成∧或∩形再焊接，各连接方式如图 1-3-11 所示，轨道每隔 25m 与主地网连接一次。

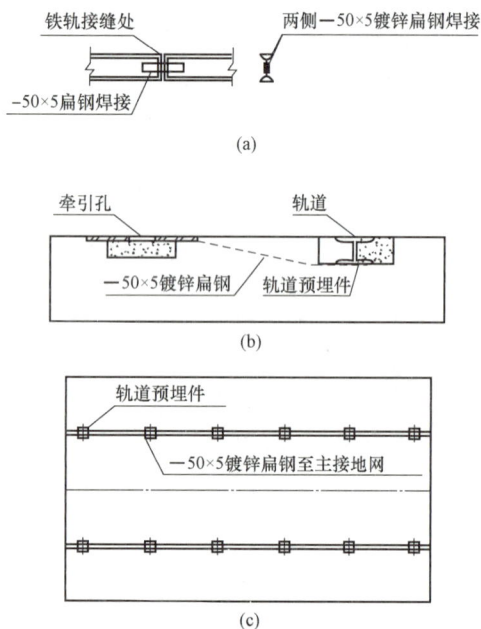

图 1-3-11 轨道钢轨、牵引孔接地详图
（a）轨道间连接接地详图；（b）牵引孔接地详图；（c）轨道接地详图

（9）轨道两侧采用热沥青粘贴或隔离油毡，作为轨道与混凝土的软隔离层。

（10）钢轨下翼缘与基础间的缝隙，采用高强环氧树脂砂浆灌注密实。

6.2.4 护沿角钢安装

（1）以某换流站广场为例，广场面层配设 ϕ6mm@100mm 单层双向焊接钢筋网片，轨道一侧（轨道槽）设置规格为 L50mm×50mm×5mm 的 Q235B 镀锌角钢作为永久性护角，角钢顶部标高比钢轨低 5mm，角钢与钢轨间距 60mm。

（2）护沿角钢安装应在钢轨终焊安装结束后进行。角钢预埋件按沿轨道方向间距 800mm 进行布置，应通过轨道安装螺栓进行焊接固定，以钢筋进行角钢固定件，对角钢与轨道钢的标高及间距进行限位。

（3）轨道侧防护宜采用 L50mm×50mm×5mm Q235B 镀锌角钢，为确保安装精度，将角钢点焊于预埋件上；角钢在安装之前和安装完之后都得检查角钢是否变形，如有变形就得及时处理，确保混凝土浇筑完成之后角钢的平整度和顺直度。

（4）钢轨与混凝土接口处理：因换流变压器运输时受力钢轨弹性变形，为避免运输小车车轨因轨道局部变形压损周边混凝土，钢轨与周边混凝土要设置明显分隔措施，同时混凝土表面要求低于轨道侧面 5mm 为宜，通常有两种做法。

1）在轨道侧设置 L30mm×30mm×3mm 镀锌角钢，与钢轨侧面间距 5mm，镀锌角钢低于钢轨 5mm。钢轨与角钢直接采用硅酮密封胶密封处理，如图 1-3-12 所示。

2）设置定型混凝土收光抹具，抹具在钢轨侧混凝土初凝收光时应用，钢轨与混凝土之间自然抹成 5mm 的物理缝隙，同时保证钢轨侧混凝土表面低于钢轨 5mm，并在后续将钢轨侧缝隙采用硅酮密封胶密封处理，如图 1-3-13 所示。

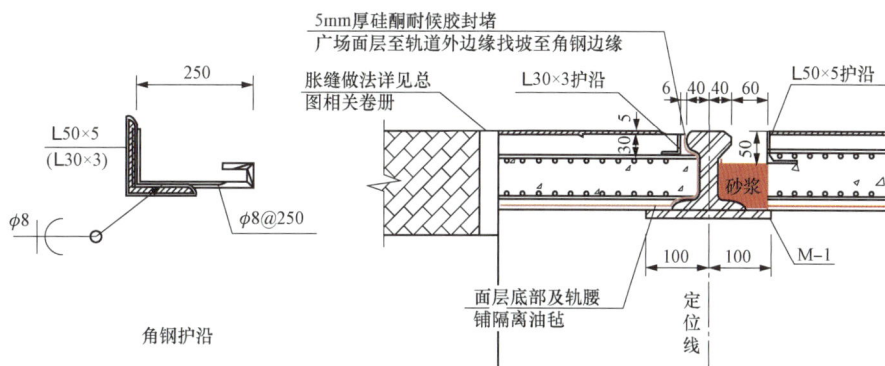

图 1-3-12　钢轨侧设置角钢示意图

(a)　　　　　　　　　　(b)

图 1-3-13　钢轨侧采用定型抹具收光示意图

(a) 示意图一；(b) 示意图二

6.2.5　施工缝支模

（1）根据分仓平面及施工次序，各块侧模采用 15mm 厚胶合板，并在侧模上口用自攻钉安装 L40mm×4mm 的角钢，上边用水准仪找平，使角钢边与混凝土面平齐：一是利于支模，二是方便混凝土浇筑时找平、控制标高，如图 1-3-14 所示。

（2）在搬运轨道基础上支模：轨道一侧（轨道槽）设置规格为 L50mm×50mm×5mm 的 Q235B 镀锌角钢作为永久性护角，顶部预留 60mm 轨道槽，比轨道顶标高低 5mm；广场面层混凝土掺加抗裂纤维，面层加设 5mm 石英砂耐磨面层。

（3）将基层的混凝土表面用水冲洗干净，待混凝土表面干燥后方可支设模板。弧形转弯处模板采用大模板拼装。根据圆弧半径，先放大样，然后结合大样尺寸，利用模板条制作成型后，安装于弧形结构处。

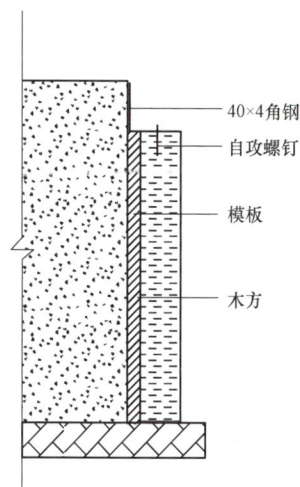

图 1-3-14　跳仓法模板
支设示意图

6.2.6　钢筋绑扎

（1）基层压实完毕后，开始进行钢筋的施工。面层采用 $\phi 8mm@$ 150mm 双层双向钢筋网片，现场绑扎，马凳采用 $\phi 8mm$ 钢筋绑扎牢固，马凳的间距为 1m 且呈梅花形布置，防止施工过程中因踩踏导致

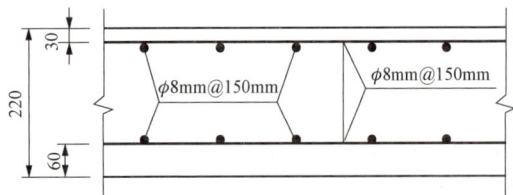

图 1-3-15　换流变压器广场配筋示意图

面筋下落，如图 1-3-15 所示。

（2）各分仓浇筑接缝处上下皮钢筋均断开，并在其接缝处设置传力杆，传力杆采用 φ28mm 光面圆钢筋，间距为 300mm、长度为 400mm，如图 1-3-3（b）所示。

6.2.7　混凝土浇筑

（1）换流变压器广场混凝土与钢轨间采用 5mm 厚柔性材料隔离且标高比角钢再低 5mm，顶部预留 10mm 伸缩缝；广场面层混凝土掺加抗裂纤维（按照 0.9kg/m³ 添加），面层撒 5mm 厚石英砂耐磨骨料。

（2）在混凝土浇筑之前必须将基层混凝土冲洗干净并充分湿润，一般不少于 24h。混凝土面层跳仓格严格按照排版图要求布设，跳格浇捣（隔一浇一），每次浇捣约 200m³。

（3）在浇捣混凝土时，混凝土坍落度控制在 150mm±10mm。浇捣时应采用插入式振动泵梅花型振捣，振点间距 45cm 为宜。振捣完毕，用铝合金条刮平，木抹搓毛。

（4）面层收面时，利用平杠振捣器，随浇筑随振捣。振捣一遍后，利用刮杠找平，木抹子收面一遍。在混凝土初凝前、混凝土终凝前用木抹子抹 3～5 遍，表面撒约 5mm 厚石英砂耐磨骨料，如图 1-3-16 所示。利用电动抹子（粗平），再用铁抹子压面 2～3 遍收光成活，如图 1-3-17 所示。混凝土浇捣完毕后 6～12h 内洒水保持湿润，覆盖塑料薄膜、土工布养护，养护时间不少于 14 天，其间严禁车辆、行人穿行。

图 1-3-16　面层石英砂

图 1-3-17　混凝土面层收光

（5）为防止混凝土面层与建筑物基础、散水交接处产生阴角混凝土裂缝，设计在各个阴角处增设了附加钢筋；在施工时对阴角部位的混凝土进行二次振捣，及时覆盖、淋水或喷洒养护剂进行养护；在基础、墙根部设置 20mm（10mm）宽的膨胀缝，施工时基础边用 20mm、墙根用 10mm 厚挤塑板分隔，浇筑完成后将挤塑板凿除 20mm 深，并用沥青砂嵌缝。

（6）换流变压器轨道之间广场面积较小，不适宜普通的混凝土面层收光机收光，购置尺寸较小的磨光机（直径 600mm）进行收光。定制电动双轮滚筒进行提浆，保证混凝土面层浮浆厚度均匀一致，有效地减少了因浮浆厚度较厚或较薄而出现的表面龟裂现象。专用刮尺对其表面进行初次找平，去除高处混凝土，填补低处混凝土，再用刮尺对其进行二次找平，由于刮尺自身精准度较高，能够较准确地控制混凝土表面的平整度，操作简便，保证广场平整，工器具如图 1-3-18 所示。

图 1-3-18　定制磨光机、双轮滚筒以及专用刮尺示意图

（a）定制磨光机；（b）定制双轮滚筒提浆；（c）定制专用刮尺 1；（d）定制专用刮尺 2

6.2.8　防护棚搭设

为防止混凝土浇筑和面层收光过程中出现下雨、下雪，应制作专用广场浇筑棚，突发天气可以遮雨挡雪，低温时可为保温养护，如图 1-3-19 所示。

图 1-3-19　定制移动防雨保温棚

（a）示意图一；（b）示意图二

6.2.9　混凝土养护

收面后 4h 内覆盖塑料布＋棉毡＋土工布，派专人负责养护，并在浇筑完成后 12h 内开始，使面层一直保持湿润状态，之后每隔 4h 浇水一次，养护期不少于 14 天。

7　质量控制措施

7.1　施工质量控制标准

7.1.1　钢轨安装允许偏差按表1-3-7控制。

表1-3-7　　　　　　　　　　　　　　　　钢轨安装允许偏差表

序号	项目名称	设计允许偏差	现场允许偏差
1	轨道轴线偏差（mm）	2m内偏差小于1	1
2	钢轨标高偏差（mm）	±3	±2
3	轨道两钢轨间标高差（mm）	1	1
4	轨道两钢轨间净距偏差（mm）	3	2
5	钢轨对接间距（mm）	5	4
6	钢轨交叉处空隙（mm）	±1	±1

7.1.2　混凝土施工质量执行GB 50204—2015《混凝土结构工程施工质量验收规范》。混凝土面层允许偏差按表1-3-8控制。

表1-3-8　　　　　　　　　　　　　　　　混凝土面层允许偏差表

项　目	国家标准允许偏差	现场控制允许偏差	检验方法
面层外观质量	不应有蜂窝、裂缝、脱皮、啃边、掉角、印痕和车轮现象；接缝填缝应平实、粘结牢固；表面无积水，混凝土无明显色差		观察
分隔缝顺直度	10mm	8mm	钢尺检查
表面平整度	5mm	4mm	2m靠尺和塞尺检查

7.1.3　混凝土所用的水泥、水、骨料、外加剂等必须符合施工规范和有关标准的规定。

7.1.4　混凝土的配合比、原材料计量、搅拌、养护必须符合施工规范的规定。

7.1.5　对设计不允许有裂缝的结构，严禁出现裂缝，设计允许出现裂缝的结构，其裂缝宽度必须符合设计要求。

7.2　强制性执行条文

7.2.1　GB 50204—2015

（1）模板及其支架应根据工程结构形式、荷载大小、地基土类别、施工设备和材料供应等条件进行设计。模板及其支架应具有足够的承载能力、刚度和稳定性，能可靠地承受浇筑混凝土的重量、测压力以及施工荷载。

（2）模板及其支架拆除的顺序及安全措施应按施工技术方案执行。

（3）钢筋进场时，应按国家现行相关标准的规定抽取试件作力学性能和重量偏差检验，检验结果必须符合有关标准的规定。

（4）当钢筋的品种、级别或规格需作变更时，应办理设计变更文件。

（5）水泥进场时应对其品种、级别、包装或散装仓号、出厂日期等进行检查，并应对其强度、安定性及其他必要的性能指标进行复验，其质量必须符合现行国家标准GB 175—2007《通用硅酸盐水泥》等的规定。

（6）使用时对水泥质量有怀疑或水泥出厂超过三个月（快硬硅酸盐水泥超过一个月）时，应进行复验，并按复验结果使用。

（7）钢筋混凝土结构、预应力混凝土结构中，严禁使用含氯化物的水泥。

（8）混凝土的强度等级必须符合设计要求。用于检查结构构件混凝土强度的试件，应在混凝土的浇筑地点随机抽取。取样与试件留置应符合下列规定：

1）每拌制 100 盘且不超过 $100m^3$ 的同配合的混凝土，取样不得少于一次；

2）每工作班拌制的同一配合比的混凝土不足 100 盘时，取样不得少于一次；

3）当一次连续浇筑超过 $1000m^3$ 时，同一配合比的混凝土每 $200m^3$ 取样不得少于一次；

4）每一楼层、同一配合比的混凝土，取样不得少于一次；

5）每次取样应至少留置一组标准养护试件。

（9）现浇结构的外观质量不应有严重的缺陷。对已经出现的严重缺陷，应由施工单位提出技术处理方案，并经监理（建设）单位认可后进行处理。对经处理的部位，应重新检验验收。

（10）现浇结构不应有影响结构性能和使用功能的尺寸偏差。混凝土设备基础不应有影响结构性能和设备安装的尺寸偏差。对超过尺寸允许偏差且影响结构性能和安装、使用功能的部位，应由施工单位提出技术处理方案，并经监理（建设）单位认可后进行处理。对经过处理的部位，应重新检查验收。

7.2.2　JGJ 52—2006

（1）对于长期处于潮湿环境的重要混凝土结构所用的砂、石，应进行碱活性检验。

（2）砂中氯离子含量应符合下列规定：

1）对于钢筋混凝土用砂，其氯离子含量不得大于 0.06%（以干砂的质量百分率计）；

2）对于预应力混凝土用砂，其氯离子含量不得大于 0.02%（以干砂的质量百分率计）。

7.2.3　GB 50119—2013

严禁使用对人体产生危害、对环境产生污染的外加剂。

7.2.4　GB 50496—2009

水泥进场时应对水泥品种、强度等级、包装或散装仓号、出厂日期等进行检查，并应对其强度、安定性、凝结时间、水化热等性能指标及其他必要的性能指标进行复检。

7.3　质量通病防治措施

7.3.1　广场面层积水

（1）混凝土表面排水采用有组织排水：轨道基础上的雨水通过 5mm 坡度排至排水明沟（明沟上部安装加丁格栅板），然后排至就近雨水口（井）内，沟内做适当排水坡度，明沟与井之间用 $\phi100mm$ 镀锌钢管连接；场地雨水利用 5‰ 的坡度排至就近雨水口（井）内。

（2）广场上分布着较多的外露牵引环，因牵引环埋置深度从运输轨道广场基础贯穿至面层表面，故先期施工好的牵引环必然会随着运输轨道基础沉降，造成牵引环区域略低于周边广场面层，该区域必然产生积水无法排出场地。为解决这一积水问题，特在先期施工的轨道基础内预留牵引环坑洞，埋设好钢筋，待浇筑面层混凝土前，统一安装牵引环，以确保牵引环面层与轨道顶面以及广场面层在同一标高，解决该处的积水问题。

（3）混凝土初凝前用长刮尺刮平，然后用木抹子搓平；此时移交耐磨，进行洒水打磨提浆刮平，撒材料，再打磨再撒材料，开始收光 7~8 遍，面层耐磨 5mm 厚度；终凝前，用铁抹子轻轻抹压面层，把脚印压平，当面层上有脚印但不下陷时，用铁抹子进行第二遍抹压，要求不漏压、平面出光，当面层上人稍有脚印但抹压无抹子纹时，用铁抹子进行第三遍抹压，要求压抹时用力稍大，将抹子纹抹平压光。大面标高同轨道，轨道侧混凝土表面低于轨道顶面 3mm，缓坡，防止轨道车行走碾碎混凝土，将平整度严格控制在 4mm 以内，如图 1-3-20 和图 1-3-21 所示。

图 1 - 3 - 20　混凝土找平　　　　　图 1 - 3 - 21　混凝土表面收光

7.3.2　混凝土表面有色差

（1）混凝土采用特殊清水混凝土配比并经试验确认，原材料也做相应特殊要求，石子和砂子应选择含泥量少的，并尽量单批次大量采购储存，每次使用的混凝土均一致，每次浇筑前严格核对配合比并严格控制坍落度。在混凝土供应厂家保证混凝土在连续供应的情况下，再进行混凝土浇筑施工，且混凝土连续施工间隔不超过 1～1.5h。

（2）混凝土浇筑时尽量在胀缝范围内一次性浇筑，以保证混凝土成型质量；如不能一次性浇筑，施工缝要设置在缩缝处，且要保证施工缝平直、接缝自然，拆模时要保证不缺棱掉角。

（3）应采用非金属石英砂耐磨材料，不应采用金刚石耐磨材料，虽然达到的效果相似，均可以保证色泽一致、减少裂缝，但是金刚石耐磨材料与铁件碰击容易产生火花，存在安全隐患。

（4）为避免后期电气安装等车辆滴油、滤油机漏油等情况发生造成混凝土表面污染有色差，需要做好成品保护措施，要求各单位在换流变压器广场作业签订交叉作业成品保护协议，在广场上滤油作业需要铺设隔离垫，做好防漏油措施。

7.3.3　混凝土面层出现裂缝

（1）浇筑时，在混凝土中加入 25mm 长的聚丙烯抗裂纤维，按照 1kg/m³ 用量进行控制，另在面层受光时采用非金属耐磨工艺，在面层中加入耐磨骨料。

（2）在轨道基础与面层之间采用油毡隔离，搭接方向保持一致，搭接宽度不得小于 100mm。

（3）钢筋网片在需要设置沉降缝位置处必须断开。其他部位均采用搭接绑扎，搭接长度不得小于 80mm。

（4）伸缩缝按照不大于 4m×4m 的原则进行排版，并在双轨道端头切割横缝一道，顺轨道方向切割纵缝一道至胀缝处，以防止轨道端头出现裂缝。

（5）在建（构）筑物四周、雨水井盖、轨道基础与场地连接处以及轨道基础沉降缝处，均用 20mm 厚泡沫板设置胀缝。在设置胀缝位置的两侧混凝土分两次浇筑，待一侧混凝土浇筑好后将 20mm 厚泡沫板用胶水粘贴于混凝土面上，然后再浇筑另一侧混凝土，浇筑好后用道路切割机沿胀缝位置切直，以保证胀缝顺面层混凝土浇筑好后，先按图纸放出切缝线，然后用道路切割机切 6mm 宽、70mm 深的缩缝，在边角无法用大切割机切割时，用手提切割机切通，所有切缝保证平直。（割缝时间控制在混凝土表面没有龟裂时，具体时间视天气情况而定，一般冬季 2 天后，夏季 1 天）。

7.4　标准工艺应用

标准工艺应用清单见表 1 - 3 - 9。

表 1-3-9　　　　　　　　　　　标准工艺应用清单

一、《国家电网有限公司输变电工程标准工艺　变电工程土建分册》，标准工艺共 158 项，本工法应用 5 项

序号	分部	标准工艺名称
1	第 1 章　工程测量与土石方工程	第一节　工程测量控制网
2		第三节　基坑与沟槽开挖
3		第四节　土石方回填与压实
4	第 2 章　地基工程	第二节　砂和砂石地基
5	第 7 章　室外工程	第十五节　混凝土广场

二、《国家电网有限公司特高压建设分公司土建工艺标准（2022 年版）》共 26 项，本工法未涉及

7.5　质量保证措施

7.5.1　安排专人按图进行轴线和标高的测控、钢轨的切割以及焊条的烘培。

7.5.2　轴线及标高必须自检后通知质检部门验收，然后再通知监理单位验收。

7.5.3　钢轨焊接工艺待施工单位和监理单位评定合格后再进行大面积施工。

7.5.4　施工期间施工员、技术员、质检员应加强中间环节验收，并进行现场指导，发现问题立即整改。

7.5.5　混凝土浇筑前应密切注意天气预报，避免在雨天进行，有利于成型后的广场表面色泽均一；控制好混凝土收光的时间段，避免在高温烈日下及晚上进行收光，有利于控制裂缝的产生及表面平整度。

7.5.6　面层混凝土抹平压光时安排专人监督，要求平整、无抹子纹、出光。

7.5.7　混凝土面层切割分割缝前先经验收合格后再进行切割；切缝安排专业人员施工，且根据混凝土早期强度确定切缝时间，避免裂缝的产生。

8　安全措施

8.1　风险识别及预防控制措施

安全风险辨识及预控措施表见表 1-3-10。

表 1-3-10　　　　　　　　　　安全风险辨识及预控措施表

风险编号	工序	风险可能导致的后果	固有风险级别	预控措施
02020000	变电站混凝土基础工程			
02020100	土方开挖（建筑物、防火墙工程、事故油池、消防水池参照执行）			
02020101	开挖深度在 1~3m 之间的基坑挖土	坍塌	4	（1）基坑顶部按规范要求设置截水沟。基坑底部应做好井点降水或集中排水措施，并按照设计要求进行放坡，若因环境原因无法放坡时，必须做好支护措施。 （2）一般土质条件下弃土堆底至基坑顶边距离不小于 1m，弃土堆高不大于 1.5m，垂直坑壁边坡条件下弃土堆底至基坑顶边距离不小于 3m，软土场地的基坑边则不应堆土。 （3）土方开挖中，现场监理及施工人员必须随时观测基坑周边土质，观测到基坑边缘有裂缝和渗水等异常时，立即停止作业并报告施工负责人，待处置完成合格后，再开始作业。 （4）人机配合开挖和清理基坑底余土时，设专人指挥和监护。规范设置供作业人员上下基坑的安全通道（梯子）。

风险编号	工序	风险可能导致的后果	固有风险级别	预控措施
02020101	开挖深度在 1～3m 之间的基坑挖土	坍塌	4	（5）挖土区域设警戒线，各种机械、车辆严禁在开挖的基础边缘 2m 内行驶、停放。 （6）机械开挖采用"一机一指挥"，有 2 台挖掘机同时作业时，保持一定的安全距离，在挖掘机旋转范围内，不允许有其他作业。开挖施工区域夜间应挂警示灯。 （7）对开挖形成坠落深度 1.5m 及以上的基坑，应设置钢管扣件组装式安全围栏，并悬挂安全警示标识，围栏离坑边不得小于 0.8m。 （8）基坑排水与市政管网连接前设置沉淀池，并及时清理明沟、集水井、沉淀池中的淤积物
02020200	模板工程			
02020201	组模	其他伤害	4	（1）组模须选择平整场地进行。模板堆放齐整，高度不超过 1m。模板平放时，每层之间应加垫木，底层模板离地面不小于 100mm，立模时，采取防止倾倒措施。木模板存放做到防腐、防火、防雨、防曝晒。 （2）组模施工两人一组配合协调，组模用卡扣使用前要经检查，去除有伤痕卡扣。 （3）模板采用木方加固时，绑扎后应将铁丝末端处理，以防刮伤人。 （4）严防模板滑落伤人，合模时逐层找正、支撑加固
02020202	模板运输及拼装	物体打击、坍塌	4	（1）组拼模板须采用平板车辆运输，运输通道平整、顺畅。 （2）向坑下送模板时宜设置坡道，坑上、坑下要统一指挥，牵送挂钩、绳索安全可靠。 （3）调整找正轴线的过程中要轻动轻移，严防模板轿杠滑落伤人；合模时逐层找正，逐层支撑加固，斜撑、水平撑要与补强管（木）固定牢固。 （4）现场应坚持安全文明施工，做到"工完、料尽、场地清"。 （5）电动机械或电动工机具必须做到"一机一闸一保护"。移动式电动机械必须使用绝缘护套软电缆。所有电动工机具必须做好外壳保护接地，暂停工作时，应切断电源。电动机械的转动部分必须装设保护罩。 （6）使用电动工机具时，严禁接触运行中机具的转动部分。 （7）使用手持式电动工机具时，必须按规定使用绝缘防护用品
02020203	模板拆除	物体打击、坍塌、高处坠落	4	（1）模板拆除应在混凝土强度达到规范要求，并经施工技术负责人同意后方可进行。 （2）拆模按后支先拆、先支后拆，先拆侧模、后拆底模，先拆非承重部分、后拆承重部分的原则。拆除模板时，作业人员不得站在正在拆除的模板上。卸连接卡扣时要两人在同一面模板的两侧进行，卡扣打开后用撬棍沿模板的根部加垫轻轻撬动，防止模板突然倾倒。 （3）拆模间隙时应将已活动模板临时固定。拆下的模板要及时运走，不得乱堆乱放，更不允许大量堆放在坑口边。 （4）拆模后应及时封盖预留洞口，盖板必须可靠牢固，并设立警示标识
02020300	钢筋工程			
02020301	钢筋加工	机械伤害、物体打击、触电	4	（1）钢筋制作场地应平整，工作台应稳固，照明灯具应加设防护网罩。进场后的钢筋应按规格、型号分类堆放，并醒目标识。 （2）展开圆盘钢筋时，要两端卡牢，防止回弹伤人。圆盘钢筋放入圈架应稳，如有乱丝或钢筋脱架，必须停机处理。进行调直工作时，不允许无关人员站在机械附近，特别是当料盘上钢筋快完时，要严防钢筋端头打人。 （3）切断长度小于 400mm 的钢筋必须用钳子夹牢，且钳柄不得短于 500mm，严禁直接用手把持。

风险编号	工序	风险可能导致的后果	固有风险级别	预控措施
02020301	钢筋加工	机械伤害、物体打击、触电	4	（4）严禁戴手套操作钢筋调直机，钢筋调直到末端时，人员必须躲开；当钢筋送入调直机后，手与曳轮必须保持一定距离，不得接近；在调直块未固定、防护罩未盖好前不得送料；作业中严禁打开各部防护罩及调整间隙。短于 2m 或直径大于 9mm 的钢筋调直，应低速加工。操作钢筋弯曲机时，人员站在钢筋活动端的反方向；弯曲小于 400mm 的短钢筋时，要防止钢筋弹出伤人。 （5）焊接时，防止钢筋碰触电源。电焊机必须可靠接地，不得超负荷使用。 （6）采用直螺纹连接时，操作钢筋剥肋滚轧直螺纹的操作人员不得留长发，穿无纽扣衣衫，工作时应避开切断机、切割机、吊车等外在设备对面，以防事故发生。任何人不得戴手套接触旋转中的丝头和机头。 （7）在钢筋冷拉过程中，经常检查卷扬机的夹头，钢筋两侧 2m 范围内，严禁人员和车辆通行
02020302	钢筋安装	物体打击、机械伤害、触电	4	（1）进行焊接作业时应加强对电源的维护管理，严禁钢筋接触电源。焊机必须可靠接地，焊接导线及钳口接线应有可靠绝缘，焊机不得超负荷使用。 （2）多人抬运预埋件时，起、落、转、停等动作应一致，人工上下传递时不得站在同一垂直线上。 （3）搬运预埋件时与电气设施应保持安全距离，严防碰撞。在施工过程中应严防预埋件与任何带电体接触。 （4）进行焊接作业时应加强对电源的维护管理，严禁钢筋接触电源。焊机必须可靠接地，焊接导线及钳口接线应有可靠绝缘，焊机不得超负荷使用
02020400	混凝土工程			
02020402	混凝土浇筑	机械伤害、高处坠落、触电	4	（1）基坑口搭设卸料平台，平台平整牢固，应外低里高（5°左右坡度），并在沿口处设置高度不低于 150mm 的横木。 （2）卸料时前台下料人员协助司机卸料，基坑内不得有人；前台下料作业要坑上坑下协作进行，严禁将混凝土直接翻入基坑内。 （3）投料高度超过 2m 应使用溜槽或串筒下料，串筒宜垂直放置，串筒之间连接牢固，串筒连接较长时，挂钩应予加固。严禁攀登串筒进行清理。 （4）振捣工、瓦工作业禁止踩踏模板支撑。振捣工作也要穿好绝缘靴、戴好绝缘手套，在高处作业时，要有专人监护；振捣器的电源线应架起作业，严禁在泥水中拖拽电源线，搬动振动器或暂停工作应将振动器电源切断，不得将振动着的振动器放在模板、脚手架或未凝固的混凝土上。 （5）混凝土施工时，确保模板和支架有足够的强度、刚度和稳定性；布料设备不得碰撞或直接搁置在模板上，手动布料时，必须加固杆下的模板和支架。 （6）电动振捣器的电源线应采用耐气候型橡皮护套铜芯软电缆，并不得有任何破损和接头。电源线插头应插在装设有防溅式漏电保安器电源箱内的插座上，并严禁将电源线直接挂接在刀闸上。 （7）手推车运送混凝土时，装料不得过满，卸料时，不得用力过猛和双手放把。用翻斗车运送混凝土时，不得搭乘人员，车就位和卸料要缓慢。采用泵送混凝土时，泵送设备支腿应支承在水平坚实的地面上，支腿底部与路面等边缘应保持一定的安全距离；泵启动时，人员禁止进入末端软管可能摇摆触及的危险区域

风险编号	工序	风险可能导致的后果	固有风险级别	预控措施
02020403	混凝土砂浆搅拌机使用	机械伤害、触电	4	（1）搅拌机应支撑牢固，不得用随机轮胎代替支撑。操作人员在开机前应检查搅拌机各系统是否良好，滚筒内有无异物；启动试运行正常后方可进行作业，不得在运行中进行注油保养。 （2）作业过程中，作业人员严禁将铁铲等工具伸入滚筒内，不得贴近机架观察滚筒内搅拌情况。上料应一次完成，不得在运转过程中补料。运行出料时严禁中途停机，也不得在满载时启动搅拌机。 （3）对滚筒内部进行检修和清理时，应先切断电源，有人工作加挂"禁止合闸"警示牌，并设有监护人方可作业。 （4）作业中遇到停电或作业完成时，应及时切断电源，清理滚筒内的混凝土，并用清水清洗干净

8.2 安全保障措施

8.2.1 施工用电安全措施

（1）现场施工用电应符合 JGJ 46—2005 要求，编制临时用电施工方案，并报审。

（2）现场临时用电设施安装、运行、维护应由专业电工负责。

（3）现场采用三相五线制，实行三级配电两级保护，并应根据用电负荷装设剩余电流动作保护器，并定期检查和试验。

（4）配电箱设置地点应平整，不得被水淹或土埋，并应防止碰撞和被物理打击。

（5）配电箱应坚固，金属外盒接地或接零良好，其结构应具备防火、防雨的功能。

（6）电动机械应做到"一机一开关一保护"。

8.2.2 钢轨安装安全措施

（1）钢轨进行焊接或切割作业时，操作人员应穿戴专用工作服、绝缘鞋、防护手套等符合专业防护要求的劳动保护用品。

（2）焊接、切割设备应处于正常工作状态，存在安全隐患时，应停止使用。

（3）焊接、切割的作业场所应有良好的照明及通风。

（4）在风力五级以上及下雨时，不可露天进行焊接、切割作业。

（5）电焊机的外壳应可靠接地，接地时其接地电阻不得大于 4Ω。

（6）钢轨铺设时，应采用机械搬运、人工撬动的方式进行，防止扎伤。

8.2.3 混凝土浇筑

（1）混凝土机械运输时，应规定行驶路线，运输通道平顺，行驶速度小于 5km/h。

（2）严禁任何人员、材料搭乘翻斗车。

（3）坑口搭设卸料平台，平台平整牢固，同时在坑口前设置限位横木。

（4）振捣工、瓦工作业禁止踩踏模板支撑。振捣工作也要穿好绝缘靴、戴好绝缘手套，搬动振动器或暂停工作应将振动器电源切断，不得将振动着的振动器放在模板、脚手架或未凝固的混凝土上。

8.3 文明施工保证措施

8.3.1 建立监督管理体系：由项目部现场经理负责工程环保工作的总体开展，项目部安全主管负责编制现场环保工作实施细则，由各专业负责人对所属员工进行环保知识的宣传和培训。项目部设立专职环保管理员，各施工单位设置兼职环保管理员，共同负责施工现场的扬尘等污染控制与管理，确保做到"文明、清洁施工"。

8.3.2　各专业工程师负责组织建立本专业的施工生产环境管理台账。

8.3.3　安全主管每月组织各专业主管和施工队伍现场负责人进行环境管理检查。检查出的不符合项按照检查、整改、复查、销案的程序整改完成。

8.3.4　材料堆放整齐，规格铭牌清晰。

8.3.5　作业人员进入施工现场应正确佩戴安全帽、穿工作鞋和工作服。

8.3.6　从事焊接、气割作业的施工人员应配备阻燃防护服、绝缘鞋、绝缘手套、防护面罩、防护眼镜。

8.3.7　施工现场应配备急救箱（包）及消防器材，在适宜区域设置饮水点、吸烟室。不得流动吸烟。

8.3.8　每天施工完后，做到"工完、料尽、场地清"。废料、建筑垃圾做到集中堆放、集中清运。

9　环保、水保措施

9.1　依据《绿色建造技术导则（2021 年版）》、GB/T 50640—2010、GB/T 50905—2014、《电力建设绿色施工专项评价办法（2017 试行版）》《国家电网有限公司输变电工程绿色建造评价指标体系》的要求组织施工。

9.2　现场管理控制

9.2.1　生活区设污水处理系统，生活污水经净化处理符合标准后，用作绿化和地面喷洒用水。生产区也设污水处理系统，生产污水经严格净化处理并经检验，符合国家环保标准后，再定点排放。

9.2.2　对钢筋采用优化下料技术，提高钢筋利用率；对钢筋余料采用再利用技术，如将钢筋余料用于加工马凳筋、预埋件与安全围栏等。

9.2.3　对模板的使用应进行优化拼接，减少裁剪量；对木模板应通过合理的设计和加工制作提高重复使用率；对短木方采用指接接长技术，提高木方利用率。

9.2.4　对混凝土浇筑施工中的混凝土余料做好回收利用，用于制作小过梁、混凝土砖等。

9.2.5　靠近生活水源的施工场地采取隔离措施，避免水源污染。施工期间生产场地和生活区修建必要的临时排水渠道，不致引起淤积冲刷。

9.2.6　施工区域、砂石料场在施工期间和完工后妥善处理，减少水土流失，弃土和垃圾等运到指定地点弃置，不乱弃乱倒。

9.2.7　对施工交通机具需定期到管理部门审核，对尾气排放不合格的车辆不允许使用。

9.2.8　材料运输工具适宜，装卸方法得当，防止损坏和遗洒，根据现场平面布置情况就近卸载，避免和减少二次搬运。

9.2.9　生活、生产区域内的通道、地面无垃圾，每个作业面工作结束时及时清理现场，做到"工完、料尽、场地清"。剩余材料要堆放整齐、可靠，废料及时清理干净。

9.3　施工固体废弃物控制

9.3.1　固体废弃物应分类堆放，并有明显的标识（如有毒有害、可回收、不可回收等）。

9.3.2　危险固体废弃物必须分类收集，封闭存放，积攒一定数量后由各单位委托当地有资质的环卫部门统一处理并留存委托书。

9.3.3 对油漆、稀料、胶、脱模剂、油等包装物可由厂家回收的尽量由厂家收回。

9.3.4 严重漏油机械存放点、维修点、车辆停放点以及油品存放点做好隔离沟，将其产生的废油、废水或漏油等通过隔离沟集中到隔油池，经处理后进行排放。

9.4 防止噪声污染，优先选用先进的环保机械，减轻噪声扰民。严格控制作业时间，一旦晚上需工作时应停止强噪声作业，同时要尽量选用低噪声机具和工艺。做到施工噪声白天不超过70dB，晚上不超过 45dB。

9.5 对类似水泥的易飞扬细颗粒散体材料，水泥运输时采用彩条遮盖或其他方式防止遗撒、飞扬；卸装时要小心轻放，不得抛撒，最大限度地减少扬尘。对进出现场的车辆，进行严格的清扫，做好防遗撒工作。在土方开挖运输期间，设专人负责清扫车轮，并拍实车上土，对易撒易飞扬载物进行遮盖。对临时道路进行路面硬化，在干燥多风季节定时洒水。

10 效 益 分 析

该方法通过细部设计、施工工器具创新解决了以往换流变压器广场施工的一些质量通病。

（1）轨道基础与面层混凝土增加油毡隔离层，有效隔离轨道大体积混凝土温度裂缝应力上传，防止基层裂缝应力导致面层混凝土开裂。

（2）面层混凝土收光前增加金刚石耐磨层，在广场混凝土面层形成一层硬壳层，有很好的耐磨、防龟裂、色泽光亮等性能。

（3）定制电动双轮滚筒进行提浆，保证混凝土面层浮浆厚度均匀一致，有效地减少了因浮浆厚度较厚或较薄而出现的表面龟裂现象。

（4）根据现场施工最大尺寸设计专用刮尺，极大地提高了面层混凝土表面的平整度和不同施工接缝处的接头顺滑，操作简便，保证广场整体平整度和排水坡度。

（5）购置尺寸较小的磨光机进行收光，解决了轨道中间小块混凝土机械收光难处理的问题。

（6）根据面层调仓法施工面积尺寸，设计施工防护棚，有效地应对了施工期间突发天气问题，保证了混凝土广场质量。

11 应 用 实 例

目前特高压换流站换流变压器广场设计已基本形成标准做法，结合前期工程的一些质量通病防治措施，目前此方法已广泛应用在换流变压器广场，详见实例图 1 - 3 - 22。

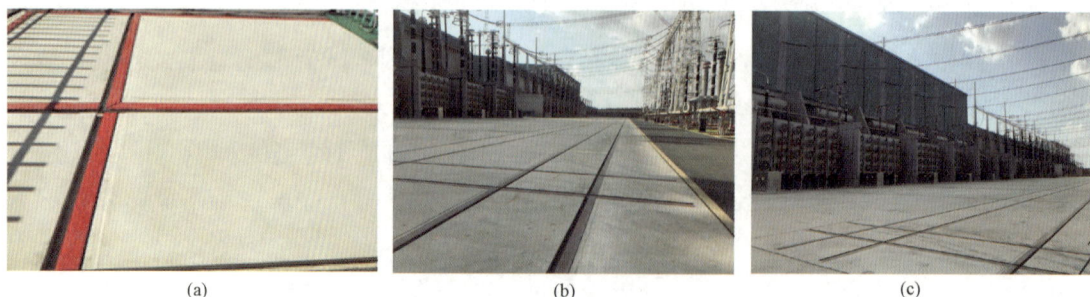

(a)   (b)   (c)

图 1 - 3 - 22 换流变压器广场应用实例

（a）某换流变压器广场轨道实景图；（b）某换流站广场

全景图（一）；（c）某换流站广场全景图（二）

典型施工方法名称：阀厅钢网架顶升典型施工方法

典型施工方法编号：TGYGF004—2022—BD—TJ

编　制　单　位：国家电网有限公司特高压建设分公司、河南省第二建设集团有限公司

主　要　完　成　人：潘青松　杨　帆　陈绪德　孟令健

目　次

1　前　言

随着现代化装配式厂房超大面积钢网架结构屋面的逐渐普及，网架设计面积、重量越来越大，而传统的高空散装法、整体吊装法、分块安装法等网架安装方法，施工周期长、危险系数高、需要耗费大量人力物力、施工场地条件限制等技术局限性日渐凸显，传统施工方法已经无法满足现代化大面积、大重量钢结构网架的安装施工要求。同步顶升法在网架安装中的应用，为我国大型网架结构的设计与施工提供了新的经验。本典型施工方法主要以柔性直流换流站阀厅为示例，介绍了钢网架的工艺流程及施工过程，柔性直流换流站阀厅钢网架结构有 2000t 大体量、顶升高度 19.9m、面积 14 300m² 的大面积分区顶升安装，本典型施工方法对今后同类工程施工有借鉴作用。

2　本典型施工方法特点

（1）本方法采用网架整体顶升施工方法，可以大量节约施工人力、物力，解决场地狭窄、大型机械设备规格限制等问题，显著提高工程的经济效益，缩短施工工期，使大面积钢网架施工更加快捷便利、安全可靠。

（2）本方法钢网架地面拼装对场地要求较高，地面禁止堆放其他物品，测量放线及网架球支座定位是保证施工质量及施工进度的关键。本区域杆件及螺栓球数量多，网架的拼接精度直接影响到钢网架的顺利安装，因此需合理布置控制点，严格控制螺栓球和杆件的尺寸定位是本工程的难点。

（3）本方法顶升点位的选择是技术难点。需要经过严密的计算确定顶升点的位置，在操作上应严格控制各顶升点的同步上升，每顶升一个步距，对偏差进行观测。如已发生偏移，则可以让千斤顶顶出时，略有倾斜，使之产生水平分力，对偏差进行纠正。

（4）本方法针对网架整体顶升就位后空中补杆的安全防护措施进行了阐述。采取高空补杆时补杆区域下方挂设安全网，网架上设置生命线为操作人员行走过程提供安全保障，以及上下弦之间挂设爬梯，操作位置挂设吊笼的安全措施，有效防范安全风险。

3　适　用　范　围

本工法适用于特高压变电（换流）站工程中大面积、大重量单层钢网架安装施工。其他工程普通钢网架结构施工也可以参考本工法。

4　编　制　依　据

GB/T 985.1　2008 气焊、焊条电弧焊、气体保护焊和高能束焊的推荐坡口

GB/T 1228—2006 钢结构用高强度大六角头螺栓

GB/T 1229—2006 钢结构用高强度大六角螺母

GB/T 1230—2006 钢结构用高强度垫圈

GB/T 1231—2006 钢结构用高强度大六角头螺栓、大六角螺母、垫圈技术条件

GB/T 13752—2017 塔式起重机设计规范

GB/T 1591—2018 低合金高强度结构钢

GB/T 3632—2008 钢结构用扭剪型高强度螺栓连接副

GB/T 5117—2012 非合金钢及细晶粒钢焊条

GB/T 5118—2012 热强钢焊条

GB/T 5293—2018 埋弧焊用非合金钢及细晶粒钢实心焊丝、药芯焊丝和焊丝—焊剂组合分类要求

GB/T 5780—2016 六角头螺栓 C 级

GB/T 8110—2020 熔化极气体保护电弧焊用非合金钢及细晶粒钢实心焊丝

GB/T 8923.1—2011 涂覆涂料前钢材表面处理 表面清洁度的目视评定 第 1 部分：未涂覆过的钢材表面和全面清除原有涂层后的钢材表面的锈蚀等级和处理等级

GB/T 8923.2—2008 涂覆涂料前钢材表面处理 表面清洁度的目视评定 第 2 部分：已涂覆过的钢材表面局部清除原有涂层后的处理等级

GB/T 8923.3—2009 涂覆涂料前钢材表面处理 表面清洁度的目视评定 第 3 部分：焊缝、边缘和其他区域的表面缺陷的处理等级

GB 11345—2013 焊缝无损检测 超声检测 技术、检测等级和评定

GB/T 12470—2018 埋弧焊用热强钢实心焊丝、药芯焊丝和焊丝—焊剂组合分类要求

GB 14907—2018 钢结构防火涂料

GB 50007—2011 建筑地基基础设计规范

GB 50009—2012 建筑结构荷载规范

GB 50016—2014 建筑设计防火规范

GB 50017—2017 钢结构设计准则（附条文说明 [另册]）

GB 50018—2002 冷弯薄壁型钢结构技术规范

GB 50205—2020 钢结构工程施工质量验收标准

GB 50210—2018 建筑装饰装修工程质量验收标准

GB 50224—2010 建筑防腐蚀工程施工质量验收标准

GB 50300—2013 建筑工程施工质量验收统一标准

GB/T 50502—2009 建筑施工组织设计规范

GB/T 50621—2010 钢结构现场检测技术标准

GB 50661—2011 钢结构焊接规范

GB 50755—2012 钢结构工程施工规范

GB 50936—2014 钢管混凝土结构技术规范

GB 55006—2021 钢结构通用规范

JGJ 7—2010 空间网格结构技术规程

JG/T 10—2009 钢网架螺栓球节点

JGJ 82—2011 钢结构高强度螺栓连接技术规程

T/CECS 24—2020 钢结构防火涂料应用技术规程

Q/GDW 10248—2016 输变电工程建设标准强制性条文实施管理规程

Q/GDW 12152—2021 输变电工程建设施工安全风险管理规程

国家电网公司输变电工程质量通病防治工作要求及技术措施（基建质量〔2010〕19 号）

国家电网有限公司输变电工程标准工艺 变电工程土建分册（2022 年版）

危险性较大的分部分项工程安全管理规定（住房城乡建设部令第 37 号）

民用爆炸物品安全管理条例（中华人民共和国国务院令第 466 号）

5 施 工 准 备

5.1 技术准备

5.1.1 施工前组织有关工程技术人员认真审阅图纸，了解设计意图，做好图纸设计交底和技术交底的准备工作并组织图纸会审，及时解决图纸中的有关问题。

5.1.2 该钢结构网架吊装工程已达到超过一定规模的危大工程，按《危险性较大的分部分项工程安全管理规定》的要求编制吊装方案，按要求完成相关审批工作，并经专家论证通过。

5.1.3 积极组织有关工程技术人员进行加工图纸设计工作，与设计人员进行沟通，确保加工图纸在满足设计规范要求的前提下，便于构件加工制作和现场安装。

5.1.4 起重器械根据结构数据选型、检修及报审完毕，符合吊装要求。

5.1.5 做好现场轴线和标高的复核工作，完成工程的定位放线工作。

5.2 人员组织准备

5.2.1 项目组织机构

吊装组织机构图如图 1-4-1 所示。

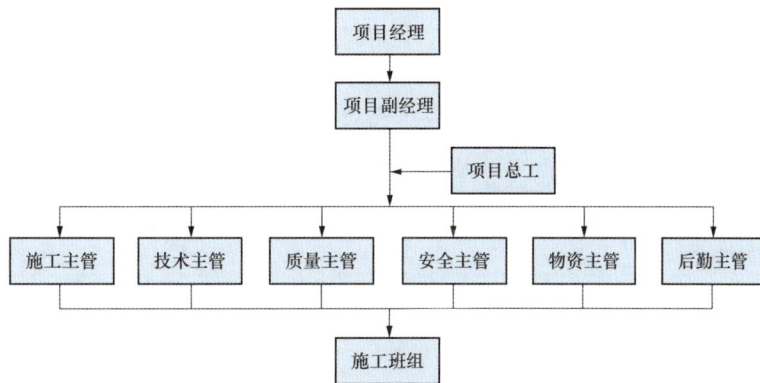

图 1-4-1　吊装组织机构图

5.2.2 人员分工

（1）项目经理对吊装全面负责。

（2）项目副经理对施工现场负责，负责施工区域内技术、安全、质量、工期、文明施工的现场管理与协调。

（3）项目总工负责解决现场技术问题，负责技术资料的收集与审核。

（4）项目质量主管负责项目部级验收，向现场监理工程师报验并组织验收，负责质量保证与验评资料的收集与审核。

（5）项目安全主管负责现场安全、文明施工的管理与监督，负责安全资料的收集与审核。

（6）技术主管负责作业项目的安全（技术）交底，安全工作票的编制，指导作业人员按图施工，负责技术资料的编制与报验。

（7）施工主管负责具体施工生产安排，合理组织调配本队施工力量、机具等资源，合理安排施工程序。

5.2.3 人员投入计划

人员投入计划见表 1-4-1。

表 1-4-1　　　　　　　　　　　　　　人 员 投 入 计 划 表

工种	人数	主要工作	所持证书、证件	责任人
技术员	2	负责安装区域内的技术工作	工程师	
施工员	4	负责吊装区域施工工作	工程师	
安全员	4	负责吊装现场安全文明施工	安全员证	
质量员	4	负责吊装现场质量监控、做好验收资料	质检员证	
起重指挥	8	负责吊装的起重工作	起重信号、司索工	
司索工	8	负责吊装的起重工作	起重信号、司索工	
测量员	4	负责吊装区域测量工作	测工证	
安装工	32	负责吊装的高空就位工作	高空作业证	
电焊工	20	负责钢结构的焊接工作	焊工证	
普工	30	负责高强螺栓施工、配合其余工种工作	/	
油漆工	15	负责钢结构节点补漆、防火涂料施工	/	

5.3　施工机具准备

5.3.1　机械、设备

机械、设备统计表见表 1-4-2。

表 1-4-2　　　　　　　　　　　　　　机械、设备统计表

序号	机械名称	机械规格型号	单位	数量	用途	备注
1	汽车起重机	QY25K	台	4	拼装	租赁
2	备用汽车起重机	QY25K	台	1	拼装	租赁
3	液压顶升器	80t	台	24	顶升	租赁
4	CO_2 气体保护焊机	KE-500S	台	20	焊接	外购
5	直流电焊机	ZX7-400	台	10	焊接	外购
6	碳刨机	/	台	2	/	外购
7	空气压缩机	/	台	2	/	外购
8	碳弧气刨枪	/	台	5	/	外购

5.3.2　安全用具

安全用具材料一览表见表 1-4-3。

表 1-4-3　　　　　　　　　　　　　　安全用具材料一览表

序号	机械名称	机械规格型号	单位	数量	备注
1	吊装索具	6m 长 ϕ16mm	根	8	外购
2	缆风绳钢丝绳	ϕ14mm	根	若干	外购
3	安全带	2.5m 长	根	60	外购
4	水平防护绳	ϕ8mm	根	若干	外购
5	爬梯	/	副	若干	外购
6	吊笼	/	个	若干	外购
7	安全警示彩旗	/	m	若干	外购

5.3.3　测量仪器

测量仪器一览表见表 1-4-4。

表 1-4-4　　　　　　　　　　　　　　测量仪器一览表

序号	仪器设备名称	型号规格	数量	用途
1	全站仪	DTM-352C	2	施工测量
2	经纬仪	J2-2	2	施工测量
3	水准仪	DSZ2	2	施工测量
4	反射棱镜	/	4	施工测量
5	塔尺	5m	2	施工测量
6	大盘尺	50m、30m	10	施工测量
7	超声波探伤仪	/	1	焊缝检测
8	钢水平尺	/	2	施工测量
9	磁力线坠	/	5	施工测量

5.4　材料准备

5.4.1　场地准备及作业环境

（1）钢结构网架拼装前现场拼装场地需进行硬化处理，压实平整，并铺设 30cm 碎石，满足吊车安全行驶及作业的要求；如场地施工期间存在不平整情况，则通过网架焊接支撑用立杆进行调整，钢结构临时材料堆场及构件拼装场地合理布置。

（2）阀厅内钢管、网架球和吊车梁等堆放根据拼装顺序优化布置，同时确保留出足够空间保证吊车畅通和拼装过程中的支撑空间。

（3）施工段一施工期间，施工段二作为材料临时堆放场地。同样，施工段二施工期间，施工段一的场地作为材料临时堆放场地。现场平面布置图如图 1-4-2 所示。

5.4.2　构件进场验收

（1）钢构件及材料的运输进场应根据现场提出的进度计划来安排，钢构件及材料进场按日计划精确到每件的编号，构件最晚在吊装前三天进场，并配套供应，构件及材料进场要考虑安装现场的堆场限制，尽量协调好安装现场与制作加工的关系，保证安装工作按计划进行。

（2）构件到场后，按随车货运清单核对所到构件的数量及编号是否相符、构件是否配套，如果发现问题，制作厂应迅速更换或补充构件，以保证现场急需。

（3）严格按图纸要求和有关规范，对构件的质量进行验收检查，核对进场构件质量证明单，并做好记录和交接手续。构件验收合格后，根据构件的安装位置和先后顺序，按照构件堆放布置图和型号分类，整齐地堆放到指定地点。

（4）对于制作超过规范误差和运输中受到严重损伤的构件，应当在安装前进行返修。

（5）用于检测的所有计量检测工具严格按规定统一定期送检。

现场构件验收主要是焊缝质量、构件外观和尺寸检查，质量控制重点在构件制作工厂。构件进场的验收及修补内容见表 1-4-5。

表 1-4-5　　　　　　　　　　　　　　进场验收检查表

序号	类型	验收内容	验收工具、方法	修补方法
1	焊缝	构件表面外观	目测	焊接修补
2		现场焊接剖口方向	参照设计图	现场修正
3		焊缝探伤抽查	无损探伤	碳弧气刨后重焊
4		焊脚尺寸	量测	补焊
5		焊缝错边、气孔、夹渣	目测	焊接修补
6		多余外露的焊接衬垫板	目测	切除
7		节点焊缝封闭	目测	补焊

序号	类型	验收内容	验收工具、方法	补修方法
8	构件的外观及尺寸	构件长度	钢卷尺丈量	制作工厂控制
9		构件表面平直度	靠尺检查	制作工厂控制
10		构件运输过程变形	参照设计图	变形修正
11		预留孔大小、数量	参照设计图	补开孔
12		螺栓孔数量、间距	参照设计图	绞孔修正
13		连接摩擦面	目测	小型机械补除锈
14		表面防腐油漆	目测、测厚仪检查	补刷油漆
15		表面污染	目测	清洁处理

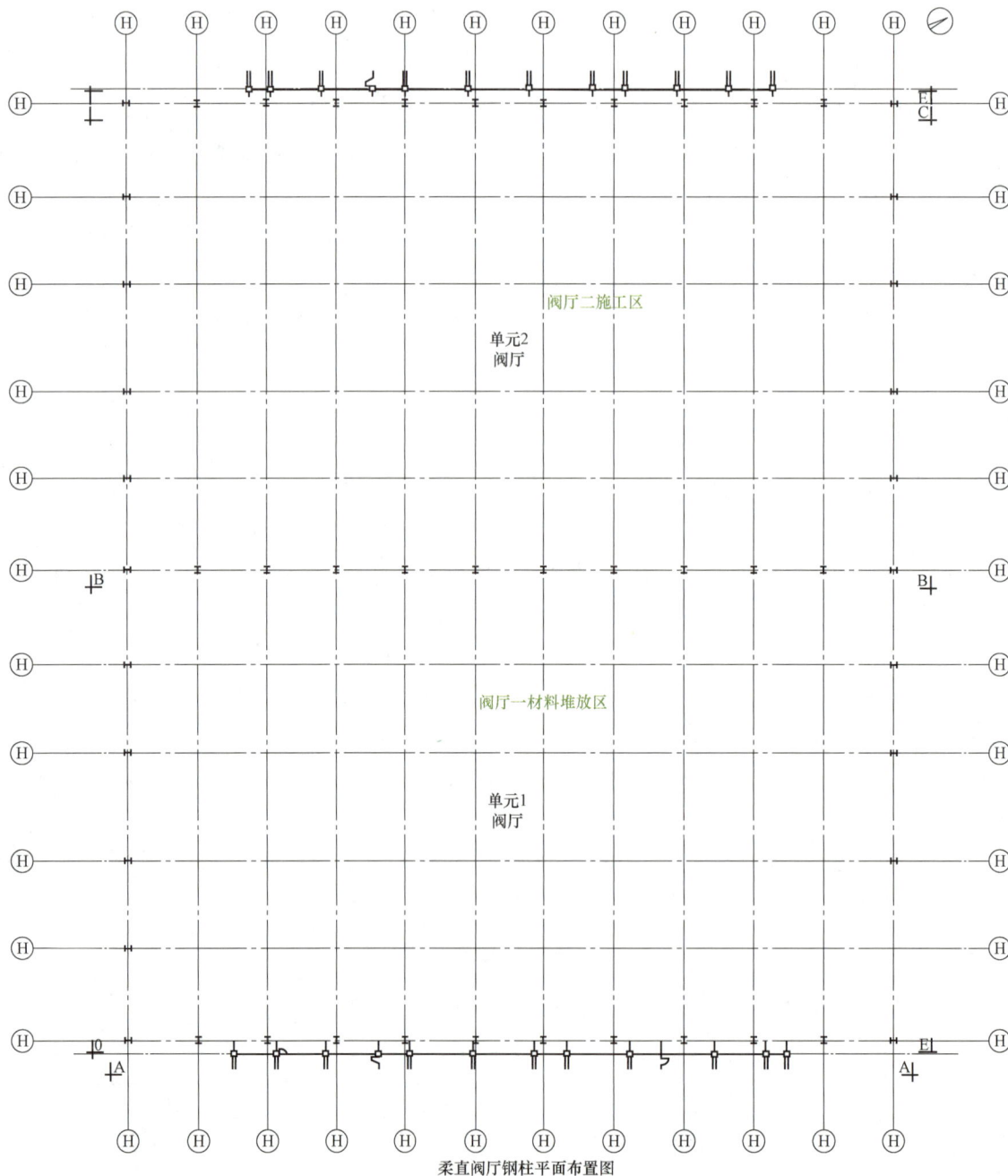

柔直阀厅钢柱平面布置图

图 1-4-2 现场平面布置图（施工段一施工期间）

注 施工段二施工时，施工段一作为材料堆放场地。

5.4.3　主材准备

钢构件进场验收事项如下：

（1）使用的钢材、焊接材料、涂装材料和紧固件等应具有质量证明书，且必须符合设计要求和现行标准的规定；严禁使用药皮脱落或焊芯生锈的焊条、受潮结块或已熔烧过的焊剂以及生锈的焊丝。

（2）钢材表面不许有结疤、裂纹、折叠和分层等缺陷；钢材端边或断口处不应有分层、夹渣；钢材表面的锈蚀深度不超过其厚度负偏差值的 1/2。

（3）核对构件编号。安装前应对构件进行编号检查，按编号对号安装，防止错号造成安装误差超标。

（4）变形校正和补漆。运输或存放过程中造成的构件变形，如超出允许偏差值，应进行校正处理；破损的油漆，应进行补涂处理，构件表面的油污、泥沙和灰尘等应清除干净。

（5）钢结构所用钢材、防腐涂料及防火涂料应进场复试，合格后方可作业。

6　施工工艺流程及操作要点

6.1　施工总体流程

本工法的施工工艺流程如图 1-4-3 所示。

6.2　操作要点

6.2.1　软件计算分析

采用空间网架结构分析设计程序（采用同济大学 3D3S 计算）对网架进行验算。经过软件计算分析，在顶升施工过程中，所有杆件及高强螺栓内力值、网架挠度、整体稳定性均满足要求，不需要另外加固与更换设计。

采用空间网架结构分析设计程序（SFCAD）对顶升架进行验算。经过软件计算分析，在顶升施工过程中，架体受力及整体稳定性均满足施工要求。详细计算详见 12.2 中顶升过程顶升架验算计算书。

6.2.2　网架地面拼装

总体安装思路是选择中间跨网架为起步点，有利于减小累积误差与累积挠度（柱顶及柱外部分暂不拼装），将顶升设备按照方案指定位置安装到位，做好整体顶升前的准备工作。网架地面拼装过程如图 1-4-4～图 1-4-6 所示。

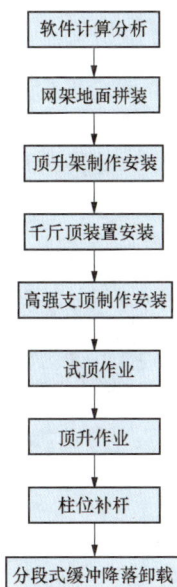

```
软件计算分析
   ↓
网架地面拼装
   ↓
顶升架制作安装
   ↓
千斤顶装置安装
   ↓
高强支顶制作安装
   ↓
试顶作业
   ↓
顶升作业
   ↓
柱位补杆
   ↓
分段式缓冲降落卸载
```

图 1-4-3　现场施工工艺流程

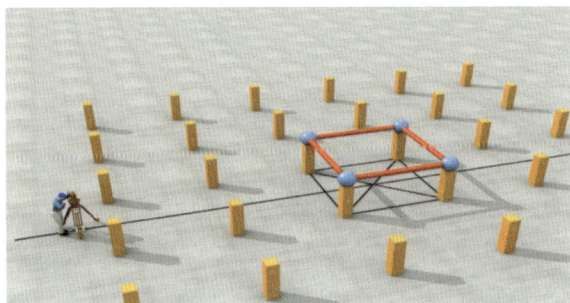

图 1-4-4　球定位线

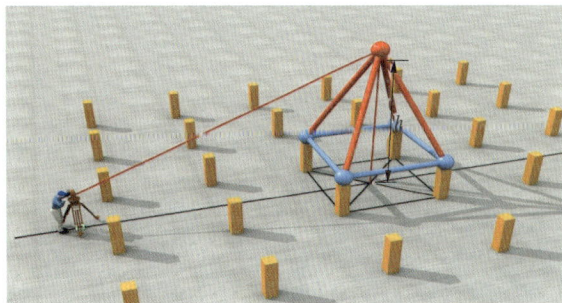

图 1-4-5　利用地面控制线复核上层球位置，同时利用钢尺复核上层球的高度 h

6.2.3　顶升架制作安装

顶升架作用是将被顶升物体的重量传递给地基，同时起到临时支撑的作用。

顶升架标准节采用 Q235 钢材现场制作，由两个单片钢网结构以及组合对撑型钢组成。标准节单片立杆采用 D114×7.5 钢管，腹杆采用矩形管 60mm×60mm×6mm，每个标准节尺寸为 1m×1m×0.775m。顶升架整体由多个标准节叠加安装组成，现场安装采用螺栓连接，可以灵活进行组合，同时运输方便。单节架体模型如图 1-4-7 所示。

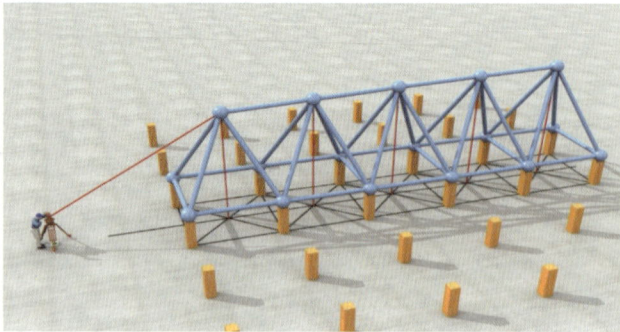

图 1-4-6　采用同样方法拼装球并利用地面控制线复核球的中心线，同时利用钢尺复核球的高度

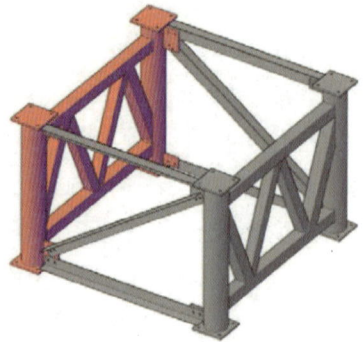

图 1-4-7　单节架体模型

预安装顶升架时，需校核网架下弦节点是否在顶升架设计安装位置投影线上，如偏差大于20mm，须调整后再进行下一步工序。

6.2.4　千斤顶装置安装

液压千斤顶装置主要由千斤顶、泵站及自制上下支架组成，如图 1-4-8 所示。千斤顶一般采用50t 千斤顶，具体规格由具体工程网架重量、顶升点设计等进行计算分析后选用。千斤顶单次最大顶升高度为750mm，每完成一个顶升作业就需要安装一节顶升架标准节，由千斤顶和顶升架受力传递来完成千斤顶的伸缩及顶升架的堆积，千斤顶不断爬升，最终实现网架的整体顶升。

泵站是向千斤顶供油和收回液压油的设备。泵站与千斤顶分离式设置，每个千斤顶设置一座液压泵站。泵站供油时活塞向外伸出，泵站回油时，活塞自动收回。如将活塞上端固定，则油缸向上运动。

上下支架是用型钢现场焊接制作，上顶连接网架下的高强支顶，下顶连接顶升架。

6.2.5　高强支顶制作安装

临时支顶结构特点是与钢网架为点接触，应力集中，临时支顶端部为可更换端头，可根据不同型号的螺栓球进行匹配安装，如图 1-4-9 所示。

图 1-4-8　液压千斤顶装置

支顶顶部结构采用高强度钢板交叉焊接，焊缝 10mm，四面满焊，腹部采用直径 100mm、管壁 20mm 钢管焊接，连接上下部结构，底部采用 10mm 厚钢板作支撑底座。交叉式焊接钢板可以避开连接在节点钢球的杆件，保证支点单一接触到钢网架节点钢球，不与杆件产生碰撞。

临时支顶端接触微弧度根据设计制作，支片大小根据不同螺栓球进行定做，方便针对不同大小螺栓球实现接触匹配。

6.2.6　试顶作业

（1）运用稳定控制系统。顶升点均匀分布于网架下方，保证顶升同步是顶升作业成败的关键。为此，采用电脑控制液压千斤顶，使其同步上升或同步下降，每台千斤顶活塞与缸体之间安装一

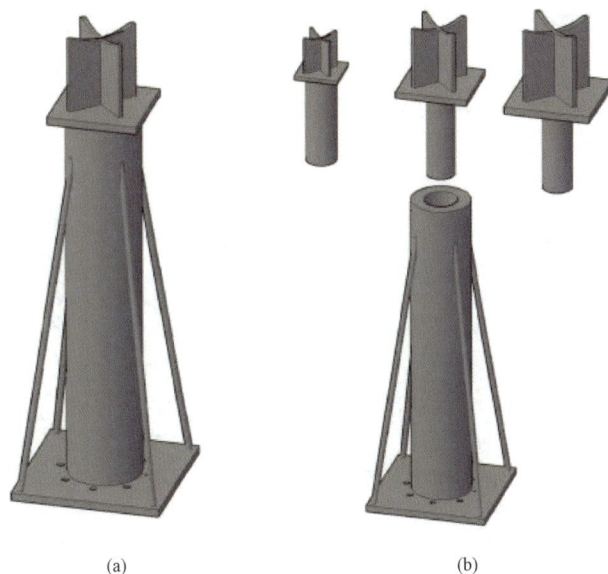

图 1-4-9 点触式高强支顶模型
(a) 点触式高强支顶模型使用示意；(b) 点触式高强支顶模型支撑头更换示意

个位移传感器，活塞上升或下降时，传感器将位移数据时时传给电脑，电脑根据收到的信息与预先设计值比对，对每一台千斤顶的油阀进行调整，对不同位置千斤顶进行加压顶升与回油松顶，保证顶升过程中各顶升点的受力均衡，确保施工安全可靠。

系统的控制方式是预先设定一个变动偏差允许值，如±5mm，启动泵站后，只要各千斤顶顶升的高度值与千斤顶平均顶升高度值的偏差在允许偏差的±5mm以内，各千斤顶均在同步顶升的正常工作状态，一旦偏差值超出±5mm范围，超出偏差的千斤顶自动显示超差警示状态，并通过计算机对千斤顶油缸阀门的自动调节，增大（减小）该千斤顶的顶升压力，逐步使其顶升位移恢复至偏差允许值范围，千斤顶恢复至正常工作状态。如千斤顶的计算机自动调节失效（即计算机自动超差调节，使得该千斤顶的顶升值与千斤顶平均顶升高度偏差超过报警偏差范围±10mm，未使该千斤顶恢复至正常状态），所有同步顶升千斤顶停止顶升，锁定状态，对报警千斤顶进行设备检查，并手动调节顶升状态至允许偏差状态，再次启动千斤顶的自动同步顶升状态，控制系统计算机画面如图1-4-10和图1-4-11所示。

（2）试顶作业。调整油缸底部的高度，保证其基本在同一水平位置，正负偏差不得超过20mm。

将网架顶升离地面约500mm。锁定油缸，全面检查网架是否有异常、是否有杆件弯曲，若无异常变化，方可继续顶升。

6.2.7 顶升作业

顶升架爬升借助塔式起重机爬升原理，通过上下销转换受力，产生三种施工工况，实现架体逐节爬升，如图1-4-12所示。

网架每次顶升750mm，顶升初期（试顶阶段）网架先升高500mm，待确定状态安全无误、稳定可靠后，每次升高750mm，初期（试顶阶段）每200mm检查一次网架高度，后期（试顶阶段之后至顶升到最高点期间）每2m检查一次网架高度，确保网架同步整体上升。

网架顶升水平度不够的地方采用手压千斤顶置换，垫薄钢板进行调整。顶升架的水平度及支撑架的稳定性是顶升法施工的关键所在。所以采用反复测量、水准仪监控及设置监视物是非常必要的。

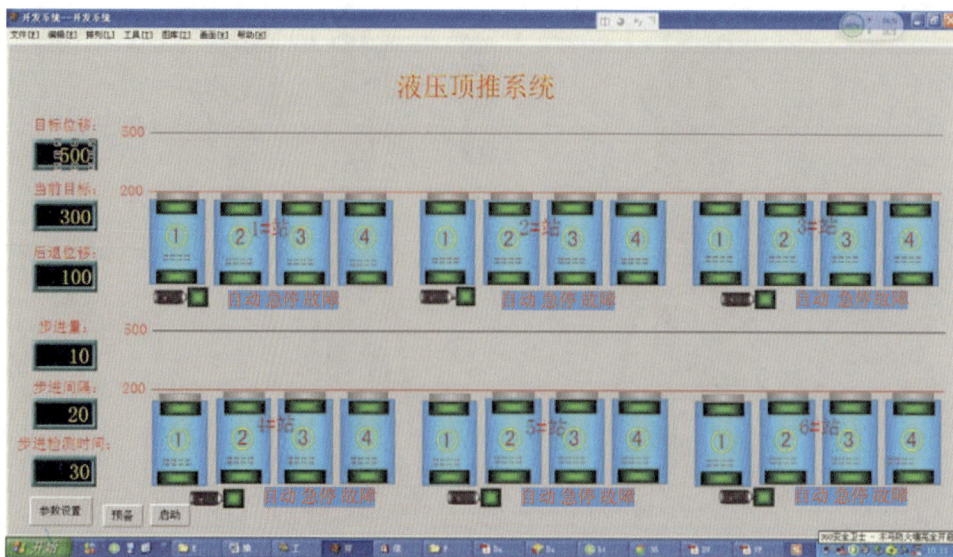

图 1-4-10 稳定控制系统计算机画面（一）

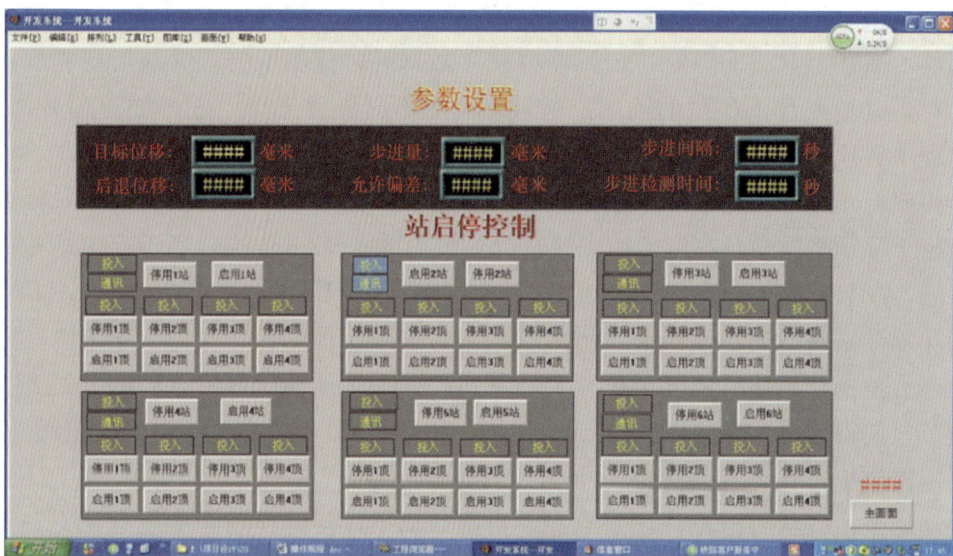

图 1-4-11 稳定控制系统计算机画面（二）

在网架顶升过程中，每次顶高约 750mm 时，添加一个顶升架标准节，应对不同场地条件，可采用人力搬运、叉车转运等方式移动运输顶升设备材料。施工中可利用滑轮结合麻绳临时固定在顶升点附近的下弦球，下方通过人工手拉提升标准节单片结构，进行增加标准节安装施工，每个顶升点处 3～5 人安装施工。

6.2.8 柱位补杆

在网架提升至设计标高以上（大于 200mm）时停止顶升，工人通过 Z 字形高空车上落网架，在已装好的网架杆件上挂双扣安全带进行补杆作业。柱顶补装杆件时，在下方 10m×10m 范围内围闭安全警戒线。

先在地面完成支座以及杆件的小椎体整体拼装，然后用 20t 汽车配合工人进行整体吊装。一般网架补杆位置示意图如图 1-4-13 所示。

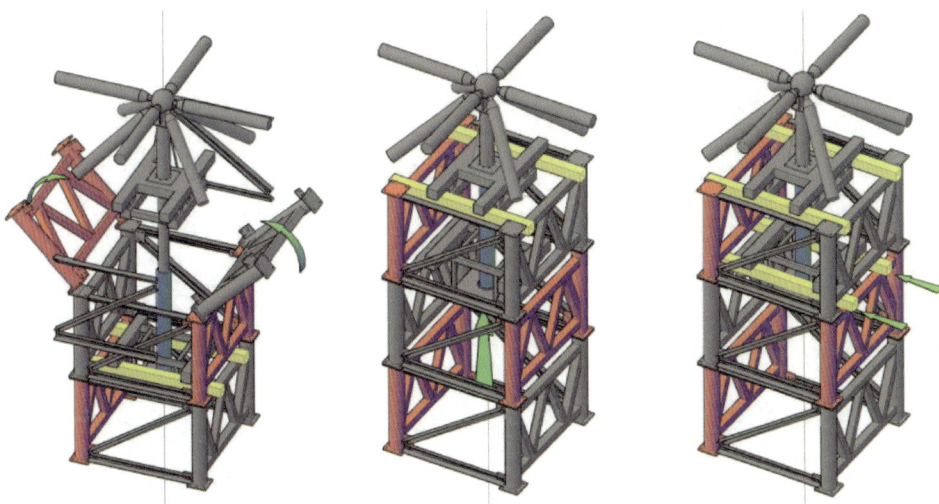

图 1-4-12　顶升施工过程三种工况

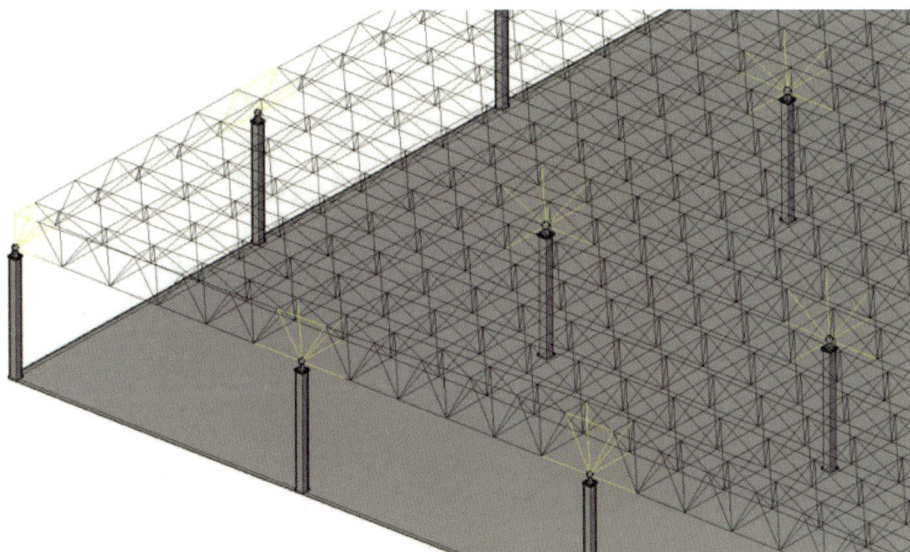

图 1-4-13　一般网架补杆位置示意图

6.2.9　分段式缓冲降落卸载

在钢网架整体顶升的最后阶段，需对钢网架进行最后的位置调整及最终安装。在钢网架柱位预留位置进行人工补杆后，千斤顶回油松顶，对钢网架进行整体卸载，使钢网架稳定落在已吊装的箱型钢柱顶。

网架卸载采用同步卸载方法，即 25 个千斤顶同步降落，利用永久设计中的氯丁橡胶垫板作为缓冲材料，每次同步降落 10mm，每段降落后观察网架及顶升设备是否有异常现象。一切正常再进行第二段降落，直到所有临时支顶与网架脱离。分段或缓冲降落模型如图 1-4-14 所示。

卸载实际就是荷载转移过程，在此过程中，必须遵循"变形协调、卸载均衡"的原则。不然有可能造成支撑架超载失稳，或者网架结构局部甚至整体受损。在卸载过程中做到同步，在关键支架支撑点部位，放置检测装置（如贴应变片）等，检测支架支点处轴力变化，确保临时支架和网架的安全。

在卸载过程中，必须严格控制循环卸载时的每一级高程控制精度，设置测量控制点，在卸

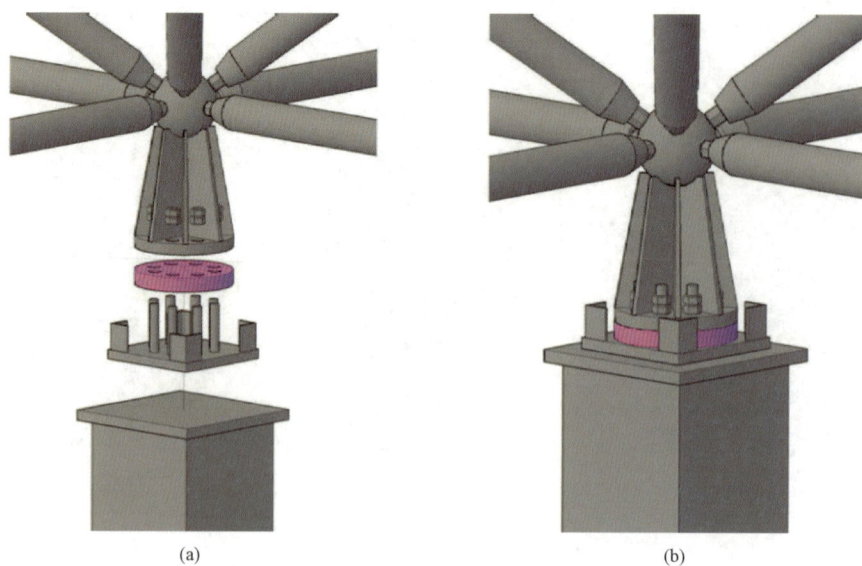

图 1-4-14 分段式缓冲降落模型

（a）分段式缓冲降落安装过程示意；（b）分段式缓冲降落安装完成示意

载全过程进行监测，并与计算结果对照，实行信息化施工管理，网架同步卸载后，进行与柱顶支座人工焊接。测量网架就位后的挠度、几何尺寸等，并做好记录与评定。此时顶升支架再进行拆除。

7 质量控制措施

7.1 施工质量控制标准

7.1.1 工序质量控制要点

（1）网架节点中心偏移、杆件轴线的弯曲矢高。

（2）螺栓球组装控制要点。

1）拼装小单元锥体三脚架的控制要点为：先配好该处的球和杆件，一人找准螺栓球孔位置，分别对接两根腹杆，用扳手或管钳拧紧套筒螺栓，接着再有一人抱一上弦杆（朝大杆），另一人迅速将螺栓对准相应的球孔，用扳手或管钳将此上弦杆拧紧到位，在拧紧过程中，腹杆轻微晃动杆件，以使杆件与球完全拧紧位。此项工作完毕后，再装另一根上弦杆（翅膀），找准球孔，拧紧螺栓。

2）每个施工段网架总拼完成后，吊装前检查网架螺栓紧固程度，确保高强度螺栓与球节点应紧固连接，高强度拧入螺栓球内的螺纹长度不应小于 $1.0d$（d 为螺栓直径），保证连接处没有空隙、松动等未拧紧情况。螺栓球节点按照指定规格的最大螺栓孔螺纹，通过第三方检测中心进行抗拉强度保证荷载试验，当达到螺栓的设计承载力，且螺孔、螺纹及封板完好无损时，方可顶升作业。

（3）钢结构焊接质量。

（4）钢结构防火面漆质量。

7.1.2 验收标准

（1）钢网架结构安装验收标准。钢网架结构安装允许偏差及检查方法见表 1-4-6。

表 1 - 4 - 6　　　　　　　　　钢网架结构安装允许偏差及检查方法

一、小拼单元偏差值

项目	允许偏差（mm）
节点中心偏移	2.0
杆件轴线的弯曲矢高	$L_1/1000$，且不大于 5.0

二、锥体型小拼单元偏差值

项目	允许偏差（mm）
弦杆长度	±2.0
锥体高度	±2.0
上弦杆对角线长度	±3.0

三、平面网架型小拼单元偏差值

项目	允许偏差（mm）
跨度（≤24m 时）	±3.0，−7.0
跨度（>24m 时）	±5.0，−10.0
跨中高度	±3.0
跨中拱度（设计要求起拱）	$±L/5000$
跨中拱度（设计未要求起拱）	±10.0

检查数量：按单元数抽查 5%，且不应少于 5 个

检查方法：用钢尺和拉线等辅助量具实测

L_1—杆件长度，L_2—跨长

四、中拼单元偏差值

项目	允许偏差（mm）
单元长度 L≤20m 时的拼接边长度（单跨）	+10.0
单元长度 L≤20m 时的拼接边长度（多跨连续）	+5.0
单元长度 L>20m 时的拼接边长度（单跨）	+20.0
单元长度 L>20m 时的拼接边长度（多跨连续）	+10.0

五、钢网架结构安装的偏差值（mm）

项目	允许偏差	检查方法
纵向、横向长度	$+L/2000$，且不大于 30.0	用钢尺检测
支座中心偏移	$L/3000$，且不大于 30.0	用钢尺或经纬仪实测
周边支承网架相邻支座高差	$L/400$，且不大于 15.0	用钢尺和水准仪实测
支座最大高差	30.0	用钢尺和水准仪实测
多点支承网架相邻支座高差	$L_1/800$ 且不大于 30.0	用钢尺和水准仪实测
杆件弯曲矢高	$L_2/1000$ 不大于 5.0	用拉线和钢尺实测

（2）焊接验收标准。

1）焊缝外表无裂纹、气孔、夹渣等缺陷，咬边深度不大于 0.5mm，焊缝成型良好，与母材过渡光滑。

2）焊接飞溅药皮必须清理干净。

（3）防火涂料验收标准。

113

1）膨胀型的涂层厚度应符合有关耐火极限的设计要求。非膨胀型防火涂料涂层厚度，80％及以上面积应符合有关耐火极限的设计要求，且最薄处厚度不应低于设计要求的85％。

2）涂层无剥落、无漏涂、无脱粉、无明显裂缝、表面平整无凹凸、平整度大于等于80％。

3）涂层与钢基层表面之间应黏结牢固，无脱层、皱皮、空鼓等现象。

4）涂层外观色泽一致，涂层观感颜色均匀、表面光滑、轮廓清晰、接槎平整。

7.2　强制性执行条文

GB 55006—2021《钢结构通用规范》强制性执行条文：

7.2.1　构件工厂加工制作应采用机械化与自动化等工业化生产方式，并应采用信息化管理。

7.2.2　高强度大六角头螺栓连接副和扭剪型高强度螺栓连接副出厂时应分别随箱带有扭矩系数和紧固轴力（预拉力）的检验报告，并应附有出厂质量保证书。高强度螺栓连接副应按批配套进场并在同批内配套使用。

7.2.3　高强度螺栓连接处的钢板表面处理方法与除锈等级应符合设计文件要求。摩擦型高强度螺栓连接摩擦面处理后应分别进行抗滑移系数试验和复验，其结果应达到设计文件中关于抗滑移系数的指标要求。

7.2.4　钢结构安装方法和顺序应根据结构特点、施工现场情况等确定，安装时应形成稳固的空间刚度单元。测量、校正时应考虑温度、日照和焊接变形等对结构变形的影响。

7.2.5　钢结构吊装作业必须在起重设备的额定起重量范围内进行。用于吊装的钢丝绳、吊装带、卸扣、吊钩等吊具应经检验合格，并应在其额定许用荷载范围内使用。

7.2.6　对于大型复杂钢结构，应进行施工成型过程计算，并应进行施工过程检测。

7.2.7　钢结构施工方案应包含专门的防护施工内容，或编制防护专项施工方案，应明确现场防护施工的操作方法和环境保护措施。

7.2.8　钢结构焊接材料应具有焊接材料厂出具的产品质量证明书或检验报告。

7.2.9　采用的钢材、焊接材料、焊接方法、接头形式、焊接位置、焊后热处理制度以及焊接工艺参数、预热和后热措施等各种参数的组合条件，应在钢结构构件制作及安装施工之前按照规定程序进行焊接工艺评定，并制定焊接操作规程，焊接施工过程应遵守焊接操作规程规定。

7.2.10　全部焊缝应进行外观检查。要求全焊透的一级、二级焊缝应进行内部缺陷无损检测，一级焊缝探伤比例应为100％，二级焊缝探伤比例应不低于20％。

7.2.11　按质量抽样检验结果判定应符合以下规定：

（1）除裂纹缺陷外，抽样检验的焊缝数不合格率小于2％时，该批验收合格；抽样检验的焊缝数不合格率大于5％时，该批验收不合格；抽样检验的焊缝数不合格率为2％～5％时，应按不少于2％探伤比例对其他未检焊缝进行抽检，且必须在原不合格部位两侧的焊缝延长线各增加一处，在所有抽检焊缝中不合格率不大于3％时，该批验收合格，大于3％时，该批验收不合格。

（2）当检验有1处裂纹缺陷时，应加倍抽查，在加倍抽检焊缝中未再检查出裂纹缺陷时，该批验收合格，检验发现多处裂纹缺陷或加倍抽查又发现裂纹缺陷时，该批验收不合格，应对该批余下焊缝的全数进行检验。

（3）批量验收不合格时，应对该批余下的全部焊缝进行检验。

7.2.12　钢结构防腐涂料、涂装遍数、涂层厚度均应符合设计和涂料产品说明书要求。当设计对涂层厚度无要求时，涂层干漆膜总厚度满足：室外应为150μm，室内应为15μm，其允许偏差为－25μm。检查数量与检验方法应符合下列规定：

（1）按构件数抽查10％，且同类构件不应少于3件。

（2）每个构件检测 5 处，每处数值为 3 个相距 50mm 测点涂层干漆膜厚度的平均值。

7.2.13　膨胀型防火涂料的涂层厚度应符合耐火极限的设计要求，非膨胀型防火涂料的涂层厚度，80％及以上面积应符合耐火极限的设计要求，且最薄处厚度不应低于设计要求的 85％。检查数量按同类构件数抽查 10％，且均不应少于 3 件。

7.3　质量通病防治措施

7.3.1　氧化渣

通病描述：对已下料完成后的零部件没有及时将氧化渣清除干净就进行校平，导致板材缺陷。

纠正预防措施：下料完成的零部件必须及时将氧化渣清除干净，特别是进行校平的板材。

7.3.2　缺棱

通病描述：钢材切割面有大于 1mm 的缺棱。

纠正预防措施：对超标的缺棱，应根据不同母材的材质正确领用焊条进行补焊，补焊后打磨平直。

7.3.3　螺栓孔（剪板）毛刺

通病描述：螺栓孔表面粗糙，不光滑，有毛刺，板材剪切面有毛刺。

纠正预防措施：对表面粗糙，不光滑，有毛刺的螺栓孔（剪板）用砂轮进行打磨平整。

7.3.4　焊瘤

通病描述：熔化金属流淌到焊缝以外，在未熔化的母材上形成金属瘤。

纠正预防措施：合理选择与调整适宜的焊接电流、电压，改变运条方式和正确的电弧长度。

7.3.5　电弧擦伤

通病描述：焊条或焊把与电焊工件接触引起电弧，致使工件表面受损。

纠正预防措施：焊接人员应当进场检查焊接电缆及接地线的绝缘状况；装设接地线要牢固、可靠；不得在焊道以外的工件上随意引弧；暂时不焊时，应将焊钳放在木板上或适当挂起。

7.3.6　咬边

通病描述：焊缝边缘木材上被电弧或火焰烧熔出凹陷或沟槽。

纠正预防措施：调整及选用适当的焊接电流、电压；缩短电弧长度用压弧焊；改变运条方式和速度，确保正确的施焊角度。

7.3.7　焊缝不饱满

通病描述：焊缝外形高低不平，焊波宽窄不齐，焊缝与母材过渡不平滑。

纠正预防措施：选用适当的焊接电流、电压；熟练、正确地掌握运条速度和施焊角度。

7.3.8　气孔

通病描述：气体残留在焊缝金属中形成的孔洞。

纠正预防措施：使用合格的焊条进行焊接；焊条和焊剂在使用前，应按规定要求进行烘焙；对焊道及焊缝两侧进行清理，彻底清除油污、水分、锈斑等脏物；选择合适的焊接电流和焊接速度，采用短弧焊接。

7.3.9　异物填充组装间隙

通病描述：组装时间隙过大，在焊接前用钢筋、钢板条、焊条等异物填塞间隙。

纠正预防措施：对组装间隙过大的构件，应编制相应的组装工艺方案，在下料前应充分考虑焊缝的收缩等影响构件尺寸的因素。

7.4　标准工艺应用

标准工艺应用见表 1-4-7。

表 1-4-7 标 准 工 艺 应 用 汇 总

《国家电网有限公司输变电工程标准工艺 变电工程建分册》

序号	分部	标准工艺名称
1	第4章 主体结构工程	第十一节 钢结构焊接（角焊缝）
2		第十二节 钢结构焊接（坡口焊缝）
3		第十三节 钢结构焊接（塞焊）
4		第十五节 普通螺栓连接
5		第十六节 高强度螺栓连接
6		第十七节 钢结构安装
7		第十八节 防腐涂料喷涂
8		第十九节 防火涂料喷涂

7.5 质量保证措施

钢网架制作安装工程由分项工程、分部工程到整个单位工程所组成，工程项目的建设则是通过一道道工序来完成的。所以，施工质量的控制是从工序质量到分项工程质量、分部工程质量。

7.5.1 测量质量控制

网架的拼装测量通过全站仪全程监测定位。本工程网架安装采用地面拼装、整体顶升的方法。

（1）地面放线测量控制。网架结构的空中定位是否符合设计要求与预埋件及其施工精度密切相关，因此必须按规范要求逐一进行复核，并定出支座的定位点。

下弦球的定位线关系到拼装胎架的定位质量，拼装胎架的定位与标高控制着焊接球的拼装质量。

球心坐标确定：根据下弦球心的定位线，拼装支架中心；由于圆钢管对不同的球有不同的吞球量，根据不同球大小，对圆钢管的长度进行调整，使下弦球球心标高符合设计要求。

（2）高空测量控制。在顶升过程中，设置 2 台经纬仪，对网架下弦球选择 5 排，每排 3 个点共15 点进行监控，每半小时测量一次，当测量点值高差大于 15mm 时暂停顶升并对油压设备进行调整校正。网架散装部分的安装，需要在网架顶升完成后再进行。因此，在网架顶升完成，支座和补杆安装完成后，对网架的标高和位置进行测量，保证网架挠度在 1/1000 以下，然后进行卸载，并在卸载过程中对网架变形进行整体监测。

（3）网架拼装误差控制与消除。

1）采用计算机分析误差样本的方法，根据温度变化，计算出热胀冷缩的数值，在深化设计中考虑由此引起的误差。

2）球节点用激光全站仪进行定位，定位一榀后进行测量，拼装完一榀后再进行测量，安装完一个节段后再测量，整个区段完成后最终进行测量。

3）每榀下弦节点、上弦节点安装前，均应用水准仪、钢卷尺测量高低度、水平度、几何尺寸、挠度，做到每榀合格、整体合格。

4）每拼装 3~5 个再作一次全方面复检，以利发现问题及时处理。

5）整体拼装后，作一次全面检查和测量，确保不留下任何问题。

7.5.2 焊接质量保证措施

（1）焊接质量控制内容见表 1-4-8。

表 1 - 4 - 8　　　　　　　　　　　　　　焊 接 质 量 控 制 内 容

控制阶段	质量控制内容
焊接前质量控制	母材和焊接材料的确认与复验
	焊接部位的质量和合适的夹具
	焊接设备和仪器的正常运行情况
	焊接规范的调整和必要的试验评定
	焊工操作技术水平的考核
	焊工焊接前应熟悉每一个部位设计所采用的焊缝种类，了解相对应的参数要求
焊接中质量控制	焊接工艺参数是否稳定
	焊条、焊剂是否正常烘干
	焊接材料选择是否正确
	焊接设备运行是否正常
	焊接热处理是否及时
	尽量采用高位焊接，同时保证焊缝长度和焊脚高度符合设计要求，做到边焊接边检查，在保证焊接连续的条件下对不符合要求的地方及时补焊
	定位焊缝有裂缝、气孔、夹渣等缺陷时，必须清除后重新焊接，焊接过程中，尽可能采用平焊位置进行焊接
焊接后质量控制	焊接外形尺寸、缺陷的目测
	焊接接头的质量检验（破坏性试验、理化试验）
	焊接接头的质量检验（破坏性试验、金相试验）
	焊接接头的质量检验（破坏性试验、其他）
	焊接接头的质量检验（非破坏性试验、无损检测）
	焊接接头的质量检验（非破坏性试验、强度及致密性试验）
	构件焊接安装完毕后，应用火焰切割，去除引弧板和安装耳板，并修磨凭证
	焊接区域的清除工作

（2）焊后缺陷返修措施见表 1 - 4 - 9。

表 1 - 4 - 9　　　　　　　　　　　　　　焊 后 缺 陷 返 修 措 施

序号	返修措施
1	焊缝表面缺陷超标时，对气孔、夹渣、焊瘤、余高过大等缺陷应用砂轮打磨、铲凿、钻、铣等方法去除，必要时进行补焊，对焊缝尺寸不足、咬边、弧坑未填满等进行补焊
2	经 NDT 检查的内部超标缺陷进行返修时，应先编写返修方案，然后确定位置，用砂轮和碳弧气刨清除缺陷，缺陷为裂纹时，气刨前应在裂纹两端钻止裂孔，并清除裂纹两端各 50mm 长的焊缝或母材
3	清除缺陷时，刨槽加工成四侧边斜面角大于 10° 的坡口，必要时用砂轮清除渗碳层，用 MT、PT 检查裂纹是否清除干净
4	补焊时应在坡口内引弧，熄弧时应填满焊坑，多层焊的焊层之间接头应错开。当焊缝长度超过 500mm 时，应采用分段退焊法
5	返修部位应连续焊成，如中断焊接，应采取后热、保温措施，再次施焊时应用 MT、PT 确认无裂纹时方可焊接
6	根据工程节点决定焊接工艺，如低氢焊接、后热处理等
7	焊缝正反面各作一个部位，同一部位返修不宜超过两次
8	对两次返修仍不合格的部位应重新编写返修方案，经工程技术负责人审核并报监理认可后方可执行
9	返修焊接应填报施工记录及返修前后无损检测报告，作为工程验收及存档资料

7.5.3　原材料检验

本工程按照国家规范 GB 50205—2020《钢结构工程施工质量验收标准》相关要求进行钢材的抽样复检。

7.5.4　安装检验

（1）螺栓球节点及杆件外观质量应保持表面干净，无明显焊疤、泥沙、污垢。检测方法：现场目测。

（2）当网架拼装小单元为单锥体时，用钢卷尺及辅助量具检查单元节点中心偏移（允许偏差±2.0mm）、弦杆长（允许偏差±2.0mm）、上弦对角长（允许偏差±3.0mm）、锥体高（允许偏差±2.0mm）。

（3）当网架拼装单元为整榀平面桁架时，用钢卷尺及辅助量具检查跨长（允许偏差＋3.0mm、－7.0mm）、跨中高（允许偏差±3.10mm）、分条分块网架单元长度（允许偏差±20mm）。

8　安　全　措　施

8.1　风险识别及预防控制措施

风险识别及预防控制措施见表1-4-10。

表1-4-10　　　　　　　　　　　　　　风险识别及预防控制措施

工序	作业内容	可产生的危险	固有风险评定值	固有风险级别	预控措施
现场作业准备及布置	主要机具及材料配置	机械伤害触电	45	4	汽车起重机经试运行，检查性能完好、接地牢靠、满足使用要求
	施工机械操作	机械伤害触电	45	4	（1）建立各种机械、电气设备的操作规程。 （2）告知安全注意事项
	起重机械如起重机、升降车使用	高处坠落机械伤害	45	3	（1）编写施工方案或技术措施。 （2）填写《安全施工作业票B》，作业前通知监理旁站。 （3）制定施工的控制措施。 （4）进行安全技术交底。 （5）严格按批准的施工方案执行
阀厅钢屋架整体吊装	起重吊装工程	起重伤害物体打击高处坠落	240	2	（1）起重机械与起重工器具必须经过计算选定，起重机械应取得安全准用证并在有效期内，起重工器具应经过安全检验合格后方可使用。吊点处要有对吊绳的防护措施，防止吊绳卡断。待构件就位点上方200～300mm稳定后，作业人员方可进入作业点。 （2）起吊前检查起重设备及其安全装置。吊装过程中设专人指挥，吊臂及吊物下严禁站人或有人经过。在吊件上挂以牢固的牵引绳，落钩时，防止吊物局部着地引起吊绳偏斜，吊物未固定好，严禁松钩。 （3）高空作业人员必须使用提前设置的垂直攀登自锁器。在横梁上行走时，必须使用提前设置的水平安全绳。在转移作业位置时不得失去保护。所用的工具和材料放在工具袋内或用绳索拴在牢固的构件上，较大的工具系有保险绳。上下传递物件使用绳索，不得抛掷。 （4）钢屋架吊点位置必须经过计算现场指定，必要时采取补强措施

8.2　安全保障措施

8.2.1　项目部应对电焊工、高处作业人员、吊车驾驶员、起重工、司索工做好安全技术交底工作，并做好记录。

8.2.2　个人防护措施

（1）系好安全带，安全带高挂低用。

（2）1.5m 以上作业属于高处作业，必须使用安全带，且必须系在固定物上。

（3）佩戴安全帽，穿安全劳保鞋；带电操作必须戴绝缘手套。

（4）严禁酒后作业。

（5）顶升架上挂设垂直爬梯，供顶升人员上下。

（6）网架必要的区域设置贯通的生命线，生命线规格采用 ϕ8mm 钢丝绳。为了能安全的在下弦杆件行走，生命线环缠在腹杆上，采用 U 形卡锁紧，距所在部位的下弦层高度 1m 的位置，按照腹杆同下弦的角度采取不同的高度。

8.2.3　防止高空坠落和物体落下伤人

（1）在高处安装构件时，要经常使用撬杠校正构件的位置，使用撬杠时，通过麻绳将撬杠的一端与已安装好的构件拴连在一起，防止因撬杠滑脱而引起的高空坠落。

（2）高空操作人员使用的工具及安装用的零部件，应放入随身佩带的工具袋内，不可随便向下丢掷。

8.2.4　防物体坠落措施

（1）高空往地面运输物件时，应用绳捆好吊下。吊装时，不得在构件上堆放或悬挂零星物件。零星材料和物件必须用吊笼或钢丝绳、保险绳捆扎牢固后才能吊运和传递，不得随意抛掷材料、物件、工具，防止滑脱伤人和意外事故。

（2）构件必须绑扎牢固，起吊点应通过构件的重心位置，吊升时应平稳，避免振动或摆动。

（3）构件就位后、临时固定前，不得松钩和解开吊装索具。构件固定后，应检查连接牢固和稳定情况，当连接确定安全可靠，才可拆除临时固定工具、进行下一步吊装。

8.3　文明施工保证措施

8.3.1　文明施工管理规定

（1）坚持贯彻"安全第一，预防为主"的安全生产方针，贯彻执行国家有关安全生产、文明施工的指令、政策和法规等。

（2）服从项目法人/项目管理单位、监理对安全文明施工的管理，并全面遵守项目法人/项目管理单位、监理有关工程安全工作的各项规定。

（3）建立以项目经理为第一安全责任人的各级安全文明施工责任制。制订各级人员的安全文明施工职责，建立和健全安全文明施工保证体系和监督体系，并确保其有效运转。

（4）项目经理对现场安全文明施工、安全健康与环境工作负全面责任。对分包商的安全文明施工负监督和指导、教育责任。

（5）建立健全符合工程实际情况、具有可操作性的有关安全文明施工管理的各项制度，并确保实施到位。推行逐级签订安全责任书及安全方针目标公开承诺制度。安全工作与施工管理必须做到"五同时"（同时计划、同时布置、同时检查、同时考核、同时总结）。

（6）施工技术方案和措施、作业指导书等必须包括切实可行的安全保证措施，并严格履行报审程序；实施中务必落实到位，使安全工作始终处于受控状态。

（7）负责经常性的内部安全检查，定期或不定期地组织内部安全大检查工作，参加项目法人/

项目管理单位、监理单位组织的安全大检查工作，对发现的问题必须在限期内完成整改。

（8）发生安全事故，必须按规定如实上报；参加事故的调查和处理工作，并严格按"三不放过"（事故原因分析不清不放过、事故责任者和群众没有受到教育不放过、没有防范措施不放过）的原则进行处理。

（9）配备合格的施工用机具，加强现场施工机械、工器具、仪器、仪表的保养和维护，使其处于有效完好状态，并建立日常保养和维护制度和台账。

（10）管理好现场物资，特别是对危险品的管理、存放、使用应符合国家《民用爆炸物品管理条例》和安全规程要求。

（11）创造良好的文明施工环境，严格按设计要求和有关规定做好环境保护工作。

8.3.2 文明施工要点

（1）施工总平面布置必须满足施工需要，合理布置各类施工机具、临时库房、人员驻地、食堂、厕所、加工棚、料场、施工电源、弃土堆放场地、垃圾场等，并明确具体位置。

（2）现场施工道路保护畅通、平整、清洁，每天应安排专人清扫。混凝土路面的泥土、垃圾要及时清除，晴天应洒水防尘。道路上严禁堆放设备、材料、杂物。

（3）现场必须安排专人负责清扫场地卫生，保持现场干净、整洁。明确责任区和责任人。做到施工现场无建筑垃圾、废料、杂物、焊条头、无烟头。施工负责人每天进行一次现场卫生检查。

（4）现场的设备、材料、机具等必须按施工平面布置图要求摆放整齐，并挂牌标识清晰。

（5）现场实行挂牌施工，挂牌应写明工作内容、工作负责人、工作时间等内容。在脚手架搭设时还必须标明允许最大荷载、使用期限等。

（6）现场应按要求配备足够数量的消防设施，并合理布置在各施工场所，方便取用。

（7）施工现场禁止流动吸烟。只允许在专门划定的吸烟区吸烟。

（8）现场使用的照明箱、动力箱、配电箱应按标准统一制作，安装接线符合安全用电要求。施工机具应满足"一机一闸一保护"的要求。由电工或专人负责安装接线。

（9）施工现场必须有足够的照明，不留施工暗角。

（10）与土建、电气安装单位交叉施工时，由监理部负责协调，各项目经理分别对各自的施工区域安全文明施工负责。

9 环保、水保措施

9.1 扬尘控制

9.1.1 设置雾炮等防尘降尘设备，保证空气符合有关标准规定。

9.1.2 现场汽车轮胎进出工地必须经过严格清洗，控制施工道路路面积泥量。

9.1.3 设置实时扬尘检测系统，实时掌握施工现场扬尘情况。

9.1.4 严格执行了"六个百分百"（施工现场100％标准化围蔽、工地砂土100％覆盖、工地路面100％硬化、拆除或开挖工程100％洒水降尘、出工地车辆100％冲洗干净、施工现场长期裸土100％覆盖或绿化）现场裸土覆盖，控制场地扬尘污染。

9.1.5 对施工场地道路进行硬化，并在晴天定时对通行道路进行洒水，防止尘土飞扬，污染周边环境。

9.2 噪声控制

9.2.1 设置噪声实时监测系统，实时把控施工噪声。

9.2.2 夜间不施工，设置噪声检测设备，确保不对周围环境造成噪声污染。

9.3　防止水体、周边环境污染

9.3.1　涂装作业、防锈补漆涂装和面层油漆涂装及防火涂装作业等施工过程中要对材料进行严格的归类摆放，使用的预料要规范处理，避免污染环境。

9.3.2　对施工现场作业机具进行清洗，防止污染市政道路。

9.4　其他注意事项

9.4.1　现场具有项目部组织机构、办公室办公地点、安全生产制度、文明施工制度、环境保护制度、质量控制制度、材料管理制度等。

9.4.2　场容场貌整齐、有序，材料区域堆放整齐，并有门卫值班。设置醒目安全标识，在施工区域和危险区域设置醒目安全警示标识。

9.4.3　建立文明施工责任制，划分区域，明确管理负责人，实行挂牌制，做到现场清洁整齐。

10　效　益　分　析

10.1　经济效益

10.1.1　缩短工期：超大面积钢网架整体顶升施工技术，可以确保网架安装的施工安全，同时满足对已安装设备、已施工的地坪等的成品保护，可以缩短施工工期，优化总体施工进度计划。

10.1.2　安全性能好：利用超大面积钢网架整体顶升施工技术，可以确保网架安装过程中的结构稳定性和挠度变形控制，施工过程更加安全。

10.1.3　采用超大面积钢网架整体顶升施工技术施工，节省施工成本可达 18％～30％，并且缩短施工周期 7.8％～13％，具有良好的经济效益。

10.2　社会效益

施工技术通过在超大面积汽车厂房网架施工中，有效优化施工进度、质量、安全等方面的问题，保证了施工安全和施工进度；减少人力物力的使用量，节约资源，得到业主、监理、设计单位一致的好评及肯定，为企业赢得了信誉，具有良好的社会效益。

11　应　用　实　例

本典型施工方法应用在 ±420kV 换流站工程，钢结构屋面网架平面尺寸 110.0m×130.0m，为螺栓球节点的三层正放四角锥层网架，上弦周边支承，两连跨 2m×65m。网架杆件全部为 Q235B。网架套筒内径 21～34mm，材质为 Q235B，套筒内径 37～65mm，材质为 Q345B，网架锥头材质为 Q235B。

网架下弦标高 19.900m，支座球中心标高为 24.175～27.600m，其中，在 3-F 轴处高出柱顶 650mm，其余支座球中心标高高出柱顶 580mm；网架自身最小高度 4.275m，最大高度 7.7m，网架最高安装标高为 27.600m。

本次顶升范围内网架总重量约为 1000t，顶升高度 19.9m。杆件 16117 根，网架螺栓球节点共 3556 个，上弦层螺栓球 1258 个，中弦层螺栓球 1188 个，下弦层螺栓球 1110 个。

网架支撑柱共计 52 根，根据屋面布置柱顶标高为 23.595～26.950m，其中，中柱为 10 根 1200×600×22×30 的 H 型钢柱，其余 42 根钢柱为 1000×500×20×30 的 H 型钢柱；材质均为 Q345B。

本网架典型节点图如图 1-4-15～图 1-4-18 所示。

顶升点设置如图 1-4-19 所示。

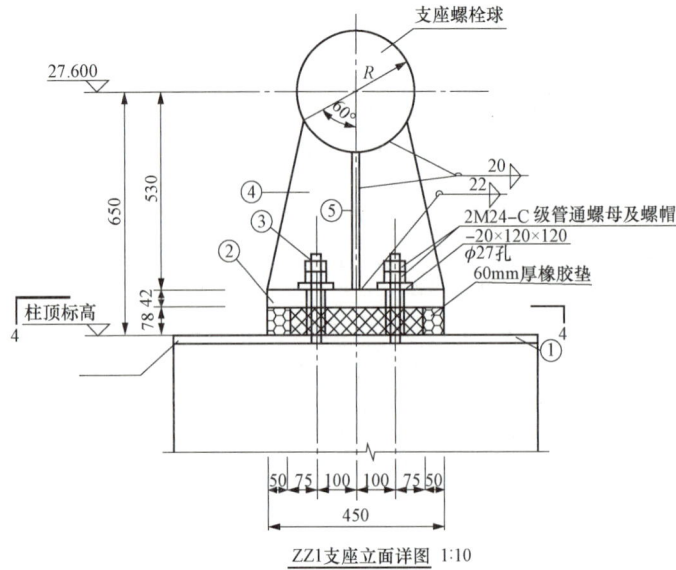

ZZ1支座立面详图 1:10

图 1-4-15 支座节点一

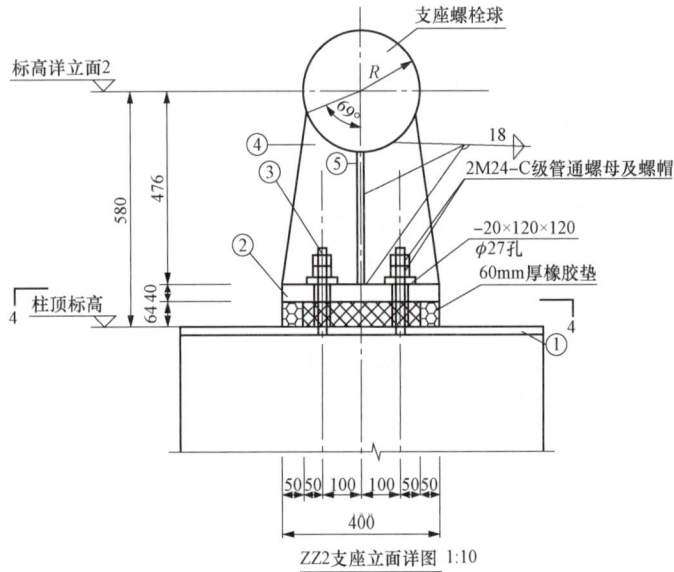

ZZ2支座立面详图 1:10

图 1-4-16 支座节点二

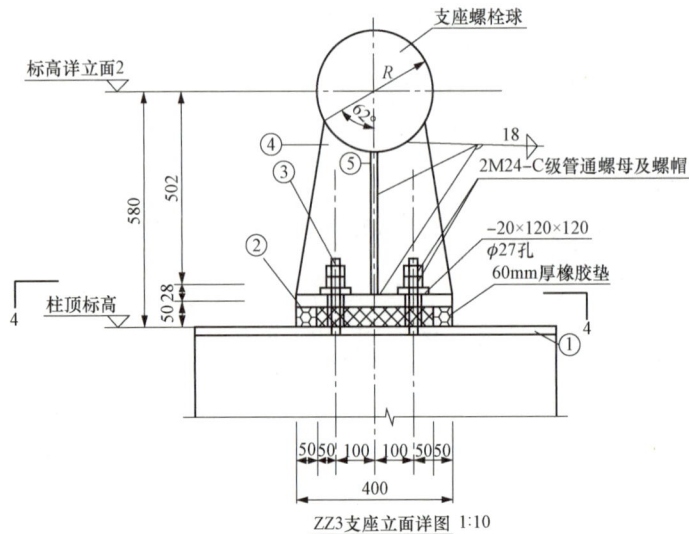

ZZ3支座立面详图 1:10

图 1-4-17 支座节点三

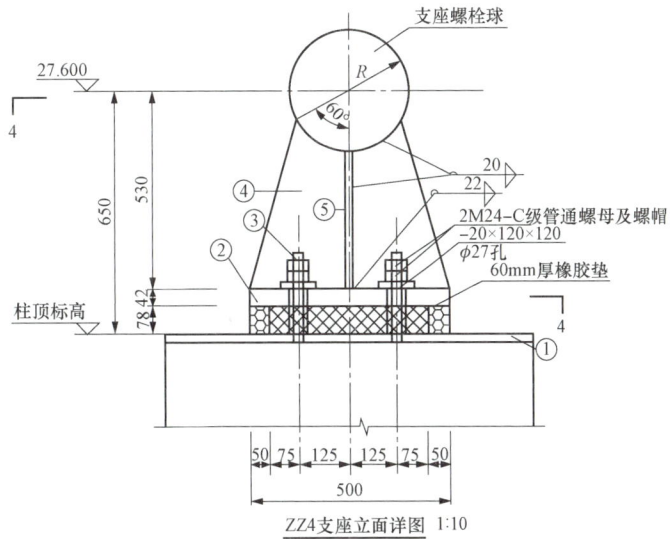

ZZ4支座立面详图 1:10

图 1-4-18　支座节点四

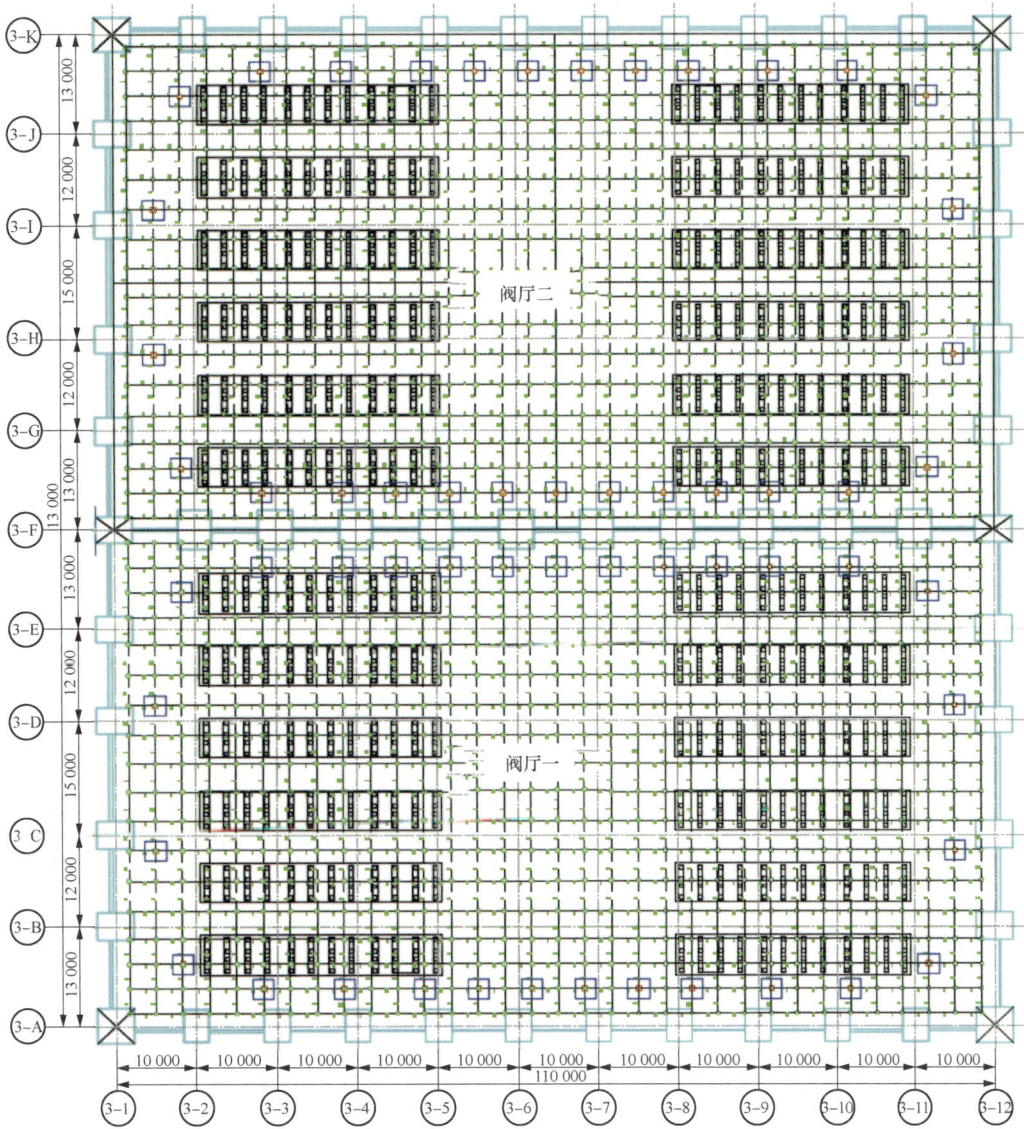

图 1-4-19　施工段一、二顶升点设置图

施工段一、二按照设计位置安装顶升设备如图1-4-20所示。

图1-4-21中，按照设计位置安装顶升设备，靠（F轴）顶升点比（A轴和L轴）顶升点高1463mm，约为两个标准顶升节的高度。

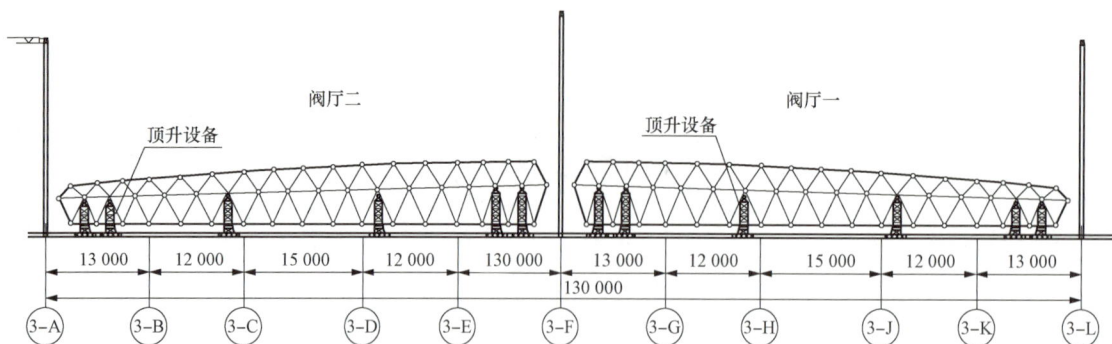

图1-4-20 施工段一、二按照设计位置安装顶升设备

图1-4-21 网架顶升第一步现场示意图

第一步：根据顶升点高程，将顶升架及顶升油缸安装置合适高程，启动泵站使千斤顶活塞同步上升一个行程。第一步现场示意图如图1-4-21所示，横向示意图如图1-4-22所示，纵向示意图如图1-4-23所示。

图1-4-22中，A轴中弦球球心离A轴柱边1125mm；F轴中弦球球心离F轴柱边1025mm，顶升点最大高差1463mm。

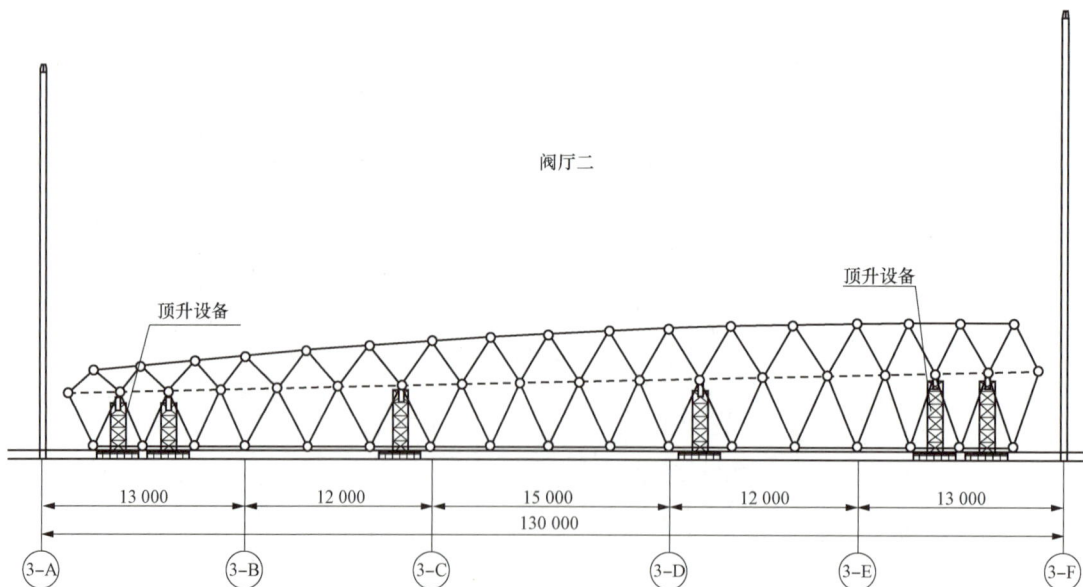

图1-4-22 网架顶升第一步横向示意图

图1-4-23中，1轴中弦球球心离1轴柱边1165mm；12轴中弦球球心离12轴柱边1165mm，顶升点最大高差1463mm。

第二步：安装顶升架标准节，示意图如图1-4-24所示。

为保证支撑架标准节在空中加节施工、方便人员上下，网架顶升前在顶升架上方、网架水平杆件上，每个工位装定滑轮共29个，每个滑轮组配长度不小于50m、直径不小于12mm的麻绳或尼龙绳，

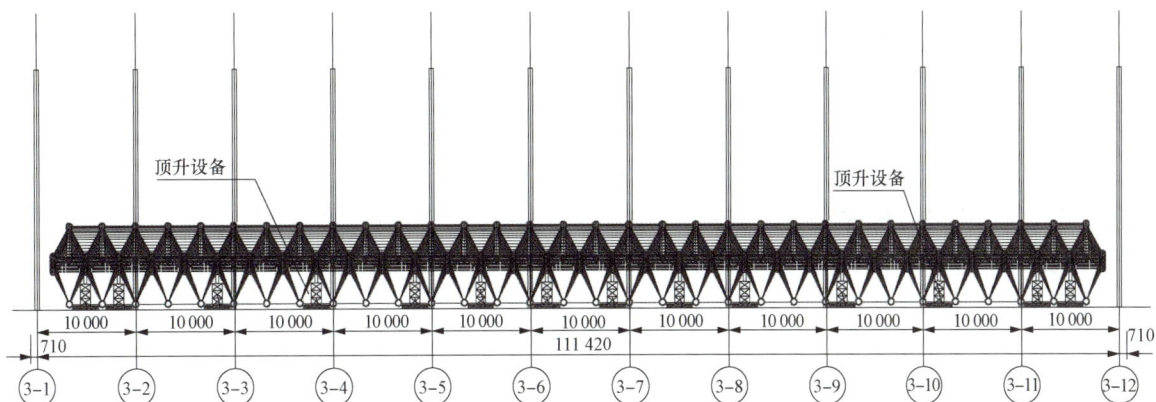

图 1-4-23 网架顶升第一步纵向示意图

作为人员上下时安全防护及支撑架标准节上下运输，人员上架后就位安全带挂在网架杆件上。

顶升架拆除时，采用两个工位在网架弦杆上挂双滑轮进行，一个用于保证拆除人员安全，一个用于提升架单节放下。

第三步：泵站回油使千斤顶缸体上升，示意图如图 1-4-25 所示。

图 1-4-24 网架顶升第二步示意图

图 1-4-25 网架顶升第三步示意图

第四步：重复一至三步工作，使网架不断上升，横向示意图如图 1-4-26 所示，纵向示意图如图 1-4-27 所示。

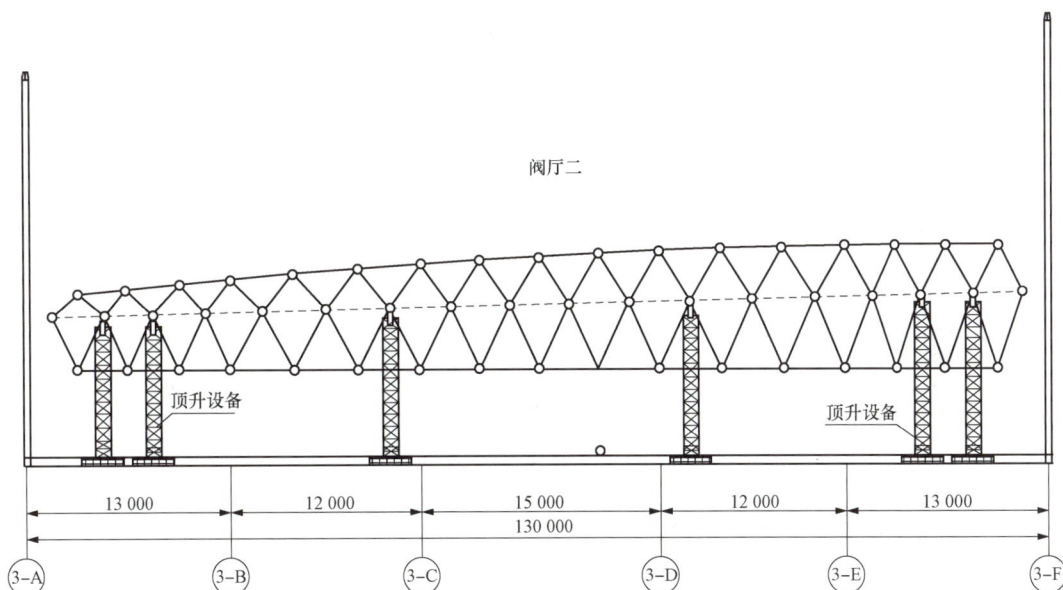

图 1-4-26 网架顶升第四步横向示意图

125

图 1-4-26 中，A 轴中弦球球心离 A 轴柱边 1125mm；F 轴中弦球球心离 F 轴柱边 1025mm。

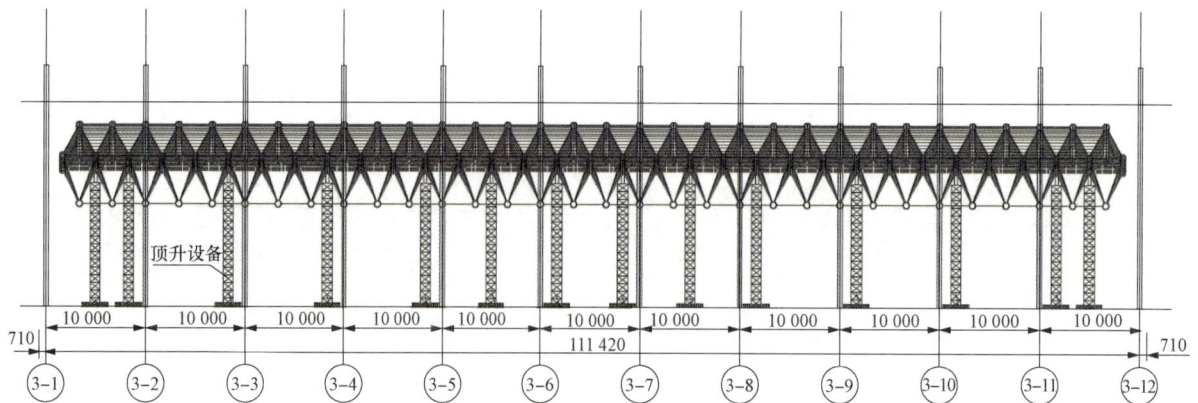

图 1-4-27　网架顶升第四步纵向示意图

图 1-4-27 中，1 轴中弦球球心离 1 轴柱边 1165mm；12 轴中弦球球心离 12 轴柱边 1165mm。

第五步：当网架下弦上升高度达到 5m 左右时，为防止大风及顶升基础沉降造成网架水平方向移位，在网架四周设置缆风绳。缆风绳设置纵向平面图如图 1-4-28 所示，网架顶升补杆示意图如图 1-4-29 所示。

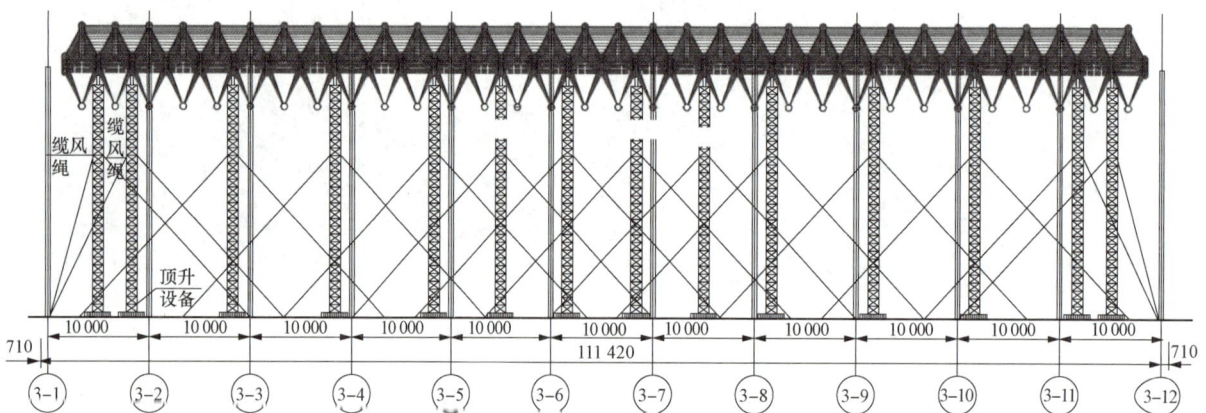

图 1-4-28　缆风绳设置纵向平面图

图 1-4-29　网架顶升补杆示意图

12　计　算　书　及　附　图

12.1　顶升设备的分类及性能

12.1.1　顶升设备的规格及特点

（1）DS770-40-50系列。

1）每次顶升高度770mm，单组顶升能力50t，单次顶升重量800t，顶升面积15 000m²。

2）控制方法：电脑控制。

3）适用范围：网架下弦标高25m及以下。

4）标准节外形尺寸：1.0m（长）×1.0m（宽）×0.77m（高）。

（2）DS770-30-80系列。

1）每次顶升高度770mm，单组顶升能力80t，单次顶升重量1200t，顶升面积15 000m²（专为超大含钢量大型钢构设计）。

2）控制方法：电脑控制。

3）适用范围：网架下弦标高25m及以下。

4）标准节外形尺寸：1.0m（长）×1.0m（宽）×0.77m（高）。

12.1.2　适用范围

适用范围为球壳、筒壳、平板及各种异形钢构，特别是焊接节点、螺栓球节点与焊接球节点混装的网架，有特殊优势；对于设有地下室的体育场馆、展厅及楼层面上设置的钢构安装（无法使用吊车等动力机械），具有较大的经济、速度优势。

根据本工程的特点（顶升高度较大），本工程顶升设备选用DS770-40-50系列顶升设备。

12.2　顶升过程顶升架验算计算书（采用同济大学3D3S计算）

12.2.1　二阀厅网架顶升计算

网架顶升过程位移云图和应力云图分别如图1-4-30和图1-4-31所示。

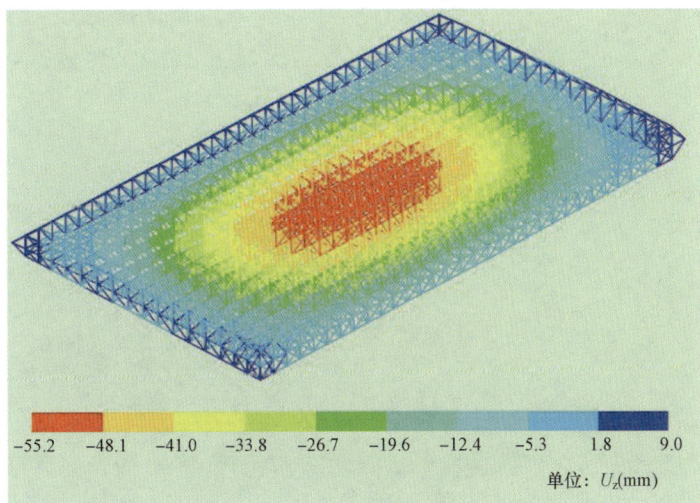

| -55.2 | -48.1 | -41.0 | -33.8 | -26.7 | -19.6 | -12.4 | -5.3 | 1.8 | 9.0 |

单位：U_z(mm)

图1-4-30　网架顶升过程位移云图

12.2.2　二阀厅网架补装完毕并卸载后的位移云图和应力云图分别如图1-4-32和图1-4-33所示。

12.2.3　网架一阀厅卸载完毕后的位移云图和应力云图分别如图1-4-34和图1-4-35所示。

12.2.4　网架屋面及吊梁和吊挂系统安装完毕后的位移云图和应力云图分别如图1-4-36和图

1 - 4 - 37 所示。

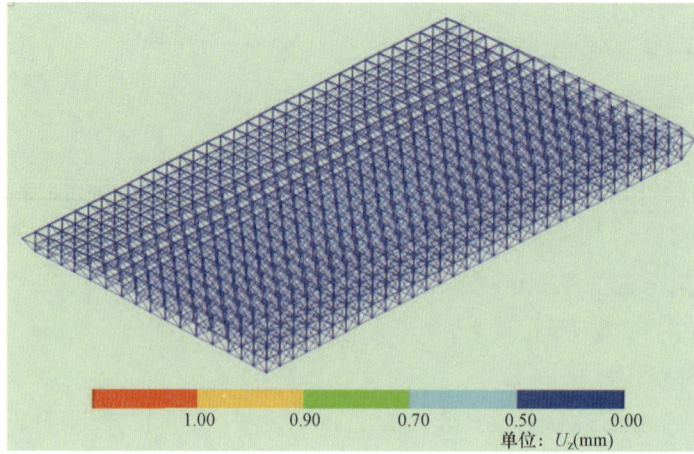

图 1 - 4 - 31　网架顶升过程应力云图

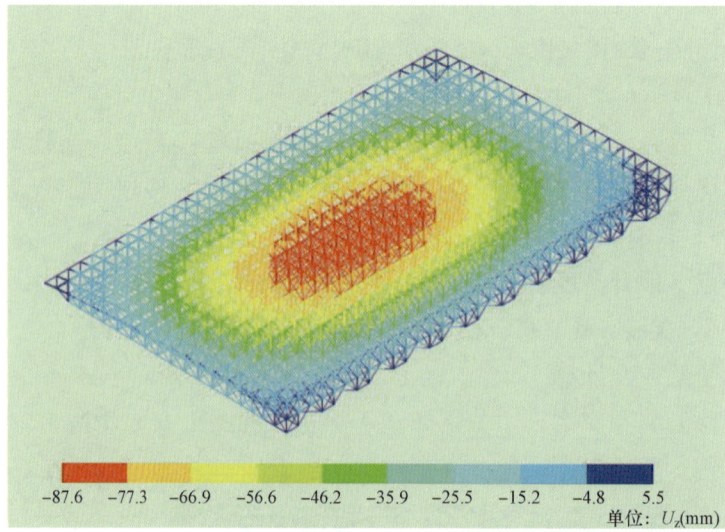

图 1 - 4 - 32　位移云图

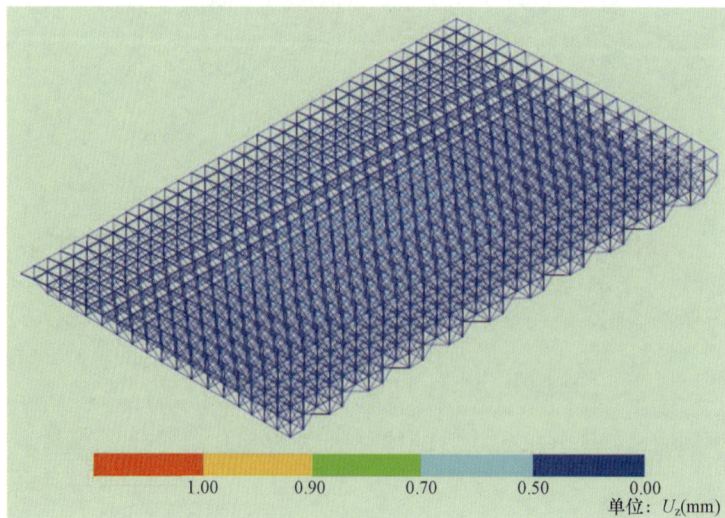

图 1 - 4 - 33　应力云图

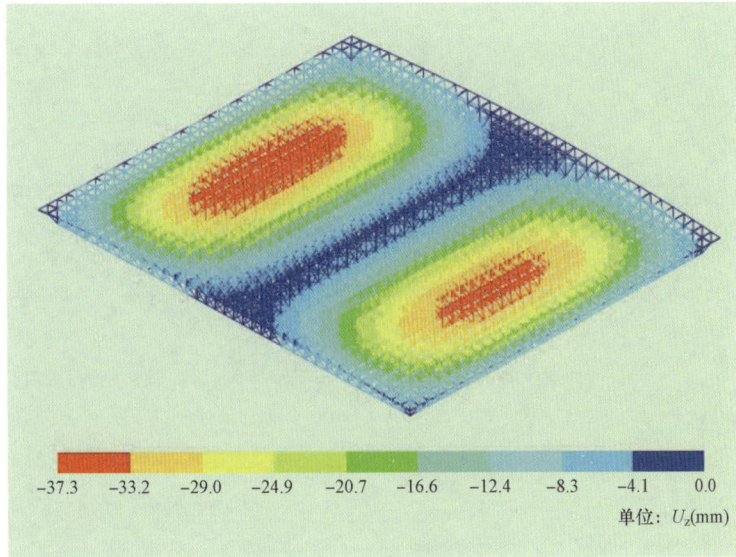

图 1-4-34　位移云图

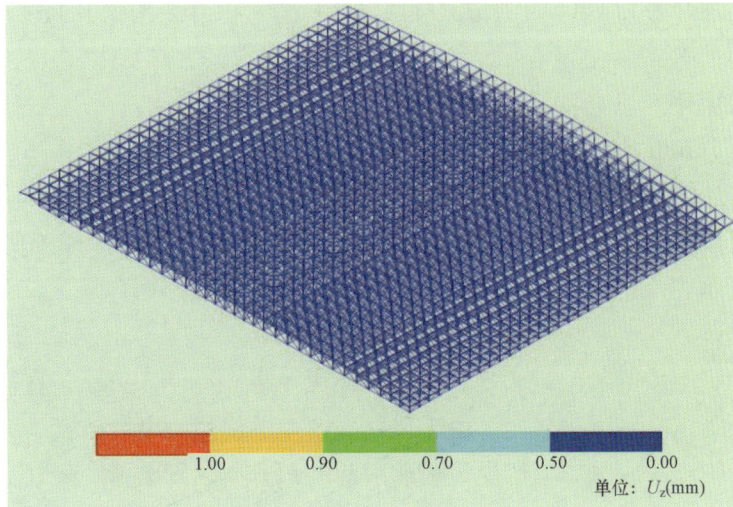

图 1-4-35　应力云图

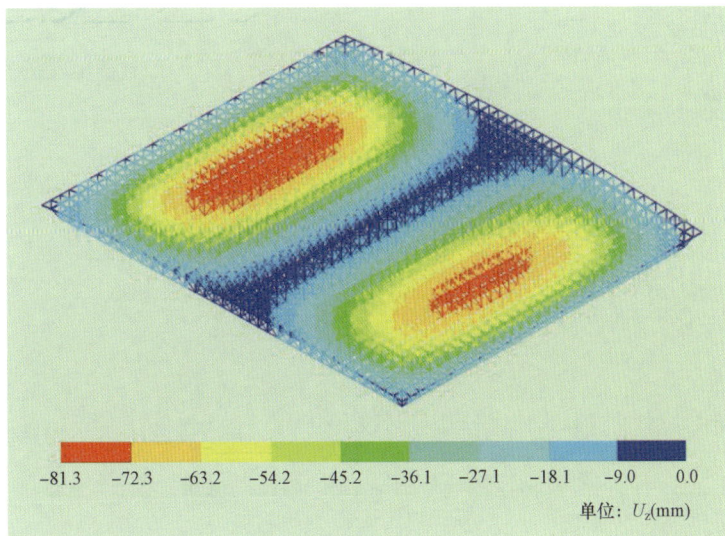

图 1-4-36　位移云图

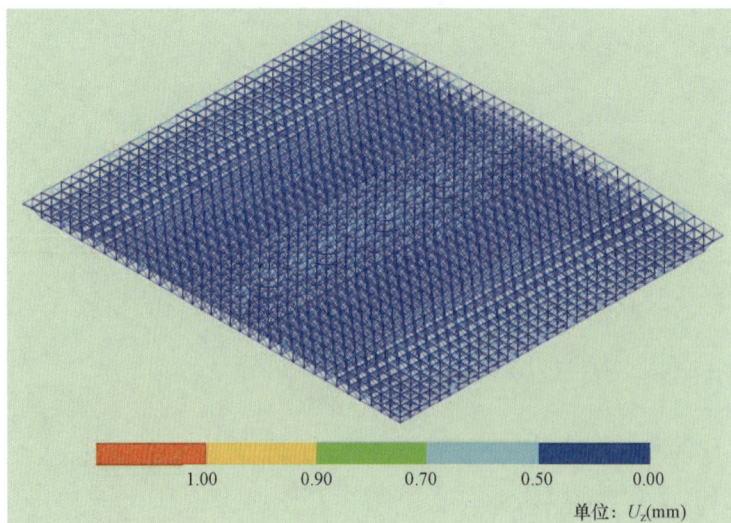

图 1 - 4 - 37　应力云图

顶升设备的设计顶升力为 50t，千斤顶的起重量为 50t，顶升架按顶升高度 30m，顶升力 50t 设计的。

12.2.5　顶升架计算

详见 12.6 节中 770mm 顶升架 33 节 25.4m 计算书。

12.2.6　超应力杆件处理（加强）方法

网架经过验算后，如发现有超应力杆，需要进行临时加固，即在杆件外侧用夹具加固，具体方法如图 1 - 4 - 38 所示。

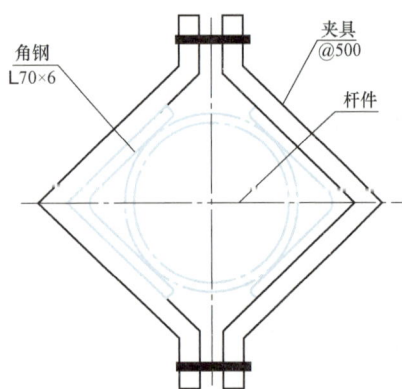

图 1 - 4 - 38　夹具示意图

12.3　缆风绳验算

一组顶升架设 4 根 6mm×19mm、直径 12mm 的缆风绳。

由于风荷载产生的缆风力 $W_1 = K \times K_z \times W_O \times F$，设网架受风荷载引起的顶升架顶部力 $W_2 = K \times K_z \times W_O \times F$，由于顶升架偏差所产生的缆风力（网架移位阶段），根据计算模型计算出总的水平缆风力为

$$T = \frac{e \sum Q + \frac{1}{2} eq}{H} + W_1 + W_2 = 2.2(\text{t})$$

缆风绳强度计算：

$$P_1 = 500 d^2 = 500 \times 20 \times 20 = 200\,000\text{N} = 20\text{t}$$

P_1 为极限承载力，作缆风绳时系数取 6。

20/6＝3.33t＞2.2t，满足要求。

12.4　连接钢螺栓剪切验算

12.4.1　基本参数

螺栓选用普通螺栓，C 级（4.6/4.8 级），M14

受剪面数目为 1 个

螺栓横截面面积＝153.938mm²

螺栓抗拉强度设计值＝170MPa

螺栓抗剪强度设计值＝140MPa

构件承压强度设计值＝305MPa

由 GB 50017—2017 的 7.2.1 得：

单个螺栓受剪承载力 N_{vb}＝21.551kN

单个螺栓受压承载力 N_{cb}＝42.7kN

单个螺栓受拉承载力 N_{tb}＝19.618kN

螺栓受力 N＝30kN，受剪 V＝30kN，受弯 M＝2kN·m

12.4.2　螺栓形心计算

螺栓个数 $BoltNum$＝1

排列方式为对齐排列

螺栓位置：（0，50）

螺栓群形心位置：（30，25）

12.4.3　螺栓受力计算

V 产生的剪力 N_V＝$V/BoltNum$＝7.5（kN）

N 产生的拉力 N_N＝$N/BoltNum$＝7.5（kN）

假定以形心轴为转轴：

M 对顶部螺栓产生的拉力 N_{top}＝20（kN）

M 对底部螺栓产生的拉力 N_{bottom}＝－20（kN）

M 对顶部螺栓产生的拉力与 N 产生的拉力之和 N_{top_total}＝N_{top}＋N_N＝27.5（kN）

M 对底部螺栓产生的拉力与 N 产生的拉力之和 N_{bottom_total}＝N_{bottom}＋N_N＝－12.5（kN）

N_{bottom_total}＜0 表明以螺栓群底部为转轴

重新算得 M 和 N 对顶部螺栓产生的拉力 N_t＝27.5（kN）

按 GB 50017—2017 第 68 页公式（7.2.1-8）

$$sqrt\ [\ (N_V/N_{vb})_2＋(N_t/N_{tb})_2\ ]＝0.7＜1，满足！$$

按 GB 50017—2017 第 68 页公式（7.2.1-9）

$$N_V＝7.5≤N_{cb}，满足！$$

小结：从以上对顶升架、钢丝绳、缆风绳重新分析后可看出：格构式顶升架在受 40t 压力作用及水平移位情况下的强度、刚度都满足要求，整体稳定性、局部稳定性、抗倾覆也满足要求，缆风绳的强度满足要求。

12.5　顶升基础地基承载力验算

12.5.1　参数信息

顶升架高度 H：24.65m　　　　　顶升架底部基础尺寸 2600mm×2600mm×400mm

顶升架宽度 B：1m　　　　　　　基础埋深 d：0.00m

顶升架自重 F_1：100kN　　　　　基础承台厚度 h_c：0.40m

最大顶升荷载 F_2：500kN　　　　基础承台宽度 B_c：2.60m

混凝土强度等级：C25　　　　　钢筋级别：Ⅱ级钢

12.5.2　顶升基础承载力及抗倾翻计算

依据 GB 50007—2011 第 5.2 条承载力计算。地基承载力计算简图如图 1-4-39 所示。

当不考虑附着时的基础设计值计算公式

$$P_{max}=\frac{F+G}{B_c^2}+\frac{M}{W},\ P_{min}=\frac{F+G}{B_c^2}-\frac{M}{W}$$

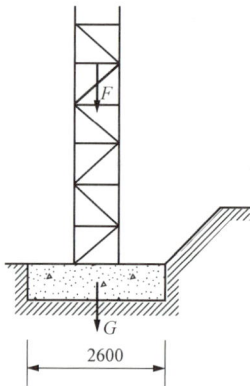

图 1-4-39　地基承载
力计算简图

式中　F——顶升架作用于基础的竖向力，包括顶升架自重和最大顶升荷载，F 取值 600kN；

G——基础自重，$G=25 \times B_c \times B_c \times h_c \times 1.2 = 81.12$kN；

B_c——基础底面的宽度，B_c 取值 2.6m；

M——倾覆力矩，包括风荷载产生的力矩和最大起重力矩，$M=1.4 \times 0 = 0$kN·m；

W——基础底面的抵抗矩，W 取值 0。

当考虑附着时的基础设计值计算公式

$$P = \frac{F+G}{B_c^2}$$

当考虑偏心矩较大时的基础设计值计算公式

$$P_{kmax} = \frac{2(F+G)}{3B_c a}$$

混凝土基础抗倾翻稳定性计算

$$E = M/(F+G) = 0.00/(720.00+121.68) = 0.00 \leqslant B_c/3 = 0.87$$

式中　F——顶升架作用于基础的竖向力，它包括顶升架自重和最大顶升荷载，$F=600.00$kN；

G——基础自重：$G=25.0 \times B_c \times B_c \times h_c \times 1.2 = 81.12$（kN）；

B_c——基础底面的宽度，取 $B_c=2.600$m；

M——倾覆力矩，包括风荷载产生的力矩和最大起重力矩，$M=1.4 \times 0.00 = 0.00$（kN·m）；

E——偏心矩，$E=M/(F+G)=0$m，故 $E \leqslant B_c/6 = 0.433$（m）；

经过计算得到：

无附着的最大压力设计值 $P_{max} = (600+81.12)/2.600^2 + 0.000/2.929 = 100.76$（kPa）；

无附着的最小压力设计值 $P_{min} = (600+81.12)/2.600^2 - 0.000/2.929 = 100.76$（kPa）；

有附着的压力设计值 $P = (600+81.12)/2.600^2 = 100.76$（kPa）；

12.5.3　地基承载力验算

实际计算取的地基承载力设计值为：$f_a = 120.000$kPa；

地基承载力特征值 f_a 大于有附着时压力设计值 $P=100.76$kPa，满足要求！

地基承载力特征值 $1.2 \times f_a$ 大于无附着时的压力设计值 $P_{max}=100.76$kPa，满足要求！

根据 GB/T 13752—2017 第 4.6.3 条，顶升混凝土基础的抗倾翻稳定性满足要求。

12.5.4　基础受冲切承载力验算

依据 GB 50007—2011 第 8.2.7 条，验算公式如下

$$F_L \leqslant 0.7\beta_{hp} f_t a_m h_o$$

式中　β_{hp}——受冲切承载力截面高度影响系数，当 $h<800$mm 时，β_{hp} 取 1.0；当 $h \geqslant 2000$mm 时，β_{hp} 取 0.9，其余情况按线性内插法取用，取 $\beta_{hp}=1.00$；

f_t——混凝土轴心抗拉强度设计值，取 $f_t=1.27$MPa；

h_o——基础冲切破坏锥体的有效高度，取 $h_o=0.35$m；

a_m——冲切破坏锥体最不利一侧计算长度，$a_m = (a_t+a_b)/2 = [1.00+(100+2 \times 0.35)]/2 = 1.35$（m）

a_t——冲切破坏锥体最不利一侧斜截面的上边长，当计算柱与基础交接处的受冲切承载力时，取柱宽（即顶升架宽度）$a_t=1$m；

a_b——冲切破坏锥体最不利一侧斜截面在基础底面积范围内的下边长,当冲切破坏锥体的底面落在基础底面以内,计算柱与基础交接处的受冲切承载力时,取柱宽加 2 倍基础有效高度,$a_b=1.00+2\times0.35=1.70$;

p_j——扣除基础自重后相应于荷载效应基本组合时的地基土单位面积净反力,对偏心受压基础可取基础边缘处最大地基土单位面积净反力,取 $P_j=100.76$kPa;

A_l——冲切验算时取用的部分基底面积,$A_l=2.60\times(2.60-1.70)/2=1.17$(m²);

F_L——相应于荷载效应基本组合时作用在 A_l 上的地基土净反力设计值,$F_L=P_jA_t=100.76\times1.17=118$(kN)。

允许冲切力:$0.7\times1.00\times1.27\times1350.00\times350.00=420\ 052.50N=420kN>F_L$;

实际冲切力不大于允许冲切力设计值,所以能满足要求!

12.5.5 承台配筋计算

抗弯计算依据 GB 50007—2011 第 8.2.7 条,计算公式如下

$$M_l=\frac{1}{12}a_1^2\left[(2l+a')\left(P_{max}+P-\frac{2G}{A}\right)+(P_{max}-p)l\right]$$

式中 M_l——任意截面 I-I 处相应于荷载效应基本组合时的弯矩设计值;

a_1——任意截面 I-I 至基底边缘最大反力处的距离;当墙体材料为混凝土时,取 $a_1=(B_c-B)/2=(2.60-1.00)/2=0.80$(m);

P_{max}——相应于荷载效应基本组合时的基础底面边缘最大地基反力设计值,取 100.76kN/m²;

P——相应于荷载效应基本组合时在任意截面I-I处基础底面地基反力设计值;$P=P_{max}\times\frac{3a-a_1}{3a}=100.76\times(3\times1.00-0.80)/(3\times1.00)=73.9$kPa;

G——考虑荷载分项系数的基础自重,取 $G=1.35\times25\times B_c\times B_c\times h_c=1.35\times25\times2.60\times2.60\times0.4=91.26$(kN/m²);

l——基础宽度,取 $l=2.60$m;

a——顶升架宽度,取 $a=1.00$m;

a'——截面 I-I 在基底的投影长度,取 $a'=1.00$m。

经过计算得 $M_l=0.80^2\times[(2\times2.60+1.00)\times(100.76+73.9-2\times1.26/2.60^2)+(100.76-73.9)\times2.60]/12=61.356$(kN·m)。

12.5.6 配筋面积计算

依据 GB 50007—2011 第 8.7.2 条。公式如下

$$A_s=\frac{M}{\gamma_s h_0 f_y}$$

$$\xi=1-\sqrt{1-2a_s}$$

$$\gamma_s=1-\xi/2$$

$$a_s=\frac{M}{a_1 f_c b h_0^2}$$

式中 α_1——当混凝土强度不超过 C50 时,α_1 取 1.0,当混凝土强度等级为 C80 时,取 0.94,其余情况按线性内插法确定,取 $a_1=1.00$;

f_c——混凝土抗压强度设计值,查表得 $f_c=11.90$kN/m²;

f_y——钢筋抗拉强度设计值;

h_0——承台的计算高度,$h_0=0.4$m。

经过计算得：$\alpha_s = 52.55 \times 10^6 / [1.00 \times 11.90 \times 2.60 \times 10^3 \times (0.4 \times 10^3)^2] = 0.01$；

$\xi = \sqrt{1 - (1 - 2 \times 0.01)} = 0.01$；

$\gamma_s = 1 - 0.01/2 = 0.995$；

$A_s = 52.55 \times 10^6 / (0.995 \times 0.4 \times 10^3 \times 300.00) = 440 \text{mm}^2$。

由于最小配筋率为 0.15%，所以最小配筋面积为：$2600.00 \times 400.00 \times 0.15\% = 1560.00$（$\text{mm}^2$）。

故取 $A_s = 1560.00 \text{mm}^2$。

建议配筋值：Ⅱ级钢筋、$\phi 12@200\text{mm}$。承台底面单向根数 14 根。实际配筋值 1582mm^2。

结论：此基础满足顶升要求。

12.6 顶升支撑架计算书

12.6.1 设计依据

设计依据为 GB 50017—2017、GB 50009—2012、GB 50007—2011、GB 50661—2011、JGJ 82—2011。

12.6.2 计算简图、几何信息

本顶升架单节高度 770mm，顶升架采用 33 节，总高度为 25.4m，顶升重量为 720kN。

12.6.3 荷载与组合

结构重要性系数：1.00

节点荷载工况号：2

输入荷载库中的荷载见表 1-4-11。

表 1-4-11 输入荷载值

参数	P_x (kN)	P_y (kN)	P_z (kN)	M_x (kN·m)	M_y (kN·m)	M_z (kN·m)
数值	0.0	0.0	−180.0	0.0	0.0	0.0

节点荷载序号 1 分布图如图 1-4-40 所示。

图 1-4-40 节点荷载序号 1 分布图

12.6.4 荷载组合

（1）组合 1：1.20 恒载＋1.40 活载工况 2

（2）组合 2：1.20 恒载＋1.40×0.70 活载工况 2

12.6.5　内力位移计算结果

按轴力 N 最大显示构件颜色如图 1-4-41 所示。

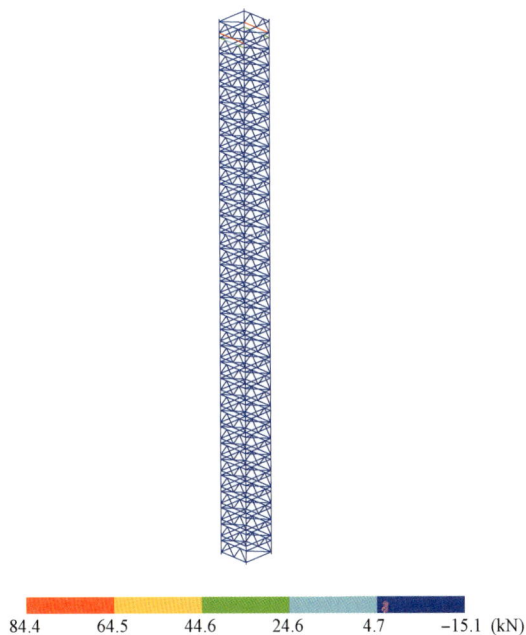

| 84.4 | 64.5 | 44.6 | 24.6 | 4.7 | -15.1 (kN) |

图 1-4-41　按轴力 N 最大显示构件颜色

12.6.6　位移

组合 1 下顶升支撑架位移如图 1-4-42 所示。

组合 2 下顶升支撑架位移如图 1-4-43 所示。

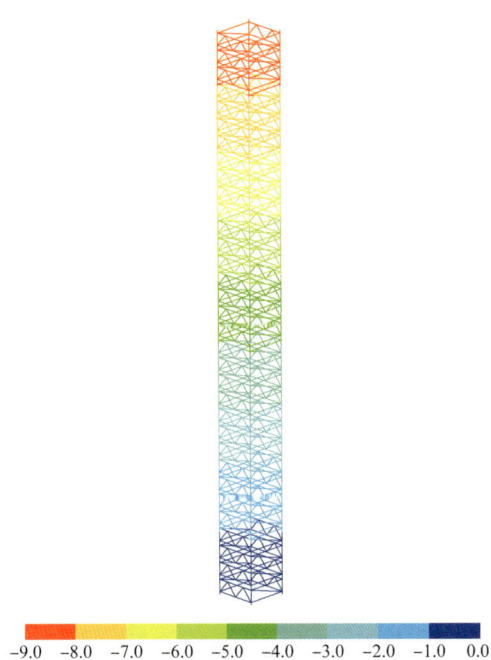

图 1-4-42　组合 1 下顶升支撑架位移 U_z（mm）

图 1-4-43　组合 2 下顶升支撑架位移 U_z（mm）

12.6.7　设计验算结果

本工程有 1 种材料，即 Q235，其弹性模量：$2.06 \times 10^5 \, \text{N/mm}^2$；泊松比：0.30；线膨胀系数：

1.20×10⁻⁵；质量密度：7850kg/m³。

　　根据计算分析模型进行规范检验，检验结果表明，结构能够满足承载力计算要求，应力比最大值为 0.71。模型总体应力比分布图如图 1 - 4 - 44 所示。

　　按"强度应力比"显示构件颜色如图 1 - 4 - 45 所示，"强度应力比"最大的前 10 个单元的验算结果见表 1 - 4 - 12。

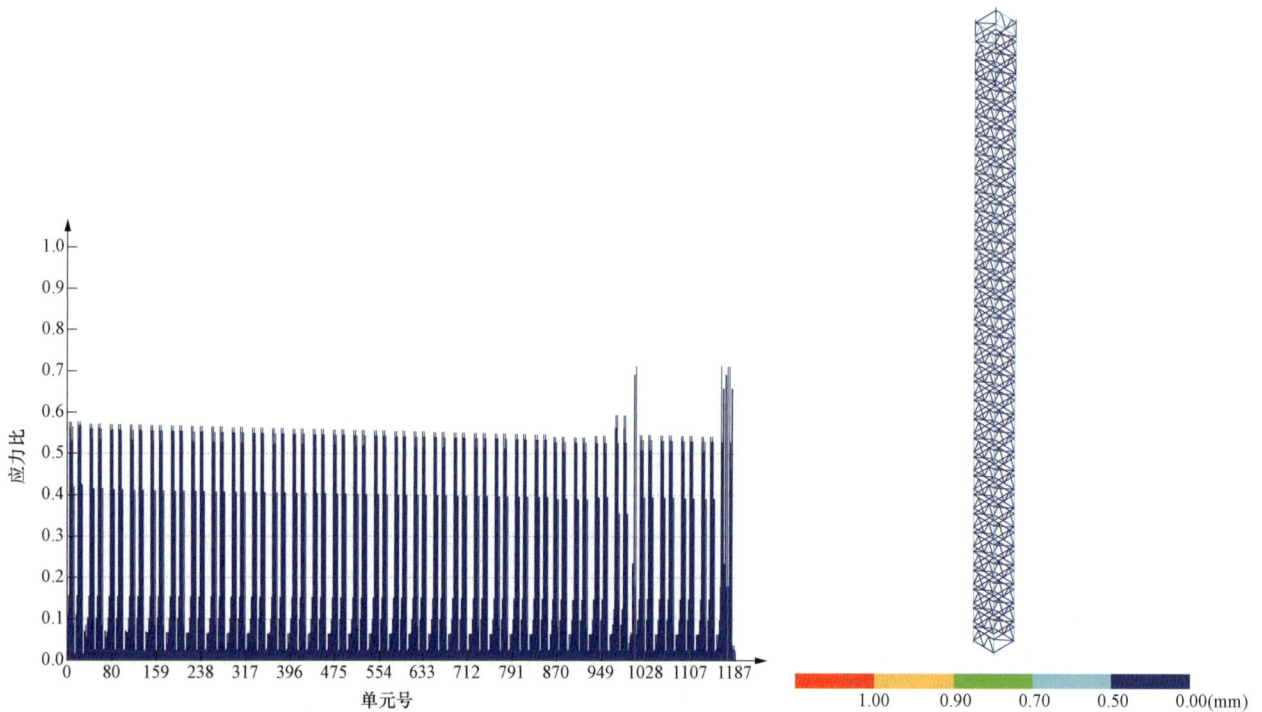

图 1 - 4 - 44　杆件应力比分布图

图 1 - 4 - 45　按"强度应力比"
显示构件颜色

表 1 - 4 - 12　　　"强度应力比"最大的前 10 个单元的验算结果（所在组合号/情况号）

序号	单元号	强度	绕 2 轴整体稳定	绕 3 轴整体稳定	沿 2 轴抗剪应力比	沿 3 轴抗剪应力比	绕 2 轴长细比	绕 3 轴长细比	结果
1	1012	0.711 (1/1)	0.618	0.594	0.001	0.067	3	3	满足
2	1161	0.711 (1/1)	0.617	0.593	0.001	0.067	3	3	满足
3	1176	0.710 (1/1)	0.619	0.595	0.001	0.067	3	3	满足
4	1173	0.710 (1/1)	0.619	0.595	0.001	0.067	3	3	满足
5	1169	0.665 (1/1)	0.690	0.653	0.001	0.002	27	19	满足
6	1170	0.665 (1/1)	0.690	0.653	0.001	0.002	27	19	满足
7	1008	0.664 (1/1)	0.690	0.652	0.001	0.002	27	19	满足
8	1009	0.663 (1/1)	0.689	0.651	0.001	0.002	27	19	满足
9	1165	0.657 (1/1)	0.037	0.001	0.000	0.076	23	23	满足
10	1180	0.657 (1/1)	0.036	0.001	0.000	0.076	23	23	满足

典型施工方法名称：大体积混凝土基础典型施工方法

典型施工方法编号：TGYGF005—2022—BD—TJ

编 制 单 位：国家电网有限公司特高压建设分公司

主 要 完 成 人：潘青松 曹加良 孟令健

目　次

1　前　言

根据 JGJ 55—2011《普通混凝土配合比设计规程》，大体积混凝土定义为：混凝土结构物实体最小尺寸等于或大于 1m，或预计会因水泥水化热引起混凝土内外温差过大而导致裂缝的混凝土。大体积混凝土施工过程中，如果在配合比设计、温差控制、浇筑方法、混凝土养护等方面处理不当，会造成温差应力、收缩等原因形成的裂缝，影响建筑物使用功能和安全。针对该问题，本文将以往成功的大体积混凝土工程施工经验结合特高压工程施工实践总结编写成本工法。本典型施工方法主要介绍特高压工程大体积混凝土基础的工艺流程及施工过程。

2　本典型施工方法特点

（1）由于大体积混凝土基础的整体性、抗渗性要求比较高，在混凝土浇筑过程中要求连续浇注、一气呵成。本方法详细阐述了分层浇注、分层捣实的施工方法及技术要点，确保上下层混凝土在初凝之前结合，并不致形成施工缝。并针对需要留后浇带的大体积混凝土基础，提出分段施工，待所浇注混凝土经一段时间的养护干缩后，再在后浇带中浇注、补偿收缩混凝土，使分块的混凝土连成整体的施工工艺。

（2）本工法所阐述施工工艺及施工流程清晰易懂，施工人员易于掌握，施工过程易于控制，施工质量易于保证，能够有效保证混凝土的整体性和抗渗性，防止混凝土裂纹出现，具备较强参考性。

3　适　用　范　围

本工法适用于特高压变电（换流）站工程防火墙及 GIS 筏板基础、换流变压器基础及大型设备基础等大体积混凝土施工。

4　编　制　依　据

GB 8076—2008 混凝土外加剂
GB 12523—2011 建筑施工场界环境噪声排放标准
GB/T 12573—2008 水泥取样方法
GB/T 12959—2008 水泥水化热测定方法
GB/T 14684—2022 建设用砂
GB/T 14685—2022 建设用卵石、碎石
GB/T 14902—2012 预拌混凝土
GB 175　2007 通用硅酸盐水泥
GB 50026—2020 工程测量标准
GB 50119—2013 混凝土外加剂应用技术规范
GB 50164—2011 混凝土质量控制标准
GB 50194—2014 建筑工程施工现场供用电安全规范
GB 50202—2018 建筑地基基础工程施工质量验收标准
GB 50204—2015 混凝土结构工程施工质量验收规范
GB/T 50476—2019 混凝土结构耐久性设计标准
GB 50496—2018 大体积混凝土施工标准

GB 50666—2011 混凝土结构工程施工规范

GB/T 51028—2015 大体积混凝土温度测控技术规范

JGJ/T 10—2011 混凝土泵送施工技术规程

JGJ 18—2012 钢筋焊接及验收规程

JGJ 52—2006 普通混凝土用砂、石质量及检验方法标准（附条文说明）

JGJ 55—2011 普通混凝土配合比设计规程

JGJ 59—2011 建筑施工安全检查标准

JGJ 63—2006 混凝土用水标准（附条文说明）

JGJ 79—2012 建筑地基处理技术规范

JGJ 130—2011 建筑施工扣件式钢管脚手架安全技术规范

JGJ 190—2010 建筑工程检测试验技术管理规范

Q/GDW 10183—2021 变电（换流）站土建工程施工质量验收规范

Q/GDW 10248—2016 输变电工程建设标准强制性条文实施管理规程

Q/GDW 10250—2021 输变电工程建设安全文明施工规范

Q/GDW 11957.1—2020 国家电网有限公司电力建设安全工作规程　第 1 部分：变电

Q/GDW 12152—2021 输变电工程建设施工安全风险管理规程

检验检测机构资质认定管理办法（国家质监总局令第 163 号）

国家电网公司输变电工程质量通病防治手册（2020 年版）

国家电网有限公司输变电工程建设安全管理规定［国网（基建/2）173—2021］

输变电工程达标投产考核工作手册（基建安质〔2021〕27 号）

国家电网有限公司施工项目部标准化管理手册（2021 年版）

国家电网公司基建质量日常管控体系精简优化实施方案（国家电网基建〔2018〕294 号）

5 施 工 准 备

5.1 技术准备工作

（1）依据施工图后浇带（缝）划分流水段，确定连续浇筑混凝土的施工顺序、方向和数量。

（2）依据连续浇筑混凝土的数量、流水段合计总量以及环境位置确定混凝土供应方式（一般为商品混凝土）、现场输送方式、每次连续浇筑时间。

（3）对供应的混凝土提出数据要求：混凝土强度等级、抗渗等级、水泥品种、掺合料品种、外加剂品种、初凝时间、终凝时间、坍落度、混凝土进场温度、碱含量指标、含氨量等环保指标以及其他要求。

（4）依据上述要求，由混凝土供应单位提供所投入的材料及其性能和混凝土配合比，经需求方认可。

（5）依据混凝土数量、连续浇筑控制时间、混凝土运输车的容量及路程所需的往返时间间隔（包括装卸等候时间）确定混凝土运输车的数量。

（6）依据混凝土的进场温度、规定要求的入模温度、混凝土内外温差、混凝土表层及环境温差的要求，计算各阶段的温度、养护方式满足施工技术需要，并绘制测温布置图。

（7）依据混凝土数量和连续浇筑时间及现场输送的水平、垂直距离、JGJ/T 10—2011，选择混凝土泵送机械的规格数量，在满足工期保证质量的前提下科学合理地布置。

（8）依据混凝土的数量、连续浇筑时间、段落的划分、分条分块的数量、泵送机械的数量、振捣器的作用范围、施工的次序，配置振捣器的规格数量及操作人员的数量。

5.2 人员组织准备

人员统计表见表 1-5-1。

表 1-5-1 人员统计表

序号	工种	职责	人数
1	项目负责人	全面负责工程的质量、安全、进度	1
2	施工负责人	全面负责生产工作	1
3	单位工程技术负责人	全面负责工程技术	1
4	技术员	资料文件搜集、整理上报、方案编写、安全施工技术交底等	2
5	施工员	现场施工配合技术员开展工作	2
6	质检员	组织质量检查、验收、整改等	1
7	安全员	安全教育、安全检查、监督	3
8	木工	现场支模、看模、预埋螺栓控制	10
9	钢筋工	钢筋绑扎	10
10	混凝土工	混凝土浇筑、收光及养护等	20
11	电工	现场用电及维护	2
12	测量员	大体积测温	2
13	实验员	钢筋、混凝土等的取样	2

5.3 施工机具准备

（1）混凝土输送泵（或泵车）若干台及配套泵管。

（2）插入式振捣器若干台（包括备用）。

（3）足够的夜间施工照明设备。

（4）测温计（仪）、测温孔（导线及埋入混凝土内的钢筋棍）。

（5）养护用的塑料布、阻燃草帘及自来水管路。

（6）水平仪及检测工具。

（7）大杠、铁锹、木抹子、铁抹子等。

5.4 材料准备

（1）水泥：首先尽量减少单位体积混凝土的水泥用量，资料证明，水泥用量每增减 10kg，水化热使温度相应升降约 1℃。其次应优先采用低热水泥，如矿渣硅酸盐水泥。

（2）细骨料：采用中砂，平均粒径大于 0.5mm，含泥量不大于 2%。选用平均粒径较大的中、粗砂拌制的混凝土比采用细砂拌制的混凝土可减少用水量 10% 左右，同时相应减少水泥用量，使水泥水化热减少，降低混凝土温升，并可减少混凝土收缩。

选用 5～25mm 或 5～40mm 石子，选用粒径较大、级配良好的石子配制的混凝土，和易性较好，抗压强度较高。优先选用 5～40mm 石子，减少混凝土收缩。含泥量小于 1%，符合筛分连续级配要求。骨料中针状和片状小于 15%（重量比）。

（3）拌和水：宜优先采用深层地下水，必要时加冰块降温，使水温尽量降至 10℃ 以下。

（4）粉煤灰：由于混凝土的浇筑方式为泵送，为了改善混凝土的和易性，便于泵送，考虑掺加适量的粉煤灰。粉煤灰对降低水化热、改善混凝土和易性有利，粉煤灰的掺量不少于 10%，采用内掺法，选用 I 级粉煤灰。

（5）外掺剂：通过分析比较过去在其他工程上的使用经验，混凝土中掺加缓凝型高效复合泵送减水剂可降低水化热峰值，减少因水分蒸发而引起的混凝土收缩，并可提高混凝土的抗裂性、和易性与可泵性；掺入膨胀剂，在最初 14 天潮湿养护中，使混凝土体积微膨胀，补偿混凝土早期失水收缩产生的收缩裂缝，提高混凝土的抗渗能力。具体外加剂的性能及用量应当根据要求，由试验室提供配合比报告，在混凝土浇筑前将配合比报告送达施工单位。

6　施工工艺流程及操作要点

6.1　施工流程

施工流程图如图 1-5-1 所示。

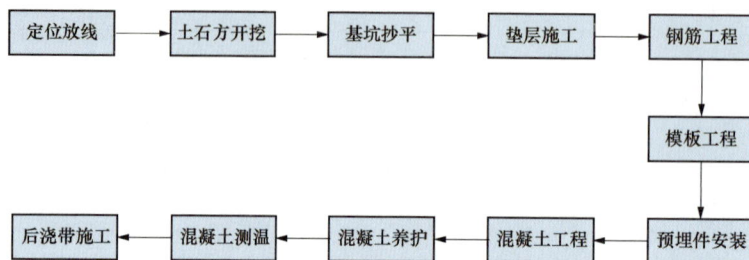

图 1-5-1　施工流程图

6.2　操作要点

6.2.1　定位放线

根据设计院提供的场区控制点数据，用全站仪将低端换流变压器及防火墙轴线控制桩在现场放出，做好标记并保护好，为混凝土浇筑做准备。标高测设采用水准仪测设，标高尽量从附近水准点直接引测，以免产生累计误差。根据基坑开挖图和放好的轴线控制桩放出基坑开挖线。

6.2.2　土石方开挖

（1）现场开阔且土质情况良好时，土石方开挖采取自然放坡。放坡坡度须按场地土质情况进行计算。根据本工程所处场地地下水位情况，开挖时根据实际地质条件并考虑基坑降水。如果基础位于填方区时，基础施工在场地填方前进行开挖，同时可降低基坑深度。当基础浇筑完成后，土方回填至场地设计标高。

（2）根据本工程具体情况，土石方开挖采用机械开挖方式，辅以人工修理边坡及平底，如遇到坚硬的岩石，可以采用单钩进行破碎，然后机械开挖。

（3）机械开挖选用反铲挖掘机挖土、自卸汽车运土。挖出的土方用于基坑土方回填，不能用于土方回填的土运至业主指定的弃土地点。机械开挖至距设计标高 200～300mm 时改为人工修理边坡，以保证基底以下土方不受扰动和基坑尺寸的准确。

（4）开挖至基础设计标高时，在基坑周边及坑底要做好防雨排水措施。在基坑四周设排水沟和集水井，同时，为防止地面水流入基坑内，在基坑边沿设截水埂或排水沟，以保证基础施工时基坑内干燥无存水。

（5）基坑开挖至基础设计标高时，应做基坑五方验槽及记录。

6.2.3　基坑抄平

（1）坑位检查。为防止基坑挖错位置，在进行基坑抄平之前，要再一次进行坑位检查，当发现坑位桩或辅助桩有偏差或松动时，应立即进行校正。

（2）基坑抄平的主要任务。

1）检查基坑坑深及基坑尺寸是否符合设计要求。

2）基坑坑底是否平整，其尺寸是否符合基础尺寸要求。

3）坑壁是否变形、坍塌，坑内是否有积土、积水或其他杂物，是否达到进行基础施工条件。

（3）基坑抄平。

1）将抄平用水准仪架于适当位置，调平仪器。

2）将塔尺分别竖立到所要抄平的基坑内，用仪器从塔尺上读数。当塔尺读数 HD＞基坑深度与水准仪高度的和 H 时，说明该坑深深于标准坑深 h；当塔尺读数 HD＜基坑深度与水准仪高度的和 H 时，说明该坑坑深浅于标准坑深 h。

（4）基坑处理。

1）基础的坑深应以水准点为准，抄平作业时，均应以水准点为准计算抄平塔尺读数，然后以此数为准进行坑底抄平。

2）坑底应平整，应在允许偏差范围内，按最深一处进行抄平。

3）基础基坑坑深超过允许偏差（与设计坑深比较）时，其超深部分采用C20混凝土找齐。

6.2.4　垫层施工

由于基础垫层面积较大，因此垫层采取分段浇筑。分段时施工缝采用15mm厚、100mm高的条形模板分隔。施工前用定位钢筋标注出垫层顶标高，施工时沥青混凝土采用振动打夯机将沥青混凝土碾压密实。

6.2.5　钢筋工程

（1）钢筋放样：严格按照施工图及施工规范进行放样；放样工作要本着准确合理、省料的原则进行；放样完成后，要进行严格自检，确保钢筋品种、规格和尺寸正确，数量齐全。放样单必须经主管人员或技术负责人审核后，方可进行加工，钢筋放样如图1-5-2所示。

图1-5-2　钢筋放样

（2）钢筋制作：钢筋母材进厂必须配有相应的出厂质量证明书和试验报告单，钢筋表面或每捆（盘）钢筋均应有标识。进厂时应按炉批号及直径分批检验。检验内容包括标识、外观检查，并按抽样标准以同一牌号、同一炉批号、同一规格、同一进货时间、60t为一批（不足者按一批计），从不同捆（盘）中（取样时钢筋两端 500mm 不能作为试样）截取 6 根钢筋，进行见证取样。

钢筋在加工过程中，如发现脆断、焊接性能不良或力学性能显著不正常等现象，应根据现行国家标准立即对该批钢筋进行化学成分检验和其他专项检验。钢筋制作要严格按钢筋放样单上的规格、尺寸、数量加工，制作时应保证钢筋平直、无局部曲折。钢筋表面洁净，无损伤、油渍、漆污和铁锈等，否则应在使用前清除干净。带有颗粒状或片状老锈的钢筋不得使用。钢筋下料要准确无误，保证每一根钢筋的尺寸、规格、直径正确，确保钢筋弯起角度的准确性。

钢筋制作完后要严格按规格、型号挂标识牌，分堆堆放，标识要明显。钢筋制作班组要做好自检记录和钢筋跟踪记录台账，提供验收资料。钢筋加工时，要按放样单的次序加工并和现场施工负责人经常联系，根据现场需要加工，避免造成过多成品料的堆放。做到随进料、随加工、随出料，保证钢筋加工厂的文明施工。钢筋堆放如图 1-5-3 所示。

图 1-5-3 钢筋堆放

（3）钢筋绑扎前应将有锈蚀的钢筋除锈，不应使钢筋表面受污染，并再次对照放样单，仔细检查钢筋的规格、尺寸、数量，确保准确。设置钢筋撑脚。

（4）基础底板钢筋绑扎前，在垫层上用粉笔画出钢筋位置，然后进行排放，底板钢筋放置时注意上层钢筋和下层钢筋放置顺序，应和图纸一致。底板外围两排钢筋的相交点采用逐点绑扎，中间部分钢筋相交点可间隔交错扎牢，但必须保证钢筋不产生位移。钢筋绑扎丝扣一律向内倾倒，防止露出混凝土表面，造成锈蚀斑点。钢筋骨架尺寸应准确，钢筋绑扎完毕后，在钢筋下面及侧面设置垫块，确保底板钢筋的保护层厚度，垫块间距不大于 1000mm。

（5）筏板钢筋与设备基础钢筋整体绑扎或预留基础插筋。

（6）钢筋绑扎完毕后，应及时进行三级自检并做好相关记录。三级自检合格后，报请监理单位有关人员进行验收，验收合格后方可进行下道工序的施工，钢筋绑扎如图 1-5-4 所示。

6.2.6 模板工程

模板采用 200mm 厚木模板，后背木方间距为 400mm，木方加固采用 $\phi48mm \times 3.5mm$ 钢管，间距 800mm，脚手管作为支撑外顶模板，间距为 800mm，内拉对拉螺栓与主筋焊接，做到外顶内拉。为了保证浇筑后的混凝土工艺美观，模板在拼装时必须表面平整、光滑，模板缝间要加塞海绵条，模板上的孔洞要封堵密实，以防漏浆，模板工程如图 1-5-5 所示。

（1）模板支设前，应先将板面打磨光滑，用棉布（线）擦干净，再涂刷好脱模剂（食用色拉油），脱模剂应涂刷均匀，无流淌现象。

图 1-5-4　钢筋绑扎

图 1-5-5　模板工程

（2）用水准仪引测好模板支设的标高，在模板的底脚用砂浆找平。

（3）模板拼装时，模板缝间及板与垫层间要夹海绵条，海绵条宽 10mm，将模板缝堵死，以防漏浆。

（4）模板支设完后要及时清理，混凝土浇筑前模板底部应清理干净，并且浇水湿润。

6.2.7　预埋件安装

（1）预埋件进场要进行验收，对规格尺寸、焊缝、埋件表面平整度、四边顺直度、钢板的焊接变形等进行检查，经技术人员检验合格后，方可到现场安装。埋件的安装要根据施工图纸的位置进行安装，预埋件进场验收如图 1-5-6 所示。

（2）埋件按照施工图纸要求的方位、标高、方向、坡度要求进行安装，埋件加固措施：在垫层上部确定埋件位置，在相应位置植入钢筋头，与埋件锚固筋连接，并于四周使用钢筋斜撑进行支撑，进一步保证埋件不沉降，确保埋件的标高，埋件误差范围不大于 2mm。

图 1-5-6　预埋件进场验收

6.2.8　混凝土工程

（1）混凝土建议采用商品混凝土，在经过供应商资质审核合格后，方可采用。商品混凝土进场时，质检员应收集商混厂家提供的水泥、砂、石、混凝土用水及钢筋阻锈剂的出厂合格证及复检报告。收集混凝土出货单、商混合格证、开盘鉴定、配合比报告及原材料复试报告。

（2）浇筑混凝土前，严格执行报审，必须进行现场混凝土检验，办理浇筑通知单后才允许浇筑混凝土。

（3）混凝土到现场后，由质检员通知监理单位，在监理单位见证下，检测混凝土坍落度，并留制混凝土试块，交货检验混凝土试样的采取及坍落度试验，应在混凝土运到交货地点时开始算起 20min 内完成，试件的制作应在 40min 内完成。交货检验的试样应随机从同一运输车中抽取，混凝土试样应在卸料过程中卸料量的 1/4～3/4 采取，取样的数量与坍落度检测频率为 100m³/组（次）。在混凝土浇筑过程中，实验员应检查混凝土的质量，查看混凝土是否离析，一旦发现混凝土质量不合格，必须要求混凝土返回，严禁使用在工程中。用于制作试块的混凝土，必须在混凝土的浇筑地点随机抽取。基础混凝土浇筑如图 1-5-7 所示。

图 1-5-7　基础混凝土浇筑

（4）基础混凝土振捣采用交错式振捣，振捣时要"快插慢拔"，插点距离均匀，分层振捣，将混凝土内气泡赶出，为使基础混凝土达到清水混凝土要求，减少基础表面起泡，初凝前应进行二次振捣。

（5）混凝土振捣密度，以表面呈现浮浆和混凝土不再沉落为准。混凝土表面用木抹子搓平，并在混凝土初凝前用铁抹子压光，压光次数不应少于 3 回，增加基础表面混凝土外观，防止水泥产生收缩裂缝。

（6）浇筑上阶混凝土时，控制好浇筑时机，既要防止浇筑时间间隔太快，下阶混凝土表面鼓出，又要防止出现施工缝，上下混凝土不能成为一个整体。浇筑过程中要设专人检查模板及其支撑情况，发现问题及时处理。混凝土终凝后铺一层塑料薄膜并浇水养护，养护时间不得少于7天。

（7）为了确保底板混凝土不出现施工裂缝，采用斜坡浇筑技术，即"由远至近，薄层浇筑，一次到顶"的方法，做法见基础底板混凝土浇灌方式的示意图。浇筑带前后略有错位，形成阶段式分层退打的局面，从而提高泵送工效，简化混凝土下水处理，确保混凝土上下层的结合。整体连续浇筑时宜为300～500mm，层与层之间应预留一定的时间间断，但层与层之间的混凝土接合时间应控制在混凝土初凝前完成。大体积混凝土浇筑方法如图1-5-8所示。

（8）根据混凝土泵送自然形成一个坡度的实际情况，每层混凝土厚度为300～400mm；在每个浇筑带的前、中、后布置三道振动器。

（9）第一道布置在混凝土卸料点，振捣手负责出管混凝土的振捣，使之顺利通过面筋、流入底层。

（10）第二道布置在混凝土的中间部位，振捣手负责检测混凝土的密实度。

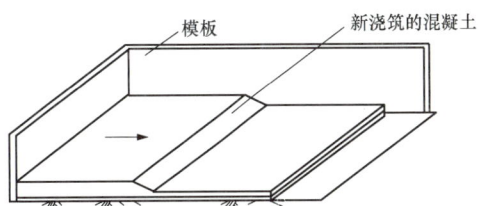

图1-5-8 大体积混凝土浇筑方法

（11）第三道布置在坡角及底层钢筋处，因底层钢筋间距较密，振捣手负责确保混凝土流入下层钢筋底部，从而使钢筋下层混凝土振捣密实。

（12）振捣方向为：下层垂直于浇筑方向、自下而上，上层振捣自上而下。同时采用二次振捣工艺，二次振捣时间控制在浇筑后的1～2h，对混凝土初凝时间做好控制，保证在下层混凝土初凝前，上层混凝土能覆盖。当混凝土浇筑到靠近尾声时，将混凝土泌水排集到模板边集水坑内，然后用泵将水抽出，混凝土的泌水要及时处理，免得粗料下沉，混凝土表面水泥浆过厚，致使混凝土强度不均和产生收缩裂缝。分层浇筑法示意图如图1-5-9所示。

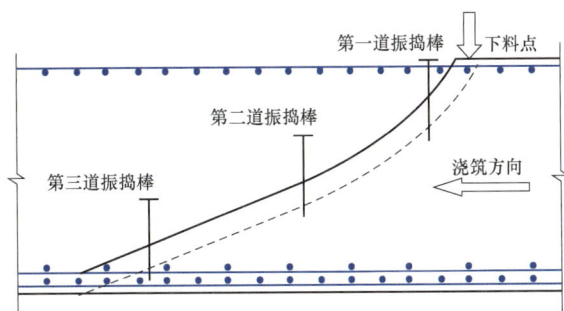

图1-5-9 分层浇筑法示意图

（13）混凝土振捣时要做到"快插慢拔"，在振捣过程中，将振捣棒上下略抽动，以使上下振动均匀，振捣棒应插入下层50mm左右，以消除两层之间的接缝。每点振捣时间以20～30s为宜，但还应视混凝土表面不再显著下沉、表面无气泡产生且混凝土表面有均匀的水泥浆泛出为准。振捣棒的插点要均匀排列，插入角度应与混凝土表面成约45°～50°或垂直，按浇筑顺序有规律地移动，梅花形布置，不得漏振，

每次移动的距离不应大于振捣棒作用半径的1.5倍，振捣棒的作用半径按300mm考虑，则插点间距不得大于450mm（见图1-5-10）。振捣时禁止碰到钢筋、模板、预埋件等。

（14）底板泵送混凝土，其表面水泥浆较厚，在混凝土浇筑结束后要认真处理。随时按标高用长刮尺刮平，在初凝前，用木抹子拍压三遍，搓成麻面，以闭合收水裂缝。在木抹子压第三遍时，麻面纹路要顺直，以南北向为纹路方向，保证纹路一行压一行且相互平行。

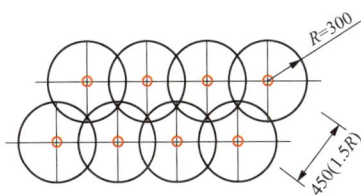

图1-5-10 振捣示意图

（15）泌水处理。大体积混凝土浇筑、振捣过程中，容易产生泌水现象，泌水现象严重时，可能影响相应部分的混凝土强度指标。为此，必须采取措施，消除和排除泌水。一般情况下，上涌的泌水和浮浆会顺着混凝土浇筑坡面下流到坑底。施工中根据

混凝土浇筑流向，要用水泵及时抽除混凝土表面泌水（见图 1-5-11），局部少量泌水采用海绵吸除处理的方法。

（16）试块留置。现场浇筑的混凝土必须按要求进行试块留置（见图 1-5-12），对于同配比、同部位，一次浇筑方量小于 1000m³ 的，试块应留置 10 组，一次性浇筑超过 1000m³ 的，超出部分按每 500m³ 取样 1 组，不足 500m³ 部分也需取 1 组。同条件试块每浇筑 500m³，留取 1 组，不足 500m³ 按一组留置，同一部位同一标号不得少于 3 组。

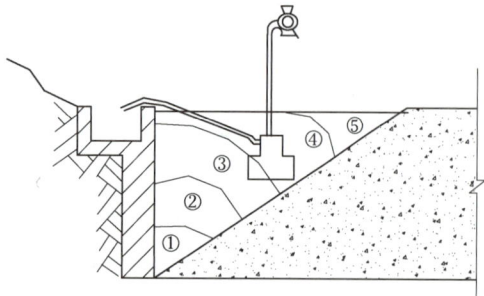

图 1-5-11　水泵抽除混凝土表面泌水示意图　　　　图 1-5-12　筏板浇筑混凝土试块的留置

6.2.9　混凝土养护

（1）本工程采用塑料薄膜和阻燃保温被进行保温覆盖。在保温养护中，对混凝土浇筑体的里表温差和降温速率进行现场检测，当实测结果不满足温控指标的要求时，及时调整保温养护措施。

（2）设专人负责保温养护，同时做好测试记录。

（3）保湿养护的持续时间不得少于 14 天，并应经常检查塑料薄膜的完整情况，保持混凝土表面湿润。

（4）在养护时，观察薄膜表面水珠，若水珠过少或混凝土表面出现白斑时，应浇水进行补水养护。

（5）保温覆盖层的拆除应分层、逐步进行，当混凝土的表面温度与环境最大温差小于 20℃时，可全部拆除。

（6）大体积混凝土拆模后，地下结构及时进行回填。

（7）为了减少清水混凝土的表面色差，在混凝土表面压实搓毛后，顶部覆盖彩条布或不易掉色的毛毡等。待混凝土表面收干后，应及时用塑料薄膜及不易掉色的保温被等。模板拆除后，及时使用塑料薄膜包裹，并浇水混凝表面保持湿润。

（8）模板拆除后，不可立刻用冷水浇喷，其表面应采用塑料薄膜严密覆盖进行养护，不能直接用草垫或草包铺盖，以免造成永久性黄颜色污染。养护期间应保持混凝土始终处于湿润状态。

（9）混凝土的养护时间执行 GB 50204—2015 的相关规定。混凝土养护如图 1-5-13 所示。

（10）大体积混凝土浇注完成后 12h 内要及时覆盖保温层，保温层下覆盖一层塑料薄膜，以保证混凝土内外温度差不超过 25℃。

（11）大风天气浇筑混凝土时，在作业面应采取挡风措施，例如搭设挡风棚、覆盖塑料薄膜等，并应增加混凝土表面的抹压次数，及时覆盖塑料薄膜和保温材料。

（12）雨雪天气应中止混凝土浇筑，对已浇筑还未硬化的混凝土应立即进行覆盖，严禁雨雪直接冲刷新浇筑的混凝土。

6.2.10　混凝土测温

（1）混凝土测温。本工程测温采用海创 TC-TW60 混凝土无线测温仪进行测温，它是根据我

图 1-5-13 混凝土养护

国建筑行业施工特点和有关技术规范研制的专业测温仪器，可直观、准确、快捷地数字显示被测温度，可靠性好、使用范围广、宽温操作环境、体积小、重量轻、操作简单。它由主机和测温线组成，主机具备大屏液晶显示器功能，可数字显示被测温度值，测温线为预埋式，由感温探头、导线制成，每支测温线可测一点温度。测温时按下主机电源开关，将测温线插头插入主机插座中，主机显示屏即可显示相应测温点的温度，测温误差为±0.3℃。

（2）测温点布置。

1）测温方案根据温度场的变化原理、建筑特点和混凝土的浇筑顺序等因素制定。

2）监测点的布置范围应以所选混凝土浇筑体平面图对称轴线的半轴线为测试区，在测试区内，监测点按平面分层布置。

3）在每条测试轴线上，监测点为4处，根据结构的几何尺寸布置，筏板测温点布置范围如图 1-5-14 所示。

4）沿混凝土浇筑体厚度方向，必须布置外表、底面和中心温度测点，其余测点宜按测点间距不大于 500mm 布置，筏点测温点布置图如图 1-5-15 所示。

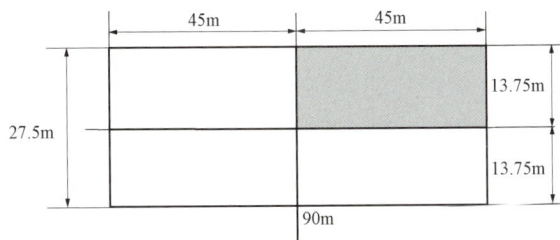

图 1-5-14 筏板测温点布置范围图

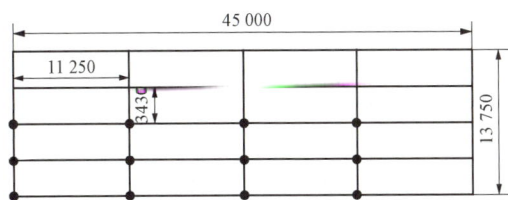

图 1-5-15 筏板测温点布置图

5）确定测温点的深度。深点深度距离基础底 50mm，中点深度为 $H/2$（H 为底板厚），浅点深度为 50mm，筏点测温点布置剖面图如图 1-5-16 所示。

6）选择合适的测温线。测温线的长度＝测温点的深度＋7m。

7）预埋测温线。将测温探头安装在支撑物（支撑物采用 ϕ8 钢筋加垫块）上，在浇筑混凝土

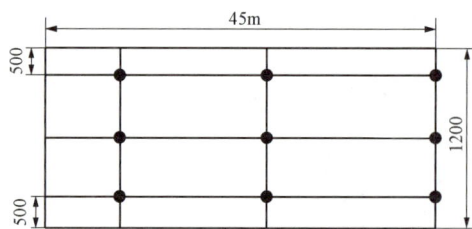

图 1-5-16 筏板测温点布置剖面图

前将安装好感温探头的支撑物植入混凝土中，感温探头处于测温点位置，插头留在混凝土外面并用塑料袋罩好，避免潮湿，保持清洁。

8）混凝土浇筑过程中，下料时不得直接冲击测温线；振捣时，振捣器不得触及测温线。测温元件安装前，必须在水下 1m 处浸泡 24h 不损坏。

（3）大体积混凝土测温控制，在混凝土浇筑完成 12h 后，开始混凝土测温，混凝土测温设专人日夜不间断进行，测温前，提前对测温点进行编号，以免记录混乱。测温时间控制为每昼夜不得少于 4 次，入模温度测量每台班不应少于 2 次。测温应根据埋设导线分底、中、表三层测温，测出的温度形成大体积混凝土施工记录。

（4）大体积混凝土测温注意事项：

1）混凝土浇筑体在入模温度的基础上温升值不大于 50℃。

2）混凝土浇筑体的里表温差（不含混凝土收缩的当量温度）不大于 25℃。

3）混凝土浇筑体的降温速率不大于 2.0℃/天。

4）混凝土浇筑体表面与大气温差不大于 20℃。

5）大体积混凝土浇筑时间不宜晚间施工，尽量白天施工。

（5）对于可能出现的大体积混凝土的温度差超出标准值的情况，应采取如下措施：

1）预防为主的原则。在混凝土浇筑前，应对混凝土的温度应力与收缩应力进行计算，选用低水化热的普通硅酸盐水泥，适当增加掺合料的用量。

2）加强温度监控。当在测温中发现里表温差、表面与大气温差、最大温升值高于规范值的 80% 时，应及时报告给技术管理人员，尽快采取措施。

3）当里表温差高于 25℃时，应及时加盖保温棉被，减少混凝土表面温度损失。当混凝土浇筑体表面温度与大气温差高于 20℃，应减少覆盖的保温棉被，适当洒水降温。当混凝土降温速率过快时，应加盖保温棉被，同时对筏板侧面也进行保温处理。

图 1-5-17 后浇带

6.2.11 后浇带施工

（1）后浇带施工，筏板基础施工时设置一道后浇带（见图 1-5-17），宽度为 1m，基础上钢筋贯通不切断，并设置加强筋。

（2）后浇带施工须待两侧已浇混凝土硬化 60 天后，将混凝土表面凿毛，清除水泥薄膜和松动石子，并加以充分湿润（一般湿润时间不宜小于 24h）和冲洗干净，且不得积水。

（3）混凝土浇筑前，宜先在后浇带处铺一层 10～15mm 厚水泥砂浆或与混凝土内成分相同的水泥砂浆，用 C45 混凝土浇筑（宜加微膨胀剂的膨胀混凝土）。

（4）混凝土应细致捣实，使新旧混凝土紧密结合，混凝土浇筑完毕后应加强养护。

（5）后浇带采用铁丝网支档，后浇带竖向支架系统与其他部位分开。

7 质量控制措施

7.1 施工质量控制标准

7.1.1 设备基础模板安装工程质量标准

设备基础模板安装工程质量标准见表 1-5-2。

表 1-5-2　　　　　　　　　　　设备基础模板安装工程质量标准

类别	序号	验收项目		质量标准	单位	检验方法及器具
主控项目	1	模板及其支架		应根据工程结构形式、荷载大小、地基土类别、施工设备和材料供应等条件设计；应具有足够的承载能力、刚度和稳定性，能可靠地承受浇筑混凝土的重力、侧压力以及施工荷载		观察检查
	2	隔离剂		在涂刷模板隔离剂时，不得沾污钢筋和混凝土接槎处		观察检查
	3	预埋件制作质量		预埋件制作质量应符合预埋件制作标准的规定		观察、钢尺检查和检查试验报告
	4	预埋件、预留孔		齐全、正确、固定		观察和手摇动检查
一般项目	1	模板安装		（1）模板的接缝不应漏浆；在浇筑混凝土前，木模板应浇水湿润，但模板内不应有积水； （2）模板与混凝土的接触面应清理干净并涂刷隔离剂，但不应采用影响结构性能的隔离剂； （3）浇筑混凝土前，模板内的杂物应清理干净； （4）对清水混凝土工程，应使用能达到设计效果的模板		观察检查
	2	轴线位移	≤500kV 配电装置	≤5	mm	钢尺检查
			>500kV 配电装置	≤10		
	3	平面外形尺寸偏差		±10	mm	钢尺检查
	4	标高偏差	杯形基础的杯底	-20～-10	mm	水准仪和钢尺检查
			其他基础模板	-5～0	mm	
	5	垂直偏差		≤10	mm	吊线和钢尺检查
	6	相邻两板面高低差		≤2	mm	直尺和楔形塞尺检查
	7	预埋件	中心位移	≤5	mm	钢尺检查
			与模板的间隙	紧贴		观察检查
	8	预埋螺栓	中心位移	≤2	mm	拉线和钢尺检查
			标高偏差	5～10		钢尺检查
	9	预留地脚螺栓孔	中心位移	≤5	mm	钢尺检查
			截面尺寸偏差	0～10	mm	
			深度偏差	0～10	mm	钢尺检查

7.1.2 设备基础混凝土外观及尺寸偏差质量标准

设备基础混凝土外观及尺寸偏差质量标准见表 1-5-3。

表 1-5-3　　　　　　　　　　设备基础混凝土外观及尺寸偏差质量标准

类别	序号	验收项目		质量标准	单位	检验方法及器具
主控项目	1	外观质量		不应有严重缺陷，对已经出现的缺陷，应处理后重新检查验收		观察检查或检查技术处理方案
	2	尺寸偏差		不应有影响结构性能和设备安装的尺寸偏差。对超过尺寸允许偏差且影响结构性能和安装、使用功能的部位，应由施工单位按技术处理方案进行处理，并重新检查验收		量测或检查技术处理方案
	3	接地装置		接地装置应符合设计要求及现行有关标准规定		观察检查
一般项目	1	外观质量		不宜有一般缺陷。对已经出现的一般缺陷，应由施工单位按技术处理方案进行处理，并重新检查验收		观察检查或检查技术处理方案
	2	轴线位移		≤10	mm	钢尺检查
	3	支承面及杯口底标高偏差		−10～0	mm	水准仪和钢尺检查
	4	平面外形尺寸偏差		±20	mm	钢尺检查
	5	上表面平整度		≤8	mm	2m 靠尺和楔形塞尺检查
	6	预埋件	中心位移	≤10	mm	拉线和钢尺检查
			与混凝土面的平整度	≤5	mm	直尺和楔形塞尺检查
	7	预埋螺栓	中心位移	≤2	mm	拉线和钢尺检查
			标高偏差	0～10	mm	水准仪和钢尺检查
	8	预留孔（洞）	中心位移	≤10	mm	拉线和钢尺检查
			截面尺寸偏差	0～10	mm	钢尺检查
			深度偏差	0～20	mm	钢尺检查

7.1.3　预埋件制作质量标准

预埋件制作质量标准见表 1-5-4。

表 1-5-4　　　　　　　　　　预 埋 件 制 作 质 量 标 准

类别	序号	验收项目	质量标准	单位	检验方法及器具
主控项目	1	焊工技能	从事钢筋焊接施工的焊工必须持有焊工考试合格证，并应按照合格证规定的范围上岗操作		检查合格证
	2	钢材品种和质量	预埋件钢板应有质量证明书，其质量应符合设计要求和现行有关标准的规定		检查出厂证件和试验报告
	3	焊条、焊剂的品种、性能、牌号	应有质量证明书，其质量应符合设计要求，符合现行相关标准的规定		检查出厂证件和试验报告
	4	钢筋级别	符合设计要求和现行有关标准规定		观察检查
	5	焊前工艺试验	工程焊接开工前，参与该项工程施焊的焊工必须进行现场条件下的焊接工艺试验，应经试验合格，方准于焊接生产		检查试件试验报告
	6	钢筋焊接接头的力学性能检验	符合 JGJ 18—2012 的规定		检查焊接试验报告
	7	预埋件的型号	符合设计要求和现行有关标准规定		观察和钢尺检查
	8	钢筋相对钢板的角度偏差	≤2	°	刻槽直尺检查

类别	序号	验收项目		质量标准	单位	检验方法及器具
主控项目	9	钢筋间距偏差		±3	mm	钢尺检查
	10	穿孔塞焊		符合 JGJ 18—2012 的规定		钢尺检查
	11	构造要求		符合 16G362 预埋件图集要求		观察检查
	12	钢材品种和质量		钢材应有质量证明书，其质量应符合设计要求和现行有关标准的规定		检查出厂证件和试验报告
	13	焊条电弧焊	采用 HPB300 钢筋时	角焊缝焊脚高度不得小于钢筋直径的 50%	mm	观察和焊接工具尺检查
			采用 HPB300 以外钢筋时	角焊缝焊脚高度不得小于钢筋直径的 60%	mm	
		埋弧压力焊或埋弧螺柱焊	钢筋直径≤18mm 时	焊包高度≥3	mm	观察和焊接工具尺检查
			钢筋直径≥20mm 时	焊包高度≥4	mm	
	14	吊环或吊钩弯曲半径	Q235、HPB300	≥0.5d	mm	钢尺检查
			HRB400、HRB400E、HRBF400、HRBF400E	直径在 6~25，弯曲半径≥2d	mm	钢尺检查
				直径在 28~40，弯曲半径≥2.5d		
				直径大于 40~50，弯曲半径≥3d		
			HRB500、HRBF500	直径在 6~25，弯曲半径≥3d	mm	钢尺检查
				直径在 28~40，弯曲半径≥3.5d		
				直径大于 40~50，弯曲半径≥4d		
一般项目	1	钢板外观质量		表面应无焊痕、明显凹陷和损伤		观察检查
	2	接头焊缝外观质量		焊缝表面不得有气孔、夹渣和肉眼可见的裂纹；咬边深度不大于 0.5mm		观察和刻度放大镜检查
	3	钢板平整偏差		≤3	mm	直尺和楔形塞尺检查
	4	型钢埋件挠曲		不大于 1/1000 型钢埋件长度，且不大于 5mm		拉线和钢尺检查
	5	预埋件尺寸偏差		+10~-5	mm	钢尺检查
	6	螺栓及螺纹长度偏差		+10~0	mm	钢尺检查
	7	预埋管的椭圆度		不大于 1% 预埋管直径	mm	钢尺检查
	8	溢浆孔直径、中心线偏差		±3	mm	钢尺检查
	9	吊钩、吊环钢材外观质量		表面应无焊痕、明显凹陷和损伤		观察检查
	10	吊钩、吊环长度偏差		±10	mm	钢尺检查

注　d 为钢筋直径。

7.2　强制性执行条文

强制性执行条文见表 1-5-5。

表 1 - 5 - 5　　　　　　　　　**强 制 性 执 行 条 文**

强制性条文内容	执行要素
一、GB 50204—2015	
7.2.2　混凝土外加剂进场时，应对其品种、性能、出厂日期等进行检查，并应对外加剂的相关性能指标进行检验，检验结果应符合现行国家标准 GB 8076《混凝土外加剂》和 GB 50119《混凝土外加剂应用技术规范》的规定	外加剂使用情况
	外加剂名称
	外加剂质量
	结构类型
	氯化物含量
8.2.1　现浇结构的外观质量不应有严重缺陷，对已经出现的严重缺陷，应由施工单位提出技术处理方案，并经监理单位认可后进行处理；对裂缝、连接部位出现的严重缺陷及其他影响结构安全的严重缺陷，技术处理方案尚应经设计单位认可，对经处理的部位应重新验收	外观检查
	处理方案
8.3.1　现浇结构不应有影响结构性能或使用功能的尺寸偏差。混凝土设备基础不应有影响结构性能和设备安装的尺寸偏差。对超过尺寸允许偏差且影响结构性能和安装、使用功能的部位，应由施工单位提出技术处理方案，并经监理、设计单位认可后进行处理，对经处理的部位应重新验收	尺寸偏差
	处理方案
7.4.1　混凝土的强度等级必须符合设计要求。用于检验混凝土强度的试件应在浇筑地点随机抽取。 检查数量：对同一配合比的混凝土，取样与试件留置应符合下列规定： 1　每拌制 100 盘且不超过 100m³ 的同配合比的混凝土，取样不得少于一次； 2　每工作班拌制的同一配合比的混凝土不足 100 盘时，取样不得少于一次； 3　连续浇筑超过 1000m³ 时，每 200m³ 取样不得少于一次； 4　每一楼层取样不得少于一次	混凝土强度 设计值
	混凝土试块留置 混凝土强度
二、JGJ 52—2006	
1.0.3　对长期处于潮湿环境的重要混凝土结构所用的砂、石应进行碱活性检验	试验报告
3.1.10　砂中氯离子含量应符合下列规定： （1）对钢筋混凝土用砂，其氯离子含量不得大于 0.06%（以干砂重的百分率计）； （2）对预应力混凝土用砂，其氯离子含量不得大于 0.02%（以干砂重的百分率计）	结构类型
	检验报告
三、GB 50119—2013	
2.1.2　严禁使用对人体产生危害、对环境产生污染的外加剂	外加剂品种
6.2.3　下列结构中严禁采用含有氯盐配制的早强剂及早强减水剂： （1）预应力混凝土结构； （2）相对湿度大于 80% 环境中使用的结构、处于水位变化部位的结构、露天结构及经常受雨淋、受水冲刷的结构； （3）大体积混凝土； （4）直接接触酸、碱或其他侵蚀性介质的结构； （5）经常处于温度为 60℃ 以上结构，需经蒸养的钢筋混凝土预制构件； （6）有装饰要求的混凝土，特别是要求色彩一致的或是表面有金属装饰的混凝土； （7）薄壁混凝土结构，中级和重级工作制吊车的梁、屋架、落锤及锻锤混凝土基础等结构； （8）使用冷拉钢筋或冷拔低碳钢丝的结构； （9）骨料具有碱活性的混凝土结构	结构类型、部位
	混凝土配合比
	外加剂
6.2.4　在下列混凝土结构中严禁采用含有强电解质无机盐类的早强剂及早强减水剂： （1）与镀锌钢材或铝铁相接触部位的结构，以及有外露钢筋预埋铁件而无防护措施的结构； （2）使用直流电源的结构以及距高压直流电源 100m 以内的结构	结构部位
	混凝土配合比
	外加剂
四、GB 50496—2018	
4.2.2　用于大体积混凝土的水泥进场时应检查水泥品种、代号、强度等级、包装或散装编号、出厂日期等，并应对水泥的强度、安定性、凝结时间、水化热进行检验，检验结果应符合现行国家标准 GB 175—2007 的相关规定	水泥

续表

强制性条文内容	执行要素
5.3.1　大体积混凝土模板和支架应进行承载力、刚度和整体稳固性验算，并应根据大体积混凝土采用的保温方法进行保温构造设计	模板
五、GB 175—2007	
7.1　化学指标 通用硅酸盐水泥化学指标应符合 GB 175—2007 表 D.8 规定	水泥化学指标要求
7.3.1　凝结时间 硅酸盐水泥初凝不小于 45min，终凝不大于 390min； 普通硅酸盐水泥、矿渣硅酸盐水泥、火山灰质硅酸盐水泥、粉煤灰硅酸盐水泥和复合硅酸盐水泥初凝不小于 45min，终凝不大于 600min	凝结时间要求
7.3.2　安定性 煮沸法合格	安定性要求
7.3.3　强度 不同品种、不同强度等级的通用硅酸盐水泥，其不同各龄期的强度应符合 GB 175—2007 表 D.9 的规定	强度要求
9.4　判定规则 9.4.1　检验结果符合 7.1、7.3.1、7.3.2、7.3.3 的规定为合格品。 9.4.2　检验结果不符合 7.1、7.3.1、7.3.2、7.3.3 中的任何一项技术要求为不合格品	检验结果判定

7.3　质量通病防治措施

质量通病防治措施见表 1-5-6。

表 1-5-6　　　　　　　　　　　质 量 通 病 防 治 措 施

防治项目	主要措施
设备基础质量通病	（1）当需要采用减水剂来提高混凝土性能时，应采用减水率高、分散性能好、对混凝土收缩影响较小的外加剂，其减水率不应低于 8%。 （2）预拌混凝土进场时按规范检查入模坍落度，坍落度值按施工规范采用。 （3）外露部分应采用清水混凝土工艺，表面不得进行二次粉刷或贴面砖。 （4）基础施工应一次连续浇筑完成，禁止留设垂直施工缝，未经设计认可，不得留设水平施工缝。 （5）运输过程中，应控制混凝土不离析、不分层、组成成分不发生变化，并能保证施工所必需的稠度。 （6）设备预埋螺栓宜与基础整体浇筑，如采取二次浇筑应采用高强度等级微膨胀混凝土振捣密实。 （7）基础混凝土浇筑时，应派专人进行跟踪测量，保证预埋铁件与混凝土面平整，埋件中间应开孔并二次振捣，防止空鼓。埋件应采用热浸镀锌处理，不得采用普通铁件。 （8）大体积混凝土的养护，应进行温控计算确定其保温、保湿或降温措施，并应设置测温孔测定混凝土内部和表面的温度，使温度控制在设计要求的范围以内，当无设计要求时，温差不超过 25℃

7.4　标准工艺应用

国网公司标准工艺应用清单见表 1-5-7。

表 1-5-7　　　　　　　　　　国网公司标准工艺应用清单

一、《国家电网有限公司输变电工程标准工艺　变电工程土建分册》共 158 项，本方案应用 7 项			
序号	标准工艺名称	序号	标准工艺名称
	第 1 章　工程测量与土石方工程		第 4 章　主体结构工程
1	第一节　工程测量控制网	5	第五节　钢筋加工与安装

序号	标准工艺名称	序号	标准工艺名称
2	第三节　基坑与沟槽开挖	6	第八节　钢筋机械连接
3	第四节　土石方回填与压实	7	第九节　混凝土浇筑与养护
	第3章　基础工程		
4	第十六节　大体积混凝土施工		

二、《国家电网有限公司特高压建设分公司土建工艺标准（2022年版）》共26项，本工法2项

序号	分部	编号	标准工艺名称
1	第2章　基础工程工艺标准	TGYGY005-2022-BD-TJ	现浇混凝土主设备基础
2		TGYGY006-2022-BD-TJ	调相机基座

7.5　质量保证措施

（1）对施工技术人员进行交底，严格按照方案施工，并随时通报在施工中存在的质量问题。

（2）防止基础出现麻面（混凝土表面局部缺浆粗糙，或有许多的小凹坑，但无钢筋外露），本工程基础模板采用全新的模板，表面清理干净，不得有杂物，在浇筑混凝土前应充分湿润、清洗干净、不留积水，使模板拼接严密，如有缝隙，应用油毡、塑料条、纤维板或水泥砂浆等堵严，防止漏浆。

（3）混凝土必须按操作规程分层、均匀振捣，每层混凝土应振捣至气泡排除为止，对麻面部位可用清水刷洗，充分湿润后用水泥素浆或1∶2水泥砂浆抹平。

（4）防裂措施。降低水泥水化热，确定合理的配合比。大体积混凝土的水泥用量大，应采用低热普通硅酸盐水泥，其3天的水化热不应大于250kJ/kg，7天的水化热不应大于280kJ/kg。掺合料的用量不应大于胶凝材料用料的40%，水胶比不大于0.45，宜在混凝土配合比中加入减水剂，减少水化热的产生。同时影响混凝土抵抗温度能力的因素还有骨料的粒径、骨料的级配、水泥的品种、掺合料及外加剂的掺量等。因此，在施工前，各种材料应严格做实验，各项技术指标都应符合相应的标准规定，确定合理的配合比。

（5）降低混凝土入模温度。针对春季气候，为有效控制水泥水化热的产生，必须严格控制混凝土的入模温度，保证混凝土的入模温度在30℃以内。

（6）温度控制。

1）在混凝土浇筑之后，做好混凝土的保温与保湿养护，缓缓降温，充分发挥徐变特性，降低温度应力。

2）加强测温和温度监测与管理，实行信息化控制，随时控制混凝土内的温度变化，内外温差控制在25℃以内。混凝土在浇筑和养护过程中做好测温工作，派专人测温。

除养护测温外，测温工作主要还有混凝土入模温度、环境温度。环境温度每天测温不少于4次；入模温度在浇筑期间每2h测量一次。

（7）混凝土运输过程控制。要求混凝土生产厂家每车出厂时出具混凝土标号、坍落度、出厂时间、数量和到达地点的发料单据。抵达现场后，由总包派专人按程序验收，填写到达时间、混凝土坍落度、目前混凝土有无异常等情况。监理人员不定期进行抽检，如混凝土出现离析，必须进行次搅拌。

（8）制定混凝土浇筑方案。大体积混凝土浇注常采用的方法有以下几种：①全面分层。即在第一层全面浇筑完毕后，再回头浇筑第二层。这种方案适用于结构的平面尺寸不宜太大，施工时从短边开始，沿长边推进比较合适。必要时可分成两段，从中间向两端或从两端向中间同时进行

浇筑；②分段分层。先从底层开始，浇筑至一定距离后浇筑第二层，如此依次向前浇筑其他各层。这种方案适用于单位时间内要求供应的混凝土较少，结构物厚度不太大且面积或长度较大的工程；③斜面分层。要求斜面的坡度不大于 1/3，适用于结构的长度大大超过厚度 3 倍的情况。混凝土从浇筑层下端开始，逐渐上移。

（9）确保混凝土的密实。为确保混凝土的均匀和密实，提高混凝土的抗压强度，要求操作人员加强混凝土的振捣，插点均匀排列，按顺序振实不得遗漏，振捣期间距宜取 300mm，时间以 15～30s 为宜，不宜过振，以表面呈现浮浆、平整和不再沉落为准，为了能排除混凝土因泌水在粗骨料、水平钢筋下部生成的水分和空隙，尚需进行二次振捣以提高混凝土与钢筋的握裹力，防止因混凝土沉落而出现的裂缝，增加混凝土的密实度，使混凝土的抗压强度提高，从而提高混凝土的抗裂性，一般间隔 20～30min 或者是在混凝土经振捣后尚能恢复塑性状态的时间进行二次复振。

（10）泌水处理与表面处理。由于大体积混凝土浇筑时泌水较多，上涌的泌水和浮浆顺混凝土斜面下流到坑底，再到集水井，然后通过集水井内的潜水泵排除基坑外；待混凝土浇至标高时，由于大体积泵送混凝土表面水泥浆较厚，要求施工方用木蟹抹平，防止表面微小裂缝产生，在初凝前再用铁搓板压光，这样有效的控制混凝土表面龟裂，增加防水抗裂效果。

8 安 全 措 施

8.1 风险识别及预防控制措施

风险识别及预防控制措施见表 1-5-8。

表 1-5-8　风险识别及预防控制措施

风险编号	工序	风险可能导致的后果	风险评定值 D	风险级别	风险控制关键因素	预控措施
02020101	开挖深度在 3m 以内的基坑挖土（不含 3m）	坍塌	27 (3×3×3)	4		（1）基坑顶部按规范要求设置截水沟。基坑底部应做好井点降水或集中排水措施，并按照设计要求进行放坡，若因环境原因无法放坡时，必须做好支护措施。 （2）一般土质条件下弃土堆底至基坑顶距离＞1m，弃土堆高＜1.5m，垂直坑壁边坡条件下弃土堆底至基坑顶边距离≥3m，软土场地的基坑边则不应在基坑边堆土。 （3）土方开挖中，现场监护及施工人员必须随时观测基坑周边土质，观测到基坑边缘有裂缝和渗水等异常时，立即停止作业并报告班组负责人，待处置完成合格后，再开始作业。 （4）人机配合开挖和清理基坑底余土时，设专人指挥和监护。规范设置供作业人员上下基坑的安全通道（梯子）。 （5）挖土区域设警戒线，各种机械、车辆严禁在开挖的基础边缘 2m 内行驶、停放。 （6）机械开挖采用"一机一指挥"，有两台挖掘机同时作业时，保持一定的安全距离，在挖掘机旋转范围内，不允许有其他作业。开挖施工区域夜间应挂警示灯。 （7）对开挖形成坠落深度 1.5m 及以上的基坑，应设置钢管扣件组装式安全围栏，并悬挂安全警示标识，围栏离坑边不得小于 0.8m。 （8）基坑排水与市政管网连接前设置沉淀池，并及时清理明沟、集水井、沉淀池中的淤积物。 （9）在改扩建工程进行本工序作业时，还应执行"03050102 土建间隔扩建施工"的相关预控措施

续表

风险编号	工序	风险可能导致的后果	风险评定值D	风险级别	风险控制关键因素	预控措施
0202 0200						模板工程
0202 0201	模板安拆	触电、机械伤害、其他伤害	54 (6×3 ×3)	4		一、共性控制措施 （1）在改扩建工程进行本工序作业时，还应执行"03050102 土建间隔扩建施工"的相关预控措施。 二、组模（D值18，5级） （2）组模须选择平整场地进行。模板堆放齐整，高度不超过1m。模板平放时，每层之间应加垫木，底层模板离地面不小于100mm，立模时，采取防止倾倒措施。木模板存放做到防腐、防火、防雨、防暴晒。 （3）组模施工两人一组配合协调，组模用卡扣使用前要经检查，去除有伤痕卡扣。 （4）模板采用木方加固时，绑扎后应将铁丝末端处理，以防伤人。 （5）严防模板滑落伤人，合模时逐层找正、支撑加固。 三、模板运输及拼装（D值27，4级） （6）组拼模板须采用平板车辆运输，运输通道平整、顺畅。 （7）向坑下送模板时宜设置坡道，坑上坑下要统一指挥，牵送挂钩、绳索安全可靠。 （8）调整找正轴线的过程中要轻动轻移，严防模板轿杠滑落伤人；合模时逐层找正，逐层支撑加固，斜撑、水平撑要与补强管（木）固定牢固。 （9）现场应坚持安全文明施工，做到工完、料尽、场地清。 （10）电动机械或电动工具必须做到"一机一闸一保护"。移动式电动机械必须使用绝缘护套软电缆。所有电动机具必须做好外壳保护接地，暂停工作时，应切断电源。电动机械的转动部分必须装设保护罩。 （11）使用电动工机具时，严禁接触运行中机具的转动部分。 （12）使用手持式电动工具时，必须按规定使用绝缘防护用品。 四、模板拆除（D值54，4级） （13）模板拆除应在混凝土强度达到规范要求后，并经施工技术负责人同意后方可进行。 （14）拆模按后支先拆、先支后拆，先拆侧模、后拆底模的原则，先拆非承重部分、后拆承重部分。拆除模板时，作业人员不得站在正在拆除的模板上。卸连接卡扣时要两人在同一面模板的两侧进行，卡扣打开后用撬棍沿模板的根部加垫轻轻撬动，防止模板突然倾倒。 （15）拆模间隙时应将已活动模板临时固定。拆下的模板要及时运走，不得乱堆乱放，更不允许大量堆放在坑口边。 （16）拆模后应及时封盖预留洞口，盖板必须可靠牢固，并设立警示标识。拆模时如果存在高处作业，应采取相应的安全措施
0202 0300						钢筋工程
0202 0301	钢筋安装	触电、机械伤害、物体打击	27 (3×3 ×3)	4		一、共性控制措施 （1）在改扩建工程进行本工序作业时，还应执行"03050102 土建间隔扩建施工"的相关预控措施。 二、钢筋加工（D值27，4级） （2）钢筋制作场地应平整，工作台应稳固，照明灯具应加设防护网罩。进场后的钢筋应按规格、型号分类堆放，并醒目标识。

风险编号	工序	风险可能导致的后果	风险评定值 D	风险级别	风险控制关键因素	预控措施
0202 0301	钢筋安装	触电、机械伤害、物体打击	27 (3×3 ×3)	4		（3）展开盘圆钢筋时，要两端卡牢，防止回弹伤人。圆盘钢筋放入圈架应稳，如有乱丝或钢筋脱架，必须停机处理。进行调直工作时，不允许无关人员站在机械附近，特别是当料盘上钢筋快完时，要严防钢筋端头打人。 （4）切断长度小于 400mm 的钢筋必须用钳子夹牢，且钳柄不得短于 500mm，严禁直接用手把持。 （5）严禁戴手套操作钢筋调直机，钢筋调直到末端时，人员必须躲开；当钢筋送入调直机后，手与曳轮必须保持一定距离，不得接近；在调直块未固定、防护罩未盖好前不得送料；作业中严禁打开各部防护罩及调整间隙。短于 2m 或直径大于 9mm 的钢筋调直，应低速加工。操作钢筋弯曲机时，人员站在钢筋活动端的反方向；弯曲小于 400mm 的短钢筋时，要防止钢筋弹出伤人。 （6）焊接时，防止钢筋碰触电源。电焊机必须可靠接地，不得超负荷使用。 （7）采用直螺纹连接时，操作钢筋剥肋滚轧直螺纹的操作人员不得留长发、穿无纽扣衣衫，工作时应避开切断机、切割机、吊车等外在设备对面，以防事故发生。任何人不得戴手套接触旋转中的丝头和机头。 （8）在钢筋冷拉过程中，经常检查卷扬机的夹头，钢筋两侧 2m 范围内，严禁人员和车辆通行。 三、钢筋搬运及安装（D 值 27，4 级） （9）进行焊接作业时应加强对电源的维护管理，严禁钢筋接触电源。焊机必须可靠接地，焊接导线及钳口接线应有可靠绝缘，焊机不得超负荷使用。 （10）多人抬运预埋件时，起、落、转、停等动作应一致，人工上下传递时不得站在同一垂直线上。若采用汽车吊或进行搬运，须做好相应管控措施。 （11）搬运预埋件时与电气设施应保持安全距离，严防碰撞。在施工过程中应严防预埋件与任何带电体接触。 （12）进行焊接作业时应加强对电源的维护管理，严禁钢筋接触电源。焊机必须可靠接地，焊接导线及钳口接线应有可靠绝缘，焊机不得超负荷使用
0202 0400						混凝土工程
0202 0401	混凝土、砂浆搅拌及浇筑	触电、机械伤害、高处坠落	18 (3×2 ×3)	5		一、共性控制措施 （1）在改扩建工程进行本工序作业时，还应执行"03050102 土建间隔扩建施工"的相关预控措施。 二、混凝土、砂浆搅拌（D 值 18，5 级） （2）采用自拌混凝土时宜设置搅拌站，搅拌站场地应硬化。在出料口设置安全限位挡墙，操作平台设置应便于搅拌机手操作。 （3）搅拌机应指定专人（搅拌机手）操作，操作前检查传动机械装置完好、接地可靠；检查结合部分是否松动，转动是否灵活，搅拌机的保险钩、防护罩等安全防护装置是否齐全有效；离合器、制动器是否灵敏可靠；检查钢丝绳是否有断丝、破股、锈蚀等现象，不符合安全要求的必须更换。 （4）作业过程中，作业人员严禁将铁铲等工具伸入滚筒内，不得贴近机架观察滚筒内搅拌情况。上料应一次完成，不得在运转过程中补料。运行出料时严禁中途停机，也不得在满载时启动搅拌机。 （5）作业后送料斗应收起，挂好双侧安全挂钩，切断电源，锁上电源箱。搅拌机应支撑牢固，不得用随机轮胎代替支撑。操作人员在开机前应检查搅拌机各系统是否良好，滚筒内有无异物；启动试运行正常后方可进行作业，不得在运行中进行注油保养。

续表

风险编号	工序	风险可能导致的后果	风险评定值 D	风险级别	风险控制关键因素	预控措施
02020401	混凝土、砂浆搅拌及浇筑	触电、机械伤害、高处坠落	18 (3×2×3)	5		（6）对滚筒内部进行检修和清理时，应先切断电源，有人工作加挂"禁止合闸"警示牌，并设有监护人方可作业。 （7）作业中遇到停电或作业完成时，应及时切断电源，清理滚筒内的混凝土，并用清水清洗干净。 三、混凝土浇筑（D 值 18，5 级） （8）基坑口搭设卸料平台，平台平整牢固，外低里高（5°左右坡度），并在沿口处设置高度不低于 150mm 的横木。 （9）卸料时前台下料人员协助司机卸料，基坑内不得有人；前台下料作业要坑上坑下协作进行，严禁将混凝土直接翻入基础内。 （10）投料高度超过 2m 应使用溜槽或串筒下料，串筒宜垂直放置，串筒之间连接牢固，串筒连接较长时，挂钩应予加固。严禁攀登串筒进行清理。 （11）振捣工、瓦工作业禁止踩踏模板支撑。振捣工作业要穿好绝缘靴、戴好绝缘手套，在高处作业时，要有专人监护；振动器的电源线应架起作业，严禁在泥水中拖拽电源线，搬动振动器或暂停工作应将振动器电源切断，不得将振动着的振动器放在模板、脚手架或未凝固的混凝土上。 （12）混凝土施工时，确保模板和支架有足够的强度、刚度和稳定性；布料设备不得碰撞或直接搁置在模板上，手动布料时，必须加固杆下的模板和支架。 （13）电动振捣器的电源线应采用耐气候型橡皮护套铜芯软电缆，并不得有任何破损和接头，电源线插头应插在安设有防溅式漏电保安器电源箱内的插座上。并严禁将电源线直接挂接在刀闸上。 （14）手推车运送混凝土时，装料不得过满，卸料时，不得用力过猛和双手放把。用翻斗车运送混凝土时，不得搭乘人员，车就位和卸料要缓慢。 （15）采用泵送混凝土时，泵送设备支腿应支承在水平坚实的地面上，支腿底部与路面等边缘应保持一定的安全距离；泵启动时，人员禁止进入末端软管可能摇摆触及的危险区域

8.2　安全保障措施

8.2.1　作业人员准入管理措施

（1）参加本项目作业人员，年龄在 18 周岁至 60 周岁，新进场人员须经公司级安全教育培训合格，项目部组织二级安全教育，督促班组进行三级安全教育，各级安全教育须经考试合格后方可进场。

（2）结合工程特点，对上岗前员工进行《国家电网公司电力安全工作规程》及相关安全知识的培训教育并进行考试；考试不合格的人员可进行一次补考，补考不合格予以清退。

（3）分部分项工程开工前，对作业人员进行安全技术措施交底；未参加交底或未履行签字确认手续的，不允许上岗。

（4）每天上班前开展班会，交任务、交技术、交安全；查衣着、查"安全帽、安全带、安全绳"、查精神状态；未参加站班会的作业人员不允许参加作业。

（5）特殊工种人员持证上岗，上岗前提供有效证件报监理项目部审查，经过培训教育并考试合格。

（6）组织作业人员每年至少进行一次体检，有禁忌症者禁止参加施工。

（7）对作业人员开展危险因素识别及控制措施、应急处置方案、急救知识培训，提高作业人员风险防范及应急处置能力。

8.2.2 作业人员现场培训措施

项目部由安全专责主持制定培训教育计划，使得培训内容能够涵盖工程涉及的所有方面。针对不同的岗位、工种制定有针对性的培训。

（1）开工前施工项目部组织全体作业人员进行统一培训，考试合格后方可进场施工。

（2）结合工程特点，对上岗前员工进行《国家电网公司电力安全工作规程》及相关安全知识的培训教育并进行考试，考试合格后方可以上岗工作。

（3）特殊工种人员持证上岗，上岗前提供有效证件报监理项目部审查，经过培训教育并考试合格。

（4）对作业人员开展危险因素及控制措施、应急处置方案、急救知识培训，提高作业人员风险防范及应急处置能力。

（5）涉及新技术、新工艺、新设备、新材料的项目人员，应进行专门的安全生产教育和培训。

（6）施工项目部应丰富培训的方式，可以利用视频类课件对核心劳务分包人员进行培训，提高现场作业人员的安全防护意识和作业技能水平。

8.2.3 作业人员行为管理措施

项目部将在施工过程中规范作业人员在施工全过程中的安全文明施工行为，提高作业人员的安全文明施工意识和"四不伤害"能力；杜绝或最大限度减少作业性违章、装置性违章、指挥性违章、文明施工违章现象的发生。作业人员应严格遵守现场安全作业规章制度和作业规程，服从管理，正确使用安全工器具和个人安全防护用品。发现安全隐患应妥善处理或向上级报告；发现直接危及人身、电网和设备安全的紧急情况时，应立即停止作业或在采取必要的应急措施后撤离危险区域。

（1）作业人员进入施工现场必须正确佩戴安全帽；穿着符合安全要求的工作服，着装力求整齐，严禁穿拖鞋、凉鞋、高跟鞋以及短裤、裙子等，服从管理，尊重管理人员，严禁酒后进入施工现场。

（2）从事焊接或切割的人员须持证上岗，并穿戴专用工作服、绝缘鞋、防护手套、防护镜等符合专业防护要求的劳动保护用品。使用超过安全电压的手持电动工具，佩戴绝缘防护用品。

（3）使用小型施工机械的人员掌握各类机械的操作规程，严格按照操作规程进行作业。

（4）现场施工用电设施的安装、运行、维护，由专业电工负责。

（5）独立进行施工人员具备必要的土建、电气技术理论知识，掌握有关工具、机具、仪表的操作、使用和保管方法。

（6）严禁携带易燃、易爆和危险品进入施工现场。

（7）进入施工现场人员注意各种安全标识牌，并自觉遵守标识牌要求和现场规定。

（8）严禁擅自进入危险作业区域，严禁农用车载人或客货混装。

（9）作业过程中施工负责人必须指派安全监护人员。

（10）项目部专职安全员每天到作业现场进行安全巡查，每个施工作业点设安全监护，对作业人员操作等进行监督，纠正"三违"，做到"四不伤害"，以确保杜绝违规操作和不安全行为。

（11）每天上班前开展班会，施工负责人向全体施工人员讲解工作范围、安全注意事项和操作方法，逐条、逐项宣读安全施工作业票进行危险点分析和预控，并进行"三查""三交"。

（12）在作业过程中，严格遵守安全施工规章制度和操作规程，服从管理。

（13）雨期施工为室外作业人员配备雨衣、雨鞋等防护用品。

（14）特殊工种应经培训合格，持证上岗，非此类人员不得从事相关工作。

（15）施工作业前应检查施工方案中安全措施落实，做到措施不落实不作业，严格依照施工方案施工，遵守安全文明施工纪律，不违章作业。

（16）爱护施工现场各种安全文明施工设施，遵守使用规范，未经现场安全管理人员批准，严禁拆除、移动或挪用安全文明施工设施。对于确需临时拆除的设施，应采取相应的临时措施，事后应及时恢复。

（17）施工人员应有成品和半成品保护意识，自觉维护施工成品、半成品和防护设施，严禁乱拆、乱拿、乱涂和乱抹。

8.3 文明施工保证措施

为规范落实现场安全文明施工管理，全面推行标准化建设，规范安全作业环境，倡导绿色施工，保障施工作业人员的安全健康，依据国家、行业有关安全文明施工、建设与环境保护的法律、法规，开展全过程管理和进行量化评价考核，实现输变电工程安全制度执行标准化、安全设施标准化、个人防护用品标准化、现场布置标准化、作业行为规范化和环境影响最小化，确保施工安全。

（1）落实安全文明施工标准化措施，编制年度安全技术措施计划，按照规定提取安全文明施工费，保证工程项目足额使用，专款专用，确保安全文明施工标准化工作有效实施。

（2）负责购置、制作、统一配送安全文明施工标准化设施，以及试验、检验和日常维修、保管等工作。结合实际情况，开展技术创新，不断改进、完善或研发新型、适用的安全文明施工设施，持续提升安全文明施工标准化水平。

（3）组织开展进场施工人员（含分包人员）安全文明施工标准化教育培训和交底，督促、检查作业现场落实。定期检查现场安全文明施工标准化工作，保证检查发现问题和安全隐患得到有效整改治理。

（4）考核评价工程项目落实安全文明施工标准化工作，撤换工作不称职的管理人员，处罚相关责任人及分包单位。

（5）文明施工环境因素分析表见表1-5-9。

表1-5-9　　　　　　　　　　　　　文明施工环境因素分析表

序号	环境因素	环境影响	类别	标识	采取措施
1	噪声	噪声	三级三、四类	▲	采用低噪声机械，调整作业时间
2	尾气排放	大气污染	三级三、四类	▲	采用符合尾气排放标准的施工机械以及符合环保要求的燃料
3	固体垃圾	污染环境	三级三类	▲	同工程所在地有关部门协商后弃置
4	机械噪声	污染环境	三级三类	▲	调整作业时间，有隔音措施
5	施工垃圾	污染环境	三级三类	▲	做到一日一清

9　环保、水保措施

工程建设中，在保证质量、安全等基本要求的前提下，通过科学管理和技术进步，最大限度地节约资源和减少对环境负面影响的施工活动，实现四节一环保（节能、节地、节水、节材和环境保护）。

9.1　节水节电环保

（1）水资源的节约利用：通过监测水资源的使用，安装小流量的设备和器具，在可能的场所重新利用雨水或施工废水等措施来减少施工期间的用水量，降低用水费用。

（2）节约电能：通过监测利用率，安装节能灯具和设备、利用声光传感器控制照明灯具，采用节电型施工机械，合理安排施工时间等降低用电量，节约电能。

（3）减少材料的损耗：通过更仔细的采购，合理的现场保管，减少材料的搬运次数，减少包装，完善操作工艺，增加摊销材料的周转次数等降低材料在使用中的消耗，提高材料的使用效率。

（4）可回收资源的利用：可回收资源的利用是节约资源的主要手段，也是当前应加强的方向。主要体现在两个方面，一是使用可再生的或含有可再生成分的产品和材料，这有助于将可回收部分从废弃物中分离出来，同时减少了原始材料的使用，即减少了自然资源的消耗；二是加大资源和材料的回收利用、循环利用，如在施工现场建立废物回收系统，再回收或重复利用在拆除时得到的材料，这可减少施工中材料的消耗量或通过销售来增加企业的收入，也可降低企业运输或填埋垃圾的费用。

9.2　减少环境污染，提高环境品质

工程施工中产生的大量灰尘、噪声、有毒有害气体、废物等会对环境品质造成严重的影响，也将有损于现场工作人员、使用者以及公众的健康。因此，减少环境污染，提高环境品质也是绿色施工的基本原则。提高与施工有关的室内外空气品质是该原则的最主要内容。施工过程中，扰动建筑材料和系统所产生的灰尘，从材料、产品、施工设备或施工过程中散发出来的挥发性有机化合物或微粒均会引起室内外空气品质问题。这些挥发性有机化合物或微粒会对健康构成潜在的威胁和损害，需要特殊的安全防护。这些威胁和损伤有些是长期的，甚至是致命的。而且在建造过程中，这些空气污染物也可能渗入邻近的构支架，并在施工结束后继续留在构支架内。对那些需要在房屋使用者在场的情况下进行施工的改建项目更需引起重视。常用的提高施工场地空气品质的绿色施工技术措施有以下几方面：

9.2.1　扬尘控制

（1）施工现场主要道路进行硬化处理，土方集中堆放于场外。裸露的场地土方采用覆盖措施，办公室门口种植绿化带进行美化。

（2）施工现场大门口设置洗车池用来冲洗车辆。

（3）施工现场设密闭库房，密闭存放水泥。

（4）遇有四级以上大风天气，不进行土方回填、转运以及其他可能产生扬尘污染的施工。

（5）施工现场材料存放区、加工区及大模板存放场地平整坚实。

（6）施工现场根据设计要求采用商混和预拌砂浆。

（7）施工现场建立封闭垃圾站，办公区门口设封闭的移动垃圾桶，专人负责清理。

（8）建筑物内施工垃圾的清运采用吊斗运输，严禁凌空抛掷。

（9）结构施工、安装装饰装修阶段，作业区目测扬尘高度小于0.5m。对易产生扬尘的堆放材料应采取覆盖措施；对粉末状材料应封闭存放；场区内可能引起扬尘的材料及建筑垃圾搬运应有降尘措施，如覆盖、洒水等；浇筑混凝土前清理灰尘和垃圾时使用吸尘器，避免使用吹风器等易产生扬尘的设备；机械剔凿作业时可用局部遮挡、掩盖、水淋等防护措施；楼内建筑清理垃圾应搭设封闭性临时专用道或采用容器吊运。

9.2.2　有害气体排放控制

（1）施工现场严禁焚烧各类废弃物。

（2）施工车辆、机械设备的尾气排放必须符合国家和地方规定的排放标准。

（3）建筑材料必须有合格证明。对含有害物质的材料应进行复检，合格后方可使用。

（4）油漆、稀料、稀释剂等挥发、易燃材料不得装在散口容器内，应单独存放。

（5）废弃的油料和化学溶剂应分别储存于专用的容器中，防止挥发和泄漏，在容器上贴有醒目标识，集中处理，不得随意倾倒。

（6）厨房液化气瓶使用完毕应关闭阀门，禁止倾倒液化气瓶残液。

（7）换流站室内装修符合国家电网公司"两型一化"要求，做到舒适、大方，适宜运行操作。

9.2.3　水土污染控制

（1）施工现场搅拌机前台、混凝土输送泵及运输车辆清洗处设置洗车池及沉淀池。

（2）施工现场存放的油料和化学溶剂等物品设有专门的危险品库房，地面垫竹胶板防渗漏。废弃的油料和化学溶剂集中处理，不得随意倾倒。

（3）食堂设隔油池，并应及时清理。

（4）施工现场设置的临时厕所、化粪池做抗渗处理。

（5）对于有毒有害废弃物，如电池、墨盒、油漆、涂料等应回收后交有资质的单位处理，不能作为建筑垃圾外运，避免污染土壤和地下水。

9.2.4　噪声污染控制

（1）施工现场应根据国家标准 GB 12523—2011 的要求制定降噪措施，并在现场安置噪声监测点（A、B、C），对施工现场场界噪声进行检测和记录，噪声排放不得超过国家标准。

（2）施工现场的降噪声设备设置在远离居民区的一侧，地泵采取搭设隔音棚等降低噪声措施。

（3）运输材料的车辆进入施工现场时严禁鸣笛。装卸材料应做到轻拿轻放。

（4）施工阶段噪声限值应符合表 1-5-10 规定。

表 1-5-10　　　　　　　　　　　施工阶段噪声限值表

施工阶段	主要噪声源	噪声限值（dB）	
		昼间	夜间
土石方	推土机、挖掘机、装载机等	75	55
结构	混凝土搅拌机、振捣棒、电锯等	70	55
装修	吊车、升降机等	65	55

9.2.5　光污染控制

（1）必要时的夜间施工，合理调整灯光照射方向，在保证现场施工作业面有足够光照的条件下，减少对周围居民生活的干扰。

（2）在高处进行电焊作业时应采取遮挡措施，避免电弧光外泄。

9.2.6　土壤保护

（1）保护地表环境，防止土壤侵蚀、流失。因施工造成的裸土，及时覆盖砂石或种植速生草种，以减少土壤侵蚀；因施工造成容易发生地表径流土壤流失的情况，应采取设置地表排水系统、稳定斜坡、植被覆盖等措施，减少土壤流失。

（2）沉淀池、隔油池、化粪池等不发生堵塞、渗漏、溢出等现象。及时清掏各类池内沉淀物。

（3）对于有毒有害废弃物如电池、墨盒、油漆、涂料等应回收后交有资质的单位处理，不能作为建筑垃圾外运，避免污染土壤和地下水。

（4）施工后应恢复施工活动破坏的植被（一般指临时占地内）。

9.2.7　施工固体废弃物控制

（1）施工中应减少施工固体废弃物的产生，加强建筑垃圾的回收再利用，力争建筑垃圾的再利用和回收率达到 30%。工程结束后，对施工中产生的固体废弃物必须全部清除。

（2）施工现场生活区设置封闭式垃圾容器，施工场地生活垃圾实行袋装化，及时清运。对建筑垃圾进行分类，并收集到现场封闭式垃圾站，集中运出处理。

10　效　益　分　析

效益分析表见表 1 - 5 - 11。

表 1 - 5 - 11　　　　　　　　　效　益　分　析　表

施工方法	成本	劳动力	施工周期	质量状况	社会效益
采用本工法前	返工、窝工材料使用、安排不合理等因素造成成本偏高	重复施工及施工缝处理等增加人工	技术停歇时间长化、工序环节交叉多，工期长	外观不美观，表面有蜂窝、麻面	社会效益不明显
采用本工法后	能节约成本	节省人工	工序环节交叉少，可连续均衡施工，工期短	确保无裂缝，结构整体性好，外观美观	得到了业主和监理公司的高度评价

11　应　用　实　例

本工法在换流站工程换流变压器及防火墙基础上应用广泛。换流变压器及防火墙基础通常设计为筏板基础（见图 1 - 5 - 18），位于高端阀厅低端侧。基础±0.00m 相当于绝对标高 1159.36m，筏板基础垫层底标高为-3.1m，基础纵向长度为 72m，横向长度为 21.0m，筏板基础厚 1m，基础垫层厚 0.1m。垫层采用 C15 素混凝土、基础筏板承台，0.5m 以下框架柱、防火墙均采用 C35 混凝土，二次灌浆采用 C40 补偿收缩混凝土，后浇带采用 C40 混凝土（宜用加微膨胀剂的膨胀混凝土）。筏板承台、换流变压器承台、0.05m 以下承台混凝土保护层为 40mm，油坑侧壁、底板及电缆沟道保护层为 30mm，该处筏板基础施工为大体积混凝土施工，按照大体积混凝土施工方案进行施工。钢筋型号为 HPB300、HRB400，其结构环境类别为二 b 类。工程流程施工如图 1 - 5 - 19～图 1 - 5 - 26 所示。

图 1 - 5 - 18　换流变压器及防火墙阀板基础

图 1-5-19　基坑开挖

图 1-5-20　坑位检查

图 1-5-21　模板工程

图 1-5-22　钢筋放样

图 1-5-23　钢筋绑扎

图 1-5-24　预埋件安装

图 1-5-25　基础混凝土浇筑

图 1-5-26　基础混凝土养护

12　计算书及附图

12.1　大体积混凝土浇筑体表面保温层计算书

12.1.1　混凝土浇筑体表面保温层厚度

混凝土厚度计算相关参数见表 1-5-12。

表 1-5-12　　　　　　　　　　混凝土厚度计算相关参数

混凝土的导热系数 λ_0 [W/ (m·K)]	2.3	保温材料的导热系数 λ [W/ (m·K)]	0.1
混凝土结构的实际厚度 h（m）	1	混凝土浇筑表面温度 T_b－混凝土达到最高温度的大气平均温度 T_q（℃）	16
混凝土浇筑体内的最高温度 $T_{max}－T_b$（℃）	22	传热系数修正值 K_b	1.6

混凝土浇筑体表面保温层厚度为

$$\delta = 0.5 h \lambda (T_b - T_q) K_b / [\lambda_0 (T_{max} - T_b)] = 0.5 \times 1 \times 0.1 \times 16 \times 1.6 / (2.3 \times 22) = 0.025\ 3(m) \approx 3cm$$

12.1.2　保温层总热阻、放热系数及虚拟厚度

混凝土保温层总热阻、放热系数及虚拟厚度相关参数见表 1-5-13。

表 1-5-13　　　　　　混凝土保温层总热阻、放热系数及虚拟厚度相关参数

混凝土维持到预定温度的延续时间 t（d）	10	混凝土结构长 a（m）	72
混凝土结构宽 b（m）	21	混凝土结构厚 h（m）	1
$T_{max} - T_b$（℃）	30	传热系数修正值 K	1.3
混凝土开始养护时的温度 T_0（℃）	25	大气平均温度 T_a（℃）	20
每立方米混凝土的水泥用量 m_c（kg/m³）	300	在规定龄期内水泥的水化热 $Q_{(t)}$（kJ/kg）	188

混凝土维持到预定温度的延续时间为

$$X = 24t = 24 \times 10 = 240h$$

混凝土结构物的表面系数为

$$M = (2ah + 2bh + ab)/(abh)$$
$$= [2 \times (72 \times 1) + 2 \times (21 \times 1) + 72 \times 21]/(72 \times 21 \times 1)$$
$$= 1.123 m^{-1}$$

混凝土表面的热阻系数为

$$R = XM(T_{max} - T_b)K/(700T_0 + 0.28m_cQ_{(t)})$$
$$= 240 \times 1.123 \times 30 \times 1.3/(700 \times 25 + 0.28 \times 300 \times 188)$$
$$= 0.316(kW)$$

混凝土的表面蓄水深度为

$$h_w = R \cdot \lambda_w = 0.316 \times 0.58 = 0.183(m) = 18.3cm$$

式中　λ_w——水的导热系数，取 0.58W/（mg·K）。

调整后的蓄水深度为

$$h'_w = h_w \cdot T'_b/T_a = h_w \cdot (T_0 - 20)/T_a = 18.3 \times (25 - 20)/20 = 4.8(cm)$$

调整后的蓄水深度为 5cm。

12.2　大体积混凝土热工计算

12.2.1　换流变压器阀板基础大体积混凝土热工计算

（1）绝热温升计算。

绝热温升计算公式为

$$T_h = m_cQ/C\rho(1 - e^{-mt})$$

式中　T_h——混凝土的绝热温升（℃）；

　　　m_c——每立方米混凝土的水泥用量，取 400kg/m³；

　　　Q——每千克水泥 28d 水化热，取 256kJ/kg；

　　　C——混凝土比热，取 0.97 [kJ/（kg·K）]；

　　　ρ——混凝土密度，取 2400（kg/m³）；

　　　e——常数，取 2.718；

　　　t——混凝土的龄期（d）；

　　　m——系数，随浇筑温度改变，取 0.34。

计算结果见表 1-5-14。

表 1 - 5 - 14　　　　　　　　　　　　　计　算　结　果

t (d)	3	6	9	12
T_h (℃)	28.8	39.1	42.9	44.2

（2）混凝土内部中心温度计算。

混凝土内部中心温度计算公式为

$$T_{1(t)} = T_j + T_h \xi_{(t)}$$

式中　　$T_{1(t)}$——t 龄期混凝土中心计算温度，是混凝土温度最高值；

T_j——混凝土浇筑温度，取 15℃（采取浇筑当日的平均气温）；

$\xi_{(t)}$——t 龄期降温系数，取值见表 1 - 5 - 15。

表 1 - 5 - 15　　　　　　　　　　　　　龄期降温系数

底板厚度 h（m）	不同龄期时的 ξ 值			
	t=3d	t=6d	t=9d	t=12d
1.2	0.42	0.31	0.19	0.11

计算结果见表 1 - 5 - 16。

表 1 - 5 - 16　　　　　　　　　　　　　龄　期　计　算　结　果

t (d)	3	6	9	12
$T_{1(t)}$（℃）	27.1	27.1	23.1	19.9

由表 1 - 5 - 16 可知，混凝土管第 3 天左右内部温度最高，则验算第 6 天混凝土温差。

12.2.2　混凝土养护计算

混凝土表层温度是指表面下 50mm 处温度，筏板基础混凝土表面铺设一层不透风的塑料薄膜，并采用保温材料（棉被）覆盖蓄热，保温养护。

（1）保温材料厚度。

保温材料厚度公式为

$$\delta = 0.5h \cdot \lambda_i (T_2 - T_q) K_b / \lambda \cdot (T_{max} - T_2)$$

式中　　δ——保温材料厚度（m）；

λ_i——各保温材料导热系数 [W/（m·K）]，取 0.04；

λ——混凝土的导热系数 [W/（m·K）]，取 2.33；

T_2——混凝土表面温度，取 20.0（℃）；

T_q——施工期大气平均温度，取 15（℃）；

$T_{max} - T_2$——7.1（℃）；

K_b——传热系数修正值，取 1.3。

$\delta = 0.5h \cdot \lambda_i (T_2 - T_q) K_b / \lambda \cdot (T_{max} - T_2) \times 100 = 0.94$（cm），故可采用一层阻燃棉被并在其下铺一层塑料薄膜进行养护。

（2）混凝土保温层的传热系数计算。

混凝土保温层的传热系数计算公式为

$$\beta = 1/(\Sigma \delta_i / \lambda_i + 1/\beta_q)$$

式中　　β——混凝土保温层的传热系数 [W/（m²·K）]；

δ_i——各保温材料厚度；

λ_i——各保温材料导热系数 $[W/(m \cdot K)]$；

β_q——空气层的传热系数 $[W/(m^2 \cdot K)]$，取 23。

代入数值得：$\beta = 1/(\Sigma\delta_i/\lambda_i + 1/\beta_q) = 3.59$

（3）混凝土虚厚度计算。

混凝土虚厚度计算公式为

$$h' = k \cdot \lambda/\beta$$

式中　h'——混凝土虚厚度（m）；

k——折减系数，取 2/3；

λ——混凝土的传热系数 $[W/(m \cdot K)]$，取 2.33。

$$h' = k \cdot \lambda/\beta = 0.4327$$

（4）混凝土计算厚度。

混凝土计算厚度公式为

$$H = h + 2h' = 2.06(m)$$

（5）混凝土表面温度。

混凝土表面温度公式为

$$T_{2(t)} = T_q + 4 \cdot h'(H-h)[T_{1(t)} - T_q]/H^2$$

式中　$T_{2(t)}$——混凝土表面温度（℃）；

T_q——施工期大气平均温度（℃）；

h'——混凝土虚厚度（m）；

H——混凝土计算厚度（m）；

$T_{1(t)}$——t 龄期混凝土中心计算温度（℃）。

不同龄期混凝土的中心计算温度 $T_{1(t)}$ 和表面温度 $T_{2(t)}$ 见表 1-5-17。

表 1-5-17　　　　　　　　　　　混凝土温度计算结果表

t （d）	3	6	9	12
$T_{1(t)}$（℃）	27.1	27.1	23.1	19.9
$T_1 - T_q$（℃）	12.1	12.1	8.1	4.9
$T_{2(t)}$（℃）	19.2	19.3	17.9	16.7
$T_{1(t)} - T_{2(t)}$	7.9	7.8	5.5	3.2

由表 1-5-17 可知，混凝土内外温差小于 25℃，符合要求。

12.2.3　抗裂计算

（1）各龄期混凝土收缩变形。

各龄期混凝土收缩变形公式为

$$\varepsilon_{y(t)} = \varepsilon_y^0 (1 - e^{-0.01t}) \sum_{i=1}^{n} M_i$$

式中　　　　　　　　$\varepsilon_{y(t)}$——龄期 t 时混凝土的收缩变形值；

ε_y^0——在标准试验状态下混凝土收缩的相对变形值，取 4.0×10^{-4}；

e——常数，$e = 2.718$；

M_1、M_2、M_3、…、M_n——各种不同条件下的修正系数，其值见表 1-5-18。

表 1 - 5 - 18 混凝土收缩变形不同条件影响的修正系数

M_1	M_2	M_3	M_4	M_5	M_6	M_7	M_8	M_9	M_{10}	$\sum\limits_{i=1}^{n} M_i$
1	1.13	1.21	1.45	1	1.1	1	0.85	1.3	0.9	2.17

各龄期混凝土收缩变形值见表 1 - 5 - 19。

表 1 - 5 - 19 各龄期混凝土收缩变形值

t (d)	3	6	9	12	15	18	21
ε_y^0 ($\times 10^{-5}$)	2.08	4.09	6.05	7.95	9.79	11.58	13.31

（2）各龄期混凝土收缩当量温差。

各龄期混凝土收缩当量温差公式为

$$T_{y(t)} = \frac{\varepsilon_{y(t)}}{\alpha}$$

式中 $\xi_{y(t)}$——不同龄期混凝土收缩相对变形值；

α——混凝土线膨胀系数取 $1 \times 10^{-5}/℃$。

各龄期收缩当量温差见表 1 - 5 - 20。

表 1 - 5 - 20 各龄期收缩当量温差

t (d)	3	6	9	12	15	18	21
$T_{y(t)}$	−2.08	−4.09	−6.05	−7.95	−9.79	−11.6	−13.3

（3）各龄期混凝土最大综合温度。

各龄期混凝土最大综合温度公式为

$$\Delta T = T_j + \frac{2}{3} T_{(t)} + T_{y(t)} - T_q$$

式中 T_j——混凝土浇筑温度，取 15℃；

$T_{(t)}$——龄期 t 的绝热温升；

$T_{y(t)}$——龄期 t 时的收缩当量温差；

T_q——混凝土浇筑后达到稳定时的温度，取 25℃。

混凝土最大综合温差见表 1 - 5 - 21。

表 1 - 5 - 21 混凝土最大综合温差

t (d)	3	6	9	12	15	18	21
ΔT	7.10	11.99	12.53	11.53	10.01	8.34	6.65

（4）混凝土各龄期弹性模量。

混凝土各龄期弹性模量公式为

$$E_{(t)} = \beta E_0 (1 - e^{-0.09t})$$

式中 E_0——混凝土最终弹性模量（MPa），取 $3.25 \times 10^4 \text{N/mm}^2$。

混凝土各龄期弹性模量见表 1 - 5 - 22。

表 1 - 5 - 22 混凝土各龄期弹性模量 （$\times 10^4 \text{N/mm}^2$）

t（d）	3	6	9	12	15	18	21
$E_{(t)}$	0.76	1.34	1.79	2.12	2.38	2.58	2.73

（5）外约束为二维时温度应力计算。

外约束为二维时温度应力计算公式为

$$\sigma = \frac{-E_{(t)}\alpha\Delta T_{(t)}}{1-\mu} \cdot S_{h(t)} \cdot R_k$$

式中 $E_{(t)}$——各龄期混凝土弹性模量；

α——混凝土线膨胀系数，取 $1\times 10^{-5}\,\text{℃}^{-1}$；

$\Delta T_{(t)}$——各龄期混凝土最大综合温差；

μ——混凝土泊松比，取 0.15；

R_k——外约束系数，取 0.4；

$S_{h(t)}$——各龄期混凝土松弛系数，其值见表 1 - 5 - 23。

表 1 - 5 - 23 混凝土松弛系数

t（d）	3	6	9	12	15	18	21
$S_{h(t)}$	0.278	0.383	0.262	0.392	0.306	0.251	0.521

外约束为二维时温度应力见表 1 - 5 - 24。

表 1 - 5 - 24 外约束为二维时温度应力 （N/mm^2）

t（d）	3	6	9	12	15	18	21
σ	−0.07	−0.29	−0.28	−0.45	−0.34	−0.25	−0.45

（6）验算抗裂度是否满足要求。

根据经验资料，把混凝土浇筑后的 15 天作为混凝土开裂的危险期进行验算。

$$\frac{\sigma_{(t)}}{f_{ct}} \leqslant 1.05（抗裂度验）$$

$f_{TA}=2.39\text{MPa}$（28 天抗拉强度设计值）。

同条件龄期 15 天抗拉强度设计值（达 28 天强度的 75%）。

龄期 15 天温度为 1.0MPa

$$\frac{\sigma_{(t)}}{f_{ct}} = \frac{0.189}{6} \leqslant 1.05,抗裂度满足要求$$

12.3 大体积混凝土侧模计算

12.3.1 工程属性

大体积混凝土属性见表 1 - 5 - 25。

表 1 - 5 - 25 大体积混凝土属性

新浇混凝土名称	极 1 换流变压器筏板基础
新浇混凝土计算跨度（m）	50
截面尺寸（mm×mm）	27 500×1200

12.3.2 荷载组合

荷载组合见表1-5-26。

表1-5-26 荷载组合

侧压力计算依据规范	GB 50666—2011《混凝土结构工程施工规范》
混凝土重力密度 γ_c（kN/m³）	24
可变组合系数	0.9
结构重要性系数	1
新浇混凝土初凝时间 t_0（h）	4
坍落度修正系数 β	0.9
混凝土浇筑速度 v（m/h）	2
下挂侧模，侧压力计算位置距梁顶面高度 $H_{下挂}$（m）	1.2
新浇混凝土对模板的侧压力标准值 G_{4k}（kN/m²）	min $\{0.28\gamma_c t_0 \beta v^{1/2}, \gamma_c H_{下挂}\}$ ＝min $\{0.28\times24\times4\times0.9\times2^{1/2}, 24\times1.2\}$ ＝min $\{34.213, 28.8\}$ ＝28.8（kN/m²）
混凝土下料产生的水平荷载标准值 Q_{4k}（kN/m²）	2

下挂部分承载能力极限状态设计值

$$S_c=\gamma_o（1.35\times0.9\times G_{4k}+1.4\times\varphi_c Q_{4k}）=1\times（1.35\times0.9\times28.8+1.4\times0.9\times2）$$
$$=37.512（kN/m²）$$

式中 γ_o——结构重要性系数，在持久设计状况和短暂设计状况下，安全等级为一级的结构构件不应小于1.1，安全等级为二级的结构构件不应小于1.0，安全等级为三级的结构构件不应小于0.9，地震设计状况下应取1.0；

φ_c——钢筋混凝土构件的稳定系数。

下挂部分正常使用极限状态设计值 $S_z=G_{4k}=28.8$（kN/m²）

12.3.3 支撑体系设计

支撑体系相关指标见表1-5-27。

表1-5-27 支撑计算相关指标

小梁布置方式	水平向布置	主梁间距（mm）	600
主梁合并根数	2	小梁最大悬挑长度（mm）	100
结构表面的要求	结构表面隐蔽	对拉螺栓水平向间距（mm）	600
梁左侧楼板厚度（mm）	0	梁右侧楼板厚度（mm）	0
梁左侧梁下挂侧模高度（mm）	1200	梁右侧梁下挂侧模高度（mm）	1200
梁左侧小梁道数（下挂）	5	梁右侧小梁道数（下挂）	5

左侧支撑表见表1-5-28。

表1-5-28 左侧支撑表

第 i 道支撑	距梁底距离（mm）	支撑形式
$i=1$	150	对拉螺栓
$i=2$	500	对拉螺栓
$i=3$	800	对拉螺栓
$i=4$	1100	对拉螺栓

右侧支撑表见表 1 - 5 - 29。

表 1 - 5 - 29   右 侧 支 撑 表

第 i 道支撑	距梁底距离（mm）	支撑形式
$i=1$	150	对拉螺栓
$i=2$	500	对拉螺栓
$i=3$	800	对拉螺栓
$i=4$	1100	对拉螺栓

12.3.4 面板验算

面板计算相关数据见表 1 - 5 - 30。

表 1 - 5 - 30   面 板 计 算 相 关 数 据

模板类型	组合钢模板
模板抗弯强度设计值 f（N/mm^2）	15
模板厚度（mm）	15
模板抗剪强度设计值 τ（N/mm^2）	1.5
模板弹性模量 E（N/mm^2）	10 000

（1）下挂侧模。

梁截面宽度取单位长度，$b=1000$mm，$W=bh^2/6=1000\times15^2/6=37\,500$（mm^3），$I=bh^3/12=1000\times15^3/12=281\,250$（mm^4）。面板计算简图如图 1 - 5 - 27 所示。

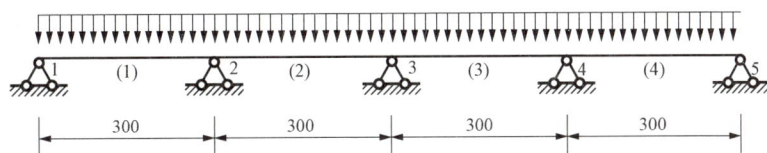

图 1 - 5 - 27 面板计算简图

（2）抗弯验算。

$q_1=bS_c=1\times37.512=37.512$（kN/m）

$q_{1静}=\gamma_0\times1.35\times0.9\times G_{4k}\times b=1\times1.35\times0.9\times28.8\times1=34.992$（kN/m）

$q_{1活}=\gamma_0\times1.4\times\varphi_c\times Q_{4k}\times b=1\times1.4\times0.9\times2\times1=2.52$（kN/m）

$M_{max}=0.107q_{1静}L^2+0.121q_{1活}L^2=0.107\times34.992\times0.3^2+0.121\times2.52\times0.3^2=0.364$（kN·m）

$\sigma=M_{max}/W=0.364\times10^6/37\,500=9.707$（N/mm^2）$\leqslant f=15$（N/mm^2）

满足要求！

（3）挠度验算。

$q=bS_z=1\times28.8=28.8$（kN/m）

$\nu_{max}=0.632qL^4/(100EI)=0.632\times28.8\times300^4/(100\times10\,000\times281\,250)=0.524$（mm）$\leqslant 300/250=1.2$（mm）

满足要求！

（4）最大支座反力计算。

承载能力极限状态

$$R_{\max} = 1.143 \times q_{1\text{静}} \times l_{\text{左}} + 1.223 \times q_{1\text{活}} \times l_{\text{左}}$$
$$= 1.143 \times 34.992 \times 0.3 + 1.223 \times 2.52 \times 0.3 = 12.925(\text{kN})$$

正常使用极限状态

$$R'_{\max} = 1.143 \times l_{\text{左}} \times q = 1.143 \times 0.3 \times 28.8 = 9.876(\text{kN})$$

12.3.5 小梁验算

小梁计算相关数据见表 1-5-31。

表 1-5-31　　　　　　　　　　　　小 梁 计 算 相 关 数 据

小梁最大悬挑长度（mm）	100	小梁计算方式	三等跨连续梁
小梁类型	钢管	小梁截面类型（mm）	$\phi48 \times 3.5$
小梁计算截面类型（mm）	$\phi48 \times 3.5$	小梁弹性模量 E（N/mm²）	206 000
小梁抗剪强度设计值 τ（N/mm²）	125	小梁截面抵抗矩 W（cm³）	5.08
小梁抗弯强度设计值 f（N/mm²）	205	小梁截面惯性矩 I（cm⁴）	12.19

（1）下挂侧模。跨中段计算简图如图 1-5-28 所示，悬挑段计算简图如图 1-5-29 所示。

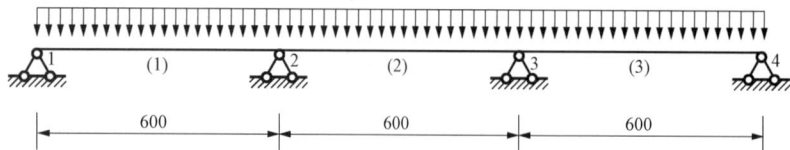

图 1-5-28　跨中段计算简图

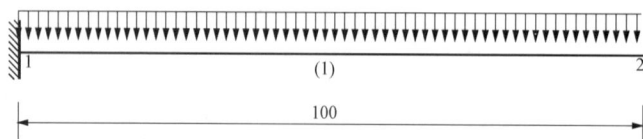

图 1-5-29　悬挑段计算简图

（2）抗弯验算。

$$q = 12.923\text{kN/m}$$
$$M_{\max} = \max(0.1 \times q \times l^2, 0.5 \times q \times l_1^2) = \max(0.1 \times 12.923$$
$$\times 0.6^2, 0.5 \times 12.923 \times 0.1^2) = 0.465(\text{kN} \cdot \text{m})$$
$$\sigma = M_{\max}/W = 0.465 \times 10^6/5080 = 91.535\text{N/mm}^2 \leqslant f = 205\text{N/mm}^2$$

满足要求！

（3）抗剪验算。

$$V_{\max} = \max(0.6 \times q \times l, q \times l_1) = \max(0.6 \times 12.923 \times 0.6, 12.923 \times 0.1) = 4.652(\text{kN})$$
$$\tau_{\max} = 2V_{\max}/A = 2 \times 4.652 \times 1000/489 = 19.027\text{N/mm}^2 \leqslant \tau = 125(\text{N/mm}^2)$$

满足要求！

（4）挠度验算。

$$q = 9.876\text{kN/m}$$
$$\nu_{1\max} = 0.677qL^4/(100EI) = 0.677 \times 9.876 \times 600^4/(100 \times 206\,000 \times 121\,900)$$
$$= 0.345(\text{mm}) \leqslant 600/250 = 2.4(\text{mm})$$
$$\nu_{2\max} = qL^4/(8EI) = 9.876 \times 100^4/(8 \times 206\,000 \times 121\,900) = 0.005(\text{mm}) \leqslant 100/250 = 0.4(\text{mm})$$

满足要求!

（5）最大支座反力计算。

承载能力极限状态：$R_{max} = \max (1.1 \times 12.923 \times 0.6，0.4 \times 12.923 \times 0.6 + 12.923 \times 0.1) = 8.529$（kN）

正常使用极限状态：$R'_{max} = \max (1.1 \times 9.876 \times 0.6，0.4 \times 9.876 \times 0.6 + 9.876 \times 0.1) = 6.518$（kN）

12.3.6　主梁验算

主梁计算相关数据见表 1 - 5 - 32。

表 1 - 5 - 32　　　　　　　　　　　主 梁 计 算 相 关 数 据

主梁类型	钢管	主梁截面类型（mm）	$\phi 48 \times 3.5$
主梁计算截面类型（mm）	$\phi 48 \times 3$	主梁合并根数	2
主梁弹性模量 E（N/mm²）	206 000	主梁抗弯强度设计值 f（N/mm²）	205
主梁抗剪强度设计值 τ（N/mm²）	120	主梁截面惯性矩 I（cm⁴）	10.78
主梁截面抵抗矩 W（cm³）	4.49	主梁受力不均匀系数	0.6

（1）下挂侧模。因主梁 2 根合并，验算时主梁受力不均匀系数为 0.6。

同前节计算过程，可依次解得：

承载能力极限状态：$R_1 = 1.767$kN，$R_2 = 5.118$kN，$R_3 = 4.2$kN，$R_4 = 5.118$kN，$R_5 = 1.767$kN

正常使用极限状态：$R'_1 = 1.345$kN，$R'_2 = 3.911$kN，$R'_3 = 3.175$kN，$R'_4 = 3.911$kN，$R'_5 = 1.345$kN

计算简图如图 1 - 5 - 30 所示。

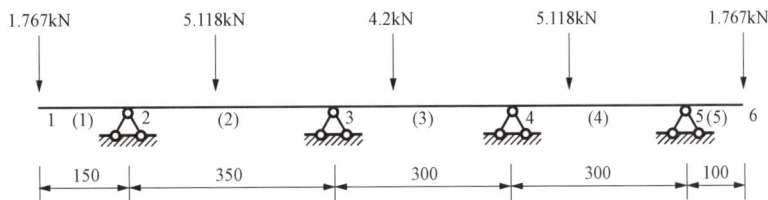

图 1 - 5 - 30　计算简图

（2）抗弯验算。主梁弯矩图如图 1 - 5 - 31 所示。

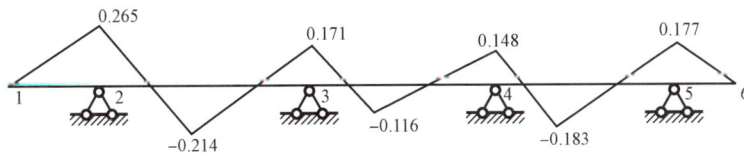

图 1 - 5 - 31　主梁弯矩图（kN·m）

$$\sigma_{max} = M_{max}/W = 0.265 \times 10^6/4490 = 59.021 (\text{N/mm}^2) \leqslant f = 205 \text{N/mm}^2$$

满足要求!

（3）抗剪验算。梁左侧剪力图如图 1 - 5 - 32 所示。

图 1 - 5 - 32　梁左侧剪力图（kN）

$$\tau_{max} = 2V_{max}/A = 2 \times 3.32 \times 1000/424 = 15.66(\text{N/mm}^2) \leqslant [\tau] = 120\text{N/mm}^2$$

满足要求！

（4）挠度验算。梁左侧变形图如图 1 - 5 - 33 所示。

图 1 - 5 - 33　梁左侧变形图（mm）

$$\nu_{max} = 0.063\text{mm} \leqslant 350/250 = 1.4\text{mm}$$

满足要求！

（5）最大支座反力计算。

$$R_{max} = 4.959/0.6 = 8.265(\text{kN})$$

12.3.7　汇总表

大体积混凝土侧模计算汇总见表 1 - 5 - 33。

表 1 - 5 - 33　　　　　　　　大体积混凝土侧模计算汇总

部位		下挂侧模	汇总结果
面板	抗弯	$\sigma = M_{max}/W = 0.364 \times 10^6/37\,500 = 9.707$（N/mm^2）$\leqslant [f] = 15$N/mm^2	满足要求
	挠度	$\nu_{max} = 0.524\text{mm} \leqslant 300/250 = 1.2\text{mm}$	满足要求
	支座反力	承载极限状态：$R_{max} = 12.925$kN 正常使用状态：$R'_{max} = 9.876$kN	
小梁	抗弯	$\sigma = M_{max}/W = 91.535$（N/mm^2）$\leqslant [f] = 205$N/mm^2	满足要求
	抗剪	$\tau_{max} = 19.027$N/mm$^2 \leqslant [\tau] = 125$N/mm^2	满足要求
	挠度	$\nu_{1max} = 0.345\text{mm} \leqslant 600/250 = 2.4\text{mm}$ $\nu_{2max} = 0.005\text{mm} \leqslant 100/250 = 0.4\text{mm}$	满足要求
	支座反力	承载极限状态：$R_{max} = 8.529$kN 正常使用状态：$R'_{max} = 6.518$kN	
主梁	抗弯	$\sigma_{max} = M_{max}/W = 59.02$（N/mm^2）$\leqslant [f] = 205$N/mm^2	满足要求
	抗剪	$\tau_{max} = 15.66$N/mm$^2 \leqslant [\tau] = 120$N/mm^2	满足要求
	挠度	$\nu_{max} = 0.063\text{mm} \leqslant 350/250 = 1.4\text{mm}$	满足要求
	支座反力	$R_{max} = 8.265$kN	

12.3.8　对拉螺栓验算

对拉螺栓验算参数见表 1 - 5 - 34。

表 1 - 5 - 34　　　　　　　　　　　　　对 拉 螺 栓 验 算 参 数

对拉螺栓类型	M14
轴向拉力设计值 N_t^b （kN）	17.8

同主梁计算过程，取有对拉螺栓部位的侧模主梁最大支座反力。可知对拉螺栓受力 $N=0.95 \times 8.265=7.852$ （kN） $\leqslant N_t^b=17.8$kN。

满足要求！

典型施工方法名称：特高压换流站阀厅钢结构吊装典型施工方法

典型施工方法编号：TGYGF006—2022—BD—TJ

编 制 单 位：国家电网有限公司特高压建设分公司

主 要 完 成 人：陈绪德 杨洪瑞 李国满 潘青松

目　次

1 前　　言

钢结构工程具有跨度大、质量轻、施工快速以及抗风抗震性能良好的特点，因此在特高压变电（换流）站工程中广泛应用。本典型施工方法以某±800kV 特高压换流站阀厅为例，阀厅长86.20m，宽34.00m，高30.00m，钢结构吊装单吊最重16.05t，钢柱最长为32.7m，屋架最大跨度为33.9m。本典型施工方法主要介绍特高压换流站阀厅钢结构吊装的工艺流程及施工过程。

2　本典型施工方法特点

（1）本方法详细阐述了阀厅钢结构吊装施工方案及施工过程中的安全管控措施。

（2）本方法针对阀厅钢结构吊装作业时地面作业空间有限及防火墙制约等因素，详细阐述了钢结构地面拼装、起重吊装、高空安装、混凝土浇灌、防腐及防火涂料等作业流程及关键技术。

（3）本方法针对阀厅钢结构单体尺寸较大、安装整体误差控制要求高的特点，阐述了单根柱子或屋架的安装质量控制要点，确保安装误差满足规范要求。

3 适 用 范 围

本工法适用于特高压换流站工程阀厅钢结构吊装，GIS 室、备品库等钢结构的吊装可参照执行。

4 编 制 依 据

GB/T 6067.1—2010 起重机械安全规程　第1部分：总则

GB 8918—2006 重要用途钢丝绳

GB 9448—1999 焊接与切割安全

GB 14907—2018 钢结构防火涂料

GB/T 29639—2020 生产经营单位生产安全事故应急预案编制导则

GB 50205—2020 钢结构工程施工质量验收标准

GB 50661—2011 钢结构焊接规范

GB 50729—2012 ±800kV 及以下直流换流站土建工程施工质量验收规范

GB 50755—2012 钢结构工程施工规范

GB 55006—2021 钢结构通用规范

JB/T 6040—2011 工程机械　螺栓拧紧力矩的检验方法

JGJ 80—2016 建筑施工高处作业安全技术规范

JGJ 82—2011 钢结构高强度螺栓连接技术规程

JGJ 276—2012 建筑施工起重吊装工程安全技术规范

T/CECS 24—2020 钢结构防火涂料应用技术规程

Q/GDW 1183—2012 变电（换流）站土建工程施工质量验收规范

Q/GDW 12152—2022 输变电工程建设施工安全风险管理规程

Q/GDW 12048—2016 输变电工程建设标准强制性条文实施管理规程

国家电网有限公司输变电工程施工质量验收统一表式

国家电网公司输变电工程质量通病防治工作要求及技术措施（基建质量〔2010〕19 号）

国家电网公司基建质量管理规定［国网（基建/2）112—2019］

国家电网公司基建安全管理规定［国网（基建/2）173—2021］

国家电网公司输变电工程优质工程评定管理办法［国网（基建/3）182—2019］

国家电网有限公司输变电工程标准工艺　变电工程土建分册

阀厅钢结构施工图

5 施 工 准 备

5.1 技术准备

（1）施工图纸专业会审完毕，会审中存在的问题已有明确的处理意见。

（2）吊装方案编制完成，按要求完成审批流程，并经总监理工程师、建设单位项目技术负责人审核批准。

（3）钢构件和附件已经组装完成，并通过监理部的验收，且与构件和附件匹配的各种资料已经报审完毕。

（4）起重器械根据结构数据选型、检修及报审完毕，符合吊装要求。

（5）履带吊吊装行走路线所经过的场地已采取硬化和防浸泡排水措施，承载力满足要求。

（6）特殊工种人员培训完毕且持证上岗，施工作业前，对施工人员进行技术、安全交底，并执行全员签字制度。

（7）阀厅基础杯口找平处理完毕、抗压强度报告满足要求，轴线偏差符合要求，钢柱定位外边线已在基础面标注，柱＋1m标高线及钢柱单吊的重心位置已注明。

（8）低端阀厅混合结构的现浇混凝土防火墙的强度满足规范要求，与钢梁连接的预埋件经检查验收符合设计及规范要求。

5.2 人员组织准备

5.2.1 吊装组织机构图

吊装组织机构图如图1-6-1所示。

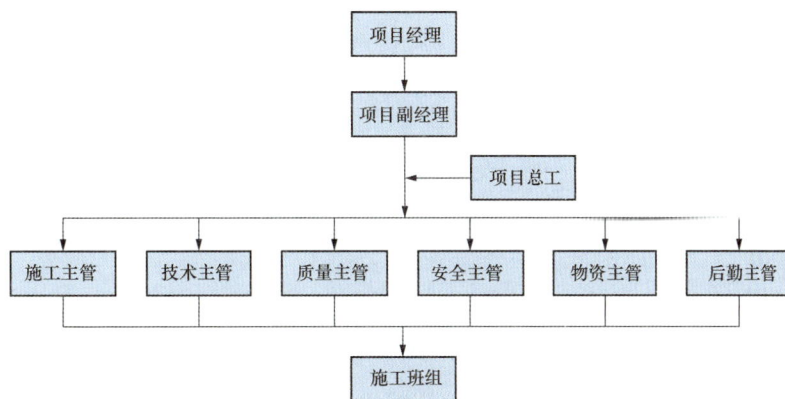

图1-6-1 吊装组织机构图

5.2.2 人员分工

（1）项目经理对吊装全面负责。

（2）项目副经理对施工现场负责，负责施工区域内技术、安全、质量、工期、文明施工的现场管理与协调。

（3）项目总工负责解决现场技术问题，负责技术资料的收集与审核。

（4）质量主管负责项目部级验收，向现场监理工程师报验并组织验收，负责质量保证与验评资料的收集与审核。

（5）安全主管负责现场安全、文明施工的管理与监督，负责安全资料的收集与审核。

（6）技术主管负责作业项目的安全（技术）交底，安全工作票的编制，指导作业人员按图施工，负责技术资料的编制与报验。

（7）施工主管负责起重指挥及具体施工生产安排，合理安排施工程序、组织调配施工力量及机具等资源。

（8）材料员负责按照项目部安全生产保证计划要求，组织各种安全物资的供应工作。

（9）施工班组负责根据进度计划合理安排施工流水作业，并应严格执行已审定的安全施工技术措施和有关安全规定，不得擅自更改安全施工技术措施。

5.2.3　人员投入计划

人员投入计划见表 1 - 6 - 1。

表 1 - 6 - 1　　　　　　　　　　　　　　人 员 投 入 计 划 表

工种	人数	主要工作
技术员	1	负责安装区域内的技术工作
施工员	1	主要负责吊装区域施工工作
安全员	1	负责吊装现场安全及文明施工
质量员	1	负责吊装现场质量监控，做好验收资料
起重指挥	2	负责吊车就位及起吊等指挥工作
测量员	2	负责吊装区域的测量工作
起重工	3	负责吊点挂绳、起吊缆风绳、就位校正固定等
安装工	8	负责吊装高空就位对接、螺栓紧固等工作
电焊工	4	负责吊装区域钢结构的焊接工作
普工	12	配合吊装区域高强螺栓施工及协助校正工作
油漆工	12	负责钢结构节点补漆、防火涂料施工

5.3　施工机具准备

5.3.1　施工机具统计表

施工机具统计表见表 1 - 6 - 2。

表 1 - 6 - 2　　　　　　　　　　　　　　施 工 机 具 统 计 表

序号	工机具名称	规格	单位	数量	备注
1	履带吊	80t	台	1	
2	汽车吊	50t	台	2	采用徐工起重机械
3	汽车吊	25t	台	2	采用徐工起重机械
4	电动初紧扳手	300N·m	把	2	
5	电动终紧扳手	600N·m	把	2	
6	活扳手	15寸	把	2	
7	活扳手	12寸	把	3	
8	套筒扳手		套	1	
9	过冲（眼）	ϕ24mm，ϕ22mm，ϕ20mm	个	15	各5个
10	大锤	8磅	把	2	
11	电焊把		套	4	

续表

序号	工机具名称	规格	单位	数量	备注
12	细钢丝	0.6mm	m	500	
13	钢丝绳扣	ϕ24mm×6m	对	2	
14	钢丝绳扣	ϕ28mm×6m	对	2	
15	拖拉绳	ϕ20mm×30m	根	20	白棕绳
16	配重（地锚）	4t	块	4	1.2m×1.2m×1.2m
17	卸扣	10t	个	4	
18	卸扣	5t	个	20	
19	卸扣	3t	个	40	
20	倒链	1t、2t、5t	个	60	各20个
21	钢丝绳卡	M10（用于ϕ8 钢丝绳）	个	200	
22	电焊机		台	2	
23	电焊帽		个	8	
24	临时爬梯		m	1200	6m、3m 长度
25	千斤顶	5t、10t	个	4	各2个
26	逆变电焊机	400A	台	3	焊接
27	电焊条烘焙箱	YGCH-X-400	个	1	焊条烘焙
28	电热焊条保温筒	TRB 系列	个	4	焊条保温
29	角向砂轮机	JB1193-71	台	8	焊缝打磨
30	喷漆机	6c	台	1	涂料
31	对讲机		台	5	信息传递

5.3.2 仪器、仪表

仪器、仪表见表1-6-3。

表1-6-3　　　　　仪器、仪表一览表

序号	仪器仪表名称	规格型号	单位	数量	备注
1	全站仪	NTS-342RA6A	台	1	经检验合格
2	经纬仪	J2	台	1	经检验合格
3	水准仪	DSZ1	台	1	经检验合格
4	钢卷尺	50m	把	2	经检验合格
5	力矩扳手	600~1000N·m	把	2	检测高强螺栓紧固
6	钢角尺	300×200	把	2	经检验合格
7	钢板尺	1m	把	2	经检验合格

注 以上仪器均计量检验合格，精度满足要求。

5.3.3 主要安全器具

主要安全器具见表1-6-4。

表1-6-4　　　　　安全器具一览表

序号	名称	规格	单位	数量	备注
1	安全绳		条	30	

续表

序号	名称	规格	单位	数量	备注
2	注塑水平绳	φ8	m	1200	
3	垂直拉索		m	600	
4	攀登自锁器		套	15	
5	速差保护器	10m	个	5	
6	速差保护器	20m	个	5	
7	安全围栏及安全警示牌		片	各20	
8	安全带		条	30	全身式安全带
9	安全帽		个	40	
10	绝缘手套及绝缘鞋		双	40	
11	防护镜		副	15	

5.4　材料准备

（1）使用的钢材、焊接材料、涂装材料和紧固件等应具有质量证明书，且必须符合设计要求和现行标准的规定；严禁使用药皮脱落或焊芯生锈的焊条、受潮结块或已熔烧过的焊剂以及生锈的焊丝。

（2）钢材表面不许有结疤、裂纹、折叠和分层等缺陷；钢材端边或断口处不应有分层、夹渣；钢材表面的锈蚀深度不超过其厚度负偏差值的1/2。

（3）核对构件编号：安装前应对构件进行编号检查，按编号对号安装，防止错号造成安装误差超标。

（4）变形校正和补漆：运输或存放过程中造成的构件变形，如超出允许偏差值，应进行校正处理；破损的油漆，应进行补涂处理，构件表面的油污、泥沙和灰尘等应清除干净。

6　施工工艺流程及操作要点

6.1　施工工艺流程

施工流程图如图1-6-2所示。

6.2　操作要点

6.2.1　吊装顺序

经计算，阀厅钢结构吊装采用25t汽车起重机负责配合130t汽车起重机吊装及附件安装、钢梁及屋面系统安装。130t汽车起重机主要负责吊装钢柱和吊装屋架，最大工作半径为10m。

为确保钢柱及屋架的组装质量，钢柱及屋架采用在地面组装成整体，待现场检验合格后，钢柱一次性吊装立起，屋架整体吊装，避免空中拼装。柱单个重量约18.1t、屋架单个重量约24.3t、分屋架单个重量约3t。130t汽车起重机起重高度约30m，起重半径约9m。

施工准备时设计的钢柱及屋架吊装路线及构件排放布置图如图1-6-3和图1-6-4所示。

6.2.2　阀厅杯口基础定位测量

安装前，要清除混凝土灰渣，设立基础定位线，要用红色油漆明显标

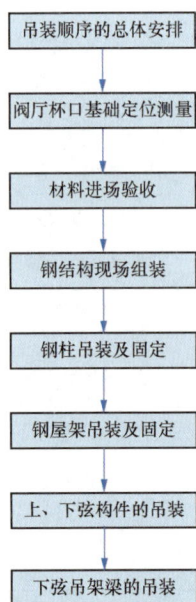

吊装顺序的总体安排

↓

阀厅杯口基础定位测量

↓

材料进场验收

↓

钢结构现场组装

↓

钢柱吊装及固定

↓

钢屋架吊装及固定

↓

上、下弦构件的吊装

↓

下弦吊架梁的吊装

图1-6-2　施工流程图

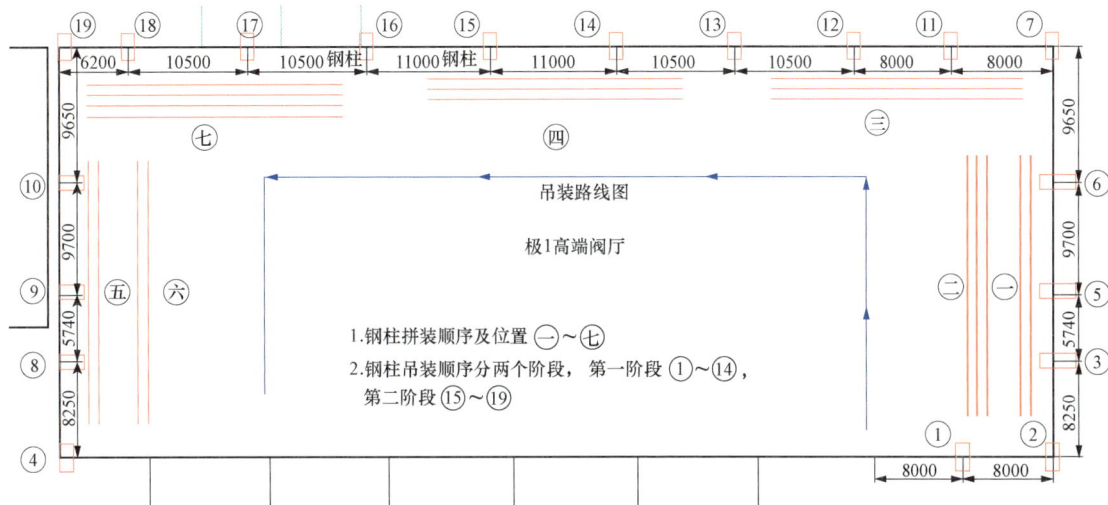

图 1-6-3　钢柱吊装路线及构件排放布置图

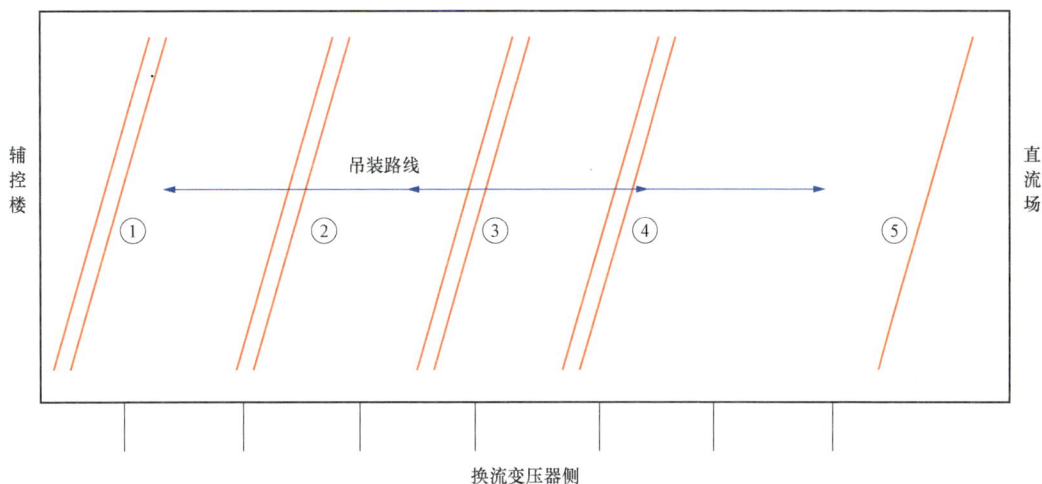

图 1-6-4　屋架吊装路线及构件排放布置图

示准确的"＋"字轴线，以确保与钢柱轴线吻合。

安装前需复核的项目（A～E轴线跨度及1～10柱中心线）：①混凝土独立杯口基础中心线标志、标高基准点，与防火墙顶部铁板标高复核；②防火墙顶部地脚螺栓螺纹保护情况及固定螺栓到位情况；③对杯口底部必须进行提前找平处理，保证设计标高。

6.2.3　材料进场验收

（1）进场验收。

1）验收组成员：施工单位、监理单位、加工单位。

2）质量保证资料：钢材质量证明资料及抽检试验报告、焊接检验报告、螺栓的质量证明及厂家复检报告、出厂检验记录、材料清单、镀锌检测报告、构件预拼装记录。

3）外观检查：

检查吊牌，注明钢构、钢梁型号、使用部位，并且分类堆码，按设计图就位。若不合格，负责现场消缺或回厂消缺。

（2）材料堆放。阀厅主体钢结构按照1～10轴线，依次成套供应。采用起重机现场卸货时，绑扎必须要稳固，保证不损伤涂层。装卸及吊装工作中，吊绳与构件之间均须采用麻袋包裹加以保护。

依据现场平面图，将钢柱、钢屋架堆放到已经完成的极 1 高阀厅室内地面上。构件堆放底层垫枕木，各层钢构件支点须在同一垂直线上，以防钢构件被压坏和变形。构件堆放后，设有明显标牌，标明构件的型号、规格、数量，以便安装。

（3）成品保护。

1）避免尖锐的物体碰撞、摩擦。

2）严禁集中堆放建筑材料。

3）严禁施工人员直接踩踏钢板。

4）现场焊接破损的母材外露表面，在最短时间内进行补涂装，材料采用设计要求的原材料。

6.2.4 钢结构现场组装

根据钢结构设计要求，现场组装包括焊接和螺栓连接，现场组装要求如下。

（1）焊接施工。

1）焊接电流 140～160A，焊接电压 22V，焊接速度 16cm/min，手工电弧焊接时可参照表 1-6-5。

表 1-6-5 电 弧 焊 参 数

焊条直径	$\phi3.2mm$	$\phi4.0mm$	$\phi5.0mm$
焊接电流（A）	100～130	160～210	210～270

2）焊缝外观：用肉眼和量具检查焊缝外观缺陷和焊脚尺寸，应符合施工图和施工规范的要求，焊波均匀，不得有裂纹、未熔合、夹渣、焊瘤、咬边、烧穿、弧坑和针状气孔等缺陷，焊接区应清理干净，无飞溅残留物。

3）焊缝等级：除注明外，焊缝质量等级为 II 级，施工单位须严格按照 GB 50205—2020 进行焊缝检验，焊缝未注明处均要求满焊。

4）全熔透焊缝作为焊接过程中的重点和关键质量控制点，质量检查人员对此部位应进行跟踪检查并做好相应的质量检查记录。

（2）螺栓的连接和固定。

1）钢构件拼装前应检查清除飞边、毛刺、焊接飞溅物等，摩擦面应保持干燥、整洁，不得在雨中作业。

2）高强度螺栓在大六角头上部有规格和螺栓号，安装时其规格和螺栓号要与设计图上要求相同，螺栓应能自由穿入孔内，不得强行敲打，并不得气割扩孔，穿放方向符合设计图纸的要求。

3）从构件组装到螺栓拧紧，一般要经过一段时间，为防止高强度螺栓连接副的扭矩系数、标高偏差、预拉力和变异系数发生变化，高强度螺栓不得兼作安装螺栓。

4）为使高强螺栓连接处板层能更好密贴，应从螺栓群中央向外旋拧，即从中央向受约束的边缘施拧；为防止高强度螺栓连接副的表面处理涂层发生变化影响预拉力，应在 24h 内终拧完毕；为了减少先拧与后拧的高强度螺栓预拉力的差别，其拧紧必须分为初拧和终拧两步进行，对于大型节点，螺栓数量较多，则需要增加一道复拧工序，复拧扭矩仍等于初拧的扭矩，以保证螺栓均达到初拧值。

5）普通螺栓可用手动扳手紧固，螺栓紧固程度应能使被连接件接触面、螺栓头和螺母与构件表面密贴。螺栓紧固应从中间开始，对称向两边进行，大型接头采用复拧。普通螺栓拧紧力矩和高强度大六角头螺栓施工预拉力分别见表 1-6-6 和表 1-6-7。

表 1-6-6　　　　　普通螺栓拧紧力矩（JB/T 6040—2011 中表 A.1）

| 螺栓强度级 | 屈服强度（N/mm²） | 螺栓公称直径（mm） | | | | | |
| | | 16 | 20 | 22 | 24 | 27 | 36 |
		拧紧力矩 N·m					
4.8	240	111～132	216～258	293～351	373～446	546～653	1295～1550
6.8	480	160～188	312～366	416～499	529～634	774～801	1838～2200
8.8	640	214～256	417～500	568～680	722～864	1056～1264	2506～3000
10.9	900	295～350	576～683	786～941	998～1195	1461～1749	3466～4394

表 1-6-7　　　　　高强度大六角头螺栓施工预拉力（JGJ 82—2011 中表 6.4.13）

| 螺栓性能等级 | 螺栓公称直径（mm） | | | | | |
	M16	M20	M22	M24	M27	M30
10.9S	110	170	210	250	320	390

6）高强螺栓分两次拧固，即初拧及终拧，初拧扭矩值为终拧扭矩值的 50%。H10.9S 级高强螺栓的终拧扭矩计算如下

（M16）$T_C = k \times P_C \times d = 0.12 \times 110 \times 16 = 211.2$（N·m）；

（M20）$T_C = k \times P_C \times d = 0.12 \times 170 \times 20 = 408$（N·m）；

（M22）$T_C = k \times P_C \times d = 0.12 \times 210 \times 22 = 554.4$（N·m）；

（M24）$T_C = k \times P_C \times d = 0.12 \times 250 \times 24 = 720$（N·m）；

（M27）$T_C = k \times P_C \times d = 0.12 \times 320 \times 27 = 1036.8$（N·m）；

（M30）$T_C = k \times P_C \times d = 0.12 \times 390 \times 30 = 1404$（N·m）。

施工时扭矩误差不得大于 5%。螺栓紧固施工完毕后，应进行校正、验收。校正用的扭矩扳手，其扭矩误差不得大于 3%。

7）螺栓检查。

a. 用小锤（0.3kg）敲击法对螺栓进行普查，以防漏拧。

b. 对每个节点螺栓数的 10%（但不少于一个）进行扭矩检查。检查时先在螺杆端面和螺母上画一直线，然后将螺母拧松约 60°，再用扭矩扳手重新拧紧，使两线重合，测得此时的扭矩应在 0.9～1.1 倍终拧扭矩值内。如发现有不符合规定的，应再扩大检查 10%。检查用扭矩扳手班前班后均进行扭矩校正，误差应≤3%。

c. 扭矩检查在螺栓终拧 1h 以后、24h 之前完成，由质检员负责组织，并填好记录。

d. 螺栓的施工过程中应做好施工记录，由各工作面施工员负责。

e. 螺栓应于安装当天初拧、终拧完毕。

f. 螺栓头下面放置垫圈一般不应多于两个，螺母头下面的垫圈一般不应多于 1 个。

g. 按设计要求放置弹簧垫圈，弹簧垫圈必须放在螺母这一侧。

h. 螺栓紧固外露丝扣不应少于两扣，普通螺栓的检验可以采用锤敲或力矩扳手检验，要求螺栓不颤头和偏移。

6.2.5　钢柱吊装及固定

钢柱最大单重为 18.1t，起吊选用 φ30mm、四根长 8m 的钢丝绳，采用捆绑式吊装，吊点位置距离柱顶 3m。起吊前用水准仪对杯口基础底标高进行复测，柱底板标高为−2.60m，其中抗风柱底板标高为−2.25m。用钢垫块将标高调整到与柱底板标高一致后，在钢柱上距柱顶 3m 处挂好

$\phi13.5mm$ 缆风钢丝绳、绳梯以及防坠器，防坠器均用 $\phi16mm$ 尼龙绳挂好。钢柱吊点示意图如图 1-6-5 所示。

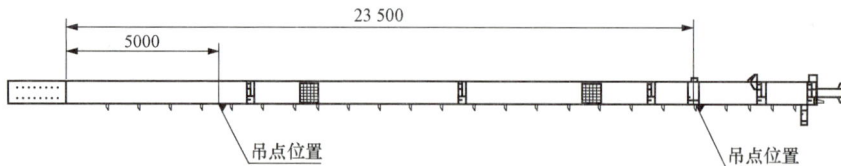

图 1-6-5 钢柱吊点示意图

检查没有任何问题时，开始起吊，起吊离地 100mm 后检测起重机的刹车性能及钢丝绳吊点捆绑稳定情况，然后继续提升，直至钢柱提升离地垂直，将柱底板中心线对准杯口基础中心线，然后将钢柱慢慢插入杯口内，使钢柱底板的定位中心对准基础面上的定位轴线，拉好缆风绳，缆风绳用 L75×75×8，长度为 2m 角铁桩用连环桩固定，或 M16 化学螺栓焊接角铁桩固定。

钢柱在地面拼装完毕后，监理组织对钢柱进行验收，合格后交付施工单位进行吊装，起勾前于钢柱顶端附近位置绑扎缆风绳、绳梯，并于爬梯上捆绑垂直拉锁，同时画出钢柱上下两端的安装中心线和柱下端+1m 标高线，清理干净构件表面上的灰尘、油污和泥土等杂物，检查基础顶面柱边框墨线，完毕后准备起勾。

绳梯顶部与底部安装垂直拉锁，垂直拉锁顶端与钢柱最上端缀条捆绑固定，垂直拉锁上安装自锁器供人员上下使用。

单榀钢柱吊装时使用 130t 汽车起重机吊装，柱的起吊采用旋转法，旋转法吊装要求柱的平面布置的绑扎点、柱脚中心与柱基础杯口中心三点共弧（以吊柱的起重半径 R 为半径的圆弧），柱脚靠近基础。起吊时起重半径不变，起重臂边升钩，边回转。柱在直立前，柱脚不动，柱顶随起重机回转及吊钩上升而逐渐上升，使柱在柱脚位置竖直。然后，把柱吊离地面，回转起重臂把柱吊至杯口上方，插入杯口。旋转法吊柱使柱所受振动小、安装效率高。

钢柱吊离地面 100~200mm 后停止起吊，待 10min 后由专业起重工观察钢丝绳的受力状态、吊点处有无滑动等现象（试吊），确认无误后继续吊装，钢柱与基础对接完毕后使用缆风绳、地锚对钢柱进行临时固定，完毕后主吊吊车摘钩。

为避免吊起的钢柱自由摆动，应在距柱底 2m 处用麻绳绑好，作为牵制溜绳调整方向。钢柱吊至对应安装基础时，指挥吊车缓慢下降，当柱底距离基础位置 100~200mm 时，调整柱身与基础两基准线达到准确位置，指挥吊车下降到杯口就位。

钢柱吊装入杯口基础并准确就位后，用全站仪或经纬仪调整钢柱的垂直度（两个方向呈 90°~180°夹角同时监测、调校），柱身调直后，在钢柱四面焊接 $\phi28mm$ 钢筋，使钢筋顶在杯口内壁。单榀钢柱吊装柱脚临时固定措施示意图如图 1-6-6 所示。

钢结构接地连接要求：按照设计要求，各主钢结构杆件用镀锡铜绞线、镀锡铜鼻子相互可靠连通，并采用 M12 六角螺栓进行固定。垂直引下线均采用 C 型夹进行连接，并用专用卡具固定在墙或柱上。然后拉紧缆风绳或采取临时固定措施，临时固定钢柱。临时加固措施采取两种方案：第一利用已完成构筑物，如防火墙、辅控楼框架，结构上利用钢筋或型钢制作一个临时加固点，另一条缆风绳设置于地锚；第二方案用于远离建筑物的钢柱，根据吊装顺序，在吊装后，立即安装先前吊装完成的钢柱间支撑梁，另一条缆风绳设置于地锚。单榀钢柱吊装临时固定缆风绳措施示意图如图 1-6-7 所示。

用上述方法进行相邻的第二根柱的吊装，第二根吊装完成并临时固定后，随即安装两根钢柱

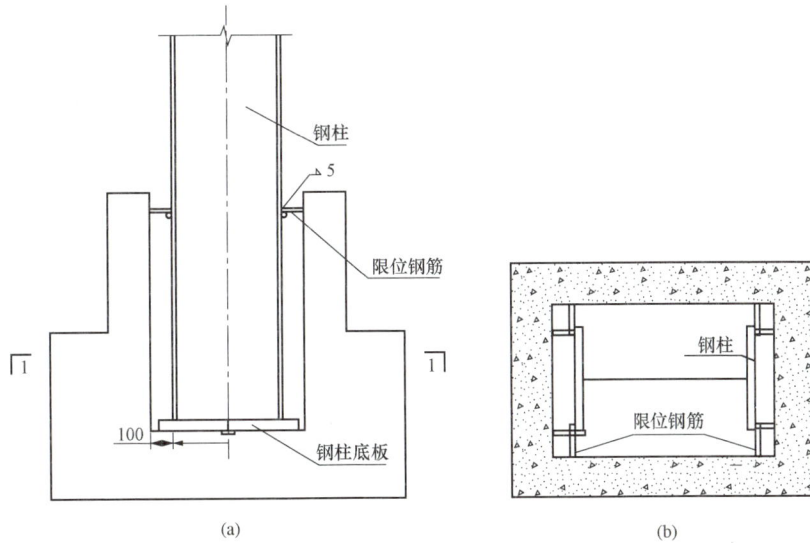

(a)   (b)

图 1-6-6 单榀钢柱吊装柱脚临时固定措施示意图

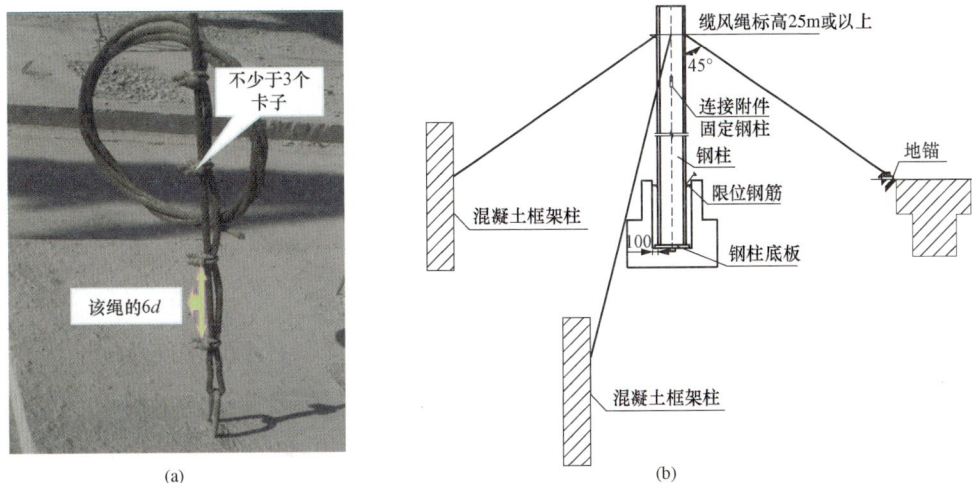

(a)   (b)

图 1-6-7 单榀钢柱吊装临时固定缆风绳措施示意图

(a) 缆风绳固定扣示意；(b) 缆风绳位置示意

间的支撑或系杆，使两根柱连接起来，形成结构单元以加强稳定性。依次类推，每道轴线的钢柱吊装完成并用系杆或支撑连接成整体结构后，进行轴线的整体验收。验收合格后进行柱脚的二次细石混凝土灌浆，永久性固定钢柱。浇筑前，清理并湿润杯口，待浇筑的混凝土强度达到 70%后，方可拆除缆风绳或临时加固措施。

然后根据吊装顺序，进行第二道轴线钢柱吊装，待整体吊装完成后，所有柱间支撑及系杆安装完成后，进行整体验收，合格后转入下榀钢柱吊装。

6.2.6 钢屋架吊装及固定

阀厅内钢屋架跨度为 33.25m，制作时分两榀制作，起吊之前将构件运至现场指定位置进行拼装，然后整体起吊，钢屋架拼装时用枕木抄平。在拼装过程中，须控制好屋架的总长度、连接节点之间间隙及屋架整体一定的起拱量（按图纸要求进行施工），拼装完后，将连接的高强螺栓全部施工完成。起吊前将屋架专用夹具固定在屋架上部檩条托板上，然后将连接生命绳的脚手管（1.2m）固定在夹具上，每榀屋架安装 3 只，预先在镀锌钢管从上至下 100mm 处开孔，焊接完毕后将 φ6mm 塑套安全绳穿过脚手管两端，用绳夹固定，下弦也通常拉设一根水平维护绳，保证人员在屋架下弦施工时安全带可以扣在安全牢靠的地方。

钢梁最重的构件为24.3t，吊装钢梁时采用四点捆绑吊装，钢丝绳直径选用 φ30mm，卸扣选用4副17t，在钢梁两端挂好水平维护绳，钢梁与钢丝绳接触的地方包半圆管作保护，保证钢丝绳不受破坏以及钢梁表面油漆在吊装时不受影响。吊装人员施工时站在钢柱上进行施工，安全带扣在防坠器上。水平维护绳可捆绑在钢柱上，用绳夹固定。

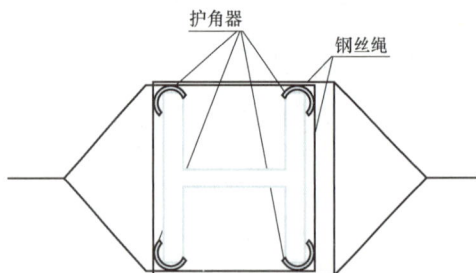

图1-6-8　吊件绑点保护方法示意图

绑扎点内衬垫半圆管，外用软棉布包裹，防止磨损钢构件镀锌层或受力变形，且衬垫半圆管半径应大于吊件 H 型钢内槽宽度（20mm 左右）。小型吊件绑点可直接采用包裹软棉布的方法。吊件绑点保护方法示意图如图1-6-8所示。

阀厅屋架主梁的吊装考虑到现场施工作业面，以方便施工、最小吊装半径9m为宜。具体顺序参照现场平面布置图中的编号顺序执行。屋架吊装吊索内力计算简图如图1-6-9所示。

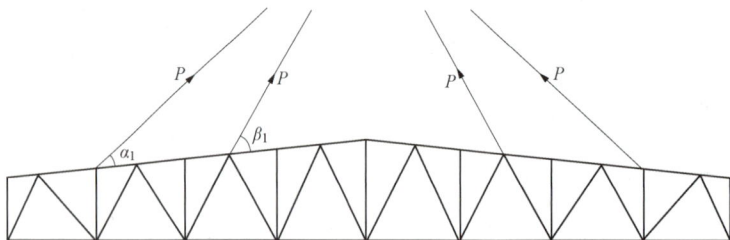

图1-6-9　屋架吊装吊索内力计算简图

吊装前准备工作就绪后，首先进行试吊，吊起高度为100mm时停吊，检查绑点、索具牢固性和吊车稳定性。经确认无误后方可指挥吊车缓慢匀速上升，起吊过程中，用溜绳（吊件四角控制绳）控制吊件方向，防止吊件碰撞吊车大臂、阀厅框架或其他构件。由130t吊车稳住屋架梁就位，然后使用25t吊车安装梁与梁之间的水平撑及桁架梁，连接成整体后，方可拆解屋架梁吊点。

当第一个屋架主梁螺栓固定后，应立即与侧面墙柱相连接固定，连接要点见6.2.4节，此时方可松开吊车大臂。第二个屋架主梁与第一主梁连接后方可松开吊车大臂，以此类推。当完成两个屋架主梁的吊装找正，并最后固定后，即可安装其上、下弦构件，所有上弦构件连接完毕后才可拆除缆风绳。

6.2.7　上、下弦构件的吊装

在相邻两个屋架主梁吊装找正完成后，即可开始该间隔的上弦构件吊装。吊装前，先在地面完成构件的组装和螺栓紧固，然后利用25t吊车按照施工图纸上的优先顺序进行吊装，逐个构件安装合拢。

6.2.8　下弦吊架梁的吊装

下弦吊架梁可采取在上弦节点挂滑轮组或者汽车起吊的方法单件吊装，到位后空中组装。方法较简单，需注意滑轮挂点必须选择在上弦节点位置；滑轮挂点处应参照吊点的保护方法进行保护；由于屋架系统已固定成型，吊车臂的位置局限，需计算好吊车位置、角度及高度。

7　质量控制措施

阀厅钢结构吊装施工难度大、质量要求高，必须加强质量控制，严格按照规范要求施工。现场质量控制要点主要有四个方面：构件安装前质量检查、焊接质量、高强螺栓紧固质量及安装质量控制。

7.1 施工质量控制标准

7.1.1 阀厅基础移交标准

钢结构安装前应对基础的定位轴线和标高等进行检查验收，应符合下列规定：

（1）基础混凝土强度达到设计要求。

（2）基础周围回填夯实完毕，垫层施工完毕。

（3）基础的轴线标志和标高基准点准确、齐全，其允许偏差应符合表1-6-8的规定。

表1-6-8　　　　　　　　　　　杯口基础允许偏差　　　　　　　　　　　（mm）

项目	允许偏差	项目	允许偏差
底面标高	0～-5	杯口垂直度	$H/100$，且不应大于10
底面平整度	1/1000	轴线位移	10
杯口深度 H	±5		

7.1.2 安装前构件的质量检查

钢构件进场后，应按设计图、施工规范对构件的数量、编号及质量情况进行检查验收，做好检查记录。除出厂质量合格证及试验报告单外，还需对构件的外观及尺寸进行检查，发现问题应及时在回单上说明并反馈制作工厂，对于制作超过规范误差或运输中变形、受到损伤的构件应返厂处理。

7.1.3 钢柱检查验收

钢柱检查验收必须符合表1-6-9的规定。

表1-6-9　　　　　　　　　　　钢柱安装允许偏差

项目		允许偏差（mm）
柱底面到柱端与屋架连接的最上一个安装孔距离		$±L/1500$，且不能大于±15
柱身弯曲矢高		$H/1200$，且不应大于12
柱身扭曲		8
柱截面几何尺寸	连接处	±3
	非连接处	±4
翼缘板对腹板的垂直度	连接处	1.5
	非连接处	$b/100$，且不应大于5
柱底板平面度		5

7.1.4 钢屋架验收标准

钢屋架验收标准见表1-6-10。

表1-6-10　　　　　　　　　　钢屋架安装允许偏差

项目		允许偏差（mm）
屋架最外端两个孔最外侧距离	$L＞24m$	+5，-10
屋架跨中拱度	设计要求起拱	$±L/5000$
屋架跨中高度		±10
侧向弯曲矢高	$L＜30m$	$L/1000$，且不能大于10
檩托板间距		±5

7.1.5 钢平台、钢梯和防护栏杆安装的允许偏差

钢平台、钢梯和防护栏杆安装的允许偏差见表1-6-11。

表 1 - 6 - 11 钢平台、钢梯和防护栏杆安装允许偏差

项目	国标允许偏差（mm）	检验方法
平台高度	±10	水准仪检查
平台梁水平度	不大于 $L2/1000$，且不大于 20	水准仪检查
平台支柱垂直度	不大于 $H6/1000$，且不大于 15	经纬仪或吊线检查
栏杆高度	±15	钢尺检查
栏杆立柱间距	±15	钢尺检查

7.1.6 高强螺栓验收标准

（1）高强螺栓的型式、规格和技术条件必须符合设计要求及有关标准的规定，检查质量证明书及出厂检验报告，且复验合格。

（2）连接面的摩擦系数（抗滑移系数）必须符合设计要求。表面严禁有氧化铁皮、毛刺、飞溅物、焊疤、涂料和污垢等，检查摩擦系数试件试验报告及现场试件复验报告。

（3）电动扭矩扳手应定期标定，高强螺栓初拧、终拧必须符合施工规范及设计要求，检查标定记录及施工记录。

（4）外观检查螺栓穿入方向应一致，梅花头脱落；摩擦面间隙符合施工规范的要求。

7.1.7 焊接验收标准

（1）焊缝外表无裂纹、气孔、夹渣等缺陷，咬边深度不大于 0.5mm，焊缝成形良好，与母材过渡光滑。

（2）焊接飞溅药皮必须清理干净。

7.1.8 防火涂料验收标准

（1）膨胀型防火涂料的涂层厚度应符合耐火极限的设计要求，非膨胀型防火涂料的涂层厚度 80％及以上面积应符合耐火极限的设计要求，且最薄处厚度不应低于设计要求的 85％。

（2）涂层无剥落、无漏涂、无脱粉、无明显裂缝，表面平整无凹凸、平整度大于等于 80％。

（3）涂层与钢基层表面之间应粘结牢固，无脱层、皱皮、空鼓等现象。

（4）涂层外观色泽一致，涂层观感颜色均匀、表面光滑、轮廓清晰、接槎平整。

7.2 强制性条文执行

GB 55006—2021 强制性条文：

（1）高强度大六角头螺栓连接副和扭剪型高强度螺栓连接副出厂时应分别随箱带有扭矩系数和紧固轴力（预拉力）的检验报告，并应附有出厂质量保证书。高强度螺栓连接副应按批配套进场并在同批内配套使用。

（2）高强度螺栓连接处的钢板表面处理方法与除锈等级应符合设计文件要求。摩擦型高强度螺栓连接摩擦面处理后应分别进行抗滑移系数试验和复验，其结果应达到设计文件中关于抗滑移系数的指标要求。

（3）钢结构安装方法和顺序应根据结构特点、施工现场情况等确定，安装时应形成稳固的空间刚度单元。测量、校正时应考虑温度、日照和焊接变形等对结构变形的影响。

（4）钢结构吊装作业必须在起重设备的额定起重量范围内进行。用于吊装的钢丝绳、吊装带、卸扣、吊钩等吊具应经检验合格，并应在其额定许用荷载范围内使用。

（5）全部焊缝应进行外观检查。要求全焊头的一级、二级焊缝应进行内部缺陷无损检测，一级焊缝探伤比例应为 100％，二级焊缝探伤比例不应低于 20％。

（6）钢结构防腐涂料、涂装遍数、涂层厚度均应符合设计和涂料产品说明书要求。当设计对

涂层厚度无要求时，涂层干漆膜总厚度：室外应为 $150\mu m$，室内应为 $15\mu m$，其允许偏差为 $-25\mu m$。检查数量与检验方法应符合下列规定：

1）按构件数抽查 10％，且同类构件不应少于 3 件；

2）每个构件检测 5 处，每处数值为 3 个相距 50mm 测点涂层干漆膜厚度的平均值。

（7）膨胀型防火涂料的涂层厚度应符合耐火极限的设计要求，非膨胀型防火涂料的涂层厚度 80％及以上面积应符合耐火极限的设计要求，且最薄处厚度不应低于设计要求的 85％。检查数量按同类构件数抽查 10％，且均不应少于 3 件。

7.3　质量通病防治措施

7.3.1　氧化渣

通病描述：对已下料完成后的零部件，没有及时将氧化渣清除干净就进行校平，导致板材缺陷。

纠正预防措施：下料完成的零部件必须及时将氧化渣清除干净，特别是需校平的板材。

7.3.2　缺棱

通病描述：钢材切割面有大于 1mm 的缺棱。

纠正预防措施：对超标的缺棱，应根据不同母材的材质正确利用焊条进行补焊，补焊后打磨平直。

7.3.3　螺栓孔（剪板）毛刺

通病描述：螺栓孔表面粗糙、不光滑、有毛刺；板材剪切面有毛刺。

纠正预防措施：对表面粗糙、不光滑、有毛刺的螺栓孔（剪板），用砂轮进行打磨平整。

7.3.4　焊瘤

通病描述：熔化金属流淌到焊缝以外，在未熔化的母材上形成金属瘤。

纠正预防措施：合理选择与调整适宜的焊接电流、电压，改变运条方式和正确的电弧长度。

7.3.5　电弧擦伤

通病描述：焊条或焊把与焊接工件接触引起电弧致使工件表面受损。

纠正预防措施：焊接人员应当经常检查焊接电缆及接地线的绝缘状况；装设接地线要牢固、可靠；不得在焊道以外的工件上随意引弧；暂时不焊时，应将焊钳放在木板上或适当挂起。

7.3.6　咬边

通病描述：焊缝边缘母材上被电弧或火焰烧熔出凹陷或沟槽。

纠正预防措施：调整及选用适当的焊接电流、电压；缩短电弧长度用压弧焊；改变运条方式和速度，确定正确的施焊角度。

7.3.7　焊缝不饱满

通病描述：焊缝外形高低不平，焊波宽窄不齐，焊缝和母材的过渡不平滑。

纠正预防措施：选用适当的焊接电流、电压；熟练、正确地掌握运条速度和施焊角度。

7.3.8　气孔

通病描述：气体残留在焊缝金属中形成的孔洞。

纠正预防措施：使用合格的焊条进行焊接；焊条和焊剂在使用前，应按规定要求进行烘焙；对焊道及焊缝两侧进行清理，彻底清除油污、水分、锈斑等脏物；选择合适的焊接电流和焊接速度，采用短弧焊接。

7.3.9　异物填塞组装间隙

通病描述：组装时间隙过大，在焊接前用钢筋、钢板条、焊条等异物填塞间隙。

纠正预防措施：对组装间隙过大的构件，应编制相应的组装工艺方案，在下料前应充分考虑焊缝的收缩等影响构件尺寸的因素。

7.4 标准工艺应用

输变电工程标准工艺执行计划表见表 1-6-12。

表 1-6-12   输变电工程标准工艺执行计划表

一、《国家电网有限公司输变电工程标准工艺 变电工程土建分册》

序号	分部	标准工艺名称
1		第十一节 钢结构焊接（角焊缝）
2		第十二节 钢结构焊接（坡口焊缝）
3		第十三节 钢结构焊接（塞焊）
4	第4章 主体结构工程	第十五节 普通螺栓连接
5		第十六节 高强度螺栓连接
6		第十七节 钢结构安装
7		第十八节 防腐涂料喷涂
8		第十九节 防火涂料喷涂

二、《国家电网有限公司特高压建设分公司土建工艺标准（2022年版）》共26项，本工法2项

序号	分部	编号	标准工艺名称
1	第3章 主体结构工程工艺标准	TGYGY009-2022-BD-TJ	阀厅钢结构
2		TGYGY010-2022-BD-TJ	GIS钢结构厂房

7.5 质量保证措施

7.5.1 钢柱

在安装钢柱之前，复测钢柱地基中心线，投放钢柱定位标高，钢柱安装完成后，复测钢柱标高及垂直度，丈量柱间间距。

7.5.2 高强螺栓

（1）摩擦面不符合要求：表面有浮锈、油污，螺栓孔有毛刺、焊瘤等，均应清理干净。

（2）连接板拼装不严：连接板变形，间隙大，应校正处理后再使用。

（3）螺栓丝扣损伤：螺栓应自由穿入螺孔，不准许强行打入。

7.5.3 焊接

（1）施工前应对参加施工的人员进行技术交底，明确施工方法、质量标准及安全注意事项。

（2）严格按图纸、规范施工。施工期间，施工技术人员要深入现场，加强中间验收，及时发现问题并解决问题。

（3）项目检验应分级，严格按项目划分表验收。严格遵守作业指导书中的措施、公司颁布的有关安全规章制度。

7.5.4 防火面漆

（1）防火涂料的品种和技术性能应符合设计及有关标准的规定，检查生产许可证、质量证明书和检测报告。

（2）涂料与基层及各层间粘结牢固，不空鼓、不脱落。

（3）喷完一个建筑层经自检合格后，将施工记录由施工、监理、业主三方联合核查；合格后，办理隐蔽工程验收手续。

8 安 全 措 施

8.1 风险辨识及预控措施

风险辨识及预控措施见表 1-6-13。

风险辨识及预控措施表

表 1 - 6 - 13

风险编号	工序	风险可能导致的后果	风险级别	预控措施
02120301	钢结构地面加工、组装	起重伤害、物体打击	4	（1）在焊接或切割地点周围 5m 范围内清除易燃、易爆物，并配备足够的灭火器材。 （2）切割机、电焊机等有单独的电源控制装置，外壳必须接地可靠。 （3）电动机械或电动工具必须做到"一机一闸一保护"，移动式电动机械必须使用绝缘护套软电缆，必须做好外壳保护接地。使用手持式电动工具时，必须按规定使用绝缘防护用品。 （4）起重机械与起重工器具必须经过安全准用并经过计算选定，起重工器具应经过安全检验合格后方可使用。吊点位置必须经过计算现场指定。吊点处要有对吊绳的防护措施，防止吊绳卡断。待吊构件就位后，作业人员方可进入作业点。 （5）起吊前检查起重设备及其安全装置。起吊过程中设专人指挥，吊臂及吊物下严禁站人或有人经过。在吊件上拴以牢固的牵引绳，落钩时，防止吊物局部着地引起吊绳偏斜，吊物未固定好时严禁松钩。 （6）起重作业中，构件吊离地面约 100mm 时应暂停起吊并进行全面检查，确认无误后方可继续起吊。严禁以设备、管道、脚手架等作为起重物的承力点。 （7）起重工作区域内应设警戒线，无关人员不得停留在吊物的下方。严禁任何人员过或逗留。 （8）绑牢起吊物，吊钩悬挂点与吊物的重心在同一垂直线上。吊钩钢丝绳保持垂直，严禁偏拉斜吊。 （9）起重作业中，如遇有六级及以上大风或露天高处作业，大雾、冰雹、大雪等恶劣天气时，停止起重和露天高处作业。
02120302	阀厅钢柱吊装	起重伤害、物体打击	3	（1）起重机械与起重工器具必须经过安全准用并经过计算选定，起重机械应取得安全准用证并在有效期内。起重工器具应经过安全检验合格后方可使用。吊点位置必须经过计算现场指定。吊点处要有对吊绳的防护措施，防止吊绳卡断。待吊构件就位后，作业人员方可进入作业点。 （2）起吊前检查起重设备及其安全装置。起吊过程中设专人指挥，吊臂及吊物下严禁站人或有人经过。在吊件上拴以牢固的牵引绳，落钩时，防止吊物局部着地引起吊绳偏斜，吊物未固定好时严禁松钩。 （3）起重孔吊臂的最大仰角不得超过制造厂铭牌规定。起吊钢柱时，应在钢柱上拴以牢固的控制绳。吊起的重物不得在空中长时间停留。 （4）起吊前应检查起重设备及其安全装置。钢柱吊离地面约 100mm 时应暂停起吊并进行全面检查，确认无误后方可继续起吊。严禁以设备、管道、脚手架等作为起重物的承力点。 （5）钢柱立起后，应及时与接地装置连接。吊装完成后及时紧固地脚螺栓。 （6）起重工作区域内应设警戒线，无关人员不得停留在吊物的下方。严禁任何人员通过或逗留。 （7）高处作业人员必须使用提前设置的垂直攀登自锁器。高处作业所用的工具和材料放在工具袋内或用绳索拴在牢固的构件上，较大的工具系有保险绳。上下传递物件使用绳索不得抛掷。 （8）起吊绳（钢丝绳）及 U 形环通过拉方案试验。 （9）绑牢起吊物，吊钩悬挂点与吊物的重心在同一垂直线上。吊钩钢丝绳保持垂直，严禁偏拉斜吊。 （10）支吊索的夹角一般不大于 90°，最大不得超过 120°，起重机吊臂的最大仰角不得超过制造厂铭牌规定。

续表

风险编号	工序	风险可能导致的后果	风险级别	预控措施
02120302	阀厅钢柱吊装	起重伤害、物体打击	3	（11）两台及以上起重机抬吊作业，选择计算好的吊点，不得超过各自的允许起重量。 （12）起重作业中，如遇有六级及以上大风或暴雨、冰雹、大雪等恶劣天气时，停止起重和露天高处作业。
02120303	阀厅钢屋架整体吊装	起重伤害、物体打击、高处坠落	3	（1）起重机械与起重工器具必须经过计算选定，起重机械应取得安全用准用证并在有效期内，起重工器具应经过安全检验合格后方可使用。吊点处要有对吊绳的防护措施。防止吊绳卡脑。 （2）起吊前检查起重设备及其安全装置，防止吊绳偏斜，吊物局部着地引起吊索偏斜，吊物未固定好严禁松钩。 （3）高空作业人员必须使用提前设置的垂直攀登自锁器。在横梁上行走时，必须使用提前设置的水平安全绳。上下传递物件使用绳索，不得抛掷。所用的工具和材料放在工具袋内或用吊索挂系在牢固的构件上，较大的工具应采补强措施。起吊钢屋架应绑牢，并有防止倾倒措施。吊钩悬挂点应与钢桁架的重心在同一垂直线上。吊索（千斤绳）的夹角一般不大于90°，最大不得超过120°。 （4）钢桁架吊点位置必须经过计算确定，必要时采取补强措施。起吊钢屋架时挂以牢固的控制绳。 （5）起重机吊臂的最大仰角不得超过制造厂铭牌规定，应在钢屋架上挂以牢固的控制绳。 （6）起吊前应检查起重设备及其安全装置；钢屋架吊离地面约100mm时应暂停起吊并进行全面检查，确认无误后方可继续起吊。 （7）起重工作区域内应设警戒线，严禁任何人员通过或逗留。 （8）起吊绳（钢丝绳）及U形环通过拉力承载试验。 （9）绑牢起吊物，吊钩悬挂点与吊物的重心在同一垂直线上，吊钩钢丝绳保持垂直，严禁偏拉斜吊。 （10）落钩时，防止吊物局部着地，吊物未固定好严禁松钩。 （11）起重机吊臂的最大仰角不得超过制造厂铭牌规定。 （12）起重工作区域内设警戒线，起重工作区域内无关人员不得停留。在伸臂及吊物的下方，严禁任何人员通过或逗留。严禁以运行的设备、管道以及脚手架等作为起吊重物的承力点。 （13）起吊时，重物离吊离地面约100mm时暂停起吊并进行全面检查，确认良好后方可正式起吊。在吊件上拴以牢固的溜绳。吊起的重物不得在空中长时间停留。吊装完成后及时固定地脚螺栓。 （14）起重作业中，如遇有六级及以上大风或暴雨、冰雹、大雪等恶劣天气时，停止起重和露天高处作业。 （15）两台及以上起重机抬吊作业，选择计算好的吊点，不得超过各自的允许起重量。
02110202	钢结构吊装	起重伤害、高处坠落	3	（1）钢结构基础部分经过验收合格，地脚螺栓与钢结构地脚板板校核无误，立柱吊点位置必须经过现场指定，满足钢结构安装安全技术要求。吊装作业前，钢结构立柱吊点位置必须经过计算并经现场指定，方可开始吊装作业。吊点绳和临时拉线绑扎应靠近牛腿等节点位置，吊点绳和临时拉线必须由专业起重工绑扎并用卡扣紧固，并对起重机限位器、限速器、制动器、支脚与吊臂液压系统进行安全检查，并空载试运转。

续表

风险编号	工序	风险可能导致的后果	风险级别	预控措施
02110202	钢结构吊装	起重伤害、高处坠落	3	(2) 吊装区域必须规范设置警戒区域，悬挂警告牌，设专人监护，严禁非作业人员进入。吊装过程中设专人指挥，吊臂及吊物下严禁站人或有人经过。 (3) 汽车起重机不准吊着吊物行驶或不打支腿就吊重。在打支腿时，支腿伸出放平后，即关闭支腿开关。如地面松软不平，应修整地面，垫放枕木。起重机各项措施检查安全可靠后再进行吊重作业。起吊物应绑牢，并有防止倾倒措施。吊钩悬挂点应与吊物的重心在同一垂直线上，吊索钢丝绳应保持垂直。严禁偏拉斜吊。落钩时，应防止吊物局部着地引起吊绳偏斜，吊绳未固定好严禁松钩。 (4) 起重工作区域内无关人员不得停留或通过。在伸臂及吊物的下方，严禁任何人员通过或逗留。 (5) 起吊前应检查起重设备及其安全装置；重物吊离地面约100mm时应暂停吊并进行全面检查，确认良好后方可正式起吊。起重机吊运重物时应走吊运通道，严禁从有人停留的场所上空越过；对起吊的重物进行加工、清扫等工作时，应采取可靠的支承措施，并通知起重机操作人员。吊起的重物不得在空中长时间停留。 (6) 两台及以上起重机抬吊情况下，绑扎时应根据各起重机的允许起重量按比例分配负荷。 (7) 当钢结构立柱吊起后与地脚螺栓对接的过程中，作业人员注意不要将手未在地脚螺栓处，避免构架突然落下将手压伤。 (8) 钢柱标高、轴线调整完成，临时拉线固定并做好临时接地之后，再开始登杆作业。否则不得拆除临时拉线。 (9) 横梁吊装时，应根据吊装需要的平衡要求，经计算并现场指定吊点位置。吊点处要有对吊绳的防护措施，防止吊绳卡断。待横梁距就位点上方200～300mm稳住后，作业人员方可进入作业点。使用尖头扳手定位，横梁就位后，应及时用螺栓固定。 (10) 高处作业人员在行攀附柱体梁钢结构连接作业时必须使用提前设置的钢结构的垂直爬梯上走动，在横梁上行走时，必须使用设置的水平安全绳。较大的起重物件使用绳索。上下传递物件使用绳索，不得抛掷。作业位置不得失去保护。所有用的工具和材料放在工具袋内或放在牢固的构件上。 (11) 起重作业中，如遇有六级及以上大风或雷暴、冰雹、大雪等恶劣天气时，停止起重和露天高处作业
02110204	檩条及墙板安装	起重伤害、物体打击、高处坠落	4	(1) 电焊机应安放在干燥的地方，应有防雨防潮措施。其外壳接地或接零必须可靠牢固，不可多台串连接地或接零。 (2) 每台电焊机电源必须有单独的控制装置，电焊机一次侧电源线长度不应大于5m，二次线电缆长度不应大于30m。 (3) 严禁将电缆管、电缆外皮或其吊车机道等作为电焊地线，也不得采用屏蔽电缆的变电站内钢筋或结构金属构件代替电焊地线。在采用屏蔽电缆的变电站内施焊时，必须用专用地线接在焊接地点周围5m或在接地点5m范围内进行施焊。 (4) 在焊接或切割地点周围5m范围内清除易燃、易爆物，并配备足够的灭火器材。 (5) 机械切割采用专用切割机，严格按照操作规程进行。 (6) 高处作业人员必须使用提前设置的垂直攀登爬梯自锁器，正确使用安全带并穿戴防滑鞋。使用的工具及安装用的零部件，放在随身佩带的工具袋内，不可随便向下丢掷。 (7) 遇有六级及以上大风或雷暴、冰雹、大雪等恶劣天气时，停止起重和露天高处作业

续表

风险编号	工序	风险可能导致的后果	风险级别	预控措施
02120502	焊接	火灾、触电	5	（1）高处焊接作业时必须设安全监护人。 （2）进行焊接作业时应加强对电源的维护管理，严禁接地体接触电源。焊机必须可靠接地，焊接导线及钳口接头应有可靠绝缘，焊机不得超负荷使用。 （3）焊接接地施工下方不得有易燃易爆物品，焊道及时清理干净，以防引起火灾。 （4）高处焊接作业时应采取措施防止安全绳（带）损坏。悬空作业应有可靠的安全防护设施。上下交叉作业和通道上作业时，应采取安全隔离措施。 （5）焊枪点火时，按照先开乙块阀，后开氧气阀的顺序操作；熄火时按相反的顺序操作；产生回火或鸣爆时，应迅速先关闭乙块阀，继而再关闭氧气阀。 （6）乙块瓶运输、保管利使用时必须直立放置，不得卧放。乙块气瓶在使用时必须装设专用减压器。回火防止器。工作前必须检查是否好用，否则禁止使用。使用时操作人员开启阀门时应站在阀门的侧方缓慢开启。使用氧气、乙块时，两瓶之间距离不得小于5m，气瓶与明火及火花散落点的距离不得小于10m，并有防止日光暴晒的措施
01010001	施工现场用电布设	触电、火灾、高处坠落、其他伤害	3	一、共性控制措施 （1）现场布置配电设施必须由专业电工组织进行。 （2）高处作业应系安全带；梯子上作业时应有人扶梯。 （3）配电箱、电缆线及配件等应满足规范要求。 二、电缆及直埋电缆敷设（D值36，4级） （4）低压架空线路必须使用绝缘线，架设在专用电杆上，严禁架设在树木、脚手架及其他设施上。 （5）"三相五线"制低压架空线路的L1绝缘铜线截面不小于10mm²，绝缘铝线截面不小于16mm²，N线和PE线截面不小于相线截面的50%，单相线路的零线截面与相线截面相同。 （6）低压架空线路架设高度不得低于2.5m；交通要道及车辆通行处，架设高度不得低于5m。 （7）电缆中必须包含全部工作芯线和用作保护零线或保护接地线的芯线；需要三相四线制配电的电缆线路必须采用五芯电缆。相线的颜色标记必须符合以下规定：相线L1（A）黄、L2（B）绿、L3（C）红、N线淡蓝色。PE线绿黄双色。应设置地面明设标志。任何情况下顶色下顶色标记严禁混用和互相代用。 （8）直埋电缆敷设深度不应小于0.7m，严禁沿地面明设敷设，通过道道走向标志。 三、配电箱及开关安装（D值36，4级） （9）直埋电缆的接头应设在防水接线盒内。 （10）配电箱及开关安装应按照其平面布置图规划，设置配电柜总配电箱、分配电箱、开关箱，实行三级配电／两级保护（省级、末级）。配电系统宜三相负荷平衡。 （11）总配电箱应设在靠近电源的区域，分配电箱应设在用电设备或负荷相对集中的区域，分配电箱与开关箱的距离不得超过30m，开关箱与其控制的固定用电设备的水平距离不宜超过5m，距离大于5m时应使用移动式开关箱（或便携式电源盘）；移动式开关箱至固定式开关箱之间的引线宜长度不得大于30m，且只能用绝缘护套软电缆

续表

风险编号	工序	风险可能导致的后果	风险级别	预控措施
01010001	施工现场用电布设	触电、火灾、高处坠落、其他伤害	3	(12) 配电箱、开关箱的电源进线端，严禁采用插头和插座进行活动连接，移动式配电箱、开关箱进、出线的绝缘不得破损。 (13) 漏电保护器应装设在总配电箱、开关箱靠近负荷的一侧，且不得用于启动电气设备的操作。开关箱中漏电保护器的额定漏电动作电流不应大于15mA，使用于潮湿或有腐蚀介质场所的漏电保护器应采用防溅型产品，其额定漏电动作电流不应大于30mA，额定漏电动作时间不应大于0.1s。总配电箱中漏电保护器的额定漏电动作电流大于30mA，额定漏电动作时间大于0.1s，但其额定漏电动作电流与额定漏电动作时间的乘积不应大于30mA·s。 (14) 一、二级配电箱必须加锁，配电箱附近应配备消防器材。 四、临时建筑用电布设（D值36，4级） (15) 现场办公和生活区用电布置，检修必须由专业电工进行，严禁私拉乱接。 (16) 集中使用的空调、取暖、蒸饮车等大功率电器应与办公和生活区用电设备分置，并设置专用开关和线路。 (17) 所有使用的设备应配置空气保护开关。开关的容量应满足用电设备的要求，并设置专用开关。闸刀开关应有保护罩，不得使用熔断器。 (18) 在活动板房、集装箱等金属外壳内穿越的低压线路应穿绝缘套管保护，防止破皮漏电。活动板房、集装箱等金属外壳应可靠接地。 (19) 电源箱应设置在户外，并有防雨措施。 五、保护接地或接零（D值36，4级） (20) 在施工现场专用变压器供电的TN-S三相五线制系统中，所有电气设备外壳应做保护接零。 (21) 保护零线（PE线）应由配电箱（总配电箱）电源侧工作零线（N线）或总漏电保护器电源侧工作零线（N线）重复接地处专引一根绿黄相色线作为局部接零保护零线的PE线。TN-S系统中的PE线除必须在配电室或总配电箱处做重复接地外，还必须在配电系统的中间处（分配电箱）和末端处（开关箱）做重复接地。 (22) 在保护零线（PE线）每一处重复接地的接地电阻值不应大于4Ω；在工作接地电阻值允许达到10Ω的电力系统中，所有重复接地的等效电阻值不应大于10Ω。配电箱接地电阻必须进行测试，并在电源箱外壳上标识测试人员、仪器型号，测试电阻值。 (23) 重复接地线必须与保护零线（PE线）相连接，严禁与N线相连接。PE线必须采用绿/黄双色绝缘多股铜线，截面积大于等于2.5mm²，手持式电动工具的PE线截面积大于等于1.5mm²。 六、配电箱接火（D值126，3级） (24) 接火前，应确认高、低压侧有明显的断开点。 (25) 接火设专人监护，施工人员不得擅自离岗。 (26) 接火前检查总配电箱接地可靠，防护围栏满足要求。 (27) 下一级电源接入电源系统时，电源侧应有明显的断开点。 (28) 专业电工发现问题及时报告，解决后方可进行接火作业。 (29) 接入、移动或检修用电设备时，必须切断电源并做好安全措施后进行。 (30) 严格按照送电顺序操作开关。 (31) 在台风、暴雨、冰雹等恶劣天气后，应进行专项安全检查和技术维护，合格后方可使用

8.2 安全保障措施

8.2.1 安全保证措施

（1）所有施工人员均遵守国家下发的安全规章制度和规程。

（2）凡参加高处作业的人员应定期进行身体检查。经医生诊断患有不宜从事高空作业病症的人员不得参加高处作业。

（3）参加施工的人员必须经安全技术培训，并进行了安全技术交底。

（4）安装现场周围应设置禁区标志，严禁非施工人员进入现场。禁止不同性质的作业人员进行交错作业。

（5）施工人员进入现场应正确佩戴安全帽；登高作业人员必须系好安全带，流动结束应立即在可靠地方扣好保险扣。

（6）安装作业人员不得穿硬、滑底鞋及酒后进行高空作业。

（7）施工现场的临时道路应满足施工机械的行走要求，起重机的支撑点应坚实可靠，垫衬材料应有足够的强度。

（8）机械操作人员应集中精力、服从指挥，能及时发现不安全因素和事故苗头，并妥善采取预防及避险措施。

（9）起吊前，应认真检查钢索、卸扣等是否正常；起重机的起重能力与构件的重量之比是否符合安全要求，必要时应进行定点低空试吊。

（10）采用捆扎方式起吊的构件，应在构件的棱角部位采取钢索保护措施，防止钢索磨损和因受力而切断钢索。同时应正确计算吊点位置，保证构件平衡。

（11）起吊时，钢索固定可靠，防止钢索滑钩。吊臂及构件下方严禁人员站立及穿行。控制构件定向绳索的操作人员应密切注视构件吊升过程，相互配合，严防构件相互碰撞，使起吊平稳。

（12）大雨、大风（超过六级）天气严禁高空作业。

（13）严格执行"十不吊"：超载或被吊物重量不清不吊；指挥信号不明确不吊；捆绑、吊挂不牢或不平衡，可能引起滑动时不吊；被吊物上有人或浮置物时不吊；结构或零部件有影响安全工作的缺陷或损伤时不吊；遇有拉力不清的埋置物件时不吊；工作场地昏暗，无法看清场地、被吊物和指挥信号时不吊；被吊物棱角处与捆绑钢绳间未加衬垫时不吊；歪拉斜吊重物时不吊；容器内装的物品过满时不吊。

8.2.2 施工用电安全技术措施

（1）箱内开关电器必须完整无损，接线正确。各类接触装置灵敏可靠，绝缘良好。电箱内应设置漏电保护器，选用合理的额定漏电动作电流进行分级配合。

（2）现场采用 TN - S 三相五线制配电系统，实行三级配电、三级保护。施工用电直接由邻近配电箱完成，设置独立的分配电箱、开关箱，均必须经漏电开关保护。现场用电必须由专职电工进行，严禁无证操作。

（3）配电箱的开关电器应与配电线或开关箱一一对应配置，作分路设置，以确保专路专控；总开关电器与分路开关电器的额定值、动作整定值相适应。熔丝应和用电设备的实际负荷相匹配。

（4）接地均采用 P - E 线接地，电焊机二次侧安装空载降压保护装置。

（5）电焊机有可靠的防雨措施。一、二次线接线处应有齐全的防护罩，二次线应使用线鼻子。电焊机外壳应有良好的接地或接零保护。

8.2.3 安装安全监控措施

（1）构件卸车作业安全监控措施。

1）查看车上构件编号，确定所属的安装区域，选定坚实的堆放场所。

2）车辆在作业区域行进，应有专人指挥，严防碰撞及陷车现象发生。车辆应保证平稳，防止构件滑移。

3）构件卸车应按顺序进行，同时注意车辆平衡，防止上层构件倾倒及翻车。

4）立放的构件及其边缘区域禁止人员坐、蹲、卧及扭动构件。

（2）吊车作业安全监控措施。

1）操作人员必须持证上岗。

2）作业前，必须检查车辆及所用的索具状况是否正常，钢索规格是否能够承受作业对象的重量要求，卸扣具规格是否符合所用钢索的规格要求。

3）捆扎钢索和构件锐角接触处，采用包角处理，作业过程中，要经常检查钢索的破损程度和卸扣具状况，确保作业安全。

4）正式起吊前要进行定点低空试吊。试吊时人员要有足够的安全距离。

8.2.4 冬季、雨季施工安全措施

（1）掌握气象资料，与气象部门定时联系，定时记录天气预报，随时通报，以便工地做好工作安排和采取预防措施；尤其防止恶劣气候突然袭击对施工造成的影响。

（2）降雨前，做好已焊接区域及其热影响区域的防雨措施（搭设防雨篷）。

（3）当雨季天气恶劣，不能满足工艺要求及不能保证安全施工时，应停止吊装施工。此时，应注意保证作业面的安全，设置必要的临时紧固措施（如缆风绳、紧固卡）。

（4）已吊装钢结构在大风前要进行加固，确保钢构件的稳定。

（5）雨天不得进行焊接作业。在必须持续焊接时，焊接作业区应设置相应的防雨措施（搭设防护棚、盖等）。

（6）雨季施工时，安全防护措施要合理、有效，工具房、操作平台、吊篮及焊接防护罩等的积水应及时清理。

（7）雨季施工时，应保证施工人员的防滑、防雨、防水的需要（如雨衣、防滑鞋等）。尤其注意用电防护。

（8）在负温下绑扎、起吊钢构件用的钢索与构件直接接触时，应加防滑隔垫。凡是与构件同时起吊的节点板、安装人员用的挂梯、校正用的卡具，应采用绳索绑扎牢固。直接使用吊环、吊耳起吊构件时应检查吊环、吊耳连接焊缝有无损伤。

8.2.5 防坠落措施

（1）防止物体坠落措施。

1）安装使用的工具，如扭矩扳手、撬棍、角磨机等应采用安全保护绳，防止坠落。随手用的螺栓垫片等应放入工具袋。

2）施工作业中所有可能坠落的物件，应一律先进行撤除或加以固定。

3）在高空用气割或电焊切割时，应采取措施防止割下的金属、熔珠或火花落下伤人。

4）地面人员不得在高空作业的正下方停留或通过，也不得在起重机的吊杆和正在吊装的构件下停留或通过。

5）在吊运及安装过程中，要先检查索具、钢丝绳、吊钩是否牢固，吊点要选择合适方可起吊，若发现安全隐患，应立即停止施工并向有关人员报告。

（2）防止人员坠落措施。

1）钢结构吊装前尽可能先在地面上组装构件，尽量避免或减少在悬空状态下进行作业；同时还要预先搭好在高处进行的临时固定、电焊、高强螺栓连接等工序的安全防护设施，并随构件同时起吊就位。另外，还要将拆卸时的安全措施一并考虑和落实。

2）安装钢梁时必须以已完结构或操作平台为立足点，严禁在安装中的钢梁上站立或行走。确需在已固定牢的梁面上行走时，其一侧的临时护栏横杆可采用扶手绳。

8.2.6　防火防爆

（1）要配备灭火器，并由专人监护。

（2）高空焊割必须设接火花斗，接火花斗内使用岩棉等阻燃材料接熔珠，防止熔珠再次飞溅出接火盘。电、气焊火花严禁落到氧气瓶和乙炔瓶上。

（3）氧气、乙炔瓶必须规范放置，乙炔瓶使用时必须有防回火装置，严格执行电气焊工安全操作规程。

8.3　文明施工保证措施

（1）施工现场平面合理布置，未经批准任何人不得随意堆放和布置，划分责任区，保证施工安全和施工质量，施工作业方便，生活文明健康，有利于提高工作效率和降低消耗，总体布局符合施工组织设计要求。

（2）纪律严明、衣着整齐，语言文明，与各配合单位融洽相处。

（3）设备、材料、物资标识清楚，摆放有序合理，符合安全防火措施。

（4）施工区域应设置明显的警示标识、安全标识，吊装区域用安全防护栏隔离。

（5）进场的钢构件应按照组装、吊装的顺序依次摆放。

（6）工人操作时要做到循序渐进，施工区域内的垃圾、废料要及时清运。所有参与施工的人员进行文明施工教育，提高全员的文明施工意识，让每位施工人员意识到文明施工是一个施工队伍的精神风貌的体现，是安全施工的可靠保证。

（7）安装工程应采取措施，尽量减少交叉作业。如必须进行立体交叉作业时应采取相应的隔离和防止重物在高空坠落的措施。

（8）施工区域内道路、组合场、施工作业区要配置足够的照明设施，并根据工程需要及时调整配备维护人员保持正常使用。

（9）施工临时电源要集中统一接线，标识清楚，明确责任人，定期检查维护。

（10）沟道、孔洞、平台、扶梯等处要有安全可靠的永久或临时栏杆或盖板，设立明显标识和安全警示牌。

（11）施工图纸，安装措施、施工记录、验收材料等齐全，技术资料归类明确，目录查阅方便，保管妥善，字迹工整。

（12）现场设专门的宣传栏宣传国家环境保护法及地方政府的环保条令。

（13）对施工交通机具需定期到管理部门审核，对尾气排放不合格的车辆不允许使用。

（14）施工道路应保持畅通，设置明显路标，不在路中堆放设备、材料等物品。

（15）生活、施工区范围内的通道、地面无垃圾，每个作业面都应该做到"工完料尽场地清"。剩余材料要堆放整齐、可靠，废料及时清理干净。

9　环保、水保措施

（1）施工现场"一图四牌"（总平面示意图，施工公告牌、工程概况牌、施工进度牌、安全纪律牌）齐全，各种标牌（包括其他标语牌）应悬挂在门前或场内明显位置。

（2）施工现场设施井然有序，库房、办公室、值班室等按平面布置搭设，室内外整洁卫生，有一个良好的工作环境。

（3）施工现场建筑、安装材料、机具、设备、构件和周转材料按平面布置定点整齐堆放，悬挑结构不得堆放料具和杂物。道路畅通无阻，供排水系统畅通无积水，施工现场场地平整干净。

（4）施工现场划区管理，每道工序都注意做好文明整洁工作；建筑垃圾及时清运，开挖场地及时平整；材料和工具及时回收、维修、保养、利用、归库，做到工完料净、场清、各工序成品保护好。

（5）噪声污染控制，合理分布动力设备的工作场所，避免一个作业点运行较多的机械设备，选择低噪声设备，对钢材切割等强噪声施工搭建隔音棚，控制夜晚施工强度，从声源上降低噪声影响。

（6）减少粉尘污染，由于施工区域位于现场交通要道，对运输道路应定时洒水降尘，减少运输遗洒对环境影响，控制机械尾气、废气排放量，重点加强涂料施工时的遮挡或封闭措施。

（7）高空作业时各种垃圾（如焊条头、各种包装）不准随意丢弃，应在施工结束后，带到地面垃圾堆放地，并定时清理，同时不准燃烧垃圾。

（8）工程完工后，按要求及时清理工地环境，做到工完料清、场地干净。

（9）光污染控制，电焊作业采取遮挡措施，避免电焊弧光外泄。

（10）水污染控制，对于化学品等有毒材料、油料的储存地，应有严格的隔水层设计，做好渗漏液和废液的收集，并统一按规定要求交给有资质的单位处理，不能作为建筑垃圾外运，严禁液体废料如废油、涂料等排入下水道或渗入地下，避免污染地下水和土壤。

10　效　益　分　析

通过此工艺的使用，比原始的施工工艺减少了施工占地面积，缩短了施工工期，施工较为方便，工序交叉影响小，保证了施工质量，加快了施工速度，提高了工作效率，节省了人工开支，从而降低了工程造价。

11　应　用　实　例

换流站工程高端阀厅位于极2辅控楼西侧，采用门式刚架轻型房屋钢结构，横向跨度48.1m，纵向跨度118.5m。屋面覆盖面积5672.5m²。户内0m相当于绝对标高513.05m。屋面檐口标高39.4m，屋脊标高41.5m；GZ-1、GZ-2柱为1200mm×400mm×25mm×30mm的H型钢双肢柱，双柱轴间距为1600mm，双柱间缀条主要为角钢与柱焊接连接；抗风柱为格网柱结构，双柱均采用角钢和钢板焊接成匚型柱结构，双柱轴间距1400mm对称布置，双柱间缀条主要为角钢与柱焊接连接，钢结构总重约2176t。

屋盖结构采用檩条屋盖结构体系（压型钢板屋面），由梯形屋架、钢檩条、钢屋盖支撑等主要构件组成。换流阀及部分电气设备通过钢梁悬挂于钢屋架上。

阀厅钢屋架下设检修走道，检修走道为钢结构，底板铺设4mm厚花纹钢板，检修走道外侧及顶面设内外双层屏蔽网。

高端阀厅钢结构柱基础为钢筋混凝土杯口基础，主钢柱基础18个，抗风柱基础8个，柱底标高分别为－3.45m、－1.95m。柱脚二次灌浆采用C45微膨胀细石混凝土，充分保证灌实质量后浇筑外包住脚混凝土。

　　本工程钢结构安装采用分段安装法，即厂家将单榀桁架现场完成组装，再由施工单位进行安装，大型的组合件为26榀钢柱，单榀钢柱长度42.55m，钢柱最大起重量（角柱GZ-1）为51t，抗风柱长度最大42.54m，单重16.1t；9榀48.1m跨度桁架梁组件，屋架上翼高3.7～5.985m，单榀屋架最重起重量约31t。高端阀厅安装如图1-6-10～图1-6-13所示。

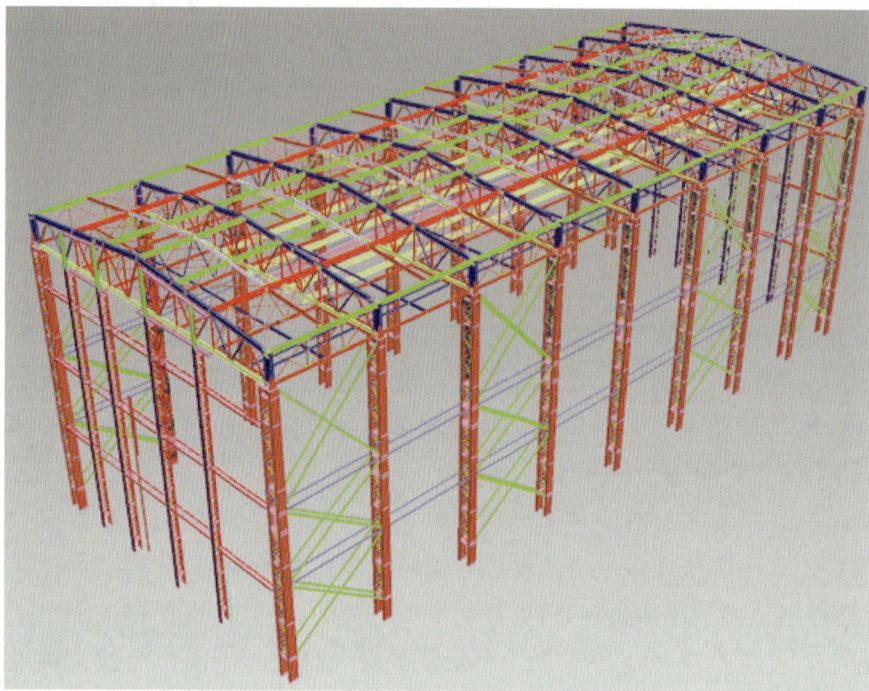

图1-6-10　高端阀厅钢结构三维效果图

图1-6-11　高端阀厅钢柱吊装

图 1-6-12 高端阀厅屋架吊装

图 1-6-13 高端阀厅钢结构吊装完成

12 参数信息及验算

12.1 常用起重机起重性能参数表

12.1.1 QY25E 汽车起重机起重性能表（见表 1-6-14）

表 1-6-14 　　　　　　　　QY25E 汽车起重机起重性能（主臂）　　　　　　　　（t）

幅度（m）＼臂长（m）	10.2	13.75	17.3	20.85	24.4	27.95	31.5
3	25	17.5					
3.5	20.6	17.5	12.2	9.5			

续表

臂长（m） / 幅度（m）	10.2	13.75	17.3	20.85	24.4	27.95	31.5
4	18	17.5	12.2	9.5			
4.5	16.3	15.8	12.2	9.5	7.5		
5	14.5	14.4	12.2	9.5	7.5		
5.5	13.5	13.2	12.2	9.5	7.5	7	
6	12.3	12.2	11.3	9.2	7.5	7	5.1
6.5	11.2	11	10.5	8.8	7.5	7	5.1
7	10.2	10	9.8	8.5	7.2	7	5.1
7.5	9.4	9.2	9.1	8.1	6.8	6.7	5.1
8	8.6	8.4	8.4	7.8	6.6	6.4	5.1
8.5	8	7.9	7.8	7.4	6.3	6.1	5
9		7.2	7	6.8	6	5.8	4.8
10		6	5.8	5.6	5.6	5.3	4.4
12		4	4.1	4.1	4.2	3.9	3.7
14			2.9	3	3.1	2.9	3
16				2.2	2.3	2.2	2.3
18				1.6	1.8	1.7	1.7
20					1.3	1.3	1.3
22					1	0.9	1

12.1.2　50t 汽车起重机起重性能表（主表）

50t 汽车起重机起重性能表见表 1-6-15。

表 1-6-15　　　　　　　50t 汽车起重机起重性能表　　　　（kg·m）

工作半径（m）	主臂长度（m）				
	10.70	18.00	25.40	32.75	40.10
3.0	50.00				
3.5	43.00				
4.0	38.00				
4.5	34.00				
5.0	30.00	24.70			
5.5	28.00	23.50			
6.0	24.00	22.20	16.30		
6.5	21.00	20.00	15.00		
7.0	18.50	18.00	14.10	10.20	
8.0	14.50	14.00	12.40	9.20	7.50
9.0	11.50	11.20	11.10	8.30	6.50
10.0		9.20	10.00	7.50	6.00
12.0		6.50	7.50	6.80	5.20

续表

工作半径（m）	主臂长度（m）				
	10.70	18.00	25.40	32.75	40.10
14.0			5.10	5.70	4.60
16.0			4.00	4.70	3.90
18.0			3.10	3.70	3.30
20.0			2.20	2.90	2.90
22.0			1.60	2.30	2.40
24.0				1.80	2.00
26.0				1.40	1.50
28.0					1.20

注　不支第五支腿，吊臂位于起重机前方或后方；支起第五支腿，吊臂位于侧方、后方、前方。

12.1.3　80t 履带吊起重性能表

80t 履带吊起重性能表见表 1-6-16。

表 1-6-16　　　　　　　　　　　　80t 履带吊起重性能表　　　　　　　　　　　　（kg·m）

工作半径（m）	吊臂长度（支腿全伸）（m）							吊臂长度（不伸支腿）（m）
	12.0	18.0	24.0	30.0	36.0	40.0	44.0	12.0
2.5	80.0	45.0						16.0
3.0	80.0	45.0	36.0					16.0
3.5	80.0	45.0	36.0					16.0
4.0	70.0	45.0	36.0					11.7
4.5	62.0	45.0	36.0	27.0				9.6
5.0	56.0	40.0	32.0	27.0				8.0
5.5	50.0	37.0	29.2	27.0	22.0			6.8
6.0	45.0	34.3	27.2	26.0	22.0			6.8
6.5	39.4	31.6	26.3	23.2	22.0	18.0		6.0
7.0	35.6	29.1	23.7	21.6	20.3	18.0		4.3
8.0	27.8	26.4	21.0	18.8	17.7	15.7	12.0	3.2
9.5	20.8	20.8	17.8	16.7	14.6	13.2	12.0	2.0
10.0	19.2	19.2	17.0	16.0	13.8	12.6	11.4	1.7
11.0		16.6	16.6	13.5	12.4	11.4	10.1	
11.8		14.7	14.7	12.5	11.4	10.6	9.7	
12.0		14.2	14.2	12.4	11.2	10.4	9.5	
13.0		12.6	12.6	11.3	10.2	9.3	8.8	
14.6		10.0	10.0	10.0	9.0	8.6	7.8	

12.1.4　130t 汽车起重机 38t 配重、全伸支腿起重性能表

130t 汽车起重机 38t 配重、全伸支腿起重性能表见表 1-6-17。

表 1-6-17　　　　　　　　**130t 汽车起重机 38t 配重、全伸支腿起重性能表**　　　　　（kg·m）

	13	17.14	21.28	25.42	29.56	33.7	37.84	41.98	46.12	50.26	54.4	58	
3	130	108											3
3.5	125	102											3.5
4	115	98	90	75									4
4.5	105	91	85	72	60								4.5
5	98	85	76.5	68.5	55	50							5
6	85	78	69.2	62	53.6	45	38						6
7	70	70	62.8	56.5	50.5	43	36.5	28.5					7
8	60	60	57	51.2	46.5	40.5	35	28	25				8
9	52	52	50	47	43.6	37.5	32.5	27.5	24	20			9
10	45	45.5	45.3	43	39.2	35.8	30	26.5	22	18	16.5	13.5	10
12		39	38.5	37.5	34.3	31.5	27	23.7	20.6	16.5	15.5	12.5	12
14		29.6	29.3	30.1	30.2	27	24.8	20.8	18.8	15.3	13.5	12	14
16			23.1	23.9	24	24	22	18.6	17.1	14	13	11.5	16
18			18.5	19.4	19.6	19.9	19.6	17.2	15.5	13.2	12	10.5	18
20				16	16.2	16.5	17.3	16.3	13.9	12.5	11.5	10	20
22				13.3	13.5	13.9	14.6	14.6	12.1	11.5	11	9.3	22
24				11.4	11.7	12.5	12.5	11.2	10.8	10.5	8.6		24
26				9.6	10	10.8	10.7	10.5	10	10	8		26
28					8.5	9.3	9.3	9.5	9.5	9.5	7.5		28
30					7.2	8	8	8.2	8.6	8.8	7.1		30
32						7	7	7.2	7.5	7.9	6.6		32
34						6	6	6.2	6.6	7	6.2		34
36							5.2	5.4	5.8	6.2	5.6		36
38								4.7	5	5.4	5.3		38
40									4	4.4	4.8	4.9	40
42										3.8	4.2	4.3	42
44										3.3	3.7	3.8	44
46											3.2	3.3	46
48											2.8	2.9	48
50												2.5	50
52												2.1	52
54													54
56													56
倍率	12	10	8	7	6	5	4	3	3	2	2	2	

12.2　高端阀厅吊装起重机及吊绳、地锚选型验算

本工程钢柱最大单重为 12.75t，柱长 32.18m。动力和安全系数考虑 1.2。12.75×1.2＝15.3（t），即最大起重负荷为 15.3t。

（1）吊车选择：柱长 32.18＋1（钢丝绳至挂钩距离）＋3（挂钩至大臂顶距离）＋0.5（离地

高度）＝36.68（m），即为起重高度。根据高端阀厅轴线距离，以及起重机性能考察（详见 12.1 节常用起重机起重性能参数表），选用 80t 履带起重机，操作半径 8m，主臂 40m，工况时额定吊装 15.7t。

大臂长度计算：$\sqrt{8^2+36.68^2}=37.5$（m）＜40m。即吊车能满足钢柱起重以及起吊高度要求。

（2）吊绳选用。钢柱采用两根钢丝绳，分两股吊装，对称受力，吊装钢丝绳允许应力计算公式如下

$$\lfloor F_g \rfloor = \alpha F_g / K \tag{1-6-1}$$

式中 $\lfloor F_g \rfloor$——钢丝绳允许应力，kN；

$\quad\quad F_g$——钢丝绳破断拉力总和，kN；

$\quad\quad \alpha$——换算系数，按取值－1；

$\quad\quad K$——钢丝绳安全系数，按取值－2。

从表 1-6-17 查得 $K=10$、$\alpha=0.82$，允许拉力 $\lfloor F_g \rfloor$ 取 76.5kN（按完全起吊最终 153kN 考虑，两股钢丝绳受力），计算得 $F_g=76.5\times10\div0.82=932.9$（kN）。

根据式（1-6-2）和表 1-6-18，选用钢丝绳

$$F_0 = \frac{K'D^2R}{1000} \tag{1-6-2}$$

式中 $\quad F_0$——钢丝绳最小破断拉力，kN；

$\quad\quad D$——钢丝绳公称直径，mm；

$\quad\quad R$——钢丝绳公称抗拉强度；

$\quad\quad K'$——某一指定结构钢丝绳的最小拉力系数。

表 1-6-18 K 值 取 值 表

组别	类别	钢丝绳重量系数 K [kg/(100·mm²)]			$\dfrac{K_2}{K_{1n}}$	$\dfrac{K_2}{K_{1p}}$	最小破断拉力系数 K' [kg/(100·mm²)]		$\dfrac{K'_2}{K'_1}$
		天然纤维芯钢丝绳	合成纤维芯钢丝绳	钢芯钢丝绳			纤维芯钢丝绳	钢芯钢丝绳	
		K_{1n}	K_{1p}	K_2			K'_1	K'_2	
1	6×7	0.351	0.344	0.387	—	—	0.332	0.359	1.08
2	6×19	0.380	0.371	0.418	1.10	1.13	0.330	0.356	1.08
3	6×37								
4	8×19	0.357	0.344	0.435	1.22	1.26	0.293	0.346	1.18
5	8×37								
6	18×7	0.390	0.390	0.430	1.10	1.10	0.310	0.328	1.06
7	18×19								
8	34×7	0.390	0.390	0.430	1.10	1.10	0.308	0.318	1.03
9	35W×7	—	—	0.460	—	—	—	0.360	—
10	6V×7	0.412	0.404	0.437	1.06	1.08	0.375	0.398	1.06
11	6V×19	0.405	0.397	0.429	1.06	1.08	0.360	0.382	1.06
12	6V×37								
13	4V×39	0.410	0.402	—			0.360		—
14	6Q×19＋6V×21	0.410	0.402				0.360		

K' 查表得 0.356，通过式（1-6-2）计算以及 6×37 钢丝绳力学性能（见表 1-6-19），选用直径 40mm，公称抗拉强度为 1770N/mm^2 的 6×37 钢丝绳作钢柱捆绑吊索。

6×37 类力学性能见表 1-6-19。

表 1-6-19　　　　　　　　　　　　　　6×37 类力学性能

钢丝绳公称直径 D（mm）	钢丝绳最小破断拉力（kN）									
	纤维芯钢丝绳（钢丝绳公称抗拉强度为 1570MPa）	钢芯钢丝绳（钢丝绳公称抗拉强度为 1570MPa）	纤维芯钢丝绳（钢丝绳公称抗拉强度为 1670MPa）	钢芯钢丝绳（钢丝绳公称抗拉强度为 1670MPa）	纤维芯钢丝绳（钢丝绳公称抗拉强度为 1770MPa）	钢芯钢丝绳（钢丝绳公称抗拉强度为 1770MPa）	纤维芯钢丝绳（钢丝绳公称抗拉强度为 1870MPa）	钢芯钢丝绳（钢丝绳公称抗拉强度为 1870MPa）	纤维芯钢丝绳（钢丝绳公称抗拉强度为 1960MPa）	钢芯钢丝绳（钢丝绳公称抗拉强度为 1960MPa）
26	350	378	373	402	395	426	417	450	437	472
28	406	438	432	466	458	494	484	522	507	547
30	466	503	496	536	526	567	555	599	582	628
32	531	572	54	609	598	645	632	682	662	715
34	599	646	637	687	675	728	713	770	748	807
36	671	724	714	770	757	817	800	863	838	904
38	748	807	796	858	843	910	891	961	934	1010
40	829	894	882	951	935	1010	987	1070	1030	1120
42	914	986	972	1050	1030	1110	1090	1170	1140	1230
44	1000	1080	1070	1150	1130	1220	1190	1290	1250	1350
46	1100	1180	1170	1260	1240	1330	1310	1410	1370	1480

（3）缆风绳及地锚选择。缆风绳的作用是使钢柱保持稳定，缆风绳由 $\phi20$ 地锚固定，地锚在设备基础浇筑前锚入设备基础，若现场不具备地锚埋设条件，可设置重型配重拉设缆风绳（考虑通用性，根据工程经验按 3.3t 配）。钢柱吊装完成后进行柱脚及杯口内混凝土浇筑，施工完成后缆风绳即可拆除。钢柱安装过程中对稳定性影响最大的为风荷载，考虑风作用影响的重要程度，取工程所在××地区 50 年一遇的基本风压 0.35kN/m^2 进行计算，缆风绳计算参数如图 1-6-14 所示。

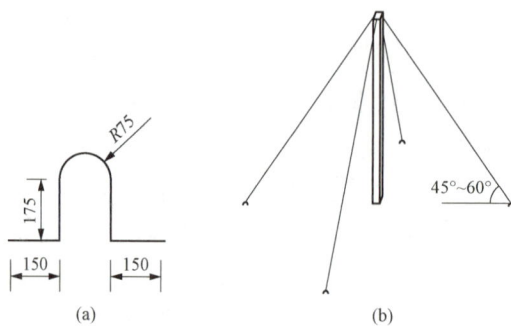

图 1-6-14　缆风绳计算参数
(a) 锚设置（埋入混凝土中）；
(b) 钢柱缆风绳拉设示意图

缆风绳（拉线）承受拉力为

$$T = (kp + Q)C/(a\sin\alpha)$$

式中　k——动载系数，取 2；

　　　p——风荷载载，基本风压为 0.35kN/m^2，则 $p = 0.35 \times 0.9 \times 29.93 \approx 9.43$（kN）；

　　　Q——钢柱自重，取 127.5kN（12.75t）；

　　　C——倾斜距，取 1m；

　　　a——钢柱到锚锭的距离，取 29m（钢柱离地高度为 29.93m）；

　　　α——缆风绳与地面的夹角，取 45°。

　　计算 $T = (2 \times 9.5 + 127.5) \times 1/(29 \times \sin45°) = 7.2$（kN）。

　　缆风绳选择

$$F = (TK_1)/\delta = (7.2 \times 3.5)/0.85 = 30(\text{kN})$$

式中　T——缆风绳拉力，7.2kN；

　　　K_1——安全系数，取 3.5；

　　　δ——不均匀系数，取 0.85；

　　　F——钢丝绳拉力。

　　查表钢丝绳选用 6×19 类别、直径为 12.5mm、抗拉强度为 1550N/mm^2 的钢丝绳，其钢丝绳破断拉力不小于 88.7kN，满足要求。每根长度为 40m。

　　地锚最大受力选择

$$F_D = F_L \times \sin44.11° = 30 \times \sin44.11° = 20.9\text{kN}$$

式中　F_D——地锚最大受力；

　　　F_L——缆风绳拉力。

　　直径 20mm 的圆钢拉力值为：116.18kN>38.98kN，满足要求。

　　常用钢筋拉力一览表见表 1-6-20。

表 1-6-20　　　　　　　　　　　　常用钢筋拉力一览表

钢筋级别及外形	公称直径（mm）	截面积（mm²）	屈服（kN）	极限（kN）
Ⅰ光圆	16	201.1	47.5	74.5
	18	254.5	60.0	94.5
	20	314.2	74.0	116.5

　　地锚埋入混凝土最小深度

$$h \geqslant \frac{F_D}{2 \times \pi D f} = \frac{33\,330}{2 \times 3.14 \times 20 \times 1.5} = 176.91 \times 150 + 175 = 475(\text{mm})$$

式中　D——光圆钢筋直径，mm；

　　　f——混凝土与地脚螺栓表面的结强度和容许结强度，N/mm^2。一般取值为 1.5～2.5N/mm²。

　　采用 3.3t 重型配重，地锚埋深满足要求。

典型施工方法名称：换流站 CAFS 消防系统安装典型施工方法

典型施工方法编号：TGYGF007—2022—BD—TJ

编 制 单 位：国家电网有限公司特高压建设分公司

主 要 完 成 人：孟令健　潘青松　马云龙　吴　畏

目　次

1 前　言

特高压换流站换流变压器压缩空气泡沫灭火系统（Compressed Air Foam System，CAFS）是利用泵组将泡沫液和水按设定比例混合，再通过空气压缩机等产气装置产出压缩空气后，主动注入泡沫混合液，精细化控制其混合比例及均匀度，让其发泡成均匀细腻、稳定的泡沫灭火剂。该系统用水量小、灭火性能高、降温效果显著，能有效防止复燃，可靠性高，是目前室外变压器最有效的灭火设施。本典型施工方法以某±800kV 特高压换流站工程建设实例为示例编制，主要介绍了特高压换流站换流变压器压缩空气泡沫灭火系统的工艺流程及施工要点。

2 本典型施工方法特点

（1）本方法详细阐述了 CAFS 的施工流程及关键技术，有利于各施工单位按照工作界面有序开展工作。

（2）本方法明确了各安装工序的安全、质量、进度管控要点。

（3）本方法明确了 CAFS 安装、调试的工作流程，形成施工工艺流程图指导现场施工组织。

（4）本方法综合了两个特高压换流站的实践经验，给出了系统关键组件的设计实例和实物照片，可以指导现场施工。

3 适 用 范 围

本典型施工方法适用于新建±800kV 换流站工程，针对换流变压器设置的压缩空气泡沫灭火系统的安装工程。

4 编 制 依 据

4.1 规程规范、标准

GB/T 3181—2008 漆膜颜色标准

GB 6245—2006 消防泵

GB 6969—2005 消防吸水胶管

GB 15308—2006 泡沫灭火剂

GB 19156—2019 消防炮

GB 20031—2005 泡沫灭火系统及部件通用技术条件

GB 25202—2010 泡沫枪

GB 50116—2013 火灾自动报警系统设计规范

GB 50150—2016 电气装置安装工程　电气设备交接试验标准

GB 50151—2021 泡沫灭火系统技术标准

GB 50166—2007 火灾自动报警系统施工及验收标准

GB 50235—2010 工业金属管道工程施工规范

GB 50236—2011 现场设备、工业管道焊接工程施工规范

GB 50268—2008 给水排水管道工程施工及验收规范

GB 50338—2016 固定消防炮灭火系统设计规范

GB/T 8163—2018 输送流体用无缝钢管

DL/T 596—2015 电力设备预防性试验规程

JB/T 6441—2008 压缩机用安全阀

XF 61—2010 固定灭火系统驱动、控制装置通用技术条件

ISO 7076.5 压缩空气泡沫灭火装置

4.2 管理文件

换流站 CAFS 系统设计图、施工方案、监理细则、建设管理大纲等。

5 施 工 准 备

5.1 技术准备工作

施工前需完成以下技术准备工作：

（1）完成 CAFS 系统相关施工图纸设计交底及图纸会审工作。

（2）完成 CAFS 系统施工方案、监理实施细则编制工作及审批工作。

（3）完成 CAFS 系统厂家作业指导书编制交底工作。

5.2 人员组织准备

CAFS 安装施工过程中，人员组织配置见表 1-7-1～表 1-7-3。

表 1-7-1　　　　　　　　　　　喷淋管安装人员组织配置

序号	岗位	人数	职责说明
1	项目经理	1	负责整个项目的实施
2	项目总工	1	负责施工方案的策划
3	技术员	1	负责施工方案编制，现场技术工作，技术交底，施工期间各种技术问题的处理
4	安全员	1	负责安全管理工作
5	测量员	1	负责施工期间测量与放样
6	质检员	1	负责质量检查与验收
7	材料员	1	负责各种物资、机械设备及工器具的准备
8	电工	1	负责安全用电维护与管理
9	起重机机械工	3	负责起重机施工
10	司索工	3	负责管道设备吊装及指挥
11	焊工	44	负责管道焊接
12	普工	32	负责其他工作

表 1-7-2　　　　　　　　　　　消防炮安装人员组织配置

序号	岗位	人数	职责说明
1	项目经理	1	负责整个项目的实施
2	项目总工	1	负责施工方案的策划
3	技术员	1	负责施工方案编制，现场技术工作，技术交底，施工期间各种技术问题的处理
4	安全员	1	负责安全管理工作
5	质检员	1	负责质量检查与验收
6	电工	1	负责安全用电维护与管理
7	起重机司机	2	负责起重机施工
8	司索工	2	负责管道设备吊装及指挥
9	安装工	6	负责管道焊接
10	普工	6	负责其他工作

表 1-7-3   CAFS 管道安装人员组织配置

序号	岗位	人数	职责说明
1	项目经理	1	负责整个项目的实施
2	项目总工	1	负责施工方案的策划
3	技术员	1	负责施工方案编制，现场技术工作，技术交底，施工期间各种技术问题的处理
4	安全员	1	负责安全管理工作
5	质检员	1	负责质量检查与验收
6	电工	1	负责安全用电维护与管理
7	起重机司机	2	负责起重机施工
8	司索工	2	负责管道设备吊装及指挥
9	焊工	8	负责管道焊接
10	普工	8	负责其他工作

5.3 施工机具准备

CAFS 系统施工主要施工机械设备配置见表 1-7-4。

表 1-7-4   要施工机械设备及工器具配置表

序号	名称	单位	数量	备注
1	全站仪	台	1	
2	水平仪	台	1	
3	钢卷尺	把	1	
4	塔尺	把	1	
5	警戒线	m	500	
6	管道运输汽车	台	1	
7	起重机	辆	2	
8	电焊机	台	36	
9	电动打压泵	台	2	
10	切割机	台	6	
11	扳手	套	2	
12	钢丝绳	根	2	

5.4 材料准备

施工所需材料以设计图为准。

6 施工工艺流程及操作要点

6.1 施工工艺流程

CAFS 系统施工流程如图 1-7-1 所示。

6.2 操作要点

6.2.1 CAFS 主机设备间设备安装

（1）CAFS 主机安装。根据设备实际情况进行吊装、就位作业。装置安装前，应认真阅读厂家的"产品安装说明书"，应严格按照厂家的"产品安装说明书"进行。

根据现场实际情况，所用 CAFS 主机装置主要由泡沫泵、正压式比例混合器、空气压缩机等

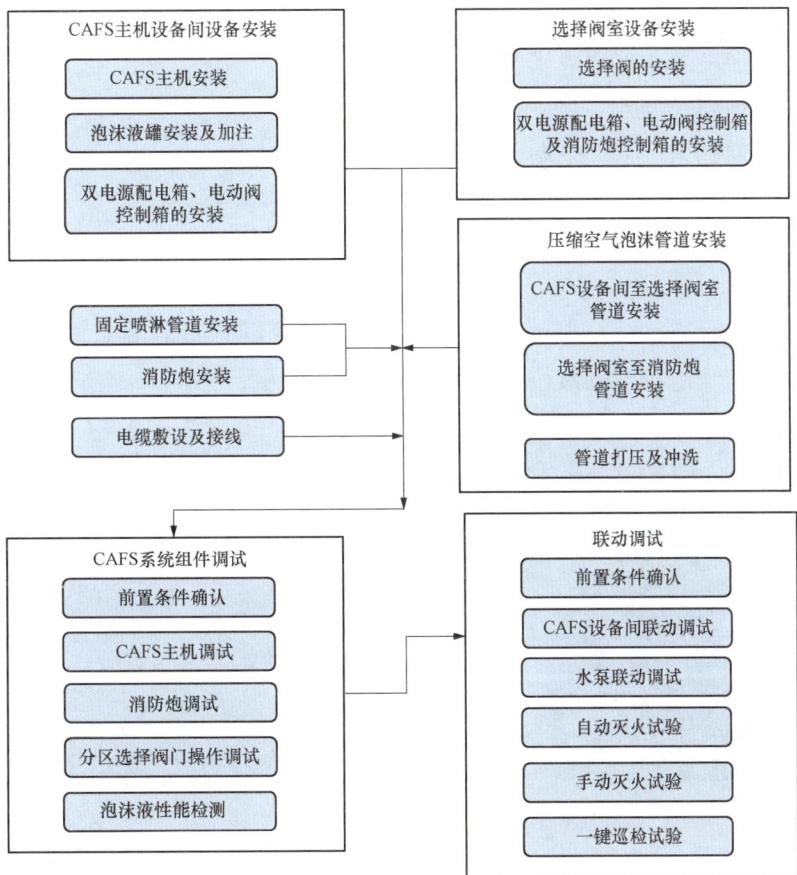

图 1-7-1 CAFS 系统施工工艺流程图

布置组成,系统安装在刚性的底盘上。吊装时通过底盘前、后端起重吊钩直接用钢丝绳吊装,钢丝绳要有足够的长度,以免吊装时钢丝绳与机器直接接触,导致挤坏机件或破坏表面油漆,根据现场实际情况增加一套牵引设备,配合吊装机械进行安装。卸下后利用专业牵引设备按顺序就位。

装置安装前应准确定位、找平、找正、进行稳固,安装精度应符合设计要求。装置稳固后才能进行配管安装,装置不得承受管道的重量,配管法兰与装置进出口法兰应相符。CAFS 设备间设备安装如图 1-7-2 所示。

图 1-7-2 CAFS 设备间设备安装
(a) 海南站;(b) 陕北站

(2) 泡沫液罐安装及加注。泡沫液储罐的安装位置和高度应符合设计要求,当设计无规定时,泡沫液储罐四周应留有足够检修的空间。泡沫液储罐的安装方式应符合设计要求,支架应与基础固定，在安装过程中底座与罐体采取分体安装方式进行安装。

泡沫液管道和阀门的安装应符合下列规定：

1）泡沫液立管安装时，其垂直度偏差不宜大于 0.2%；

2）泡沫液立管与水平管道连接的金属软管安装时，不得损坏其不锈钢编织网；

3）泡沫液水平管道安装时，其坡向、坡度应符合设计要求；

4）泡沫液管道上设置的自动排气阀应直立安装，并应在系统试压、冲洗合格后进行，放空阀应安装在低处。

泡沫液罐中的泡沫液应加注至设计规定的液位，泡沫液量应满足系统调试及消防储备的需要。如有缺少，应及时补充。泡沫液罐液位检查如图 1-7-3 所示。

图 1-7-3　泡沫液罐液位检查
（a）海南站；（b）陕北站

（3）双电源配电箱、电动阀控制箱的安装。

1）基础型钢安装。

a. 基础型钢安装宜由安装施工单位承担。如由土建单位承担，设备安装前应做好中间交接。

b. 型钢预先调直、除锈、刷防锈底漆。

c. 基础型钢架可预制或现场组装。按施工图纸所标位置，将预制好的基础型钢架或型钢焊牢在基础预埋铁上。用水准仪及水平尺找平、校正。需用垫片的地方，须按钢结构施工规范要求。垫片最多不超过三片，焊后清理，打磨补刷防锈漆。

d. 配电箱安装可用铁架固定或用金属膨胀螺栓固定。铁架加工应按尺寸下料，找好角钢平直度，将埋注端做成燕尾形，然后除锈、刷防锈漆。埋入时注意铁架平直程度和螺孔间距离，用线坠和水平尺测量准确后固定铁架、注高标号水泥砂浆。待水泥砂浆凝固后达一定强度方可进行配电箱（盘）的安装。

e. 基础型钢与接地母线连接，将接地扁钢引入并与基础型钢两端焊牢。焊缝长度为接地扁钢宽度的 2 倍。

2）柜（箱）安装。

a. 柜（箱）安装应按施工图纸布置，事先编设备号、位号，按顺序将柜（箱）安放到基础型钢上。

b. 单独柜（箱）只找正面板与侧面的垂直度。成列柜（箱）顺序就位后先找正两端的，然后挂小线逐台找正，以柜（屏台）面为准。找正时采用 0.5mm 铁片调整，每处垫片最多不超过三片。

c. 按柜底固定螺孔尺寸在基础型钢上定位钻孔，无特殊要求时，低压柜用 M12，高压柜用 M16 镀锌螺栓固定。柜（箱）就位找正找平后，柜体与基础型钢固定，柜体与柜体、柜体与侧挡板均应用镀锌螺栓连接。

d. 每台柜（箱）单独与接地母线连接。柜本体应有可靠、明显的接地装置，装有电器的可开启柜门应用裸铜软导线与接地金属构件做可靠连接。

e. 柜（箱）漆层应完整无损，色泽一致。固定电器的支架均应刷漆。

f. 负责柜（箱）安装的技术人员应了解相关设计规范，知道柜（箱）布置、通道、柜间距离等设计要求。

g. 母线配置及电缆压接按母线及电缆施工要求进行。

h. 线槽、桥架、光缆敷设及熔接的安装需要符合设计及规范要求。

双电源配电箱如图 1-7-4 所示。

(a)   (b)

图 1-7-4 双电源配电箱

(a) 海南站；(b) 陕北站

6.2.2 压缩空气泡沫管道安装

（1）CAFS 设备间至选择阀室管道安装。CAFS 设备间管道安装应符合以下要求：

1）CAFS 设备间及选择阀室管道为地上敷设，并设必要支架（吊架），钢管之间采用焊接。管道材质及支吊架材质应符合设计要求。

2）泡沫液管道及部分压缩空气泡沫管道采用不锈钢管，其他采用热镀锌钢管，相应管道的管件、法兰、紧固件等与管道匹配，阀门均采用不锈钢。

3）管道安装前，应对安装的管件、阀门的材质、型号进行技术检查，其材料、型号、规格应符合技术要求，并且应有产品出厂合格证和质量检验证。

4）管道的安装应符合相关设计图要求。如果图中所标尺寸与现场尺寸不符，以现场为准，可做适当调整，但仍需与设计沟通。

5）管道安装坡度应符合相关设计图要求。其余未注明坡度的管道参照表 1-7-5 说明。

表 1-7-5   管 道 安 装 坡 度 要 求

管道类型	安装坡度
液体管线	5/1000
气体管线	3/1000

注 坡向除注明者外，一律朝向介质流向的排液放净点或设备。

6）DN50（含）以下的管线由施工单位根据流程图和现场实际情况安装，弯头采用现场煨弯，煨弯半径 R 大于等于 4DN，支吊架位置及型式由施工单位决定，支架间距为 3m。

7）根据现场情况，所有管线低点设置 DN25 的放净阀；高点设置排空，排空均设 DN25 的放空阀。放空和放净管口在安装时注意开口背向平台、走道、设备。

8）管道施工过程中，如发现支吊点不够，管道超跨有所变更时，需与设计联系解决。

9）管道焊接应符合相关规范要求，杜绝焊渣落入管道内。

10）管路焊接完毕，所有管道应进行水压严密性试验，试验压力 2.0MPa。

11）管道连接完成后，应用流速大于 3m/s 的水流对系统管道进行通水冲洗。

12）管道安装及验收应严格按照表 1-7-6 中所列国家标准、部颁标准执行。

表 1-7-6　管道安装及验收执行规范

规范名称	规范编号
工业金属管道工程施工规范	GB 50235—2010
现场设备、工业管道焊接工程施工规范	GB 50236—2011
泡沫灭火系统施工及验收规范	GB 50281—2006
给水排水管道工程施工及验收规范	GB 50268—2008

13）装置内支吊架的制作和安装应符合设计要求。

14）当管道采用钢制管道时，防腐施工应符合设计要求。不锈钢材质的管道及泡沫原液罐可不作防腐处理。不同介质的管道所涂标准色由厂方统一安排。

15）埋地管法兰连接处需做密封处理，做法须符合设计要求。

16）为防止冰冻，CAFS 装置设备间内所有管道（见图 1-7-5 和图 1-7-6）（包括消防给水、泡沫原液、压缩空气泡沫管道）及泡沫原液罐都需设置保温措施。

(a)　　　　　　　　　　　　(b)

图 1-7-5　CAFS 设备间供水管道

（a）海南站；（b）陕北站

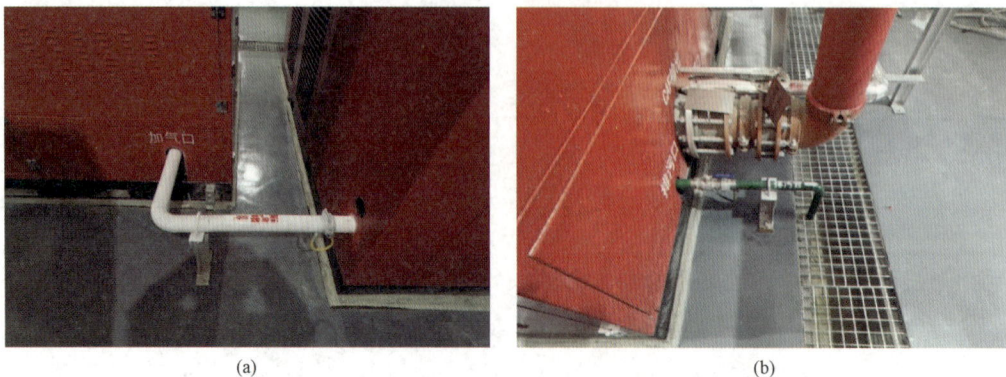

(a)　　　　　　　　　　　　(b)

图 1-7-6　CAFS 设备间供气管道

（a）海南站；（b）陕北站

17）管道安装试压完毕需标注介质流向及去向，颜色及格式按业主要求。

18）管路的位置可根据现场实际情况做适当调整，调整必须由设计单位、建设单位和施工单位三方协商决定后才能实施。

（2）选择阀室至消防炮管道安装。

1）系统管道与高压电气设备带电部分的最小安全净距，应符合相关规范要求。

2）管道、支架应采取可靠接地措施：每台变压器的消防管路应采用管间跨接连接为一个整体后，再与接地线可靠连接。相关接地施工应符合相关设计图要求。

3）现场敷设水平管道时，坡向放空阀方向坡度不小于4‰。

4）选择阀室至消防炮管道应符合设计要求，且符合 GB/T 8163—2018 的要求，管道之间采用焊接或法兰连接，管道与阀门管件之间采用法兰连接。管道支架采用的角钢、槽钢及钢板等均采用镀锌构件，焊接连接，焊缝高度不小于8mm，焊接焊口需要重新镀锌。所有管道支吊架间距不大于3m。

5）采用焊接法兰，焊口处应重新镀锌。焊接工艺应符合现行国家标准 GB 50235、GB 50236 中的相关规定。

6）所有管道、支架应在现场放样，调整好间距、高度和带电距离后再下料安装。支架材质应符合设计要求。

7）管道及支架高度、位置及标高可根据现场实际情况进行适当调整，保证水平管道时坡向放空阀方向坡度不小于4‰。

8）管道支吊架底部需采用水泥砂浆找平，待找平层固结后采用化学螺栓锚固，严禁使用膨胀螺栓。

9）防火墙挑檐围栏应通长布置，遇到消防炮时应断开，保证消防炮两侧回转范围内无围栏及围栏竖向支撑。

10）系统管道安装完成后，应进行水压强度试验及严密性试验，结果应符合相关规范及设计要求。完成后应采用不小于3m/s的水流对管道进行冲洗（见图 1 - 7 - 7）。

11）每台消防炮对应供液管道上均需设置放空阀（见图 1 - 7 - 8），每台消防炮冲洗、试喷工作完成后，应及时打开放空阀门，将积水防空。

（3）管道打压及冲洗。在管网施工完成且强度及严密性试验合格后，应对压缩空气泡沫管路进行冲洗。冲洗前必须先检查管道安装牢固程度，按环路先主管后支管的顺序进行，将不能冲洗的设备、管道、阀门及仪表等应与系统隔离或采取相应的保护措施，冲洗直到排出的水洁净为止，且冲洗出的脏物不得进入已合格的管道中，冲洗排放的脏液不得污染环境，严禁随地排放，要将脏水排放到污水管道排走，冲洗时采用最大流量，其流速不得低于3m/s，且应连续进行，以排出的水色和透明度与入口水目测一致为合格。

6.2.3　选择阀室设备安装

（1）选择阀的安装。选择阀应提供水压强度试验和严密性试验报告。操作手柄应安装在操作面的一侧，安装高度为距地 1.5m。选择阀上应设置标明防护区名称或编号的永久性标识牌，应将标识牌固定在操作手柄附近，便于人员辨别与操作（见图 1 - 7 - 9）。

（2）双电源配电箱、电动阀控制箱及消防炮控制箱的安装。双电源配电箱、电动阀控制箱及消防炮控制箱的安装与选择阀室内屏柜布置要求相同（见图 1 - 7 - 10）。

(a)

(b)

(c)

(d)

图 1-7-7 CAFS管道安装

（a）管道焊缝处镀锌；（b）选择阀室消防炮管道及申磁阀；（c）选择阀室至消防炮管道（海南站）；
（d）选择阀室至消防炮管道（陕北站）

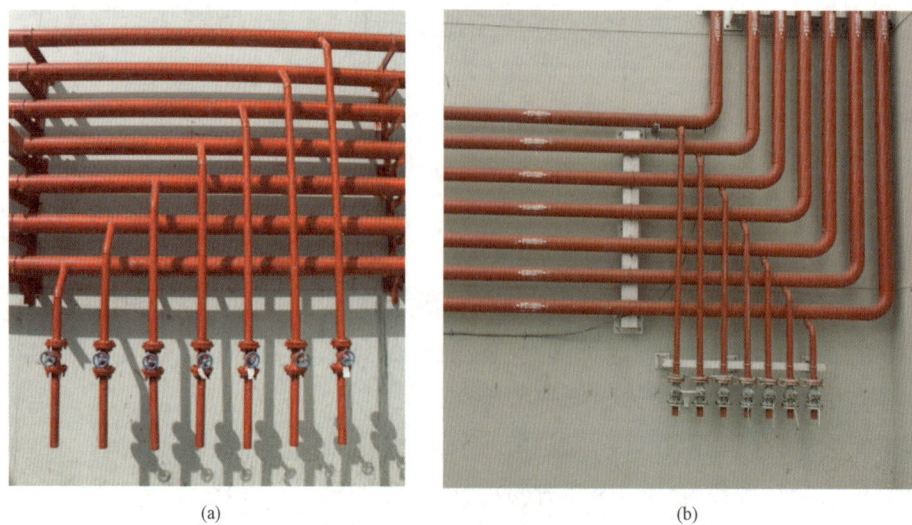

(a)

(b)

图 1-7-8 选择阀室至消防炮管道上的放空阀

（a）海南站；（b）陕北站

图 1-7-9　选择阀室中的管道和电动阀门布置

（a）海南站；（b）陕北站

图 1-7-10　选择阀室内屏柜布置

（a）海南站；（b）陕北站

6.2.4　固定喷淋管道安装

喷淋管道的材质应符合设计要求，焊接方法及焊缝探伤等规定应符合设计要求。喷淋管安装时开孔位置必须保证水平方向，组焊时必须保证开孔的朝向正确。

喷头基座与喷淋管采用焊接连接，喷头与基座采用螺纹连接，喷头安装完成后，必须保证喷头的安装方位与设计图一致。

陕北站喷淋管道为不锈钢材质，焊接方法符合设计要求；不采用传统喷头方式，采用喷淋管道直接开孔方式，有效降低喷头故障率，简化了施工工序，在组焊时必须保证开孔的朝向正确。

CAFS 系统喷淋管的安装中关于带电安全距离、管网接地、管道材质、支吊架材质、焊接和防腐工艺要求、放空阀设置、管道强度及严密性试验、管道冲洗等规定均与消防炮管道相同（见图 1-7-11）。

6.2.5　消防炮安装

（1）消防炮灭火方式。固定式消防炮系统具有三种灭火方式：远程手动灭火、无线遥控灭火、现场手动灭火。

远程手动灭火方式：消防控制室接收到火警信号后，值班人员在消防控制室通过切换现场彩色图像进一步确认，通过消防炮主机控制面板控制相应的消防炮对准火源点，启动消防泵，开启电动阀实施灭火。

无线遥控灭火方式：现场人员发现火源点，通过无线遥控器远距离控制相应的消防炮对准火

图 1 - 7 - 11　固定喷淋管道

（a）固定喷淋管安装喷头方式；（b）喷淋管直接开孔方式；（c）防火墙上固定喷淋管（海南站）；

（d）防火墙上固定喷淋管（陕北站）；（e）安装完成的喷淋管网；（f）极 1 高 CAFS 布置全貌

源点，启动消防泵，开启电动阀实施灭火。

现场手动灭火方式：现场人员发现火源点，通过现场控制箱控制相应的消防炮对准火源点，启动消防泵，开启电动阀实施灭火。

消防炮系统具有如下特点：具有手动定位火源、手动修正水流抛物线俯仰角的功能，实现定点灭火；具有远程控制、现场控制及无线遥控功能；具有视频显示和录像功能；采用直流电机进行水平和垂直调节，具有控制俯仰角和水平回转角动作功能；采用直流电机控制消防炮柱状和雾状转换功能，最大喷雾角度 120°；重量轻、外形尺寸紧凑、维修简便。

消防炮的安装应符合国家规范、设计及生产厂家的相关规定。消防炮在防火墙挑檐上方的固定支架应使用化学螺栓进行固定，严禁使用膨胀螺栓，防火墙挑檐上的消防炮固定形式如图 1 - 7 - 12 所示。

相关的安装要求应与设计图及消防炮厂家提供的安装说明相符。

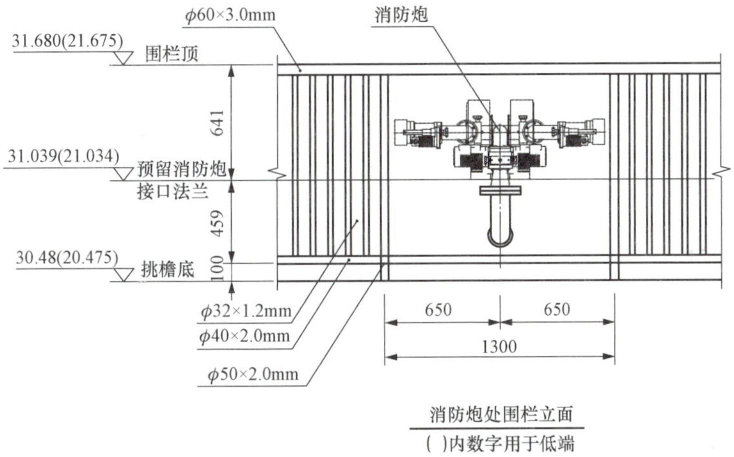

(a)

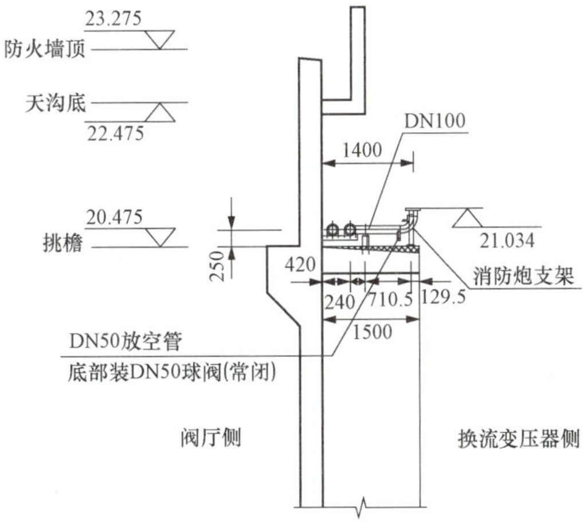

(b)

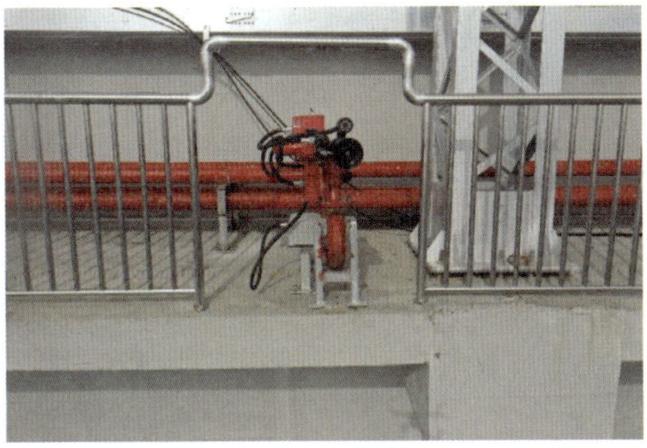

(c)

(d)

图 1-7-12　防火墙挑檐上的消防炮固定形式

（a）防火墙挑檐上的典型消防炮布置；（b）防火墙挑檐上方消防炮法兰接口及管道布置；

（c）防火墙挑檐上的消防炮及固定支架；（d）防火墙挑檐上的消防炮及管道（共 7 台）

（2）消防炮防火提升措施。陕北换流站结合现场实例，对消防炮本体、电机、接线盒等方面进行了针对性的提升措施，具体如下（见图 1-7-13）：

1）消防炮连接线：将消防炮防爆管缠绕一层绝热材料（作用：绝热——阻止火焰温度透过防火布和金属铜箔传导到保护管），再用金属铜箔包裹（作用：散热——金属铜箔与防护管金属接头与电机外壳连接，将透过防火布火焰温度热量传导到电机外壳、炮体散热），外层则用防火布保护

图 1-7-13 消防炮增加耐火措施

（作用：阻燃绝热——当防火布遇到明火后碳化膨胀，形成耐火绝热层，以此保护其包裹物件），最外层用开口波纹管或热塑套保护（作用：对防火布进行固定，并起到防水作用）。

2）消防炮专用电机：在消防炮专用电机外壳及内部包裹绝热材料，增加金属防护外罩，在金属防护外罩内部喷涂/涂刷防火涂料，防火涂料遇到火源后迅速碳化膨胀，形成耐火绝热层，保护电机，同时将电机内的尼龙轴套更换为金属轴套。

3）消防炮控制箱：控制箱外部及内部包裹绝热材料，增加金属防护外罩，在金属防护外罩内部喷涂/涂刷防火涂料，防火涂料遇到火源后迅速碳化膨胀，形成耐火绝热层，保护消防炮控制箱。

6.2.6 电缆敷设及接线

（1）消防设备供电线路敷设要求。

1）消防用电设备的供电线路采用不同的电线电缆时，供电线路的敷设应满足相应的要求。

2）当采用矿物绝缘电缆时，可直接采用明敷设或在吊顶内敷设。

3）当采用难燃性电缆或有机绝缘耐火电缆时，在电气竖井内或电缆沟内敷设可不穿导管保护，但应采取与非消防用电电缆隔离的措施。

4）当采用明敷设、吊顶内敷设或架空地板内敷设时，要穿金属导管或封闭式金属线槽保护，所穿金属导管或封闭式金属线槽要采用涂防火涂料等防火保护措施。

5）当线路暗敷设时，要穿金属导管或难燃性刚性塑料导管保护，并要敷设在不燃烧结构内，保护层厚度不小于 30mm。

（2）电缆敷设。

1）电缆敷设安装应由有资格的专业单位或专业人员进行，不符合有关规范规定要求的施工和安装，有可能导致电缆系统不能正常运行。

2）人力敷设电缆时，应统一指挥控制节奏，每隔 1.5～3m 有一人肩扛电缆，边放边拉，慢慢施放。

3）机械施放电缆时，一般采用专用电缆敷设机，并配备必要牵引工具，牵引力大小适当、控制均匀，以免损坏电缆。

4）施放电缆前，要检查电缆外观及封头是否完好无损，施放时注意电缆盘的旋转方向，不要压扁或刮伤电缆外护套，在冬季低温时切勿以摔打方式来校直电缆，以免绝缘、护套开裂。

5）敷设时电缆的弯曲半径要大于规定值。在电缆敷设安装前、后用 1000V 绝缘电阻表测量电缆各导体之间绝缘电阻是否正常，并根据电缆型号规格、长度及环境温度的不同对测量结果做适当地修正，小规格（10mm² 以下实心导体）电缆还应测量导体是否通断。

（3）接线。

1）电缆安装。

a. 检查已敷设好的电缆应排列整齐、固定牢固，电缆牌要求清晰明了，绑扎的高度要求一致，注意摆放在易观察的位置。

b. 统一在电缆上用粉笔记好要开电缆的高度，每一根、每一面屏都统一高度，做到统一美观。

2）开电缆。

a. 开电缆时注意不要损伤电缆芯，切断处的端部用同色绝缘包带扎紧，铠装电缆应切断钢带并接地，使用于控制等逻辑回路的屏蔽电缆的屏蔽层也应按设计要求的接地方式可靠接地。

b. 要接线的电缆芯应拉直绑扎好，按设计图将电缆芯抽好准备接上，芯线应垂直或水平有规律地配置，要求整齐美观，芯线端部应套有标有回路号的套管，此标号套管应采用双标号式，除标有回路外，还需标上该电缆的编号，且要求字迹清楚不易脱色。

3）接线及配线。

a. 按照设计图，将已对好线的电缆芯弯到正确位置，用剥线钳开好芯头，约 1.5cm 长，然后弯好圈，用螺栓将线可靠地固定。

b. 引入盘柜的电缆应排列整齐，编号清晰，避免交叉，并固定牢固，不得使所接的端子排受到机械应力。

c. 每个接线端子的每侧接线宜为 1 根，不得超过 2 根，对于插接式端子，不同的截面的两根电缆不得接在同一个端子上，对于螺栓连接的端子，当接两根电缆芯时，中间应加平垫。

d. 盘柜内的电缆芯，应垂直或水平地配置，不得交叉或任意歪斜连接，备用芯长度应留有适当的长度。

e. 强弱电回路不应使用同一根电缆，并根据实地情况将强弱电缆分开。

f. 使用于控制等逻辑回路的控制电缆，应采用屏蔽电缆，其屏蔽层应按设计要求的接地方式预接地。

g. 对于光纤电缆的接线应按设计图接到相应的接口，光纤电缆头的制作，要求施工人员与厂家配合制作以满足有关保护的需要。

h. 高频电缆的接线要求应符合系统的需要。

i. 对于散股的电缆线，应使用铜鼻子压接，对于动力电缆应压接铜鼻子后再接入端子，鼻子与铜导线应连接牢固，导电性应良好。

j. 配线应整齐、清晰、美观，导线芯线应无损伤。

k. 电缆芯线和所配导线的端部均应标明其回路号，编号正确，字迹清晰不易脱色。

l. 盘柜内的配线电流回路应采用电压不低于 500V 的铜芯绝缘导线，截面不应小于 2.5mm²；其他回路截面不应小于 1.5mm²，对于电子元件回路、弱电回路采用锡焊连接时，在满足载流量和电压降及有足够机械强度的情况下，可采用不小于 0.5mm² 截面的绝缘导线。

m. 严格按图施工，将接线的螺丝紧固好，盘内对厂家线的配线也应套上回路号，布置应整齐，其接线标准和要求与二次接线的要求一致。

n. 二次回路接地要用专用螺栓。

o. 盘柜上小母线使用直径不小于 6mm 的铜棒或铜管，小母线两侧应标有相关的回路号或代号，字迹应清晰、工整，且不易脱色。

4）收尾。

a. 屏内的接地应牢固、可靠，接于专用螺栓处应加线鼻子或烫锡。

b. 接完二次线后，将整面屏的电缆线及厂家配线紧固，以防脱线。

c. 所有接线工作完成后，清洁工作场地，保证工完料净。

6.2.7　CAFS 系统组件调试

（1）前置条件确认。

系统调试前，应先组织各单位确认系统各组件符合以下条件，才可以开始调试。

1）系统各装置应在设计指定位置安装就位；

2）管道连接完成，水压试验合格；

3）管道冲洗完成；

4）保温完成；

5）电气、自控安装完毕并显示正常；

6）泡沫液罐中已储备满足试验要求剂量的泡沫液；

7）系统水源、电源符合设计要求；

8）系统内各装置单机试运行测试完成；

9）系统安装结束，与系统有关的火灾自动报警装置及联动控制设备安装调试合格。

（2）CAFS 主机调试。

1）检查压缩空气泡沫产生装置固定情况；

2）检查供水管道、泡沫液管道、电缆电线的连接情况是否符合技术要求，是否存在漏液或虚接情况；

3）打开泡沫罐总阀让泡沫液流入装置管路中，同时打开装置管路中的排气阀，直至泡沫液管道里完全充满泡沫液且无气泡，关闭排气阀门；

4）确保所有的连接正常的情况下，观察压缩空气泡沫产生装置、送电测试装置各仪表显示情况；

5）关闭供水阀门，手动启动压缩空气泡沫产生装置，测试装置启动情况及装置内各阀门开关情况；

6）打开供水阀门，启动压缩空气泡沫产生装置纯水模式，检查供水系统的压力和流量情况，并冲洗管路；

7）手动启动压缩空气泡沫产生装置，利用设备间外墙上的测试接口，进行压缩空气泡沫喷射，检查装置的运行情况及泡沫喷射效果，记录 CAFS 主机水路进口压力、流量、CAFS 主机出口压力，观察空压机是否动作、泡沫泵是否动作、有无异常声响、泡沫发泡状态、装置面板是显示是否正常；如果有任何故障，主机将无法运行，并在面板上显示相应故障代码。

8）模拟火警信号输入，检查压缩空气泡沫产生装置启动及运行情况，并在上位机检查运行状态反馈信号，显示"装置运行"信号即为正常；

9）模拟巡检信号输入，检查压缩空气泡沫产生装置巡检情况，并在上位机检查巡检状态反馈信号，显示"装置巡检"信号即为正常；

10）待水泵、分区阀、选择阀、卷帘门等附属设备安装调试完成后，整个系统进行联动测试。

（3）消防炮调试。使用就地控制面板及远程控制琴台对消防炮进行转动、阀门开闭、喷射方式切换、预置位、复位、摄像头信号、动作反馈信号等操作及检查，各项指标均应符合设计要求。

（4）分区选择阀门操作调试。

1）信号上传功能测试。

试验目的：测试现场阀门状态信号是否正常传入控制子机，并通过光纤通讯上传到控制主机和监控后台。

试验方法：

a. 阀门置于打开状态，检查"阀门打开"信号是否正常上传到控制子机和控制主机，并在监控后台上正常显示阀门已打开；

b. 阀门置于关闭状态，检查"阀门关闭"信号是否正常上传到控制子机和控制主机，并在监控后台上正常显示阀门已关闭；

c. 进行阀门操作箱的远方就地把手切换，检查切换信号是否正常，上传到控制子机和控制主机，并在监控后台上正常显示阀门切换把手状态；

d. 模拟阀门故障（或通过短接故障输出信号），检查阀门故障信号是否正常，上传到控制子机和控制主机，并在监控后台上正常显示阀门处于故障状态。

2）控制信号功能测试。

试验目的：测试通过监控后台远程遥控的形式，对阀门进行打开和关闭，检查阀门是否正常动作，位置信号是否正常，反馈至监控后台。

试验方法：

a. 人工在监控后台，逐个下发阀门打开命令，就地人员检查阀门是否从关闭状态正常打开，同时检查阀门状态信号变化是否正常上送到监控后台；

b. 人工在监控后台，逐个下发阀门关闭命令，就地人员检查阀门是否从打开状态正常关闭，同时检查阀门状态信号变化是否正常上送到了监控后台。

（5）泡沫液性能检测。

1）进场检验。现场在各方见证下抽样送至有资质的检验单位进行检验。检验项目应包括外观检测、标识、标牌、防伪标签、第三方检测报告、出厂检验报告的检查。委托送检测内容：凝固点、表面张力、界面张力、发泡倍数、25％析液时间、适用水质、不受冻结和融化影响、灭火等级。检验结论应合格，最终应形成检验报告存档。

2）25％析液时间和发泡倍数测定。为验证现场CAFS设备产生泡沫的性能，需要在系统联动测试喷射泡沫过程中，同步接取喷射出的泡沫进行25％析液时间和发泡倍数测定，其结果应符合相关规范要求。

6.2.8 联动调试

（1）前置条件确认。

1）屏柜、单柜调试正常；

2）外部信号电缆已连接；

3）装置可以正常上电，主机和子机光纤通信正常；

4）阀门、CAFS产生装置等设备均已完成单体调试，具备上电条件。

（2）CAFS设备间联动调试。CAFS设备间联动调试包括卷帘门操作测试、分区选择阀操作测试、CAFS产生装置操作测试。

1）卷帘门操作测试。

试验目的：测试通过监控后台远程遥控的形式，对卷帘门进行打开和关闭，检查卷帘门是否正常动作，位置信号是否正常反馈至监控后台。

试验方法：

a. 人工在监控后台，下发卷帘门打开命令，就地人员检查卷帘门是否从关闭状态正常打开，同时检查卷帘门状态信号变化是否正常上送到了监控后台。

b. 人工在监控后台，下发卷帘门关闭命令，就地人员检查卷帘门是否从打开状态正常关闭，同时检查卷帘门状态信号变化是否正常上送到了监控后台。

c. 模拟卷帘门故障，检查卷帘门故障信号是否正常上送到监控后台。

2）CAFS产生装置操作测试。试验目的：测试通过监控后台远程遥控的形式，对CAFS产生装置发送启动指令和巡检指令，检查 CAFS 产生装置是否正常收到指令信号，产生装置的状态信号是否正常反馈至监控后台。

注意：CAFS 产生装置操作测试，需要根据现场情况，是否允许 CAFS 产生装置启动。如果不允许启动，则只测试控制系统子机出口是否动作，实际产生装置的启动测试在动态调试时进行。

试验方法：

a. 人工在监控后台下发 CAFS 产生装置的启动指令，就地人员检查控制系统子机出口是否动作。

b. 人工在监控后台下发 CAFS 产生装置的巡检指令，就地人员检查控制系统子机出口是否动作。

c. 模拟 CAFS 产生装置运行、巡检、故障的状态信号，在监控后台检查信号是否正常上送到监控后台。

d. 检查泡沫罐、水箱液位是否正常上送到监控后台。

（3）水泵联动调试。

试验目的：测试通过监控后台远程遥控的形式，对水泵发送启动令，检查水泵是否正常动作，水泵状态信号是否正常反馈至监控后台。

注意：水泵的操作测试，需要根据现场情况，是否允许水泵启动。如果不允许水泵启动，则只测试控制系统子机出口是否动作，实际水泵的启动测试在动态调试时进行。

试验方法：

1）人工在监控后台下发水泵的启动指令，就地人员检查控制系统子机出口是否动作。

2）在水泵控制箱上模拟水泵的各种状态信号，人工在监控后台检查信号是否正常上送到监控后台。

（4）自动灭火试验。

试验目的：通过动态调试，模拟变压器起火，测试系统的正常启动功能；人工在监控后台下发一键巡检指令，测试系统巡检功能。

注意：动态调试测试系统的自动启动流程，需和站内提前沟通，测试时一般不加泡沫液，用水代替，调整好空压机的进气设置。同时提前确认是否允许将水通过喷淋喷射到变压器器身上，如不允许，则需要调整方案，通过测试管路进行测试。

试验方法：

1）检查 CAFS 产生装置、阀门、水泵、消防炮等设备状态均正常，系统无异常告警；

2）CAFS 监控后台投入自动状态；

3）模拟某一台变压器起火的火情信号，检查控制主机是否收到起火信号；

4）检查系统是否按照设定顺序启动卷帘门、水泵、CAFS 产生装置、分区选择阀门、喷淋阀门，实现喷淋系统自动投入灭火；

5）在消防炮琴台上调整好消防炮角度（核实是否允许对着变压器喷射，如不允许，则需选择最外围的消防炮，对着广场空地进行喷射），按下消防炮就位信号，测试消防炮一键投入功能。

6）喷射过程中，应同步记录水泵工作状态，压力、流量、CAFS 主机状态、末端释放装置的出口压力（包括固定喷淋管道及消防炮）。形成试验记录，各指标应符合设计要求。

7）如果现场不具备联动调试时喷射泡沫的条件，则应单独使用可以调整方向的消防炮单独进行泡沫喷射测试，测试时应调整角度使泡沫不喷射到电气设备上。以测试系统产生泡沫液的情况。同步读取水及泡沫原液流量，计算混合比；读取压缩空气流量和混合液流量，计算气液比，其结果应符合设计要求。

（5）手动灭火试验。

试验目的：用于模拟现场自动控制系统失效时，CAFS系统对火灾的扑灭能力。

试验方法：

1）检查CAFS产生装置、阀门、水泵、消防炮等设备状态均正常，系统无异常告警。

2）CAFS监控后台投入手动状态。

3）模拟某一台变压器起火的火情信号，检查控制主机是否收到起火信号。

4）手动依次检查各分区选择阀门是否处于关闭状态，同时打开模拟起火的换流变压器对应的固定喷淋选择阀。

5）在消防炮琴台上调整好消防炮角度（核实是否允许对着变压器喷射，如不允许，则需选择最外围的消防炮，对着广场空地进行喷射），按下消防炮就位信号，测试消防炮一键投入功能。

6）打开泡沫液阀门，使泡沫原液进入CAFS主机。

7）依次启动消防主泵及CAFS主机，喷射压缩空气泡沫至选定部位。

8）如果现场不具备联动调试时喷射泡沫的条件，则应单独使用可以调整方向的消防炮单独进行泡沫喷射测试，测试时应调整角度使泡沫不喷射到电气设备上。以测试系统产生泡沫液的情况。同步读取水及泡沫原液流量，计算混合比；读取压缩空气流量和混合液流量，计算气液比，其结果应符合设计要求。

9）依次通过后台琴台、现场遥控器和选择阀室消防炮控制面板，测试消防炮投入灭火和喷射泡沫的能力。

（6）一键巡检试验。

1）检查CAFS产生装置、阀门、水泵、消防炮等设备状态均正常，系统无异常告警；

2）CAFS监控后台投入自动状态；

3）在CAFS监控后台上下发一键巡检指令；

4）检查是否按照设定顺序进行卷帘门、水泵、CAFS产生装置、喷淋阀门、消防炮阀门的巡检（分区选择阀有硬闭锁，无法实现自动巡检，需人员就地手动巡检）；

5）巡检结束后，在CAFS监控后台检查对应设备巡检结果。

7　质　量　控　制

7.1　施工质量控制标准

施工质量控制标准见表1-7-7。

表1-7-7　　　　　　　　　　　质量控制点的设置

序号	作业控制点	检验单位				见证方式
		班组	劳务分包队伍	项目质检部门	监理	
1	管道基槽验收	★	★	★	★	H
2	垫层施工完毕后验标高	★	★	★	★	H

序号	作业控制点	检验单位				见证方式
		班组	劳务分包队伍	项目质检部门	监理	
3	安装前管道及配件除锈、防腐检查	★	★	★	★	H
4	管道安装检查	★	★	★	★	W
5	阀门安装前试验	★	★	★	★	W
6	管道压力试验及闭水试验四级验收	★	★	★	★	H
7	焊缝检查	★	★	★		W
8	管道冲洗检查	★	★	★	★	H
9	管道压力试验后接头处防腐验收	★	★	★	★	H

注 W—见证点；H—停工待检点。

7.2 强制性执行条文

执行 Q/GDW 10248—2016《输变电工程建设标准强制性条文实施管理规程》。

7.3 质量通病防治措施

执行《国家电网有限公司输变电工程质量通病防治手册（2020年版）》有关规定。

7.4 标准工艺应用

CAFS 安装中涉及的消防水和压缩空气泡沫输送管道的安装应执行的标准工艺清单见表1-7-8。

表1-7-8 标准工艺应用清单

一、《国家电网有限公司输变电工程标准工艺 变电工程 土建分册》共158项，本工法应用2项

序号	分部	标准工艺名称
1	第8章 屋面和地面工程	第十三节给水管道
2		第十八节给水管道

二、《国家电网有限公司特高压建设分公司土建工艺标准（2022版）》共26项，本工法1项

序号	分部	编号	标准工艺名称
1	站区及主变压器消防工程	TGYGY027-2022-BD-TJ	压缩空气泡沫消防系统（CAFS）

7.5 质量保证措施

CAFS 消防系统管道承压大，焊口众多，应采取切实可行的质量保证措施，以保证管道安装质量。

7.5.1 原材料质量控制

重视管材资料的检查。要求施工单位选用正规厂家生产的管材，并且检查管材的出厂合格证及送检力学试验报告等资料是否齐全。

重视管材外观的检查。管材进场后，工程材料员应对管材外观进行检查，管材不得有破损、脱皮、蜂窝露骨、裂纹等现象，对外观检查不合格的管材不得使用。

加强管材的保护。应要求生产厂家在管材运输、安装过程中加强对管材的保护。

7.5.2 管道安装质量控制

正确计算管道铺设长度。根据规范确定两检查井间管道铺设长度、管子伸进检查井内长度及两管端头之间预留间距。在安管过程中要严格控制，防止管头露出井壁过长或缩进井壁。

严格控制管道的直顺度和坡度。采取以下措施并随时检查：安管时要在管道半径处挂边线，

线要拉紧，不能松弛；在调整每节管子的中心线和高程时，要用石块支垫牢固，相邻两管不得错口；在浇注管座前，要先用与管座混凝土同标号的细石混凝土把管子两侧与平基相接处的三角部分填浇填实，再在两侧同时浇注混凝土。

7.5.3 焊接质量控制

在施焊前，应选择技术熟练、持有焊工证的焊工，进行必要的技术培训、交底。并不得随意更换，保证施焊该管道焊工人员相对稳定。

焊材的控制：保证采购的是正规渠道的焊材，有质保书、合格证，符合工艺要求；焊条头回收控制严格，以保证流向、用量；焊材要严格按工艺烘烤，并一次发放不超过半天用量。

焊机：焊机须保证性能可靠、符合工艺需要；焊机必须有检定合格的电流、电压表，以保证焊接工艺的正确实施。焊接电缆不能过长，较长时要调整焊接参数。

焊接工艺方法：保证镀锌管特殊操作方法的严格实施，焊接工艺进行焊前坡口检查，施焊工艺参数、操作手法控制，焊后外观质量检查，必要时增加焊后无损检测。控制焊接层次、每道口的焊材用量。

焊接环境控制：保证施焊时的温度、湿度、风速符合工艺要求。

8 安 全 措 施

8.1 风险识别及预防控制措施

施工现场存在的风险及预控措施见表1-7-9。

表1-7-9   管道安装及验收执行规范

序号	危险点和环境因素描述	控制对策	实施负责人	确认签证人
一	场地和环境			
1	道路不通	提前策划行走路线		
2	施工现场照明不充足	在施工区域由劳务分包队负责布置两盏照明灯		
3	基槽周围未加防护栏杆	用脚手管做栏杆围起防止施工人员意外坠入基槽		
4	油漆作业	通风必须良好，作业时和施工完毕后24h内，30m内禁止明火，库房必须设置固定喷淋消防器材		
二	作业和人员			
1	作业人员安全防护用品佩带不齐或不正确佩戴	作业人员必须正确佩戴安全帽，安全带，防滑鞋		
三	管道吊装及运输			
1	运输时坠落	安放稳固、要做临时绑扎		
2	垂直运输无人指挥；吊点不合理，索具松动	专人指挥、绑扎牢固、吊点合理、索具符合要求、专业人员操作吊车		
3	多人抬运时无人指挥	专人指挥、相互配合		
4	钢丝绳保险系数小，打结或扭曲	使用前仔细检查，确保无误		
5	起重机操作人员接班时，不进行检查	对制动器、吊钩、钢丝绳及安全装置进行检查，发现异常时应在操作前排除		

序号	危险点和环境因素描述	控制对策	实施负责人	确认签证人
四	使用工机具			
1	电焊机施工方法不妥，不按方案施工而造成事故	应采用有效的防火措施，应确保焊材与焊件属于同一规格、标号		
五	其他注意事项			
1	夜间施工	照明充足配备4盏照明灯		
2	用电设施拆装	严禁非电工拆装施工用电设施		
3	局部照明	使用安全电压行灯		
4	电源箱接地电阻测试	必须由专业电工测试，禁止其他非专业人员测试		
六	文明施工和环境因素			
1	施工用电源	电缆铺设穿过重要部位处立标示牌，电源箱分级控制		
2	施工作业步道	施工作业人员上下基坑走专用步道，不得踩踏边坡上下		

8.2 安全保障措施

8.2.1 高空作业防护措施

（1）高处作业前，作业单位要制订安全措施，措施要完备、可靠并符合现场实际。

（2）不符合高处作业安全要求的材料、器具、设备、设施不得使用。

（3）高处作业所使用的工具、材料、零件等必须装入工具袋，上下时手中不得持物；不准投掷工具、材料及其他物品；易滑动、易滚动的工具、材料堆放在脚手架上时，应采取措施，防止坠落。

（4）在存有易燃易爆物质的设备系统或安全门、向空排放门或天然气、氢气放空管线的附近位置作业时，采取有效的安全防范措施。

（5）高处作业与其他作业交叉进行时，必须按指定的路线上下，禁止上下垂直作业，若必须垂直进行作业时，须采取可靠的隔离措施。

（6）高处作业应与地面保持联系，根据现场情况配备必要的联络工具，并指定专人负责联系。

（7）在采取地（零）电位或等（同）电位作业方式进行带电高处作业时，必须使用绝缘工具或穿均压服。

（8）高处作业动火工作必须遵循公司相关安全管理标准。

（9）因事故或灾害进行特殊高处作业，包括强风、大雪、雾天、夜间、悬空和抢救高处作业，应制定作业方案并经部门负责人报安环部和公司有关领导审批。紧急情况需抢救人员时，可由部门负责人在保护救护人员安全的前提下口头批准，作业后立即报安环部。

8.2.2 临边防护安全措施

（1）安装正式防护栏杆，高度不低于1.2m，设两道横杆，长度大于2m时，应设置立柱，立柱可利用结构或在板内预埋铁件焊接。

（2）张挂好垂直安全网。

8.2.3 物体打击事故的预防措施

物体打击伤害是建筑行业常见事故伤害的一种，特别在施工周期短，劳动力、施工机具、物料投入较多，交叉作业时常出现。这就要求在高处作业的人员在机械运行、物料传接、工具的存放过程中，都必须确保安全，防止物件坠落伤人的事故发生。

预防措施：

（1）人员进入施工现场必须按规定戴好安全帽。应在规定的安全通道内出入和上下，不得在非规定通道位置行走。

（2）安全通道上方应搭设双层防护棚，防护棚使用的材料要能防止高空坠落物穿透。

（3）人工挖孔桩孔口用混凝土砌筑防护圈，要求宽 50cm，高出水平台面 30cm。

（4）完成或未施工的挖孔桩必须用钢筋网盖好。

（5）作业过程一般常用工具必须放在工具袋内，物料传递不准往下或向上乱抛材料和工具等物件。所有物料应堆放平稳，不得放在邻边及洞口附近，并且不可妨碍通行。

（6）高空安装起重设备或垂直运输机具，要注意零部件落下伤人。

（7）吊运一切物料都必须有专人指挥运送到指定地点位置，在起吊机械工作范围内不许闲杂人等逗留。

（8）拆除或拆卸作业要在设置警戒区域、有人监护的条件下进行。

（9）高处拆除作业时，对拆卸下的物料、建筑垃圾要及时清理和运走，不得在走道上任意乱放或向下丢弃。

8.2.4　高处坠落事故预防措施

以预防坠落事故为目标，对于可能发生坠落事故的特定危险施工，在施工前，制定防范措施。高处作业"五必有"：有边必有栏（在脚手架、平台等的边缘设置防护栏杆）；有洞必有盖（作业场所的孔、洞、沟等铺设盖板）；有栏无盖必有网（如不设置栏杆或盖板，应安装安全网）；有电必有防护措施（与高低压线路、设施保持安全距离）；电梯必有门联锁。

上岗前应依据有关规定进行专门的安全技术签字交底，提供合格的安全帽、安全带等必备的安全防护用具，作业人员应按规定正确佩戴和使用，并应在日常安全检查中加以确认。

（1）凡身体不适合从事高处作业的人员不得从事高处作业。从事高处作业的人员要按规定进行定期体检。

（2）各类安全警示标志按类别，有针对性地、醒目地张挂于现场各相应部位。在洞口邻边等施工现场的危险区域设置醒目标识的安全防护设施、安全标志。

（3）高处作业之前，由施工单位工程负责人组织有关人员进行安全防护设施逐项检查及验收，验收合格后，方可进行高处作业。防护栏杆以黄黑或红白相间条纹标示，盖板及门以黄或红色标示。

（4）严禁穿硬塑料底等易滑鞋、高跟鞋、拖鞋。

（5）进行悬空作业时，应有牢靠的立足点并正确系挂安全带。

（6）脚手架内立杆与建筑物周边之间，从首层开始张挂一道平网及密目网兜底，以后每隔 10m 张挂一道平网，所有空隙必须做全封闭。脚手架外侧全部用密目式（2000 目）网做密封闭，密目网必须可靠地固定在架体上。

（7）各种架子搭好后，项目经理必须组织架子工和使用的班组共同检查验收，验收合格后，方准上架操作。使用时，特别是台风暴雨后，要检查架子是否稳固，发现问题及时加固，确保使用安全。

（8）施工使用的临时梯子要牢固，踏步 300～400mm，与地面角度呈 60°～70°，梯脚要有防滑措施，顶端捆扎牢固或设专人扶梯。

8.2.5　安全生产教育措施

（1）安全生产管理体系：施工单位各级主管领导、职能部门、工程技术人员、岗位操作人员在劳动生产过程中层层负责，建立安全责任制。安全生产工作在施工单位负责人的领导下，各级领导、各职能部门层层控制，项目经理负责现场管理，并要求每个职工的安全职责是遵章守纪，不违章作业，并能组织他人不违章作业；安全生产责任制坚持"横向到边""纵向到底"原则，明确各级领导、各职能部门、所有操作者和管理者的安全责任，使安全工作层层有人负责。

（2）基层施工技术员安全生产责任：认真执行上级有关安全技术、劳动卫生工作的各项规定，对自己负责的施工区域职工的安全、健康负责；在生产的计划、布置、检查、总结、评比中，必须同时把安全工作贯穿到每个具体环节中去，保证在安全条件下进行生产；组织职工学习安全操作规程，并抽考、检查执行情况。对严格遵守安全规章制度，避免事故者，提出奖励意见，对违章蛮干、造成事故者，提出惩罚意见；领导施工区域的班组开展每周的安全日活动，经常对职工进行安全生产教育、推广安全生产经验；发生工伤事故后，应立即上报，负责查明原因，制定整改防范措施；监督检查职工正确使用个人劳保用品。

（3）安全生产教育：新工人入场前应接受三级教育，即对新入场的工人必须接受公司、项目经理部、施工队和班组三级的安全教育；对于特殊工种应进行专门教育；经常性举行安全生产活动教育，如安全活动日、事故现场会、分析会、安全技术专题讲座等。

（4）安全生产检查制度：检查工地项目部安全规章制度、特殊工种岗位合格证、施工组织设计和安全技术措施、安全交底、安全活动记录等安全生产资料；检查安全帽、安全带等是否坚持正确使用；检查各种施工机械性能是否良好、安全装置是否齐全有效；检查施工用电的线路、闸箱、接零接地、漏电保护装置是否符合有关规定；检查各种材料、物品是否妥善堆放和保管；明火管理是否符合有关规定，防火工具和设施是否齐全；检查各交叉施工和工种间配合施工是否存在安全问题。

8.3　文明施工保证措施

（1）施工现场平面合理布置，未经批准任何人不得随意堆放和布置，划分责任区，保证施工安全和施工质量，施工作业方便，生活文明健康，有利于提高工作效率和降低消耗，总体布局符合施工组织设计要求。

（2）纪律严明、衣着整齐，语言文明，与各配合单位融洽相处，在与建设单位、设计单位、监理单位及有关各方的联系中，尊重对方，善待别人。

（3）设备、材料、物资标识清楚，摆放有序合理，符合安全防火措施。

（4）现场设专门的宣传栏宣传国家环境保护法及地方政府的环保条令。

（5）施工区域应设置明显的警示标识、安全标识，吊装区域用安全防护栏隔离。

（6）进场的钢构件应按照组装、吊装的顺序依次摆放。

（7）对施工交通机具需定期到管理部门审核，对尾气排放不合格的车辆不允许使用。

（8）由于所在区域周边植被脆弱，生长期缓慢，因此施工期间应尽量降低和减少对周边环境的不利影响，并在竣工后尽量恢复周边环境原貌。

（9）工人操作时要做到循序渐进，施工区域内的垃圾、废料要及时清运。所有参与施工的人员进行文明施工教育，提高全员的文明施工意识，让每位施工人员意识到文明施工是一个施工队伍的精神风貌的体现，是安全施工的可靠保证。

（10）施工道路应保持畅通，设置明显路标，不在路中堆放设备、材料等物品。

（11）安装工程应采取措施，尽量减少交叉作业。如必须进行立体交叉作业时应采取相应的隔离和防止重物在高空坠落的措施。

（12）施工区域内道路、组合场、施工作业区要配置足够的照明设施，并根据工程需要及时调整配备维护人员保持正常使用。

（13）生活、施工区范围内的通道、地面无垃圾，每个作业面都应该做到"工完料尽场地清"。剩余材料要堆放整齐、可靠，废料及时清理干净。

（14）施工临时电源要集中统一接线，标识清楚，明确责任人，定期检查维护。

（15）沟道、孔洞、平台、扶梯等处要有安全可靠的永久或临时栏杆或盖板，设立明显标识和安全警示牌。

（16）施工图纸，安装措施、施工记录、验收材料等齐全，技术资料归类明确，目录查阅方便，保管妥善，字迹工整。

9　环保、水保措施

（1）施工过程中应严格根据环评报告、水保方案及批复和工程环保水保策划的要求组织落实各项临时保护措施，如采取临时拦挡、覆盖、压实、临时截（排）水、沉砂设施、泥浆池等。

（2）临时占地事前须周密规划。须认真检查施工机械设备在施工过程中的状况，杜绝发生漏油等污染情况。原材料、工器具需铺垫彩条布，以减少对土壤的污染和对农田的复耕。

（3）场地平整，基础开挖产生的表土、基槽土须分开堆放并标识。基坑回填时，按先基槽土、后表土的顺序回填，并对施工现场进行全面清理。

（4）工程取土和弃土须在水土保持方案确定的地点办理，取得取土、弃土协议，并对取土、弃土场实施整治、保护和植被措施。

（5）塔基区：施工前剥离表土，生熟土分开堆放，并采取拦挡、苫盖、排水、沉沙等临时防护措施，施工结束后恢复植被措施。

（6）塔基施工场地：施工前场地铺垫苫布，布设临时排水沟、灌注桩基础泥浆沉淀池，施工污水不经沉淀或去污处理不得直接排入当地水系，施工结束后恢复植被措施。

（7）施工运输道路，力求做到少占良田耕地，绕避不良地质地段，在可能的条件下，尽量考虑与地方道路或乡村的机耕道相结合，并修筑好便道两侧的排水系统，保证地面径流的畅通，减少和避免边坡的冲刷，保证施工运输正常运营，保持水土。

（8）在施工过程中，还注意道路的养护和水土流失的控制，防止人为因素加剧其水土流失的程度。

（9）处于河网地区基础施工产生的泥浆、弃上、弃渣，采用集中堆放，委托地方外运至指定地点处理，避免发生水体污染和环境破坏。

（10）在施工中，注意保护耕地。施工时应根据实际施工需要与当地协商，争取少占农作物，不随意超出设计规划界限。工程竣工后，必须拆除临时设施和生活设施，对拆除后的场地和垃圾要进行平整和清理，防止污染环境和造成水土流失。

10　效益分析

目前，CAFS系统在欧美国家的石油化工领域应用广泛，但对于特高压换流站换流变压器设置CAFS系统，目前国内应用时间较短，相关设计、施工案例较少，尚没有针对CAFS安装的典型施工方法。根据实际工程应用测试，证明该系统可以在极短的时间内扑灭换流变压器的火灾，与目前广泛应用的水喷雾或者泡沫喷淋系统相比效果明显。

11 应 用 实 例

特高压换流站换流变压器压缩空气泡沫灭火系统（CAFS）目前已经在海南换流站、陕北换流站、雅中换流站、布拖换流站和白鹤滩二期换流站得到应用，取得了较好的工程效果。

第二部分　特高压换流站篇

典型施工方法名称：±1100kV 换流变压器（ABB 技术路线）安装
典型施工方法

典型施工方法编号：TGYGF001—2022—BD—DQ

编 制 单 位：国家电网有限公司特高压建设分公司

主 要 完 成 人：白光亚　刘　超　李天佼　宋洪磊　邢珂争
阮朝国　郑炳焕

目　次

1 前　言

换流变压器是特高压直流输电工程中至关重要的关键设备，是交、直流输电系统中换流、逆变两端接口的核心设备。换流变压器与换流阀一起实现交流电与直流电之间的相互转换，换流变压器为换流阀提供设计电压等级的交流电压，其阻抗限制了阀臂短路和直流母线上短路的故障电流，使换流阀免遭损坏。换流变压器的安装、投入和安全运行是工程取得发电效益的关键和重要保证。

换流变压器安装是特高压直流输电工程建设的关键环节。本典型施工方法重点介绍了±1100kV换流变压器（ABB技术路线）安装方法、工艺流程、安全质量控制要点等，为后续同类设备安装提供典型施工方法参考。

2 本典型施工方法特点

2.1 设备安装流程介绍详细，对安装人员机具准备、安装环境控制等方面说明清楚。

2.2 对换流变压器工艺处理特点及管控要点介绍全面、清晰。

2.3 安装安全质量控制介绍清楚，具备较强的参考性。

2.4 通用性高，推广性强，可广泛适用于同类型±1100kV换流变压器的现场安装。

3 适用范围

本典型施工方法适用于±1100kV换流变压器（ABB技术路线）现场安装（本典型施工方法仅供参考，各工程应根据工程实际情况编制作业指导书进行报审）。

4 施工工艺流程及操作要点

4.1 施工工艺流程图

换流变压器安装整体流程图如图2-1-1所示。

4.2 操作要点

4.2.1 施工准备

施工准备包括土建交付安装条件核实、安全技术交底、工器具及材料的准备等工作。

（1）土建交付安装的条件已具备。

1）安装区域混凝土基础、沟道、降噪钢构基础、换流变压器轨道等土建工程施工完成并验收合格，场地平整。

2）安装区域及周边的土方挖填、喷砂、墙及地面打磨等产生扬尘的作业应全部完成。

3）预埋件位置正确，基础标高和水平度应符合设计和制造厂要求，表面平整度≤8mm，基础中心线位移≤

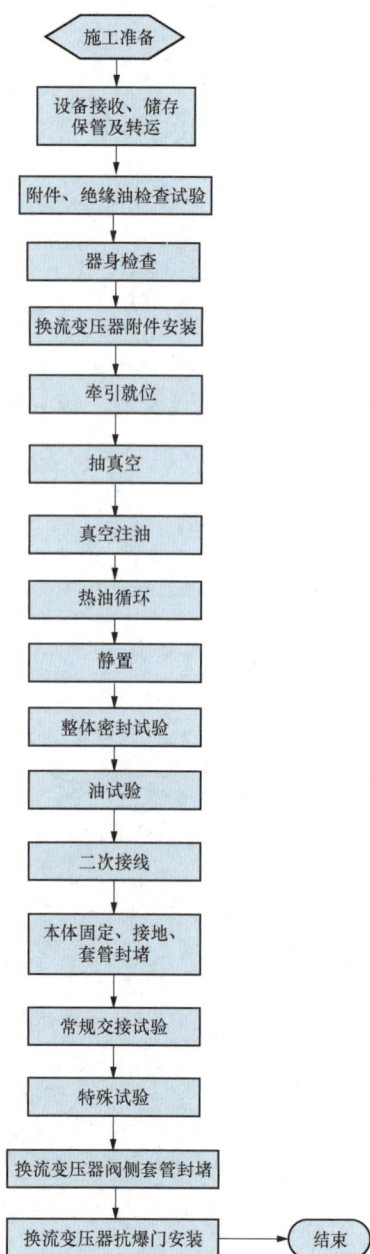

图2-1-1 换流变压器安装整体流程图

（流程图内容从上至下依次为：施工准备 → 设备接收、储存保管及转运 → 附件、绝缘油检查试验 → 器身检查 → 换流变压器附件安装 → 牵引就位 → 抽真空 → 真空注油 → 热油循环 → 静置 → 整体密封试验 → 油试验 → 二次接线 → 本体固定、接地、套管封堵 → 常规交接试验 → 特殊试验 → 换流变压器阀侧套管封堵 → 换流变压器抗爆门安装 → 结束）

10mm，标高偏差≤5mm，并在基础上画出准确就位参照轴线。

4）安装区域的主接地网施工完成。

5）阀厅换流变压器阀侧套管临时封堵应完成。

6）临时格栅已铺设。

7）阀厅建筑工程及环境符合换流变压器阀侧套管伸入条件，并应做好相关安全防护措施。

8）有可能损坏已安装换流变压器或安装换流变压器后不能再进行的封堵、消防、装饰等工程全部结束。

9）建筑物、混凝土基础、地面、阀厅等建筑工程应通过中间验收合格，并已办理交付安装的中间交接手续。

（2）防风沙防潮措施已布置到位。

1）第一重直接防护：换流变压器本体器身的防护措施由厂家负责，安装单位协助完成。即安装套管时设置防尘裙，进入人孔处设置门帘，压力释放装置等处设置防尘罩。采用干燥空气发生器维持器身微正压。安装附件前清洁附件、本体作业面浮尘。安装技工要求经验丰富、熟悉操作流程、责任心强，尽量减少装配时间。

2）第二重设置防尘棚防护：现场设置防尘过渡间，换流变压器内检、阀侧套管对接等工作均在防尘过渡间内进行，进一步减少风沙对安装工作的影响。换流变压器内检防尘棚如图2-1-2所示，阀侧套管对接防尘棚如图2-1-3所示。

图2-1-2　换流变压器内检防尘棚

图2-1-3　阀侧套管对接防尘棚

3）第三重周围环境的防护措施：安装区域20m范围内，裸露沙尘地表采用防尘布遮盖；应覆盖地面及时清洁，减少浮尘。避免在四级以上大风天气下进行附件安装作业。控制场区车辆行驶速度，合理安排安装区域周围易引起扬尘的其他施工作业。防风沙措施设置专人检查，未达到要求严禁施工。

（3）辅助设施条件已具备。

1）机具、设备的工作电源稳定可靠，电源箱布置合理，便于使用。

2）安装区域照明充分。

3）安装通道畅通、无遮挡、无阻塞。

（4）安全文明施工条件已具备。

1）安装现场区域划分合理，隔离、警示措施齐全有效。

2）安装区域安保措施完善，出入口专人管理。

3）防火、防汛、防中毒、防雷、防触电等安全防护设施齐全。

4）安装区域内不应存在影响换流变压器安装的交叉作业。

（5）滤油区域布置及准备完成。针对换流变压器的绝缘油，事先布置好滤油设备区，确定滤油机、真空泵、油罐的位置及电源箱位置；冬季施工如采用低频加热装置，应将低频加热装置摆放位置、电源引接、一次引线接线方式等一并考虑。

逐罐将油罐中的绝缘油进行取样试验并保证合格，准备好油处理设施和注油设备。安装好油处理管道，做好热油循环的准备工作。清洗干净储油柜，将残油排尽。对油罐区、附件处理区、安装作业区、油管路堆放区、施工机具摆放区等由于引起油污渗漏，污染换流变压器广场地面的区域，应采取针对性措施，如地面敷设塑料薄膜、吸油毯等。

（6）施工电源准备完成。换流变压器施工电源采用三相五线制，高端换流变压器施工过程中，使用1台20000L/h的滤油机（257kW），2台真空泵（25kW），1台干燥空气发生器（30kW），电源取自高端换流变广场的两个检修箱（630A和1250A）。为确保高端换流变压器区域机械设备正常使用，须配置至少一个630A及一个400A临时电源箱，布置于广场两个正式检修箱旁。依据现场临时电源布置情况测算电源线规格，通常，检修箱至电源箱之间至少采用 $3\times185+2\times95$ 电源线，滤油机至电源箱之间至少采用 $3\times120+2\times95$ 的电源线，真空泵和干燥空气发生器使用 $3\times25+2\times16$ 的电源线。高端换流变压器区域功率明细表见表 2-1-1。

表 2-1-1　　　　　　　　　高端换流变压器区域功率明细表

设备名称	单个功率（kW）	数量	总功率（kW）
20000L/h滤油机	257	2	257
真空泵	25	2	50
干燥空气发生器	30	1	30
抽油泵	3	1	3
盘路就位机械设备全套（如卷扬机、电动泵）	80	1	80

（7）技术准备完成。

1）安装前，应检查换流变压器安装图纸、出厂技术文件、产品技术协议、有关验收规范及安装调试记录表格等是否备齐。

2）安装前，技术负责人应详细阅读产品的安装说明书、装配总图、附件一览表以及各个附件的技术说明及产品技术协议等，了解产品及其附件的结构、性能、主要参数以及安装技术规定和要求。

3）在安装前，厂家人员需对安装单位进行交底。在安装过程中，由厂家人员全程进行现场安装指导。内检工作应由厂家人员进入换流变压器本体内，施工单位配合。

4）施工单位应按照标准化模板编写作业指导书，进行审批及办理报审手续。

5）设备制造厂除提供安装指导说明书外，还需根据产品安装工艺特点，编写设备安装施工风险辨识、评估及预控措施说明书，提供给施工单位。

6）技术负责人应对施工人员做详细的技术交底，同时做好交底记录。技术交底应包含但不限于以下内容：图纸设计特点及意图、工作内容及范围、施工程序及主要施工方案、主要质量要求及保证质量措施、职业安全健康及环境保护等。

7）施工人员应按技术措施和技术交底要求进行安装，对安装程序、方法和技术要求做到心中有数，并熟悉厂家资料、安装图纸、技术措施及有关规程规范等。

4.2.2　设备接收、储存保管及转运

（1）换流变压器本体接收及检查。

1）换流变压器本体应由大件运输单位卸车牵引至安装单位指定的工作地点，换流变压器应卸车至专用运输小车上。

2）换流变压器牵引至安装地点后，应检查小车中心线是否与换流变压器本体器身轴向中心线重合、与换流变压器基础轴向中心线重合，误差不大于 10mm。换流变压器小车支撑换流变压器的相对位置应符合厂家技术文件（或大件公司提前与制造厂沟通），保证小车支撑安全。若换流变压器长时间不安装或长时间不就位时，应在换流变压器底部加垫额外的支撑点，防止换流变压器底板变形。换流变压器小车车轮无偏移、方向与轨道一致顺直。

3）检查换流变压器千斤顶支撑部位、器身底部、器身周围应无变形，无明显磕碰，无明显凹陷。

4）所有未拆卸并与主体一起运输的零部件是否在正确位置且未被损坏。

5）检查主体外观是否有机械损伤，表面油漆是否有损坏。

6）检查主体各人孔、蝶阀等处密封是否严密，螺栓是否紧固牢靠。

7）对于充氮运输的换流变压器本体应设置压力监视装置和气体补偿装置，检查气体正压力是否正常（气体压力常温下应保持 0.02～0.03MPa），补充气体气源露点应低于−55℃。

8）检查换流变压器器身顶部、侧部安装的冲撞记录仪数值，数值不应大于 3g。

9）以上检查结果合格后，大件公司与安装单位、监理、厂家、物资、业主办理交接手续。

（2）附件接收及检查。

1）附件卸车后，其包装箱应完好、无变形、无破损，附件总件数与到货清单一致。

2）附件清点检查时，应按照装箱清单检查运输件是否齐全；内部易碎件、表计、气体继电器、安装所需配件螺栓及消耗材料等附件应齐全，无损伤、污染。

3）套管到达现场，外包装应完好，无破损，包装箱上部无承载重物，包装箱底部无漏油油迹，套管冲击记录显示正常，±1100kV 换流变压器套管冲击记录值不应大于 2g。

4）套管开箱验收，应使用撬杠、扳子、锤子等工具小心开启拆箱，工作人员在包装箱的两侧，由一端将上盖打开，随着开启的深入，应逐步跟进加横木垫起，再将两个侧面板拆开。拆卸时应注意观察，避免工具磕碰到套管。拆装时工具深入套管箱不超过 100mm，以保证套管安全。

5）套管开箱后应逐层进行检查，套管包装的内部定位应完好，无破损、位移及悬空，防护加垫完好，无脱落，套管表面无磕碰及划伤。均压球应清洁、光滑无碰伤，安装位置正确，无偏移。如有异常，应进行拍照并及时通知有关厂家。

6）套管的起吊应严格按照套管的使用说明书进行操作。垂直起立后油压表的压力应在正常范围内。起立后套管密封连接部位无异常、无渗油问题。

7）升高座外包装应无破损，表面无碰伤及划伤，升高座冲击记录显示正常。

8）充氮运输的升高座应无泄露问题。

9）TA 端子板密封应良好，无裂纹。引出导柱无弯曲、断裂等情况。

10）TA 紧固良好，检测并核对 TA 参数及对应套管位置是否符合铭牌要求。

11）储油柜表面应无碰伤、划伤及变形，储油柜外部应清洁，各密封处应密封良好。

12）冷却器包装箱应完整，开箱检查时冷却器表面应无碰伤、划伤及变形，箱底无渗漏油现象。

13）有载开关表面应无碰伤、划伤及变形，有载开关外部清洁，各密封处应密封良好。内部干燥空气气压应符合产品出厂文件。

（3）储存保管。

1）按原包放置于平整、坚实、无积水、无腐蚀性气体的场所，对有防雨要求的设备应采取相应的防雨措施。

2）对于有防潮要求的附件、备件、专用工器具及设备专用材料，应置于干燥的室内，特别是组装用"O"形密封圈等。

3）所有运输用临时防护罩在安装前应保持完好，不得取下。

4）非充气元件的保管应结合安装进度、保管时间、环境做好防护措施。

5）SF_6气瓶应存放在防晒、防潮和通风良好的场所，不得靠近热源和油污的地方，严禁水分和油污粘在阀门上。

6）SF_6气瓶与其他气瓶不得混放。

7）绝缘油应密封良好，并使用接地线防止静电起火。

8）充气运输的换流变压器本体需定时检查内部气体压力，如压力不足需及时补气。

（4）转运。

1）起吊。根据装箱清单或包装箱出厂检查卡（唛头），确认货物总重量，然后选择合适的金属绳和吊钩（制造厂有专用要求的必须按照制造厂的要求选择专用吊具，并按照制造厂规定的位置进行吊装）。设备转运必须由专业吊装人员进行吊装，吊装过程要求匀速、平稳。有包装箱条件下吊起时，要水平或垂直四个点吊起。吊举位置在吊钩处或者吊点标记处。不允许多层叠加后吊装，吊装示例如图 2-1-4 所示。

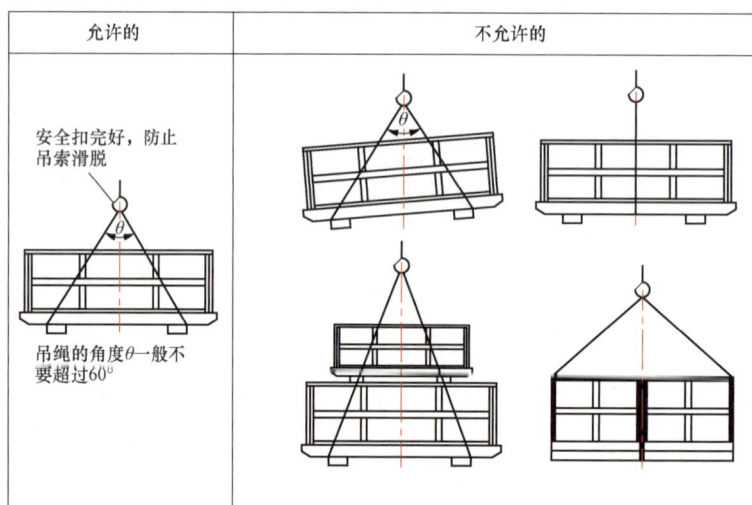

图 2-1-4 吊装示例

无包装条件下吊起时，必须带有可调节水平姿态的吊具，如手拉葫芦。用于绑扎设备外壳的绳索不能使用裸露的金属等硬质绳索，应使用柔性吊带，以防损伤设备表面的漆膜。应优先选用制造厂提供的专用吊具进行吊装作业。转运时，人员与物资保持足够的安全距离并时刻关注吊钩的连接状况。

2）运输。运输、包装、卸货时的加速度管理必须按不超出设备的抗震设计能力实施，并通过安装三维冲撞仪进行实时监测。放在底座运输的汇控柜，为便于固定及内部元件防护，原则上将汇控柜设置在驾驶座侧且柜面朝向行进方向，采取妥善固定措施，防止柜体晃动。换流变压器附件二次转运和设备进场顺序的组织安排必须与设备安装顺序及实际进度相协调一致，配合恰当。不能盲目转运设备，避免造成场地拥挤，设备堆集，安装秩序混乱等现象。

（5）其他注意事项。

1）在拆包作业时，不要随意松动设备紧固螺栓、拆卸部件。

2）已施加 0.02～0.03MPa 内压的元件，装卸过程中应予以充分注意（视为压力容器，轻拿轻放）。

3）工作休息间隙，不得将重物在空中悬停。地面有人或落放吊物时应示警，严禁吊物从施工人员正上方越过。吊运物件离地不得过高。若突然停机，吊物停在半空中，必须安排专人看守。

4）重吨位物件起吊时，应先稍离地面试吊，确认吊挂平稳，制动良好，然后升高，缓慢运行。

5）在吊装、运输卸货时必须充分注意，应使用牵引绳控制吊运物件处于受控转运，防止与其他物件发生触碰，特别要做好套管、精密仪器、绝缘件等的防护。

6）对于运输方向有专门要求的（如阀侧升高座），要严格按照设备上标识的吊装方向、运输方向、翻转方向进行转运。

4.2.3　附件、绝缘油检查试验

（1）注意事项。

1）附件检查时，应注意使用的撬杠不磕碰、损坏设备附件表面漆层及瓷件。

2）冷却器进行油冲洗及密封试验时，应注意保持现场文明施工，防止跑油事故污染环境。

3）油枕胶囊密封试验时，应注意严格按照厂家说明进行操作，防止因充入压力过大造成胶囊破损。

4）施工时做好防触电、防火灾事故措施。

（2）工作流程：冲击记录仪读数检查→设备外观开箱检查→充气运输设备压力检查（充油设备油位检查）→冷却装置及管路密封检查→储油柜胶囊检查→呼吸器检查→瓦斯继电器、压力释放阀、温度计送检。

（3）工作分工。

1）安装单位负责开箱检查及记录。

2）制造厂负责冲击记录拆除及数值读取，建设单位、监理单位、物资单位及运行单位见证。

（4）检查项目。

1）冷却装置及其连接管道应无锈蚀、积水或杂物。如有，应清理干净。应按规定的压力值或 0.03MPa 的压缩空气进行密封试验，持续 30min 应无渗漏，并用合格的油冲洗干净，将残油排尽后密封保存，风扇电机绝缘良好，叶片转动灵活无碰擦。油泵动作正常，油流继电器指示正确。

2）管路中的阀门应操作灵活，开闭位置正确，阀门及法兰连接处应密封良好。

3）胶囊式储油柜的胶囊应完整无破损。由施工单位及厂家进行胶囊外观检查，监理见证。整体运输的胶囊需进行压力检查及外部清理；分开运输的胶囊应从呼吸口缓慢充干燥空气检查，充入压力和持续时间必须符合厂家技术要求，压力无降低。胶囊沿长度方向与储油柜的长轴保持平行，不得扭偏，胶囊口的密封良好，呼吸通畅。油室内壁要清洗，并检查有无毛刺、焊渣等情况。油位计传动机构应灵活，无卡阻现象，蜗杆与伞齿的啮合应良好无窜动，柱头螺栓紧固，摆杆的位置应与指示值对应，信号接点动作正确。

4）充气运输套管气体压力（充油套管油位）指示正常，无渗漏，瓷件表面无损伤。套管外部及导管内壁、法兰颈部及均压罩内壁应清洗干净。

5）呼吸器安装前应检查下滤网是否完好，吸附剂是否干燥，如受潮，应根据厂家要求进行处理。

6）压力释放阀按要求校验合格。压力释放装置的阀盖和升高座内部应清洁，密封良好，绝缘应良好。

7）本体瓦斯继电器、温度计应送具备相关资质的单位进行校验。膨胀式信号温度计的细金属软管不得有压扁或急剧扭曲，其弯曲半径不得小于 100mm。

8）套管应经试验合格，末屏接地良好。

9）升高座 TA 试验合格。出线端子板绝缘良好，接线牢固，密封良好，无渗油现象。

10）气体继电器、温度计、压力释放阀应经校验合格。

11）安装换流变压器前，应初步确认换流变压器本体绝缘是否处于良好状态。判断依据如下：

a. 换流变压器的气体压力安装前是否均保持正压（根据保管记录）。

b. 换流变压器取残油做微水、耐压试验是否合格。残油电气强度≥40kV/2.5mm；含水量≤20mg/L。

c. 运输过程中的冲撞记录值是否超过厂方规定，无规定时均不应大于 3g。

d. 用绝缘电阻表测量铁芯引线对地、铁芯对夹件、夹件对地的绝缘电阻。铁芯和夹件的绝缘试验合格。

4.2.4　器身检查

（1）注意事项。换流变压器在安装前须进行器身检查，通过油箱下部的人孔进入油箱检查器身。器身检查应由厂家人员完成。

1）凡雨、雪、风（4 级以上）和相对湿度 75％以上的天气，不得进行器身内检。

2）换流变压器在器身检查前，必须用露点低于−55℃的干燥空气补充进入本体。

3）在内检过程中必须向箱体内持续补充干燥空气，补充干燥空气速率必须满足使油箱内的压力保持微正压。

4）器身检查时，每次只打开一处盖板，并用塑料薄膜覆盖，连续向油箱内充入露点小于−55℃的干燥空气。本体露空时间（从开始打开盖板破坏产品密封至重新抽真空止）应满足表 2-1-2 要求。

表 2-1-2　本体露空时间要求

环境温度（℃）	≥0	≥0	≥0
空气相对湿度（％）	65～75	20～65	20 以下
持续时间不大于（h）	8	10	16

5）器身检查时，场地四周应有清洁、防尘措施，紧急防御措施。

6）器身检查前应充分考虑真空破氮：将油箱壁上部的真空阀门接至真空机组，打开真空阀，开启真空机组进行抽真空。当油箱内残压达到 1000Pa 时，持续抽真空 2h，然后停止抽真空。将油箱下部阀门接至干燥空气发生器，开启干燥空气发生器，以 0.7～3m³/min 的流量向油箱内注入干燥空气解除真空。

7）充氮气运输的换流变压器直接补充合格的干燥空气进行器身检查。检查前应确保内部氧气含量为 19.5％～23.5％。

8）器身检查工具必须擦洗干净，并专人登记工具使用情况，保证无异物掉入油箱内。

9）进入换流变压器内部进行器身检查工作须由厂家人员完成。检查人员必须了解内部结构，必须穿着进箱专用服进入油箱，保证服装干净清洁，保证不污染器身。

10）线圈引出线不得任意弯折，须保持在原安装位置上。不得在导线支架及引线上攀登，避免造成变形、损坏。

11）器身检查完成后，检查带进去的物品是否全部带出，然后立即盖上人孔盖板，对内部抽真空至 100Pa 及以下时，注干燥空气保存，或者按照厂家技术文件要求进线抽真空。

（2）工作流程：确保器身内部含氧量达标后进入内部检查→拆除临时支撑件→检查内部紧固件→检查铁芯、线圈、夹件、分接开关及引线→检查内部木件→检查油箱内壁及箱壁屏蔽装置→检查磁屏蔽接地→检查油箱内部残油。

（3）工作分工。

1）安装单位负责提供检查所需的机械设备及材料，监理单位监督执行。

2）制造厂负责器身内部检查。

（4）检查项目。

1）换流变压器器身内检：器身内部检查的项目和要求应符合产品技术文件的规定，当无规定时，应符合下列规定：

a. 运输支撑和器身各部位应无移动现场，运输用的临时防护装置和临时支撑件应予以拆除，并将其带出油箱。

b. 所有可见连接处的紧固件是否松动，并将所有紧固件紧固一遍。绝缘螺栓应无损坏，防松绑扎完好。

c. 铁芯应无变形，铁轭与夹件间的绝缘垫应完好，铁芯、夹件对地及两者之间绝缘良好，铁芯拉板及铁轭拉带应紧固。若发现异常，立即与供货商联系，由供货商判断其性能是否受影响，并做相应处理。

d. 绕组绝缘层应完整，无缺损、变位现象，各绕组应排列整齐，间隙均匀，油路无堵塞，检查所有器身正、反压钉，确保压钉处于压紧状态，压钉锁紧螺母处于锁紧状态。

e. 绝缘围屏绑扎应牢固，围屏上所有线圈引出处的封闭应良好。

f. 引出线绝缘包扎应牢固，无破损、拧弯现象；引出线绝缘距离应合格，固定牢靠其固定支架应紧固，引出线的裸露部分应无毛刺或尖角，其焊接质量应良好，引出线与套管的连接应牢靠，接线应正确。

g. 绝缘屏障应完好，且固定牢固，无松动现象。

h. 对于强油风冷变压器，强油循环管路与下轭绝缘接口部位的密封应完好。

i. 检查油箱内壁及箱壁屏蔽装置，有无毛刺、尖角、杂物、污物等与产品无关的异物，并处理、擦洗干净。

j. 检查磁屏蔽的接地线是否接触可靠。

k. 铁心与夹件间的绝缘是否良好（可用 2500V 摇表检查），是否有多余的接地点。

l. 最后在油箱内进行清理，清除残油、纸屑、污秽杂物等。

2）分接开关吊芯检查。

a. 总体检查. 检查绝缘筒内部是否有异物；变压器油是否有炭黑或其他污染痕迹，保持内部清洁。调压切换装置各分接头与线圈的连接应紧固正确；各分接头应清洁，且接触紧密，弹力良好；转动接点应正确地停留在各个位置上，且与指示器所指位置一致；切换装置的拉杆、分接头凸轮、小轴、销子等应完整无损；转动盘应动作灵活，密封良好。

b. 切换芯子安装前检查：

（a）绝缘筒内壁光滑、无毛刺，是否存在异常的受力、放电痕迹，绝缘筒壁触头是否存在异常痕迹；

（b）真空泡外观是否存在异常；

（c）各机械触头是否光滑，是否存在明显的放电或烧蚀痕迹；

（d）主触头弹簧触指是否工作良好，是否存在卡涩现象；

（e）各机械触头、拨叉、拨钉、驱动轴是否有明显受力、弯曲、变形等异常痕迹；

（f）所有连接线是否有松动、连接不可靠问题；

（g）机械传动杆、连接部位、齿轮盒是否存在受力或弯曲现象。

c. 分接选择器检查：

（a）各触头、连接部件是否光滑、无明显放电痕迹；

（b）动触头与静触头是否可靠连接；

（c）从顶部往下看，双极动触头驱动臂是否完全重合。

d. 安装前，确认各安装位置，提前清点检查零部件个数，防止漏装及掉落切换开关油室内部。

e. 安装时，将开关与主体通过管路连接，使开关与主体同时抽空注油。

4.2.5 换流变压器附件安装

（1）注意事项。

1）换流变压器附件安装时应按安全管理规定使用起重机等机械，起吊应检查起重机各项性能是否正常，起重机支撑到位无倾斜，吊带、钢丝绳完好无磨损选用合适，吊物时重心无偏斜，起重机操作人员应看清指挥信号等措施到位，防止发生机械伤害等事故。

2）高处作业应系好安全带，作业人员安全防护措施到位。

3）现场应做好安全文明施工，换流变压器周围应用塑料布进行铺设，防止附件残油污染换流变压器广场。

4）现场安全监护及指挥作业人员必须到位，且对全体施工人员交底到位，各施工人员明确施工内容。

5）套管、升高座、有载开关安装时，器身内部人员应做好设备内部对接工作，并与器身外安装人员做好沟通工作，进入器身内部人员所带物品需进行登记，防止遗留在器身内部，杜绝带入小金属物件。

6）套管、升高座、有载开关等大型物件吊装前应使用厂家专用吊具，并与厂家技术人员沟通好附件吊点，保证起吊附件重心与吊索不偏移。起吊前检查好附件与包装箱底部固定措施已拆除、起吊应平稳。

7）在进行升高座、套管安装时换流变压器内部引线穿引工作应由厂家进行，穿引工作需细致，防止刮伤引线表面绝缘。

8）厂家在器身内部安装工作应符合技术规范书要求。

9）附件安装时天气应满足器身内部检查要求，且需持续向器身内部充入－55℃以下露点的干燥空气。

（2）工作流程：冷却器安装→储油柜安装→网侧及中性点升高座及套管安装→阀侧出线装置及套管安装→其他附件安装。

（3）工作分工。

1）安装单位负责所需机械设备及材料准备、附件吊装，监理单位监督执行。

2）制造厂负责设备内部引连线对接、关键工艺环节质量控制、配合施工单位进行安装技术指导工作。

（4）工作步骤。

1）冷却器安装。

a. 按冷却器安装使用说明书及冷却器安装图进行安装。

b. 从包装箱内取出冷却器，并把它放在垫有木板的地面上。冷却器端部（有放油塞的一端）要垫上胶皮，防止冷却器起立时与地面磕碰而损伤。

c. 检查冷却器是否在运输过程中损坏。

d. 用吊钩挂住冷却器上端的吊环，缓慢将冷却器立起。打开冷却器下部放油塞，放掉冷却器内部残油，拧紧放油塞。

e. 冷却器安装前，确保其密封性良好，无杂质和异物，否则用合格的变压器油对冷却器内部进行循环冲洗，直到内部清洁干净为止。

f. 安装前需将联管上盖板和主体上相应的盖板拆下，将端口的油用干净的抹布擦拭干净。

g. 安装冷却器上、下部导油管。

h. 将冷却器支架装配在底座上，再将四组冷却器分别吊装到支架上（如冷却器无基础，无此步骤）。

i. 冷却器及支架装配后，将起吊工具固定在冷却器吊拌上，使吊绳略绷紧后拆除底座，再整体起吊。

j. 将冷却器及支架同主体导油管对接装配。

k. 有序地紧固冷却器上的法兰连接，确保在密封处达到密封效果为止。在法兰连接处，螺栓不能偏斜，否则不能紧固螺栓。

l. 风扇电动机及叶片应安装牢固，并应转动灵活，无卡阻；试转时应无振动、过热；叶片应无扭曲变形或与风筒碰擦等情况，转向应正确；电动机的电源配线应采用具有耐油性能的绝缘导线。

m. 管路中的阀门应操作灵活，开闭位置应正确；阀门及法兰连接处应密封良好。

n. 油泵转向应正确，转动时应无异常噪声、振动或过热现象，其密封应良好，无渗油或进气现象。

o. 油流继电器应经检验合格，且密封良好，动作可靠。

2）升高座安装。

a. 升高座安装前，其电流互感器的变比、极性及排列应符合设计且试验应合格。电流互感器接线螺栓和固定件的垫块应紧固，端子板应密封良好，无渗油现象，清洁无氧化。

b. 安装升高座时，升高座法兰面与本体法兰面平行，放气塞位置应在升高座最高处，无渗漏。

c. 电流互感器和升高座的中心应一致。

d. 绝缘筒应安装牢固，其安装位置不应使变压器引出线与之相碰。

e. 阀侧升高座安装过程中，应先调整好角度后再进行与器身的连接。

f. 电流互感器二次备用绕组应经短接后接地。

g. 中性点及网侧升高座垂直安装。

将吊绳固定在升高座主体吊拌上，用吊绳将升高座吊至平整的地面上（地面要铺干净的塑料布或木板），拆除升高座下部保护罩（底座）。

起吊升高座时使用升高座专用吊孔，将升高座吊至箱盖上相应的法兰孔处缓慢落下，对正安装孔，对角紧固螺栓。

3）网侧及中性点套管安装。

a. 充油套管宜根据规程规范要求进行套管油油色谱试验。

b. 充油套管的内部绝缘已确认受潮时，应与制造厂联系处理。

c. 检查套管上的吊环是否牢固，如不牢固需用扳手将其紧固。

d. 将套管安装在升高座上，对正安装孔，对角紧固螺栓。

e. 安装套管时，要有专人看护，以防套管与升高座相碰而损坏。起吊过程中严禁套管尾部受力。

f. 套管吊装宜利用厂家专用工装进行吊装。

g. 套管必须清洁、无损伤、油位或气压正常。套管内穿线顺直、不扭曲。

h. 引线与套管连接螺栓紧固，密封良好。

i. 套管末屏应接地良好。

j. 套管安装后紧固拉杆螺母，在拉杆上施加50kN的力，保持1min。再将拉力降至40kN，用套筒扳手拧紧套筒，从而紧固拉杆螺母，并记录留存。整个网侧套管安装过程需参考ABB套管相关技术文件要求。

4）网侧套管垂直安装。

a. 网侧套管采用双钩起吊。

b. 用吊绳穿扣的方法将吊绳1固定在套管上勒紧（第一节瓷套和油枕之间）。

c. 起重机主钩吊绳2绑扎：将吊绳2的两端（有套扣）通过卸扣固定在套管下部吊孔上，另一端穿过第一节瓷套和油枕之间的绑绳固定在主钩上（套管头部有专用吊孔且佩带专用吊具，则使用专用吊具）。

d. 起重机副钩吊绳3绑扎：将吊绳一端通过卸扣固定在套管下部法兰上（有专用吊孔则使用专用吊孔起吊），另一端固定在副钩上。

e. 起重机主钩与副钩同时起升，待套管起升至足够高度后，主钩与副钩交替上升下降，起吊时对套管做好保护。

f. 缓慢起吊套管至垂直状态，撤去副钩及其吊绳。将套管吊至网升高座上方，套管缓慢下降，连接引线，对正安装孔，对角紧固螺栓。

5）中性点套管的安装。将一根吊绳固定在套管法兰上，另一根吊绳固定在套管上部顶端，起重机套管，起重机主钩与副钩交替上升下降，直至套管呈垂直状态，将套管缓慢吊至中性点升高座上方，连接好引线，对正安装孔，对角紧固螺栓。

6）阀侧出线装置及套管安装。由于内部结构不同，±1100kV高端换流变压器阀侧升高座及套管安装方式不同于±825kV高端换流变压器阀侧升高座及套管安装。±1100kV阀侧升高座为整体运输，"L"形组装，配专用阀侧套管与升高座的安装平台，如图2-1-5所示。而±825kV阀侧升高座分为三节运输，升高座与套管无须在安装平台上对接。

图2-1-5 阀侧套管与升高座的安装平台

7）±1100kV阀侧升高座及套管安装。

a. 阀侧升高座整体运输到现场后，需要从运输底座工装中吊起并翻转，安装到阀侧升高座支架上。

b. 阀侧升高座摆放至平台后，利用两侧各 2 处拉伸螺栓进行固定，防止套管对接过程导致滑位。

c. 安装阀套管吊具及导电杆牵引专用工装。将牵引杆工装拧在导电杆上，并将导电杆向套管尾部推入。阀套管吊具及导电杆牵引专用工装安装如图 2-1-6 所示。

d. 拆卸套管侧运输盖板中心处的法兰盲板，松开内部的固定导电杆的螺栓，将专用吊具安装到运输盖板上，拆卸盖板的过程中始终向油箱中充入干燥空气，减少绝缘件的吸潮。

e. 在运输盖板上安装专用吊具，松开运输盖板与阀升高座法兰连接处的螺栓，通过运输盖板顶部的吊耳，将运输盖板及里面的支撑管及工装吊起，并水平移出，移出的过程中要小心，避免支撑管损坏升高座内的绝缘。运输盖板吊出后，拆下专用吊具，复装盖板，将运输盖板及支撑管用塑料布包裹好并妥善保管。

f. 检查阀升高座内部出线绝缘的定位及完好性。

g. 在 TA 法兰上部的吊耳处安装专用吊具，确保 TA 吊运时能竖直吊运。将 TA 安装在阀升高座上，安装前要检查密封圈是否完好，如密封圈变形或损坏及时更换。安装完成后，紧固法兰处的螺栓。然后用塑料布覆盖法兰面。TA 法兰上部吊耳处安装专用吊具如图 2-1-7 所示。

图 2-1-6　阀套管吊具及导电杆
牵引专用工装安装

图 2-1-7　TA 法兰上部吊耳处
安装专用吊具

h. 测量阀升高座安装套管侧的运输盖板垂直面及水平面。如果有偏差，用固定升高座的 4 个可调节拉杆对升高座的位置进行调节，调节符合要求后对升高座进行紧固。解除升高座内的压力，打开与器身连接侧的运输盖板上的 DN50 球阀，排净阀升高座内的残油。

i. 拆卸阀套管尾部的运输桶，将套管从运输桶中吊出，调节吊绳上的手动葫芦，使套管保持水平。

j. 调节吊绳上的手动葫芦，使套管保持水平。利用吊车将 9.87t 重的阀套管吊起，用 2 根绳子 4 点固定套管用以防风，每点配重 30kg。安装时套管固定不动，阀侧出线装置放置在小车上。将小车向套管方向移动，完成套管和阀侧出线装置对接安装，小车由链条葫芦控制前后移动。由于套管尾部长约 3.2m，对接前需测量阀出线装置法兰面至轨道顶端距离，确保满足对接安装要求。对接安装过程需使用防尘棚，确保对接安装面干净。

k. 阀出线装置及阀套管水平缓慢对接，当套管尾部接近阀侧出线装置法兰面处时，连接导电杆。然后小心将阀套管送入到阀侧出线装置内的出线绝缘内，安装过程中要仔细检查，避免损坏出线绝缘，随着套管尾部的送入，逐渐拉出导电杆，当阀套管的法兰与阀侧出线装置的法兰对正并连接到一起后，紧固法兰上的螺栓。小心松开吊绳，检查阀侧出线装置的支撑工装，确保无误后拆卸吊绳。过程中避免套管晃动，确保套管法兰面与出线装置法兰面上、下、左、右四点的水平距离后进行对接。

阀套管安装完成后，在套管头部安装密封盖，向阀升高座内充入干燥空气，干燥空气的露点≤−55℃，充气至阀升高座内压力至20～22kPa后停止充气，充气保存。

8）±1100kV阀侧出线装置及套管整体吊装。

a. 将阀出线装置上两处吊点至吊钩距离调至7m后起吊钩，当吊钩与阀侧重心调整至同一垂直线上时才能将阀侧整体平稳起升。吊车听从起重指挥指令，慢慢整体抬起，当阀侧出线装置受力后，松开安装平台固定拉伸杆。

b. 吊升1m左右后，调整套管头部的吊车，使套管头部抬起至与水平地面成15°后，将阀侧出线装置下部的运输盖板拆下，然后用干净塑料布将尾椎密封包裹。

c. 整体吊起至高于箱盖以上后，平移至箱盖上对应的位置，将阀出线装置缓慢落下至箱盖上的两个定位柱内，阀出线装置落到位后，插入4根定位销并紧固。同时将配重挂到导电杆牵引钢丝绳上，随着阀出线装置的落下，用200kg配重逐步将导电杆拉出。

d. 将两根阀出线装置支撑杆安装到出线装置两侧的吊拌上并固定。阀侧套管和出线装置整体吊装如图2-1-8所示，阀出线装置支撑杆安装示意图如图2-1-9所示。

图2-1-8　阀侧套管和出线装置整体吊装

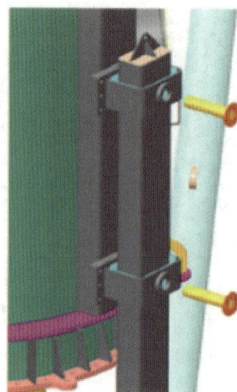

图2-1-9　阀出线装置
支撑杆安装示意图

e. 检查阀出线的定位和接线柱的位置是否满足图纸要求，确认无误后，通过牵引导电杆将接线柱调整到合适的位置，在接线处做好防护，避免出线连接时螺栓意外落入油箱内，用螺栓将6根导线连接到一起，将阀出线绝缘再次进行插入前的定位检查，清理法兰处的所有塑料布等辅助材料。

f. 将200kg配重吊起至离地面2m以上的位置，将4支定位销拔出，将两根升高座的支撑杆从支座上整体拆下，然后拆下绑在升高座下部的吊绳，启动起重机，继续缓慢地使升高座及套管向下落下，直至升高座法兰与油箱上盖法兰连接到一起，紧固法兰处的螺栓。

g. 使用液压千斤顶在拉杆上施加40kN的拉紧力。

9）±825kV阀侧出线装置吊装。

a. 拆除阀侧引线与运输盖板之间的安装件，依次安装三节出线装置。

b. 按照图纸要求调整好阀引线末端均压球的位置。

c. 连接阀侧引线与阀套管金属导杆，将保护管套在金属导杆上，防止安装升高座时金属导杆戳破绝缘筒。

d. 阀侧升高座采用单钩起吊，起吊后操动手拉葫芦，使升高座呈倾斜状态。

e. 对正安装孔，对角紧固螺栓，使阀侧升高座与油箱安装牢固。

f. 阀升高座2安装前安装导电杆牵引工装和均压球，安装过程中用塑料布做好覆盖。将牵引绳通过牵引工装送入屏蔽筒中，并从屏蔽管中引出，连接挂钩处的绳头需用软皮（或其他材料）包裹防护，避免拉引线时划伤屏蔽管内壁，牵引绳的另一端连接配重。对接结束后，拆除阀升高座2上部的牵引工装，将引线端子引出屏蔽管，拆下牵引绳及配重。并按照厂家图纸要求按照图纸要求安装导电杆及均压球。

g. 阀升高座3与阀升高座2对接后，及时固定阀升高座支撑杆。±825kV换流变压器阀侧出线装置安装示意图如图2-1-10所示。

10) ±825kV阀套管安装。

a. 安装套管前按照图纸要求调整好阀引线末端均压球的位置。

b. 安装套管时头部要探进成型件内，观察套管的走向是否顺畅。

c. 测量套管尾部长度，确定套管的插入深度。

d. 阀侧套管使用单钩、双绳起吊，一根吊绳连接阀侧套管下部专用吊孔与吊钩；另一根吊绳通过手拉葫芦及套管起吊专用吊环，连接套管头部与吊钩。

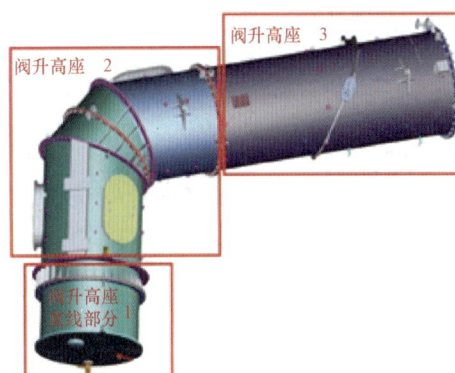

图2-1-10　±825kV换流变压器阀侧出线装置安装示意图

e. 水平缓慢起吊阀侧套管至一定高度，测量升高座倾斜角度，通过调节手拉葫芦使阀侧套管与升高座倾斜角度一致，将阀侧套管缓慢滑入升高座。对正安装孔，对角紧固螺栓。

f. 内部引线连接前操作人员不需从人孔进入油箱内，只需从手孔和观察孔接线即可，但网侧套管和阀侧套管接线时需防止螺栓、杂物掉入油箱。

g. 使用液压千斤顶在拉杆上施加40kN的拉紧力。

11) 储油柜安装。

a. 检查内部清洁、无杂物。

b. 胶囊或隔膜清洁、无变形或损伤。

c. 胶囊口密封后无泄漏，呼吸畅通。

d. 油位计反映真实油位，不得出现假油位。

e. 带气囊式油枕应注意检查，防止气囊有破损现象发生。吊装时一定要缓慢上升，并打好晃绳，设专人监护。

f. 安装储油柜上的仪器仪表，待能在地面上安装的部件安装完后，整体起吊储油柜，将储油柜及其支架安装到油箱上。

g. 油枕及其支架的安装在阀侧套管安装完成后进行，吊装过程拉好缆风绳，避免支架碰触升高座。

h. 连接各联管、安装气体继电器，气体继电器箭头应指向储油柜方向。

12) 呼吸器安装。

a. 连通管必须清洁、无堵塞、密封良好。

b. 油封油位满足产品技术要求。

c. 变色硅胶必须干燥，颜色正常。

13）有载调压开关检查安装。

a. 操动机构固定牢固，连接位置正确，操动灵活，无卡阻现象，传动部分涂以适合当地气候条件的润滑脂。

b. 切换开关接触良好，位置指示器指示正确。

c. ABB的分接开关采用同轴两套装置进行同期调压，安装完成后应进行微调以保持两套调压线圈的同步性，调试完成后厂家应出具调试报告，并进行归档。

14）压力释放阀安装。

a. 压力释放器装置的安装方向正确，阀盖和升高座内部清洁，密封良好。电触点动作准确，绝缘性能、动作压力值应符合产品技术文件的规定。

b. 电触点动作准确，绝缘良好。

c. 对照生产厂家所提供的资料、图纸，组装好电缆槽盒、压力释放器，并保证与说明书一致。

d. 电缆引线在接入压力释放装置处应有滴水弯，进线孔应封堵严密。

15）气体继电器安装。

a. 气体继电器应按要求整定并校验合格。

b. 气体继电器运输用的固定件应解除。

c. 继电器安装位置正确，连接面紧固、受力均匀，无渗漏。

d. 集气盒内应充满绝缘油且密封严密。

e. 气体继电器应具备防潮和防进水的功能，并加装防雨罩。

f. 电缆引线在接入气体继电器处应有滴水弯，进线孔应封堵严密。

g. 两侧油管路的倾斜角度应符合产品技术文件的规定。

h. 气体继电器观察窗挡板应处于打开位置。

i. 对照生产厂家所提供的资料、图纸，组装好电缆槽盒、气体继电器（气体继电器箭头方向必须指向油枕），并保证与说明书一致。

（5）温度计安装。

a. 测温装置安装前宜进行校验，信号接点应根据相关规定进行整定，并保证接点动作正确，导通良好，不同原理的测温装置的校验结果应一致。

b. 顶盖上的温度计插座内介质与箱内油一致，密封良好，无渗油现象；闲置的温度计座密封良好，不得进水。

c. 膨胀式信号温度计的细金属软管不得有压扁或急剧扭曲，其弯曲半径不应小于100mm。

d. 电缆引线在接入气体继电器处应有滴水弯，进线孔应封堵严密。

e. 对照生产厂家所提供的资料、图纸，组装好电缆槽盒，并保证与说明书一致。

4.2.6 牵引就位

（1）注意事项。

1）换流变压器通过对称的千斤顶顶升来安装或解除运输小车，千斤顶均匀升降，确保本体支撑板受力均匀，千斤顶顶升位置必须符合产品说明书的要求，千斤顶顶升和下降过程中本体与基础间必须实施有效的垫层保护。

2）通过牵引设备和滑车组牵引平移的换流变压器牵引位置必须符合厂家要求。地面牵引固定点和牵引设备布置合理，牵引过程平稳，牵引速度不超过2m/min，运输轨道接缝处要采取有效措施，防止产生震、卡阻。

3）如通过液压顶推装置平移换流变压器，运输小车或本体推进受力点必须符合厂家要求。

4）严格控制换流变压器就位尺寸误差，位置及轴线偏差必须符合产品技术规定，并满足阀厅设备安装对换流变压器套管位置的要求。检查阀侧套管轴线是否和阀厅垂直，阀侧套管端部伸进阀厅后的长度和高度是否满足设计要求，从而判断换流变压器是否牵引到位。

（2）工作流程：从安装位置牵引至基础→顶升换流变压器→抽离小车→换流变压器落位基础。

（3）工作分工。

1）安装单位负责牵引移位换流变压器至基础位置。

2）制造厂负责冲击记录拆除及数值读取，监理单位、物资单位见证。

（4）工作步骤。

1）牵引方式采用一组 4 - 4 滑轮组有地锚牵引方式，牵引机械使用 10t 卷扬机，地锚采用土建已预埋的基础钢板，配合厂家提供的地锚安装后使用。

2）在换流变压器牵引至换流变压器基础位置时，换流变压器处的牵引点应由前侧改向后侧，此牵引方式的选择主要是考虑换流变压器进入基础位置后，换流变压器底部距基础顶面只有 55mm 的距离，此距离不能通过 4 - 4 滑轮组，并且换流变压器的最终位置前端已超过地锚点，改变牵引位置。

3）换流变压器就位时，采用液压顶升装置顶升换流变压器，顶升装置的放置应保证其中心线对准换流变压器的 8 个顶点的中心线。

4）在专人的统一指挥下，选取换流变压器横向上两点同时起升，顶升至高度后垫上专用的垫块，再起升横向上的另两个顶点，交替起升，顶升时四个顶点设立监护人，及时汇报顶升情况，发现个别千斤顶不做功应立即汇报，保证四点同步起升，并随时观察千斤行程不得超过 150mm。

5）顶升时四个顶点的监护人应及时调整千斤顶上的锁固螺母，并及时在换流变压器底部滑道处加入特制的垫块，确保千斤顶泄压时换流变压器重心不发生偏移或倾斜。

6）千斤顶一次起升到位后，必须将换流变压器底部用特制的垫块垫实，方可回落千斤顶，进行第二次顶升。

7）换流变压器顶到高度达到能够撤出小车时，锁紧千斤顶上的螺母，撤出小车通行轨道上的特制垫块，将小车撤出直到换流变压器广场，随后再按照顶升换流变压器的方法逆序操作，逐步撤出换流变压器底部垫块，纸质换流变压器平稳落至基础上。

8）换流变压器本体落位后中心线与基础中心线的误差小于 8mm，换流变压器阀侧套管轴线在阀厅内与设计之间的误差小于 20mm。

4.2.7　抽真空

（1）注意事项。

1）在确认产品和有关管路系统密封性能良好的情况下，方可进行抽真空。

2）抽真空时利用厂家专用工装，进行套管、有载开关处的连接同时抽真空。

3）抽真空时，应监视并记录油箱的变形，其最大值不得超过壁厚的两倍。

（2）工作流程：真空机组及专用工装准备→连接管路→抽真空→泄漏检测→持续抽真空。

（3）工作分工。

1）安装单位负责抽真空全过程值守及记录，配合厂家进行泄漏率检测。

2）制造厂技术指导，检查泄漏率，确认真空数值是否满足真空计时要求，监理单位见证。

（4）工作步骤。

1）将移动式真空机组移至变压器主体附近，在主体油箱顶部安装真空罐（专用工装）。

2）连接抽空管路：将真空罐其中一个 ϕ80mm 抽空口用金属软管连接至真空机组，ϕ25mm 抽空口分别用 PVC 塑料增强软管连接网、阀侧及中性点升高座顶部放气孔，阀侧套管放油孔也要连

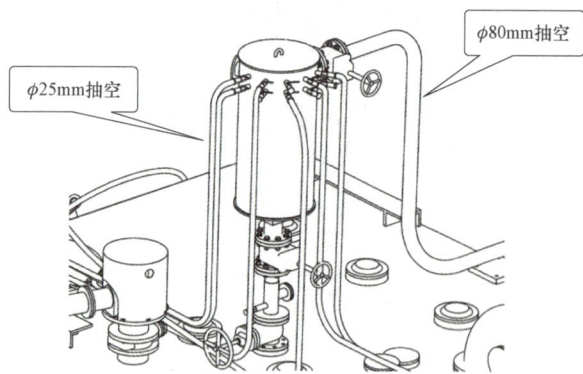

图 2-1-11　抽真空管路连接示意图

接透明软管至真空管上。抽真空管路连接示意图如图 2-1-11 所示。

3）将电阻真空计安装在真空罐其中一路 ϕ25mm 抽空口，测量主体油箱真空度。

4）关闭主体储油柜的阀门及开关储油柜阀门，打开所有透明连接管阀门，打开油箱与冷却器阀门，启动真空机组开始抽空。

5）逐级提高油箱的真空度到产品规定的真空残压，抽空的过程中注意观察油箱及冷却器的变形量和变形情况，发现异常应立即停止抽空。

6）启动真空机组，要求 5h 内真空度小于等于 200Pa，否则应对主体、所有连接管路检漏并处理漏点。真空度抽至 100Pa 后，对主体及管路（除 2 根阀套管抽空管）进行整体泄漏率测试，要求小于等于 10mbar·L/s，否则应对主体、所有连接管路检漏并处理漏点。两根阀套管抽空管需要逐根检测泄漏情况，要求管路密封再进行压力回弹测试，对管路抽空 60min，停止抽空，每隔 2min 读取并记录压力回弹值，10min 内管内真空度回弹小于等于 50Pa。抽真空至 40Pa 后开始计时，持续抽空 96h 后开始真空注油，注油前真空度应小于等于 30Pa，满足要求后开始真空注油。

7）产品具备抽真空的储油柜在抽真空过程中同主体一起抽空。临时拆卸储油柜吸湿器，在抽空真空罐支口连接一根支管至储油柜吸湿器接口，打开主导油管阀门与主体连通。

4.2.8　真空注油

（1）注意事项。

1）严禁在雨、雪天气进行倒罐、过滤、注油等作业。

2）变压器油的脱气及变压器本体的油注入、放出等均应使用成套装置的真空净油机进行。手提式滤油机仅限使用于油罐、管道清洗及变压器残油收集等作业。

3）现场油务系统中所采用的工作油罐及管道均应事先清洁合格后方可使用，且应设置专用残油油罐，并检查容器密封情况。

4）油在现场处理中，应采取有效措施，避免油与空气的接触，减少对工作油罐及管道带来的污染，油过滤采取两母管滤油，不密封容器需装有干燥吸湿器。

5）应使用制造厂提供的绝缘油，不同牌号的绝缘油不应混合使用。

6）真空泵、电源箱外壳、金属油管等必须可靠接地。

7）真空注油时，务必严格按照厂家技术文件的操作步骤，打开或关闭相应的阀门。

（2）工作流程：油罐、滤油机、真空机组及专用工装准备→真空注油。

（3）工作分工。

1）安装单位负责搭设注油系统，注油全过程值守及记录，油取样。

2）制造厂技术指导，观察注油时油中含气量及真空度指标，监理单位见证。

（4）工作步骤。

1）新油处理：对于用油罐运到现场的绝缘油，安装单位和制造厂家应按照厂家供货合同技术规定，做好每罐油的交接试验，监理见证。原则上，到场油中颗粒度含量应小于等于 1000/100mL（5～100μm，无 100μm 以上颗粒），如不符合要求，制造厂负责在站外进行滤油处理，合格后方可进站交接。

2）注入油品质要求：在真空注油前，绝缘油必须经试验合格后方可注入换流变压器中。若厂家另有要求的，参照厂家标准执行。真空注油前绝缘油质量要求见表 2-1-3。

表 2-1-3　　　　　　　　　　　　　　真空注油前绝缘油质量要求

介损 （90℃）	击穿电压	含气量	含水量	色谱（无乙炔），μL/L				颗粒度（≥5μm）
				H_2	CO	CO_2	总烃	
≤0.25%	≥80kV	≤0.1%	≤5μL/L	≤1	≤20	≤100	≤1	≤1000 个/100mL

3）连接注油管路：在油箱底部注油阀门处安装 V 形接头（从此处排除进油管道内空气），将头顶部放油口连接透明软管至废油桶，然后连接油管至真空滤油机。

4）对变压器本体注油：开启滤油机，并注油至换流变压器中，滤油机入口油温度 60℃时，脱气缸内的实测真空度应小于等于 35Pa；入口油温度 60～65℃时，脱气缸内的实测真空度小于等于 45Pa；入口油温度 65～70℃时，脱气缸内的实测真空度小于等于 50Pa。注油速度 5～8m³/h。

5）注油过程真空度监测：换流变压器在注油过程中，油箱内的真空度要始终小于等于 40Pa。

6）注油油位监测：当换流变压器的油位快达到中性点升高座、网升高座、阀升高座上部阀门时，安排专人进行阀门的控制。各升高座阀门露出的油面高于阀门出口约 100mm 后，关闭阀门各升高座阀门，安排专人观察阀套管抽真空管的出油情况，当阀套管抽真空管上的观察出现油面时，仔细观察油中是否有气泡冒出，如果油面稳定上升且油中无气泡，证明套管注油质量良好，待油面超过观察窗后，关闭阀套管上的阀门。

当套管完成注油后，继续向油箱内注油，当箱盖压力达到 55kPa 时，开启主联管上通往储油柜的阀门，储油柜胶囊预先充气 10kPa，储油柜顶部两端放气口阀门必须呈开启状态，出油后关闭，注油至储油柜标准油位，停止注油，关闭阀门。

7）分接开关随主体一同抽空和注油。

8）注油过程中：注油时油温控制在（65±5）℃；注油至浸没全部绝缘（距箱顶约 200mm），关闭真空罐与 T 形接头之间的阀门；当油面高于油箱顶部时，注意观察各升高座抽空口，发现出油后立即关闭升高座阀门，继续保持真空注油状态。

9）阀侧套管注油：对于油枕可以抽真空的换流变压器：当油枕内注油结束后，油枕胶囊停止抽真空并破除真空，此时换流变压器本体与油枕连接整体处于大气压强下，但阀侧套管持续抽真空，阀侧套管内部处于真空（负压），换流变压器器身与阀侧套管之间在压力差的情况下，阀侧套管开始注油，注油期间需将套管抽空管路提升至储油柜最底部位置，临时固定好，当阀侧套管抽真空管路出油后且油位接近储油柜最底部位置时，关闭套管阀门，并停止抽空及注油。

对于油枕不能抽真空的换流变压器：当换流变压器器身油位距箱顶约 200mm 时，关闭器身顶部抽真空阀门，但换流变压器其他各套管升高座与抽真空工装连接的管路阀门不关闭，继续抽真空，换流变压器本体持续注油，当换流变压器本体油位到达本体瓦斯继电器处时，打开瓦斯继电器与油枕之间的阀门，此时换流变压器本体处于大气压强下，但阀侧套管持续抽真空，阀侧套管内部处于真空（负压），换流变压器器身与阀侧套管之间在压力差的情况下，阀侧套管开始注油，注油期间需将套管抽空管路提升至储油柜最底部位置临时固定好，当阀侧套管抽真空管路出油后且油位接近储油柜最底部位置时，关闭套管阀门，并停止抽空及注油。

10）储油柜注油（非真空补油）：先将储油柜胶囊充气至 10kPa（具体参考厂家说明书），且储油柜顶部两端放气口阀门必须呈开启状态。缓慢打开储油柜与主体之间的阀门，给主体泄压，并通过高真空滤油机为储油柜补油，储油柜注油流速控制在 1.8～2.5m³/h，注油期间需注意胶囊内气压不能超过 10kPa。当储油柜放气口两端均出油后，关闭主体阀门停止补油，排放胶囊中的干燥空气并将胶囊排气管连接至呼吸器上，给储油柜注油，一直达到相应温度时的油位，即可进行热油循环。

储油柜注油（真空补油）：储油柜及胶囊满足抽真空条件，油枕补油时应采取全密封补油方式，即抽真空时从油枕最顶部阀门抽真空（油枕两侧排气阀处于关闭状态），且胶囊内部与油枕相连的阀门处于打开状态，当油枕内油位注入至额定油位时（符合温度曲线），停止注油，停止抽真空，关闭胶囊与油枕相连阀门，缓慢破除胶囊内真空度，并适当充入微正压（10kPa 左右，具体参考厂家说明书）干燥空气，使胶囊在油枕内完全展开，保证油枕油位真实。

4.2.9 热油循环

（1）注意事项。

1）严格按照厂家要求进行热油循环，油温、油速以及热油循环的时间符合产品技术规定。

2）连接热油循环管路，热油循环应遵循对角循环原则。

3）对换流变压器本体及冷却器宜同时进行热油循环，如环境温度较低，可间隔 4h 打开一组冷却器，以保持器身温度。

4）如环境温度较低，可采取保温措施或用短路法直接加热方式辅助加热等冬季施工专项措施。

（2）工作流程：滤油机准备→热油循环。

（3）工作分工。

1）安装单位负责热油循环全过程值守及记录，油取样。

2）制造厂技术指导，监理单位见证。

（4）工作步骤。

1）热油循环过程中应设专人监测记录，观察出口油温、滤油机运行状态、有无渗油等情况。

2）热油循环过程中，滤油机出口油温应控制在 65±5℃范围内，循环时间应同时不少于下述三条规定：

a. 热油循环时间满足厂家说明书的规定；

b. 总循环油量应符合厂家说明书的规定；

c. 绝缘油应符合下列要求：电气强度≥75kV/2.5mm；含水量≤8mg/L；介损因数 $\tan\delta$（90℃）≤0.5％；含气量≤0.5％；杂质颗粒≤1000/100mL（5μm～100μm 颗粒，无 100μm 以上颗粒），否则仍应继续热油循环，直至达到以上规定的标准为止。

4.2.10 静置

（1）热油循环结束后，打开储油柜与产品主体连接的真空阀，关闭所有注放油阀门，进行产品的静置。

（2）静置期间间隔 24h 对产品升高座、冷却器、联管等放气塞进行放气（在每天温度最高时间段，可增加排气次数），储油柜应按其使用说明书进行排气。

（3）注油后应静放 168h 以上，才能施加电压。

4.2.11 整体密封试验

（1）试验压力和时间符合制造厂的规定。

（2）主体气压试漏：主体储油柜顶部连接干燥空气对胶囊充气，充气压力值应符合厂家要求，厂家未规定时充气压力 0.03MPa，维持 24h，压力不变。

（3）有载开关压油试漏：有载开关储油柜顶部连接干燥空气充气加压，充气压力 0.05MPa，维持时间 1h，并保持压力不变。

（4）所有焊缝及结合面密封无渗漏。

4.2.12　油试验

（1）换流变压器安装完成并静置后，须取油样进行试验，合格后方可进行特殊试验。

（2）换流变压器进行特殊试验后，须取油样进行试验，合格后方可进行下一步工作。

4.2.13　二次接线

（1）按出厂文件中二次接线安装图及设计图进行电缆敷设、电缆接线及二次回路检查工作。

（2）逐台启动风扇电机和潜油泵，检查风扇电机吹风方向及潜油泵流方向。油流继电器指针动作灵敏、迅速则为正常。如油流继电器指针不动或出现抖动、反应迟钝，则表明潜油泵相序接反，应给予调整。

（3）换流变压器装设有温度控制器，用以监视换流变压器油面温度报警和控制换流变压器温升限值跳闸回路，并带有热电阻信号，可在总控制室内远方监控油面温度。

（4）检查气体继电器、压力释放阀、油表、电流互感器等的保护、报警和控制回路是否正确。

（5）温控器的调试工作，换流变压器厂家应对其温控器内部电阻按照出厂定值进行调整并校验（如调节内部电阻值等）。

4.2.14　本体固定、接地、套管封堵

（1）当换流变压器的中心线满足设计要求后，需将换流变压器本体与基础连接牢固，并进行本体接地。

（2）阀侧套管正式封堵应避免形成闭合磁路。大封堵材料及安装由安装单位负责，小封堵材料及安装由厂家负责。

（3）设备接地引线与主接地网连接牢固、可靠，导通良好。

（4）铁芯和夹件接地引出套管牢固，导通良好。

（5）套管末屏牢固可靠，导通良好。

4.2.15　常规交接试验

现场交接试验是保证换流变压器成功投运和安全运行的关键环节，通过交接试验，一方面可以与出厂值比较，检验变压器经过长途运输后的质量水平，另一方面为运行后的预防性试验建立基准数据。

（1）注意事项。

1）按 Q/GDW　11743—2017《±1100kV 特高压直流设备交接试验》，完成全部试验，并填写试验报告。

2）应注意交接试验和阀厅封堵的先后次序，避免试验接线破坏封堵返工的现象。

3）当所有的试验进行完毕后，换流变压器土体和每一个独立部件包括冷却器等，都必须通过适当的放气阀进行排气。

（2）试验项目。

1）绕组连同套管的直流电阻测量：

a. 测量应在各分接头的所有位置上进行；

b. 各相相同绕组（网侧绕组、阀侧 Y 绕组、阀侧△绕组）测得值的相互差值应小于平均值的 2%；

c. 同温下产品出厂实测数值比较，相应变化不应大于 2%。

2）电压比检查：检查所有分接位置的电压比，与制造厂铭牌数据相比应无明显差别，且应符合电压比的规律；其电压比的允许误差在额定分接位置时为±0.5%。

3）引出线的极性检查：检查引出线的极性，必须与设计要求及铭牌上的标记和外壳上的符号相符。

4）绕组连同套管的绝缘电阻、吸收比或极化指数测量：

a. 用5000V绝缘电阻表测量每一个绕组的绝缘电阻，非被试绕组接地，同温下一般情况下不应小于出厂值的70%；

b. 当测量时的温度与产品出厂试验时温度不同时，换算到同一温度进行比较；

c. 极化指数不进行温度换算，其实测值与出厂值相比，应无明显差别。

5）绕组连同套管的介质损耗因数 tanδ 测量：

a. 测得的 tanδ 值不应大于产品出厂试验值的130%；

b. 当测量时的温度与产品出厂试验时温度不同时，换算到同一温度进行比较。

6）铁芯及夹件的绝缘电阻测量：测量电压按照厂家要求，测量值应不小于200MΩ。

7）套管试验：

a. 绝缘电阻测量（含末屏的绝缘电阻测量）。

b. 介质损耗因数 tanδ 和电容量测量。

c. 油气套管气室 SF_6 气体的微水含量测试和气体压力检查；以上测量值和出厂值相比应无明显差别。

d. 必要时，对充油套管进行油的色谱分析试验。

8）绝缘油试验：

a. 绝缘油试验类别、试验项目及标准应符合规程规范规定。

b. 油中溶解气体的色谱分析，应符合下列规定：在升压或冲击合闸前、冲击合闸后4h、热运行试验后，以及额定电压下运行24h后，各进行一次变压器本体油箱中绝缘油的油中溶解气体的色谱分析。氢气、乙炔、总烃含量应符合 DL/T 722—2014《变压器油中溶解气体分析和判断导则》的规定，且无明显增长。

c. 油中颗粒数检测，100mL 油中颗粒数不应多于1000个（5～100μm 颗粒，无 100μm 以上颗粒）。

d. 此部分绝缘油试验检测一般由特殊试验单位完成。

9）有载分接开关的检查和试验：在换流变压器不带电、操作电源为额定电压85%及以上时，操作10个循环，在全部切换过程中，应无开路现象，电气和机械限位动作正确且符合产品要求。

4.2.16 特殊试验

（1）注意事项。

1）换流变压器特殊试验一般由特殊试验单位完成，试验项目参照特殊试验合同规定。

2）换流变压器安装前，业主、监理单位应提前与特殊试验单位对接，尽早根据试验设备、试验场地、换流变压器防火墙上设备绝缘距离等因素确定试验方案。

（2）试验项目。

1）绕组频率响应特性测量试验。

2）网侧绕组中性点耐压试验。

3）长时感应耐压带局部放电试验。

4）换流变压器油试验及油中溶解气体含量检测（包括高压试验前后、换流变压器充电前后、大负荷试验前后、试运行期间及必要时）。

4.2.17　换流变压器阀侧套管封堵

（1）注意事项。

1）为了避免换流站运行中在封堵材料产生涡流造成严重发热，在封堵施工中应避免形成闭合磁路。

2）换流变压器厂家已经考虑到换流变压器法兰、屏蔽罩等的接地，现场不应增加这些地方的接地线。

3）BOX-IN铁件应与换流变压器阀侧升高座保持在10mm的距离。

4）BOX-IN在换流变压器网侧升高座处不得形成闭合磁路，并保持在10mm的距离。

（2）工作流程：安装阻磁防火板→安装耐渗防水卷材→安装不锈钢压条、抱箍→接地。

（3）工作分工。

1）大封堵材料及安装由安装单位负责，小封堵材料及安装由厂家负责。

2）监理单位见证。

（4）工作步骤。

1）安装阻磁防火板：防火板从下向上进行安装，水平缝的位置定在套管穿孔的中心线处，从左向右安装时，垂直缝的位置定在套管穿孔的中心线处。当换流变压器置于工作位置时，穿孔开口与换流变压器之间要有30～50mm的缝隙，缝隙处采用矿棉塞满。

2）耐渗防水卷材安装：耐渗防水卷材可以切割折叠，采用热熔枪焊接平整。

3）安装不锈钢包边、抱箍。

用不锈钢抱箍将卷材固定在套管升高座上，不锈钢抱箍应压在卷材，并与升高座保持绝缘。采用不锈钢压条将卷材固定在阻磁防火板上，采用绝缘铜线一点直接接到阀厅接地铜排上。防火封堵设备接地如图2-1-12所示。

不锈钢面硅酸铝复合板之间单点良好跨接（采用35mm² 黄绿软铜线），最终只通过一点（采用35mm² 黄绿软铜线）接入环防火墙接地干线。

不锈钢抱箍通过一点（采用35mm² 黄绿软铜线）接入环房接地干线。

4.2.18　换流变压器抗爆门安装

（1）注意事项。

1）单元之间龙骨采用不锈钢连接螺栓固定，龙骨连接处用云母材质绝缘垫片断开，避免形成电回路。

2）为避免形成涡流发热现象，型钢之间需采用绝缘垫、绝缘环或其他绝缘材料将型钢、螺栓之间完全绝缘开，确保型钢之间无导电连接。

图2-1-12　防火封堵设备接地

3）不得与换流变压器套管、套管附属构件或换流变压器本体有任何接触，且应与套管、套管附属构件或换流变压器本体保留100mm间隙。

（2）工作流程：安装抗爆板钢框架→安装抗爆板→接地。

（3）工作分工。

1）设备制造厂负责设备安装。

2）安装单位配合安装，监理单位见证。

（4）工作步骤。

1）安装抗爆板钢框架。由中间向两边，由下往上依次安装。抗爆板钢框架安装如图 2-1-13 所示。

2）安装抗爆板。

a. 阀侧套管两侧脚手架上设置 2 人，换流变压器前端设置 2 人绑扎抗爆门板、系风绳，并持风绳随着门板移动，到油枕顶部后移交脚手架人员进行安装。

b. 吊车将吊臂伸到阀厅防火墙附近，将吊钩作为吊点，利用 1t 吊带将 1t 手拉葫芦固定，再通过一根吊带将套管上方抗爆板垂直提升并落位至套管下侧抗爆板上方，安装连接板。

c. 利用内框架上的固定孔打入不锈钢螺栓，以固定抗爆门板。抗爆板安装如图 2-1-14 所示。

图 2-1-13 抗爆板钢框架安装

图 2-1-14 抗爆板安装

d. 接地。抗爆门板下部引出接地点，采用 35mm² 软质接地线与基础预埋地线连接，直接接入换流站整体接地网。

5 人 员 组 织

5.1 人员配置

5.1.1 安装单位组织管理人员、技术人员、施工人员及制造厂人员到位并熟悉现场及设备情况。

5.1.2 相关人员上岗前，应根据设备的安装特点由制造厂向安装单位进行产品技术要求交底；安装单位对作业人员进行专业培训及安全技术交底。

5.1.3 制造厂人员应服从现场各项管理制度，制造厂人员进场前应将人员名单及负责人信息报监理备案。

5.1.4 安装单位应向制造厂提供安装人员组织结构名单。

5.1.5 特殊工种作业人员应持证上岗。

人员配置表见表 2-1-4。

表 2-1-4 人 员 配 置 表

序号	岗位	人数	岗位职责
1	项目经理/项目总工	1人	全面组织设备的安装工作，现场组织协调人员、机械、材料、物资供应等，针对安全、质量、进度进行控制，并负责对外协调

序号	岗位	人数	岗位职责
2	技术员	2人	全面负责施工现场的技术指导工作，负责编制施工方案并进行技术交底。安装单位、制造厂各1人
3	安全员	1人	全面负责施工现场的安全工作，在施工前完成施工现场的安全设施布置工作，并及时纠正施工现场的不安全行为
4	质检员	1人	全面负责施工现场的质量工作，参与现场技术交底，并针对可能出现的质量通病及质量事故提出防止措施，及时纠正现场出现的影响施工质量的作业行为
5	施工班长	4人	全面负责本班组现场专业施工，认真协调人员、机械、材料等，并控制施工现场的安全、质量、进度
6	安装人员	16人	了解施工现场安全、质量控制要点，了解作业流程，按班长要求，做好本职工作
7	机械、机具操作员	4人	负责施工现场各种机械、机具的操作工作，并应保证各施工机械的安全稳定运行，发现故障及时排除
8	机具保管员	2人	做好机具及材料的保管工作，及时对机具及材料进行维护及保养
9	资料信息员	2人	负责施工工程中的资料收集整理、信息记录、数码照片拍摄等
10	制造厂配合人员	6人	指导配合安装单位进行各项换流变压器安装工作，并及时完成制造厂应独自完成的工作任务。附件清点1人，指导安装2人，内部检查及接线2人，油务指导1人

5.2　界面分工

安装单位和换流变压器制造厂的界面分工表（管理方面）见表2-1-5。

表2-1-5　　　　　　　　　　界面分工表（管理方面）

序号	项目	内容	责任单位
1	总体管理	安装单位负责施工现场的整体组织和协调，确保现场的整体安全、质量和进度有序	安装单位
2	安全管理	安装单位负责对换流变压器制造厂人员进行安全交底和培训，为其办理进出现场的工作证。对分批次到场的制造厂人员，要进行补充交底和培训	安装单位
		安装单位负责现场的安全保卫工作，负责现场已接收物资材料的保管工作	
		安装单位负责现场的安全文明施工，负责安全围栏、警示图牌等设施的布置和维护，负责现场作业环境的清洁卫生工作，做到"工完料尽场地清"	
		换流变压器制造厂人员应遵守国网公司及现场的各项安全管理规定，在现场工作着统一工装并正确佩戴安全帽	
3	劳动纪律	安装单位负责与制造厂沟通协商，制定符合现场要求的作息制度，制造厂应严格遵守纪律，不得迟到早退	安装单位
4	人员管理	安装单位参与换流变压器安装作业的人员，必须经过专业技术培训合格，具有一定安装经验和较强责任心。安装单位向制造厂提供现场人员组织名单，便于联络和沟通	安装单位
		制造厂人员必须是从事换流变压器制造、安装且经验丰富的人员。入场时，制造厂向安装单位提供现场人员组织机构图，便于联络和管理	制造厂

序号	项目	内容	责任单位
5	技术管理	安装单位负责根据制造厂提供的换流变压器设备安装作业指导书，编写换流变压器设备安装施工方案，将制造厂现场安装人员纳入现场施工组织机构，并完成相关报审手续	安装单位
		安装单位负责收集、整理管控记录卡和质量验评表等施工资料	安装单位
		设备本身不符合国网相关要求、并可能影响安装质量的，安装单位应告知制造厂	安装单位
		制造厂应执行国家、行业及国网公司对设备质量管控的相关要求。有特殊要求时，制造厂与建设管理单位协商确定	制造厂
		制造厂负责技术指导，并向安装单位进行产品技术要求交底；安装单位提出的技术疑问，制造厂应及时正确解答	制造厂
6	进度管理	为满足安装工艺的连续性要求，制造厂提出加班时，安装单位应全力配合。加班所产生的费用各自承担	安装单位
		制造厂协助安装单位编制换流变压器安装进度计划，报监理单位审查、建设单位批准后实施	安装单位
		制造厂制定每日的工作计划，安装单位积极配合。若出现施工进度不符合整体进度计划的，制造厂需进行动态调整和采取纠偏措施，保证按期完成	制造厂
7	物资管理	安装单位负责提供保管场地，负责保管安装有关的材料、图纸、工器具、返厂工件	安装单位
		安装单位应提供规格标准、性能良好的施工器具、安全防护用具、起重机具，并对其安全性负责	安装单位
		安装单位提供符合要求的相关安装材料、常规工器具、起重机具等	安装单位
		制造厂提供符合要求的专用工装等；制造厂负责按照现场管理要求，将回收件清理运走	制造厂
8	防尘防潮设施	汇控柜内部继电器表面应在出厂前覆盖一层塑料薄膜，做好防风沙措施。厂家应提供套管安装时的防风沙护罩	制造厂
		现场进行二次接线时，安装单位应根据实际情况做好柜体防尘措施，如给汇控柜加装防护罩，在防护罩内进行二次接线工作。提前检查继电器表面防沙薄膜是否完整，不完整的及时补漏。安装单位在换流变压器安装前应提前搭设好附件检查防尘棚（间）	安装单位
		安装单位及制造厂调试人员在进行换流变压器本体调试工作时，应尽量少打开汇控柜的开门数量并及时关闭不调试处的箱门	安装单位制造厂
9	环境管理	安装单位负责阀侧套管和升高座对接防尘棚搭建、移动、拆除工作	安装单位
		制造厂对安装前的环境进行动态确认	制造厂
		安装单位负责对换流变压器安装区域安装环境进行控制，需满足制造厂要求	安装单位
		安装单位负责配备换流变压器安装区域环保设施	安装单位
10	备品资料管理	制造厂家向安装单位移交合同所要求的相关产品资料（含电子版）、备品备件、专用工具、仪器设备，并在监理的见证下，填写移交记录	制造厂

界面分工表（安装方面）见表 2-1-6。

表 2-1-6 　　　　　　　　　　　　　　**界面分工表（安装方面）**

序号	项目	内容	责任单位
1	基础复测	安装单位负责检查混凝土基础达到的强度，负责检查基础表面清洁程度，负责检查构筑物的预埋件及预留孔洞应符合设计要求	安装单位
		安装单位负责检查与设备安装有关的建（构）筑物的基准、尺寸、空间位置	安装单位

续表

序号	项目	内容	责任单位
2	定位划线	安装单位提供安装和就位所需要的基础中心线，制造厂对主要基础参数和指标进行复核	安装单位
3	设备接收	制造厂负责检查到场设备质量是否满足安装要求，并核对到货清单与到场设备是否一致	制造厂
		安装单位负责检查到场设备是否有损坏现象，对于运输过程中装设冲撞记录仪的设备，需检查冲撞记录仪数值是否符合制造厂要求	安装单位
		安装单位负责检查到场设备产品技术资料是否齐全	安装单位
4	绝缘油接收	安装单位负责检查到场的绝缘油是否合格，按照标准规范要求进行试验	安装单位
5	设备就位	安装单位负责将设备就位，并校正换流变压器本体位置	安装单位
		制造厂负责指导安装单位将设备精确就位，并复核就位精度符合要求	制造厂
6	设备固定	安装单位负责换流变压器本体、汇控柜等与基础之间的固定工作，包括埋件焊接、地脚螺栓、化学螺栓等固定方式	安装单位
7	内部检查及残油试验	制造厂负责对换流变压器油箱、储油柜内壁、胶囊及各元件内部进行检查，检查项目和要求应符合产品技术文件的规定	制造厂
		安装单位负责对换流变压器本体残油取样并按照标准规范做油样试验	安装单位
8	附件安装	安装单位负责换流变压器附件的安装，制造厂指导并配合安装	安装单位
		制造厂负责附件安装时器身内部引线连接工作，绝缘部件的连接恢复等，做好内部检查记录	制造厂
9	对接面	安装单位负责法兰对接面的螺栓紧固，并达到制造厂技术要求	安装单位
		制造厂负责所有对接法兰面清洁工作，安装单位配合	制造厂
		制造厂负责各类型圈清洁、安装，安装单位配合	制造厂
10	抽真空	安装单位负责对安装完成的换流变压器抽真空，制造厂指导并配合抽真空	安装单位
11	注油	安装单位负责对抽完真空的换流变压器注入符合标准规范的绝缘油，制造厂指导并配合注油	安装单位
12	热油循环	安装单位负责对注油完成的换流变压器热油循环，制造厂指导并配合热油循环	安装单位
13	密封性试验	制造厂负责换流变压器密封试验，安装单位配合	制造厂
14	充气套管充SF_6气体	制造厂负责换流变压器充气套管充入符合要求的SF_6气体，安装单位配合	制造厂
15	设备接地	安装单位负责换流变压器本体、铁芯夹件、汇控柜、等接地引下线的供货和施工，负责法兰跨接等设备自身之间接地的现场连接	安装单位
		制造厂负责铁芯夹件本体引出线、法兰跨接等设备自身之间的接地材料供货	制造厂
16	二次施工	安装单位负责换流变压器就地汇控柜、控制柜的吊装就位	安装单位
		安装单位负责换流变压器本体设备间联络电缆的现场敷设	安装单位
		制造厂负责提供换流变压器自身之间的联络电缆及标牌、接线端子、槽盒等附件	制造厂
17	试验调试	安装单位负责换流变压器附件所有交接试验，并实时准确记录试验结果，比对出厂数据，及时整理试验报告	安装单位
18	问题整改	在安装、调试过程中，制造厂负责处理不符合基建和运检要求的产品自身质量缺陷	制造厂
		在安装、调试过程中，安装单位负责处理因施工造成的不符合基建和运检要求的质量缺陷	安装单位
19	质量验收	在竣工验收时，安装单位负责牵头质量消缺工作，制造厂配合	安装单位
		验收过程中发现的缺陷，由制造厂产品本身原因造成的，由制造厂负责整改闭环	制造厂

6 材料与设备

6.1 材料要求

装置类材料按合同约定、设计图确定提供方。材料配置表见表2-1-7。

表2-1-7　　　　　　　　　　　　　材料配置表

类别	序号	名称	数量	规格及其说明	用途
清洁及防尘器材	1	白棉布	若干	/	清洁
	2	塑料薄膜	适量	/	安装过程中防尘措施
	3	无水酒精	适量	/	清洁
	4	垃圾桶	2个	80L	垃圾存放
	5	洗衣粉	若干	/	去油渍
	6	环保抑尘水雾炮	1台	/	降尘
	7	内检服	若干	/	内检
	8	防尘棚	1间	/	设备对接安装用
	9	油布	若干	/	防漏油
	10	橡胶鞋	2双	/	内检
其他器材	1	电焊设备	1套	500A	换流就位后底座焊接
	2	烘箱	1台	/	绝缘件烘干处理
	3	手电筒	2个	/	值班或内检用
	4	撬棍	各2把	$L=600mm$，$L=1500mm$（L为撬棍长度）	开箱
	5	照明灯	4个	100W	夜间值班用
	6	灭火器材	1套	含沙箱、消防棚等消防器材	消防
	7	工具箱	1套	内附各类扳手若干（例如棘轮扳手M18、M24、M36；电动扳手；活动扳手等）	安装
	8	线锤	1套	/	安装及就位后复测
	9	高纯氮气	10瓶	纯度≥99.999％	充正压或去套管水分
	10	工具推车	2辆	工器具摆放	安装
	11	量角器	1把	角度测量	安装
	12	变压器专用防坠硬质围栏	1套	硬质围栏	安全防护
	13	硬质围栏	20套	塑钢材料	区域隔离

6.2 施工机具

6.2.1 车辆机械

安装单位提供满足安装需要的车辆机械。大型机械、机具配置表见表2-1-8。

表2-1-8　　　　　　　　　　　　大型机械、机具配置表

序号	名称	规格	数量	用途
1	起重机	70t	1台	主吊，用于套管、升高座、油枕、散热器等吊装

续表

序号	名称	规格	数量	用途
2	起重机	25t	2台	辅吊，一般附件吊装及配合825kV套管吊装，现场附件、材料短驳，附件安装
3	曲臂车	/	1台	配合套管及升高座安装对接工作
4	升降车	/	1台	配合套管及升高座安装对接工作

6.2.2　施工机具

安装单位提供施工机具，机具使用前经检验合格并报监理审查批准后使用。施工机具材料配置表见表2-1-9。

表2-1-9　　　　　　　　　　　　　施工机具材料配置表

类别	序号	名称	数量	规格及其说明	用途
起重设备	1	链条葫芦	4个	2t	阀侧升高座支撑杆临时固定
	2		2个	16t	阀套管吊装
	3		2个	5t	附件吊装
	4	尼龙吊带	2根	16t×6m	阀套管吊装
	5		2根	10t×10m	套管、升高座吊装
	6		4根	5t×10m	网侧套管、附件吊装
	7		2根	8t×3m	套管、附件吊装
	8		3根	5t×3m	阀升高座吊装
	9	卸扣	2个	15t	阀套管、升高座吊装
	10		2个	5t	套管、升高座及散热器吊装
	11		2个	1t	中性点套管及附件吊装
运输设备	1	电动叉车	1台	3t	短驳道木或附件
	2	液压车	2台	1台（5t）、1台（3t）	附件短驳
油处理设备	1	滤油机	3台	20 000L/h，1台；12 000L/h，2台	注油及热油循环
	2	抽油泵	1台	YL-150	抽残油
	3	真空泵	2台	抽气速率≥4200m³/h 真空度≤1Pa	抽真空
	4	电子真空计	1个	0.1～650Pa	真空检漏
	5	电阻式电子真空计	3个	ZDZ-52T	注油时真空度监测
	6	干燥空气发生器	1台	AD-200，供气量200m³/h，工作压力0.8MPa；进气温度≤45℃	充干燥空气
	7	耐压真空油管	若干	φ50mm	注油及热油循环
	8	空油桶	若干	/	存储残油
	9	储油罐	2个	15t	真空注油
	10	储油罐	1个	15t	存储残油
	11	油取样装置	1套	/	取油样
气务设备	1	真空泵	1台	30～70L/s	抽阀侧套管SF₆气体
	2	SF₆气体回收装置	1台	可移动（液压储气罐）	回收SF₆气体
	3	氧气减压器	1个	/	充SF₆

续表

类别	序号	名称	数量	规格及其说明	用途
登高设备	1	爬梯	1 副	5m	登高
	2	安全带	10 副	五点式	登高
测试设备	1	各类油试验设备	1 套	耐压、微水、颗粒度检测	检测油样
	2	万用表	1 块	/	调试
	3	绝缘电阻表	1 块	直流 3500V	绝缘检测
	4	含氧量仪	1 块	/	内检前含氧量检测
	5	干湿温度计	2 支	RH O~100%	环境温度、湿度记录
	6	露点检测仪	1 台	/	测干燥空气露点值

6.2.3 制造厂专用工器具

制造厂提供满足安装需要的专用工器具。制造厂专用工器具配置表见表 2 - 1 - 10。

表 2 - 1 - 10 制造厂专用工器具配置表

类别	序号	名称	数量	规格及其说明	用途
厂供专用工装	1	套管吊具	1 套	/	阀侧套管吊装
	2	套管吊具	1 套	/	网侧及中性点套管吊装
	3	套管装配工具	1 套	/	阀侧套管安装
	4	支撑工具	1 套	/	临时支撑阀侧斜撑
	5	安全盖板	1 套	升高座安装使用	防止物件坠入本体；方便人员对接线
	6	阀出线测量工具	1 套	/	测量对接口内绝缘纸板尺寸
	7	液压千斤顶	1 套	/	阀出线装置斜撑上 25t 力用

7 质量控制

7.1 主要质量标准和技术规范

GB 50148—2010 电气装置安装工程 电力变压器、油浸电抗器、互感器施工及验收规范

GB 50150—2016 电气装置安装工程 电气设备交接试验标准

GB 50169—2016 电气装置安装工程 接地装置施工及验收规范

GB 50171—2012 电气装置安装工程 盘、柜及二次回路接线施工及验收规范

DL/T 5232—2019 直流换流站电气装置安装工程施工及验收规范

DL/T 5840—2021 电气装置安装工程 电力变压器、油浸电抗器、互感器施工及验收规范

Q/GDW 248—2016 输变电工程建设标准强制性条文实施管理规程

Q/GDW 11743—2017 ±1100kV 特高压直流设备交接试验

Q/GDW 11751—2017 ±1100kV 换流站换流变压器施工及验收规范

国家电网公司十八项电网重大反事故措施（修订版）（国家电网设备〔2018〕294 号）

国家电网公司防止直流换流站单双极强迫停运二十一项反事故措施（2021 年版）

国家电网有限公司输变电工程质量通病防治手册（2020 年版）

国家电网有限公司输变电工程标准工艺 变电工程电气分册

7.2 现场施工常见问题及质量控制要点

7.2.1 换流变压器安装

换流变压器安装质量控制要点见表 2 - 1 - 11。

表 2-1-11　　　　　　　　　　　　　　换流变压器安装质量控制要点

施工准备	(1) 与厂方技术人员研究编写施工方案； (2) 对附件进行清点、清洗、试验或校验； (3) 选择晴朗天气，在换流变压器四周做防尘措施； (4) 绝缘油处理完毕且试验合格； (5) 检查起重机及吊具、抽真空、真空监测、真空注油、热油循环设备正常，施工用小型工具设专人负责
技术交底	(1) 组织施工人员学习施工方案； (2) 对所有施工人员及起重机司机进行技术交底
芯部检查	(1) 内检人员着清洁的防尘服、防尘帽、绝缘鞋，携带工具必须登记，设专人监督； (2) 按规范及施工方案要求，逐项检查本体内部元件，并做记录，发现问题后，做好记录且签字齐全，必要时留影像资料； (3) 对铁芯做绝缘试验，对残油取样进行化验
安装换流变压器本体及附件	(1) 冷却器、支架联管的安装必须按制造厂编号进行，吊装时避免碰撞，冷却器安装要保持垂直，同一侧面要在一条直线上； (2) 储油柜的吸湿器联管必须保持垂直，吸湿器装有干燥变色硅胶； (3) 套管起吊时，要将尼龙吊带与瓷件相接触部位垫上松软物，防止损坏瓷件起吊过程中，避免套管受到冲击； (4) 检查耐油密封垫（圈）外观良好，尺寸适中，安装位置准确，搭接处的厚度与原厚度相同，橡胶密封垫的压缩量不超过其厚度的 1/3； (5) 检查调压开关接触良好，挡位正确
质量验收	(1) 检查交接验收报告及特殊项目试验报告； (2) 检查冷却风扇、潜油泵运转正常； (3) 检查气体继电器、压力释放阀、油位计、温度计指示准确
抽真空真空注油	详见油务处理质量控制要点系统图

7.2.2　油务处理

油务处理示意图如图 2-1-15 所示。

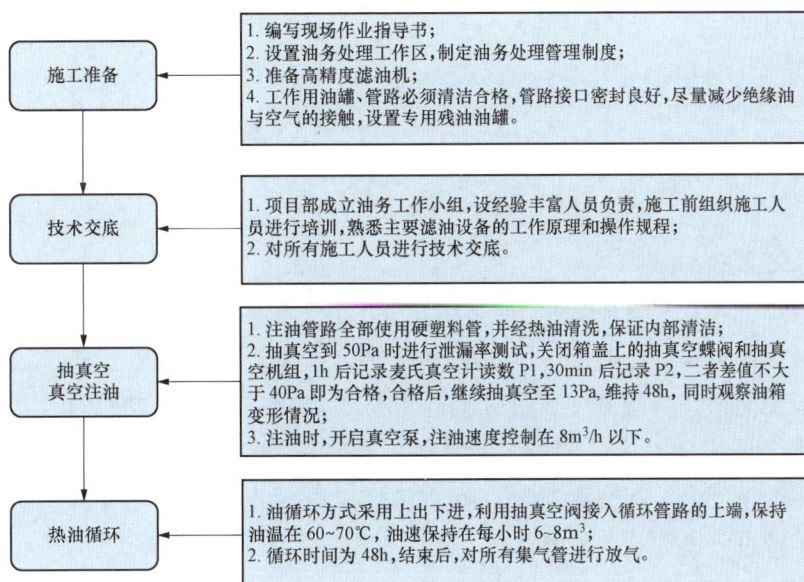

图 2-1-15　油务处理示意图

7.3　质量通病及控制措施

换流变压器安装质量控制要点见表 2-1-12。

表 2-1-12　　　　　　　　　　换流变压器安装质量控制要点

序号	质量通病	原因分析	预防措施
1	换流变压器各法兰连接处出现漏油现象	密封线圈安装不标准、螺栓紧固不到位或密封垫未更换	（1）安装前应详细检查密封圈材质及法兰面平整度是否满足标准要求； （2）螺栓紧固力矩应满足厂家说明书要求；法兰打开处密封垫必须进行更换
2	换流变压器漆层损伤	不注意保护电气设备	（1）换流变压器安装人员在器身施工时穿软底鞋，使用的工器具轻拿轻放，减少对器身漆层的损伤； （2）安装结束，清洗换流变压器器身并进行补漆工作
3	换流变压器漏油	设备本身原因、安装原因	（1）抽真空过程严格观察； （2）把控进货检验关，检查是否有砂眼； （3）安装完毕将油污擦拭干净，几天后再次检查； （4）做油密试验的过程中注意观察； （5）运行后再次观察
4	设备安装中的穿芯螺栓两侧螺栓露出长度不一致	安装原因	（1）对设备安装中的穿芯螺栓（如避雷器、换流变压器散热器等），要保证； （2）两侧螺栓露出长度一致
5	绝缘油不合格	供货商原因	（1）对到场绝缘油罐进行逐罐取样化验，不合格的进行热油循环直至取样化验合格。 （2）变压器热油循环完，取样化验合格，不合格继续热油循环直至化验合格。 （3）追踪到供油厂家，确保出厂油指标符合变压器厂家要求
6	变压器本体渗漏油	施工现场管理不到位	（1）对到场的变压器器身进行检查，特别注意各个阀门。 （2）清理变压器周围场区，合理放置油罐、滤油机，油管路接头牢固、无滴渗漏现象
7	油处理效率低		成立专门的油务处理小组，责任到人，提高换流变压器油务处理质量

8　安　全　措　施

8.1　危险点分析及预防措施

8.1.1　临时施工用电造成人员触电，电源短路引发火灾事故

控制措施：施工用电应严格遵守《国家电网公司电力安全工作规程》，换流变压器施工采用两个专用电源箱并按定上锁，与换流变压器安装作业无关的施工用电严禁私自乱接。电源箱及滤油机所使用的电源线必须符合本措施的规定，其他电动工机具所使用电缆截面必须满足负荷要求，电动扳手、照明用电使用的电源线必须采用橡皮电缆。电源线与母排接头部位必须按照规定母线施工规范规定力矩值进行紧固。

8.1.2　高处作业造成高空坠落

控制措施：施工时，要求作业人员必须系好安全带或安全绳，安全带（绳）应系在上端牢固可靠处或水平移动绳上。根据施工现场实际情况，可在换流变压器上端可靠固定水平钢丝绳的方法，其长度应能起到保护作用，安全带（绳）系在水平保护绳上。高处作业平台应牢固可靠。高处作业人员要正确使用安全防护用具，使用的小工具要放在工具包内，并使用小吊绳上下传递物件；高处作业下方不得站人，高处作业人员严禁高空抛物。及时用棉纱等物品擦洗顶部，保证顶部无油污水迹。

8.1.3　换流变压器作业无序造成人身意外和设备事故

控制措施：换流变压器安装前，学习《换流变压器安装技术措施》，明确安装各环节中的安全注意事项。安装前进行详细分工，设置专用工具箱，实行工具登记制度，安监人员应提醒施工人员将拆卸的零部件和工具及时放入专用工具箱内。

8.1.4　附件吊装作业造成人身意外和设备事故

（1）起重机应检查证照齐全、操作及指挥人员要持证上岗。加强对操作人员的技能培训。设立专人指挥，严禁指挥人员擅自离开现场，指挥信号应明确，考虑到现场安装时噪声大，必须采取哨声结合手势的方法，确保起重指挥和司机之间信息通畅。

（2）起吊机具与吊具使用前要严格检查，吊带和钢丝绳不得有破损现象，钢丝绳要防止打结和扭曲现象，加强对起重机的维护、保养、维修工作。

（3）起重机支腿要可靠，了解并结合每件吊物重量，起重机坐落位置满足起重机特性曲线的要求，吊带和钢丝绳承重吨位满足所吊物件的重量要求，必须按本措施规定和制造厂家要求的方法进行吊装；禁止斜拉、斜吊、拔吊。吊物离地面 500～1000mm 时，应暂停起吊，经全面检查确认无问题后，方可继续起吊。吊件在移动时，应缓慢进行，随时注意不能与其他物件发生碰撞。人员严禁在吊物下方停留和行走，被吊物件就位时，施工人员身体任何部位不得置于附件与本体安装部位之间。

（4）火灾事故。控制措施：

1）做好防静电造成火灾事故控制措施。对滤油机操作人员进行安全技术培训，并在施工前进行安全技术交底，滤油前由作业组人员和安监人员做全面的检查，从根本上杜绝事故的发生。设备、油箱及油管道在使用前应可靠接地。

2）制定火灾事故应急预案，进行消防演练。油罐现场设置围栏，远离烟火，严禁吸烟，配备足够数量消防器材，并在就近位置设置消防砂池。

3）现场应尽量避免施焊作业，对必须进行的焊接作业应有可靠的防护措施。

（5）物体打击。控制措施：吊装作业严格执行安规；在进行吊装等危险作业时，应将安装区域用安全围栏隔离并加强现场监督，防止其他无关人员进入；做好机具、附件摆放的防倾倒措施。对易滚动的附件应及时将两侧掩牢。大型机具和设备附件放置在地面土壤上时，下部应采用道木垫平等方式防止倾倒，雨后应注意观察土壤是否有下陷，如有必须采取相应处理措施。

（6）芯部检查造成人身伤害、设备事故。控制措施：通风要求良好，并与内部检查人员在入口处派专人保持联系。增加照明度较好的手电筒；工作人员穿耐油防滑靴；利用干净的木梯子上下；严禁利用引线木支架攀登上下；工作人员穿无纽扣、无口袋的工作服；带入的工具必须拴绳，专人管理，清点登记；工作人员不准带任何与芯部检查无关的物品入内。

（7）套管安装造成套管及设备损伤，套管安装完毕后落物造成套管损坏。控制措施：

1）套管吊装方法严格按照本措施执行，并采用软吊带吊装；指挥和操作人员由经验丰富的专职人员担任，吊装前指挥和操作人员应认真地交流和沟通；套管安装时，应缓慢插入，防止瓷件碰撞法兰口；观察孔处应设置专人观察和引导套管与应力锥的配合。

2）套管安装完毕后，再进行接引线等其他工作时，应采取防高处落物措施防止损坏套管，在套管上方施工时对所用的工器具、材料应采取必要的二道保护措施防止脱落，如使用绳索一端固定在固定物上，另一端在工器具、材料上进行可靠拴接，其长度应合适不影响工作，又能防止物件突然脱落损坏设备进行二道保护。

3）阀厅内套管防护因牵涉到不同的施工单位，在移位至运行位置后，应通过监理单位对在阀厅内工作的其他施工单位作出明确要求，在阀厅内施工必须采取安全防护措施严禁损坏阀侧套管，特别是对阀厅内的吊装作业、高处作业应重点做好防吊物脱落、防落物措施。

（8）抽真空造成损坏设备。控制措施：检查真空泵是否完好，真空泵冷却回路是否畅通，冷却水源是否可靠；真空泵出口处应装设高真空球阀和掉电逆止阀，防止突然断电真空泵油气倒灌；所用电源必须可靠，单独控制，专人管理，无关人员不得操作控制开关；抽真空时应首先开通冷却水，再启动真空泵，待真空泵运行平稳后缓慢开启闸阀和蝶阀，停机顺序相反；麦氏真空表不得置于油箱顶部，表前应有高真空球阀，读取真空度时应专人操作，并缓慢打开球阀，真空表不得过高，谨防水银流入真空管道；附加油采用真空方式加注时，应严格控制真空度，防止过抽，胶囊应与油枕连通；抽真空时应监视箱壁的变形，其最大值不得超过壁厚的两倍。

（9）在换流变压器安装过程中，各部件法兰对接处应拆除的临时门板和垫圈未及时拆除和更换造成对以后运行产生极大的影响。控制措施：设立专人对每个法兰对接处需拆除的临时门板和更换垫圈部位进行登记，并监督其拆除和更换，最后对所拆除门板和更换垫圈按登记数量进行清点。

（10）换流变压器油处理过程中由于油管破损或接头部位松动导致大量漏油，造成财产损失和环境污染。控制措施：施工用油管和接头采用合格厂家产品，制订油务处理值班专项管理制度，责任到人，定时巡视。

8.2 其他安全要求

8.2.1 换流变压器安装过程中，为避免交叉作业，对施工区域、起重机行进路线，人员通道采用安全围栏进行隔离。坑、沟、孔洞等均应设置可靠的防护措施。

8.2.2 进入施工现场的人员应正确使用合格的安全帽等安全防护用品，穿好工作服，严禁穿拖鞋、凉鞋、高跟鞋，以及短裤、裙子等进入施工现场。严禁酒后进入施工现场，严禁流动吸烟。

8.2.3 施工用电应严格遵守《国家电网公司电力安全工作规程》，实现三级配电，二级保护，一机一闸一漏保。总配电箱及区域配电箱的保护零线应重复接地，且接地电阻不大于10Ω。用电设备的电源线长度不得大于5m，距离大于5m时应设流动开关箱；流动开关箱至固定式配电箱之间的引线长度不得大于40m，且只能用橡套软电缆。

8.2.4 施工单位的各类施工人员应熟悉并严格遵守本规程的有关规定，经安全教育，考试合格方可上岗。临时参加现场施工的人员，应经安全知识教育后，方可参加指定的工作，并且不得单独工作。

8.2.5 工作中严格按照《国家电网公司电力安全工作规程》要求指导施工，确保人身和设备安全。

8.2.6 特种工种必须持证上岗，杜绝无证操作。由工作负责人检查起重机械证照是否齐全，操作、指挥人员必须持证上岗。

8.2.7 设备存放处地基平整坚实，设备不得叠放；升高座重心偏移，吊装前不得拆除底座。现场拆除的包装箱板及其他剩余材料、设备应及时清理回收，集中堆放。材料、设备应按施工总平面布置规定的地点堆放整齐，并符合搬运及消防的要求。

8.2.8 起吊机具与绳索使用前要严格检查，使用过程中必须严格遵守下列规定：

（1）起吊物应绑牢，并有防止倾倒措施。落钩时，应防止吊物局部着地引起吊绳偏斜，吊物未固定好，严禁松钩。

（2）吊索（千斤绳）的夹角一般不大于90°，最大不得超过120°。

（3）起吊大件或不规则组件时，应在吊件上拴以牢固的控制拉线。

（4）吊物上不许站人，施工人员不应直接利用吊钩升降。

（5）吊起的重物不得在空中长时间停留。在空中短时间停留时，应采取可靠措施，操作人员和指挥人员均不得离开工作岗位。

（6）在抬吊过程中，各台起重机的吊钩钢丝绳应保持垂直，升降行走应保持同步。各台起重机所承受的载荷不得超过各自额定起重能力的80％。

（7）起重机在工作中如遇机械发生故障或有不正常现象时，放下重物、停止运转后进行排除，不应在运转中进行调整或检修。如起重机发生故障无法放下重物时，应采取适当的保险措施，除排险人员外，严禁任何人进入危险区域。

（8）当工作地点的风力达到五级时，不得进行受风面积大的起吊作业。当风力达到六级及以上时，不得进行起吊作业；遇有大雪、大雾、雷雨等恶劣气候，或夜间照明不足，使指挥人员看不清工作地点、操作人员看不清指挥信号时，不得进行起重作业。

（9）操作人员应按指挥人员的指挥信号进行操作。对违章指挥、指挥信号不清或有危险时，操作人员应拒绝执行并立即通知指挥人员。操作人员对任何人发出的危险信号，均必须听从；指挥人员发出的指挥信号应清晰、准确；指挥人员应站在使操作人员能看清指挥信号的安全位置上。

（10）吊装带使用期间，应经常检查吊装带是否有缺陷或损伤，包括表面擦伤、割口、承载芯裸露、化学侵蚀、热损伤或摩擦损伤、端配件损伤或变形等。如果有任何影响使用的状况发生，所需标识已经丢失或不可辨识，应立即停止使用。吊索不得与吊物的棱角直接接触，应在棱角处垫半圆管、木板或其他柔软物。

（11）安全工器具准备齐全，检验合格。

（12）严格执行施工作业票制度，工作班成员要认真听清并了解工作内容及安全措施，并签名确认，工作范围应设置围栏。

（13）内检人员内部检查时，其气体含氧密度≤18％，严禁施工人员入内。充氮变压器注油排氮时，任何人不得在排气孔处停留。

（14）安装及油处理现场必须配备足够的消防器材，必须制定明确的消防责任制责任到人，场地应平整、清洁，10m范围内不得有火种及易燃易爆物品；对已充油的换流变压器的微小渗漏需补焊应经厂方服务人员认可，遵守下列规定：换流变压器的顶部应有开启的孔洞，焊接部位必须在油面以下，严禁连续焊接，应采用断续的电焊，焊点周围油污应清理干净，应有妥善的安全防火措施，并向全体参加人员进行安全技术交底。

（15）真空净油设备的使用必须按操作规程进行，滤油管道使用前要全面清洗，并保持清洁。尤其后置过滤器、注油管道应仔细检查、妥善维护，防止异物和潮气进入器身内。

（16）在换流变压器真空状态下严禁用绝缘电阻表测量铁芯、夹件的绝缘电阻。

（17）机具应由了解其性能并熟悉操作知识的人员操作。各种机具都应由专人进行维护、保管，并应随机挂安全操作牌。修复后的机具应经试验鉴定合格方可使用。

（18）滤油机及油系统的金属管道应采取防静电的接地措施；使用真空滤油机时，应严格按照制造厂提供的操作步骤进行。滤油机及油系统的金属管道应采取防静电的接地措施；滤油设备如采用油加热器时，应先开启油泵、后投加热器；停机时操作顺序相反；滤油设备应远离火源，并有相应的防火措施；使用真空滤油机时，应严格按照制造厂提供的操作步骤进行。常规的操作步骤是按水泵、真空泵、油泵、加热器的顺序开机，停机时的顺序相反；压力式滤油机停机时应先关闭油泵的进口阀门。

（19）油务处理过程中，外壳及各侧绕组应可靠接地；用梯子上下时，不应直接靠在线圈或引线上；储油和油处理设备应可靠接地，防止静电火花；现场应配备足够可靠的消防器材，并制定明确的消防责任制，场地应平整、清洁，10m范围内不得有火种及易燃易爆物品；瓷套型互感器注油时，其上部金属帽应接地；储油罐应可靠接地，防止静电产生火花。使用真空热油循环进行干燥时，其外壳及各侧绕组应可靠接地。

（20）链条葫芦使用前应全面检查，吊钩、链条等应良好，传动及刹车装置应可靠。吊钩、链轮、倒卡等有变形，以及链条直径磨损量达10%时，严禁使用。链条葫芦的刹车片严防沾染油脂。链条葫芦不得超负荷使用。起重能力在5t以下的允许1人拉链，起重能力在5t以上的允许两人拉链，不得随意增加人数猛拉。操作时，人不得站在链条葫芦的正下方；吊起的重物如需在空中停留较长时间时，应将手拉链拴在起重链上，并在重物上加设保险绳；链条葫芦在使用中如发生卡链情况，应将重物固定好后方可进行检修。

9 文明施工及环境保护措施

9.1 固体废弃物分类设垃圾桶，集中回收，定点处理。每天下班前，应清理施工现场，做到"工完、料尽、场地清"，保持良好的施工环境。

9.2 对换流变压器油优先考虑再利用。对施工过程中可能造成油污的地方（如带油密封的附件），在安装时拆除密封板时的滤油机接头、油罐接头、管道接头等，采取铺塑料布等方式避免基础的油污。换流变压器安装前，土建安装的事故油池必须已具备使用条件，在施工过程中如发生漏油现象排入事故油池，废旧换流变压器油用集油桶集中回收，按当地环保标准处理。

9.3 加强对起重机维护、保养、维修工作，加强对操作人员的技能培训，作业时尽量减小噪声和对空气的污染。

9.4 用SF_6气体回收装置回收SF_6废气，严禁污染。

10 效 益 分 析

10.1 本典型施工方法具有简洁、高效等特点，可在合理的人员机械设备配备下，高质量、高效率完成换流变压器安装，具有较高的经济效益。

10.2 ±1100kV换流变压器安装是在特高压工程实际中首次应用。本典型施工方法对±1100kV换流变压器的工程现场安装流程、工艺、管控要点进行了明晰，可有效保证换流变压器施工质量，有力保障工程长周期安全稳定运行，具有较高的社会效益。

10.3 应用±1100kV换流变压器的特高压工程建成投产后，具备年送600亿～800亿度电的能力，超过上海年用电量的40%，可使受端地区减少大量燃煤、二氧化碳、二氧化硫，具有良好经济效益和环保效益。

11 应 用 实 例

该典型施工方法已在昌吉—古泉±1100kV特高压直流工程中应用。

该工程已获评新中国成立70周年"经典工程"、国际项目管理协会卓越项目管理奖银奖。获得省部级以上科技进步奖50项，授权发明专利49项、实用新型专利136项，发布标准46项，出版专著 4 部。中国电机工程协会组织的院士专家组鉴定认为"项目填补了±1100kV 直流输电基础理论空白，整体技术居国际领先水平"。±1100kV 换流变压器等设备被国家能源局评定为"第一批能源领域首台套重大技术装备"

工程已累计送电超 1600 亿 kWh，将新疆的风、煤、太阳能电源打捆外送至华东，提升新疆风光电利用率至 95％以上，为实现"双碳"目标、服务"一带一路"倡议、推动全球能源互联做出了重要贡献，让中国特高压的"金色名片"更加闪亮。

典型施工方法名称：±1100kV 换流变压器（西门子技术路线）安装典型施工方法

典型施工方法编号：TGYGF002—2022—BD—DQ

编 制 单 位：国家电网有限公司特高压建设分公司

主 要 完 成 人：张 诚 徐剑峰 郎鹏越 陈 楠 王开库

　　　　　　　侯 镭 刘 振

目 次

1　前　　言

换流变压器是特高压直流输电工程中至关重要的关键设备，是交、直流输电系统中换流、逆变两端接口的核心设备。换流变压器与换流阀一起实现交流电与直流电之间的相互转换，换流变压器为换流阀提供设计电压等级的交流电压，其阻抗限制了阀臂短路和直流母线上短路的故障电流，使换流阀免遭损坏。换流变压器的安装、投入和安全运行是工程取得发电效益的关键和重要保证。

换流变压器安装是特高压直流输电工程建设的关键环节。本典型施工方法重点介绍了 ±1100kV 换流变压器（西门子技术路线）安装方法、工艺流程、安全质量控制要点等，同时增加换流变压器阀侧套管封堵的施工方法，为后续同类设备安装提供典型施工方法参考。

2　本典型施工方法特点

2.1　设备安装流程介绍详细，对安装人员机具准备、安装环境控制等方面说明清楚。

2.2　对换流变压器工艺处理特点及管控要点介绍全面、清晰。

2.3　安装安全质量控制介绍清楚，具备较强的参考性。

2.4　通用性高，推广性强，可广泛适用于同类型 ±1100kV 换流变压器的现场安装。

3　适　用　范　围

本典型施工方法适用于 ±1100kV 换流变压器（西门子技术路线）现场安装（本典型施工方法仅供参考，各工程应根据工程实际情况编制作业指导书进行报审）。

4　设备结构特点及基本参数

换流变压器按绝缘水平依次划分为 LD、LY、HD 和 HY 四种类型（分别对应阀侧电位 275kV、550kV、825kV 和 1100kV），本施工方法重点介绍由采用西门子技术的 1100kV 以及 825kV 换流变压器。

4.1　产品型号

设备型号如图 2-2-1 所示。

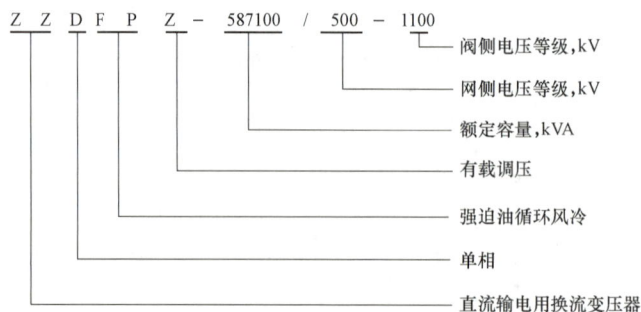

图 2-2-1　设备型号

4.2　基本参数

（1）额定容量：587.1MVA。

（2）相数：单相。

（3）频率：50Hz。

（4）冷却方式：ODAF。

（5）使用条件：户外式。

（6）联结组标号：Ii0。

（7）额定 AC 电压：网侧 510/kV、阀侧 228.3/kV。

（8）调压范围：（＋25～－5）×1.25%。

（9）短路阻抗：（22±1）%。

（10）噪声：额定工频电压下小于等于 80dB（A）（额定工频电压）。

（11）损耗：

1）空载损耗：280kW（额定电压、无直流偏磁）。

2）负载损耗：1302kW（额定分接、85℃下不含谐波）。

3）负载损耗：1515kW（额定分接、85℃下含谐波）。

5　施工工艺流程及操作要点

5.1　施工工艺流程图

施工工艺流程图如图 2-2-2 所示。

5.2　操作要点

5.2.1　施工准备

（1）土建交付安装的条件。

1）安装区域混凝土基础、沟道、降噪钢构基础、换流变压器轨道等土建工程施工完成并验收合格，场地平整。

2）安装区域及周边的土方挖填、喷砂、墙及地面打磨等产生扬尘的作业应全部完成。

3）预埋件位置正确，基础标高和水平度应符合设计和制造厂要求，表面平整度≤8mm，基础中心线位移≤10mm，埋件标高偏差≤3mm，预埋件水平度偏差≤2mm，并在基础上画出准确就位参照轴线。

4）安装区域的主接地网施工完成。

5）阀厅换流变压器阀侧套管临时封堵应完成。

6）换流变压器油池临时格栅已铺设完毕。

（2）防风沙防潮措施。

1）第一重直接防护。换流变压器本体器身的防护措施由厂家负责，安装单位协助完成。即安装套管时设置防尘裙、人孔处设置门帘，压力释放装置等处设置防尘罩。采用干燥空气发生器维持器身微正压。安装附件前清洁附件、本体作业面浮尘。安装技工要求经验丰富、熟悉操作流程、责任心强，尽量减少装配时间。

2）第二重设置防尘棚防护。换流变压器内检拟采用专门空气净化系统内进行。包括空调、风淋间、防尘棚，防尘棚内部设置空气净化器，该系统具备风淋、除湿、空气净化功能。现场加工防尘棚采用透明阳光板遮挡，加工成一个密闭的防尘

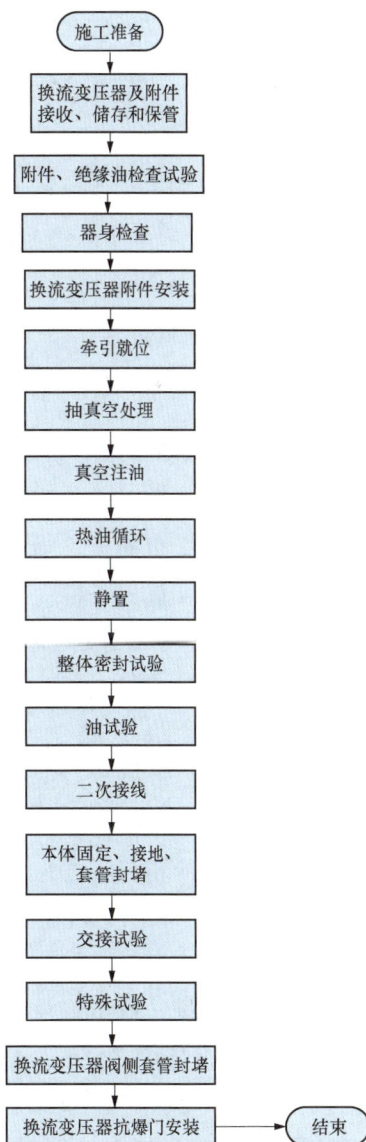

图 2-2-2　施工工艺流程图

283

空间，防尘棚与风淋间对接后四周用胶带进行密封。风淋间外形图如图2-2-3所示，防尘棚外形图如图2-2-4所示。

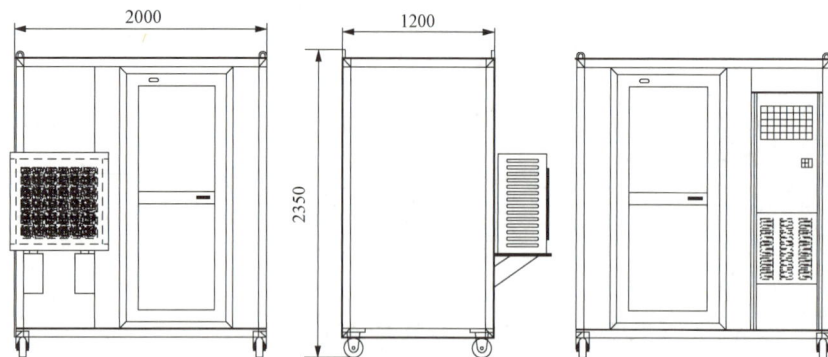

图2-2-3　风淋间外形图

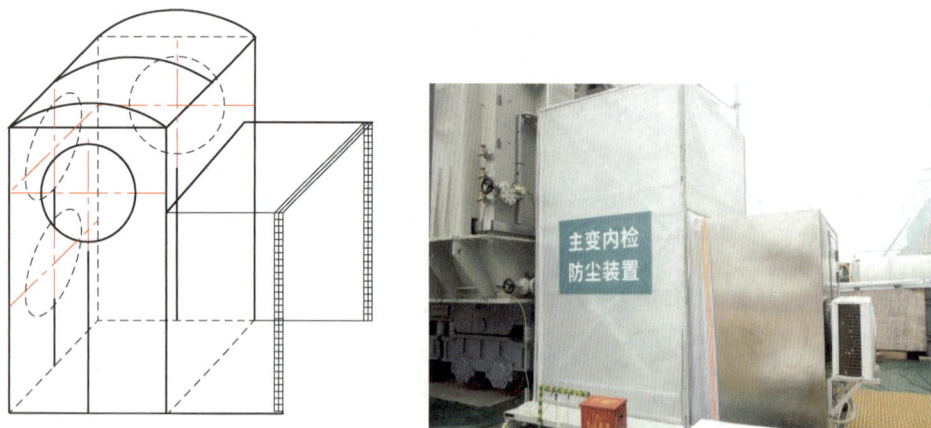

图2-2-4　防尘棚外形图

3）第三重周围环境的防护措施。安装区域20m范围内，裸露沙尘地表采用防尘布遮盖。避免在四级以上大风天气下进行附件安装作业。控制场区车辆行驶速度，合理安排安装区域周围易引起扬尘的施工作业。防风沙措施设置专人检查，未达到要求严禁施工。

（3）安全文明施工条件。

1）安装现场区域划分合理、隔离、警示措施齐全有效。

2）安装区域安保措施完善，出入口专人管理。

3）防火、防汛、防雷、防触电等安全防护设施齐全。

4）安装区域内不应存在影响换流变压器安装的交叉作业。

（4）施工场地准备。

以极1高端换流变压器为例，总体方案为用阳光板围住高端换流变压器广场，换流变压器安装区域设置滤油区、附件摆放区、材料存放区，设置工具间、配电箱、休息亭、宣传展示区等，合理规划起重机行走路线及站位。

（5）油务处理区域布置及准备。

滤油区布置如图2-2-5所示，外侧采用阳光板围栏进行维护，内部设置油罐区，油罐底部铺设防油布，周围采用沙袋围挡，油罐统一颜色、编号，采用定位布置，管路接头设置接油盒，配置足够消防设施，设置值班房1个，值班管理制度及其他要求上墙设置，围栏外设置宣传板。

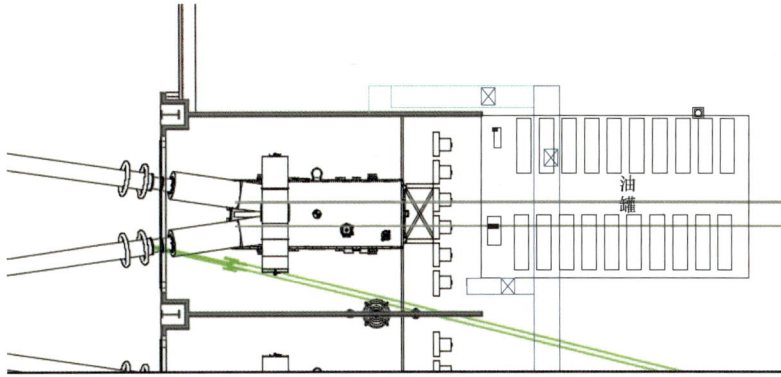

图 2-2-5　滤油区域布置

（6）施工电源准备。

施工电源箱采用自备三个末级配电箱，一机一闸一保护，电源使用换流变压器广场检修箱630A（接一个末级配电箱）和1250A（接两个末级配电箱）可以满足要求。现场使用的滤油机功率206kW，真空泵26kW、干燥空气发生装置19kW。计算如下：

$$I = K \cdot \sum P / (1.732 U \cdot \cos\phi) = 0.7 \times (206+26) \times 10^3 / (1.732 \times 380 \times 0.75) = 328.99A$$

$3 \times 185 + 2 \times 95$ 铜芯电缆最大电流365.7A，即一路采用1根 $3 \times 185 + 2 \times 95$ 的电缆即可满足要求。

（7）技术准备。

1）安装前，应检查换流变压器安装图纸、出厂技术文件、产品技术协议、有关验收规范及安装调试记录表格等是否备齐。

2）安装前，技术负责人应详细阅读产品的安装说明书、装配总图、附件一览表以及各个附件的技术说明及产品技术协议等，了解产品及其附件的结构、性能、主要参数以及安装技术规定和要求，并向班组人员作详细的技术交底及安全交底，同时做好交底记录。

3）在安装前，厂家人员需对安装单位进行交底。在安装过程中，由厂家人员全程进行现场安装指导。内检工作应由厂家人员进入换流变压器本体内，施工单位配合。

4）施工单位应按照此标准化模板编写作业指导书，进行审批及报审手续。

5）技术负责人应对施工人员作详细的技术交底，同时做好交底记录。技术交底应包含但不限于以下内容：图纸设计特点及意图、工作内容及范围、施工程序及主要施工方案、主要质量要求及保证质量措施、职业安全健康及环境保护等。

6）施工人员应按技术措施和技术交底要求进行安装，对安装程序、方法和技术要求做到心中有数，并熟悉厂家资料、安装图纸、技术措施及有关规程规范等。

5.2.2　换流变压器及附件接收、储存和保管

（1）换流变压器本体接收及检查。

1）换流变压器本体应由大件运输单位卸车牵引至安装单位指定的工作地点，换流变压器应卸车至专用运输小车上。

2）换流变压器牵引至安装地点后，应检查小车中心线是否与换流变压器本体器身轴向中心线重合、与换流变压器基础轴向中心线重合，误差不大于10mm。换流变压器小车支撑换流变压器的相对位置应符合厂家技术文件（或大件公司提前与制造厂沟通），保证小车支撑安全。若换流变压器长时间不安装或长时间不就位时，应在换流变压器底部加垫额外的支撑点，防止换流变压器底板变形。换流变压器小车车轮无偏移、方向与轨道一致顺直。

3）检查换流变压器千斤顶支撑部位、器身底部、器身周围应无变形、无明显磕碰、无明显凹陷。

4）检查所有未拆卸并与主体一起运输的零部件是否在正确位置且未被损坏。

5）检查主体外观是否有机械损伤，表面油漆是否有损坏。

6）检查主体各人孔、蝶阀等处密封是否严密，螺栓是否紧固牢靠。

7）对于充氮运输的换流变压器本体，检查气体正压力是否正常（气体压力常温下应保持0.02～0.03MPa）。

8）检查换流变压器器身顶部、侧部安装的冲撞记录仪数值，数值不应大于3g。

9）以上检查结果合格后，运输单位与安装单位、监理、厂家、物资、业主、运行单位办理交接手续。

（2）附件接收及检查。

1）附件卸车后其包装箱应完好、无变形、无破损，附件总件数与到货清单一致。

2）附件清点检查时，应按照装箱清单检查运输件是否齐全；表计、气体继电器、安装所需配件螺栓及消耗材料等附件应齐全，无损伤、污染。

3）套管到达现场，外包装应完好，无破损，包装箱上部无承载重物，包装箱底部无漏油油迹，±1100kV换流变压器套管冲击记录值不应大于2g。

4）套管开箱验收，应使用撬杠、扳子、锤子等工具小心开启拆箱，工作人员在包装箱的两侧，由一端将上盖打开，随着开启的深入应逐步跟进加横木垫起。再将两个侧面板拆开，拆卸时应注意观察，避免工具磕碰到套管。拆装时工具深入套管箱不超过100mm，以保证套管安全。

5）套管开箱后应逐层进行检查，套管包装的内部定位应完好、无破损、位移及悬空，防护加垫完好，无脱落，套管表面无磕碰及划伤。均压球应清洁、光滑无碰伤，安装位置正确，无偏移。如有异常，应进行拍照并及时通知有关厂家。

6）套管的起吊应严格按照套管的使用说明书进行操作。垂直起立后油压表的压力应在正常范围内。起立后套管密封连接部位无异常、无渗油问题。

7）升高座外包装应无破损，表面无碰伤及划伤，升高座冲击记录显示正常。

8）充氮运输的升高座应无泄露问题。

9）TA端子板密封应良好，无裂纹。引出导柱无弯曲、断裂等情况。

10）TA紧固良好，检测并核对TA参数及对应套管位置是否符合铭牌。

11）储油柜表面应无碰伤、划伤及变形，储油柜外部应清洁，各密封处应密封良好。

12）冷却器包装箱应完整，开箱检查时冷却器表面应无碰伤、划伤及变形，箱底无渗漏油现象。

（3）储存及保管。

1）换流变压器本体及充气附件存放期间应观察内部压力值和温度值，与到场交接值根据温度曲线进行比较，其气体压力应保持在0.02～0.03MPa。在存放的过程中每天至少巡查两次并做好记录，如果压力表的指示气体压力下降很快，必须查明原因，妥善处理，并及时将压力补到规定位置。

2）充气附件也应每天至少巡查两次气压值并做好记录，如果压力表的指示气体压力下降很快，必须查明原因，妥善处理，并及时将压力补到规定位置。

3）表计、气体继电器、测温装置及绝缘材料等，应放置在干燥的室内；妥善保管，不得受潮。

4）换流变压器运至现场后，应尽快准备安装工作，尽量减少储存时间，并将设备本体可靠临时接地。

5）附件应按原包装置于平整、坚实、无积水、无腐蚀性气体的场所，对有防雨要求的设备应采取相应的防雨措施。

5.2.3　附件、绝缘油检查试验

（1）注意事项。

1）附件检查时应注意使用的撬杠不磕碰、损坏设备附件表面漆层及瓷件。

2）冷却器进行油冲洗及密封试验时应注意保持现场文明施工，防止跑油事故污染环境。

3）油枕胶囊密封试验时应注意严格按照厂家说明进行操作，防止因充入压力过大造成胶囊破损。

4）施工时做好防触电、防火灾事故措施。

（2）检查项目。

1）冷却装置及其连接管道应无锈蚀、积水或杂物。如有，应清理干净。应按规定的压力值通过 0.03MPa 的压缩空气进行密封试验，持续 30min 应无渗漏，并用合格的油冲洗干净，将残油排尽后密封保存，风扇电机绝缘良好，叶片转动灵活无碰擦。油泵动作正常，油流继电器指示正确。

2）管路中的阀门应操作灵活，开闭位置正确，阀门及法兰连接处应密封良好。

3）胶囊式储油柜的胶囊应检查完整无破损。由施工单位及厂家进行胶囊外观检查，监理见证，若胶囊是整体运输，则进行压力检查及外部清理即可；若胶囊为分开运输，则还应必须从呼吸口缓慢充干燥空气胀开后检查，充入压力必须符合厂家技术要求，维持时间也应符合厂家技术要求，应无漏气现象。胶囊沿长度方向与储油柜的长轴保持平行，不得扭偏，胶囊口的密封良好，呼吸通畅。油室内壁要清洗，并检查有无毛刺、焊渣等情况。油位计传动机构应灵活，无卡阻现象，蜗杆与伞齿的啮合应良好无窜动，柱头螺栓紧固，摆杆的位置应与指示值对应，信号接点动作正确。

4）充气运输套管气体压力（充油套管油位）指示正常，无渗漏，瓷件表面无损伤。套管外部及导管内壁、法兰颈部及均压罩内壁应清洗干净。

5）呼吸器安装前应检查下滤网是否完好，吸附剂是否干燥，如受潮，应根据厂家要求进行处理。

6）压力释放阀按要求校验合格。压力释放装置的阀盖和升高座内部应清洁，密封良好，绝缘应良好。

7）本体瓦斯继电器、温度计应送具备相关资质的单位进行校验。膨胀式信号温度计的细金属软管不得有压扁或急剧扭曲，其弯曲半径不得小于 100mm。

8）附件开箱检查：安装前应在监理单位组织下对附件进行开箱验收、检查。检查附件包装箱应无破损，根据出厂文件一览表核对所提供的出厂资料及附件。所有附件应无锈蚀和机械损伤，密封应良好。冷却装置、连接管道应无锈蚀、积水或杂物。充油套管的油位应正常，无渗油，瓷体无损伤、砂眼等。充气套管的保管压力应正常，硅橡胶无损伤。开箱检查后做好开箱检查记录并签证。

（3）安装前交接试验项目。

1）套管应经试验合格，末屏接地良好。

2）升高座 TA 试验合格。出线端子板绝缘良好，接线牢固，密封良好，无渗油现象。

3）气体继电器、温度计应经校验合格。

4）安装换流变压器前，应初步确认换流变压器本体绝缘是否处于良好状态。判断依据如下：

a. 换流变压器的气体压力安装前是否均保持正压（根据保管记录）。

b. 换流变压器取残油做微水、耐压试验是否合格。残油电气强度≥40kV/2.5mm；含水量≤20mg/L。

c. 运输过程中的冲撞记录值是否超过厂方规定。

d. 用绝缘电阻表测量铁芯引线对地、铁芯对夹件的绝缘电阻。铁芯和夹件的绝缘试验合格。

5.2.4 器身检查

（1）注意事项。

换流变压器在安装前须进行器身检查，通过油箱下部的人孔进入油箱检查器身。器身检查应由厂家人员完成。器身检查时，应符合下列规定：

1）设置防尘棚作为过渡，人员进入换流变压器前先进入防尘棚，只允许厂家人员进入。

2）当油箱内含氧量未达到 19.5％及以上时，人员不得进入油箱内。

3）凡雨、雪、风（4 级以上）和相对湿度 75％以上的天气，不得进行内部检查。

4）在内部检查过程中，应向体内持续补充露点为 - 55℃的干燥空气，补充干燥空气速率应符合产品技术文件规定，并应保证本体内空气压力值为微正压，干燥空气充入 30min 以上，使用氧气测量仪检测油箱内氧气含量，氧气含量满足要求后，人员进入油箱内检查。

5）进入油箱内部的检查人员只能是厂家人员，厂家人员不得超过 2 人，同时打开盖板数量不得超过 2 个，检查人员应明确检查的内容、要求和注意事项，工器具进入器身前需进行超过 2 个标识、记录。

（2）检查内容。

1）本体检查：

a. 运输支撑和器身各部位应无移动现象，运输用的临时防护装置及临时支撑件予以拆除，应经过清点后做好记录。

b. 所有螺栓应紧固，并应有放松措施，绝缘螺栓应无损坏，防松绑扎应完好。

c. 铁芯检查应符合下列规定：铁芯应无变形，铁轭与夹件间的绝缘垫应良好；铁芯应无多点接地；铁芯外引接地的换流变压器，拆开接地线后铁芯对地绝缘应良好；铁芯拉板及铁轭拉带应紧固，绝缘良好。

d. 绕组检查应符合下列规定：绕组绝缘层应完成，无损坏、变位现象；各绕组应排列整齐，间隙均匀，油路无堵塞。

e. 绝缘围屏绑扎应牢固。

f. 引出线绝缘包扎应牢固，应无破损、拧弯现象，引出线应固定牢靠，应无移位变形，引出线的裸露部分应无毛刺或尖角，其焊接应良好，引出线与套管的连接应牢靠，接线应正确。

g. 绝缘屏障应完好，且固定应牢靠，应无松动现象。

h. 检查强迫油循环管路与下轭绝缘接口部位的密封应完好。

i. 检查各部位应无油泥、水滴和金属屑末等杂物。

j. 内部器件如需调整，需要汇报讨论后方可调整，同时留下记录。

2）分接开关吊芯检查：

a. 总体检查：检查绝缘筒内部是否有异物；变压器油是否有炭黑或其他污染痕迹，保持内部清洁。调压切换装置各分接头与线圈的连接应紧固正确；各分接头应清洁，且接触紧密，弹力良好；转动接点应正确地停留在各个位置上，且与指示器所指位置一致；切换装置的拉杆、分接头凸轮、小轴、销子等应完整无损；转动盘应动作灵活，密封良好。

b. 切换芯子安装前检查：绝缘筒内壁光滑、无毛刺，是否存在异常的受力、放电痕迹，绝缘筒壁触头是否存在异常痕迹；真空泡外观是否存在异常；各机械触头是否光滑，是否存在明显的放电或烧蚀痕迹；主触头弹簧触指是否工作良好，是否存在卡涩现象；各机械触头、拨叉、拨钉、驱动轴是否有明显受力、弯曲、变形等异常痕迹；所有连接线是否有松动、连接不可靠问题；机械传动杆、连接部位、齿轮盒是否存在受力或弯曲现象。

c. 分接选择器检查：各触头、连接部件是否光滑、无明显放电痕迹；动触头与静触头是否可靠连接；从顶部往下看，双极动触头驱动臂是否完全重合。

安装前，确认各安装位置，提前清查零部件个数，防止漏装及掉落切换开关油室内部。

安装时，将开关与主体通过管路连接，使开关与主体同时抽空注油。

5.2.5　换流变压器附件安装

（1）注意事项。

1）换流变压器附件安装时应按安全管理规定使用起重机等机械，起吊应检查起重机各项性能正常，起重机支撑到位无倾斜，吊带、钢丝绳完好无磨损选用合适，吊物时重心无偏斜，起重机操作人员应看清指挥信号等措施到位。防止发生机械伤害等事故。

2）高处作业应系好安全带，作业人员安全防护措施到位。

3）现场应做好安全文明施工，换流变压器周围应用塑料布进行铺设，防止附件残油污染换流变压器广场。

4）现场安全监护及指挥作业人员必须到位，且对全体施工人员交底到位，各施工人员明确施工内容。

5）套管、升高座、有载开关安装时，器身内部人员应做好设备内部对接工作，并与器身外安装人员做好沟通工作，进入器身内部人员所带物品需进行登记，防止遗留在器身内部，杜绝带入小金属物件。

6）套管、升高座、有载开关等大型物件吊装前应使用厂家专用吊具，并与厂家技术人员沟通好附件吊点，保证起吊附件重心与吊索不偏移。起吊前检查好附件与包装箱底部固定措施已拆除、起吊应平稳。

7）在进行升高座、套管安装时换流变压器内部引线穿引工作应由厂家进行，穿引工作需细致，防止刮伤引线表面绝缘。

8）厂家在器身内部安装工作应符合技术规范书要求。

9）附件安装时大气应满足器身内部检查要求，且需持续向器身内部充入 - 55℃以下露点的干燥空气。

10）所有法兰连接处必须用耐油密封垫（圈）密封，密封垫（圈）必须无扭曲、变形、裂纹和毛刺，密封垫（圈）必须与法兰面的尺寸相配合。

11）现场安装必须使用全新的密封垫（圈）。拆卸下来的旧密封垫应集中放置，并剪断或标示以区分。

12）法兰连连面必须平整、清洁、密封垫（圈）必须擦拭干净，安装位置必须正确。

（2）工作流程：冷却器安装→储油柜安装→升高座安装→套管安装→其他附件安装。

（3）工作分工。

1）安装单位负责所需机械设备及材料准备、附件吊装，监理单位监督执行。

2）制造厂负责设备内部引连线对接、关键工艺环节质量控制、配合施工单位进行安装技术指导工作。

（4）工作步骤。

1）冷却器安装。

a. 安装箱壁侧导油管支架。注意：所有与箱壁固定用螺栓只进行预紧，待整体框架及冷却器安装到位后，再最终撬紧。

b. 安装导油框架。用无水酒精沾湿的白布对框架的密封面及密封槽进行擦拭。更换密封垫，密封垫要求在使用前擦拭干净，且安装位置正确。确保密封垫安装到位。整体拼装完成后，测量框架对角尺寸相同后，再最终撬紧螺栓。

c. 安装主导油管及阀门。整体翻身起立框架，吊装到位。安装箱顶上部斜拉架。紧固箱壁侧预紧的螺栓。安装框架上部阀门、联管、油泵、弯管等。

d. 安装冷却器。冷却器端部（有放油塞的一端）做好保护，防止冷却器起立时与地面磕碰而损伤。检查冷却器是否在运输过程中损坏。用吊钩挂住冷却器上的吊环，缓慢将冷却器立起。打开冷却器下部放油塞，放掉冷却器内部残油，拧紧放油塞。冷却器安装前，如其密封性良好，无杂质和异物，可以不用变压器合格油对冷却器内部进行循环冲洗，否则用合格的变压器油对冷却器内部进行循环冲洗，直到内部清洁干净为止。逐个吊装冷却器安装在支架上。

2）升高座安装。

a. 检查接线端子外观，应牢固，无渗漏油现象。

b. 绝缘筒装配正确、不影响套管穿入。

c. 法兰连接密封良好，连接螺栓齐全、紧固。

d. 充氮或充油运输的升高座，排出升高座内部的氮气或变压器油。安装前，打开升高座 TA 端子盒，连接试验线路，进行 TA 试验，数据与出厂试验报告一致。

e. 其接线螺栓和用来固定的垫块应紧固，电流互感器出线端子板应绝缘良好，升高座内如有绝缘筒安装应牢固，不应使变压器引出线与之相碰。安装升高座时，注意电流互感器铭牌位置正确。网侧升高座安装如图 2-2-6 所示。

图 2-2-6 网侧升高座安装

3）中性点及网侧升高座垂直安装。

a. 将吊绳固定在升高座主体吊拌上，用吊绳将升高座吊至平整的地面上（地面要铺干净的塑料布或木板），拆除升高座下部保护罩（底座）。

b. 起吊升高座时使用升高座专用吊孔，将升高座吊至箱盖上相应的法兰孔处缓慢落下，对正安装孔，对角紧固螺栓。

c. 拆除箱顶运输盖板。注意：对拆除的紧固件做好归类放置，防止在作业过程中落入油箱。吊装升高座前，检查升高座内气体压力是否微正压，合格后，拆除密封盖板，对称起吊升高座吊耳位置。

4）阀侧升高座倾斜安装。

a. 拆除阀侧引线与运输盖板之间的安装件。

b. 按照图纸要求调整好阀引线末端均压球的位置。

c. 连接阀侧引线与阀套管金属导杆，将保护管套在金属导杆上，防止安装升高座时金属导杆戳破绝缘筒。

d. 阀侧升高座采用单钩起吊，起吊后操动手拉葫芦使升高座呈倾斜状态。

e. 利用吊绳、两台汽车起重机将阀侧升高座吊起并进行翻身。拆除阀侧出线装置端部运输筒及支架，利用倒链调节安装角度，避免磕碰。翻身后安装前检查内部出线装置位置是否满足图样要求。测量阀侧出线装置内部与套管连接的链接套到法兰端面尺寸，端部有一调节法兰可以调整，满足要求后进行套管安装。持续向产品本体内部充入露点合格的干燥空气，逐一打开阀侧升高座盖板，安装阀侧出线装置。

f. 整体起吊吊耳：升高座分布众多小型的分段式起吊吊耳，但强度不足以支撑整体起吊。升高座起吊用加厚吊耳位置图如图2-2-7所示。仅有升高座顶部的加厚吊耳（如图2-2-7中红色标注所示）方可用于整体起吊。阀侧升高座吊装如图2-2-8所示。

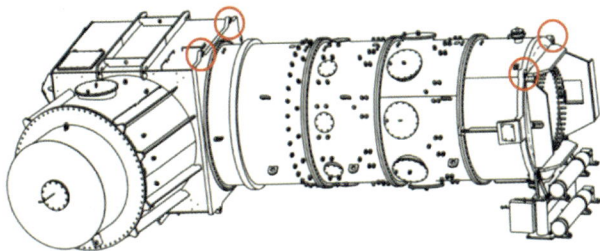

图2-2-7　升高座起吊用加厚吊耳位置图

g. 特殊卸扣：整体起吊吊耳的厚度较厚，需使用特殊卸扣方可保障连接，采用特殊卸扣销径不超过50mm，开口长度90mm，载荷不得低于20t，数量4个。

h. 在安装期间要做好防止绝缘件吸潮的工作，当打开主体安装套管和连接内部引线时，要向本体内持续吹入干燥空气。在升高座吊装调整过程中，本体封盖不允许提前打开，待对接前方可将封盖打开，以保证减少本体露空时间。

5）套管安装的注意事项。

a. 按照套管使用说明书要求进行安装。

b. 安装套管时要非常小心，避免磕碰，以防套管损坏。

c. 在装配地面上打开套管包装箱。

d. 安装前要用干净的抹布将套管表面擦拭干净。如果套管尾部有保护装置时，安装套管前应拆下保护装置。

e. 检查套管上的吊环是否牢固，如不牢固需用扳手将

图2-2-8　阀侧升高座吊装

其紧固。

f. 将套管安装在升高座上，对正安装孔，对角紧固螺栓。

g. 安装套管时，要有专人看护，以防套管与升高座相碰而损坏。起吊过程中严禁套管尾部受力。

h. 安装前，注意检查是否有套管安装专用的工装工具，如有，需使用专用吊具在吊孔处起吊、安装。

i. 套管必须清洁、无损伤、油位或气压正常。套管内穿线顺直、不扭曲。

j. 套管吊装顶端利用厂家专用吊板，阀侧套管安装需利用链条葫芦调整角度。

k. 引线与套管连接螺栓紧固，密封良好。

l. 每台换流变压器配备四只套管，其中交流侧高压套管一只，中性点套管一只，阀侧穿墙套管两只。阀侧套管安装时，应搭设脚手架或工作台，具体高度根据现场实际情况确定。

6）网侧套管垂直安装。

a. 网侧升高座吊装到位后，预紧螺栓固定升高座位置。打开升高座手孔盖板，放置密封垫，准备吊装套管，套管吊装 PDV1909 - 1、PDV1909 - 2 工装示意图分别如图 2 - 2 - 9、图 2 - 2 - 10 所示。

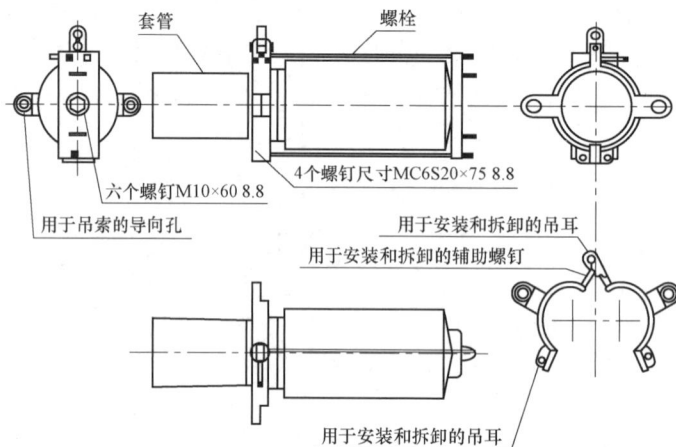

图 2 - 2 - 9　套管吊装 PDV1909 - 1 工装示意图

b. 网侧套管长 7837mm，重 1.98t，拟采用一台 80t 起重机（起重机Ⅰ）和一台 25t 起重机（起重机Ⅱ）进行安装。

c. 使用起重机Ⅰ用吊绳穿扣的方法将 2 根 8t、15m 的吊带穿过 PDV1909 - 1 工装，固定在套管法兰吊攀（套管上的吊耳）位置。使用起重机Ⅱ将吊绳 1 根 8t、10m 一端通过卸扣固定在 PDV1909 - 2 工装，另一端固定在吊钩上。

d. 两台起重机同时起升，待套管起升至足够高度后，起重机Ⅰ与起重机Ⅱ交替上升下降，起吊时对套管做好保护。缓慢起吊套管至垂直状态，撤去起重机Ⅱ吊钩和 PDV1909 - 2 工装。网侧套管吊装示意图如图 2 - 2 - 11 所示，网侧套管吊装图如图 2 - 2 - 12 所示。

e. 从手孔处进行接线作业，撬紧螺栓，撬紧后用力矩扳手复核力矩（力矩 $20\pm10\%$N·m）。作业过程中对手中的工具做好防护。网侧套管引线连接如图 2 - 2 - 13 所示。

f. 内部接线完成后，将套管下落到位，密封手孔盖板，并撬紧套管与升高座连接处法兰螺栓。

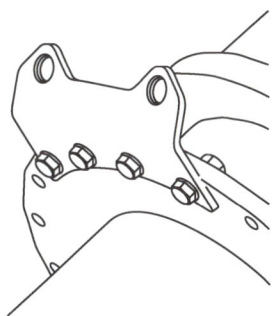

图 2-2-10 套管吊装 PDV1909-2 工装示意图

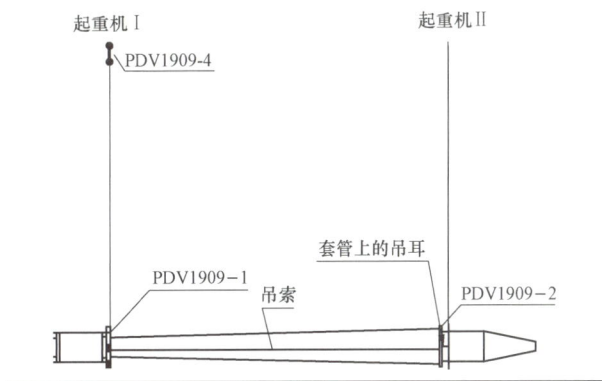

图 2-2-11 网侧套管吊装示意图

图 2-2-12 网侧套管吊装图

图 2-2-13 网侧套管引线连接

7）中性点套管的安装。

a. 升高座吊装到位后，预紧螺栓固定升高座位置。打开升高座手孔盖板，放置密封垫，吊装中性点套管。

b. 从手孔处进行接线作业，撬紧螺栓，撬紧后用力矩扳手复核力矩（力矩 $20\pm10\%$ N·m）。作业过程中对手中的工具做好防护。中性点套管引线连接如图 2-2-14 所示。

c. 内部接线完成后，将套管下落到位，密封手孔盖板，并撬紧套管与升高座连接处法兰螺栓。

8）阀侧套管的安装。

安装前高压电容式套管吊装前各处应擦净，特别是套管的法兰及下瓷套，应用洁净的抹布擦拭干净，充油套管的油位表朝向运行巡视侧。

高端 HY1100kV 阀侧套管长 20 190mm，重 15.5t，HD825kV 阀侧套管长 16530mm，重 6.6t，厂家配套吊具重 5.5t，吊装最大重量为 21t，阀侧套管吊装拟采用 80t 起重机进行安装。

采用 80t、25t 两台汽车起重机配合起吊将套管起重机箱体，吊出后不可直接放于地面，将套管箱内部支撑取出或采用枕木抬高法兰面，并进行防护防止套管与地面接触。然后拆除尾部防护筒。尾

图 2-2-14 中性点套管引线连接

部防护筒拆除时需要注意防尘和防潮，因为套管角度调节和套管与吊具间尺寸调整过程需要较长时间，需要用塑料布或保鲜膜进行套管尾部防护。

采用专用吊具吊装套管，阀侧套管吊具安装如图 2 - 2 - 15 所示。

套管起吊高度达到 2m 后，进行套管与吊具间的尺寸核对和调节，包括套管角度调节和套管与吊具间距离调节。

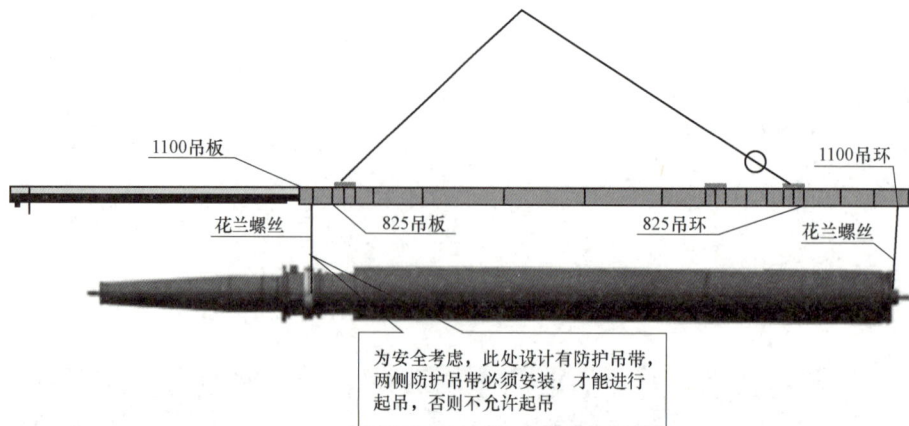

图 2 - 2 - 15　阀侧套管吊具安装图

在安装期间要做好以下防止绝缘件吸潮的工作，当打开主体安装套管和连接内部引线时，要向本体内持续吹入干燥空气。在套管吊装调整过程中，本体封盖不允许提前打开，待对接前方可将封盖打开，以保证本体露空时间。

9）储油柜安装。

a. 先将储油柜胶囊安装至储油柜内，安装时确保胶囊清洁，避免剐蹭、破损，安装后现场对胶囊进行打压试漏，要求 5～10kPa，保持 30min，无压降视为合格。

b. 检查连杆浮球沉浮自如，检查油位表指针是否灵活，起吊储油柜前，安装 L 形呼吸管。

c. 将储油柜支架按照吊装标识安装至箱盖，再吊装储油柜。油位计应按指示原理作校验。吊装时利用油枕上的专用吊点进行吊装。安装程序为：支架安装、柜体吊装就位、连接支架螺栓。

10）呼吸器安装。

a. 连通管必须清洁、无堵塞，密封良好。

b. 油封油位满足产品技术要求。

c. 变色硅胶必须干燥，颜色正常。

d. 吸湿器内硅胶应干燥，运输密封垫应拆除，底部罩内应注入清洁换流变压器油至规定的油面线，以阻止空气直接进入吸湿器，同时除去空气中的杂质。

11）有载调压开关检查安装。

a. 操动机构固定牢固，连接位置正确，操动灵活，无卡阻现象，传动部分涂以适合当地气候条件的润滑脂。

b. 切换开关接触良好，位置指示器指示正确。

12）压力释放阀安装。

a. 压力释放器装置的安装方向正确，阀盖和升高座内部清洁，密封良好。

b. 电触点动作准确，绝缘良好。

c. 对照生产厂家所提供的资料、图纸，组装好电缆槽盒、压力释放器，并保证与说明书一致。

d. 安装前应检查阀盖和升高座内部是否清洁，密封是否良好，微动开关动作和复位情况是否正常。安装时应注意喷油方向是否符合厂家要求。

13）气体继电器安装。

a. 继电器安装位置正确，连接面紧固、受力均匀，无渗漏。

b. 对照生产厂家所提供的资料、图纸，组装好电缆槽盒、气体继电器（气体继电器箭头方向必须指向油枕），并保证与说明书一致。

c. 安装前应经过校验合格，安装时应拆去运输防振用的临时绑扎绳。气体继电器安装在储油柜与油箱的水平连接管路上，箭头应指向储油柜，连通管的连接应密封良好。

14）温度计安装。

a. 顶盖上的温度计插座内介质与箱内油一致，密封良好，无渗油现象；闲置的温度计座密封良好，不得进水。

b. 对照生产厂家所提供的资料、图纸，组装好电缆槽盒，并保证与说明书一致。

c. 温控器主要由温包、毛细管和压力表组成。安装前应经过校验合格，并检查表计外观有无损坏，毛细管有无压扁和急剧扭曲，其弯曲半径不得小于 100mm。

d. 温包需垂直安装在注有换流变压器油的箱盖温度计座内，密封应良好。闲置的温度计座也应密封，不得进水。

e. 温度计安装在箱壁上，线缆应敷设美观。

5.2.6　牵引就位

（1）注意事项。

1）换流变压器通过对称的千斤顶顶升来安装或解除运输小车，千斤顶均匀升降，确保本体支撑板受力均匀，千斤顶顶升位置必须符合产品说明书的要求，千斤顶顶升和下降过程中本体与基础间必须实施有效的垫层保护。

2）通过牵引设备和滑车组牵引平移换流变压器牵引位置必须符合厂家要求。地面牵引固定点和牵引设备布置合理，牵引过程平稳，牵引速度不超过 2m/min，运输轨道接缝处要采取有效措施，防止产生振、卡阻。

3）如通过液压顶推装置平移换流变压器，运输小车或本体推进受力点必须符合厂家要求。

4）严格控制换流变压器就位尺寸误差，位置及轴线偏差必须符合产品技术规定，并满足阀厅设备安装对换流变压器套管位置的要求。检查阀侧套管轴线是否和阀厅垂直，阀侧套管端部伸进阀厅后的长度和高度是否满足设计要求，从而判断换流变压器是否牵引到位。

（2）工作步骤。

1）牵引滑车组的布置方式。

换流变压器牵引就位前，厂家应安装一台三维冲撞记录仪，安装位置在换流变压器本体记录仪安装板处，并打开记录仪处于运行状态。

换流变压器牵引就位采用两副滑车组。根据图纸及换流变压器转运方案，重量最大的高端换流变压器的短边两侧各牵引孔的启动拉力约为 22t，所以牵引作业时选用 3 只 25t 四轮滑车，3 只单轮滑车，采用 φ20mm 钢丝绳，穿绳的穿绕方式为"三·三走六道"，动力装置为 2 台 5t 绞磨。

当换流变压器牵引至基础中心线位置附近，因换流变压器前端距基础 2m 时，暂停牵引，滑轮组进行调整，使动滑轮组与换流变压器长边的后牵引孔连接，继续牵引直至换流变压器的中心线与基础中心线对正。

2）安装基础上就位。

利用千斤顶及加垫 200mm 枕木及 50mm 木板方式对换流变压器两侧进行轮次顶升，并在顶升过程中，用枕木进行双重保护。要求千斤顶必须放置在设计专用的承重位置，千斤顶底部必须垫钢板，并采取防滑措施。换流变压器同一侧的两点应同步顶升，直到顶升高度满足换流变压器小车的安装高度为止后安装小车。

牵引方式为绞磨配合钢丝绳和滑车组进行牵引，牵引时两台机动绞磨同时启动，保持相同速度，使拉力表始终处在中间位置即可。牵引初速度不得超过 0.5m/min，牵引正常后速度应保持在 1.2～1.5m/min 之间，不得超过 2m/min，保持换流变压器的平稳。换流变压器移运时，左右两侧各设一套拉力监测报警装置，能够更加直观、准确的数据显示两侧拉力是否受力均衡，避免了换流变压器由于两侧受力不均，而产生偏斜的现象发生，为变压器的牵引就位提供了施工保障。换流变压器牵引就位实例图如图 2-2-16 所示。

再次利用千斤顶及加垫枕木方式抬升换流变压器高度，然后将就位用小车沿轨道依次拉出，拉出过程要做到缓慢稳定，过程一定要严加看护，严禁出现小车碰撞刮擦换流变压器现象。

图 2-2-16　换流变压器牵引就位实例图
(a) 实例图一；(b) 实例图二

在换流变压器移位小车被拉出基础后，开始收千斤顶。依次取出一侧部分 50mm 厚木板，降下同侧千斤顶高度后，再取出另一侧部分 50mm 厚木板，降下另一侧千斤顶，每次降低高度 100mm。换流变压器两端交替降落，直到道木全部取出，换流变压器落至在安装基础上。

3）在牵引就位时，检查阀侧套管轴线是否和阀厅垂直，阀侧套管端部伸进阀厅后的长度和高度是否满足设计要求，从而判断换流变压器是否牵引到位。移位后暂不固定，将本体可靠接地。

4）换流变压器本体落位后中心线与基础中心线的误差小于 8mm，换流变压器阀侧套管轴线在阀厅内与设计之间的误差小于 20mm。

5）阀侧套管移位后的保护，在移位至运行位置后，在阀厅内施工必须采取安全防护措施严禁损坏阀侧套管，特别是对阀厅内的吊装作业、高处作业应重点做好防吊物脱落、防落物措施。

5.2.7　抽真空处理

（1）注意事项。

1）在确认产品和有关管路系统密封性能良好的情况下，方可进行抽真空。

2）抽真空时利用厂家专用工装，进行套管、有载开关处的连接同时抽真空。

3）抽真空时，应监视并记录油箱的变形，其最大值不得超过壁厚的两倍。

4）真空度测量不得使用麦氏真空计，采用电子式真空计。

296

（2）工作步骤。

1）根据厂家说明书打开和关闭各个阀门，进行抽真空。

2）将真空泵管道接到位于油箱顶部的专用蝶阀上。连接真空压力表。

3）按照厂家要求抽真空，对储油柜、散热器应一起抽真空。

4）启动真空泵，并慢慢开启真空抽气阀。抽真空至小于100Pa后，采用氦气检漏仪进行泄漏率测量，要求≤10mbar·L/s，泄漏率测量合格后，要求继续抽真空96min。真空度测量不得使用麦氏真空计，采用电子式真空计。

5）抽真空时，应随时观察记录油箱的变形，其最大变形不得超过壁厚2倍，同时注意散热器的变形情况并做好记录，如有问题及时与厂家代表联系处理。

5.2.8　真空注油

（1）注意事项。

1）严禁在雨、雪天气进行倒罐、过滤、注油等作业。

2）变压器油的脱气、倒罐及变压器本体的油注入、放出等均应使用成套装置的真空净油机进行。手提式滤油机仅限使用于油罐、管道清洗及变压器残油收集等作业。

3）现场油务系统中所采用的工作油罐及管道均应事先清洁合格后方可使用，且应设置专用残油油罐，并检查容器密封情况。

4）油在现场处理中，应采取有效措施避免与空气的接触，减少对工作油罐及管道带来的污染，油过滤采取两母管滤油，不密封容器需装有干燥吸湿器。

5）应使用制造厂提供的绝缘油，不同牌号的绝缘油不应混合使用。

6）真空泵、电源箱外壳、金属油管等必须可靠接地。

7）真空注油时，务必严格按照厂家技术文件的操作步骤，打开或关闭相应的阀门。

（2）工作步骤。

1）新油处理。

连接滤油机和15t油罐上下法兰，检查无漏油后，打开法兰呼吸器，开始滤油操作过程；合上电源操作箱内电源总开关，电源指示正常；全开滤油机粗过滤罐进油阀，全开真空滤油机一次阀，微开二次阀，检查油管内有油流动；按下油温加热器启动按钮，检查加热指示显示正常，自动控制加热系统运行正常；全面检查滤油机运行正常。滤油机本体出口油温达到$65\pm5℃$，罐体油温控制在55℃，速度不大于10 000L/h，循环大于等于5倍油量，达到要求后即可取油化验。

2）油样化验。

打开呼气器，接着打开取样阀进行取油，取油在监理单位见证下进行，送检，如不合格重新滤油，直至合格，油罐挂封签。真空注油前，经滤油处理后的绝缘油应满足：电气强度不应小于75kV；含水量不应大于8mg/L；$\tan\delta$不大于0.5%（90℃）；颗粒度不应大于1000个/100mL（5～100μm颗粒），无100μm以上颗粒，含气量氢不大于30μL/L、乙炔0μL/L、总烃不大于20μL/L，其他要求满足规程规范及标准要求，在换流变压器安装满足注入要求后，可以注入。

3）真空注油。

抽高真空时间满足要求后，拆除与阀门（AA356）连接的真空机组，将滤油机接到AA355和AA356管路上，对产品注油。注油时流速控制在4000L/h。真空注油如图2-2-17所示。

注油结束，将吸湿器连接阀门打开，缓慢解除真空。待变压器油与环境温度相近后，关闭气体继电器工装与本体及储油柜连接阀门，拆除工装（拆除工装时有少量油放出），更换已校验合格

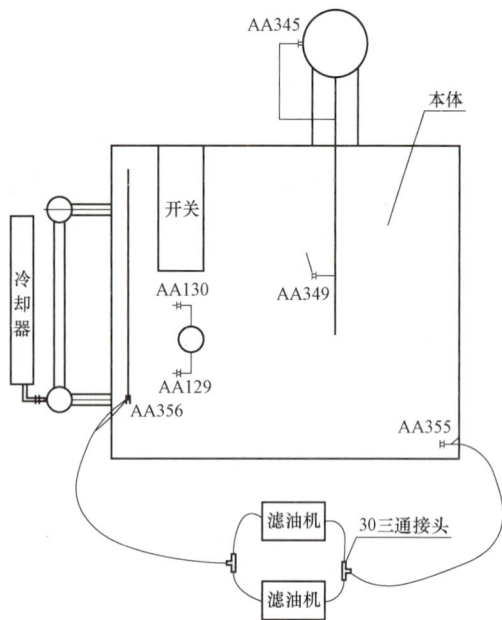

图 2-2-17 真空注油

的气体继电器。开启继电器与本体及储油柜连接的阀门，从继电器放气塞放出气体。

4）储油柜注油。

a. 储油柜注油（非真空补油）：预先将储油柜胶囊充气至 10kPa（具体参考厂家说明书），且储油柜顶部两端放气口阀门必须呈开启状态。缓慢打开储油柜与主体之间的阀门给主体泄压，并通过高真空滤油机为储油柜补油，储油柜注油流速控制在 $1.8\sim2.5m^3/h$，注油期间需注意胶囊内气压不能超过 10kPa。当储油柜放气口两端均出油后，关闭主体阀门停止补油，排放胶囊中的干燥空气并将胶囊排气管连接至呼吸器上，给储油柜注油，一直达到相应温度时的油位，即可进行热油循环。

b. 储油柜注油（真空补油）：若储油柜及胶囊满足抽真空条件，油枕补油时应采取全密封补油方式，即抽真空时从油枕最顶部阀门抽真空（油枕两侧排气阀处于关闭状态），且胶囊内部与油枕相连的阀门处于打开状态，当油枕内油位注入至额定油位时（符合温度曲线），停止注油，停止抽真空，关闭胶囊与油枕相连阀门，缓慢破除胶囊内真空度，并适当充入微正压（10kPa 左右，具体参考厂家说明书）干燥空气，使胶囊在油枕内完全展开，保证油枕油位真实。

5）套管充 SF_6 气体。

热油循环结束 48h 后，才允许对套管充 SF_6 气体。连接真空机组对套管抽真空至 100Pa，充 SF_6 至产品要求压力。套管充气时，打开套管充气阀门，连接 SF_6 充气软管与气瓶进行充气。SF_6 气体应满足 IEC 60376—2018《工业级六氟化硫（SF_6）及其混合物中用于电气设备的补充气体的规格》的要求，微水含量不大于 $25\mu g/g$（$-36℃$），纯度不小于 99.999%。充气完成后按照 IEC 60480《从电气设备中取出 SF_6 的检测和处理导则及其再利用规范》标准定期使用 SF_6 检测装置进行监测，防止 SF_6 气体泄漏。当 SF_6 气体压力小于 300kPa 时，需补气。

5.2.9 热油循环

（1）注意事项。

1）严格按照厂家要求进行热油循环，油温、油速以及热油循环的时间符合产品技术规定。

2）连接热油循环管路，热油循环应遵循对角循环原则。

（2）工作步骤。

1）热油循环过程中应设专人监测记录，观察出口油温、滤油机运行状态、渗油等情况。

2）热油循环过程中，滤油机出口油温应控制在（65 ± 5）℃范围内，换流变压器出口油温应达到 55℃，热油循环时间、总循环油量应满足制造厂规定。

5.2.10 静置

（1）热油循环结束后，打开储油柜与产品主体连接的真空阀，关闭所有注放油阀门，进行产品的静置。

（2）打开储油柜与主体连接的真空阀，关闭所有注放油阀门，静置时间不少于 240h。静置完成后须取油样进行现场试验。试验结果应满足：绝缘≥75kV/2.5mm；含水量≤8mg/L；介损因数 $\tan\delta$（90℃）≤0.5%；含气量≤0.5%；杂质颗粒≤1000/100mL（5~100μm 颗粒，无 100μm 以上颗粒）。

（3）静置期间间隔 24h 对产品升高座、冷却器、联管等放气塞进行放气，储油柜按其使用说明书进行排气。

5.2.11　整体密封试验

（1）热油循环结束后，关闭参与热油循环的阀门，拆除循环管路，准备进行密封试验。

（2）主体气压试漏：主体储油柜顶部连接干燥空气对胶囊充气，充气压力 0.03MPa，维持时间 24h，并保持压力不变。打开储油柜与主体连接的真空阀，关闭所有注放油阀门，进行静放，静放期间间隔 24h 对产品升高座、冷却器、联管等放气塞进行放气，储油柜按其使用说明书进行排气。

（3）有载开关压油试漏：有载开关储油柜顶部连接干燥空气充气加压，充气压力 0.05MPa，维持时间 1h，并保持压力不变。

（4）所有焊缝及结合面密封无渗漏。

5.2.12　二次接线

（1）配线前应先将电缆在本体端子箱下部排列整齐，用电缆夹固定，要求热塑管长度一致、位置统一，二次配线一般采用成束配线法，将每根电缆芯线用塑料扎带绑扎成圆形，扎带间距为 60～80mm。

（2）将换流变压器本体上电缆规整后放入槽盒内，达到整齐、美观的效果。

（3）二次接线总体要求为：符合设计要求，接线正确，二次线紧固牢固、无损伤、绝缘良好，配线横平竖直、整齐美观。

5.2.13　本体固定、接地、套管封堵

（1）当换流变压器的中心线满足设计要求后，需将换流变压器本体与基础连接牢固，并进行本体接地。

（2）阀侧套管正式封堵应避免形成闭合磁路。大封堵材料及安装由安装单位负责，小封堵材料及安装由厂家负责。

（3）设备接地引线与主接地网连接牢固、可靠，导通良好。

（4）铁芯和夹件接地引出套管牢固，导通良好。

（5）套管末屏牢固可靠，导通良好。

5.2.14　交接试验

现场交接试验是保证换流变压器成功投运和安全运行的关键环节，通过交接试验一方面可以与出厂值比较，检验变压器经过长途运输后的质量水平，另一方面为运行后的预防性试验建立基准数据。

（1）注意事项。

1）按按 Q/GDW 11743—2017《±1100kV 特高压直流设备交接试验》，完成全部试验，并填写试验报告。

2）应注意交接试验和阀厅封堵的先后次序，避免试验接线破坏封堵返工的现象。

3）当所有的试验进行完毕后，换流变压器主体和每一个独立部件包括冷却器等，都必须通过适当的放气阀进行排气。

（2）常规交接试验。

1）绕组连同套管的直流电阻测量：

a. 测量应在各分接头的所有位置上进行；

b. 各相相同绕组（网侧绕组、阀侧 Y 绕组、阀侧△绕组）测得值的相互差值应小于平均值的 2%；

c. 同温下产品出厂实测数值比较，相应变化不应大于 2%。

2）电压比检查：检查所有分接位置的电压比，与制造厂铭牌数据相比应无明显差别，且应符合电压比的规律；其电压比的允许误差在额定分接位置时为±0.5%。

3）引出线的极性检查：检查引出线的极性，必须与设计要求及铭牌上的标记和外壳上的符号相符。

4）绕组连同套管的绝缘电阻、吸收比或极化指数测量：

a. 用 5000V 绝缘电阻表测量每一个绕组的绝缘电阻，非被试绕组接地，同温下一般情况下不应小于出厂值的 70%。

b. 当测量时的温度与产品出厂试验时温度不同时，换算到同一温度进行比较。

c. 极化指数不进行温度换算，其实测值与出厂值相比，应无明显差别。

5）绕组连同套管的介质损耗因数 $\tan\delta$ 测量：

a. 测得的 $\tan\delta$ 值不应大于产品出厂试验值的 130%。

b. 当测量时的温度与产品出厂试验时温度不同时，换算到同一温度进行比较。

6）铁芯及夹件的绝缘电阻测量：测量电压按照厂家要求，测量值应不小于 200MΩ。

7）套管试验：

a. 绝缘电阻测量（含末屏的绝缘电阻测量）。

b. 介质损耗因数 $\tan\delta$ 和电容量测量。

c. 油气套管气室 SF_6 气体的微水含量测试和气体压力检查；以上测量值和出厂值相比应无明显差别。

d. 必要时，对充油套管进行油的色谱分析试验。

8）绝缘油试验：

a. 绝缘油试验类别、试验项目及标准应符合规程规范规定。

b. 油中溶解气体的色谱分析，应符合下列规定：在升压或冲击合闸前、冲击合闸后 4h、热运行试验后，以及额定电压下运行 24h 后，各进行一次变压器本体油箱中绝缘油的油中溶解气体的色谱分析。氢气、乙炔、总烃含量应符合 DL/T 722—2014《变压器油中溶解气体分析和判断导则》的规定，且无明显增长。

c. 油中颗粒数检测，100mL 油中颗粒数不应多于 1000 个（$5\sim100\mu m$ 颗粒，无 $100\mu m$ 以上颗粒）。

d. 此部分绝缘油试验检测一般由特殊试验单位完成。

9）有载分接开关的检查和试验：在换流变压器不带电、操作电源为额定电压 85% 及以上时，操作 10 个循环，在全部切换过程中，应无开路现象，电气和机械限位动作正确且符合产品要求。

（3）特殊试验。

1）注意事项。

a. 换流变压器特殊试验一般由特殊试验单位完成，试验项目参照特殊试验合同规定。

b. 换流变压器安装前，业主、监理单位应提前与特殊试验单位对接，尽早根据试验设备、试验场地、换流变压器防火墙上设备绝缘距离等因素确定试验方案。

2）试验项目。

a. 绕组频率响应特性测量试验。

b. 网侧绕组中性点耐压试验。

c. 长时感应耐压带局部放电试验。

d. 换流变压器油试验及油中溶解气体含量检测（包括高压试验前后、换流变压器充电前后、大负荷试验前后、试运行期间及必要时）。

5.2.15　换流变压器阀侧套管封堵安装

（1）注意事项。

1）为了避免换流站运行中在封堵材料产生涡流造成严重发热，在封堵施工中应避免形成闭合磁路。

2）换流变压器厂家已经考虑到换流变压器法兰、屏蔽罩等的接地，现场不应增加这些地方的接地线。

3）大封堵铁件应与换流变压器阀侧升高度保持在 100mm 距离。

（2）工作流程：安装阻磁防火板→安装耐渗防水卷材→安装不锈钢压条、抱箍→接地。

（3）工作分工。

1）大封堵材料及安装由安装单位负责，小封堵材料及安装由换流变制造厂家负责安装。

2）监理单位见证。

（4）工作步骤。

1）安装阻磁防火板：防火板从下向上进行安装，水平缝的位置定在套管穿孔的中心线处，从左向右安装时，垂直缝的位置定在套管穿孔的中心线处。当换流变压器置于工作位置时，穿孔开口与换流变压器之间要有 30～50mm 的缝隙，缝隙处采用矿棉塞满。

2）耐渗防水卷材安装：耐渗防水卷材可以切割折叠，采用热熔枪焊接平整。

3）安装不锈钢包边、抱箍。用不锈钢抱箍将卷材固定在套管升高座上，不锈钢抱箍应压在卷材，并与升高座保持绝缘。采用不锈钢压条将卷材固定在阻磁防火板上，采用绝缘铜线一点直接接到阀厅接地铜排上。不锈钢面硅酸铝复合板之间单点良好跨接（采用 35mm² 黄绿软铜线），最终只通过一点（采用 35mm² 黄绿软铜线）接入环防火墙接地干线。不锈钢抱箍通过一点（采用 35mm² 黄绿软铜线）接入环防火墙接地干线。

5.2.16　换流变压器抗爆门安装

（1）注意事项。

1）单元之间龙骨采用不锈钢连接螺栓固定，龙骨连接处用云母材质绝缘垫片断开，避免形成电回路。

2）为避免形成涡流发热现象，型钢之间需采用绝缘垫、绝缘环或其他绝缘材料将型钢、螺栓之间完全绝缘开，确保型钢之间无导电连接。

3）不得与换流变压器套管、套管附属构件或换流变压器本体有任何接触，且应与套管、套管附属构件或换流变压器本体保留 100mm 间隙。

（2）工作流程：安装抗爆板钢框架→安装抗爆板→接地。

（3）工作分工。

1）制造厂负责指导抗爆门安装。

2）安装单位进行安装，监理单位见证。

（4）工作步骤。

1）安装抗爆板钢框架。钢框架整体安装顺序：由中间向两边，由下往上依次安装。

2）安装抗爆板。

a. 阀侧套管两侧脚手架上设置 2 人，换流变压器前端设置 2 人绑扎抗爆门板、系风绳，并持风绳随着门板移动，到油枕顶部后移交脚手架人员进行安装。

b. 起重机将吊臂伸到阀厅防火墙附近，将吊钩作为吊点，利用 1t 吊带将 1t 手拉葫芦固定，再通过一根吊带将套管上方抗爆板垂直提升并落位至套管下侧抗爆板上方，并安装连接板。

c. 利用内框架上的固定孔打入不锈钢螺栓，以固定抗爆门板。

d. 接地。抗爆门板间用 35mm² 软质接地线进行跨接，下部单侧引出接地点，采用 35mm² 软质接地线直接接入环防火墙接地干线。

6 人 员 组 织

6.1 人员配置

6.1.1 安装单位组织管理人员、技术人员、施工人员及制造厂人员到位并熟悉现场及设备情况。

6.1.2 相关人员上岗前，应根据设备的安装特点由制造厂向安装单位进行技术交底；安装单位对作业人员进行专业培训及安全技术交底。

6.1.3 制造厂人员应服从现场各项管理制度，制造厂人员进场前应将人员名单及负责人信息报监理备案。

6.1.4 安装单位应向制造厂提供安装人员名单。

6.1.5 特殊工种作业人员应持证上岗。

人员配置表见表 2-2-1。

表 2-2-1　　　　　　　　　　人 员 配 置 表

序号	岗位	人数	岗位职责
1	项目经理/项目总工	1 人	全面组织设备的安装工作，现场组织协调人员、机械、材料、物资供应等，针对安全、质量、进度进行控制，并负责对外协调
2	技术员	2 人	全面负责施工现场的技术指导工作，负责编制施工方案并进行技术交底。安装单位、制造厂各 1 人
3	安全员	2 人	全面负责施工现场的安全工作，在施工前完成施工现场的安全设施布置工作，并及时纠正施工现场的不安全行为
4	质检员	1 人	全面负责施工现场的质量工作，参与现场技术交底，并针对可能出现的质量通病及质量事故提出防止措施，并及时纠正现场出现的影响施工质量的作业行为
5	施工班长	1 人	全面负责本班组现场专业施工，认真协调人员、机械、材料等，并控制施工现场的安全、质量、进度
6	安装人员（含二次接线人员、特殊工种作业人员）	30 人	了解施工现场安全、质量控制要点，了解作业流程，按班长要求，做好自己的本职工作
7	机械、机具操作员	4 人	负责施工现场各种机械、机具的操作工作，并应保证各施工机械的安全稳定运行，发现故障及时排除
8	机具保管员	1 人	做好机具及材料的保管工作，及时对机具及材料进行维护及保养
9	资料信息员	1 人	负责施工工程中的资料收集整理、信息记录、数码照片拍摄等
10	厂家配合人员	6 人	指导配合安装单位进行各项换流变压器安装工作，并及时完成制造厂应独自完成的工作任务。附件清点 1 人，指导安装 2 人，内部检查及接线 2 人，油务指导 1 人

6.2 界面分工

界面分工表（管理方面）见表 2-2-2。

表 2-2-2 界面分工表（管理方面）

序号	项目	内容	责任单位
1	总体管理	安装单位负责施工现场的整体组织和协调，确保现场的整体安全、质量和进度有序	安装单位
2	安全管理	安装单位负责对换流变压器制造厂人员进行安全交底和培训，为其办理进出现场的工作证。对分批次到场的制造厂人员，要进行补充交底和培训	安装单位
		安装单位负责现场的安全保卫工作，负责现场已接收物资材料的保管工作	安装单位
		安装单位负责现场的安全文明施工，负责安全围栏、警示图牌等设施的布置和维护，负责现场作业环境的清洁卫生工作，做到"工完料尽场地清"	安装单位
		换流变压器制造厂人员应遵守国网公司及现场的各项安全管理规定，在现场工作着统一工装并正确佩戴安全帽	制造厂
3	劳动纪律	安装单位负责与制造厂沟通协商，制定符合现场要求的作息制度，制造厂应严格遵守纪律，不得迟到早退	安装单位
4	人员管理	安装单位参与换流变压器安装作业的人员，必须经过专业技术培训合格，具有一定安装经验和较强责任心。安装单位向制造厂提供现场人员组织名单，便于联络和沟通	安装单位
		制造厂人员必须是从事换流变压器制造、安装且经验丰富的人员。入场时，制造厂向安装单位提供现场人员组织机构图，便于联络和管理	制造厂
5	技术管理	安装单位负责根据制造厂提供的换流变压器设备安装作业指导书，编写换流变压器设备安装施工方案，将制造厂现场安装人员纳入现场施工组织机构，并完成相关报审手续	安装单位
		安装单位负责收集、整理管控记录卡和质量验评表等施工资料	安装单位
		设备本身不符合国网相关要求、并可能影响安装质量的，安装单位应告知制造厂	安装单位
		制造厂应执行国家、行业及国网公司对设备质量管控的相关要求。有特殊要求时，制造厂与建设管理单位协商确定	制造厂
		制造厂负责技术指导，并向安装单位进行产品技术要求交底；安装单位提出的技术疑问，制造厂应及时正确解答	制造厂
6	进度管理	为满足安装工艺的连续性要求，制造厂提出加班时，安装单位应全力配合。加班所产生的费用各自承担	安装单位
		制造厂协助安装单位编制本工程的换流变压器安装进度计划，报监理单位审查、建设单位批准后实施	安装单位
		制造厂制定每日的工作计划，安装单位积极配合。若出现施工进度不符合整体进度计划的，制造厂需进行动态调整和采取纠偏措施，保证按期完成	制造厂
7	物资管理	安装单位负责提供保管场地，负责保管安装有关的材料、图纸、工器具、返厂工件	安装单位
		安装单位应提供规格标准、性能良好的施工器具、安全防护用具、起重机具，并对其安全件负责	安装单位
		安装单位提供符合要求的相关安装材料、常规工器具、起重机具等	安装单位
		制造厂提供符合要求的专用工装等；制造厂负责按照现场管理要求，将回收件清理运走	制造厂
8	防尘防潮设施	汇控柜内部继电器表面应在出厂前覆盖一层塑料薄膜，做好防风沙措施。厂家应提供套管安装时的防风沙护罩	制造厂
		现场进行二次接线时，安装单位应根据实际情况做好柜体防尘措施，如给汇控柜加装防护罩，在防护罩内进行二次接线工作。提前检查继电器表面防沙薄膜是否完整，不完整的及时补漏。安装单位在换流变压器安装前应提前搭设好附件检查防尘棚（间）	安装单位
		安装单位及制造厂调试人员在进行换流变压器本体调试工作时，应尽量少打开汇控柜的开门数量并及时关闭被调试处的箱门	安装单位制造厂

续表

序号	项目	内容	责任单位
9	环境管理	安装单位负责阀侧套管和升高座对接防尘棚搭建、移动、拆除工作	安装单位
		制造厂对安装前的环境进行动态确认	制造厂
		安装单位负责对换流变压器安装区域安装环境进行控制，需满足制造厂要求	安装单位
		安装单位负责配备换流变压器安装区域环保设施	安装单位
10	备品资料管理	制造厂家向安装单位移交合同所要求的相关产品资料（含电子版）、备品备件、专用工具、仪器设备，并在监理的见证下，填写移交记录	制造厂

界面分工表（安装方面）见表 2-2-3。

表 2-2-3　　　　　　　　　　　　　　界面分工表（安装方面）

序号	项目	内容	责任单位
1	基础复测	安装单位负责检查混凝土基础达到的强度，负责检查基础表面清洁程度，负责检查构筑物的预埋件及预留孔洞应符合设计要求	安装单位
		安装单位负责检查与设备安装有关的建（构）筑物的基准、尺寸、空间位置	安装单位
2	定位划线	安装单位提供安装和就位所需要的基础中心线，制造厂对主要基础参数和指标进行复核	安装单位
3	设备接收	制造厂负责检查到场设备质量是否满足安装要求，并核对到货清单与到场设备是否一致	制造厂
		安装单位负责检查到场设备是否有损坏现象，对于运输过程中装设冲撞记录仪的设备，需检查冲撞记录仪数值是否符合制造厂要求	安装单位
		安装单位负责检查到场设备产品技术资料是否齐全	安装单位
4	绝缘油接收	安装单位负责检查到场的绝缘油是否合格，按照标准规范要求进行试验	安装单位
5	设备就位	安装单位负责将设备就位，并校正换流变压器本体位置	安装单位
		制造厂负责指导安装单位将设备精确就位，并复核就位精度符合要求	制造厂
6	设备固定	安装单位负责换流变压器本体、汇控柜等与基础之间的固定工作，包括埋件焊接、地脚螺栓、化学螺栓等固定方式	安装单位
7	内部检查及残油试验	制造厂负责对换流变压器油箱、储油柜内壁、胶囊及各元件内部进行检查，检查项目和要求应符合产品技术文件的规定	制造厂
		安装单位负责对换流变压器本体残油取样并按照标准规范做油样试验	安装单位
8	附件安装	安装单位负责换流变压器附件的安装，制造厂指导并配合安装	安装单位
		制造厂负责附件安装时器身内部引线连接工作，绝缘部件的连接恢复等，做好内部检查记录	制造厂
9	对接面	安装单位负责法兰对接面的螺栓紧固，并达到制造厂技术要求	安装单位
		制造厂负责所有对接法兰面清洁工作，安装单位配合	制造厂
		制造厂负责各类型圈清洁、安装，安装单位配合	制造厂
10	抽真空	安装单位负责对安装完成的换流变压器抽真空，制造厂指导并配合抽真空	安装单位
11	注油	安装单位负责对抽完真空的换流变压器注入符合标准规范的绝缘油，制造厂指导并配合注油	安装单位
12	热油循环	安装单位负责对注油完成的换流变压器热油循环，制造厂指导并配合热油循环	安装单位
13	密封性试验	制造厂负责换流变压器密封试验，安装单位配合	制造厂
14	充气套管充 SF_6 气体	安装单位负责换流变压器充气套管充入符合要求的 SF_6 气体，制造厂配合	安装单位
15	设备接地	安装单位负责换流变压器本体、铁芯夹件、汇控柜、等接地引下线的供货和施工，负责法兰跨接等设备自身之间接地的现场连接	安装单位
		制造厂负责铁芯夹件本体引出线、法兰跨接等设备自身之间的接地材料供货	制造厂

续表

序号	项目	内容	责任单位
16	二次施工	安装单位负责换流变压器就地汇控柜、控制柜的吊装就位	安装单位
		安装单位负责换流变压器本体设备间联络电缆的现场敷设	安装单位
		制造厂负责提供换流变压器自身之间的联络电缆及标牌、接线端子、槽盒等附件	制造厂
17	试验调试	安装单位负责换流变压器附件所有交接试验，并实时准确记录试验结果，比对出厂数据，及时整理试验报告	安装单位
18	问题整改	在安装、调试过程中，制造厂负责处理不符合基建和运检要求的产品自身质量缺陷	制造厂
		在安装、调试过程中，安装单位负责处理因施工造成的不符合基建和运检要求的质量缺陷	安装单位
19	质量验收	在竣工验收时，安装单位负责牵头质量消缺工作，制造厂配合	安装单位
		验收过程中发现的缺陷，由制造厂产品本身原因造成的，由制造厂负责整改闭环	制造厂

7　材　料　与　设　备

7.1　材料要求

材料配置表见表 2-2-4。

表 2-2-4　　　　　　　　　　　　　　材　料　配　置　表

序号	名称	规格	单位	数量	备注
1	无水酒精	99.99%	箱	10	安装单位提供
2	抽真空管路	黑胶皮钢丝管	m	50	安装单位提供
3	滤油管路	金属钢丝管	m	100	安装单位提供
4	干燥空气管路	软塑料管	m	50	安装单位提供
5	白纱带、绉纹纸	绝缘材料	/	适量	制造厂提供
6	塑料布	/	m²	50	安装单位提供
7	内检工作服、内检鞋帽	/	套	4	制造厂提供
8	高纯氮气	纯度≥99.99%	瓶	8	安装单位提供
9	白布	/	m²	20	安装单位提供
10	棉纱	/	kg	20	安装单位提供
11	焊条	/	箱	1	安装单位提供

注　以上材料准备应按照同时安装 2 台换流变压器准备。

7.2　施工机具

安装单位提供满足安装需要的大型机械、机具，满足同时安装至少 2 台换流变压器要求，且应经检定试验合格；提供满足试验、检测要求的相关设备、仪器，且应经检定并在有效期内；提供必要的常规安装工具。

制造厂提供满足安装需要的专用工器具，满足同时安装至少 2 台换流变压器要求。

机具设备配置表见表 2-2-5。工器具配置表见表 2-2-6。

表 2-2-5　　　　　　　　　　　　　　机　具　设　备　配　置　表

序号	机具设备名称	规格、型号	单位	数量	备注
1	起重机	80t	台	1	/
2	起重机	25t	台	2	其中一台带作业平台
3	真空滤油机	20 000L/h 以上	台	1	带精滤设备

序号	机具设备名称	规格、型号	单位	数量	备注
4	真空泵	流量4200m³/h	台	2	/
5	干燥空气发生器	露点−55℃	套	2	/
6	绞磨	5t	台	2	牵引就位
7	氮气检漏测装置	/	套	1	厂家提供

表2-2-6 　　　　　　　　工 器 具 配 置 表

序号	工器具名称	规格、型号	单位	数量	备注
1	电热烘箱	/	台	1	/
2	四门滑车	25t	只	4	牵引就位
3	单门滑车	10t	只	4	牵引转向
4	11t环眼滑钩	ST156-110	只	9	导向滑车、平衡滑车绞磨地锚钩
5	钢丝绳	φ36×5m	根	2	地锚总千斤绳
6	钢丝绳	φ20.0mm×300m	根	1	绞磨钢丝绳
7	方形铁块	27mm×85mm×65mm	块	16	填塞轨道接缝
8	卸扣	30t	只	2	连接地锚总千斤
9	卸扣	20t	只	4	连接牵引总千斤绳
10	卸扣	10t	只	10	连接绞磨、导向滑车地锚等
11	钢丝绳绳卡	骑马式Y7—20	只	3	定滑轮组端跑绳固定
12	钢丝绳头	φ22.0mm×4m	根	8	备用
13	320t千斤顶	QF320-20	台	4	顶升换流变压器
14	高压泵站	BZ63-4	台	2	与千斤顶配套
15	手拉葫芦	10t	只	6	连接、固定
16	道木	1000×220×160mm	根	110	搭排架
17	道木	2000×220×160mm	根	20	搭排架
18	道木	3000×220×160mm	根	60	搭排架
19	道木头	500×220×160mm	个	若干	顶高
20	1/2薄板	500×220×80mm	片	若干	顶高
21	1/4薄板	500×220×40mm	片	若干	顶高
22	杂木板	500×220×10mm	片	若干	顶高
23	钢板	900×900×16mm	片	8	顶高
24	钢板	900×800×20mm	片	8	保护基础
25	小钢板	/	片	20	顶高
26	吊带	15m、5t，8m、5t，6m、5t，3m、3t，2m、2t	根	各2	/
27	钢丝绳	φ18，6m	根	4	/
28	撬棍	/	根	2	/
29	电子式真空表	/	套	1	需校验合格
30	干湿温度计	/	个	1	/
31	压力表	0~1MPa	个	2	/
32	活动扳手	6~32mm	把	30	/
33	固定扳手	6~32mm	把	30	/

续表

序号	工器具名称	规格、型号	单位	数量	备注
34	力矩扳手	400N·m	套	1	/
35	力矩扳手	310N·m	套	1	/
36	残油罐	15t	个	2	/
37	滤油管	抗高真空、内径φ51mm	m	100	/
38	喉箍	φ40～60mm	套	20	/
39	含氧量检测仪	/	台	1	/
40	万用表	/	台	1	/
41	手电筒	/	把	2	/
42	网侧套管吊装专用工具	/	套	1	/
43	阀侧套管吊装专用吊板	/	套	1	/

安全工器具类见表2-2-7。

表2-2-7　　　　　　　　　　安 全 工 器 具 类

序号	名称	规格型号	单位	数量	备注
1	全方位安全带	/	套	8	/
2	接地线	/	m	50	/
3	消防设施	/	套	3	/

8　质　量　管　控

8.1　主要质量标准和技术规范

GB 50148—2010 电气装置安装工程　电力变压器、油浸电抗器、互感器施工及验收规范

GB 50169—2016 电气装置安装工程　接地装置施工及验收规范

GB 50150—2016 电气装置安装工程　电气设备交接试验标准

GB 50171—2012 电气装置安装工程　盘、柜及二次回路接线施工及验收规范

DL/T 5232—2019 直流换流站电气装置安装工程施工及验收规范

DL/T 5840—2021 电气装置安装工程　电力变压器、油浸电抗器、互感器施工及验收规范

Q/GDW 11743—2017 ±1100kV 特高压直流设备交接试验

Q/GDW 11751—2017 ±1100kV 换流站换流变压器施工及验收规范

国家电网公司防止直流换流站单双极强迫停运二十一项反事故措施（2021年版）

国家电网公司十八项电网重大反事故措施（修订版）（国家电网设备〔2018〕294号）

Q/GDW 248—2016 输变电工程建设标准强制性条文实施管理规程

国家电网有限公司输变电工程质量通病防治手册（2020年版）

国家电网有限公司输变电工程标准工艺　变电工程电气分册（2022年版）

8.2　重点控制要点

8.2.1　换流变压器安装

（1）安装前的检查与保管。

1）在换流变压器交接过程中，检查冲击记录仪在换流变压器运输和装卸中所受冲击应符合产品技术规定，无规定时纵向、横向、垂直三个方向均不应大于3g，油箱内干燥空气压力应为

$0.02\sim0.03\text{MPa}$。

2）设备到达现场后应及时进行检查，并应符合下列规定：

a. 包装及密封状况应良好。

b. 产品规格与设计应一致。

c. 油箱及所有附件应齐全，应无锈蚀及机械损伤，密封应良好。

d. 油箱箱盖、罩法兰及封板的连接螺栓应齐全，应紧固良好，应无漏液，浸入油中运输的附件应无渗油现象。

e. 充油套管的油位应正常，应无渗油，瓷体应无损伤，充气套管的压力值应符合产品技术规定。

f. 充气运输的换流变压器，油箱内应为正压，其压力应为 $0.02\sim0.03\text{MPa}$。

g. 装有冲击记录仪的设备，记录值应符合产品技术规定。

h. 铁芯接地引出线对油箱绝缘情况应符合产品技术规定。

i. 附件、备品备件及专用工具等应与供货合同一致。

3）设备到达现场的保管应符合下列规定：

a. 冷却器、连通管应密封。

b. 表计、风扇、潜油泵、气体继电器、测温装置以及绝缘材料等，应放置于干燥的室内。

c. 本体、冷却装置等，其底部应垫高、垫平，不得水淹。

d. 浸油运输的附件应保持浸油状态保管，其油箱应密封。

e. 套管式电流互感器应按标志方向存放，不得倒置。

4）绝缘油的验收与保管应符合下列规定：

a. 绝缘油应储藏在密封清洁的专用油罐或容器内。

b. 每批到达现场的绝缘油均应有试验报告，并应取样进行简化分析，必要时应进行全分析。

c. 大罐油应每罐取样。

d. 抽油时应目测，用油罐车运输的绝缘油，油的上部和底部不应有异样，用小桶运输的绝缘油，应对每桶进行目测，并应辨别其气味、颜色，检查小桶上的标识应正确、一致。

（2）器身检查：

1）运输支撑和器身各部位应无移动现象，运输用的临时防护装置及临时支撑件予以拆除，应经过清点后做好记录。

2）所有螺栓应紧固，并应有放松措施，绝缘螺栓应无损坏，防松绑扎应完好。

3）铁芯检查应符合下列规定：

4）铁芯应无变形，铁轭与夹件间的绝缘垫应良好。

5）铁芯应无多点接地。

6）铁芯外引接地的换流变压器，拆开接地线后铁芯对地绝缘应良好。

7）铁芯拉板及铁轭拉带应紧固，绝缘良好。

8）绕组检查应符合下列规定：

9）绕组绝缘层应完成，无损坏、变位现象。

10）各绕组应排列整齐，间隙均匀，油路无堵塞。

11）绝缘围屏绑扎应牢固。

12）引出线绝缘包扎应牢固，应无破损、拧弯现象，引出线应固定牢靠，应无移位变形，引出线的裸露部分应无毛刺或尖角，其焊接应良好，引出线与套管的连接应牢靠，接线应正确。

13）绝缘屏障应完好，且固定应牢靠，应无松动现象。

14）检查强迫油循环管路与下轭绝缘接口部位的密封应完好。

15）检查各部位应无油泥、水滴和金属屑末等杂物。

（3）换流变压器本体及附件安装应符合下列规定：连接螺栓应使用力矩扳手紧固，螺栓受力应均匀，其紧固力矩值合格。

（4）密封处理应符合下列规定：

1）所有法兰连接处应更换新的耐油密封垫（圈）密封，密封垫（圈）应无扭曲、变形、裂纹和毛刺，密封垫（圈）应于法兰面的尺寸相配合。

2）法兰连接面应平整、清洁，密封垫圈应擦拭干净，安装位置应准确，其搭接处的厚度应于其原厚度相同，橡胶密封垫圈的压缩量不宜超过其厚度的 1/3。

（5）升高座的安装应符合下列规定：

1）升高座安装前，其电流互感器试验应合格，电流互感器的变比、极性、排列应符合设计要求，出线端子对外壳绝缘应良好，其接线螺栓和固定件的垫块应紧固，端子板应密封良好，其接线螺栓和固定件的垫块应紧固，端子板应密封良好，应无渗油现象。

2）安装升高座时，放气塞位置应在升高座最高处。

3）电流互感器和升高座的中心线一致。

4）绝缘筒应安装牢固。

5）阀侧升高座安装过程中应先调整好角度后再进行与器身的连接。

6）阀侧出线装置安装应符合产品技术规定。

（6）套管的安装应符合下列规定：

1）套管安装前应进行下列检查：

a. 套管表面应无裂痕、伤痕。

b. 套管、法兰颈部及均压球内壁应擦拭清洁。

c. 充油套管无渗油现象，油位指示正常，充气套管气体压力正常。

d. 套管应经试验合格。

2）套管起吊时，起吊部位、器具应符合产品的技术规定。

3）套管吊起后，应使套管与升高座角度一致后再进行连接工作，套管顶部结构的密封垫应安装正确，密封应良好，引线连接应可靠，螺栓应达到紧固力矩值，套管端部导电杆插入尺寸应符合产品技术规定。

4）充气套管应检测气体微水和泄漏率符合要求，充注气体过程中应检查各压力接点动作正确，安装后应检查套管油气分离室设置的释放阀无渗油或漏气现象，套管末屏应接地良好。

5）充油套管的油标宜面向外侧，套管末屏应接地良好。

（7）调压切换装置的安装应符合下列规定：

1）传动机构中的操作机构、电动机、传动齿轮和连杆应固定牢靠，连接位置应正确，且操作应灵活，应无卡阻现象，传动机构的摩擦部分应涂以适合当地气候条件的润滑脂。

2）切换装置的触头及其连接线应完整无损，且应接触良好，其限流电阻应完好，应无断裂现象。

3）切换装置的工作顺序应符合产品出厂要求，切换装置在极限位置时，其机械连锁与极限开关的电气连锁动作应正确。

4）位置指示器应动作正常，指示应正确。

5）切换开关油室内应清洁，且密封良好，注入油室中的绝缘油，其绝缘强度应符合产品的技术规定。

6）在线滤油装置应符合产品技术规定，管道及滤网应清洗干净，并应试运正常。

（8）冷却装置的安装应符合下列规定：

1）在安装前应按产品技术规定的压力值用气压或油压进行密封试验，无规定时，应充入合格的干燥空气压力至 0.03MPa 持续 30min 无渗漏。

2）外接管路在安装前应将残油排尽，宜根据其密封情况采用合格的绝缘油冲洗干净。

3）吊装时宜采用四点起吊后调整安装角度，不应直接两点起吊将其潜油泵等部位作为起重支点。

4）风扇电动机及叶片应安装牢固，并应转动灵活，应无卡阻，试转时应无振动、过热，叶片应无扭曲变形或与风筒碰擦等情况，转向应正确，电动机的电源配电线应采用具有耐油性能的绝缘导线。

5）管路中的阀门应操作灵活，开闭位置应正确，阀门及法兰连接处应密封良好。

6）潜油泵转向应正确，转动时应无异常噪声、振动或过热现象，其密封应良好，应无渗油或进气现象。

7）油流速继电器应经检查合格，且密封应良好，动作应可靠。

（9）储油柜的安装应符合下列规定：

1）安装前应将其中的残油放净。

2）胶囊式储油柜中的胶囊或隔膜式储油柜中的隔膜应完整无破损，胶囊在缓慢充气胀开后检查应无漏气现象。

3）胶囊沿长度方向应与储油柜的长轴保持平行，不应扭偏，胶囊扣的密封应良好，呼吸应通畅。

4）油位指示装置动作应灵活，指示应与储油柜的真实油位相符，不得出现假油位，指示装置的信号接点位置应正确，绝缘应良好。

（10）气体继电器的安装应符合下列规定：

1）气体继电器运输用的固定件应解除，应按要求整定并校验合格。

2）气体继电器应水平安装，顶盖上标志的箭头应符合产品技术规定，与连通管的连接应密封良好。

3）集气盒内应充满绝缘油，且密封应良好。

4）气体继电器应有防雨罩，并应满足防水、防潮功能。

5）电缆引线在接入气体继电器处应有滴水弯，进线孔处应封堵严密。

6）两侧油管路的倾斜角度应符合产品技术规定。

（11）导气管应清洁干净，其连接处应密封良好。

（12）压力释放装置的安装方向应符合产品技术规定，阀盖和升高座内部应清洁、密封良好，电接点应动作准确，绝缘应良好。

（13）吸湿器与储油柜间的连接管的密封应良好，管道应通畅，吸湿剂颜色应正常，油封油位应在油面线处或符合产品的技术要求。

（14）测温装置的安装应符合下列规定：

1）测温装置安装前应进行校验，信号接点应根据相关规定进行整定并动作正确，导通应良好。

2）顶盖上的温度计座内应注以合格变压器油，密封应良好，应无渗油现象，闲置的温度计座应密封，不得进水。

3）膨胀式信号温度计的细金属软管不得有压扁或急剧扭曲，其弯曲半径不得小于 50mm。

（15）靠近箱壁的绝缘导线，排列应整齐，应有保护措施，接线盒应密封良好。

（16）附件安装完成后，设备各接地点及油路联管应可靠接地。

（17）注油前换流变压器应进行真空干燥处理。

（18）按照厂家要求抽真空，对储油柜、散热器应一起抽真空。

（19）抽真空时，应监视并记录油箱弹性变形，其最大值不得超过壁厚的 2 倍。

8.2.2　油务处理

（1）换流变压器抽真空注油后应进行热油循环，并应符合下列规定：

1）热油循环前，应对循环系统管路注入合格的绝缘油冲洗并进行密封检查。

2）应轮流开启冷却器组同时进行热油循环。

3）热油循环过程中，滤油机出口油温控制在（65±5）℃，换流变压器本体进口油温≥55℃。

（2）热油循环时间应同时符合下列规定：

热油循环，要求滤油机本体出口油温达到（65±5）℃，设定滤油机本体油温可控制换流变压器本体油温，在换流变压器出口油温达到 55℃，开始计时，维持 24h 后，分两批开启油泵各 6h，关闭油泵，继续循环，从 55℃开始计时，热油循环油量不少于变压器总油量的 5 倍，循环时间不少于 96h。滤油机滤芯需经常更换，滤芯压力值达到 0.75 后必须更换滤芯。

（3）加注补充油时，应通过储油柜上专用的注油阀，并应经净油机注入，注油时应排放本体及附件内的空气。

（4）静置时间大于 240h，静置期间应从换流变压器的套管顶部、升高座顶部、储油柜顶部、冷却装置顶部、联管、压力释放装置等有关部位进行多次排气。

8.3　关键指标及检验方法

关键指标及检验方法见表 2-2-8。

表 2-2-8　　　　　　　　　　　关键指标及检验方法

类别	序号	检查项目	工艺质量要求	检验方法
主控项目	1	本体安装	（1）充油套管的油位计必须面向外侧，套管末屏必须接地良好。 （2）外接管路中的阀门操作灵活，开闭位置正确，法兰接触面平整且密封良好，密封垫圈的压缩量不超过其厚度的 1/3。 （3）电流互感器和升高座的中心一致。 （4）油枕胶囊安装前应按照厂家技术文件要求进行胶囊密封试验，先将储油柜胶囊安装至储油柜内，安装时确保胶囊清洁，避免刷蹭，破损，安装后现场对胶囊进行打压试漏，要求 5～10kPa，保持 30min，无压降视为合格（具体数据参考厂家说明书）	观察检查
	2	绝缘油处理	绝缘油常规及色谱试验值应满足厂家技术说明书及规范要求。 变压器油抽样试验必须符合产品技术文件和现行国家标准 GB 2536—2011《换流变压器油标准》的规定执行，同时主要试验数据应符合下列要求： 油罐运输需对每个油罐进行绝缘油取样、试验； 电气强度≥75kV/2.5mm； 含水量≤8mg/L； 介损因数 $\tan\delta$（90℃）≤0.5%； 杂质颗粒无 100μm 以上颗粒，大于 5μm 的颗粒≤1000/100mL； 色谱分析无乙炔	取样至专业认证机构试验

类别	序号	检查项目	工艺质量要求	检验方法
主控项目	3	本体抽真空	真空度应小于等于 30Pa（真空度达到此要求后，持续抽时间不应小于 96h）（具体数据参考厂家说明书）	真空计
	4	真空注油	（1）采用小流量（≤5000L/h）抽真空注油的方法对主变进行注油，注至油面距油箱顶部 100～200mm 处，铁芯、绕组均已浸入油中时，对于油枕不能抽真空的换流变压器需关闭抽真空阀门，开始破真空，继续向换流变压器内注油，对于油枕可以抽真空的换流变压器，需继续补油，当油位达到要求后，需关闭真空泵再关闭胶囊与油枕连接的阀门。 （2）调压开关与本体同时进行真空注油。 （3）铁芯、绕组均已浸入油内时需对阀侧套管进行补油。 西门子要求：抽真空至小于 100Pa 后，采用氦气检漏仪进行泄漏率测量，要求≤1000Pa·L/s，泄漏率测量合格后，要求继续抽真空 96h。真空度测量不得使用麦氏真空计，采用电子式真空计（具体数据参考厂家说明书）	观察检查
	5	热油循环	温度控制在（65±5）℃范围内，注油时流速控制在 4000L/h 左右，热油循环时间不小于 96h，在热油循环结束前 12h，分两组开启油泵各 6h，共 12h 结束（具体数据参考厂家说明书）	观察检查
一般项目	1	整体密封性试验	热油循环结束后，关闭参与热油循环的阀门，拆除循环管路，准备进行密封试验。 主体气压试漏：主体储油柜顶部连接干燥空气对胶囊充气，充气压力 0.03MPa，维持时间 24h，并保持压力不变。打开储油柜与主体连接的真空阀，关闭所有注放油阀门，进行静放，静放期间间隔 24h 对产品升高座、冷却器、联管等放气塞进行放气，储油柜按其使用说明书进行排气（具体数据参考厂家说明书）	观察检查
	2	安装汇控柜	（1）汇控柜内接线必须排列整齐，清晰美观，绝缘良好无损伤，接线螺栓紧固且有防松装置，导线截面符合设计要求，标志清晰。 （2）汇控柜及内部元件的外壳、框架的接零或接地符合设计要求，连接可靠；内部断路器、接触器动作灵活无卡涩，触头接触紧密可靠，无异常声响；内部元件及转换开关各位置命名准确；控制箱密封良好，内外清洁无锈蚀，端子排清洁无异物，驱潮装置工作正常。 （3）汇控柜防尘措施应符合规范要求	观察检查及传动试验

8.4 质量通病防治

执行《输变电工程质量通病防治手册（2020 版）》。

8.5 强制性条文

执行 Q/GDW 10248—2016《输变电工程建设标准强制性条文实施管理规程》。

8.6 标准工艺

执行《国家电网有限公司输变电工程标准工艺 变电工程电气分册（2022 年版）》第十章 第一节：换流变压器安装。

9 安 全 管 控

9.1 危险点分析及预防措施

9.1.1 临时施工用电造成人员触电，电源短路引发火灾事故

控制措施：施工用电应严格遵守《国家电网公司电力安全工作规程》，换流变压器施工采用两个专用电源箱并按定上锁，与换流变压器安装作业无关的施工用电严禁私自乱接。电源箱及滤油

机所使用的电源线必须符合本措施的规定，其他电动工机具所使用电缆截面必须满足负荷要求，电动扳手、照明用电使用的电源线必须采用橡皮电缆。电源线与母排接头部位必须按照规定母线施工规范规定力矩值进行紧固。

9.1.2　高处作业造成高空坠落

控制措施：施工时，要求作业人员必须系好安全带或安全绳，安全带（绳）应系在上端牢固可靠处或水平移动绳上。根据施工现场实际情况，可在换流变压器上端可靠固定水平钢丝绳的方法，其长度应能起到保护作用，安全带（绳）系在水平保护绳上。高处作业平台应牢固可靠。高处作业人员要正确使用安全防护用具，使用的小工具要放在工具包内，并使用小吊绳上下传递物件；高处作业下方不得站人，高处作业人员严禁高空抛物。及时用棉纱等物品擦洗顶部，保证顶部无油污水迹。

9.1.3　换流变压器作业无序造成人身意外和设备事故

控制措施：换流变压器安装前，学习《换流变压器安装技术措施》，明确安装各环节中的安全注意事项。安装前进行详细分工，设置专用工具箱，实行工具登记制度，安监人员应提醒施工人员将拆卸的零部件和工具及时放入专用工具箱内。

9.1.4　附件吊装作业造成人身意外和设备事故

控制措施：

（1）起重机应检查证照齐全、操作及指挥人员要持证上岗。加强对操作人员的技能培训。设立专人指挥，严禁指挥人员擅自离开现场，指挥信号应明确，考虑到现场安装时噪声大，必须采取哨声结合手势的方法，确保起重指挥和司机之间信息通畅。

（2）起吊机具与吊具使用前要严格检查，吊带和钢丝绳不得有破损现象，钢丝绳要防止打结和扭曲现象，加强对起重机的维护、保养、维修工作。

（3）起重机支腿要可靠，了解并结合每件吊物重量，起重机坐落位置满足起重机特性曲线的要求，吊带和钢丝绳承重吨位满足所吊物件的重量要求，必须按本措施规定和制造厂家要求的方法进行吊装；禁止斜拉、斜吊、拔吊。吊物离地面 500～1000mm 时，应暂停起吊，经全面检查确认无问题后，方可继续起吊。吊件在移动时，应缓慢进行，随时注意不能与其他物件发生碰撞。人员严禁在吊物下方停留和行走，被吊物件就位时，施工人员身体任何部位不得置于附件与本体安装部位之间。

9.1.5　火灾事故

（1）做好防静电造成火灾事故控制措施。对滤油机操作人员进行安全技术培训，并在施工前进行安全技术交底，滤油前由作业组人员和安监人员做全面的检查，从根本上杜绝事故的发生。设备、油箱及油管道在使用前应可靠接地。

（2）制定火灾事故应急预案，进行消防演练。油罐现场设置围栏，远离烟火，严禁吸烟，配备足够数量消防器材，并在就近位置设置消防砂池。

（3）现场应尽量避免施焊作业，对必须进行的焊接作业应有可靠的防护措施。

9.1.6　物体打击

控制措施：吊装作业严格执行《国家电网公司电力安全工作规程》；在进行吊装等危险作业时，应将安装区域用安全围栏隔离并加强现场监督，防止其他无关人员进入；做好机具、附件摆放的防倾倒措施。对易滚动的附件应及时将两侧掩牢。大型机具和设备附件放置在地面土壤上时，下部应采用道木垫平等方式防止倾倒，雨后应注意观察土壤是否有下陷，如有必须采取相应处理措施。

9.1.7　芯部检查造成人身伤害、设备事故

控制措施：通风要求良好，并与内部检查人员在入口处派专人保持联系。增加照明度较好的手电筒；工作人员穿耐油防滑靴；利用干净的木梯子上下；严禁利用引线木支架攀登上下；工作人员穿无纽扣、无口袋的工作服；带入的工具必须拴绳，专人管理，清点登记；工作人员不准带任何与芯部检查无关的物品入内。

9.1.8　套管安装造成套管及设备损伤，套管安装完毕后落物造成套管损坏

（1）套管吊装方法严格按照本措施执行，并采用软吊带吊装；指挥和操作人员由经验丰富的专职人员担任，吊装前指挥和操作人员应认真地交流和沟通；套管安装时，应缓慢插入，防止瓷件碰撞法兰口；观察孔处应设置专人观察和引导套管与应力锥的配合。

（2）套管安装完毕后，再进行接引线等其他工作时，应采取防高处落物措施，防止损坏套管，在套管上方施工时对所用的工器具、材料应采取必要的二道保护措施，防止脱落，如使用绳索一端固定在固定物上，另一端在工器具、材料上进行可靠拴接，其长度应合适不影响工作，又能防止物件突然脱落损坏设备进行二道保护。

（3）阀厅内套管防护因牵涉到不同的施工单位，在移位至运行位置后，应通过监理单位对在阀厅内工作的其他施工单位作出明确要求，在阀厅内施工必须采取安全防护措施，严禁损坏阀侧套管，特别是对阀厅内的吊装作业、高处作业应重点做好防吊物脱落、防落物措施。

9.1.9　抽真空造成损坏设备

控制措施：检查真空泵是否完好，真空泵冷却回路是否畅通，冷却水源是否可靠；真空泵出口处应装设高真空球阀和掉电逆止阀，防止突然断电真空泵油气倒灌；所用电源必须可靠，单独控制，专人管理，无关人员不得操作控制开关；抽真空时应首先开通冷却水，再启动真空泵，待真空泵运行平稳后缓慢开启闸阀和蝶阀，停机顺序相反；麦氏真空表不得置于油箱顶部，表前应有高真空球阀，读取真空度时应专人操作，并缓慢打开球阀，真空表不得过高，谨防水银流入真空管道；附加油采用真空方式加注时，应严格控制真空度，防止过抽，胶囊应与油枕连通；抽真空时应监视箱壁的变形，其最大值不得超过壁厚的两倍。

9.1.10　在换流变压器安装过程中，各部件法兰对接处应拆除的临时门板和垫圈如未及时拆除和更换，造成对以后运行产生极大的影响。

控制措施：设立专人对每个法兰对接处需拆除的临时门板和更换垫圈部位进行登记，并监督其拆除和更换，最后对所拆除门板和更换垫圈按登记数量进行清点。

9.1.11　换流变压器油处理过程中由于油管破损或接头部位松动导致大量漏油，造成财产损失和环境污染。

控制措施：施工用油管和接头采用合格厂家产品，制订油务处理值班专项管理制度，责任到人，定时巡视。

9.2　其他安全要求

9.2.1　换流变压器安装过程中，为避免交叉作业，对施工区域、起重机行进路线，人员通道采用安全围栏进行隔离。坑、沟、孔洞等均应设置可靠的防护措施。

9.2.2　进入施工现场的人员应正确使用合格的安全帽等安全防护用品，穿好工作服，严禁穿拖鞋、凉鞋、高跟鞋，以及短裤、裙子等进入施工现场。严禁酒后进入施工现场，严禁流动吸烟。

9.2.3　施工用电应严格遵守《国家电网公司电力安全工作规程》，实现三级配电，二级保护，一机一闸一漏保。总配电箱及区域配电箱的保护零线应重复接地，且接地电阻不大于10Ω。用电设备的电源线长度不得大于5m，距离大于5m时应设流动开关箱；流动开关箱至固定式配电箱之间

的引线长度不得大于 40m，且只能用橡套软电缆。

9.2.4　施工单位的各类施工人员应熟悉并严格遵守本规程的有关规定，经安全教育，考试合格方可上岗。临时参加现场施工的人员，应经安全知识教育后，方可参加指定的工作，并且不得单独工作。

9.2.5　工作中严格按照《国家电网公司电力安全工作规程》要求指导施工，确保人身和设备安全。

9.2.6　特种工种必须持证上岗，杜绝无证操作。由工作负责人检查起重机械证照是否齐全，操作、指挥人员必须持证上岗。

9.2.7　设备存放处地基平整坚实，设备不得叠放；升高座重心偏移，吊装前不得拆除底座。现场拆除的包装箱板及其他剩余材料、设备应及时清理回收，集中堆放。材料、设备应按施工总平面布置规定的地点堆放整齐，并符合搬运及消防的要求。

9.2.8　起吊机具与绳索使用前要严格检查，使用过程中必须严格遵守下列规定：

（1）起吊物应绑牢，并有防止倾倒措施。落钩时，应防止吊物局部着地引起吊绳偏斜，吊物未固定好，严禁松钩。

（2）吊索（千斤绳）的夹角一般不大于 90°，最大不得超过 120°。

（3）起吊大件或不规则组件时，应在吊件上拴以牢固的控制拉线。

（4）吊物上不许站人，施工人员不应直接利用吊钩升降。

（5）吊起的重物不得在空中长时间停留。在空中短时间停留时，应采取可靠措施，操作人员和指挥人员均不得离开工作岗位。

（6）在抬吊过程中，各台起重机的吊钩钢丝绳应保持垂直，升降行走应保持同步。各台起重机所承受的载荷不得超过各自额定起重能力的 80%。

（7）起重机在工作中如遇机械发生故障或有不正常现象时，放下重物、停止运转后进行排除，不应在运转中进行调整或检修。如起重机发生故障无法放下重物时，应采取适当的保险措施，除排险人员外，严禁任何人进入危险区域。

（8）当工作地点的风力达到五级时，不得进行受风面积大的起吊作业。当风力达到六级及以上时，不得进行起吊作业；遇有大雪、大雾、雷雨等恶劣气候，或夜间照明不足，使指挥人员看不清工作地点、操作人员看不清指挥信号时，不得进行起重作业。

（9）操作人员应按指挥人员的指挥信号进行操作。对违章指挥、指挥信号不清或有危险时，操作人员应拒绝执行并立即通知指挥人员。操作人员对任何人发出的危险信号，均必须听从；指挥人员发出的指挥信号应清晰、准确；指挥人员应站在使操作人员能看清指挥信号的安全位置上。

（10）吊装带使用期间，应经常检查吊装带是否有缺陷或损伤，包括表面擦伤、割口、承载芯裸露、化学侵蚀、热损伤或摩擦损伤、端配件损伤或变形等。如果有任何影响使用的状况发生，所需标识已经丢失或不可辨识，应立即停止使用。吊索不得与吊物的棱角直接接触，应在棱角处垫半圆管、木板或其他柔软物。

（11）安全工器具准备齐全，检验合格。

（12）严格执行施工作业票制度，工作班成员要认真听清并了解工作内容及安全措施，并签名确认，工作范围应设置围栏。

（13）内检人员内部检查时，其气体含氧密度≤18%，严禁施工人员入内。充氮变压器注油排氮时，任何人不得在排气孔处停留。

（14）安装及油处理现场必须配备足够的消防器材，必须制定明确的消防责任制责任到人，场地应平整、清洁，10m 范围内不得有火种及易燃易爆物品；对已充油的换流变压器的微小渗漏需补焊应经厂方服务人员认可，遵守下列规定：换流变压器的顶部应有开启的孔洞，焊接部位必须在油面以下，严禁连续焊，应采用断续的电焊，焊点周围油污应清理干净，应有妥善的安全防火措施，并向全体参加人员进行安全技术交底。

（15）真空净油设备的使用必须按操作规程进行，滤油管道使用前要全面清洗，并保持清洁。尤其后置过滤器、注油管道应仔细检查、妥善维护，防止异物和潮气进入器身内。

（16）在换流变压器真空状态下严禁用绝缘电阻表测量铁芯、夹件的绝缘电阻。

（17）机具应由了解其性能并熟悉操作知识的人员操作。各种机具都应由专人进行维护、保管，并应随机挂安全操作牌。修复后的机具应经试验鉴定合格方可使用。

（18）滤油机及油系统的金属管道应采取防静电的接地措施；使用真空滤油机时，应严格按照制造厂提供的操作步骤进行。滤油机及油系统的金属管道应采取防静电的接地措施；滤油设备如采用油加热器时，应先开启油泵、后投加热器；停机时操作顺序相反；滤油设备应远离火源，并有相应的防火措施；使用真空滤油机时，应严格按照制造厂提供的操作步骤进行。常规的操作步骤是按水泵、真空泵、油泵、加热器的顺序开机，停机时的顺序相反；压力式滤油机停机时应先关闭油泵的进口阀门。

（19）油务处理过程中，外壳及各侧绕组应可靠接地；用梯子上下时，不应直接靠在线圈或引线上；储油和油处理设备应可靠接地，防止静电火花；现场应配备足够可靠的消防器材，并制定明确的消防责任制，场地应平整、清洁，10m 范围内不得有火种及易燃易爆物品；瓷套型互感器注油时，其上部金属帽应接地；储油罐应可靠接地，防止静电产生火花。使用真空热油循环进行干燥时，其外壳及各侧绕组应可靠接地。

（20）链条葫芦使用前应全面检查，吊钩、链条等应良好，传动及刹车装置应可靠。吊钩、链轮、倒卡等有变形，以及链条直径磨损量达 10% 时，严禁使用。链条葫芦的刹车片严防沾染油脂。链条葫芦不得超负荷使用。起重能力在 5t 以下的允许 1 人拉链，起重能力在 5t 以上的允许两人拉链，不得随意增加人数猛拉。操作时，人不得站在链条葫芦的正下方；吊起的重物如需在空中停留较长时间时，应将手拉链拴在起重链上，并在重物上加设保险绳；链条葫芦在使用中如发生卡链情况，应将重物固定好后方可进行检修。

10　文明施工及环境保护措施

10.1　固体废弃物分类设垃圾桶，集中回收，定点处理。每天下班前，应清理施工现场，做到"工完、料尽、场地清"，保持良好的施工环境。

10.2　对换流变压器油优先考虑再利用。对施工过程中可能造成油污的地方如带油密封的附件在安装时拆除密封板时的位置、滤油机接头，油罐接头，管道接头等，采取铺塑料布等方式避免对基础的油污。换流变压器安装前土建安装的事故油池必须已具备使用条件，在施工过程中如发生漏油现象排入事故油池，废旧换流变压器油用集油桶集中回收，按当地环保标准处理。

10.3　加强对起重机维护、保养、维修工作，加强对操作人员的技能培训，作业时尽量减小噪声和对空气的污染。

10.4　用 SF_6 气体回收装置回收 SF_6 废气，严禁污染。

11　效　益　分　析

11.1　本典型施工方法具有简洁高效等特点，可在合理的人员机械设备配备下，高质量、高效率完成换流变压器安装，具有较高的经济效益。

11.2 ±1100kV换流变压器安装是在特高压工程实际中首次应用。本典型施工方法对±1100kV换流变压器（西门子技术路线）的工程现场安装流程、工艺、管控要点进行了明晰，可有效保证换流变压器施工质量，有力保障工程长周期安全稳定运行，具有较高的社会效益。

11.3 应用±1100kV换流变压器的特高压工程建成投产后，具备年送600亿～800亿kWh的能力，超过上海年用电量的40％，可使受端地区减少大量燃煤、二氧化碳、二氧化硫，具有良好经济效益和环保效益。

12 应 用 实 例

该典型施工方法已在昌吉—古泉±1100kV特高压直流工程中应用。

该工程已获评新中国成立70周年"经典工程"、国际项目管理协会卓越项目管理奖银奖。取得省部级以上科技进步奖50项，授权发明专利49项、实用新型专利136项，发布标准46项，出版专著4部。中国电机工程协会组织的院士专家组鉴定认为"项目填补了±1100kV直流输电基础理论空白，整体技术居国际领先水平"。±1100kV换流变压器等设备被国家能源局评定为"第一批能源领域首台套重大技术装备"。

工程已累计送电超1600亿kWh，将新疆的风、煤、太阳能电源打捆外送至华东，提升新疆风光电利用率至95％以上，为实现"双碳"目标、服务"一带一路"倡议、推动全球能源互联做出了重要贡献，让中国特高压的"金色名片"更加闪亮。

典型施工方法名称：特高压换流站直流穿墙套管安装典型施工方法

典型施工方法编号：TGYGF003—2022—BD—DQ

编 制 单 位：国家电网有限公司特高压建设分公司

主 要 完 成 人：郎鹏越　刘　超　邢珂争　靳卫俊　马云龙

　　　　　　　　林　森

目 次

1 前　言

直流穿墙套管是连接换流站阀厅内部和外部高电压大容量电气装备的唯一电气贯通设备。直流穿墙套管安装是特高压直流输电工程建设的重要环节。本典型施工方法重点介绍了±1100kV、±800kV特高压换流站工程直流穿墙套管安装方法、工艺流程、安全质量控制要点等，为后续同类设备安装提供典型施工方法参考。

2 工 法 特 点

2.1 安装流程介绍详细，对安装人员机具准备、操作要点等方面说明清楚；

2.2 分别对±1100kV、±800kV特高压换流站工程直流穿墙套管工况及管控要点介绍全面、清晰；

2.3 安装安全质量控制介绍清楚，具备较强的参考性；

2.4 通用性高，推广性强，可广泛适用于同类型±1100kV、±800kV直流穿墙套管现场安装。

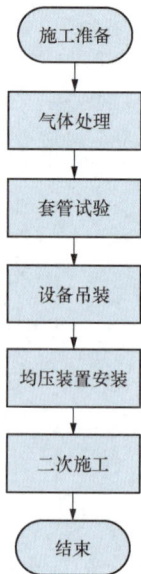

3 适 用 范 围

本典型施工方法适用于±1100kV、±800kV特高压换流站工程直流穿墙套管安装施工过程中标准化的安全质量控制，其他直流换流站工程可进行参照。本典型施工方法仅供参考，各工程应根据工程实际情况编制作业指导书进行报审。

4 施工工艺流程及操作要点

4.1 总体流程图

本典型施工方法施工工艺流程如图2-3-1所示。

4.2 施工准备

4.2.1 基本参数

（1）±1100kV换流站直流穿墙套管参数。

±1100kV换流站直流穿墙套管参数一览表见表2-3-1。

图2-3-1 施工工艺流程

表2-3-1　　　　　　　　　　　　±1100kV换流站直流穿墙套管参数一览表

参数项目	±1100kV 直流穿墙套管	±1100kV 直流穿墙套管	±600kV 直流穿墙套管	±550kV 直流穿墙套管	中性母线直流穿墙套管
额定电压	DC 1100kV	DC 1100kV	DC 600kV	DC 550kV	DC150kV
额定电流	5455A	5455A	3500A	5523A	6250A
起吊重量	8t	16t	2.8t	3t	0.8t
运输重量	8t	16t	2.8t	3t	0.8t
套管长度	26 188mm	31 220mm	14 405mm	14 410mm	5029mm
套管运输长度	27 000mm	32 000mm	15 000mm	15 000mm	5100mm
运输车辆转弯半径	24 000mm	27 000mm	15 000mm	15 000mm	5100mm
运输车辆尺寸（长×宽）	34 408mm×3000mm	385 000mm×3000mm	17 000mm×3000mm	17 000mm×3000mm	5100mm×3000mm
数量	3只	1只	2只	6只	4只

续表

参数项目	±1100kV 直流穿墙套管	±1100kV 直流穿墙套管	±600kV 直流穿墙套管	±550kV 直流穿墙套管	中性母线直流穿墙套管
安装方式	1 只水平安装、2 只倾斜 5°安装	水平安装	水平安装	水平安装	水平安装
安装位置	极 1 户内直流场至极 1 高端阀厅；极 1、极 2 户内直流场至户外直流场	极 2 户内直流场至极 2 高端阀厅	极 1、极 2 户内直流场至直流滤波器场	极 1、极 2 低端阀厅至直流场、极 1、极 2 户内直流场至户外直流场	极 1、极 2 低端阀厅至直流场、极 1、极 2 户内直流场至户外直流场
生产厂家	ABB	平高	ABB	ABB	ABB

（2）±800kV 换流站直流穿墙套管参数。

±800kV 换流站直流穿墙套管参数一览表见表 2-3-2。

表 2-3-2　　　　　　　　　　±800kV 换流站直流穿墙套管参数一览表

参数项目	±800kV 直流穿墙套管	±400kV 直流穿墙套管	±150kV 直流穿墙套管
额定电压	DC 800kV	DC 400kV	DC 150kV
额定电流	6250A	6250A	6250A
起吊重量	6.562t	2.32t	0.859t
安装高度	15.5m	10.5m	8m
套管长度	20 821mm	10 663mm	5030mm
数量	2 只	4 只	2 只
安装方式	倾斜 10°安装	倾斜 10°安装	水平安装
安装位置	双极高端阀厅	双极高端阀厅、双极低端阀厅	双极低端阀厅
生产厂家	ABB	ABB	ABB

4.2.2　安装工况

（1）±1100kV 穿墙套管安装工况

本站±1100kV 穿墙套管共有两种安装工况，工况一为从阀厅到户内直流场，即户内—户内安装，该工况下套管水平安装，且采用从户内直流场（长端）向阀厅（短端）插入的安装方式；工况一为从户内直流场到户外的直流穿墙套管，即户内—户外安装，该工况下套管倾斜 5°安装，采用从户外（长端）向户内（短端）侧安装的方式。

（2）±800kV 穿墙套管安装工况

本工程共计需安装 8 只直流穿墙套管。其中 GGFL 800 型气体绝缘穿墙套管 2 只，分别安装在极 1、2 高端阀厅高压出线端，安装高度 15.5m；GGFL 400 型气体绝缘穿墙套管 4 只，分别装在极 1、2 高端阀低压出线端（2 只），安装高度 10.5m；极 1、2 低端阀厅出线端（2 只），安装高度 10.5m；整体式穿墙套管 2 只，分别装在低端阀厅中性点出线端，安装高度 8m。直流穿墙套管安装位置分布示意图如图 2-3-2 所示。

±800kV 特高压换流站的直流穿墙套管比较长，倾斜 10°安装，需将一端穿入阀厅内，计划采用一台 50t 起重机进行吊装，整体安装难度大。

施工场地须根据吊装范围进行施工区域划分，采用围栏进行围护，设专人管理，严禁外来人员随意进入施工区域。

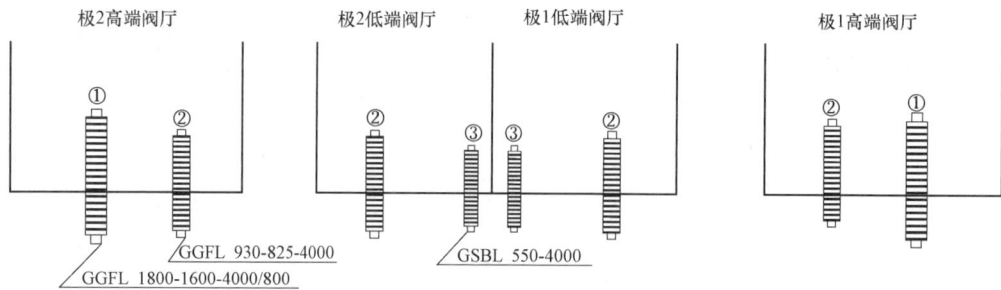

图 2-3-2 直流穿墙套管安装位置分布示意图

4.2.3 施工安排

穿墙套管共 8 根，单个阀厅 2 根。套管安装顺序是先安装极 1 再安装极 2，具体施工步骤见表 2-3-3，施工过程中，施工项目部将和各供货厂家保持积极沟通，确保设备按照策划的施工顺序进场，直流穿墙套管施工进度计划表见表 2-3-4。

表 2-3-3 换流站直流穿墙套管施工顺序表

序号	安装区域	主要施工内容（按顺序进行）	备注
1	极 1 高端阀厅	800kV 直流出线套管 P1.U1-X1 安装	
2		400kV 直流出线套管 P1.U1-X2 安装	
3	极 1 低端阀厅	400kV 直流出线套管 P1.U2-X2 安装	
4		150kV 直流出线套管 P1.U2-X3 安装	在直流场吊装
5	极 2 低端阀厅	400kV 直流出线套管 P2.U2-X3 安装	
6		150kV 直流出线套管 P2.U2-X2 安装	
7	极 2 高端阀厅	800kV 直流出线套管 P2.U1-X2 安装	
8		400kV 直流出线套管 P2.U1-X1 安装	

表 2-3-4 直流穿墙套管施工进度计划表

序号	工序	时间	备注
极 1 高端阀厅			
1	施工准备	1 天	技术交底、人员、机具准备，文明施工布置
2	设备开箱检查、试验及清洁	1 天	/
3	套管吊装	2 天	套管本体吊装、附件安装等
4	抽真空注气、交接试验及成品保护	3 天	/
极 1 低端阀厅			
1	施工准备	1 天	技术交底、人员、机具准备，文明施工布置
2	设备开箱检查、试验及清洁	1 天	/
3	套管吊装	1 天	套管本体吊装、附件安装等
4	抽真空注气、交接试验及成品保护	2 天	/
极 2 低端阀厅			
1	施工准备	1 天	技术交底、人员、机具准备，文明施工布置
2	设备开箱检查、试验及清洁	1 天	/
3	套管吊装	1 天	套管本体吊装、附件安装等
4	抽真空注气、交接试验及成品保护	2 天	/

续表

序号	工序	时间	备注
		极 1 高端阀厅	
1	施工准备	1天	技术交底、人员、机具准备，文明施工布置
2	设备开箱检查、试验及清洁	1天	/
3	套管吊装	2天	套管本体吊装、附件安装等
4	抽真空注气、交接试验及成品保护	3天	/

4.3　气体处理

4.3.1　工作内容

包括对设备进行抽真空，地面第一次注气，吊装后空中补气等内容。根据产品特点及技术要求按照详细描述，气体处理操作要点见表 2-3-5。

表 2-3-5　　　　　　　　　　　　　气 体 处 理 操 作 要 点

序号	内容	步骤要求
1	核对图纸	核对施工及厂家资料，确定注气参数及位置
2	抽真空	(1) 对注气运输的套管先更换防爆膜； (2) 根据厂家技术文件抽到额度压强； (3) 根据厂家技术文件进行真空保持
3	地面第一次充气	(1) 测量气瓶内水分含量：向设备充气前，对每瓶 SF_6 气体都要进行微水含量测定。 (2) 干燥充气管路：充气前，专用充气设备和管路应用干燥气体吹拂 2~3min。通常可以将充气管路直接装于气瓶上，打开气瓶阀门吹扫。此时充气管路暂不与气室阀门连接。 (3) 充气：充气时应使用减压阀。充气时应先关闭减压阀 3，再打开气瓶阀门 2，最后打开减压阀进行充气 3，此时气室阀门应处于开通位置。 (4) SF_6 气体充入 20℃时的压力，实际压力要根据作业现场的气温补气或减压。特别是采用加热装置充气时，由于 SF_6 气体充入设备后的气体温度与外界环境温度不同，所以在充入气体至额定值后，应关闭阀门停止充气 1h，观察表压，如压力下降则应重新补气至大气压
4	吊装完补气	(1) 将含水量检测合格的气瓶放入高空作业车车斗中。 (2) 其余要求同第一次注气要求

4.3.2　注意事项

(1) 抽真空过程中应设专用电源，并设专人进行巡视。

(2) 真空度测量要使用高精度电子式真空计，不宜使用麦氏真空计。真空泵应设置电磁逆止阀和相序指示器。

(3) 充气时，SF_6 气体瓶必须有减压阀，作业人员必须站在气瓶的侧后方或逆风处，并戴手套和口罩，防止瓶嘴一旦漏气将造成人员中毒。

(4) SF_6 气体的充入要在抽真空压力值最终完成后的 2h 内进行；充气时，充气压力不宜过高，应使压力表指针不抖动缓慢上升为宜，应防止液态气体充注入穿墙套管内。

(5) 充气时，环境温度较低时可采取瓶外加热方式（如专门的加热套、热水、电吹风等，严禁直接用火烧烤瓶体），以加快充气速度。

(6) 由于带气体的容器在正压或负压安装过程中壳体承受压力易破坏气腔的密封性，因此，套管注气需分为地面第一次注气、吊装后空中补气。

4.4　套管试验

4.4.1　工作内容

包括主绝缘和末屏的绝缘电阻、末端电容测试，气体微水和纯度检测等内容。根据产品特点及技术要求按照左图右文的表格形式详细描述，套管试验操作要点见表 2-3-6。

表 2-3-6　　　　　　　　　　　　　　　　套管试验操作要点

序号	内容	步骤要求
1	主绝缘和末屏的绝缘电阻测试	应在套管吊装前用 2500V 绝缘电阻表进行主绝缘和末屏的绝缘电阻测试，主绝缘对末屏的绝缘电阻值不应小于 10 000MΩ，末屏对地的绝缘电阻值不应小于 1000MΩ
2	末端电容和介损测试	应在套管吊装前测量电容型套管主绝缘对末屏的 $\tan\delta$ 和电容量，$\tan\delta$ 值不应大于 0.005、且不应大于出厂试验值的 130%；电容量与出厂试验值的偏差不应超过±5%
3	气密性检测	在套管吊装前先对除注气面以外部位进行包扎，待吊装补气完后对注气面进行包扎，在套管充气 24h 后进行检漏，检漏仪灵敏度不低于 1×10^{-6}（体积比）
4	气体微水和纯度检测	应在套管充气 24h 后进行检测，气体微水不应大于 $150\mu L/L$（20℃体积分数），气体纯度不应小于 99.9%
5	直流电阻测试	测量电流不小于 100A，直流电阻实测值不应大于出厂试验值的 120%

4.4.2　注意事项

（1）调试过程试验电源应从试验电源屏或检修电源箱取得，严禁使用破损或不安全的电源线。

（2）试验设备和被试设备应可靠接地，设备通电过程中，试验人员不得中途离开，工作结束后应及时将试验电源断开。

（3）高压试验时试验设备应有可靠接地，必须有专人监护，设临时围栏悬挂警示牌。

4.5　设备吊装

4.5.1　工作内容

包括吊具安装、负载试验、吊角调整、套管吊装等内容。根据产品特点及技术要求按照左图右文的表格形式详细描述，常规和阻尼式穿墙套管吊装操作要点分别见表 2-3-7、表 2-3-8。

表 2-3-7　　　　　　　　　　　　　　　　常规穿墙套管吊装操作要点

序号	内容	图片示例	步骤要求
1	核对图纸	/	核对图纸确定吊装套管各参数正确无误
2	吊具安装		（1）吊具与套管接触部分做好包裹防护。 （2）安装好吊具、配重块（如需）及控制风绳
3	负载试验		（1）吊装作业前，先进行模拟试吊，模拟试吊成功后方可进行负载试验。 （2）负载试验：将套管吊离地面 10~20mm，将套管调至水平，并悬停 10min 左右，观察是否有无异常情况。 （3）模拟试吊：用套管等重物体进行试吊，确保每条腿均受力工况良好，基础无明显下沉和不稳的现象

续表

序号	内容	图片示例	步骤要求
4	套管吊装		（1）利用汽车起重机收钩将套管提升至安装位置高度，户内场侧、阀厅侧/户外场侧高空作业车驶入套管作业位置，人员就位并检查无误后进行下一步。 （2）通过汽车起重机转臂、变幅、起落钩及套管两侧揽风绳操作等组合动作，将套管移动至距安装孔 1m 的位置，并对准安装轴线。 （3）通过汽车起重机转臂、变幅、起落钩等组合动作，继续将套管缓慢插入安装孔；同时安装底部 10.8 级 M20＊80 螺栓。 （4）利用配备在吊带上的链条葫芦收紧的方式，对套管起吊角度进行调整，其倾斜 5°，检查所有的受力工具、斜拉角度、吊装角度符合要求，同步套入上部安装螺栓。 （5）经检查确认套管已可靠固定后，拆除安装吊具，套入侧部螺栓。交叉均匀紧固螺栓至固定力矩值。 （6）分步骤拆除套管上附属装置，作业机械退出场地，清理作业现场。吊具及配重块拆除时，注意防止损伤套管

表 2-3-8　　　　　　　　阻尼式直流穿墙套管吊装操作要点

序号	内容	图片示例	步骤要求
1	核对图纸	/	核对图纸确定吊装套管各参数正确无误
2	吊具安装		（1）安装好新型专用工装。 （2）工装与套管接触部分做好包裹防护。 （3）安装好吊具及控制风绳
3	负载试验		（1）吊装作业前，先进行模拟试吊，模拟试吊成功后方可进行负载试验。 （2）模拟试吊：用套管等重物体进行试吊，确保每条腿均受力工况良好，基础无明显下沉和不稳的现象。 （3）负载试验：将套管吊离地面 10～20mm，将套管调至水平，并悬停 10min 左右，观察是否有无异常情况

续表

序号	内容	图片示例	步骤要求
4	套管吊装		（1）利用汽车起重机收钩将套管提升至安装位置高度，户内场侧、阀厅侧/户外场侧高空作业车驶入套管作业位置，人员就位并检查无误后进行下一步。 （2）通过汽车起重机转臂、变幅、起落钩及套管两侧揽风绳操作等组合动作，将套管移动至距安装孔 1m 的位置，并对准安装轴线。 （3）通过汽车起重机转臂、变幅、起落钩等组合动作，继续将套管缓慢插入安装孔；同时安装底部 10.8 级 M20 *80 螺栓。 （4）利用配备在吊带上的链条葫芦收紧的方式，对套管起吊角度进行调整，其倾斜 5°，检查所有的受力工具、斜拉角度、吊装角度符合要求，同步套入上部安装螺栓。 （5）经检查确认套管已可靠固定后，拆除工装、安装吊具，套入侧部螺栓。交叉均匀紧固螺栓至固定力矩值。 （6）分步骤拆除套管上附属装置，作业机械退出场地，清理作业现场。吊具及配重块拆除时，注意防止损伤套管

注　新型专用吊具：

(1) 吊点长度延伸 70cm，吊带不被卡住，吊装时间从 5h 减少为 0.5h，安全性和效率都得到极大提高。

(2) 安装吊具后，吊钩和套管吊点接近在一条竖直线上，吊带近乎保持竖直状态，连接吊点的两根自攻丝 M16 螺丝几乎只受纵向剪切力，受到的横向拉扯力极小，减少了螺丝滑出的风险，确保了吊装安全。

(3) 吊装过程中不再需要配重，进一步节省吊装配件工序，节约了吊装时间。

4.5.2　注意事项

（1）直流穿墙套管吊装前，技术人员应对施工人员进行详细的安全技术交底。

（2）起重、登高作业人员必须持证上岗；起重设备需经检验检测机构检验合格，并在特种设备安全监督部门登记。

（3）吊装人员应仔细阅读厂家说明书，明确设备的重量，重心位置。

（4）起吊之前、设备刚吊离地面时，应仔细调整吊点，防止偏拉斜吊。

（5）起重机、升降车应有专人统一指挥，并且命令准确，信号清晰。起重机垫脚完毕，经起重机司机仔细检查无误后，方可进行吊装。

（6）高空传递工具必须用绳索传递，严禁直接抛接，防止工具坠落伤人。

（7）高处作业的危险区，应设围栏及"严禁靠近"的警告牌，危险区内严禁人员逗留或通行。

（8）利用高空作业车、带电作业车、叉车、高处作业平台等进行高处作业时，高处作业平台应处于稳定状态，需要移动车辆时，作业平台上不得载人。

（9）吊装应选择晴天进行，有利于施工人员的登高作业。遇到大雪、雷雨、大雾及六级以上大风等恶劣气候，或夜间照明不足，使指挥人员看不清工作地点、操作人员看不清指挥信号，不得进行起重作业。

（10）起吊电气设备宜用软吊带，吊离地面 10cm 时应停止，经检查确认一切正常后方能继续起吊。

（11）应注意各设备连接处连接螺栓齐全、紧固，特别是导电部分的搭接处理和紧固。

（12）在套管起吊及安装过程中，作业人员应在套管的侧面进行施工，严禁处于套管的正下方。

4.6　均压装置安装

4.6.1　均压装置安装

包括接触面处理，均压装置安装等内容。根据产品特点及技术要求按照左图右文的表格形式详细描述，均压装置安装操作要点见表2-3-9。

表2-3-9　　　　　　　　　　　均压装置安装操作要点

序号	内容	图片示例	步骤要求
1	核对图纸	/	根据现场安装图纸，核对现场到货均压装置数量及形式是否正确
2	均压装置吊装		清理均压装置的外表面，去除灰尘等黏附的杂物，通过螺栓安装到瓷套的接线板上，用力矩扳手紧固，并用记号笔做标记
3	接触面处理		用锉刀、砂纸进行接触面打磨，确保光洁度符合要求，用无水酒精清洁两侧接触面上的粉尘及污渍，保证接触面擦拭干净
4	接触电阻测试		检测安装后的接头直阻，应小于控制值

4.6.2　注意事项

（1）清洁剂（如无水酒精等）定点存放，远离火源。

（2）精心操作，避免野蛮施工。

（3）高空作业严格按照安规执行。

4.7　二次施工

4.7.1　工作内容

包括电缆敷设、表计安装、表计接线等内容。制造厂根据产品特点及技术要求进行详细描述，均压装置操作要点见表 2-3-10。

表 2-3-10　　　　　　　　　　　　　　　均压装置安装操作要点

序号	内容	步骤要求
1	核对图纸	根据现场施工图纸，核对密度继电器的规格型号、端子图与接线图是否一致
2	表计安装	安装表计：把合格的表计进行装配，确保紧固到位
3	二次接线	电缆芯接入端子排，应按照自上而下的顺序；当芯线引至接线端子的接线位置时，将芯线向端子侧折弯 90°，以保证芯线的水平
4	回路检查	接完线后进行复核，应保证接线正确率为 100%；在所有电缆芯线连接完毕后，需用万用表检查所有芯线是否连接正确、可靠。芯线与端子接触良好，压接牢固，螺栓垫片齐全。所有接线都要通过手拉动方式验证

4.7.2　注意事项

（1）电缆破除芯线绝缘时，要戴防护手套，动作均匀，防止刀具伤人、伤缆。

（2）二次接线时，应严格按照图纸进行接线，并检查确保接线稳固，端子紧固到位。

（3）精心操作，避免野蛮施工。

（4）高空作业严格按照安规执行。

5　人　员　组　织

5.1　人员配置

（1）安装单位组织管理人员、技术人员、施工人员及制造厂人员到位并熟悉现场及设备情况。

（2）相关人员上岗前，应根据设备的安装特点由制造厂向安装单位进行产品技术要求交底；安装单位对作业人员进行专业培训及安全技术交底。

（3）制造厂人员应服从现场各项管理制度，制造厂人员进场前应将人员名单及负责人信息报监理备案。

（4）安装单位应向制造厂提供安装人员组织结构名单。

（5）特殊工种作业人员应持证上岗。

人员配置表见表 2-3-11。

表 2-3-11　　　　　　　　　　　　　　　人　员　配　置　表

序号	岗位	人数	岗位职责
1	项目经理/项目总工	1 人	全面组织设备的安装工作，现场组织协调人员、机械、材料、物资供应等，针对安全、质量、进度进行控制，并负责对外协调
2	技术员	2 人	全面负责施工现场的技术指导工作，负责编制施工方案并进行技术交底。安装单位、制造厂各 1 人
3	安全员	1 人	全面负责施工现场的安全工作，在施工前完成施工现场的安全设施布置工作，并及时纠正施工现场的不安全行为
4	质检员	1 人	全面负责施工现场的质量工作，参与现场技术交底，并针对可能出现的质量通病及质量事故提出防止措施，并及时纠正现场出现的影响施工质量的作业行为
5	施工班长	1 人	全面负责本班组现场专业施工，认真协调人员、机械、材料等，并控制施工现场的安全、质量、进度
6	安装人员	12 人	了解施工现场安全、质量控制要点，了解作业流程，按班长要求，做好自己的本职工作

序号	岗位	人数	岗位职责
7	机械、机具操作员	2人	负责施工现场各种机械、机具的操作工作，并应保证各施工机械的安全稳定运行，发现故障及时排除
8	机具保管员	1人	做好机具及材料的保管工作，及时对机具及材料进行维护及保养
9	资料信息员	1人	负责施工工程中的资料收集整理、信息记录、数码照片拍摄等

5.2 界面划分

安装单位现场安装，制造厂技术指导。制造厂现场安装的部分，归入工厂装配范围。制造厂与安装单位的职责界面分工表（管理方面）见表2-3-12，职责界面分工表（安装方面）见表2-3-13。一般原则为谁安装，谁负责；谁提供，谁负责；谁保管，谁负责。

表2-3-12　　　　职责界面分工表（管理方面）

序号	项目	内容	责任单位
1	总体管理	安装单位负责施工现场的整体组织和协调，确保现场的整体安全、质量和进度有序	安装单位
2	安全管理	安装单位负责对穿墙套管制造厂人员进行安全交底和培训，为其办理进出现场的工作证	安装单位
		安装单位负责现场的安全保卫工作，负责现场已接收物资材料的保管工作	安装单位
		安装单位负责现场的安全文明施工，负责安全围栏、警示图牌等设施的布置和维护，负责现场作业环境的清洁卫生工作，做到"工完料尽场地清"	安装单位
		穿墙套管制造厂人员应遵守国网公司及现场的各项安全管理规定，在现场工作着统一工装并正确佩戴安全帽	制造厂
3	劳动纪律	安装单位负责与制造厂沟通协商，制定符合现场要求的作息制度，制造厂应严格遵守纪律，不得迟到早退	安装单位
4	人员管理	安装单位参与穿墙套管安装作业的人员，必须经过专业技术培训合格，具有一定安装经验和较强责任心。安装单位向制造厂提供现场人员组织名单，便于联络和沟通	安装单位
		制造厂人员必须是从事穿墙套管制造、安装且经验丰富的人员。入场时，制造厂向安装单位提供现场人员组织机构图，便于联络和管理	制造厂
5	技术管理	安装单位负责根据制造厂提供的设备详细参数及设计院提供的安装工况详图，编写穿墙套管安装施工方案，将制造厂现场安装人员纳入现场施工组织机构，并完成相关报审手续	安装单位
		安装单位负责收集、整理质量验评表等施工资料	安装单位
		设备本身不符合国网相关要求、并可能影响安装质量的，安装单位应告知制造厂	安装单位
		制造厂应执行国家、行业及国网公司对设备质量管控的相关要求。有特殊要求时，制造厂与建设管理单位协商确定	制造厂
		制造厂负责技术指导，并向安装单位进行产品技术要求交底；安装单位提出的技术疑问，制造厂应及时正确解答	制造厂

序号	项目	内容	责任单位
6	进度管理	为满足吊装工艺的连续性要求，安装单位提出加班时，制造厂应全力配合。加班所产生的费用各自承担	制造厂
7	物资管理	安装单位负责提供保管场地，负责保管安装有关的材料、图纸、工器具、返厂工件	安装单位
		安装单位应提供规格标准、性能良好的施工器具、安全防护用具、起重机具，并对其安全性负责	安装单位
		安装单位提供符合要求的相关安装材料、常规工器具、起重机具等	安装单位
		制造厂提供符合要求的专用工装等；制造厂负责按照现场管理要求，将回收件清理运走	制造厂
8	备品资料管理	制造厂家向安装单位移交合同所要求的相关产品资料（含电子版）、备品备件、专用工具、仪器设备，并在监理的见证下，填写移交记录	制造厂

表 2 - 3 - 13 　　　　　　　　　　职责界面分工表（安装方面）

序号	项目	内容	责任单位
1	法兰面复测	安装单位负责检查钢结构整体垂直度偏差、中心线对轴线偏移、套管安装位置顶标高偏差等应符合设计要求	安装单位
		安装单位负责检查预埋件牢固度及预留孔孔径等应符合设计文件要求	安装单位
2	设备卸车	安装单位负责将设备卸车，并做好保护措施	安装单位
		制造厂负责提供套管运输参数，与安装单位密切配合确保设备能运输到指定位置	制造厂
3	气体处理	安装单位负责抽真空和充气工作，负责过程检测，制造厂指导，干式套管无此步	安装单位
		安装单位负责现场对接面的气密性试验，制造厂指导，干式套管无此步	安装单位
4	设备接地	安装单位负责GIS壳体、汇控柜、支架等接地引下线的供货和施工，负责相间导流排、法兰跨接等设备自身之间接地的现场连接	安装单位
		制造厂负责相间导流排、法兰跨接等设备自身之间的接地材料供货	制造厂
5	试验调试	安装单位负责穿墙套管所有交接试验，并实时准确记录试验结果，比对出厂数据，及时整理试验报告	安装单位
6	设备吊装	安装单位负责穿墙套管吊装工作，负责过程安全，制造厂指导	安装单位
7	均压球安装	安装单位负责穿墙套管均压球安装工作，负责过程安全，制造厂指导	安装单位
8	二次施工	安装单位负责穿墙套管表计接线工作，制造厂指导	安装单位
9	问题整改	在安装、调试过程中，制造厂负责处理不符合基建和运检要求的产品自身质量缺陷	制造厂
		在安装、调试过程中，安装单位负责处理因施工造成的不符合基建和运检要求的质量缺陷	安装单位
10	质量验收	在竣工验收时，安装单位负责牵头质量消缺工作，制造厂配合	安装单位
		验收过程中发现的缺陷，由制造厂产品本身原因造成的，由制造厂负责整改闭环	制造厂

（1）安装单位与制造厂就各自安装范围内的工程质量负责。

（2）除制造厂提供的专用设备、机具、材料外，安装环节所需其他设备、机具、材料由安装单位提供。现场安装过程中所用到的设备、机具、材料等必须在检定有效期之内，并履行相关报审手续。提供单位对所提供的设备、材料、机具的质量负责。

（3）接收单位对货物保管负责（需要开箱的，开箱前仅对箱体负责）。制造厂负责将货物完好、足量地运抵合同约定场所，到货检验交接以后由安装单位负责保管，对于暂时无法开箱检验交接的，安装单位需对储存过程中包装箱的外观完好性负责。

（4）安装单位与制造厂应通力协作，相互支持与配合，负有配合责任的单位，应积极配合主导方开展任务。如配合工作不满足主导方相关要求，双方应积极协调解决，必要时应及时报告监理单位。

6 材料与准备

6.1 材料条件

装置类材料按合同约定、设计图确定提供方，具体材料配置表见表2-3-14。

表2-3-14　　　　　　　　　　　材料配置表

序号	名称	规格	单位	数量
1	透明薄膜	600mm（干式套管无需）	卷	30
2	透明胶带	（干式套管无需）	卷	10
3	导电膏	/	支	2

6.2 机具设备条件

6.2.1 大型机械、机具

安装单位提供满足安装需要的大型机械、机具，±1100kV、±800kV换流站套管安装大型机械、机具配置表分别见表2-3-15、表2-3-16。

表2-3-15　　　　　　±1100kV换流站套管安装大型机械、机具配置表

序号	名称	规格	数量
1	汽车起重机	吊重110t	1台
2	汽车起重机	吊重80t	1台
3	汽车起重机	吊重25t	1台
4	高空作业车	26m	1台
5	阀厅作业车	电动	1台
6	柔性吊带（合成纤维吊装带）	10t、10m长	4根
7	柔性吊带（合成纤维吊装带）	20t、20m长	2根
8	白棕绳	ϕ18mm	100m
9	链条葫芦	10t	2副
10	弓形锁扣	10t、5t	各4个

表2-3-16　　　　　　±800kV换流站套管安装大型机械、机具配置表

序号	名称	规格	数量
1	汽车起重机	吊重50t	1台
2	汽车起重机	吊重25t	1台
3	高空作业车	18.5m以上	1台
4	阀厅作业车	电动	1台
5	柔性吊带（合成纤维吊装带）	10t、6m长	2根
6	柔性吊带（合成纤维吊装带）	5t、14m长	2根

续表

序号	名称	规格	数量
7	柔性吊带（合成纤维吊装带）	3t、8m 长	2 根
8	柔性吊带（合成纤维吊装带）	3t、6m 长	4 根
9	白棕绳	$\phi18mm$	100m
10	链条葫芦	5t、3t	各 1 副
11	弓形锁扣	5t	4 个

6.2.2　试验、检测仪器

安装单位提供满足试验、检测要求的相关设备、仪器，且应经检定并在有效期内。试验、检测仪器配置表见表 2-3-17。

表 2-3-17　　　　　　　　　　　　试验、检测仪器配置表

序号	名称	推荐使用规格	数量
1	SF_6 气体检漏仪	Q200（干式套管无需）	1
2	微量水分测量仪	DSW-Ⅱ（干式套管无需）	1
3	回路电阻测试仪	100A	1
4	介损测试仪	AI-6000D	1
5	SF_6 纯度分析仪	YTC-711	1
6	绝缘电阻表	2000V	1
7	万用表	数字式	1
8	水平仪	BB-Z4	/
9	温湿度计	VAISAL	2
10	卷尺	10m	1
11	钢板尺	1000mm	1
12	角度尺	/	1

6.2.3　常用工器具

安装单位提供必要的常规安装工具，安装工具配置表见表 2-3-18。

表 2-3-18　　　　　　　　　　　　安 装 工 具 配 置 表

序号	名称	规格	数量
1	移动电源	AC220/380V、30m 以上	1
2	撬棍	/	6
3	安全帽	/	18
4	安全带	/	8
5	人字爬梯	/	1
6	力矩扳手	300N/m	4
7	电动扳手	/	2

6.2.4　制造厂专用工器具

制造厂提供满足安装需要的专用工器具，制造厂专用工器具配置表见表 2-3-19。

表 2-3-19　　　　　　　　　　　　　制造厂专用工器具配置表

序号	名称	规格	数量
1	套管专用吊具	专用工具	1
2	配重模块	专用工具	1
3	充气接头	专用工具（干式套管无须）	2
4	充气管	专用工具（干式套管无须）	2

6.3　机械及受力工具选型

6.3.1　±1100kV 直流穿墙套管机械及受力工具选型

本工程±1100kV 直流穿墙套管分为两种类型，共有 4 支，两种类型套管起吊重量分别为 16t、8t，以下对 16t 套管的吊装机械（汽车起重机）及其受力工具进行选型。

（1）吊车作业半径 R。

16t 直流穿墙套管仅一种安装工况，从户内直流场水平插入阀厅，安装位置在极 2。

类型二穿墙套管安装位置位于极 2 户内场靠阀厅侧墙体上，高 17.5m，安装中线距离右侧墙距离 19m，摆放位置位于安装位置下方偏右 2m 处，选择将汽车起重机摆放位置位于离右侧墙体约 7m 处平行套管摆放，工作半径为 $r=16$m。

（2）起升高度 H。

1）受力工具分析。受力工具采用吊带，以其斜拉角度不磨损套管、两根吊带之间的夹角不超过 120°为必要条件，以吊点尽可能靠近法兰盘为充分条件，经综合计算穿墙套管的受力工具分别分析如下。

16t 穿墙套管吊装受力工具分析示意图如图 2-3-3 所示，可知两根吊带之间的夹角为 79.12°，吊点高度约 8m。

2）起升高度 H 计算。

穿墙套管安装高度为 17.5m，套管吊装受力工具高度为 7.997m，同时，取汽车起重机自带的吊具高 2.5m。

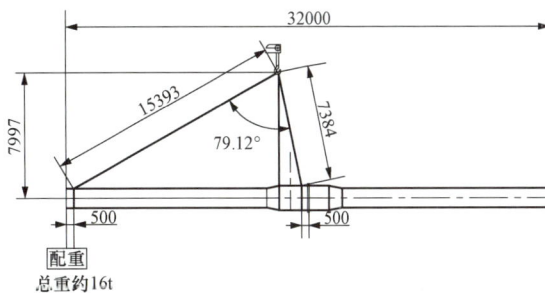

图 2-3-3　16t 穿墙套管吊装受力工具分析示意图

综上所述，穿墙套管吊装时其起升高度 H 至少达到 28m。

（3）臂长 L 分析。

根据 $L^2=H^2+R^2$，穿墙套管吊装时汽车起重机臂长 $L=32.25$m。

（4）机械选型。

前文根据现场安装情况及平面布置情况对工作半径 R、起升高度 H、臂长 L 进行了分析，并已得出具体结论，现根据两种类型穿墙套管重量做出机械选型。

16t 穿墙套管起吊重量为 16t，参考表 2-3-20 可知，类型二直流穿墙套管吊装采用 110t 汽车起重机，3t 固定配重，选择主臂 $L=36$m、作业半径 $R=16$m 时，额定起重量 $Q=23$t，则 $G=16$t 小于额定起重量 Q，同时，起升高度可达到要求高度 $H=28$m，可以进行吊装作业。110t 汽车起重机起升高度曲线图如图 2-3-4 所示。

表 2 - 3 - 20　　　　　　　　110t 汽车起重机额定起重量表（部分）　　　　　　　　（kg）

工作幅度 (m)	臂长为下列值（m）时的起重量													
	13.5	18	22.5	27	31.5	36	40.5	45	49.5	54	58.5	63	67.5	72
8	58	58	53	50	46	43	33							
9	50	50	50	47	43	41	30.5	28						
10		44	44	44	40	38	29	28						
11		39	39	39	37.5	35.5	27.5	26	23					
12		35	35	35	35	33	26	24	21.5	19				
14			28	27.5	28.5	29	23.5	21.4	19	17	15			
16			22.5	22	23	23.5	21.5	19.2	17.2	15.4	13.5	12		
18				18	18.8	19.1	19.5	17	15.6	13.9	12.5	11	9	
20				15	15.8	16.5	17	15.2	14	12.6	11.5	10.1	8.2	7
22					13.3	14	14.5	13.4	12.4	11.3	10.5	9.3	7.6	6.5
24					11.4	12.1	12.5	11.8	11.1	10.2	9.5	8.5	7.1	6.1
倍率	14	14	12	10	8	6	5	4	3	3	2	2	2	2
吊钩	90t					55t			25t					

注　主臂，支腿全伸，40t 配重，全方位作业。

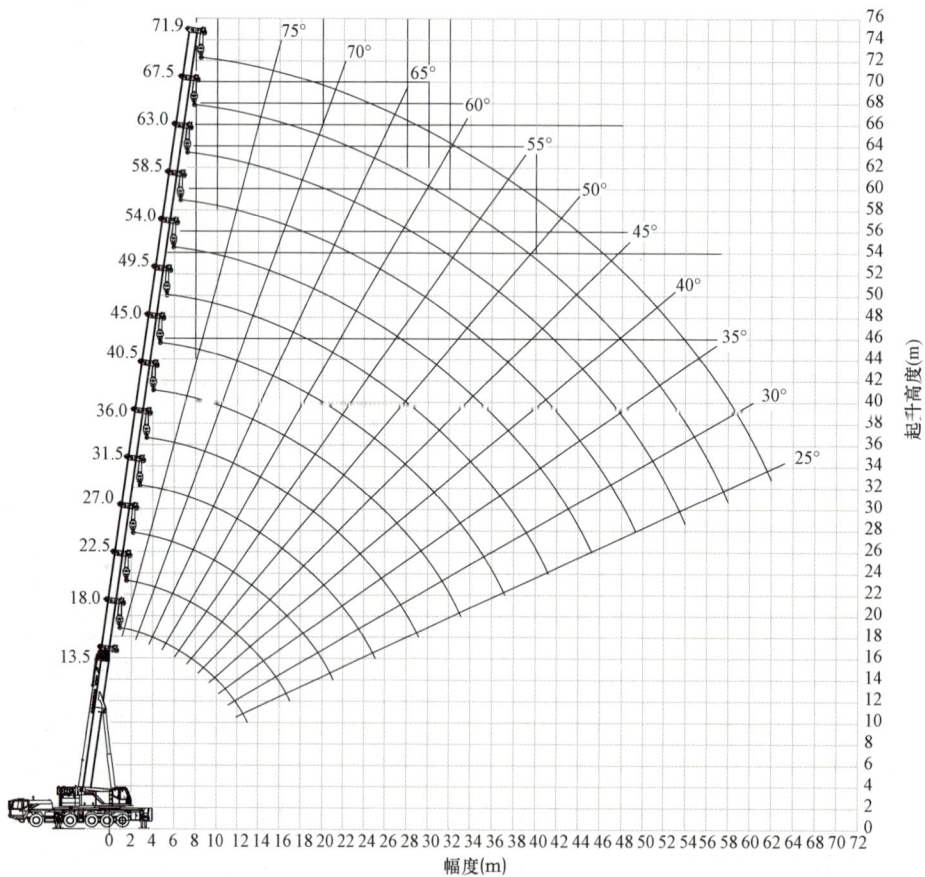

图 2 - 3 - 4　110t 汽车起重机起升高度曲线图

（5）受力工具选型。

综合前文受力工具分析，16t 直流穿墙套管吊装作业时选择两根 20t 专业吊带，长度分别为 20m、10m。

6.3.2 ±800kV 直流穿墙套管机械及受力工具选型

以安装高度最高，设备自重最大的 800kV 直流出线套管为例进行起重设备选取。

(1) 起重机作业半径 R。

起重机工作半径 8m。

(2) 配重选取。

由于套管吊装点所在的室外侧重于室内侧，配重的作用只在于增加上翘尾端的重量，以保证套管在吊装过程中的平稳，防止在已有的 10° 上加大倾斜角，另根据厂家说明书内注明，配重选择应小于 250kg，故将配重定为 200kg。如吊装过程中发现配重重量过轻，也可增加至 250kg。

(3) 套管起吊及受力情况分析。

按图 2-3-14 所示进行吊绳固定，且以调节主力起吊绳的长度进行套管倾斜角度的调节，保证套管的倾斜角度为 10°。套管重力：

$$Q = (G + G_1)k_1 \times k_2$$

式中　G——套管重量，6234kg；

G_1——配重重量，200kg；

k_1——动载荷系数，1.03；

k_2——风载荷系数，1.02。

$$Q = (6562 + 200) \times 1.03 \times 1.02 = 7104.2(\text{kg}) = 69\,620.8(\text{N})$$

根据力的平衡：

$$Q_2 = F_1 + F_2$$

主起吊绳受力：

$$F_1 = 69\,620.8 \times \cos20° = 65\,422.2(\text{N})$$

辅助起吊绳受力：

$$F_2 = 69\,620.8 \times \sin20° = 23\,811.7\,(\text{N})$$

(4) 吊绳选择。

室外侧套管长度为 11.436m，辅助起吊绳倾斜度为 20°，绑扎面位于接线端子上，实际需使用的绑扎吊绳短，可忽略不计，故吊绳长度与套管长度一致，套管的主起吊位置位于套管中间连接法兰处，绑扎面直径达到 1228mm，可适当调整吊绳长度，因此选用一根 14m 长 5t 的吊带作为辅助起吊绳，一根 6m 长 10t 的吊带做为主起吊绳。

(5) 起重机选型。

通过查阅常用起重机及吊具相关资料，常用的 50t 汽车起重机，当其工作幅度为 8m，起重臂长在 25m 左右，起重臂仰角在 51°～80° 范围内，它的起重量为 13t，起重机的起吊高度在 23m 左右。因此，选用 1 台 50t 的液压汽车起重机完全可以满足套管起吊高度和起吊重量的要求，并裕度足够。50t 起重机起重性能表见表 2-3-21。起升高度曲线图如图 2-3-5 所示。

表 2-3-21					50t 起重机起重性能表						(单位：kg)
工作幅度	起重机起吊高度为下列值（m）的支腿全伸后方和侧作业（3.6t 固定配重）										
(m)	11.3	15.33	17.34	19.35	23.38	25.39	29.41	31.43	35.45	37.46	43.5
3.0	50 000	45 000	24 600	35 000							
3.5	50 000	45 000	24 600	35 000	17 500						
4.0	48 000	45 000	24 200	35 000	17 500	24 600					
4.5	45 000	43 000	24 000	33 000	17 500	24 600	14 000				

续表

工作幅度 (m)	起重机起吊高度为下列值（m）的支腿全伸后方和侧作业（3.6t 固定配重）										
	11.3	15.33	17.34	19.35	23.38	25.39	29.41	31.43	35.45	37.46	43.5
5.0	41 000	40 000	22 500	30 000	17 500	24 200	14 000	17 500			
5.5	36 000	36 000	21 000	28 000	17 500	24 000	14 000	17 500	9500		
6.0	32 500	32 500	20 000	26 500	16 500	22 500	13 500	17 500	9500	14 000	
6.5	29 500	29 500	19 000	25 000	16 000	21 000	12 900	17 500	9500	14 000	
7.0	26 500	26 500	18 000	24 000	15 500	20 000	12 400	17 500	9500	14 000	
7.5	22 300	23 500	17 000	22 000	15 000	19 000	11 800	16 700	9500	13 500	
8.0	19 700	19 500	16 500	21 000	14 000	18 000	11 300	16 000	9300	13 000	9500
9.0	15 700	15 500	16 000	15 500	13 000	16 000	10 500	14 500	9000	12 500	9500
10.0		12 500	14 300	12 500	12 500	13 000	9500	13 500	8500	11 600	9300
11.0		10 400	11 800	10 200	11 500	10 900	8800	11 500	7800	10 700	9000
12.0		8800	10 100	8400	10 500	9200	8100	9800	7300	10 100	8500
14.0			7500	5800	8100	6650	7100	7200	6300	7600	7500
16.0				4000	6300	4900	6200	5500	5500	5700	6100
18.0					5000	3600	5100	4200	4700	4500	4800
20.0					4000	2700	4200	3200	4100	3500	3800
22.0						1900	3500	2450	3400	2800	3000
24.0							2800	1800	2900	2200	2400
26.0							2300	1250	2400	1550	1800
28.0								800	1900	1150	1400
30.0									1600	800	1050
32.0									1300	500	750
34.0											500

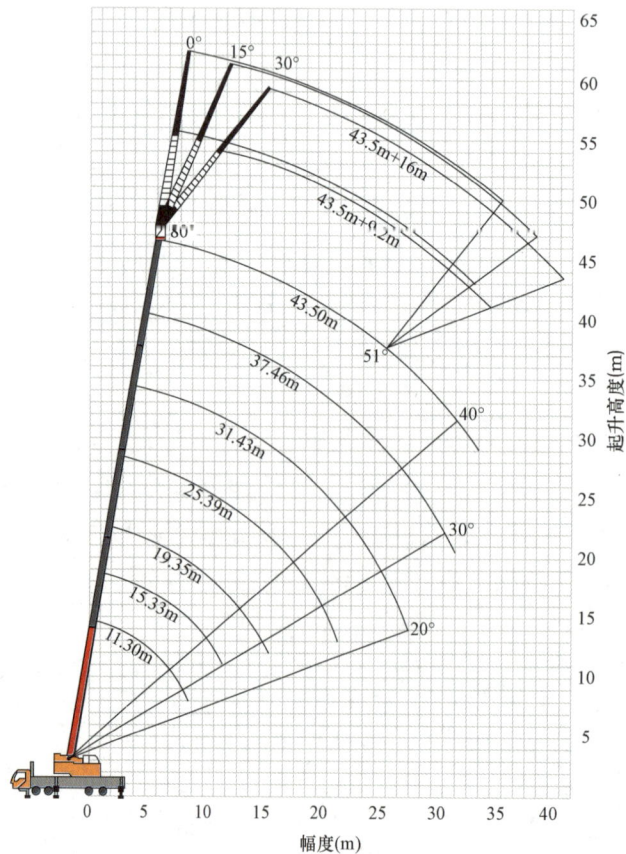

图 2-3-5 起升高度曲线图

6.4　环境条件

6.4.1　土建交付安装的条件

（1）直流场土建工作已完工，钢结构、彩板已完成验收。

（2）钢结构整体垂直度偏差、中心线对轴线偏移、套管安装位置顶标高偏差等应符合相关文件的要求。

（3）户内直流场高层空间的走道板、栏杆、平台及梯子等附件安装牢固。

（4）预埋件及预留孔符合设计文件要求，预埋件应牢固。

（5）模板、施工设施及杂物清除干净，并应有足够的安装场地，由站区大门进入户内直流场的相关施工道路应通畅。

（6）有可能损坏已安装直流穿墙套管或安装穿墙套管后不能再进行的装饰工程全部结束。

（7）室内照明及室内通风系统、暖通系统可正常投入使用。

（8）建筑物、混凝土基础、地面、构支架等建筑工程应经中间验收合格，并已办理交付安装的中间交接手续。

6.4.2　电气准备的条件

（1）设备自带附件（含吊具、SF_6 气体等）已经到场，并经开箱检查合格；

（2）施工工机具已经到场，起重受力工机具经专职人员检查合格；

（3）应严格按照施工工序安排做好户内直流场设备到货计划，并确保厂家按计划发货；

（4）对已到达现场的设备，其装卸及保管应按产品技术文件的规定执行，并在施工前提前做好开箱检查，确保待安装设备符合相关规范要求。

6.5　运输路线、套管卸货及保管措施

6.5.1　运输路线

直流场部分关键路线道路内弧半径示意图如图 2-3-6 所示。

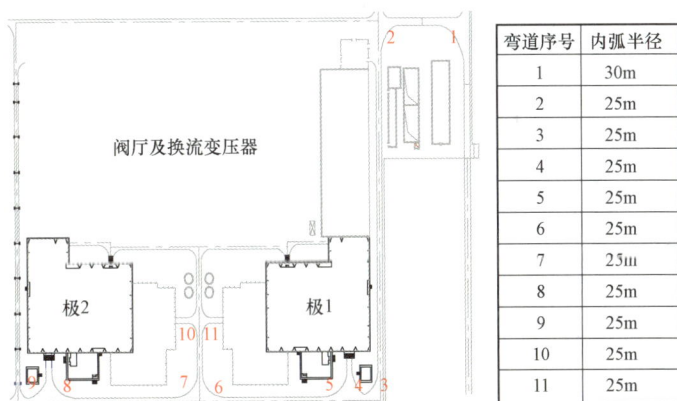

弯道序号	内弧半径
1	30m
2	25m
3	25m
4	25m
5	25m
6	25m
7	25m
8	25m
9	25m
10	25m
11	25m

图 2-3-6　直流场部分关键路线道路内弧半径示意图

极 2 户内直流场至阀厅处 16t 穿墙套管路线示意图如图 2-3-7 所示，从进站大门通往直流场的道路半径分别有 30m、25m 等两种。通过与厂家沟通得知，套管运输车辆尺寸为 385 000mm×3000mm，转弯半径为 27m。

因此极 2 户内直流场靠阀厅处 16t 穿墙套管站内运输路线需经过弯道 1、2、3、8，为了保证站内运输的可靠性，将弯道 2、3、8 内弧做 2m 左右的弯道填充，车辆从弯道 8 正常驶入极 2 户内直流场卸货地点。

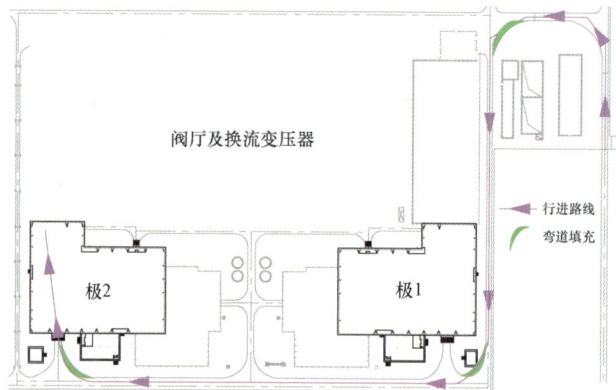

图 2-3-7　极 2 户内直流场至阀厅处 16t 穿墙套管路线示意图

6.5.2　套管卸货

极 2 户内直流场±1100kV 穿墙套管到货后，其摆放位置应为安装位置正下方偏北，离阀厅侧墙体距离 2m 处垂直墙体摆放，从而减小起重机工作半径，方便吊装作业。本工法中，因运输车辆车头靠近墙体，导致套管无法一次卸车至理想地点，由起重机二次吊运后可实现。16t 套管其运输长度为 32m，在卸车时根据厂家装卸方案进行卸车。卸车时应注意吊绳的夹角不得过大，可在套管包装箱两侧分别布置吊点。

待汽车起重机将套管抬升一定高度后，运输车驶离，起重机将套管缓慢落下。直流穿墙套管户内卸车立面图如图 2-3-8 所示。

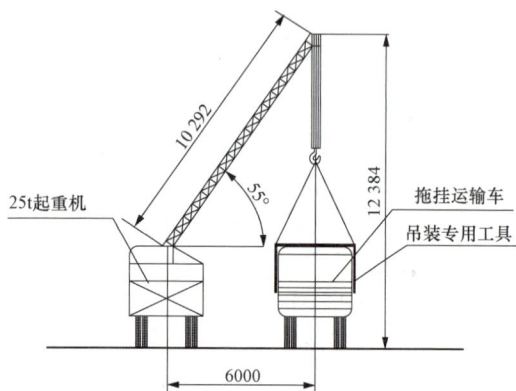

图 2-3-8　直流穿墙套管户内卸车立面图

6.5.3　保管措施

（1）防地基下沉措施：①进行场地平整，确保套管摆放位置无较大高差。②设置两个 2m×2m 支撑平台，标高一致。两个支撑平台的受力点为厂家包装标示的起吊点位置。③支撑平台使用枕木搭设，以起到增大地面接触面积，增大压强的作用。④套管摆放到位后除受力点外，其余部分及两头悬空，并记录两端离地距离，每日派人进行检查记录并与原始数据进行对比，如数据变化则可能出现沉降，及时进行调整。吊装示意图如图 2-3-9 所示。

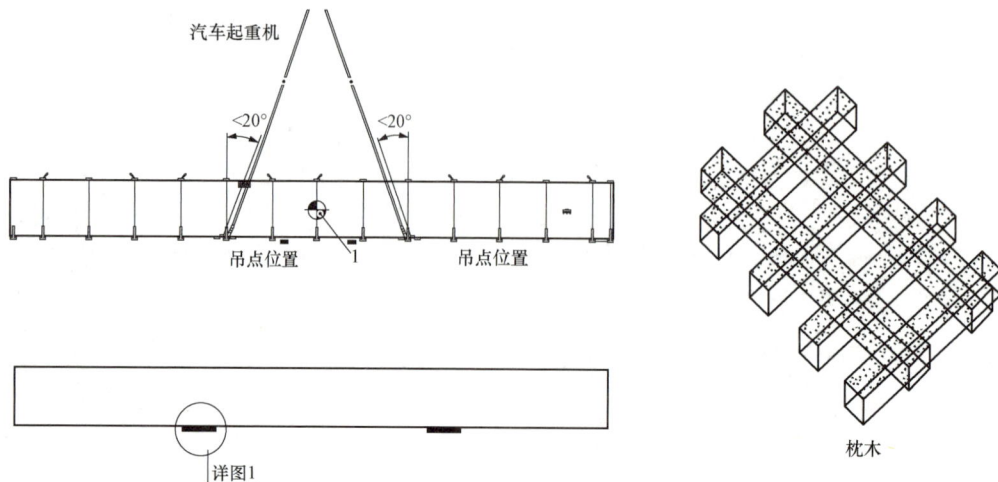

图 2-3-9　吊装示意图

（2）防潮、防冻措施。防潮防冻采取两级措施：①套管卸货到位后在包装箱外部采用油布或其他防雨布进行覆盖。②在做好防撞、防坠落措施后，在架管外部采用油布或其他防雨布进行覆盖。

（3）防撞、防高空坠物措施：为保证设备安全，卸货完成后我方将使用钢架管制作围栏对设备进行围蔽。为起到提醒、警示作用，采用红白钢架管进行搭设。并悬挂警示标志。钢架管围蔽示意图如图2-3-10所示。

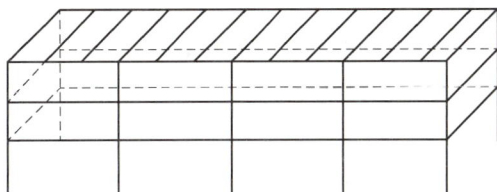

图 2-3-10　钢架管围栏示意图

7　质　量　管　控

7.1　主要质量标准、技术规范

考虑到本施工方法直流穿墙套管电压等级最高达到±1100kV，相关电气施工国家、行业及企业标准尚不完善，本施工方法暂用以下标准作为参考。

GB/T 26166—2010 ±800kV 直流系统用穿墙套管

GB 50150—2016 电气装置安装工程　电气设备交接试验标准

GB 50169—2016 电气装置安装工程　接地装置施工及验收规范

DL/T 5232—2019 直流换流站电气装置安装工程施工及验收规程

Q/GDW 11747—2017 ±1100kV 换流站直流高压电器施工及验收规范

Q/GDW 11743—2017 ±1100kV 特高压直流设备交接试验

QGDW 1219—2014 ±800kV 换流站直流高压电器施工及验收规范

Q/GDW 1150—2014 ±800kV 高压直流输电用穿墙套管通用技术规范

国家电网公司防止直流换流站单双极强迫停运二十一项反事故措施（2021年版）

国家电网公司十八项电网重大反事故措施（修订版）（国家电网设备〔2018〕294号）

Q/GDW 248—2016 输变电工程建设标准强制性条文实施管理规程

国家电网输变电工程质量通病防治手册（2020年版）

国家电网有限公司输变电工程标准工艺　变电工程电气分册（2022年版）

换流站工程建设典型案例专辑（第五部分　工程施工）

工程设计图、工程施工合同、设备厂家技术资料

7.2　验收管理

明确验收管理组织，明确列出需要参加验收的单位与专业人员；按《国家电网公司输变电工程验收管理办法》的程序进行；明确验收缺陷的处理方式及争议处理方式。

7.2.1　验收组织

现场验收组织机构图如图2-3-11所示。

7.2.2　验收要求

穿墙套管安装的验收程序应符合《国家电网公司输变电工程验收管理办法》相关要求，实行全过程验收管理。穿墙套管安装必须经验收合格后方可进行后续工作。未经启动验收或验收不合格的，禁止启动投产。

（1）穿墙套管安装工序作业前后，按要求对施工作业过

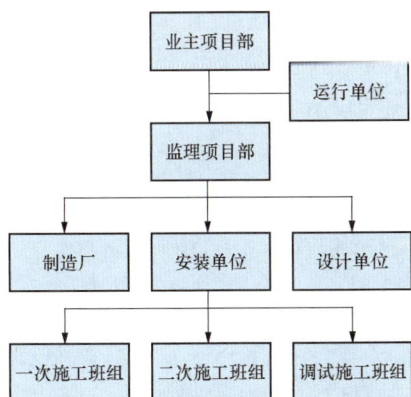

图 2-3-11　现场验收组织机构图

程的关键环节或设备材料的质量进行的验收，包括隐蔽工程验收、原材料和设备的进场验收和设备交接试验等。

（2）在穿墙套管安装分项、分部、单位工程完工后，开展三级自检工作（班组自检率 100％、施工项目部复检率 100％、公司级专检率 100％。具备监理初检条件后，完成监理初检）和中间验收。

7.2.3　整改处理方式

各类验收发现的问题需经整改闭环并经验收方认可方可开展后续工作。

（1）对于现场安装过程中出现的问题按照责任分工由责任单位整改。

（2）对于设备制造环节带来的问题由制造厂进行整改。

（3）存在争议的问题按合同约定或相关规定解决。

7.3　验收标准

（1）检查设备外观整洁，无损伤，螺栓齐全，紧固力矩满足厂家要求，通流回路直阻测试小于 $10\mu\Omega$。

（2）充气压力满足厂家规定，采用灵敏度不低于 1×10^{-6}（体积比）的检漏仪对密封部位进行检测，检漏仪不应报警（应在套管充气 24h 后进行检测）。

（3）二次回路检查回路绝缘良好，信号传输准确，密度继电器数据偏差在规范允许范围内，报警、跳闸等保护信号动作满足设备设计要求。二次接线防火、防潮措施有效落实。

（4）检查设备接地施工规范，接地电阻测试满足规范要求。

8　安　全　管　控

为确保设备和人身安全，对直流穿墙套管安装固有风险进行辨识并编制控制措施，施工过程中应严格执行，同时应做好以下安全措施：

（1）直流穿墙套管吊装前，技术人员应对施工人员进行详细的安全技术交底。

（2）起重、登高作业人员必须持证上岗；起重设备需经检验检测机构检验合格，并在特种设备安全监督部门登记；安装吊具应使用产品专用吊具或制造厂认可的吊具。

（3）吊装人员应仔细阅读厂家说明书，明确设备的重量，重心位置。

（4）吊装作业区域应设置护栏，进行安全隔离，并要求悬挂警示牌，禁止无关人员进入吊装作业区；起吊重物时，吊臂及被吊物上严禁站人或有浮置物；起重物及吊臂下严禁人员逗留。

（5）吊装作业前应对起重吊装设备、吊绳、临时拉线、链条、吊钩等各种机具进行检查，必须保证安全可靠，不准带病使用。

（6）穿墙套管吊装、就位过程应平衡、平稳，两侧联系应通畅，应统一指挥；

（7）起吊电气设备宜用软吊带，设备吊装起吊前应检查起重设备及其安全装置；重物吊离地面 100mm 时应暂停起吊并进行全面检查，确认机构稳定，绑扎牢固后方可继续起吊。

（8）吊装起重操作人员应按指挥人员的指挥信号进行操作。对违章指挥、指挥信号不清或有危险时，操作人员应拒绝执行并立即通知指挥人员。操作人员对任何人发出的危险信号，均必须听从；指挥人员应站在使操作人员能看清指挥信号的安全位置上。当跟随负载进行指挥时，应随时指挥负载避开人及障碍物。

（9）防止螺栓、工器具等施工物从高空脱落，伤及绝缘子、设备和下部人员；高处进行螺栓紧固工作时，要正确佩戴安全带，禁止低挂高用，选择合适的着力点进行着力紧固螺栓。

（10）直流穿墙套管吊装时应水平起吊，以使各部位受力均匀。

（11）应注意各设备连接处连接螺栓齐全、紧固，特别是导电部分的搭接处理和紧固。

9　效　益　分　析

（1）本典型施工方法具有施工简洁高效、资源利用率高等特点，可在合理的人员机械设备配备下，高质量、高效率完成穿墙套管安装工作，具有较高的经济效益。

（2）±1100kV 换流站直流穿墙套管为直流输电技术新型设备，本典型施工方法对穿墙套管的工程现场安装流程、工艺、管控要点进行了明晰，可有效保证穿墙套管施工质量，确保工程实体质量，可靠保障能源送出，具有较高的社会效益。

10　应　用　实　例

本典型施工方法已在昌吉—古泉工程±1100kV 换流站穿墙套管安装中得到应用，应用效果良好。

11　附　　　录

不同电压等级换流站直流穿墙套管螺栓紧固力矩值检查表、检漏记录表见表 2-3-22～表 2-3-25。

表 2-3-22　　　　　　　±1100kV 换流站直流穿墙套管螺栓紧固力矩值检查表

序号	螺栓安装位置	标准力矩值	实际力矩值
1	±1100kV 户内场至高端阀厅穿墙套管 P1. U1-X1	380N·m	
2	±550kV 户内场至高端阀厅穿墙套管 P1. U1-X2	380N·m	
3	±550kV 户内场至户外场穿墙套管 P1. WP-X1	380N·m	
4	±1100kV 户内场至户外场穿墙套管 P1. WP-X2	380N·m	
5	±600kV 户内场至滤波器场穿墙套管 P1. Z. Z1-X1	380N·m	
6	±150kV 户内场至滤波器场穿墙套管 WN-X1	190N·m	

检查人：

表 2-3-23　　　　　　　±800kV 换流站直流穿墙套管螺栓紧固力矩值检查表

序号	螺栓安装位置	标准力矩值	实际力矩值
1	极 1 高端 800kV 套管固定螺栓	厂家说明书要求	
2	极 1 高端 800kV 套管气室法兰螺栓	厂家说明书要求	
3	极 1 高端 800kV 套管出线套管抱箍金具螺栓	厂家说明书要求	
4	极 1 高端 800kV 套管出线套管均压环固定螺栓	设计图要求	
5	……		
6			

检查人：

表 2-3-24　　　　　　　±1100kV 换流站直流穿墙检漏记录表

直流穿墙套管气体检漏记录			时间：
套管安装位置	伞裙/ppm	法兰/ppm	表计/ppm
±1100kV 户内场至高端阀厅穿墙套管 P1. U1-X1			
±550kV 户内场至高端阀厅穿墙套管 P1. U1-X2			
±550kV 户内场至户外场穿墙套管 P1. WP-X1			

续表

直流穿墙套管气体检漏记录			时间：
±1100kV 户内场至户外场穿墙套管 P1. WP‑X2			
±600kV 户内场至滤波器场穿墙套管 P1. Z. Z1‑X1			
±150kV 户内场至滤波器场穿墙套管 WN‑X1			

检查人：

表 2‑3‑25　　　　　　　　　　　**±800kV 换流站直流穿墙检漏记录表**

直流穿墙套管气体检漏记录			时间：
套管安装位置	伞裙/ppm	法兰/ppm	表计/ppm
极 1 高端阀厅 800kV 穿墙套管			
极 1 高端阀厅 400kV 穿墙套管			
极 1 低端阀厅 400kV 穿墙套管			
极 2 低端阀厅 400kV 穿墙套管			
极 2 高端阀厅 400kV 穿墙套管			
极 2 高端阀厅 800kV 穿墙套管			

检查人：

典型施工方法名称：换流站金具、母线安装典型施工方法

典型施工方法编号：TGYGF004—2022—BD—DQ

编 制 单 位：国家电网有限公司特高压建设分公司

主 要 完 成 人：张 鹏 唐云鹏 谢永涛 陈伟林 盛有雨
　　　　　　　　汪 通

目　　次

1 前　　言

金具是指在电力系统中用于将电线（主要是导线和地线）与电线，电线与设备或材料进行固定、连接、接续、保护的已经定型化的金属部件。与导体直接接触的一般均采用铝、铝合金、铜等有色金属，非直接接触的一般采用铸铁等黑色金属。换流站的金具、管母对换流站的正常安全运行起到直接影响的作用，其高质量安装对工程建设具有重要意义。

本典型施工方法重点介绍了换流站的金具、管母安装方法、工艺流程、安全质量控制要点等，为后续同类金具及管母安装提供典型施工方法参考。

2 本典型施工方法特点

2.1 安装流程介绍详细，对安装人员机具准备、实施要点等方面说明清楚。

2.2 安装安全质量控制介绍清楚，具备较强的参考性。

2.3 通用性高，推广性强，可广泛适用于同类型换流站金具及管母现场安装。

3 适 用 范 围

本典型施工方法适用于换流站工程线夹类、连接金具类、接续金具类及防护金具安装，其他换流站工程可参照执行；本典型施工方法仅供参考，各工程应根据工程实际情况编制作业指导书进行报审。

4 施工工艺流程及操作要点

4.1　总体流程图

金具安装施工工艺流程如图 2-4-1 所示。

4.2　施工准备

4.2.1　设备安装转序验收

母线与金具安装前，对已安装设备进行转序验收。设备安装型号、方向与设计图相符；设备安装轴线偏差，标高偏差等符合验收规范要求；隔离开关分合闸夹紧度，接触深度等符合验收规范要求，行程调校完毕。设备安装紧固完毕，不再进行相关调整工作。

4.2.2　对于金具中没有镀层的铸铝合金件和铝合金板，用钢刷或粗糙的砂纸对电接触表面进行清理，直到铝氧化膜被破坏露出铝金属本色后，用干净的无毛纸或者洁净白布擦拭干净（不得用酒精清洗），并均匀涂上薄薄一层导电脂。

4.2.3　对于其他设备的连接端子，如果是表面"镀银"或者"镀锡"的接触面，不得用钢刷或砂纸等物品擦拭，以免破坏其镀层，可用酒精将其表面清洗干净，并均匀涂上薄薄一层导电脂。对于没有镀层的金属表面可用 4.2.2 的方法进行处理。

4.2.4　金具尺寸测量

依据设计图，结合金具与母线、设备的连接形式，测量设备与设备之间，金具结构部件长度，角度等实际尺寸，依据安装间隙、安装方向等明确母线长度，金具在母线上的连接位置，以及屏蔽罩的开孔位置和大小。

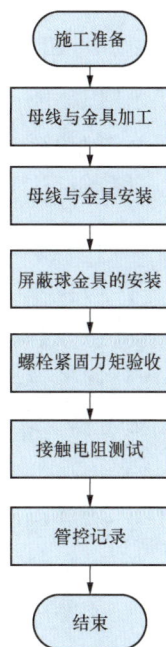

图 2-4-1　金具安装
施工工艺流程图

流程图（从上到下）：
施工准备 → 母线与金具加工 → 母线与金具安装 → 屏蔽球金具的安装 → 螺栓紧固力矩验收 → 接触电阻测试 → 管控记录 → 结束

4.3　母线与金具加工

4.3.1　母线加工：依据测量和计算的母线尺寸对母线长度进行准确切割，并对母线切口进行磨光和钝化处理。母线在运输和加工过程中需做好表面防护，防止表面损伤，影响主母线导流性能。

4.3.2　金具与母线焊接：

（1）焊接人员需持有效期内的焊工证上岗施工。

（2）焊接需满足焊接工艺需求。

（3）金具焊接完成后需进行探伤检测，确保焊接工艺质量。

（4）焊前清理。

母材的焊接部位在焊前必须进行除油污、氧化膜的清理，如图 2-4-2 所示。清理方法分为机械清理和化学清洗。

图 2-4-2　安装前进行清理

（5）机械清理。

若工件太大无法进行整体清理，可以对工件进行局部清理，清理范围在坡口及两侧 25mm 以上。机械清理可用不锈钢丝刷（轮）、刮刀，不要使用砂轮或砂布。

（6）焊前清理的一般规定。

1）清理过的工件放置时间不宜过长，以免形成新的氧化膜，并严禁接触油污。工件一般在清洗后 8h 内施焊。

2）表面抛光的铝及铝合金焊丝无须焊前清理或清洗。

（7）焊接作业技术规范。

1）焊接前，检查焊接设备是否有异常，在焊枪漏水、氩气不纯、电弧不稳定等情况下不允许进行焊接。

2）焊接时，环境的相对湿度小于 80%。

3）焊接作业场所应通风良好。

4）焊件温度不低于 5℃，如果低于 5℃，应在始焊处 100mm 范围内预热到 15℃ 左右（指焊前焊件整体不预热的情况）。

5）对直缝焊件的焊接，不可直接在工件或焊缝区直接引弧，以免损坏工件表面及产生焊缝夹钨。要在焊缝两端应加装引弧板和收弧板（材质和厚度与母材相同），待焊后将其去除。

6）在焊接过程中，定位焊点出现开裂造成错口时，应停止焊接，经过修整后再进行焊接，开裂的焊点应完全清除。

7）熄弧处应填满弧坑，不得有裂纹或气孔，堆高不宜过大。

8）焊缝产生裂纹时，应将裂纹彻底铲除，再进行补焊。

（8）焊缝的品质基准。

1）焊缝应符合图纸要求，并要求焊缝外观均匀，与母材过渡圆滑。焊缝表面及热影响区不允许存在裂纹、烧穿、焊瘤和明显的弧坑。

2）立焊部分不应形成窄而高、未焊透的焊缝，仰焊部分不应有严重未焊透及表面凹坑。

3）焊缝同一部位的返修次数不宜超过 2 次，如超过 2 次，返修前应经过评审。

4.4　母线与金具安装

4.4.1　首先确认需要安装金具电接触面的位置和类型，根据不同的安装位置对电接触面进行处理（充分的准备工作能有效地降低接触电阻，提高电接触的可靠性），不同安装位置的接触面处理示意图如图 2-4-3 所示。

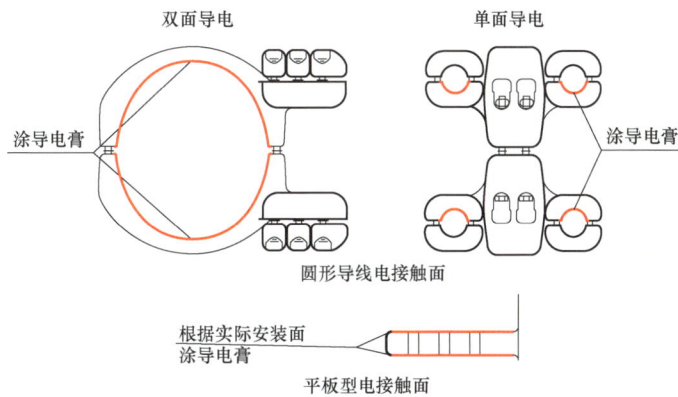

图 2-4-3 不同安装位置的接触面处理示意图

4.4.2 对于金具中没有镀层的铸铝合金件和铝合金板，用钢刷或粗糙的砂纸对电接触表面进行清理，直到铝氧化膜被破坏露出铝金属本色后，用干净的无毛纸或者洁净白布擦拭干净（不得用酒精清洗），并均匀涂上薄薄一层导电脂。

4.4.3 对于其他设备的连接端子，如果是表面"镀银"或者"镀锡"的接触面，不得用钢刷或砂纸等物品擦拭，以免破坏其镀层，可用酒精将其表面清洗干净，并均匀涂上薄薄一层导电脂。

4.4.4 导电接触面处理完后，按图纸要求选择对应的标准件，使用力矩扳手紧固，常用带螺母连接螺栓力矩表见表 2-4-1，紧固件拧入铝材中的力矩表见表 2-4-2。

表 2-4-1　　　　　　　　　　　　常用带螺母连接螺栓力矩表

螺栓精度等级	M8	M10	M12	M16	M20
抗拉强度大于 800MPa 的不锈钢螺栓	23N·m	46N·m	80N·m	190N·m	380N·m
抗拉强度大于 700MPa 的不锈钢螺栓	15N·m	29N·m	51N·m	120N·m	240N·m

表 2-4-2　　　　　　　　　　　　紧固件拧入铝材中的力矩表

螺栓规格	M8	M10	M12	M14	M16
拧紧力矩	16N·m	30N·m	50N·m	80N·m	110N·m

注 螺栓拧紧请注意一定的安装顺序，螺栓拧紧顺序示意图如图 2-4-4 所示。

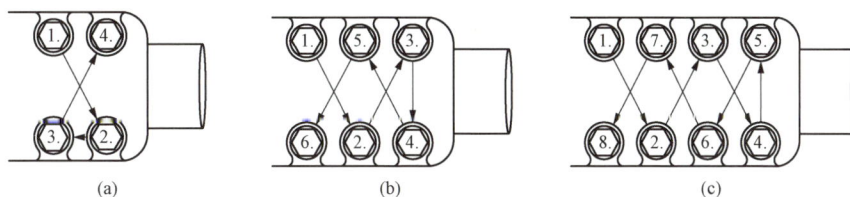

图 2-4-4 螺栓拧紧顺序示意图

（a）螺栓数量为 4 时的拧紧顺序；（b）螺栓数量为 6 时的拧紧顺序；（c）螺栓数量为 8 时的拧紧顺序

4.4.5 母线的吊装

（1）应将管母线固定金具在地面装好，这样不但可以减少金具绝缘子的碰损，又可减少高处作业次数。

（2）支持绝缘子上端的固定金具螺栓可不紧固，以减少高处作业时间，但要保证金具不能脱落，待管母线调整完毕后再紧固。

（3）管母线吊装前，应选择好吊点位置，吊点的数量应根据管母线长度来定，以管母线在吊装时不变形为准，同时还要躲过支撑点。

（4）对有阻尼要求的管型母线，要在吊装前安装阻尼线。

（5）当管母线跨距较大时，为防止其弯曲，可使用起重机在管母线中间位置配合起吊，起吊时起重机司机应精神集中，控制好起吊速度。

（6）起吊时必须时刻注意管母水平，管母起吊时上下高差不宜大于 500mm，平稳吊到安装位置。

4.4.6　（母线）伸缩节的安装

（1）将伸缩节的铸铝件的电接触表面和管母线的电接触表面处理干净。

（2）按图纸规定的尺寸、方向和力矩要求，将伸缩节固定于管母线上。伸缩节安装时，注意伸缩节导线安装顺序及方向，避免交叉，同时在同一轴线上的伸缩节导线顺序方向一致。软连接示意图如图 2-4-5 所示。

（3）T 接导向式母线伸缩节安装，需严格控制导向杆在管母端头预留长度，满足管母伸缩裕度。T 连接安装示意图如图 2-4-6 所示。

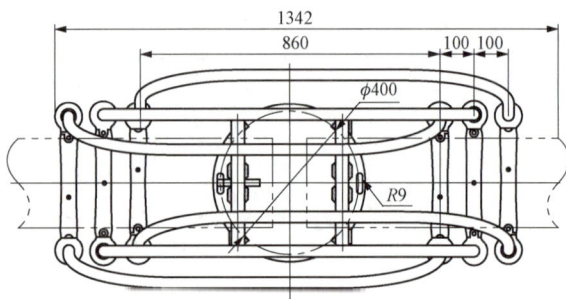

图 2-4-5　软连接示意图

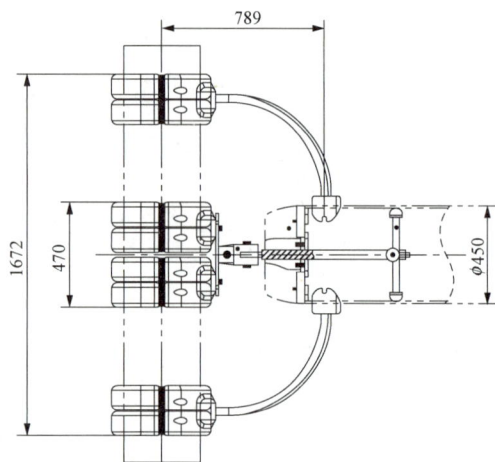

图 2-4-6　T 连接安装示意图

4.4.7　管母末端球体或端盖的安装

（1）用"U"形螺栓将管母线内部的阻尼线固定在球体或端盖上。

（2）将球体或端盖插入管母末端，注意漏水孔朝下。

（3）螺钉将球体或端盖固定于管母端部。

（4）末端球体根据实际需求，喷涂相应相色油漆。

4.4.8　母线支撑金具的安装

（1）将该金具固定于支柱绝缘子的上端，并将管母穿过其中。

（2）在固定端管母上钻定位孔，并安装定位螺栓将其固定。

（3）安装等位线。特别注意等电位铜片与管母的接触，同时铜片应具备一定的弹性，以确保接触可靠。母线支撑金具的安装示意图如图 2-4-7 所示，母线支撑金具的安装图例如图 2-4-8 所示。

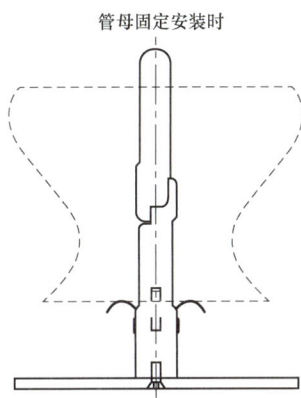

图 2-4-7　母线支撑金具的安装示意图　　　　图 2-4-8　母线支撑金具的安装图例

4.4.9　分裂导线与间隔棒的安装

（1）根据计算结果切取铝绞线的长度（保证安装时铝绞线露出线夹部分不能大于 2mm），切断前在距离切口 2～3mm 处，用 ϕ2mm 的铁丝捆紧绞线，以免散股。在安装完成后，取拆除临时固定铁丝。

（2）对线夹的导电接触面和铝绞线的导电接触面按 2.1 的要求进行处理。

（3）在铝绞线上大于夹紧长度（导线接触面的长度）2～3mm 处，再次用 ϕ2mm 的铁丝捆紧绞线，然后去掉切口处的捆紧铁丝。

（4）用夹块将绞线固定于线夹上，然后将第二次的紧固扎线去掉。

（5）按设计院规定距离安装间隔棒。铝绞线安装方式图例如图 2-4-9 所示。

图 2-4-9　铝绞线安装方式图例

4.5　屏蔽球金具的安装

4.5.1　非开孔球安装

4.5.1.1　对换向节铸铝件和导管的导电接触面进行处理或按 2.1.2 的要求对设备接线端子进行处理。

4.5.1.2　如果球体端固定在支撑绝缘子上，则先将该处球体的下半球用绳索捆绑在支撑绝缘子上，然后按下述步骤进行安装：安装连接支架→安装换向节→固定下半球→调整球体位置→安装球体上半球→紧固所有螺钉。

注　调整球体位置时应使导管或设备接线端子的中心与球体孔的中心位置误差不大于10mm。

4.5.1.3　如果球体是悬挂于避雷器或绝缘子的下方，则先将该处球体的上半球用绳索挂在避雷器或绝缘子下方并按下述步骤进行安装：安装悬吊连接件→安装换向节→固定上半球→调整球体的位置→安装球体的下半球→紧固所有螺钉。

注　调整球体位置时应使导管或设备接线端子的中心与球体孔的中心位置误差不大于10mm。尤其注意要拧紧悬吊支架上端锁紧螺母。

4.5.2　开孔屏蔽球金具的安装

首先，先将球体固定于支撑绝缘子（或者悬挂于避雷器或悬式绝缘子的下方），此时先不安装内部换向节，按管母或者设备接线端子实际安装中对应球体的位置作出标示○，然后卸下球体，以标示○为中心在球体上画出切割圆周线，沿线切割并将切口打磨光滑，作业完成后清理球体内切屑和污物。

4.6　螺栓紧固力矩验收

根据螺栓紧固力矩要求使用力矩扳手对螺栓紧固进行检查验收，施工安装人员螺栓紧固检查力矩后用油性记号笔画线标记，工程监理对通流回路螺栓紧固情况进行100％检查后，用不同颜色的油性记号笔画线标记。螺栓紧固人、紧固点以附图编号的方式制作记录表格，做到螺栓紧固力矩责任到人，质量有追溯性。确保通流回路螺栓紧固到位。螺栓紧固力矩验收图如图2-4-10所示。

图2-4-10　螺栓紧固力矩验收图

4.7　接触电阻测试

接触电阻检验目的是确定电流流经接触件的接触表面的电触点时产生的电阻。如果有大电流通过高阻触点时，就可能产生过分的能量消耗，并使触点产生危险的过热现象。在很多应用中要求接触电阻低且稳定，以使触点上的电压降不致影响电路运行。

施工现场采取绘图编号的方式（参见附图A），组织螺栓紧固力矩及接触电阻测试记录（参见附表A），确保每个接触点螺栓紧固及接触电阻测试有人负责，有人监督。有效预防主通流回路发热事件。接触电阻的要求值见表2-4-3。

表2-4-3　　　　　　　　　　　　接触电阻的要求值

接触点位置	要求值（μΩ）	0.8倍值（μΩ）
交流场	≤20	≤16
直流场	≤15	≤12
阀厅	≤10	≤8

4.8　管控记录

金具安装管控记录见安全及质量管控卡。

5　安装前必须具备的条件及准备工作

5.1　人力资源条件

（1）安装单位组织管理人员、技术人员、施工人员及制造厂人员到位并熟悉现场情况。

（2）相关人员上岗前，应根据设计要求及作业指导书由安装单位进行技术交底；安装单位对作业人员进行专业培训及安全技术交底。

（3）供货单位现场人员应服从现场各项管理制度，进场前应将人员名单及负责人信息报监理备案。

（4）特殊工种作业人员应持证上岗。

（5）按照换流站一个金具安装作业面配置人员。人员配置表见表 2-4-4。

表 2-4-4　　　　　　　　　　　　　　人员配置表

序号	岗位	人数	岗位职责
1	项目经理	1人	全面组织设备的安装工作，现场组织协调人员、机械、材料、物资供应等，针对安全、质量、进度进行控制，并负责对外协调
2	技术员	2人	施工现场的技术指导工作，负责编制施工作业指导书并进行技术交底（安装单位、供货单位各1人）
3	安全员	1人	全面负责施工现场的安全工作，在施工前完成施工现场的安全设施布置工作，并及时纠正施工现场的不安全行为
4	质检员	1人	全面负责施工现场的质量工作，参与现场技术交底，并针对可能出现的质量通病及质量事故提出防治措施，并及时纠正现场出现的影响施工质量的作业行为
5	施工班组长	1人	全面负责现场专业施工，认真协调人员、机械、材料等，并控制施工现场的安全、质量、进度
6	安装人员	18人	了解施工现场安全、质量控要点，了解作业流程，按班长要求，做好自己的本职工作
7	机具保管员	1人	做好机具及材料的保管工作，及时对机具及材料进行维护及保养
8	资料信息员	1人	负责施工工程中的资料收集整理、信息记录、数码照片拍摄等

5.2　职责划分原则

安装单位现场安装，制造厂技术指导，制造厂主导整个安装过程，制造厂现场安装的部分，纳入现场统一管理和验收，厂供部分物资由归口安装单位负责接受、保管，根据设计要求，由安装单位（制造厂）进行安装，制造厂技术指导；制造厂负责安装部分由制造厂负责物资设备接收、保管。制造厂与安装单位的工作界面分工表（管理方面）和界面分工表（安装方面）分别见表 2-4-5 和表 2-4-6。

5.2.1　一般原则

谁安装，谁负责；谁提供，谁负责；谁保管，谁负责。

（1）安装单位与制造厂就各自安装范围内的工程质量负责。

（2）除制造厂提供的专用设备、机具、材料外，安装环节所需其他设备、机具、材料由安装单位提供。现场安装过程中所用到的设备、机具、材料等必须在检定有效期之内，并履行相关报审手续。提供单位对所提供的设备、材料、机具的质量负责。

（3）接收单位对货物保管负责（需要开箱的，开箱前仅对箱体负责）。制造厂负责将货物完好足量地运抵合同约定场所，到货检验交接以后由安装单位负责保管，对于暂时无法开箱检验交接的，安装单位需对储存过程中包装箱的外观完好性负责。

（4）安装单位与制造厂应通力协作，相互支持与配合，负有配合责任的单位，应积极配合主导方开展任务。如配合工作不满足主导方相关要求，双方应积极协调解决，必要时应及时报告监理单位。

5.2.2　界面划分

表 2 - 4 - 5　　　　　　　　　　　制造厂与安装单位的工作界面分工表（管理方面）

序号	项目	内容	责任单位
1	总体管理	安装单位负责施工现场的整体组织和协调，确保现场的整体安全、质量和进度有序	安装单位
2	安全管控	安装单位负责对制造厂人员进行安全交底，对分批到场的厂家人员，要进行补充交底	安装单位
		安装单位负责现场的安全保卫工作，负责现场已接收物资材料的保管工作	安装单位
		安装单位负责现场的安全文明施工，负责安全围栏、警示图牌等设施的布置和维护，负责现场作业环境的清洁卫生工作	安装单位
		制造厂人员应遵守国网公司及现场的各项安全管理规定，在现场工作着统一工装并正确佩戴安全帽	供货单位
3	劳动纪律	安装单位负责与制造厂沟通协商，制定符合现场要求的作息制度，制造厂应严格遵守纪律，不得迟到早退	安装单位 制造厂
4	人员管理	安装单位参与作业人员，必须经过专业技术培训合格，具有一定安装经验和较强责任心。安装单位向制造厂提供现场人员组织名单，便于联络和沟通	安装单位
		制造厂人员必须是从事金具制造安且经验丰富的人员。入场时，制造厂向安装单位提供现场人员组织机构图，便于联络和管理	供货单位
5	技术资料	（1）安装单位负责根据设计图，编写金具安装作业指导书，并完成相关报审手续。 （2）安装单位负责收集、整理管控记录卡等施工资料	安装单位
6	进度管理	为满足安装工艺的连续性要求，制造厂提出加班时，安装单位应全力配合。加班所产生的费用各自承担	安装单位
		制造厂根据施工单位供货需求计划制定排产计划，外购金具，需考虑风险，提前备货，并保证按期供货	供货单位
7	物资材料	安装单位负责提供室内场所，用于金具安装过程中的材料、图纸、工器具及材料的临时存放	安装单位
		安装单位应提供规格标准、性能良好的施工器具、安全防护用具、起重机具，并对其安全性负责	安装单位

表 2 - 4 - 6　　　　　　　　　　制造厂安装单位的工作界面分工表（安装方面）

序号	项目	内容	责任单位
1	型号复查	安装单位负责检查到货金具的型号和数量是否符合设计要求	安装单位
2	开箱清点	金具到货后，需要由厂家协同安装单位进行物资及附件清点工作	供货单位安装单位
3	金具安装	安装单位负责金具安装的质量工艺	供货单位安装单位
4	接触电阻测试及记录	对图纸进行编号，记录紧固力矩及接触电阻值	安装调试单位
5	问题整改	在安装、调试过程中，供货单位负责处理不符合基建和运检要求的产品自身质量缺陷	供货单位
		在安装、调试过程中，安装单位负责处理因施工造成的不符合基建和运检要求的质量缺陷	安装单位
6	质量验收	在竣工验收时，安装单位负责牵头质量消缺工作，制造厂配合	安装单位
		验收产生的缺陷，由制造厂产品本身原因造成的，由制造厂负责整改闭环	制造厂

5.3　工机具、材料准备

5.3.1　工机具准备

安装单位提供满足现场安装要求的机具及耗材，且应经检定试验合格；提供满足试验、检测要求的相关设备、仪器，且应经检定并在有效期内。机具需求一览表见表2-4-7。

表2-4-7　　　　　　　　　　　　　　机 具 需 求 一 览 表

序号	名称	规格	单位	数量	备注
1	起重机	50t	台	1	/
2	高空作业车	24m	台	1	/
3	电动作业平台	/	台	1	/
4	电动叉车	5t	台	1	二次转运
5	手动液压叉车	3t	台	2	二次转运
6	高压油泵压接钳	250t	台	1	/
7	切割机	/	台	2	/
8	起重滑车	10t、5t	只	若干	/
9	曲线锯	/	台	1	/
10	电源箱	/	个	1	/
11	电源盘	/	个	4	配漏电保安器
12	钢卷尺	3m	把	1	/
13	圆锉	/	把	2	/
14	棘轮扳手	/	套	4	/
15	开口扳手	30～32	把	4	/
16	开口扳手	24～27	把	4	/
17	开口扳手	17～19	把	4	/
18	力矩扳手	200N·m	把	4	/
19	老虎钳	/	把	4	/
20	手电钻	/	套	4	/

5.3.2　材料准备

安装单位提供满足现场金具组装及安装工作需要的工具、机械及耗材，供货厂家有特殊使用或专属使用的耗材由厂家提供。材料需求一览表见表2-4-8。

表2-4-8　　　　　　　　　　　　　　材 料 需 求 一 览 表

序号	名称	规格	单位	数量	备注
1	导电膏	/	支	若干	/
2	砂纸	200目	张	若干	/
3	砂纸	400目	张	若干	/
4	砂纸	600目	张	若干	/
5	彩条布	6m宽	m	若干	/
6	吊绳	φ6mm	m	若干	/
7	无毛纸	/	张	若干	厂家提供

5.4　环境条件

5.4.1　安装的条件

（1）一次设备安装调整校正完毕，自检验收合格。

（2）安装作业区域地面平整坚实，高空作业车具备进车条件。

（3）户外作业无5级以上大风，无雨水及雨雪天气影响。

5.4.2 安全文明施工条件

工作区域垂直下方用围栏围护隔离，各类隔离、警示措施有效齐全。

5.4.3 施工准备

拟安装金具运输到位，做好防碰防损措施，对金具表面进行清洁，附件按安装要求进行清点，螺栓配置齐全。

5.5 技术准备

（1）安装前，应检查设计金具安装图纸、出厂技术文件、产品技术协议等是否备齐。

（2）施工人员应按作业指导书和技术交底要求进行安装，对金具安装方向、先后顺序，接触面处理，螺栓紧固顺序，力矩要求等做到心中有数，并熟悉安装图纸、技术措施及有关规程规范等。

（3）施工单位应按照标准化模板编写作业指导书，进行审批及报审手续。

图 2-4-11 金具开箱验收

（4）在金具安装施工前，施工人员应接受施工项目部技术人员的技术安全交底，认真领会施工图纸的设计要求，掌握施工要点，并且按照相应的标准规范、标准工艺进行施工。

5.6 金具接收及检查

按技术协议或供货合同的要求对到货的金具进行检查。有质量问题的产品做好相应的记录，并要求厂家做相应处理，说明质量问题原因，并对类似产品进行排查。金具开箱验收如图 2-4-11 所示。材料到货检查项目表见表 2-4-9。

表 2-4-9 材料到货检查项目表

材料名称	检查项目	检查方法
金具	资料检查	质量资料齐全
	外观检查	外表光泽明亮，无明显破损现象
	数量检查	与运输单所列型号、数量一致

5.7 设备物资存储和保管

金具一般使用木制箱体运输到站，经开箱清点的金具可以在户内入库码放，也可放回箱中，户外码放，雨布覆盖。已清点金具应设置硬质围栏，并且设好材料标识牌。阀厅户内金具码放示例图如图 2-4-12 所示。

图 2-4-12 阀厅户内金具码放示例图

6　质　量　管　控

6.1　主要质量标准、技术规范

GB 50149—2010　电气装置安装工程　母线装置施工及验收规范

GB 50150—2016　电气装置安装工程　电气设备交接试验标准

DL/T 5232—2019　直流换流站电气装置安装工程施工及验收规范

DL/T 5276—2012　±800kV 及以下换流站母线、跳线施工工艺导则

DL/T 754—2013　母线焊接技术规程

Q/GDW 1223—2014　±800kV 换流站母线装置施工及验收规范

国家电网公司防止直流换流站单双极强迫停运二十一项反事故措施（2021 版）

国家电网公司十八项电网重大反事故措施（修订版）（国家电网设备〔2018〕294 号）

Q/GDW 248—2016　输变电工程建设标准强制性条文实施管理规程

国家电网输变电工程质量通病防治手册（2020 年版）

国家电网有限公司输变电工程标准工艺　变电工程电气分册（2022 版）

换流站工程建设典型案例专辑（第五部分　工程施工）

工程设计图、工程施工合同、设备厂家技术资料

6.2　质量检查要点

6.2.1　耐张线夹压接前应对每种规格的导线取试件两件进行试压，并应在试压合格后再施工。

6.2.2　母线进行气体保护焊接时，应设置焊接棚，并做好防雨、防风、防沙、防尘等措施。

6.2.3　交流母线安装时，室内、室外配电装置安全净距应符合规定和设计要求。

6.2.4　阀厅内母线及设备安装时，带电设备之间、母线及设备对地等的安全净距离应符合设计文件规定。

6.2.5　阀直流场母线及设备安装时，配电装置的安全净距离应符合设计文件规定。

6.2.6　户外软导线压接线夹口向上安装时，应在线夹底部打直径不超过 ϕ8mm 的泄水孔，以防冬季寒冷地区积水结冰冻裂线夹。套管均压环最低点打排水孔。

6.2.7　短导线压接时，将导线插入线夹内距底部 10mm，用夹具在线夹入口处将导线夹紧，从管口处向线夹底部顺序压接，以避免出现导线隆起现象。

6.2.8　软母线线夹压接后，应检查线夹的弯曲程度，有明显弯曲时应校直，校直后不得有裂纹。

7　安　全　管　控

7.1　一般安全要求

（1）工作前进行安全、技术交底，工作时要统一指挥，指挥信号要明确，施工中有专人监护。在现场应听从工作负责人指挥，不做与工作无关的事，严防违章而造成事故。

（2）加工设备、动力装置、电源盘柜外壳必须用多股软铜线进行可靠接地，电动开关不可离操作者太远，作业人员离开现场时，必须断开机具电源。

（3）施工用电应严格遵守《国家电网公司电力安全工作规程》，实现三级配电，二级保护，一机一闸一漏保。

（4）使用高空作业车前，支腿必须支垫可靠，使用过程中必须有专人监护。

（5）工作中严格按照《国家电网公司电力安全工作规程》要求指导施工，确保人身和设备安全。

（6）高空作业人员必须持证上岗，杜绝无证操作。

（7）高处作业人员应正确佩戴安全带，严禁安全绳低挂高用。

7.2　金具安装危险点分析及预防措施

（1）高处作业：高处作业移动过程中失去保护，造成人员伤害、设备损坏。

控制措施：施工前进行详细的安全交底；作业时正确使用安全带、速差器等安全工器具。

（2）用电安全：备用孔洞未采取防护措施，造成人员伤害。

控制措施：施工时，在孔洞边采取临时封堵措施并设置明显的警示标志，建议使用可伸缩式临时电缆沟盖板对电缆沟进行封堵。

7.3　文明施工及环境保护

（1）施工过程中的设备应按照施工的顺序要求，做到场内设备材料堆放整齐有序，设备的开箱板等应及时清理，不乱堆乱放。

（2）注意对工程成品的保护，加强成品保护意识，保护土建和电气安装的成品。

（3）使用的工具、车辆应机况良好，定期检查，以防出现渗漏油及噪声过大等现象。

（4）固体废弃物：培养人员勤俭节约，减少资源浪费意识，废弃物优先考虑再利用，建设过程当中产生的建筑垃圾及时按当地要求清运处理。

（5）废气：机械、车辆装设废气净化器，使废气排放达到国家排放标准。

（6）施工结束后及时清理作业现场，做到工完料尽场地清。

8　效　益　分　析

本典型施工方法具有施工简洁高效、资源利用率高等特点，可在合理的人员机械设备配备下，高质量、高效率完成金具安装，具有较高的经济效益。

9　应　用　实　例

本典型施工方法已在特高压换流站金具及管母安装中得到广泛应用，应用效果良好。

附录 A　金具安装质量管控卡

金具安装质量管控卡见表 A-1。

表 A-1　　　　　　　　　　　　　　金具安装质量管控卡

阶段	主要施工工序	关键质量控制要点	质量标准	检查结果	施工负责人	厂家负责人	监理控制
准备阶段	人员组织（施工）	特种作业人员资质报审	报审合格				
	人员组织（售后服务）	人员数量、技术水平	满足工程需要				
	施工机械及工器具准备	施工机械及工器具报审	报审合格				
	技术准备	设计图收集	资料齐全、设计图已会检				
		施工作业指导书	报审合格并交底				
	施工场地布置	施工区域布置（安全文明施工）	布置合理、满足施工需求				
施工阶段	金具到场检查	开箱清点（含备件）	齐全、无缺损				
		外观检查	光洁、无损伤等				
		型号、规格检查	符合设计图及技术协议				
	金具安装	外观检查	无损伤、色泽一致、无污染				
		安装间隙	均匀，偏差不大于 10mm				
		连接螺栓	齐全，按力矩紧固				
		金具记录	正确、齐全				
	接触电阻测量	接头处绘图编号	标识清晰，编号齐全				
		接头接触电阻测量	交流部分≤20$\mu\Omega$ 直流场部分≤15$\mu\Omega$ 阀厅部分≤10$\mu\Omega$				
		记录	正确，齐全				
验收阶段	整体验收	外观检查	完好、无损伤、美观				
		螺栓检查	符合规范要求				
		接触电阻检查	符合规范要求				
	图纸资料移交	图纸、厂家资料、设计变更	齐全				

注　"监理控制"栏由现场监理根据《监理大纲》确定 W、S、H 点，并签字。

附录 B 风险识别及预控措施

根据 Q/GDW 12152—2021 输变电工程建设施工安全风险管理规程，进行风险识别，采取预控措施，输变电工程风险基本等级表见表 B-1。

表 B-1   输变电工程风险基本等级表

风险编号	工序	风险可能导致的后果	风险评定值 D	风险级别	风险控制关键因素	内容
03020101	管母线预制	灼烫 机械伤害 触电中毒 其他伤害	42（6×1×7）	4		一、共性控制措施 （1）作业人员安全防护用品佩戴齐全。 （2）电动机具的电源应具有漏电保护功能，对其定期进行检验。 二、管母线加工 （1）管母线现场堆放应保证包装完好，堆放层数不应超过三层，层间应设枕木隔离，保管区域应设隔离围挡，严禁人员踩踏管母线。 （2）在现场加工坡口时，作业人员必须穿好工作服和戴好防护镜及手套，确认电源及电动机具的完好性。 （3）坡口加工时应避免飞屑伤人，严禁手、脚接触运行中机具的转动部分，不得用手直接清理铝屑。 三、管母线焊接 （1）焊接地点应搭设宽敞明亮的焊接工棚，工棚上方要留有透气孔，棚内应配置足够数量的消防器材。 （2）焊接操作前，焊工必须佩戴防护镜、胶皮手套、防护服、胶鞋和口罩，做好安全防护措施，防止灼伤。焊接过程应确保焊接工棚内透气良好，防止中毒窒息。高温天气为防止人员中暑，宜配置空调。 （3）焊接设备电源必须有漏电保护。焊接设备及管母线支撑模具应可靠接地。随时检查氩气瓶的压力，其值不得低于 0.25MPa。 （4）焊接完成后，为防止烫伤及管母变形，作业人员应待管母线冷却后下架；下架时应注意互相配合，相互照应，防止压脚、扭伤等。 采用机械或液压式平整机对管母线材料进行矫正，金属外壳接地牢固可靠，矫正作业时避免与平整机上金属部件擦伤

附录 C　通流回路接触电阻检查记录表

通流回路接触电阻检查记录表见表 C-1。

表 C-1　通流回路接触电阻检查记录表

序号	接头位置及名称	参考断面图纸	导电膏型号	导电膏是否涂抹均匀	螺栓规格	力矩标准 (N·m)	螺栓是否按对角线紧固	紧固力矩	作业人	直阻 (μΩ)	测量人	直阻标准 (μΩ)	直阻是否合格	是否需要处理	处理后直阻 (μΩ)	测量人	处理后直阻是否合格	施工单位	监理	建管	运维
			处理工艺控制							直阻测量									验收		
1	×××出线引流T接处接线板A相																				
2	×××线引流T接处接线板B相																				
3	×××线引流T接处接线板C相																				

第三部分　　柔性直流换流站篇

典型施工方法名称：柔性直流换流站工程换流阀安装典型施工方法

典型施工方法编号：TGYGF001—2022—BD—DQ

编 制 单 位：国家电网有限公司特高压建设分公司

主 要 完 成 人：张　诚　李同晗　汪旭旭　靳卫俊　张　刚
　　　　　　　　王德时

目　次

1　前　　言

换流阀是柔性直流输电工程的核心设备，由若干个子模块串并联组成三相换流器，其中子模块由 IGBT 等全控型器件，以及并联电容、中控板、旁路开关、消能电阻等组成。换流阀通过依次将三相交流电压连接到直流端得到期望的直流电压和实现对功率的控制，完成交流电与直流电的转换，并灵活控制电压、电流、无功功率和有功功率的输出与输入。

柔性直流换流阀安装是柔性直流输电工程建设的核心步骤，决定了工程本体质量和运行可靠性。本典型施工方法重点介绍了柔性直流换流阀安装方法、准备工作、安全质量控制要点等，为后续柔性直流换流阀安装提供典型参考。

本典型施工方法适用于柔性直流换流阀安装（本典型施工方法仅供参考，各工程应根据工程实际情况编制作业指导书进行报审）。

2　本典型施工方法特点

2.1　安装准备工作介绍详细，对安装人员机具准备、安装环境控制等方面说明清晰。

2.2　对柔性直流换流阀安装步骤及管控要点介绍全面，工艺流程清晰。

2.3　安装安全质量控制介绍清楚，具备较强的参考性。

2.4　通用性高，推广性强，可广泛适用于柔性直流换流阀安装。

3　安 装 前 准 备 工 作

3.1　阀厅内布置

阀厅平面布置图如图 3 - 1 - 1 所示。

（1）组装材料货架，材料摆放整齐并做好标识。

（2）对阀厅进行安全文明施工布置，设置专用更衣橱、鞋柜，阀厅施工区域及走道铺设地面指示标示，张贴阀厅进出管理制度，阀厅时刻保持洁净，设专人打扫。

（3）为保证阀厅内的环境满足要求，对进出阀厅的施工人员和外来人员作如下规定：

1）所有人员必须经过渡除尘间进出阀厅，阀厅过渡除尘间布置如图 3 - 1 - 2 所示。

2）阀厅内严禁吸烟、严禁动火作业、严禁燃油燃气机械进入，所有人员进入阀厅不准携带火种。

3）阀厅内施工电源统一管理，需要接取电源时必须经过负责人的同意，由专业电工接入，严禁私拉乱接。

4）施工人员进入阀厅前需在过渡除尘间内经风帘除尘，更换软底鞋，正确佩戴安全帽，在阀塔上工作的人员更换连体工作服，然后进入阀厅。

5）外来人员需要进入阀厅时，须经项目部同意并办理出入证后按程序进入阀厅，在过渡除尘间内经风帘除尘，穿戴鞋套，正确佩戴安全帽，然后进入阀厅。

6）进入阀厅人员应自觉保护成品（墙面、地面、钢结构）和设备材料（阀塔设备、空调系统）及施工机械。

7）进入阀厅人员请按照阀厅内不同区域划分进行活动，服从阀厅施工负责人的指挥。

（4）清洁保养过的工具、仪器及专用工具箱放在指定位置。

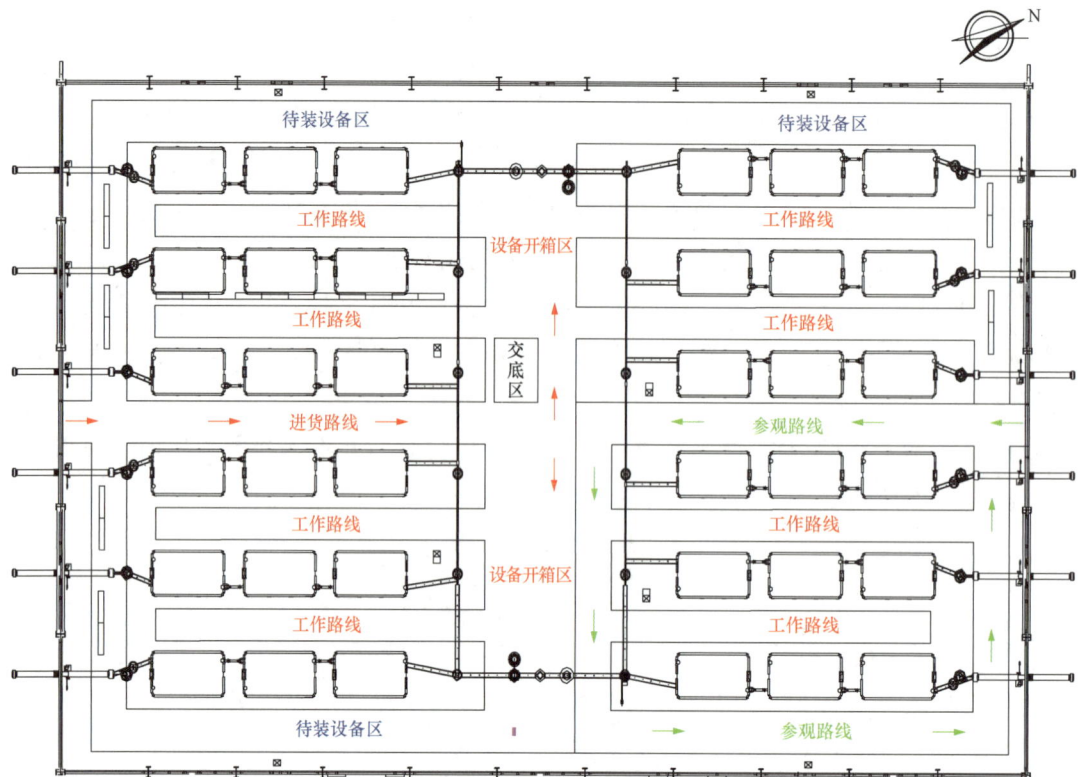

图 3-1-1　阀厅平面布置图

3.2　阀厅内环境管控

（1）阀厅二次交安。

阀厅交安采用二次交安法进行控制。

1）一次交安：

条件：阀厅土建施工全部完成，地面底层施工完成，所有孔洞封闭完成，阀厅清洁完成。

安装内容：换流阀支撑绝缘子，阀冷主管道。

2）二次交安：

条件：地面面层施工完成，所有孔洞封闭完成，空调正常运行，阀厅再次清洁完成，阀厅保持微正压，阀厅环境监控系统运行正常。

安装内容：换流阀本体安装。

（2）换流阀无尘化安装。

1）作业环境"无尘化"。

措施1：在换流阀人员、设备进出通道，设置防护除尘方案。包括过渡间、风淋室，过渡间设置门禁系统、外来人员进出登记点、更衣室等。套管孔洞采用喷绘布封堵。保证阀厅密闭的施工环境，消除室外环境因素的干扰。

措施2：每层阀塔安装完成后，及时用塑料薄膜和隔板及时覆盖，换流阀本体安装完成后、阀系统设备带电前，对阀本体采用制造商提供的专用防尘罩进行全面覆盖，起到有效的防尘及防护隔离的效果。

措施3：阀厅环境监控系统运行正常。

换流阀是换流站内的核心设备，安装和运行环境要求极高，换流阀的产品技术说明书中对安装条件提出了明确要求。在阀模块安装之前，阀厅通风设备运行正常，阀厅温度 10～25℃。相对

湿度小于 60%，PM2.5 数值 24h 平均应小于 $50\mu g/m^3$，阀厅内压力保持微正压（$5\sim10Pa$），在阀厅内布置设备安装环境监测系统，主要包括温湿度、粉尘度监测、大气压力监测、视频记录等功能，环境监测系统通过显示器实现人机信息交换，同时还应做到声光报警。

2）环境控制"车间化"。

措施 1：制定阀厅管理制度，实行人员进出登记制度及施工过程"四无"管理。

措施 2：阀本体及附件安装人员穿着专用的防尘服和防尘头套。

措施 3：阀厅配备大功率工业吸尘器四台，专业班组维护阀厅内卫生。

措施 4：阀厅入口处设置专人值班，其他单位有相关工作必须提前申请并方可进入阀厅。

3）成品保护"细致化"。

做好成品保护措施。包括定制升降平台车轮胎专用保护套，避免地面的产生划痕及轮胎印；支柱绝缘子进行包裹并设置警示标识，避免碰撞破损等。

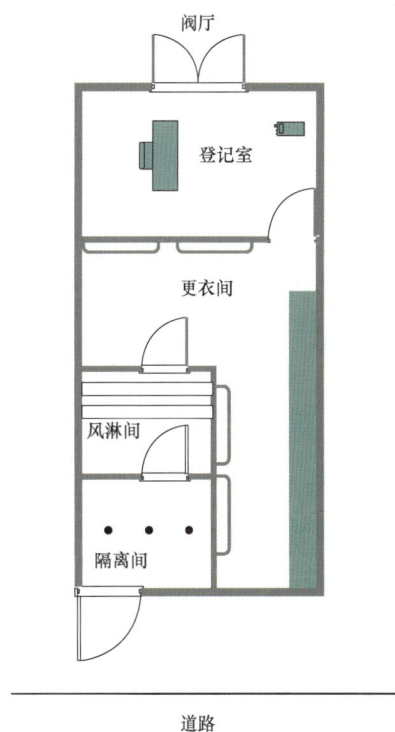

图 3-1-2 阀厅过渡除尘间布置图

3.3 消防措施

（1）阀厅交安后，阀厅内严禁一切动火作业，严禁在阀厅内吸烟，工作人员及外来人员进出阀厅时，不准携带火种。

（2）阀厅内施工用电采取统一管理，施工用电的接取和拆除必须经电气施工负责人同意，并由专业电工完成。

（3）阀厅内易燃易爆危险品实行定置化管理，无水乙醇按需取用，不准擅自存放；设备包装木箱、纸箱、设备包装泡沫、塑料布等易燃品应及时清出阀厅，厂家需要回收的协调厂家尽快回收或在阀厅外指定地点存放。

（4）阀厅内电源箱附近，设备存放处应设置干粉灭火器。

4 施工工艺流程及操作要点

柔性直流换流阀安装工艺流程如图 3-1-3 所示。

4.1 到货验收

换流阀及附件到场后应进行到货验收，主要进行检查以下内容：

（1）设备包装及密封应良好。

（2）产品的技术文件应齐全，如产品说明书、安装图纸、装箱单、试验记录及产品合格证件等技术件。

（3）设备和器材在运输和装卸过程中不得倒置、倾翻、碰撞和受到剧烈的振动。

4.2 现场保管

换流阀现场保管应按照以下规定执行：

（1）设备和器材应按原包装置于干燥清洁的室内保管。室内温度和空气相对湿度应符合产品的技术规定。

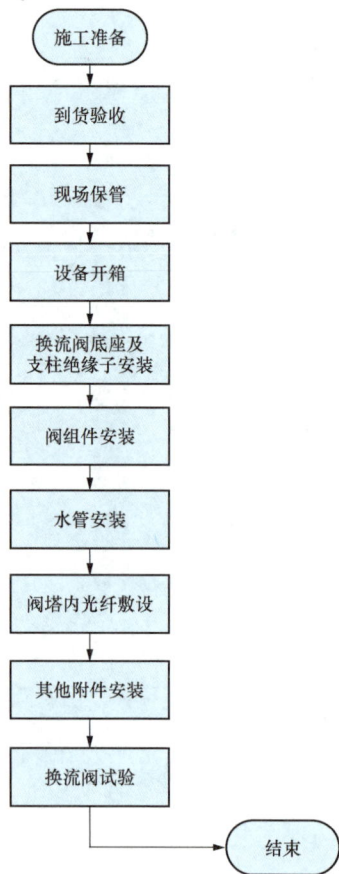

图 3-1-3　换流阀安装工艺流程

（2）当保管期超过产品的技术规定时，应按产品技术要求进行处理。

（3）备品备件长期存放应符合产品的技术规定。

（4）换流阀安装前，元器件的内包装不应拆解。当设备和器材受潮时，应采用干燥空气进行干燥，或拆解内包装后在空调环境中干燥及存放。

4.3　设备开箱

阀厅具备安装条件后方允许进行开箱检查。开箱检查提前 48h 通知监理协调各相关单位共同进行。

开箱场地的环境条件应符合产品的技术规定，当拆解了内包装的元器件未及时安装时，应置于干燥清洁的室内临时保管。开箱检查清点，设备规格应符合设计要求，设备、器材及备品备件应齐全。同时还应进行下列检查：

（1）元器件的内包装应无破损。

（2）所有元件、附件及专用工器具应齐全，无损伤、变形及锈蚀。

（3）各连接件、附件及装置性材料的材质、规格、数量及安装编号应符合产品的技术规定。

（4）电子元件及电路板应完整，无锈蚀、松动及脱落。

（5）光纤的外护层应完好，无破损；光纤端头应清洁，无杂物，临时端套应齐全。

（6）均压环及屏蔽罩表面应光滑，色泽均匀一致，无凹陷、裂纹、毛刺及变形。

（7）瓷件及绝缘件表面应光滑，无裂纹及破损，胶合处填料应完整，结合应牢固，试验应合格。

（8）阀组件的紧固螺栓应齐全，无松动。

（9）冷却水管的临时封堵件应齐全。

4.4　换流阀底座及支柱绝缘子安装

首先验收土建单位阀塔预埋件，要求同一阀塔预埋铁纵向尺寸偏差≤1mm，横向尺寸偏差≤1mm，高度差≤1mm。同一列阀塔基础中线偏差≤5mm。

（1）绝缘子底座安装。

预埋件验收完毕后，将绝缘子底座焊接在预埋件上。绝缘子底座应四面满焊。单个绝缘子底座图如图 3-1-4 所示，单个阀塔绝缘子底座分布图如图 3-1-5 所示。

绝缘子底座焊接完毕后应再次测量绝缘子底座尺寸偏差，要求纵向尺寸偏差≤1mm，横向尺寸偏差≤1mm，高度差≤1mm。同一列阀塔基础中线偏差≤5mm。

（2）支柱绝缘子安装。

绝缘子底座安装完毕后，应安装支柱绝缘子。单阀塔共 16 根支柱绝缘子，分上下两层，先安装下层支柱绝缘子再安装上层支柱绝缘子。支柱绝缘子安装采用单轨起重机，使用 3t 吊带配吊耳，

图 3-1-4　单个绝缘子底座图

吊平后安装。单个阀塔支柱绝缘子安装图如图 3-1-6 所示。

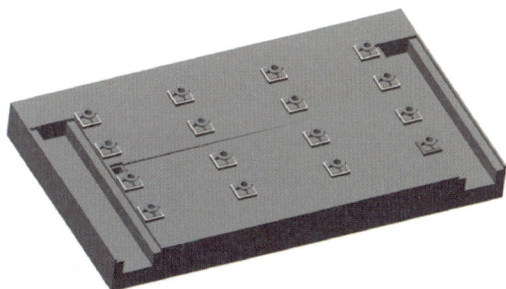

图 3-1-5 单个阀塔绝缘子底座分布图

图 3-1-6 单个阀塔支柱绝缘子安装图

4.5 阀组件安装

（1）第一层阀组件安装。

支柱绝缘子安装完毕后开始组装第一层阀组件。阀组件吊装前应对组件中的子模块逐一进行检查试验，包括外观检查、旁路开关分合试验、电容器电容量测试，试验合格后方可开始吊装。使用单轨起重机配合厂家专用吊具，一次起吊一个阀组件，阀塔每层有 6 个阀组件，每个阀组件上装设 6 个集成模块。阀组件布置图如图 3-1-7 所示，阀组件吊装图如图 3-1-8 所示。

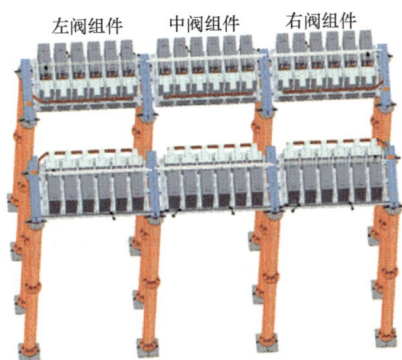

图 3-1-7 阀组件布置图

图 3-1-8 阀组件吊装图

（2）维修平台安装。

第一层阀组件安装完毕之后，开始吊装维修平台。维修平台位置图如图 3-1-9 所示，维修平台吊装图如图 3-1-10 所示。

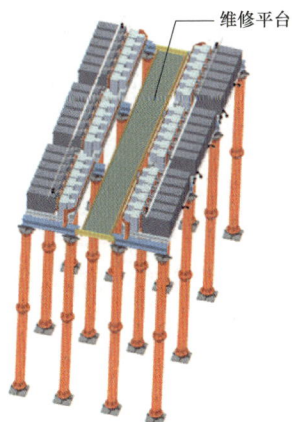

图 3-1-9 维修平台位置图

图 3-1-10 维修平台吊装图

（3）层间绝缘子安装。

第一层检修平台安装完毕后，开始吊装层间绝缘子。层间绝缘子位置图如图 3-1-11 所示，层间绝缘子吊装图如图 3-1-12 所示。

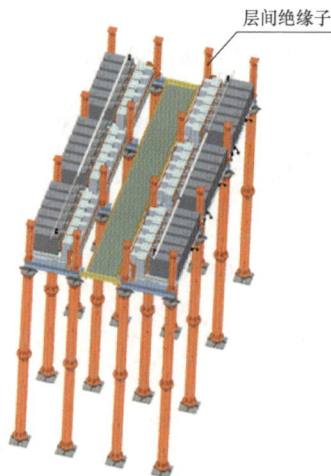

图 3-1-11　层间绝缘子位置图　　　　图 3-1-12　层间绝缘子吊装图

（4）第二层阀组件安装。

安装相同的方法安装第二层阀组件。第二层阀组件位置图如图 3-1-13 所示。

第二层阀组件安装完毕后，开始连接侧面铝排，一侧安装直铝排另一侧安装斜铝排，在斜铝排上安装爬梯。直铝排、斜铝排安装图分别如图 3-1-14、图 3-1-15 所示。

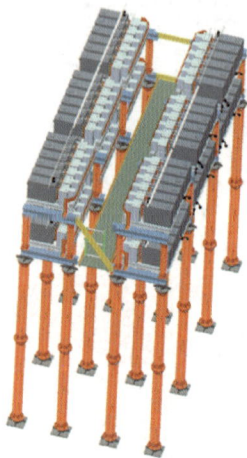

图 3-1-13　第二层阀组件位置图　　图 3-1-14　直铝排安装图　　图 3-1-15　斜铝排安装图

（5）上层阀组件安装。

按照相同方案安装第三、第四、第五层阀组件，其中第一、三、五层安装维修平台。

（6）顶层绝缘子和顶部均压环安装。

第五层阀组件安装完毕后开始吊装顶层绝缘子，吊装方法和层间绝缘子一样。顶层绝缘子安装完毕后安装顶部均压环，顶部绝缘子和均压环安装图如图 3-1-16 所示。

4.6　水管安装

（1）在地面上组装 S 形主水管组件，S 形主水管地面组装图如图 3-1-17 所示。

（2）将 S 形主水管安装到阀塔上，S 形主水管阀塔安装图如图 3-1-18 所示。

（3）阀塔上部主水管安装，与层间水管对接，主水管与层间水管对接如图3-1-19所示。

图3-1-16　顶部绝缘子和均压环安装图

图3-1-17　S形主水管地面组装图

图3-1-18　S形主水管阀塔安装图

图3-1-19　主水管与层间水管对接

4.7　阀塔内光纤敷设

应先将光缆从阀塔下部沿光缆槽盒敷设至阀控柜，光缆敷设完毕后进行光缆测试，光缆测试合格后在子模块侧进行插纤，最后在阀控柜内进行光纤插接。

（1）光纤槽盒切割、安装应在光纤敷设前进行，切割后的锐边应清除；槽盒应固定牢靠，槽盒表面的半导电漆层应完好。

（2）光纤敷设前核对光纤的规格、长度和数量应符合产品的技术规定，外观完好，无损伤，并检测合格。

（3）光纤端头应按传输触发脉冲和回报指示脉冲两种型式用不同颜色分别标识区别；光纤与模块的编号应一一对应；光纤接入设备的位置及敷设路径应符合产品的技术规定。

（4）光纤接入设备前，临时端套不得拆卸；光纤端头的清洁应符合产品的技术规定。

（5）光纤敷设沿线应按照产品的技术规定进行包扎保护和绑扎固定，绑扎力度应适中，槽盒出口应采用阻燃材料封堵。

（6）光纤敷设及固定后的弯曲半径应符合产品的技术规定，不得弯折和过度拉伸光纤。

4.8　其他附件安装

（1）屏蔽罩在地面进行装配，屏蔽罩地面装配如图3-1-20所示。

（2）将屏蔽罩安装至阀塔上，屏蔽罩安装如图3-1-21所示。

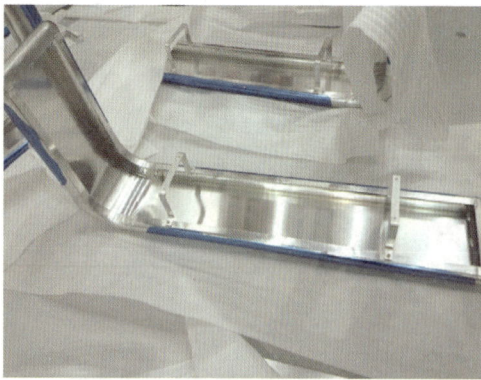

图 3-1-20　屏蔽罩地面装配

图 3-1-21　屏蔽罩安装

（3）斜拉绝缘子安装。

（4）底部支柱绝缘子均压环安装，斜拉绝缘子和均压环安装如图 3-1-22 所示。

（5）阀塔进出线金具安装及阀塔间连线安装，进出线金具安装如图 3-1-23 所示。

图 3-1-22　斜拉绝缘子和均压环安装

图 3-1-23　进出线金具安装

（6）最后将阀塔主水管与内冷水主水管进行对接，内冷水系统注水、循环并进行水压试验。

4.9　换流阀试验

换流阀应进行以下试验项目：

（1）外观检查，包括阀塔检查、阀段检查、子模块检查、水路检查、力矩检查。

（2）水系统检查，包括压力检查、流量检查、水电导率检查、排气阀检查。

（3）换流阀试验，包括光线衰减试验、子模块低压加压试验。

（4）阀控和监视设备试验，包括外观连接检查、后台通信试验、光纤通信试验、定值及软件版本检查、故障录波功能试验、冗余系统切换试验、运行检修模式试验、电源试验。

上述试验由安装单位和换流阀厂家负责进行。

5　人　员　组　织

5.1　人员配备

（1）安装单位组织管理人员、技术人员、施工人员及制造厂人员到位并熟悉现场及设备情况。

（2）相关人员上岗前，应根据设备的安装特点由制造厂向安装单位进行产品技术要求交底；安装单位对作业人员进行专业培训及安全技术交底。

（3）制造厂人员应服从现场各项管理制度，制造厂人员进场前应将人员名单及负责人信息报监理备案。

（4）安装单位应向制造厂提供安装人员组织结构名单。

（5）安装单位及制造商特殊工种作业人员应持证上岗。

柔性直流换流阀安装人员配置表（单作业面）见表 3-1-1。

表 3-1-1　　　　　　　　　　柔性直流换流阀安装人员配置表（单作业面）

序号	岗位	人数	岗位职责
1	项目经理/项目总工	1 人	全面组织设备的安装工作，现场组织协调人员、机械、材料、物资供应等，针对安全、质量、进度进行控制，并负责对外协调
2	技术员	1 人	全面负责施工现场的技术指导工作，负责编制施工方案并进行技术交底。安装单位、制造厂各 1 人
3	安全员	1 人	全面负责施工现场的安全工作，在施工前完成施工现场的安全设施布置工作，并及时纠正施工现场的不安全行为
4	质检员	1 人	全面负责施工现场的质量工作，参与现场技术交底，并针对可能出现的质量通病及质量事故提出防止措施，并及时纠正现场出现的影响施工质量的作业行为
5	施工班长	2 人	全面负责本班组现场专业施工，认真协调人员、机械、材料等，并控制施工现场的安全、质量、进度
6	安装人员	10 人	了解施工现场安全、质量控制要点，了解作业流程，按班长要求，做好自己的本职工作
7	机械、机具操作员	2 人	负责施工现场各种机械、机具的操作工作，并应保证各施工机械的安全稳定运行，发现故障及时排除
8	机具保管员	1 人	做好机具及材料的保管工作，及时对机具及材料进行维护及保养
9	资料信息员	1 人	负责施工工程中的资料收集整理、信息记录、数码照片拍摄等

5.2　职责划分

安装单位现场安装，制造厂技术指导。制造厂现场安装的部分，归入工厂装配范围。

（1）职责划分原则：谁安装，谁负责；谁提供，谁负责；谁保管，谁负责。

1）安装单位与制造厂就各自安装范围内的工程质量负责。

2）除制造厂提供的专用设备、机具、材料外，安装环节所需其他设备、机具、材料由安装单位提供。现场安装过程中所用到的设备、机具、材料等必须在检定有效期之内，并履行相关报审手续。提供单位对所提供的设备、材料、机具的质量负责并经制造厂现场人员确认。

3）接收单位对货物保管负责（需要开箱的，开箱前仅对箱体负责）。制造厂负责将货物完好、足量地运抵合同约定场所，到货检验交接以后由安装单位负责保管，对于暂时无法开箱检验交接的，安装单位需对储存过程中包装箱的外观完好性负责。

4）安装单位与制造厂应通力协作，相互支持与配合，负有配合责任的单位，应积极配合主导方开展任务。如配合工作不满足主导方相关要求，双方应积极协调解决，必要时应及时报告监理单位。

5）换流阀安装前，应由业主、监理项目部对安装前边界条件予以确认。

阀厅土建交安验收检查表见表 3-1-2。

表 3-1-2　　　　　　　　　　阀厅土建交安验收检查表

序号	施工必要边界条件	责任单位	完成时间	验收情况
1	阀厅封闭、无扬尘作业、墙上箱体完成安装、锁具、门窗具备使用条件			
2	土建基础（及预埋件）施工完成及验收，通过各级验收			
3	阀厅周围封闭隔离条件，周边无土建开挖作业，进入阀厅的通道已回填夯实			

序号	施工必要边界条件	责任单位	完成时间	验收情况
4	阀厅周边道路无其他单位进行影响阀安装的其他作业			
5	阀厅无漏水隐患、无透光，阀厅正压条件满足阀安装环境要求			
6	预埋件、基础中心线划好，复测满足厂家要求			
7	阀厅内地面、电缆沟道施工完成，阀厅内无任何打磨、喷漆、扬尘工作			
8	阀厅内行车轨道、行车梁符合设计要求，具备行车安装条件			
9	阀厅正式照明灯具完成安装，具备运行条件			
10	阀厅内空调通风系统安装完成，具备正常运行条件			
11	阀厅内电缆沟、接地抽头已通过验收，符合设计要求			
12	土建预埋管头已切平、钝化处理，便于电缆敷设及保护			
13	阀厅各处无积尘污染、无焊渣、无金属粉末、保洁工作已完成，并通过各级验收			
14	阀厅内套管孔洞临时封堵完成，无漏水、无漏风			
15	阀厅内墙上检修箱已安装完成，具备使用条件			
16	阀厅内电缆沟盖板敷设及调整完成			
验收单位	土建单位：　　　　电气单位：　　　　监理单位： 厂家单位：			

（2）界面划分。

制造厂与安装单位的工作界面划分（管理方面）见表3-1-3。

表3-1-3　　　　　制造厂与安装单位的工作界面划分（管理方面）

序号	项目	内容	责任单位
1	总体管理	安装单位负责施工现场的整体组织和协调，确保现场的整体安全、质量和进度有序	安装单位
2	安全管理	监理单位负责对所有参与阀安装的人员进行安全交底和培训并组织考试合格，为换流阀厂家人员办理进出现场的工作证。对分批次到场的各单位人员，要进行补充交底、培训和考试合格后方可进入现场	安装单位
		安装单位负责现场的安全保卫工作，负责现场已接收物资材料的保管工作	安装单位
		安装单位负责现场的安全文明施工，负责安全围栏、警示图牌等设施的布置和维护，负责现场作业环境的清洁卫生工作，做到"工完、料尽、场地清"	安装单位
		厂家人员应遵守国家电网公司及现场的各项安全管理规定，在现场工作着统一工装并正确佩戴安全帽	制造厂
		监理单位负责对制造厂进行月度安全培训及考核	安装单位
3	劳动纪律	安装单位负责与制造厂沟通协商，制定符合现场要求的作息制度，制造厂应严格遵守纪律，不得迟到早退	安装单位
4	人员管理	安装单位参与换流阀安装作业的人员，必须经过专业技术培训合格，具有换流阀安装经验。安装单位向制造厂提供现场人员组织及名单，便于联络和沟通	安装单位
		制造厂人员必须是从事换流阀制造、安装且经验丰富的人员。入场前，制造厂向监理、安装单位提供现场人员组织及名单，便于联络和管理	制造厂
		制造厂人员进场应将人员名单及负责人信息报监理备案，并向监理、物资、业主单位履行出入场制度（可删除）	制造厂
		安装单位应向制造厂提供安装人员组织名单（可删除）	安装单位

续表

序号	项目	内容	责任单位
5	技术管理	安装单位负责根据制造厂提供的换流阀设备安装作业指导书，编写设备安装施工方案，将制造厂现场安装人员纳入现场施工组织机构，并完成相关报审手续	安装单位
		制造厂编制的作业指导书、出厂试验报告等资料在第一批设备到货前10天交付现场	制造厂
		制造厂提供的作业指导书内容中提供图样、标明运输单元的清单、尺寸、重量、吊点	制造厂
		安装单位负责质量验评表等施工资料	安装单位
		设备本身不符合国网相关要求及合同约定的，安装单位应告知制造厂并向监理报告	安装单位
		制造厂应执行国家、行业及国网公司对设备质量管控的相关要求。有特殊要求时，制造厂与建设管理单位协商确定	制造厂
		制造厂负责技术指导，并向安装单位进行产品技术要求交底；安装单位提出的技术疑问，制造厂应及时正确解答	制造厂
		制造厂按照业主要求提供符合设备情况的作业指导书	制造厂
		安装单位负责关键工艺管控卡收集填写	安装单位
6	进度管理	为满足安装工艺的连续性要求，制造厂提出加班时，安装单位应全力配合。加班所产生的费用各自承担	安装单位
		制造厂按照现场设备需求单严格执行发货、到货节点及设备	制造厂
		制造厂协助安装单位编制本工程的换流阀安装、调试进度计划，报监理单位审查、建设单位批准后实施	安装单位
		安装单位制定每日的工作计划，制造厂积极配合。若出现施工进度不符合整体进度计划的，安装单位需进行动态调整和采取纠偏措施，保证按期完成	安装单位
7	物资管理	安装单位负责提供保管场地，负责保管安装有关的材料、图纸、工器具、返厂工件	安装单位
		安装单位应提供规格标准、性能良好的施工器具、安全防护用具、起重机具，并对其安全性负责	安装单位
		安装单位提供符合要求的相关安装材料、常规工器具、起重机具等	安装单位
		制造厂提供符合要求的专用工装、专用仪器等，制造厂负责按照现场管理要求，将回收件清理运走	制造厂
		专用平台车由制造厂提供，并应于安装前抵达，制造厂负责其维护及保养	制造厂
		制造厂派遣专人协助安装单位核对设备发运清单，与需求计划一致	制造厂
		制造厂对装配部位按图纸进行核对并清点零部件明细、数量	制造厂
8	环境管理	安装单位负责阀厅内的无尘化施工布置及门禁管理	安装单位
		严格换流阀安装前土建条件确认，禁止土建、安装交叉作业	土建单位
		安装单位提供适用于现场环境监测设备	安装单位
		制造厂对安装前的环境进行动态确认	制造厂
		作业前，安装单位应布置有效的防蚊虫措施，制造厂进行确认	安装单位
9	备品资料管理	制造厂家向安装单位移交合同所要求的相关产品资料（含电子版）、备品备件、专用工具、仪器设备，并在监理的见证下，填写移交记录	制造厂

制造厂与安装单位的工作界面划分（安装方面）见表3-1-4。

表 3 - 1 - 4　　　　　　　　　　制造厂与安装单位的工作界面划分（安装方面）

序号	项目	内容	责任单位
1	基础复测	安装单位负责检查混凝土基础达到的强度，负责检查基础表面清洁程度，负责检查构筑物的预埋件及预留孔洞应符合设计要求并经制造商确认	安装单位
		安装单位负责检查与设备安装有关的建（构）筑物的基准、尺寸、空间位置符合设计要求并经制造商确认	安装单位
		制造厂按照现场确认情况判断是否具备换流阀安装条件	制造厂
2	定位划线	安装单位提供安装和就位所需要的基础中心线，制造厂对主要基础参数和指标进行复核	安装单位、制造厂
3	设备就位	制造厂负责监督、指导换流阀卸车、转移、就位，配合验货交接	制造厂
		制造厂负责指导安装单位将设备精确就位及固定，并复核就位精度符合要求	制造厂
		制造厂负责指导安装单位按照正确的朝向安装单元	制造厂
		制造厂负责将设备运至阀厅外安装单位指定位置（车板交货）	制造厂
4	设备固定	安装单位负责阀设备、支座绝缘子等与基础之间的固定工作。底板应由制造厂在安装前供货至现场	安装单位
5	设备检查	制造厂负责将开箱后的零部件进行清单，履行双方签字手续后移交施工单位	制造厂
6	方向确认	制造厂明确阀厅内各相的上下桥臂（高压、低压桥臂），确定各阀塔的旋向	制造厂
7	绝缘子安装	制造厂负责指导安装，其中包括底层绝缘子水平误差复测、斜拉绝缘子伞裙滴水方向、螺栓紧固及复紧工艺控制等	制造厂
8	安装校验	安装单位负责法兰对接面的螺栓紧固，并达到制造厂技术要求	安装单位
		安装单位用水平仪等仪器对已安装部分进行测量，保证空间的垂直平行关系	安装单位
		安装单位将两个交叉拉杆复合绝缘子的调节金具在拧紧过程中同步拧紧	安装单位
		监理单位及时通知运检单位进行见证及必要的过程验收，并签字确认	运检单位
9	阀模块安装	施工单位按照厂家要求对阀模块进行吊装，严格控制左右阀模块间的间距	安装单位
10	边梁的安装	安装单位进行光纤护套的安装工作，制造厂配合	安装单位
		制造厂负责边梁与模块固定的指导，施工单位安装	安装单位
11	阀塔顶部均压环安装	均压环安装应避免磕碰及划伤，注意成品保护	安装单位
12	底部水管安装	安装单位负责安装水管部分，厂家负责指导各层间距	安装单位
13	设备接地	安装单位负责阀底座、本体等设备的接地引下线的施工	安装单位
14	问题整改	在安装、调试过程中，制造厂负责处理不符合基建和运检要求的产品自身质量缺陷，施工单位配合	制造厂
		在安装、调试过程中，安装单位负责处理因施工造成的不符合基建和运检要求的质量缺陷，制造厂配合	安装单位
15	质量验收	在竣工验收时，安装单位负责牵头质量消缺工作，制造厂配合	安装单位
		验收过程中发现的缺陷，由制造厂产品本身原因造成的，由制造厂负责整改闭环	制造厂

6　设备与材料

6.1　施工机械机具

安装单位提供满足安装需要的大型机械、机具。大型机械、机具配置表见表 3 - 1 - 5。

表 3 - 1 - 5 　　　　　　　　　　　　　　　大型机械、机具配置表

序号	名称	规格	数量	备注
1	汽车起重机	25t	1	/
2	电动起重葫芦	3t	16	/
3	电动叉车	3t	4	/
4	升降平台车	22m	2	/
5	升降平台车	12m	6	/
6	换流阀吊具	厂家配套提供	8	/
7	尼龙吊带	长度分别为 8m、6m、4m、2m	各 4 根	/
8	力矩扳手	50、100、200N·m	各 8 把	/
9	力矩扳手	1～5N·m	4	/

6.2 试验检测仪器

制造商按照合同约定提供试验、检测要求的相关设备，安装单位提供满足试验、检测要求的其他设备、仪器，均应经检定并在有效期内。试验、检测仪器配置表见表 3-1-6。

表 3 - 1 - 6 　　　　　　　　　　　　　　　试验、检测仪器配置表

序号	名称	推荐使用规格	数量	备注
1	光纤测试仪	/	2	/
2	换流阀功能测试仪	ZX - 3	2	/
3	晶闸管单元功能测试仪	LTUD022/011	2	/
4	SDI 测试仪	/	2	/
5	阀控系统板卡检测仪	BTU - 1	2	/
6	红外成像仪	ST320	2	/
7	水质检测仪	XZ - 0125	2	/

6.3 常用工器具

安装单位提供必要的常规安装工具。安装单位安装工具配置表见表 3-1-7。

表 3 - 1 - 7 　　　　　　　　　　　　　　　安装单位安装工具配置表

序号	名称	规格	数量	备注
1	12.5mm 标准套筒	10、13、18、19、24mm	8	/
2	12.5mm 套筒加长杆	100mm、200mm	4	/
3	开口扳手	10、13、18、19、24、30、32mm	8	/
4	快速棘轮扳手	12.5mm	8	/
5	花型旋转套筒头	T45 - M8 花型螺丝用	8	/
6	花型旋转套筒头	T30 - M6 花型螺丝用	8	/
7	活动扳手	15 寸、18 寸	4	/
8	花型螺丝刀	T20 - M4	8	/
9	花型螺丝刀	T30 - M6	8	/
10	花型螺丝刀	T45 - M8	8	/
11	一字螺丝刀	/	4	/
12	十字螺丝刀	/	4	/
13	剪刀	/	4	/

序号	名称	规格	数量	备注
14	锉刀	/	4	/
15	卷尺	5m	4	/
16	皮尺	20m	4	/
17	水平尺	/	4	/
18	尖嘴钳	/	4	/
19	斜口钳	/	4	/
20	橡皮锤	/	4	/
21	手锯	/	4	/

制造厂提供满足安装需要的专用工器具。制造厂专用工器具配置表见表 3-1-8。

表 3-1-8　　　　　　　　　　　　制造厂专用工器具配置表

序号	名称	规格	数量	备注
1	专用吊具	专用工具	4	/

6.4　材料要求

装置类材料按合同约定、设计图确定提供方，清洁类材料原则上由制造厂提供。材料配置表见表 3-1-9。

表 3-1-9　　　　　　　　　　　　材　料　配　置　表

序号	名称	规格	单位	数量	备注
1	铜排接地线	50×4	m	1500	/
2	螺栓	M10	个	2000	/

7　质　量　管　理

7.1　主要质量标准、技术规范（所用标准版本号若有更新，以最新版为准）

GB/T 50775—2012　±800kV 及以下换流站换流阀施工及验收规范

GB/T 37010—2018　柔性直流输电换流阀技术规范

GB 50150—2016　电气装置安装工程　电气设备交接试验标准

DL/T 5232—2019　直流换流站电气装置安装工程施工及验收规范

DL 5009.3—2013　电力建设安全工作规程　第 3 部分：变电站

Q/GDW 11797—2017　柔性直流输电换流站电气安装工程施工及验收规范

Q/GDW 11953—2019　柔性直流换流站交接验收规程

Q/GDW 12022—2019　柔性直流电网换流阀验收规范

国家电网公司防止直流换流站单双极强迫停运二十一项反事故措施（2021 版）

国家电网公司十八项电网重大反事故措施（修订版）（国家电网设备〔2018〕294 号）

Q/GDW 11957.1—2020　国家电网有限公司电力建设安全工作规程　第 1 部分：变电

Q/GDW 248—2016　输变电工程建设标准强制性条文实施管理规程

国家电网输变电工程质量通病防治手册（2020 年版）

国家电网有限公司输变电工程标准工艺　变电工程电气分册（2022 版）

国家电网有限公司输变电工程建设安全管理规定［国网（基建/2）173—2021］

Q/GDW 12152—2021　输变电工程建设施工安全风险管理规程

Q/GDW 10250—2021　输变电工程建设安全文明施工规程

工程设计图、工程施工合同、设备厂家技术资料

7.2　质量控制要点及措施

换流阀安装质量控制要点及措施见表 3-1-10。

表 3-1-10　　　　　　　　　　　　　换流阀安装质量控制要点及措施

关键工序	质量控制办法
换流阀 IGBT 安装	（1）电抗器模块和可控硅模块到达现场后按照厂家技术资料的要求条件存放。特别是要求室内存放的，并且保证环境，如温度和湿度要求，我们在存放地点设置温度计和干湿度计以监视温度和湿度。 （2）设备转运采用自带液压系统的转运小车，避免模块转运时剧烈的震动和碰撞。 （3）模块在安装前拆箱，模块的保护塑料膜在吊装时边拆边吊装。 （4）在可控硅模块安装时，确保阀厅的通风系统和空调系统正常运转，阀厅争取做到无尘，温度控制在阀厅温度 10～55℃。相对湿度必须小于 60%，如果阀厅湿度在 60%～85% 之间，可控硅必须在相对湿度小于 60% 的情况下干燥 100h 以上。模块吊装时支撑附件安装细心谨慎，防止敲击到模块的任一部分。 （5）螺栓连接紧固适当，按照设备的紧固力矩要求，严禁用力过猛紧固螺栓而使螺母陷进支柱或设备里面，损坏设备
阀厅接地开关安装调整	（1）安装前核对设备支架与设备安装孔距应相符。 （2）先调整接地开关支持瓷瓶的垂直度，确保单相各瓷瓶的中心线在同一垂直面上，三相间误差在允许范围内。 （3）单相调整达到要求后，方进行三相连杆的连接和调整三相同期。 （4）检查操作机构的性能，操作机构安装牢固，同一轴线上的操作机构安装位置一致。 （5）电动操作前，应先进行多次手动分、合闸，机构动作应正常。 （6）接地开关的分合闸位置、开距、同期动静触头的相对位置，地刀的开距、触头插入深度应满足产品技术要求值。 （7）机械闭锁应可靠
高压直流穿墙套管吊装	（1）套管吊装前，应复核预留安装位置的相关尺寸符合设计及产品技术文件要求。 （2）严格按照产品技术文件要求，采用正确的吊装方法、吊索吊具，正确安装专用吊具及配重块。 （3）起吊时，先将套管吊离地面 10～20mm，通过对配重块调整或调整吊具上的吊点位置控制套管水平，并悬停 5min 左右，观察无异常情况后方可继续起吊。 （4）阀厅内外两边应各安排 1 个作业小组，在套管穿越墙体插入阀厅过程中，内外协同作业，引导套管徐徐进入，保护套管不受碰撞。 （5）套管的连接固定螺栓应紧固，紧固力矩值应符合规范及产品技术文件要求。 （6）套管的法兰盘及末屏接地应牢靠；套管安装完毕后，用塑料布保护套管
接地系统安装	（1）采用放热焊接后的工艺质量及检验情况应符合规范要求。 （2）接地排（线）的制作安装应符合规范要求，工艺要做到同类型设备的接地美观一致、整齐划一。 （3）隐蔽工程务必配合监理及时做好中间验收及签证工作
二次调试	（1）调试人员在调试前已从相关资料熟悉二次回路原理，明白设计意图，了解装置额定值和功能原理。 （2）使用的仪器仪表已经过检验合格，且在使用有效期内。 （3）对照二次原理图，仔细检查二次接线，应无错线、漏线和寄生线。 （4）二次回路和装置绝缘应良好，严格按照调试大纲和反措要求进行调试，调试项目应齐全，无漏项和错项。 （5）保护动作行为和动作信号应正确。 （6）二次电流、电压极性应正确

7.3　验收检查

（1）现场检查。

1）设备应安装牢靠，外表清洁、完整，阀塔内部无工具、材料等施工遗留物。

2）阀塔对地及其他设备电气安全距离满足设计要求。

3）电气连接应可靠，且接触良好。

4）所有螺栓紧固力矩满足产品技术文件的规定。

5）阀冷却系统设备及管道无渗漏。

6）自动控制保护装置工作应正常。

7）接地应良好，且标识规范。

8）交接试验应合格。

（2）资料检查。

1）施工图和工程变更文件。

2）制造厂提供的产品说明书、安装图纸、装箱单、试验报告及产品合格证件等技术文件，以及相应的电子版本。

3）安装技术记录。

4）质量验收评定记录。

5）交接试验报告。

6）备品备件、专用工具及测试仪器清单。

8　安　全　管　理

8.1　安全控制

（1）人员技术控制。

1）施工前，应制定施工方案，并经内部审查批准，报监理项目部审查、业主项目部批准后实施。

2）施工前，按规定办理安全施工作业票，由项目部安全员、项目总工对施工人员进行详细的安全技术交底，指明作业过程中的危险点，布置防范措施，接受交底人员必须在交底记录上签字。

3）施工人员要认真听清并了解作业票及交底内容，掌握当日工作危险点及预控措施。

4）登高人员、电焊工等应经培训考试取得合格证，方可上岗。

5）施工人员进入施工现场应听从工作负责人指挥，不做与工作无关的事，严防违章而造成事故。

（2）施工区域安全控制。

1）勘查现场，清除地面及地上障碍物；并在施工区域设置围栏，悬挂警示标志，非施工人员严禁入内。

2）区域内配置灭火器，挂设"禁止烟火"警示牌。

3）设备拆箱后应立即将包装箱清运出作业区域，集中堆放在安全的预留空地处。

（3）主要机械、安全防护用品的控制。

1）起重设备（起重机、单轨吊、吊具）、安全用品（安全带、绝缘手套、安全帽）等，均有合格有效的检定证书；各种设备、工器具、安全用品等在使用前，必须经专人检查，符合安全要求后才能使用。

2）设专人加强对施工用主要机械（升降平台车、单轨吊等）进行定期检查，确保设备状态良好。

（4）吊装过程安全控制。

1）起重机及单轨吊手续齐全，并在检验有效期内；起重机操作人员应持证上岗；吊装前应对吊车操作人员进行现场安全技术交底。

2）起重机吨位必须符合吊重的要求，位置置放合适，支撑腿支撑在坚实的地面上。单轨吊按照设计型号选用。

3）设备吊装时由专人指挥，吊臂和单轨吊下严禁站人。起重机司机应与指挥人员统一指挥方式。

4）吊件绑扎后应与工作负责人检查确认牢固后方可起吊，吊件离开地面100mm时停止起吊，经检查确认无误后方可继续起吊。

5）落钩时，应在指挥人员的指挥下缓慢进行。

6）阀厅内吊装作业应在光照充足的条件下进行。

8.2 安全风险及预控措施

安全风险及预控措施表见表3-1-11。

表3-1-11　　　　　　　　　　　安全风险及预控措施表

工序	作业内容及部位	风险可能导致的后果	固有风险评定值D1	固有风险级别	预控措施
换流阀安装	作业前的准备工作	其他伤害	54	2	（1）换流阀安装应填写《安全施工作业票A》。各类安全设施、标志配备齐全、设置醒目；严禁擅自拆除、挪用安全设施和安全装置。 （2）机械设备按规定进行定期检查、维护、保养
	阀组模块安装	高处坠落、机械伤害、物体打击	54	2	（1）吊装作业设置专人指挥，指挥信号明确及时，施工人员不得擅自离岗。 （2）使用工具袋进行上下工具材料传递，严禁抛掷，高处作业下方不得有人。 （3）施工作业前检查电动葫芦绳索及挂钩。严禁超载起吊。 （4）每日开工前对升降平台进行自检，每月进行一次全面检查。操作过程中有人监护，摇臂回转速度平稳

9　文明施工及环境保护措施

（1）进入阀厅的施工人员需更换干净的软底布鞋，外单位人员需穿一次性鞋套方可进入阀厅。

（2）场内设备材料由专人负责保管，做到堆放整齐有序、标识清晰明了，确保材料不用错。

（3）加强成品保护意识，保护土建和电气安装成品。

（4）临时电源不得乱接，应指定专人负责，内部接线的标示应清楚。

（5）阀厅自流平地面应采取保护措施方可施工。

（6）阀厅内严禁吸烟，严禁燃油机具使用，杜绝燃油污染，减少施工噪声。

（7）施工完毕即使关闭施工电源，减少施工用电浪费。

（8）每天下班前应清理好现场，将开箱的包装物、木箱等垃圾及时进行清理，做到工完料尽场地清，保持良好的施工现场环境。

（9）采用围栏隔离设备机具摆放区、技术办公区。设置相应的活动式安全文明施工标牌（责任牌、风险控制牌、安全质量通病防治、施工掠影等）及大型喷绘。

（10）阀厅设置消防器材，作业面区域内沿东西两侧每 50m 放置灭火器。阀冷设备间布置安装责任牌、消防器材、垃圾桶等安全文明施工设施。

（11）临时进入阀厅使用的鞋套在使用完成后，必须定点进行丢弃，严禁丢入现场。

（12）阀厅内地面应整洁无孔洞，在升降平台车和电动叉车行进线路上严禁堆放杂物。

（13）阀厅内卫生一日一清理，做到工完料净场地清。

10 效 益 分 析

（1）本典型施工方法具有施工简洁高效、资源利用率高等特点，可在合理的人员机械设备配备下，高质量、高效率完成柔性直流换流阀安装，具有较高的经济效益。

（2）柔性直流换流阀为直流输电技术新型设备，施工方法尚未成熟定型。本典型施工方法对换流阀的工程现场安装流程、工艺、管控要点进行了明晰，可有效保证换流阀施工质量，确保工程实体质量，可靠保障新能源送出消纳，具有较高的社会效益。

（3）柔性直流输电技术作为电力系统重要组成部分，其安全稳定运行是保障电力可靠供应、避免大电网故障的关键环节。本典型施工方法可有力促进柔性直流技术可靠落地，保障国家能源大通道稳定供应，具有较高的政治效益。

11 应 用 实 例

本典型施工方法已在 ±420kV 渝鄂直流背靠背联网工程、±500kV 张北柔性直流电网工程的换流阀安装中得到广泛应用，应用效果良好，有效保障了换流阀安装的安全质量。张北柔性直流工程换流阀安装成品图如图 3-1-24 所示。

图 3-1-24 张北柔性直流工程换流阀安装成品图

典型施工方法名称：柔性直流断路器（混合式）安装典型施工方法

典型施工方法编号：TGYGF002—2022—BD—DQ

编 制 单 位：国家电网有限公司特高压建设分公司

主 要 完 成 人：侯 镭 郎鹏越 唐云鹏 张 鹏 方一森

葛 超

目　　次

1 前 言

目前高压直流断路器大体可分为 3 种类型：基于常规开关的传统机械式断路器、基于电力电子器件的全固态式断路器以及基于二者结合的混合式断路器。混合式断路器用快速机械开关导通正常运行电流，电力电子开关分断故障电流，在保证分断容量和动作速度的前提下降低通态损耗，运用混合式直流断路器可在数毫秒内清除柔性直流电网的直流侧故障。柔性直流断路器（混合式）结构复杂，安装难度大，其安装质量和进度直接反映出超高压直流输电工程建设的整体水平。

本典型施工方法重点介绍了±500kV 超高压换流站工程柔性直流断路器（混合式）安装方法、工艺流程、安全质量控制要点等，为后续同类设备安装提供典型施工方法参考。

2 本典型施工方法特点

2.1 安装准备工作介绍详细，对安装人员机具准备、安装环境控制等方面说明清楚。
2.2 对柔性直流断路器安装步骤及管控要点介绍全面，工艺流程清晰。
2.3 安装安全质量控制介绍清楚，具备较强的参考性。
2.4 通用性高，推广性强，可广泛适用于柔性直流断路器安装。

3 适 用 范 围

本典型施工方法适用于柔性直流断路器安装，其他换流站工程可参照执行；本典型施工方法仅供参考，各工程应根据工程实际情况编制作业指导书进行报审。

4 施工工艺流程及操作要点

4.1 总体流程图

整体流程图如图 3-2-1 所示。

4.2 施工准备

4.2.1 基础复测和定位

（1）工作分工。

1）安装单位负责测绘工器具的准备，土建单位提供中心线基准，并负责进行测绘及记录。

2）制造厂负责根据测绘的数据判断是否具备直流断路器设备安装条件，并对不符合的情况提出整改意见，整改工作由土建单位负责，监理单位监督执行。

（2）工作步骤。

1）基础检查：

a. 根据直流断路器设备安装图核对基础埋件均已埋设完毕。

b. 混凝土基础固化时间符合相关标准的要求，需达到规定的固化时间。

2）基础测量：

a. 用米尺测量各埋件的中心间距符合地基及载荷分布图中尺寸要求。

b. 用米尺测量各埋件的中心间距符合地基及载荷分布图中尺寸要求。

c. 测量各埋件的上表面需高出最终土建基体上表面至少 5mm。

施工准备

基础复测和定位

主供能、底部阀基
绝缘子安装

阀层预装

阀层吊装

附属设备安装

光纤敷设

完工结束

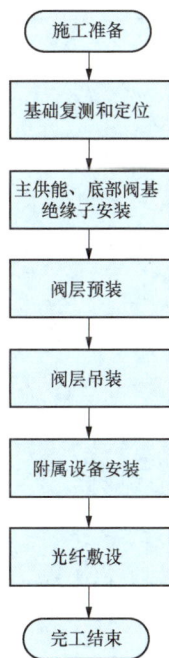

图 3-2-1 整体流程图

d. 用水准仪测量各处埋件的水平误差不大于 1mm，整体水平误差不大于 2mm。

3）定位划线：经检查测量，基础符合要求以后，设备进入之前由安装单位对基础进行画线工作，主要是画出就位时底座焊接轴向中心线，作为后续底座焊接时的参考基准线。

4）划线步骤：

a. 首先画好主每排埋铁的中心线（定位 X 轴）。

b. 再画每列埋铁的中心线（定位 Y 轴），其与 X 轴相交形成垂直交叉的"十"字，为底座地位的基准线。

5）对于双母线结构为水平前后排列方式的应将两条母线的中心线都画出（X1 轴和 X2 轴），相互平行度误差不大于 2mm。

（3）注意事项。

1）底座基础测量工作时注意电缆沟、水冷沟槽，避免造成人身伤害。

2）检查基础建（构）筑物是否存在松动，破损，以及是否存在容易造成人员伤害的尖角。

3）确认基础上方是否有交叉作业，避免高处坠物伤人。

4.2.2　安装方法

（1）现场安装分两次进行，首次土建交安进行底座焊接和阀基绝缘子安装。当阀厅满足封闭条件，空调、通风以及洁净度满足要求后进行土建第二交安，满足条件后开展直流断路器模块吊装等后续安装工作。

（2）光纤敷设前，应提前完成光纤导通率测试，测试合格后方可进行敷设。

（3）光纤敷设后，应再次进行光纤导通率测试，同时应提前与运行沟通，测试过程中应参与同步见证。

4.2.3　环境条件

（1）土建交付安装的条件。

第一次土建交安：底座预埋铁施工完成，预埋件位置正确，基础标高和水平度应符合设计和制造厂要求，表面平整度≤8mm，基础中心线位移≤10mm，埋件标高偏差≤3mm，预埋件水平度偏差≤2mm，并在基础上画出准确就位参照轴线。电气安装工作：底座焊接、阀基绝缘子安装。

第二次土建交安：直流断路器阀塔安装前，阀厅土建装修及其辅助设施安装调试应完毕，安装场地应具备下列安装条件，并通过监理单位组织的交安验收，设备制造厂对阀厅环境进行检查确认后方可安装施工。

阀厅应完成密封性施工，穿墙套管预留孔临时封堵完成，阀厅密封、无尘达到产品要求的清洁标准。

阀厅通风和空调系统投入使用，阀厅内应保持微正压状态，温度在 10～25℃为宜，相对湿度不大于 60％。阀厅采取一体化温湿度、气压检测装置实时显示环境情况。

阀厅内的地坪、屏蔽接地、电缆沟及盖板等设施已经完善。

阀塔底座焊接、阀塔支柱绝缘子、桥架、阀冷系统（不含换流阀）已进行管道清洗等相关工作。

阀厅内电缆支架安装、光纤通道、高层廊道均已施工完毕。

阀厅主光缆桥架已安装到位，并完成安装质量检验，转弯半径满足要求，不得有毛刺和尖角。

钢梁结构已完成彻底清扫，不能有遗留的金属件、工具等杂物，避免后期施工过程中掉落造成事故。

阀厅四周无爆炸危险、无腐蚀性气体及导电尘埃、无严重霉菌、无剧烈振动冲击源。有防尘及防静电措施。

施工及照明电源稳定并有配置备用电源及应急照明。

（2）场地布置。

直流断路器阀厅安装时清洁度要求特别严格，需两个阀厅人员，在出入口分别设一个，除尘间内布置三道防尘措施，入门设置门帘和风帘机，用于阻止开门后外界风沙进入，出口设置风淋室，可以清除人体上的灰尘及尘土。除尘间内部设置面部识别考勤系统、办公桌、排椅、衣柜、鞋柜、液晶显示器等设备。

该独立空间用于：

1）进入阀厅的施工人员更换专用无尘防尘防护分体服及工作鞋。

2）管理人员或外来参观人员进入阀厅均需穿连帽防静电大褂、套上无纺布鞋套。

3）管理人员进行人员出入登记。

4）风淋室左墙上的液晶显示器显示着阀厅内部的监控录像，实时反映阀厅的情况；右侧液晶显示器显示阀厅内人员信息，人员数量。

阀厅内布置：安全文明宣传区、站队"三交"工作交底区、机械设备摆放区、工器具摆放区、材料、设备摆放区以及专设金具摆放区等几个区域，便于安装过程管理。设备安装区阀塔外轮廓下部采用 3M 反光贴纸粘贴防碰撞地面标识，避免升降平台误碰设备。

为加强阀厅内安全文明施工管理，阀厅区域设置区域责任牌、党员责任区牌、施工平面布置图、材料展示图、工艺流程及控制要点图、风险控制牌、安全质量通病防治牌、设备安装简介牌等，同时配置大型喷绘机横幅，营造安全文明施工氛围，加强各施工人员的安全意识和质量意识。

由于极 1、极 2 阀厅内设备布置形式对称，阀厅设备安装平面布置图仅以极 2 为例进行说明。除尘处置间如图 3-2-2 所示。

4.3　主供能、底部阀基绝缘子安装

4.3.1　工作流程

底座绝缘子、主供能安装工作流程图如图 3-2-3 所示。

图 3-2-2　除尘处置间

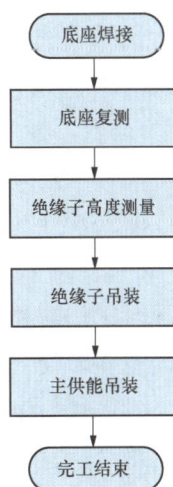

图 3-2-3　底座绝缘子、主供能安装工作流程图

4.3.2 工作分工

（1）安装单位负责测绘工器具的准备，提供中心线基准，并负责进行测绘及记录。

（2）制造厂负责根据测绘的数据判断是否具备直流断路器设备支柱绝缘子安装条件，并对不符合的情况提出整改意见，整改工作由土建施工单位负责，监理单位监督执行。

4.3.3 工作步骤

（1）逐个对底座中心线进行标注，根据基础标注的横向和纵向轴线对每个底座进行精准就位。

（2）在底座焊接前，应对底座标高进行测量，利用厂家提供的垫片进行底座标高调节。

（3）确保底座标高整体偏差控制在±2mm以内，然后对每个底座进行点焊固定，最后再逐个进行满焊。

（4）再对底座进行复测，逐个记录每个底座的标高。底座标高复测如图3-2-4所示。

（5）在绝缘子吊装前，对绝缘子进行分组高度测量，做好记录，根据底座测量记录，合理选择绝缘子安装位置。

（6）按照由外至内的顺序依次进行绝缘子吊装，随后进行主供能变压器吊装。

（7）全部吊装完成后利用整体工装对绝缘子顶部平面进行整体调整，通过填隙垫片调整至水平，确保整体水平误差≤2mm误差范围。支柱绝缘子整体调节如图3-2-5所示。

图3-2-4 底座标高复测

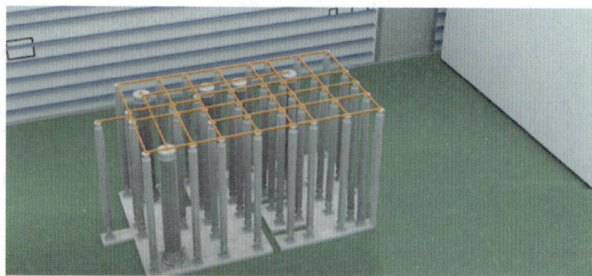

图3-2-5 支柱绝缘子整体调节

（8）采用激光投线仪、水平尺、钢板尺、直角钢板尺对底部支柱绝缘子进行垂直度、水平度测量，并调整，保证绝缘子垂直度、水平度满足要求。

（9）保证安装垂直度控制在±0.5°内，横向两列绝缘子法兰支撑地平高度差应小于2mm；阀塔纵向任意相邻3个绝缘子法兰支撑地平水平高度差应小于2mm；对地绝缘子位置偏移应控制在±2mm内，安装完成后所有对地绝缘子应在同一条直线上，整齐统一。

（10）上述过程完成后，对双螺母进行紧固。第一个螺母：第一遍紧固力矩40N·m，第二遍紧固力矩80N·m；全部4个地脚螺栓紧固完成后，再进行第二个螺母的紧固，第一遍力矩80N·m，第二遍紧固力矩160N·m，打完力矩后用记号笔标记。

4.3.4 注意事项

（1）底座基础测量工作时注意电缆沟槽、水管沟，避免造成人身伤害。

（2）阀厅是密闭空间，设备底座焊接时采取有效的焊烟排放措施，避免作业人员安全隐患。

（3）绝缘子吊装时，行吊应派有资质人员进行操作。

（4）安装后对地绝缘子宜采用塑料薄膜进行包裹防尘，应设置成品保护及防碰撞的要求。

4.4 阀层预装

4.4.1 工作流程

阀层组件预装作业流程如图3-2-6所示。

4.4.2 工作分工

（1）安装单位负责卸车、验货、转运安装，监理单位监督执行。

（2）制造厂负责监督、指导直流断路器卸车、转运及安装，配合验货交接，负责设备安装顺序及精度复测。

4.4.3 工作步骤

（1）快速机械开关阀层预装作业内容包括层间供能组件均压环及下防护罩安装（含接线）、层间支柱绝缘子及斜拉绝缘子安装、机械开关连接铜排安装和阀层屏蔽罩组件安装（含等位线），快速机械开关阀层预装效果如图3-2-7所示。

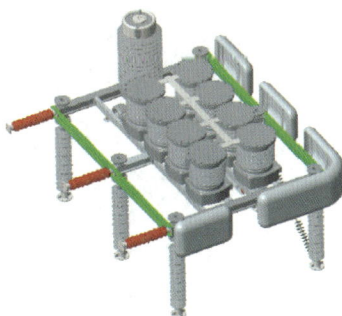

（2）耗能支路阀层组件预装作业内容包括层间功能均压环和下防护罩组件安装（含接线）、层间支柱绝缘子和斜拉绝缘子安装以及屏蔽罩组件（含等位线）安装，耗能支路阀层预装效果如图3-2-8所示。

（3）转移支路阀层组件预装作业内容包括二极管硅堆连接铜排和管母安装、层间支柱绝缘子和斜拉绝缘子安装及屏蔽罩组件（含等位线）安装，转移支路阀层预装效果如图3-2-9所示。

（4）主光缆槽及主水管组件组装作业内容包括主支路主光缆槽组件组装、转移耗能支路主光缆组件组装和主水管组件组装。转移支路主光缆槽组件、主支路阀层主水管组件组装效果分别如图3-2-10、图3-2-11所示。

（5）主支路电力电子开关阀层组件预装作业内容包括层间功能组件均压环及下防护罩安装（含接线）、阀层屏蔽罩组件安装（含等位线），主支路电力电子开关阀层预装效果如图3-2-12所示。

（6）顶层TA管母、铜排组件预装作业根据阀塔进线方式不同分为左进行和右进线。左进线方式为TA管母组件形式，右进线为两组TA铜排组件形式，左进线TA管母组件、右进线TA铜排组件预装效果分别如图3-2-13、图3-2-14所示。

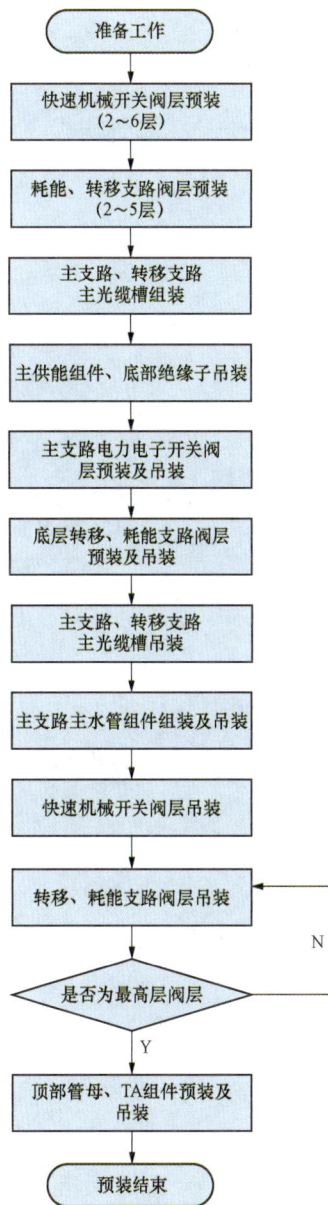

图3-2-6 阀层组件预装作业流程

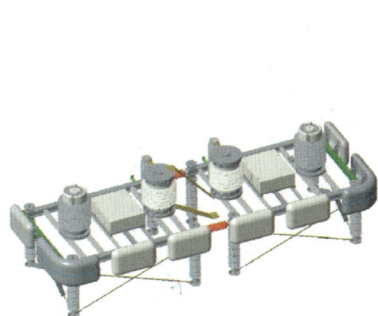

图3-2-7 快速机械开关阀层预装效果　图3-2-8 耗能支路阀层预装效果　图3-2-9 转移支路阀层预装效果

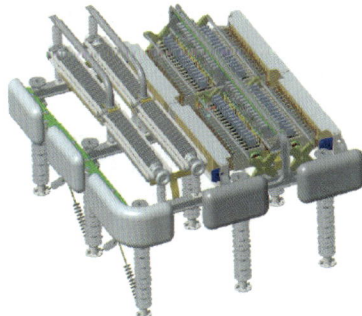

图 3-2-10　转移支路主光缆槽组件组装效果

图 3-2-11　主支路阀层主水管组件组装效果

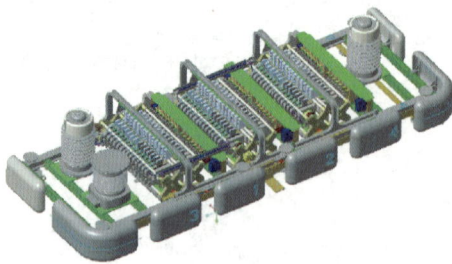

图 3-2-12　主支路电力电子开关阀层预装效果

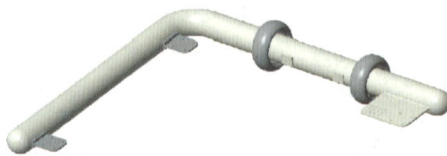

图 3-2-13　左进线 TA 管母组件预装效果

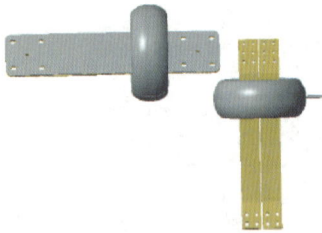

图 3-2-14　右进线 TA 铜排组件预装效果

4.4.4　注意事项

（1）升降车操作人员应由受过专业培训的人进行操控。

（2）预装时应确保阀厅内施工环境，满足无尘施工要求。

4.5　阀层吊装

4.5.1　工作流程

模块吊装流程图如图 3-2-15 所示。

4.5.2　工作分工

（1）安装单位负责直流断路器设备开箱、吊装。调试单位负责直流断路器设备试验，监理单位负责监督工作。

（2）制造厂负责设备构件组装和设备安装指导，配合现场设备调试。

4.5.3　工作步骤

（1）在转移—耗能支路之间以及转移支路之间安装踏板平台，用于阀塔安装作业通道。踏板平台安装如图 3-2-16 所示。

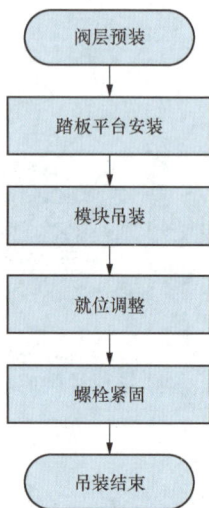

图 3-2-15　模块吊装流程图

图 3-2-16　踏板平台安装

（2）在吊装阀模块前，使用水平尺测量绝缘子顶部的高度差，用调整垫片进行调整，使每个阀模块对应的安装基面高度差不大于1mm。

（3）将龙门架移动到对应的待安装阀塔位置，将待安装的阀模块运到龙门架的外侧，吊装时，使用吊环螺钉和吊具起吊，并在阀模块对角拴好绳子，用于阀模块起吊时，站在地面上的人员通过牵引进行控制阀模块的方向及摆动。阀模块吊装如图3-2-17所示。

（4）阀模块吊装就位后，在安装孔处穿好固定螺栓，暂不必紧固。

（5）左装阀模块与相邻的右装阀模块就位后，在相邻钢梁上穿入螺栓，暂不紧固。

（6）调整左装阀模块与右装阀模块钢梁之间的间隙，应控制在（4±1）mm之间，间隙过大或过小，可能造成下一步安装层间绝缘子及安装正面均压环时出现困难。可以通过插入填隙垫片及拧紧钢梁之间连接螺栓的方式进行控制。可以用层间绝缘子在中部试装，如果没有问题，使用双螺母紧固阀模块与支撑绝缘子的螺栓：第一个螺母的第一次紧固力矩80N·m，最终力矩为150N·m；第二个螺母的第一次紧固力矩100N·m，最终力矩为180N·m。

图3-2-17　阀模块吊装

（7）紧固钢梁之间的M12×100螺栓，紧固力矩为40N·m。

4.5.4　注意事项

（1）阀模块安装前需通过使用区分左装模块和右装模块。

（2）部分构件需在模块吊装前组装到阀模块上，避免出现返工现象。

（3）阀模块吊装前应进行试吊，离地10cm左右要进行检查。

（4）登高人员必须穿防滑软底鞋，正确使用防坠落安全用具。

（5）阀塔每层的中部钢梁，其电位是与右装阀模块固定的。应检查右装阀模块近中间钢梁的子模块后面（电容器端），是否有等电位线与钢梁可靠连接。

4.6　附属设备安装

4.6.1　工作流程

附属设备安装流程图如图3-2-18所示。

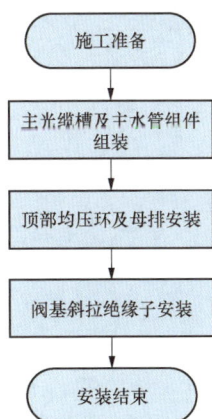

图3-2-18　附属设备安装流程图

4.6.2　工作分工

（1）安装单位负责附件的转运、组装及安装，监理单位进行监督。

（2）制造厂负责设备构件组装和设备安装指导，对螺丝力矩进行复测。

4.6.3　工作步骤

（1）主水管及光纤槽盒安装：主水管安装前应与阀支架、底部光纤槽组装完后，将其移入阀塔内，安装在阀支架顶梁上，此时管夹的螺栓及阀支架绝缘子的螺母不要完全固定紧，保证阀底部主水管有一定的调整裕度。将阀顶部进回水水管的法兰与阀顶部进、出水主水管的法兰连接固定。根据阀顶部进回水管的高度，调整阀支架的高度。主光缆槽安装如图3-2-19所示。

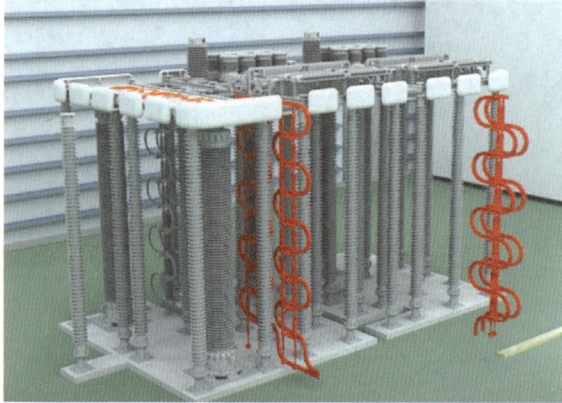

图 3-2-19　主光缆槽安装

（2）均压环安装：①在阀塔外侧绝缘子上安装转接板。②在中部的绝缘子上安装顶部直管均压环，安装时要在外侧绝缘子上部配合安装绝缘支撑块。③安装顶部均压环。④连接顶部直管均压环与顶部均压环间的等电位线。⑤待全部零部件就位后，紧固所有螺栓。M16 螺栓的上紧力矩为 150N·m，M10 螺栓的上紧力矩为 35N·m，M8 螺栓的上紧力矩为 15N·m。其中，M10 螺栓的顶部均压环绝缘支撑块、顶部均压环及顶部均压环支柱绝缘子的配合安装力矩为 30N·m、M16 螺栓的顶部均压环绝缘支撑块、顶部均压环及顶部均压环支柱绝缘子的配合安装力矩为 70N·m。

（3）母排安装：首先用钢丝刷对连接面进行表面打磨，打磨完毕后，用无水乙醇将导电接触面擦拭干净，然后用百洁布或砂纸对接触面再均匀打磨一遍，再次用无水乙醇清洁接触面，最后用毛刷将导电膏均匀地涂抹在接触面上，并按照图纸要求进行母排安装。

（4）斜拉绝缘子安装：斜拉绝缘子安装时应注意伞裙方向，应保证滴水方向向下。

4.6.4　注意事项

（1）附属设备安装过程中注意成品保护，避免造成设备损伤。

（2）均压环在搬运及安装过程中，应注意保护均压环表面，避免磕碰及划伤。

（3）母排接触面应严格按照国网公司"十步法"执行。

（4）主水管法兰连接处力矩必须符合要求，确保管道连接严密，无渗漏。

4.7　基础复测

4.7.1　工作流程

光纤敷设流程图如图 3-2-20 所示。

4.7.2　工作分工

（1）安装单位对光纤进行敷设整埋，监理单位进行监督。

（2）制造厂对光纤进行对接光纤头制作及测试损耗，并记录。

4.7.3　工作步骤

（1）光缆敷设前，应安排专人对敷设路径的槽盒进行检查，确认槽盒内部无尖角或突出物体。

（2）光纤敷设，敷设过程中注意光纤的转弯半径，不能强拉硬拽敷设光纤。

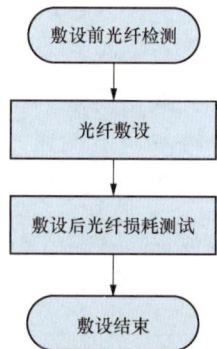

图 3-2-20　光纤敷设流程图

（3）厂家对光纤损耗进行测试，并记录。

（4）安装单位光纤整理，盖上槽盒。

4.7.4　注意事项

（1）光纤在铺设时应非常小心，不能拉拽，避免光纤破损。

（2）光纤敷设时注意电缆沟内成品保护，避免造成电缆、电缆槽盒损伤。

（3）注意对光缆进行保护，杜绝在光缆上堆放杂物，严禁踩踏，车扎光缆，特别是在施工环境复杂地方更应该注意。

（4）光缆在竖直地方时应对光缆进行分段固定，避免光缆受力过大。

5　人员组织及职责划分

5.1　人力资源条件

（1）施工单位组织有丰富阀安装经验的管理人员、技术人员、施工人员及制造厂人员到位并熟悉设备情况，熟悉图纸。

（2）相关人员上岗前，应根据设备的安装特点，由制造厂向安装单位进行产品技术要求交底；监理单位组织对作业人员进行专业培训及安全技术交底。

（3）制造厂人员应服从现场各项管理制度，制造厂人员进场前应将人员名单及负责人信息报监理备案。

（4）所有施工人员在安装前进行集中培训、相关施工项目的强化培训、技术交底及危险点告知。在对施工环境、施工任务、质量及安全控制要点清楚的情况下才允许施工。

（5）特殊工种作业人员应持证上岗。

为了做到施工现场各个工序衔接有序、运作合理，将换流阀安装施工人员进行专业性分工。要求每个工序的负责人以身作则，用心完成好自己的本职工作。根据工期节点，直流断路器预计极1、2两个阀厅共开展4个作业面，预计投入总人数约83人，人员配置表见表3-2-1。

表3-2-1　　　　　　　　　　　　人员配置表

序号	岗位	人员安排	工作职责说明
1	项目经理/副经理	1人	整体协调，全面组织设备的安装工作，现场组织协调人员、机械、材料、物资供应等，并负责对外协调
2	项目总工/副总工	1人	组织施工方案编制，技术交底，全面负责现场协调、技术总负责，针对安全、质量、进度进行控制
3	技术员	1人	配合项目总工编制施工方案，提供现场技术指导
4	安全员	1人	现场安全负责，全面负责施工现场的安全工作，在施工前完成施工现场的安全设施布置工作，并及时纠正施工现场的不安全行为
5	质检员	1人	全面负责施工现场的质量工作，参与现场技术交底，并针对可能出现的质量通病及质量事故提出防止措施，并及时纠正现场出现的影响施工质量的作业行为
6	施工班长	2人	全面负责本班组现场专业施工，认真协调人员、机械、材料等，并控制施工现场的安全、质量、进度
7	安装人员	10人	了解施工现场安全、质量控制要点，了解作业流程，按班长要求，做好自己的本职工作
8	机械，机具操作人员	2人	负责施工现场各种机械、机具的操作工作，并应保证各施工机械的安全稳定运行，发现故障及时排除
9	机具保管员	3人	做好机具及材料的保管工作，及时对机具及材料进行维护及保养
10	资料信息员	1人	负责施工工程中的资料收集整理、信息记录、数码照片拍摄等

5.2　职责划分原则

安装单位现场安装，制造厂技术指导。制造厂现场安装的部分，归入工厂装配范围。直流断路器安装职责界面分工表（管理方面）见表3-2-2，直流断路器安装职责界面分工表（安装方面）见表3-2-3。

表 3 - 2 - 2 　　　　　　　　　　　　直流断路器安装职责界面分工表（管理方面）

序号	项目	内容	责任单位
1	总体管理	安装单位负责施工现场的整体组织和协调，确保现场的整体安全、质量和进度有序	安装单位
2	安全管理	安装单位负责对直流断路器厂家人员进行安全交底和培训，为其办理进出现场的工作证。对分批次到场的厂家人员，要进行补充交底和培训	安装单位
		安装单位负责现场的安全保卫工作，负责现场已接收物资材料的保管工作	安装单位
		安装单位负责现场的安全文明施工，负责安全围栏、警示图牌等设施的布置和维护，负责现场作业环境的清洁卫生工作，做到"工完、料尽、场地清"	安装单位
		厂家人员应遵守国网公司及现场的各项安全管理规定，在现场工作着统一工装并正确佩戴安全帽	制造厂
		安装单位负责对制造厂进行月度安全培训及考核	安装单位
3	劳动纪律	安装单位负责与制造厂沟通协商，制定符合现场要求的作息制度，制造厂应严格遵守纪律，不得迟到早退	安装单位
4	人员管理	安装单位参与直流断路器安装作业的人员，必须经过专业技术培训合格，具有阀厅设备安装经验。安装单位向制造厂提供现场人员组织名单，便于联络和沟通	安装单位
		制造厂人员必须是从事直流断路器制造、安装且经验丰富的人员。入场时，制造厂向安装单位提供现场人员组织机构图，便于联络和管理	制造厂
		制造厂人员进场应将人员名单及负责人信息报监理备案，并向监理、物资、业主单位履行出入场制度	制造厂
		安装单位应向制造厂提供安装人员组织名单	安装单位
5	技术管理	安装单位负责根据制造厂提供的直流断路器设备安装作业指导书，编写设备安装施工方案，将制造厂现场安装人员纳入现场施工组织机构，并完成相关报审手续	安装单位
		制造厂编制的作业指导书、出厂试验报告等资料在第一批设备到货前10天交付现场	制造厂
		制造厂提供的作业指导书内容中提供图样、标明运输单元的清单、尺寸、重量、吊点	制造厂
		安装单位负责质量验评表等施工资料	安装单位
		设备本身不符合国网相关要求、并可能影响安装质量的，安装单位应告知制造厂	安装单位
		制造厂应执行国家、行业及国网公司对设备质量管控的相关要求。有特殊要求时，制造厂与建设管理单位协商确定	制造厂
		制造厂负责技术指导，并向安装单位进行产品技术要求交底；安装单位提出的技术疑问，制造厂应及时正确解答	制造厂
		制造厂按照业主要求编制有针对性的作业指导书	制造厂
		制造厂负责关键工艺管控卡收集填写	制造厂
6	进度管理	为满足安装工艺的连续性要求，制造厂提出加班时，安装单位应全力配合。加班所产生的费用各自承担	安装单位
		制造厂按照现场设备需求单严格执行发货、到货节点及设备	制造厂
		制造厂协助安装单位编制本工程的直流断路器安装、调试进度计划，报监理单位审查、建设单位批准后实施	安装单位
		制造厂制定每日的工作计划，安装单位积极配合。若出现施工进度不符合整体进度计划的，制造厂需进行动态调整和采取纠偏措施，保证按期完成	制造厂
7	物资管理	安装单位负责提供保管场地，负责保管安装有关的材料、图纸、工器具、返厂工件	安装单位
		安装单位应提供规格标准、性能良好的施工器具、安全防护用具、起重机具，并对其安全性负责	安装单位
		安装单位提供符合要求的相关安装材料、常规工器具、起重机具等	安装单位

续表

序号	项目	内容	责任单位
7	物资管理	制造厂提供符合要求的专用工装、专用仪器等，制造厂负责按照现场管理要求，将回收件清理运走	制造厂
		专用平台车由制造厂提供，并应于安装前抵达，制造厂负责其维护及保养	制造厂
		制造厂派遣专人协助安装单位核对设备发运清单，与需求计划一致	制造厂
		制造厂对装配部位按图纸进行核对并清点零部件明细、数量	制造厂
8	环境管理	安装单位负责阀厅内的无尘化施工布置及门禁管理	安装单位
		严格直流断路器安装前土建条件确认，禁止土建、安装交叉作业	土建单位
		制造厂提供适用于现场环境监测设备	制造厂
		制造厂对安装前的环境进行动态确认	制造厂
		作业前，安装单位应布置有效的防蚊虫措施，制造厂进行确认	安装单位
9	备品资料管理	制造厂向安装单位移交合同所要求的相关产品资料（含电子版）、备品备件、专用工具、仪器设备，并在监理的见证下，填写移交记录	制造厂

表 3 - 2 - 3　　　　　　　　直流断路器安装职责界面分工表（安装方面）

序号	项目	内容	责任单位
1	基础复测	安装单位负责检查混凝土基础达到的强度，负责检查基础表面清洁程度，负责检查构筑物的预埋件及预留孔洞应符合设计要求	安装单位和制造厂
		安装单位负责检查与设备安装有关的建（构）筑物的基准、尺寸、空间位置	安装单位和制造厂
		制造厂负责根据复测的数据判断是否具备直流断路器安装条件	安装单位和制造厂
2	定位划线	安装单位提供安装和就位所需要的基础中心线，制造厂对主要基础参数和指标进行复核	安装单位、制造厂
3	设备就位	制造厂负责监督、指导换流阀卸车、转移、就位，配合验货交接	制造厂
		制造厂负责指导安装单位将设备精确就位及固定，并复核就位精度符合要求	制造厂
		制造厂负责指导安装单位按照正确的朝向安装单元	制造厂
		制造厂负责将设备运至安装单位指定位置（指定位置交货）	制造厂
4	设备固定	安装单位负责直流断路器阀塔设备、制作绝缘子等与基础之间的固定工作。底板应由制造厂在安装前供货至现场	安装单位
5	设备检查	制造厂负责将开箱后的零部件进行清单，履行双方签字手续后移交施工单位	制造厂
6	绝缘子安装	制造厂负责指导安装，其中包括底层绝缘子水平误差复测、斜拉绝缘子伞裙滴水方向、螺栓紧固及复紧工艺控制等	制造厂
7	安装校验	安装单位负责法兰对接面的螺栓紧固，并达到制造厂技术要求	安装单位
		安装单位用水平仪等仪器已安装部分进行测量，保证空间的垂直平行关系	安装单位
		安装单位将两个交叉拉杆复合绝缘子的调节金具在拧紧过程中需要同步拧紧	安装单位
		监理单位及吋通知运检单位进行见证，并签字确认	运检单位
8	阀模块安装	施工单位按照厂家要求对阀模块进行吊装，严格控制左右阀模块间的间隙	安装单位
9	边梁的安装	安装单位进行光纤护套的安装工作，制造厂配合	安装单位
		制造厂负责边梁与模块固定的指导，施工单位安装	安装单位
10	阀塔顶部均压环安装	均压环安装应避免磕碰及划伤，注意成品保护	安装单位
11	底部水管安装	安装单位负责安装水管部分，厂家负责指导各层间距	安装单位
12	设备接地	安装单位负责阀底座、本体等设备的接地引下线的施工	安装单位

续表

序号	项目	内容	责任单位
13	问题整改	在安装、调试过程中，制造厂负责处理不符合基建和运检要求的产品自身质量缺陷	制造厂
		在安装、调试过程中，安装单位负责处理因施工造成的不符合基建和运检要求的质量缺陷	安装单位
14	质量验收	在竣工验收时，安装单位负责牵头质量消缺工作，制造厂配合	安装单位
		验收过程中发现的缺陷，由制造厂产品本身原因造成的，由制造厂负责整改闭环	制造厂

一般原则：谁安装，谁负责；谁提供，谁负责；谁保管，谁负责。

（1）安装单位与制造厂就各自安装范围内的工程质量负责。

（2）除制造厂提供的专用设备、机具、材料外，安装环节所需其他设备、机具、材料由安装单位提供。现场安装过程中所用到的设备、机具、材料等必须在检定有效期之内，并履行相关报审手续。提供单位对所提供的设备、材料、机具的质量负责。

（3）接收单位对货物保管负责（需要开箱的，开箱前仅对箱体负责）。制造厂负责将货物完好、足量地运抵合同约定场所，到货检验交接以后由安装单位负责保管，对于暂时无法开箱检验交接的，安装单位需对储存过程中包装箱的外观完好性负责。

（4）安装单位与制造厂应通力协作，相互支持与配合，负有配合责任的单位，应积极配合主导方开展任务。如配合工作不满足主导方相关要求，双方应积极协调解决，必要时应及时报告监理单位。

6　材料与设备

6.1　机具设备条件

所有施工检测工具（水平尺、力矩扳手、卷尺等）在进入本工地前，均应经法定检测单位鉴定合格并在有效期范围内使用；主要机具设备进入工地前，进行检查验收、报审，确保性能良好，标识清晰，完好率100%。直流断路器安装施工机械及工机具表见表 3-2-4。

表 3-2-4　　　　　直流断路器安装施工机械及工机具表

序号	名称	详细规格	单位	数量	备注
1	机械叉车	7t、5t各1辆	辆	2	/
2	平板车	10t	台	1	用于阀厅内设备转运
3	升降车	24m 直臂登高车	辆	1	/
4	升降车	20m 剪叉式	辆	1	/
5	升降车	8m 剪叉式	辆	1	车身：（长×宽×高）1.9×0.79×1.98（m）
6	电焊机	300A	台	2	/
7	电源盘	220V	个	4	/
8	手扳葫芦	1.5t	个	2	/
9	橡胶锤	/	把	4	/
10	手动液压车	2.5t	辆	1	/
11	柔性吊带	5t、8m	根	6	合成纤维吊装带
12	柔性吊带	3t、3m	根	4	合成纤维吊装带
13	柔性吊带	1t、1.5m	根	2	合成纤维吊装带
14	力矩扳手	100~500N·m	把	2	配套筒

序号	名称	详细规格	单位	数量	备注
15	力矩扳手	40～320N·m	把	2	配套筒
16	内六角扳手	/	套	4	/
17	棘轮扳手	/	套	2	各种规格型号
18	水平尺	350mm（1级精度）	把	2	平面度测量
19	水平尺	900mm（1级精度）	把	2	平面度测量
20	卷尺	5m	把	2	/
21	钢板尺	600mm	把	1	/
22	砂轮切割机	/	台	1	/
23	经纬仪	/	台	1	配标尺
24	回路电阻测试仪	MOM2 手持式	套	1	接触电阻测试
25	光纤测试仪	/	套	1	光纤测试

安装专用工装工具清单见表 3-2-5。

表 3-2-5　　　　　　　　　　安装专用工装工具清单

序号	名称	数量	图片
1	阀段吊装工装	1	
2	阀塔安装检修踏板平台	1	
3	水管及光纤槽工装	1	

序号	名称	数量	图片
4	主支路转运工装车	1	
5	转移支路转运工装车	1	
6	吊耳	30	

6.2　材料条件

消耗性材料表见表 3-2-6。

表 3-2-6　　　　　　　　　　　消 耗 性 材 料 表

序号	名称	详细规格	单位	数量	备注
1	无水工业酒精	纯度 99.9%	瓶	若干	/
2	百洁布	/	块	若干	/
3	砂纸	600P	张	300	打磨
4	无毛纸	130 张/包×8 包	箱	6	零件清洗、清理
5	记号笔（油性）	红、黑、蓝各 30 支	支	90	螺栓做紧固记号
6	导电膏	/	桶	2	母排安装
7	编织线	4mm²	m	50	等电位线
8	防尘罩	/	个	2	包装阀塔用

6.3　设备接收

（1）检查发运清单，核对物品与清单一致。

（2）检查货物外观无异常，确认包装完整无损。

（3）于阀厅内设置专用开箱区，设备进入阀厅妥善放置后方可开箱，避免烟雾、灰尘和风沙直接进入阀厅。任何物品进入阀厅时，如表面有明显灰尘，应先在阀厅外用压缩空气吹净后方可进入。

（4）由于只有5t的电动叉车，主支路阀层包装箱重7t，为了便于阀厅内设备转运，采用荷载10t的平板小车进行转运，平板小车如图3-2-21所示。

（5）安装前，应在监理单位组织下，由业主、物资、厂家、施工、运行对设备进行开箱验收、检查，开箱检查后做好开箱检查记录并签字确认；对有质量问题的包装或设备应做好相应的记录，并要求厂家做相应处理。

（6）开箱检查时应小心谨慎，避免损坏设备或零部件，开箱后，认真核对装箱清单，并按以下要求对设备进行全面检查：

图3-2-21　平板小车

1）根据制造厂提供相关资料，查看设备到货的状态与出厂时的状态相符。

2）元器件的内包装应无破损。

3）所有元件、附件及专用工器具应齐全，无损伤、变形及锈蚀。

4）各连接件、附件及装置性材料的材质、规格、数量及安装编号应符合产品的技术规定。

5）电子元件及电路板应完整，无锈蚀、松动及脱落。

6）光纤的外护层应完好，无破损；光纤端头应清洁，无杂物，临时端套应齐全。

7）均压环及屏蔽罩表面应光滑，色泽均匀一致，无凹陷、裂纹、毛刺及变形。

8）瓷件及绝缘件表面应光滑，无裂纹及破损，胶合处填料应完整，结合应牢固，试验应合格。

9）阀组件的紧固螺栓应齐全，无松动，有力矩紧固标识。

10）冷却水管的临时封堵件应齐全。

11）设备厂家资料、技术说明书应齐全。

（7）实物与装箱清单核对无误后，与安装单位办理交接并在清单上签字，并交由安装单位妥善保管。

6.4　储存保管

（1）直流断路器阀模块必须存放在阀厅内，装卸及转运时，应注意包装箱的上下标识，避免冲击，不得倒置。

（2）所有附件均需户内存放，附件开箱检查后按规格、型号放入专用库房存放，摆放整齐。

（3）每日安装负责人安排专人进行物资设备储存状况检查，做好防潮、防盗、防损伤措施。

（4）阀厅布置货架用于摆放安装零件，所有换流阀组件必须在阀厅内开箱后存放于阀厅，小型附件及组件整齐摆放在货架上，主要设备按规格、型号及安装要求存放于地面，将原包装的塑料保护膜覆盖在设备上面，避免灰尘进入。器材员应每天对阀厅存放设备进行巡视，及时监视设备状态。

7　质　量　管　控

7.1　重点控制要点

质量控制要点见表3-2-7。

表 3 - 2 - 7 　　　　　　　　　　　 **质 量 控 制 要 点**

质量控制要点	质量控制办法
基础控制	在断路器安装前必须详细测量和核对整个基础面的标高、轴线、预埋件的尺寸，其质量标准符合有关规程，并满足厂家的公差要求，预埋件应做防腐处理
绝缘子安装控制	绝缘子钢支座与土建预埋铁焊接固定前，应严格控制钢支座的标高、轴线，误差控制在±1mm 内，并对钢支座进行点焊固定，再测量，满足要求后方可进行满焊，焊接过程中要多次测量轴线和标高，发现问题及时进行调整
模块安装	（1）模块到达现场后按照厂家技术资料的要求条件存放。特别是要求室内存放的，并且保证环境，如温度和湿度的要求，我们在存放地点设置温度计和干湿度计以监视温度和湿度。 （2）设备运转采用自带液压系统的转运小车，避免模块转运时剧烈的震动和碰撞。 （3）模块在安装前拆箱，模块的保护塑料膜在吊装时边拆边吊。 （4）在每层设备安装时，保证阀厅的通风系统和空调系统正常运转，阀厅争取做到无尘，温度控制在 10~25℃。相对湿度必须小于 60%。吊装时支撑附件安装细心谨慎，防止敲击到模块的任一部分。 （5）螺栓连接紧固适当，按照设备的紧固力矩要求，严禁用力过猛紧固螺栓而使螺母陷进支柱或设备里面，损坏设备
通流回路接头端子发热控制	（1）主通流回路的金具/设备连接点均需进行直阻测试，并记录数据，并与质量标准进行比较，对测试结果进行判断，对不符合要求的连接点进行整改，并形成记录。 （2）设备连接安装前，使用 600 目细砂纸打磨去除表面氧化层，用丙酮清洗打磨面，再用干净的白棉布或卫生纸擦拭干净，再进行安装连接。 （3）螺栓紧固时，均严格按照力矩紧固要求进行紧固，紧固力矩应采用 100%标准螺栓紧固力，紧固自检后划线。设备安装期间对出厂前完成力矩紧固连接的部位应按照厂家给出的力矩值进行确定，避免由于连接部位力矩未达到规定值引起运行期间该位置局部发热。 （4）阀厅连接采用"1 螺栓＋1 螺母＋2 平垫＋1 弹垫"。 （5）主通流回路接线端子各个设备的等电位线、螺栓及螺母应做好防腐处理。 （6）电膏涂抹需均匀，避免涂抹过多结块，并记录涂抹导电膏型号
电气试验	所有设备的试验均应按规程和厂家要求进行相关试验，并全部合格

7.2　质量验收

执行《特高压工程标准工艺"一表一卡"（2022 年版）》。

8　安 全 管 控

执行 Q/GDW 12152—2021 输变电工程建设施工安全风险管理规程开展风险识别和风险预控。

9　安 全 文 明 施 工

执行 Q/GDW 10250—2021 输变电工程建设安全文明施工规程。

10　效 益 分 析

（1）本典型施工方法具有简洁高效、资源利用率高等特点，可在合理的人员机械设备配备下，高质量、高效率完成柔性直流断路器安装，具有较高的经济效益。

（2）柔性直流断路器为直流输电技术新型设备，施工方法尚未成熟定型。本典型施工方法对换流阀的工程现场安装流程、工艺、管控要点进行了明晰，可有效保证断路器施工质量，确保工程实体质量，可靠保障新能源送出消纳，具有较高的社会效益。

（3）柔性直流输电技术作为电力系统重要组成部分，其安全稳定运行是保障电力可靠供应、避免大电网故障的关键环节。本典型施工方法可有力促进柔性直流技术可靠落地，保障国家能源大通道稳定供应，具有较高的政治效益。

11　应　用　实　例

本典型施工方法已在±500kV张北柔性直流电网工程的换流阀安装中得到广泛应用，应用效果良好，有效保障了直流断路器安装的安全质量。

典型施工方法名称：柔性直流断路器（机械式）安装典型施工方法

典型施工方法编号：TGYGF003—2022—BD—DQ

编　制　单　位：国家电网有限公司特高压建设分公司

主　要　完　成　人：徐剑锋　唐云鹏　宋洪磊　孟　进　蔡坤良
　　　　　　　　　　谌柳明

目　次

1　前　言

柔性直流断路器（机械式）是采用电容、电感产生振荡电流叠加在直流电流上，进而实现直流电流分断的开关装置。柔性直流断路器（机械式）安装是超高压直流输电工程建设的重要环节。本典型施工方法重点介绍了±500kV超高压换流站工程柔性直流断路器（机械式）安装方法、工艺流程、安全质量控制要点等，为后续同类设备安装提供典型施工方法参考。

2　本典型施工方法特点

2.1　安装流程介绍详细，对安装人员机具准备、操作要点等方面说明清楚。

2.2　对±500kV超高压换流站工程柔性直流断路器（机械式）工况及管控要点介绍全面、清晰；

2.3　安装安全质量控制介绍清楚，具备较强的参考性。

2.4　通用性高，推广性强，可广泛适用于同类型±500kV柔性直流断路器（机械式）现场安装。

3　适用范围

本典型施工方法适用于±500kV超高压换流站工程柔性直流断路器（机械式）安装施工过程中标准化的安全质量控制，其他直流换流站工程可进行参照。本典型施工方法仅供参考，各工程应根据工程实际情况编制作业指导书进行报审。

4　施工工艺流程及操作要点

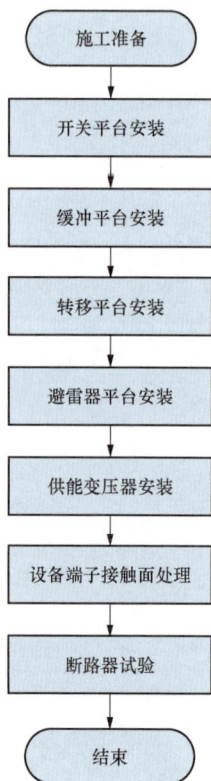

图3-3-1　施工工艺流程图

4.1　总体流程图

本典型施工方法施工工艺流程图如图3-3-1所示。

4.2　施工准备

4.2.1　设备结构特点

本工程共计2台500kV直流断路器，每台直流断路器由四个平台和供能变压器组成。四个平台分别为缓冲支路平台、转移支路平台、主平台及避雷器平台。设备高度15.55m，其中主体供能变重量6.1t，高度7.85m。直流断路器示意图如图3-3-2所示。

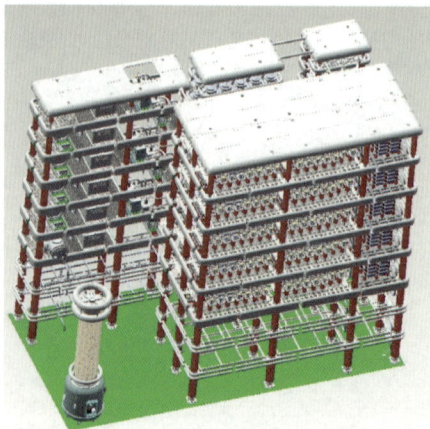

图3-3-2　直流断路器示意图

4.2.2 直流断路器（机械式）基本参数

基本参数见表 3 - 3 - 1。

表 3 - 3 - 1　　　　　　　　　　　　　　　　　　基 本 参 数

序号	参数	单位	参数要求
1	额定直流电压	kV_{dc}	535
2	额定直流电流	A	3000
3	最大连续直流电流	A	3300
4	过负荷电流（1min）	A	4500
5	额定开断电流	kA	25
6	开断动作时间	ms	≤3
7	最大吸收能量	MJ	＞155
8	残压（瞬态开断电压分值、开断 25kA 时）	kV	＜800
9	额定直流耐受电压（对地）	kV	535×1.6（1min） 535×1.1（1min）
10	额定操作冲击耐受电压峰值（对地）	kV	1175
11	额定雷电冲击耐受电压峰值（对地）	kV	1425
12	额定操作顺序	/	O - 0.3s - CO
13	重合闸第二次开断电流能力	kA	17
14	全电流分断时间	ms	≤150
15	机械稳定性（快分）	次	3000
16	直流断路器断态阻抗	MΩ	≥50
17	分断状态下，直流断路器整机端间等效电容	μF	≤0.2

4.2.3 施工安排

按照单极阀厅开展 1 个作业面，单极阀厅计划投入施工人员 21 人，要求厂家服务人员 5 人（含一次、二次、水冷管道专业），在设备到货满足安装的前提下，单个断路器工期计划为 45 天，期间穿插进行二次光缆敷设及接线工作，附属设备（连接母线、阀厅附属一次设备安装等），结合交安时间计划，具体工期计划以单个阀厅为例参考，最终安装计划以现场实际情况为准。断路器安装施工计划见表 3 - 3 - 2。

表 3 - 3 - 2　　　　　　　　　　　　　　　　　　断路器安装施工计划

区域：极 1 阀厅，断路器设备

序号	安装内容	安装时间	资源配置情况	备注
1	供能变压器 （1）发货至现场 （2）卸货转运、拆箱 （3）供能变安装、充气 （4）调试	月 日～ 月 日	（1）行吊 台，升降车辆、电动叉车 辆 （2）班组 个，施工人员 人，厂家指导人员 人	
2	支撑绝缘子（四个平台） （1）发货至现场 （2）卸货转运 （3）物料拆箱 （4）缓冲支撑绝缘子安装 （5）主支路支撑绝缘子安装 （6）避雷器支撑绝缘子安装 （7）转移支撑绝缘子安装	月 日～ 月 日	（1）行吊 台，升降车 辆、电动叉车 辆 （2）班组 个，施工人员 人，厂家指导人员 人	

续表

序号	安装内容	安装时间	资源配置情况	备注
3	缓冲平台 （1）发货至现场 （2）卸货转运、拆箱 （3）地面总装 （4）F1～F10 上架、顶屏蔽安装及接线	月 日～ 月 日	（1）行吊 台，升降车 辆、电动叉车 辆 （2）班组 个，施工人员 人，厂家指导人员 人	
4	主支路平台 F1～F3 （1）发货至现场 （2）卸货转运 （3）物料拆箱 （4）F1 上架 （5）F2 上架 （6）F3 上架	月 日～ 月 日	（1）行吊 台，升降车 辆、电动叉车 辆 （2）班组 个，施工人员 人，厂家指导人员 人	
4	F4～F6 （1）发货至现场 （2）卸货转运 （3）物料拆箱 （4）F4 上架 （5）F5 上架 （6）F6 上架	月 日～ 月 日	（1）行吊 台，升降车 辆、电动叉车 辆 （2）班组 个，施工人员 人，厂家指导人员 人	
4	顶屏蔽、侧屏蔽 （1）发货至现场 （2）卸货转运、拆箱 （3）屏蔽支架安装 （4）顶屏蔽、侧屏蔽安装	月 日～ 月 日	（1）行吊 台，升降车 辆、电动叉车 辆 （2）班组 个，施工人员 人，厂家指导人员 人	
5	避雷器平台 F1～F6 （1）发货至现场 （2）卸货转运 （3）物料拆箱 （4）避雷器分装 （5）F1～F2 （6）F3～F4 （7）F5～F6	月 日～ 月 日	（1）行吊 台，升降车 辆、电动叉车 辆 （2）班组 个，施工人员 人，厂家指导人员 人	
5	导体、顶屏蔽、侧屏蔽 （1）发货至现场 （2）卸货转运、拆箱 （3）平台间导体安装 （4）屏蔽支架安装 （5）顶屏蔽、侧屏蔽安装	月 日～ 月 日	（1）行吊 台，升降车 辆、电动叉车 辆 （2）班组 个，施工人员 人，厂家指导人员 人	
6	屏柜 （1）发货至现场 （2）卸货转运 （3）物料拆箱 （4）屏柜安装	月 日～ 月 日	（1）行吊 台，升降车 辆、电动叉车 辆 （2）班组 个，施工人员 人，厂家指导人员 人	
7	转移平台 F1～F2 （1）发货至现场 （2）卸货转运 （3）物料拆箱 （4）F1～F2 地面总装 （5）F1～F2 上架	月 日～ 月 日	行吊 台，升降车 辆、电动叉车 辆	

续表

序号	安装内容	安装时间	资源配置情况	备注
	F3~F4 （1）发货至现场 （2）卸货转运 （3）物料拆箱 （4）F3~F4地面总装 （5）F3~F4上架	月　日～　月　日	班组　个，施工人员　人，厂家指导人员　人	
7	F5、顶屏蔽、侧屏蔽、其他 （1）发货至现场 （2）卸货转运 （3）物料拆箱 （4）F5地面总装 （5）F5上架 （6）屏蔽支架安装 （7）顶屏蔽及其他安装 （8）侧屏蔽安装	月　日～　月　日	行吊　台，升降车　辆、电动叉车　辆	
	光纤槽盒、光纤 （1）发货至现场 （2）卸货转运、拆箱 （3）光纤槽盒、光纤安装	月　日～　月　日	（1）行吊　台，升降车　辆、电动叉车　辆 （2）班组　个，施工人员　人，厂家指导人员　人	
8	设备检查、消缺、清洁	月　日～　月　日	（1）行吊　台，升降车　辆、电动叉车　辆 （2）班组　个，施工人员　人，厂家指导人员　人	

4.3　开关平台安装

首先验收土建单位预埋件，钢板预埋件定位尺寸满足基础图纸要求，安装要点如下：

（1）整个产品方向（长度和宽度）钢板预埋件高度偏差不超过±2mm。

（2）单个钢板水平高度偏差不超过±2mm/m。

（3）相邻钢板水平高度偏差不超过±2mm。

（4）各底座间距及螺栓安装孔间距满足基础承认图要求。

（5）各底座中心圆中心线，以及相同位置安装孔中心线相对齐（平面内x、y方向均要满足）。

4.3.1　支撑绝缘子安装

（1）对绝缘子进行编号，便于成组使用；吊装首层6个支撑绝缘子（8S047191）至平台底座。

注　吊装绝缘子伞裙方向朝下，吊装平稳无磕碰。断路器支撑底座和绝缘子安装示意图如图3-3-3所示产。

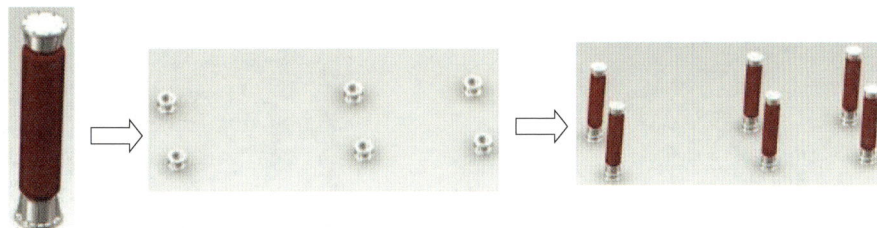

图3-3-3　断路器支撑底座和绝缘子安装示意图

（2）连接面安装螺栓（M20×80），螺栓拧紧，暂不打力矩。

（3）绝缘子顶部调平。调平方法如下：

1）按绝缘子原编号记录，在其中一绝缘子上放置水平仪，在其余各处绝缘子上放置标尺，记录示数，找出其余各绝缘子的最高点。

2）将水平仪放置在步骤最高点绝缘子上，在原水平仪放置的绝缘子上放置标尺，记录示数。

3）通过比较确定最高点绝缘子。

4）计算其他绝缘子与最高点绝缘子的高度差，并记录。

5）根据绝缘子高度差，通过在底部增加不同规格和数量的垫片调整其他各绝缘子高度，使其高度差保持在±2mm 范围。

6）用铅垂检验垂直度是否满足要求。

（4）吊装连接板至绝缘子，对称穿上 2 个螺栓（M20×160 螺柱）并拧紧，暂不打力矩。连接板安装示意图如图 3-3-4 所示。

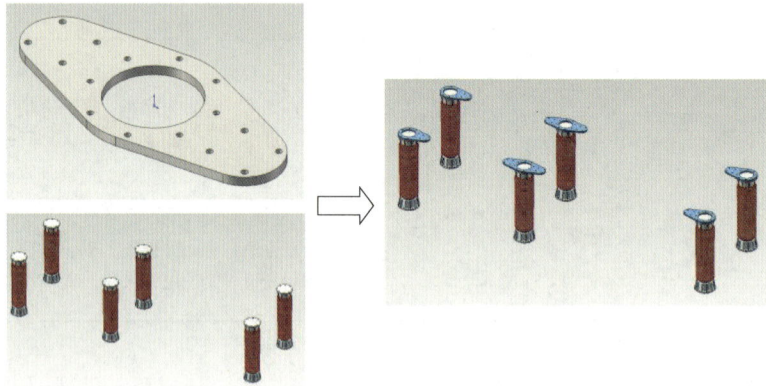

图 3-3-4　连接板安装示意图

注　吊装过程平稳。

（5）吊装框架至连接板，安装螺栓（M16×80）并力矩紧固。框架安装示意图如图 3-3-5 所示。

注　吊装过程平稳、吊点正确。

（6）吊装第二层 6 个支撑绝缘子（8S047190）至连接板，安装连接面所有螺柱（M20×110），拧紧。

注　依次拆除各绝缘子与板之间的连接的 2 个螺栓并吊装第二层绝缘子，重新装上所有螺栓，手拧紧，不打力矩。

（7）对第二层绝缘子进行调平。框架上层支柱绝缘子安装示意图如图 3-3-6 所示。

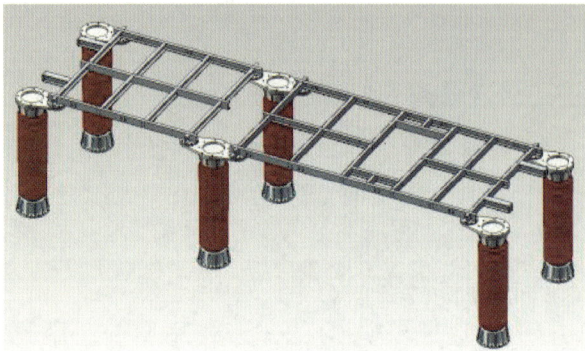

图 3-3-5　框架安装示意图　　　　　图 3-3-6　框架上层支柱绝缘子安装示意图

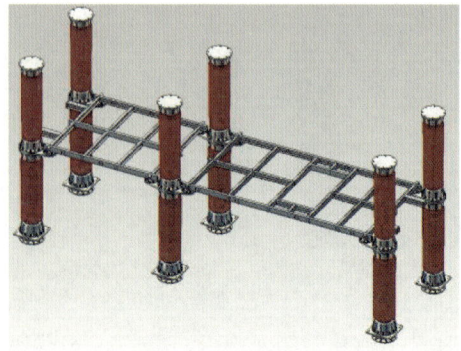

（8）对第一层绝缘子与底座平台连接面螺栓力矩紧固。底座平台连接螺栓示意图如图 3-3-7 所示。

（9）重复步骤（4）～（8），完成支撑绝缘子第三层（8S047188）装配。第三层绝缘子安装示意图如图 3-3-8 所示。

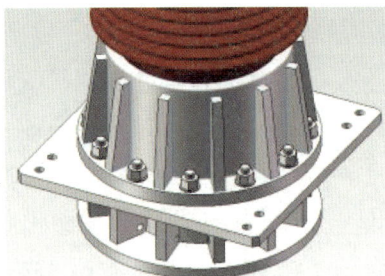

图 3-3-7　底座平台连接螺栓示意图　　　　图 3-3-8　第三层绝缘子安装示意图

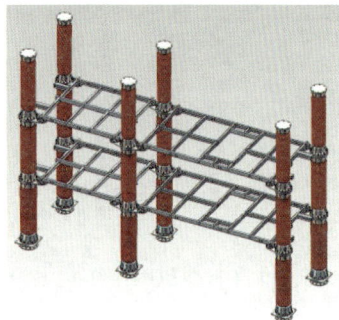

4.3.2　平台总装

（1）将导体安装到高速开关，螺栓暂不紧固。

注　导体表面清洁、无磕碰划伤，接触面打抛涂润滑脂（薄薄一层）。单元组件安装示意图如图 3-3-9 所示。

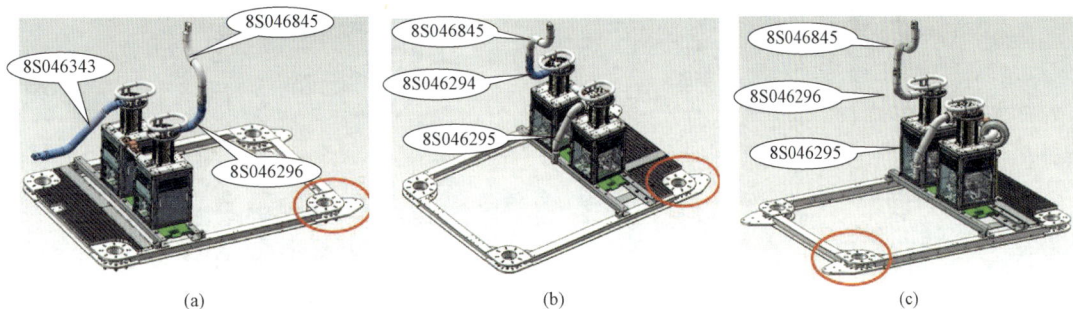

图 3-3-9　单元组件安装示意图

（a）F1；（b）F2、F4；（c）F3、F5

（2）安装支撑座，安装连接面螺栓拧紧暂不紧固。安装支撑座示意图如图 3-3-10 所示。

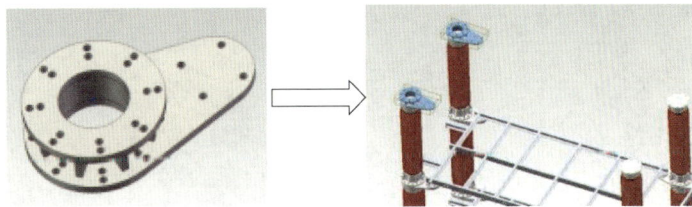

图 3-3-10　安装支撑座示意图

（3）先吊装第一层开关底架至绝缘子，再吊装第一层驱动柜底架至绝缘子，安装连接面螺栓拧紧暂不紧固。

注　吊装过程平稳，待模块保持水平后再起吊，在底架两侧各绑一牵引绳，由两人控制牵引绳，防止吊装过程碰撞。

（4）对开关底架、驱动柜底架与绝缘子或连接板的所有连接螺栓力矩紧固；对下层绝缘子的上下法兰连接处所有螺栓力矩紧固。螺栓紧固位置示意图如图 3-3-11 所示。

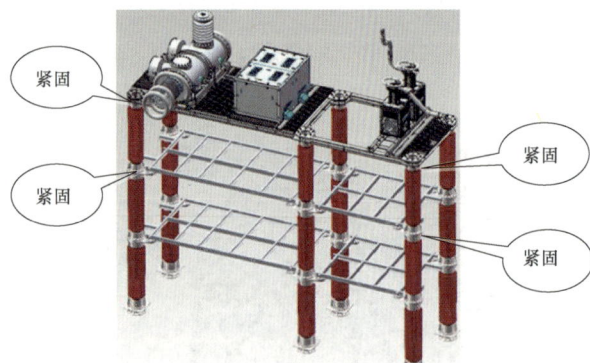

图 3-3-11　螺栓紧固位置示意图

（5）吊装 F1 层 6 个支撑绝缘子（8S045992），安装连接面所有螺栓（M20×160），拧紧不打力矩；

注　吊装过程平稳、吊点正确；绝缘子伞裙方向朝下。

（6）对绝缘子进行调平（调平方法同上）。绝缘子进行调平示意图如图 3-3-12 所示。

（7）参照步骤（2）～（6），吊装并安装 F2～F6 层开关底架及驱动柜底架。层间底架安装示意图如图 3-3-13 所示。

注　F1～F3 层绝缘子为 8S045992，F4～F5 层绝缘子为 8S045986。

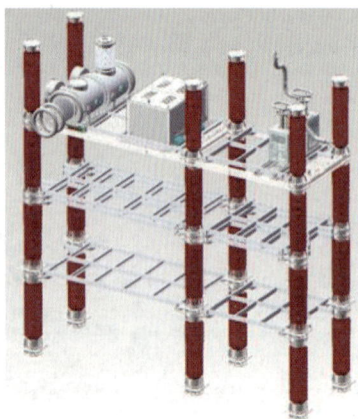

图 3-3-12　绝缘子进行调平示意图

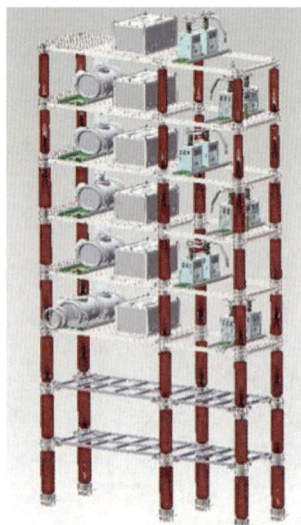

图 3-3-13　层间底架安装示意图

（8）吊装 F6 层的 6 个小绝缘子，安装连接面所有螺栓（M20×70），暂不紧固。小绝缘子安装示意图如图 3-3-14 所示。

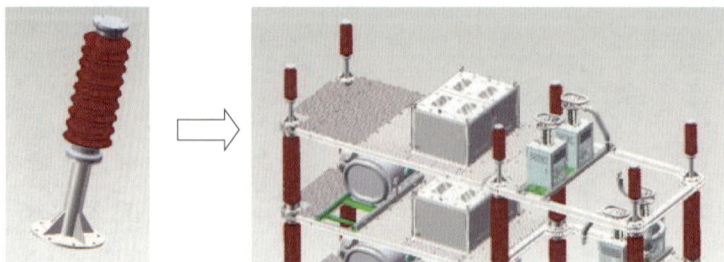

图 3-3-14　小绝缘子安装示意图

（9）安装 F1～F6 层间导体连接处的螺栓，并紧固所有导体安装处的螺栓。

（10）测量 F1～F6 层每层间导体的接触电阻（＜0.5μΩ）。

（11）吊装并安装顶屏蔽罩，紧固所有连接螺栓（M12×30）。顶屏蔽罩安装示意图如图 3-3-15 所示。

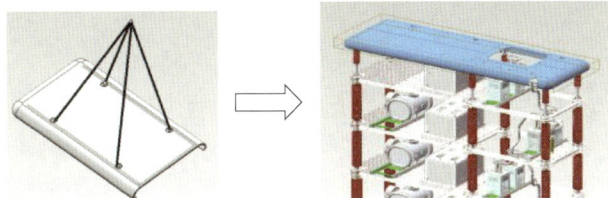

图 3-3-15　顶屏蔽罩安装示意图

注　吊装过程平稳无磕碰，吊点正确。

（12）安装软连接。软连接安装示意图如图 3-3-16 所示。

（13）紧固 F6 层小绝缘子底部所有连接螺栓（M20×70）。螺栓紧固安装示意图如图 3-3-17 所示。

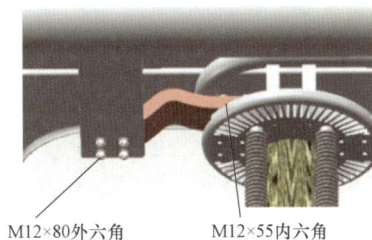

图 3-3-16　软连接安装示意图

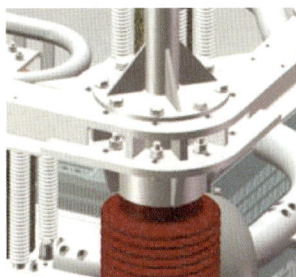

图 3-3-17　螺栓紧固安装示意图

4.3.3　光纤槽盒安装

将 S 形光纤槽安装至抗震平台，光纤槽接缝处需粘贴防护胶带。光纤槽盒安装示意图如图 3-3-18 所示。

4.3.4　层间屏蔽安装

（1）将 F1~F6 层支撑件安装到层间屏蔽（F0 层无须），力矩紧固所有连接螺栓（M12×30 内六角）。支撑件安装示意图如图 3-3-19 所示。

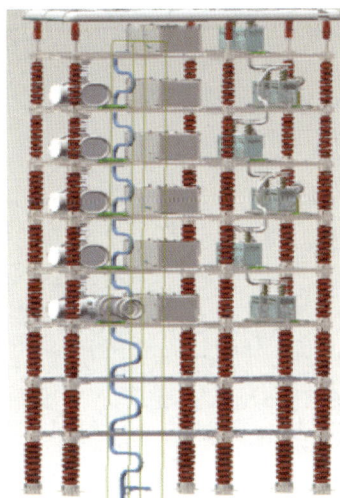

图 3-3-18　光纤槽盒安装示意图

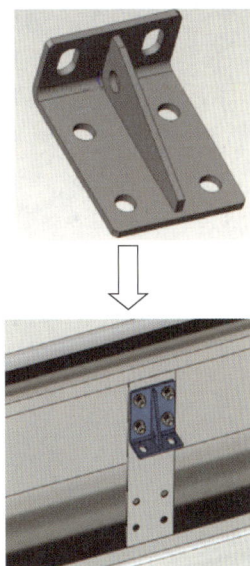

图 3-3-19　支撑件安装示意图

（2）从上至下逐层吊装并安装层间屏蔽（F6～F0 层），紧固所有连接螺栓（M12×25 内六角）。

注 吊装过程平稳无磕碰，吊点正确。

4.4 缓冲平台安装

4.4.1 模块分装

（1）分别吊装 F3 层与 F2 层进行拼接，F5 层与 F4 层进行拼接、F7 层与 F6 层进行拼接、F9 层与 F8 层进行拼接；紧固下层绝缘子上法兰连接处所有螺栓，上层绝缘子下法兰连接处螺栓暂不紧固。

注 吊装过程平稳，吊点正确。吊装示意图如图 3-3-20 所示。

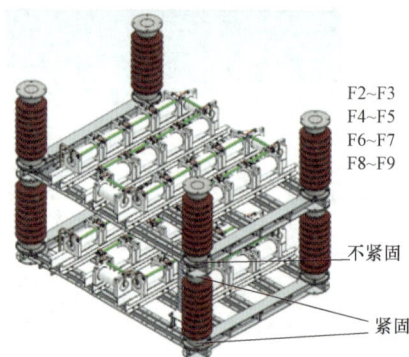

图 3-3-20 吊装示意图

（2）将 F1～F10 层支撑座安装至层间屏蔽；对连接处所有螺栓（M12×30）力矩紧固。

（3）将 F1～F10 层层间屏蔽安装至相应各层；对连接处所有螺栓力矩紧固。屏蔽罩安装示意图如图 3-3-21 所示。

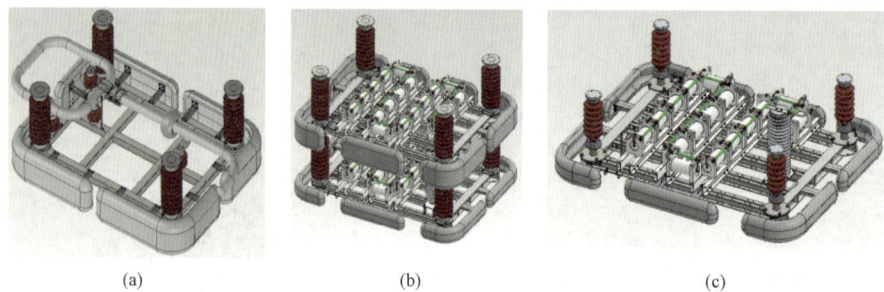

图 3-3-21 屏蔽罩安装示意图
(a) F1；(b) F2～F9；(c) F10

（4）安装一次软连接线及连接排；对连接处所有螺栓力矩紧固。

注 连接排接触面打抛，涂覆导电脂，薄薄一层。

4.4.2 支撑绝缘子安装

安装步骤同开关平台。

4.4.3 平台总装

（1）吊装 F1 层装配体；紧固底架下方连接板与下方绝缘子法兰连接处的螺栓。平台总装示意图如图 3-3-22 所示。

注 吊装过程平稳，待模块保持水平后再起吊，在底架两侧各绑一牵引绳。由两人控制牵引绳，防止吊装过程碰撞。

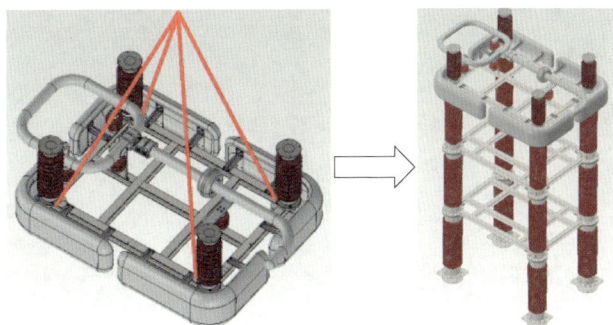

图 3-3-22　平台总装示意图

（2）对 F1 层绝缘子进行调平。

（3）依次吊装 F2～F3 层装配体、F4～F5 层装配体、F6～F7 层装配体、F8～F9 层装配体，并对 F3、F5、F7、F9 层绝缘子进行调平。

注　每吊装完 2 层，紧固 F1、F3、F5、F7 层绝缘子的上下法兰连接处螺栓。

（4）吊装顶屏蔽；对连接处所有螺栓（M12×45）力矩紧固。顶屏蔽罩安装如图 3-3-23 所示。

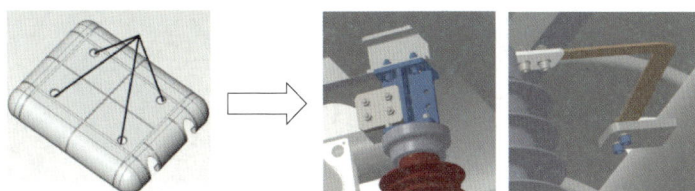

图 3-3-23　顶屏蔽罩安装

注　吊装过程平稳无磕碰，吊点正确。

（5）对 F10 层绝缘子下方法兰连接处螺栓（M16×50）力矩紧固。螺栓紧固如图 3-3-24 所示。

（6）安装剩余软连接线。软连线安装如图 3-3-25 所示。

（7）将 F0 层支撑座安装至层间屏蔽；对连接处所有螺栓（M12×30）力矩紧固。屏蔽罩安装如图 3-3-26 所示。

（8）吊装并安装 F0 层屏蔽，力矩紧固所有连接螺栓（M12×35 内六角）。

注　吊装过程平稳无磕碰，吊点正确。

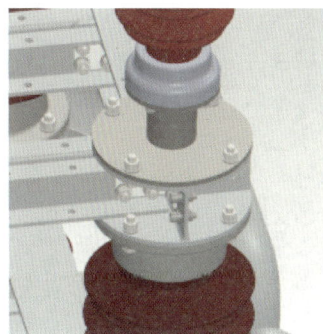

图 3-3-24　螺栓紧固

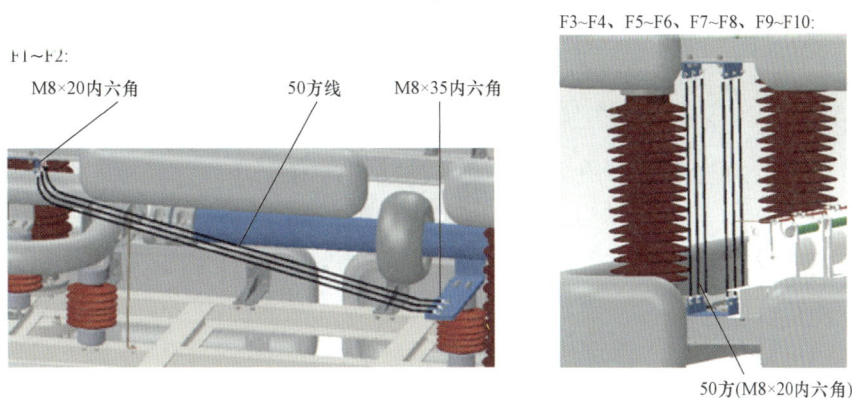

图 3-3-25　软连线安装

411

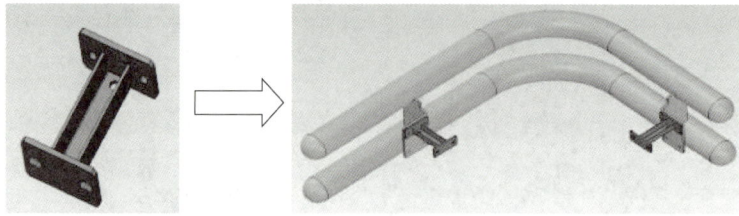

图 3-3-26　屏蔽罩安装

4.5　转移平台安装

4.5.1　支撑绝缘子安装

安装步骤同开关平台。

4.5.2　平台总装

（1）吊装 F1 层连接板到绝缘子进行拼接，安装螺栓，拧紧暂不打力矩。安装示意图如图 3-3-27 所示。

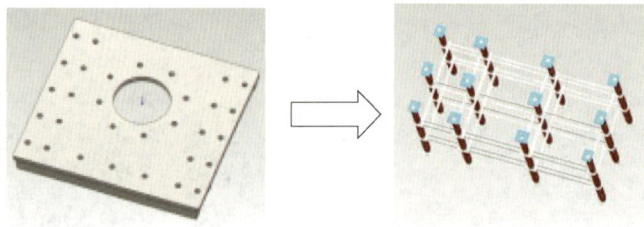

图 3-3-27　安装示意图

（2）先吊装第一层 IGTA 底架至绝缘子，对连接面所有螺栓（M16×60）力矩紧固。安装示意图如图 3-3-28 所示。

注　吊装过程平稳，待模块保持水平后再起吊，在底架两侧各绑牵引绳，由两人控制牵引绳，防止吊装过程碰撞。

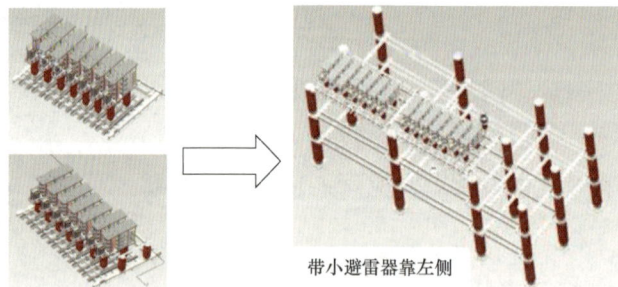

带小避雷器靠左侧

图 3-3-28　安装示意图

（3）再吊装第一层储能电容底架、变压器底架、充电电容器至绝缘子，对连接面所有螺栓（M16×60）力矩紧固，再安装踏板。底层安装示意图如图 3-3-29 所示。

（4）吊装 F2 层连接板到 F1 层绝缘子，安装连接面所有螺栓，拧紧暂不打力矩。绝缘子安装如图 3-3-30 所示。

（5）依次拆除 F0 层绝缘子上端与底架之间的连接螺栓，吊装 F1 层绝缘子，重新安装所有螺栓（M20×110），暂不打力矩。

（6）对下层绝缘子下端连接面所有螺栓力矩紧固。

（7）对 F1 层绝缘子调平；重复步骤（2）～（7），完成五层装配。

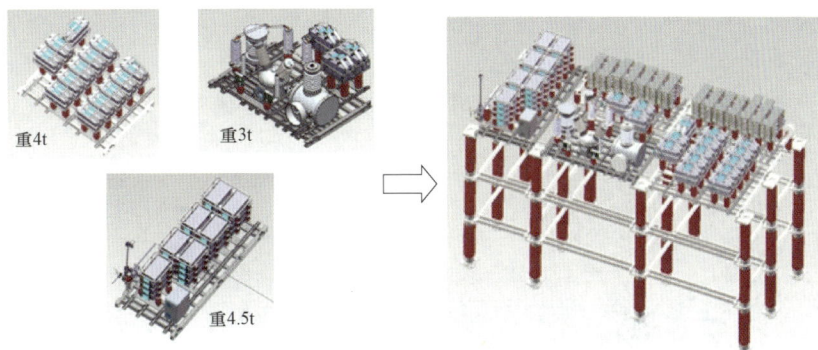

图 3-3-29 底层安装示意图

（8）安装顶层绝缘子到支撑座，紧固连接面所有螺栓（M12×30）。

（9）安装连接板至绝缘子，紧固连接面所有螺栓（M12×40）。

（10）吊装最顶层绝缘子，安装连接面所有螺栓（M16×80），暂不紧固。

（11）将绝缘板安装至导体，连接面所有螺栓（M12×45）力矩紧固。

（12）将软连接、连接排安装至导体，连接面所有螺栓（M12×70）力矩紧固。

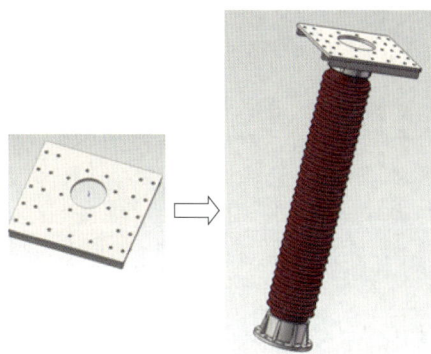

图 3-3-30 绝缘子安装

注 连接排、软连接、导体连接面打抛、涂润滑脂，薄薄一层。

（13）吊装导体安装至绝缘子，连接面所有螺栓（M12×40）力矩紧固。

注 导体表面清洁、无磕碰划伤，连接面打抛、涂润滑脂，薄薄一层。

（14）安装电流互感器装配体至底架，连接面所有螺栓（M16×45）力矩紧固。电流互感器安装示意图如图 3-3-31 所示产。

注 A4 电流互感器装配在 F5 层。

（15）安装地刀。地刀安装示意图如图 3-3-32 所示。

（16）安装顶层连接地刀的金具。金具安装示意图如图 3-3-33 所示。

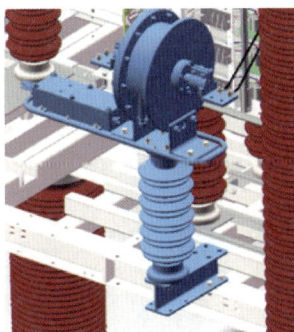

图 3-3-31 电流互感器安装示意图

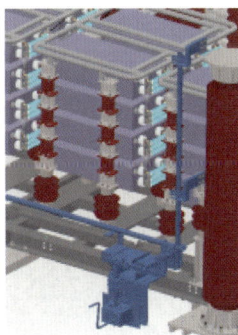

图 3-3-32 地刀安装示意图

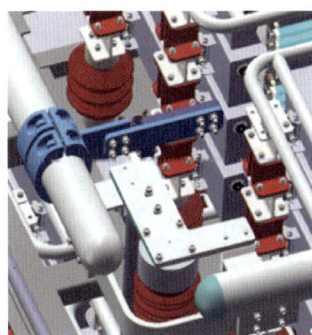

图 3-3-33 金具安装示意图

（17）测量接触电阻，标准值＜2μΩ。

（18）吊装顶屏蔽至绝缘子，连接面所有螺栓（M12×55）力矩紧固。

（19）力矩紧固最顶部安装板连接面螺栓。

（20）力矩紧固 F5 层绝子底部连接面螺栓。

4.5.3 层间屏蔽安装

（1）安装 F1～F5 层支撑件到屏蔽，连接面所有螺栓（M12×35）力矩紧固。支撑件安装如图 3-3-34 所示。

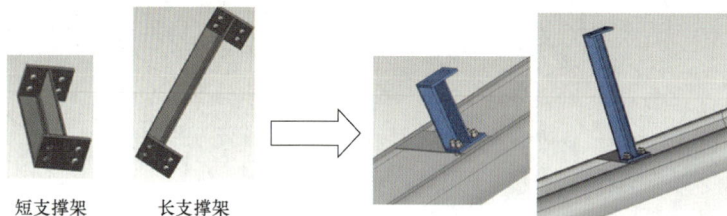

图 3-3-34 支撑件安装

F1～F5 层屏蔽对应安装位置及图号如图 3-3-35 所示。

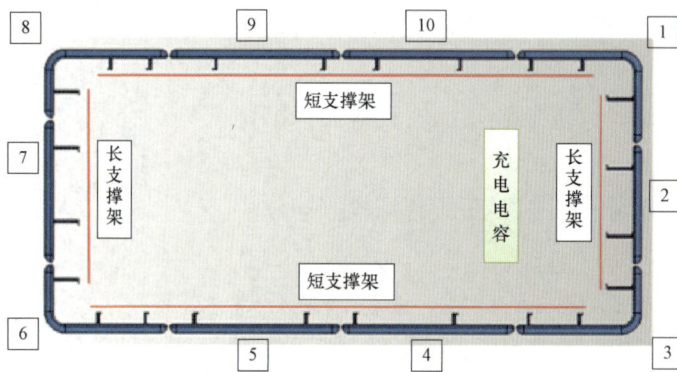

图 3-3-35 F1～F5 层屏蔽对应安装位置及图号

（2）安装 F0 层支撑件到屏蔽，连接面所有螺栓（M12×40）力矩紧固。支撑件安装如图 3-3-36 所示。

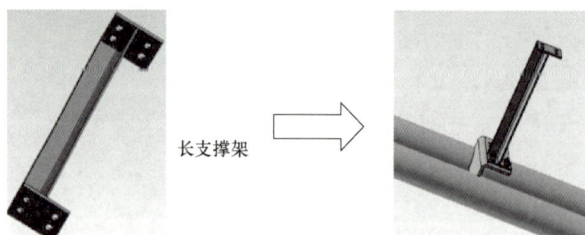

图 3-3-36 支撑件安装

F0 层屏蔽对应安装位置及图号如图 3-3-37 所示。

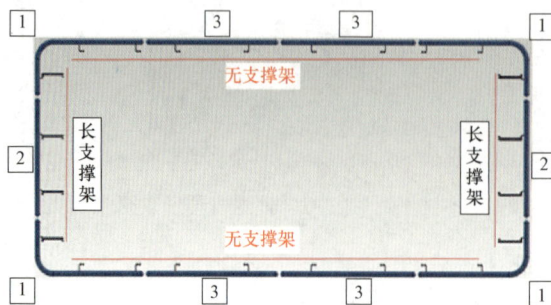

图 3-3-37 F0 层屏蔽对应安装位置及图号

（3）吊装层间屏蔽到底架，连接面所有螺栓（M12×40）力矩紧固。装配示意图如图 3 - 3 - 38 所示。

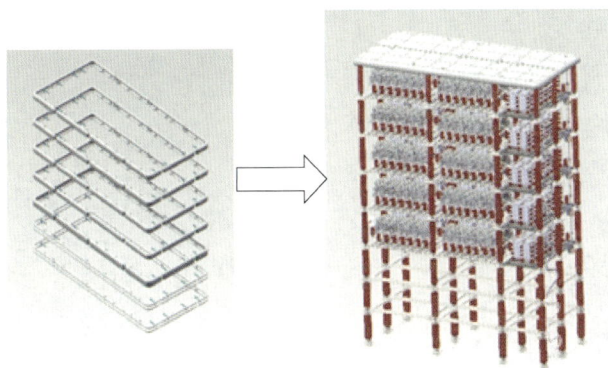

图 3 - 3 - 38　装配示意图

注　安装顺序：从最上层往下层装配。

4.6　避雷器平台安装

4.6.1　支撑绝缘子安装

安装步骤同开关平台。

4.6.2　平台总装

（1）吊装首层底架。首层底架装配示意图如图 3 - 3 - 39 所示。

注　吊装过程平稳，待模块保持水平后再起吊，在底架两侧各绑牵引绳，由两人控制牵引绳，防止吊装过程碰撞。

（2）吊装首层避雷器及钢板。首层避雷器装配示意图如图 3 - 3 - 40所示。

（3）安装 TA 和踏板。TA 和踏板装配示意图如图 3 - 3 - 41 所示。

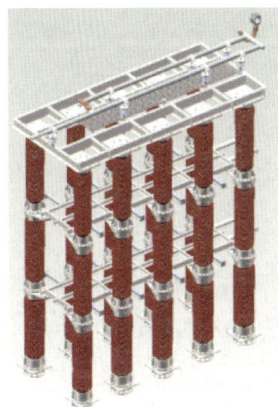

图 3 - 3 - 39　首层底架装配示意图

（4）重复步骤（2）、（3），吊装至顶层。避雷器装配示意图如图 3 - 3 - 42 所示。

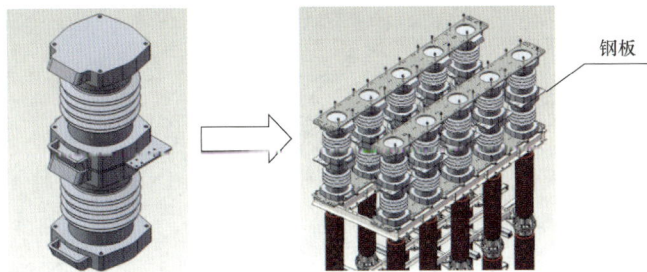

图 3 - 3 - 40　首层避雷器装配示意图

图 3 - 3 - 41　TA 和踏板装配示意图

4.6.3　屏蔽罩安装

（1）安装顶屏蔽。顶屏蔽装配示意图如图 3 - 3 - 43 所示。

（2）安装 F1～F5 层支撑件到屏蔽（F0 无须装支撑座），连接面所有螺栓（M12×35）力矩紧固。F0～F5 层屏蔽对应安装位置及图号如图 3 - 3 - 44 所示。

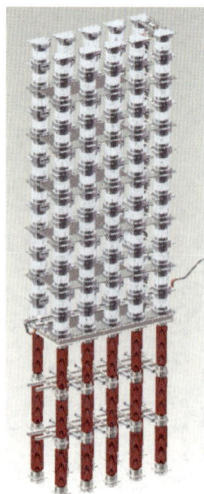

图3-3-42　避雷器装配示意图　　　图3-3-43　顶屏蔽装配示意图

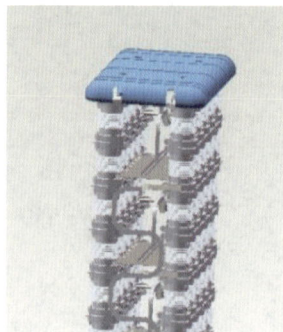

图 3-3-44　F0～F5 层屏蔽对应安装位置及图号

（3）吊装层间屏蔽到底架，连接面所有螺栓（M12×40）力矩紧固。

注　安装顺序：从最上层往下层装配。

4.7　供能变压器安装

4.7.1　主供能变压器整体翻身

（1）由于主供能变压器需要提前进场，做相关试验，临时存放于安装位置。到场好设备横放在木箱中，首先将变压器的外包装拆除，将变压器设备平放图如图 3-3-45 所示，放置在地面上，下部用支撑垫木进行支撑。变压器躺倒时，线圈及铁心支撑必须朝下，确保对铁心、线圈的支撑。

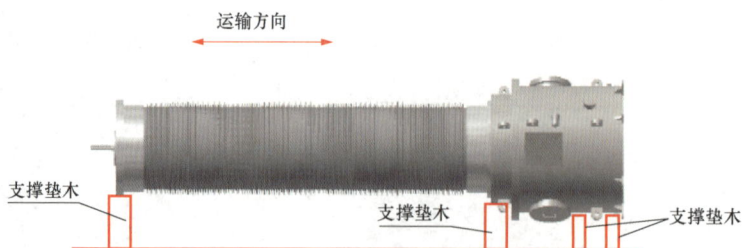

图 3-3-45　变压器设备平放图

（2）将翻身用的套管头部工装，按图 3-3-46 所示进行安装。

（3）安装翻转工装。将吊带穿过套管头部工装的吊孔，吊带与气箱上的吊攀用卸夹连接。翻身前需要在翻身工装下部垫入垫木及橡胶垫，用以增加地面摩擦力，并对地面进行保护。

（4）使用行车吊起套管端部，套管开始受力，然后缓慢提升行车，同时行车往变压器一端缓慢移动，在提升和移动过程中，慢慢把供能变压器整体翻转至竖直状态。翻身过程中，行车的速度不宜过快，吊绳尽量保持垂直。

图 3-3-46　套管头部工装安装图

（5）翻身完成后，在行车吊住变压器的状态下，拆卸翻转工装。拆卸完成后，将变压器从工装上吊离。工装吊装过程示意图如图 3-3-47 所示。

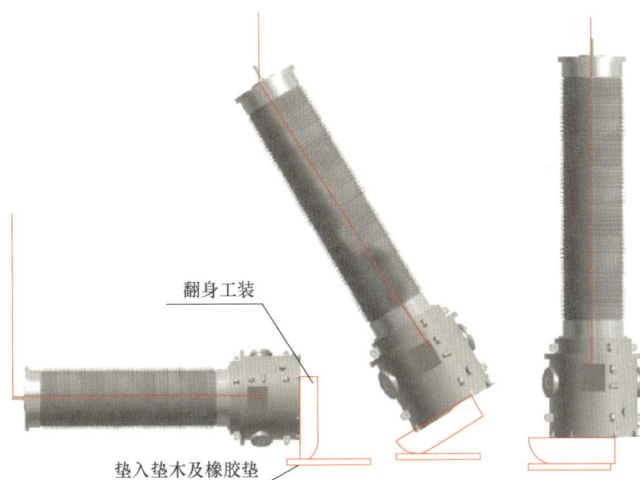

图 3-3-47　工装吊装过程示意图

（6）主供能变垂直起吊。变压器翻身完成后，采用气箱上的同一高度上的 4 只吊盘进行整体进行起吊，直起吊示意图如图 3-3-48 所示，采用 10t 单轨起重机运输至指定工位，起吊时注意起吊速度，并且起吊高度不宜过高。再根据现场布置及方向要求，把供能变压器安装到现场地基上。

4.7.2　主供能变排气及内检

（1）产品回气至微正压，破空至零表压。

（2）拆除运输支撑盖板，注意螺栓拧松后需使用吸尘器吸干净螺栓孔内异物再拆除螺栓。

（3）拧松运输支撑与高压线圈固定的螺栓，使用无尘布蘸无水乙醇擦拭干净螺栓端部，吸尘器吸干净螺栓端部异物，取出螺栓后再使用无尘布蘸无水乙醇擦拭干净螺栓孔内部，吸尘器吸干净螺栓孔内异物。

（4）拧松运输支撑与壳体固定的螺钉，注意螺钉拧松后需使用吸尘器吸干净螺栓孔内异物，先拆除上下螺栓预留水平方向两个螺栓，人工扶住运输支撑后再拆卸水平方向的螺栓，最后把运输支撑缓慢取出，使用吸尘器吸干净高压线圈运输支撑端面，用无尘布蘸无水乙醇擦拭干净。

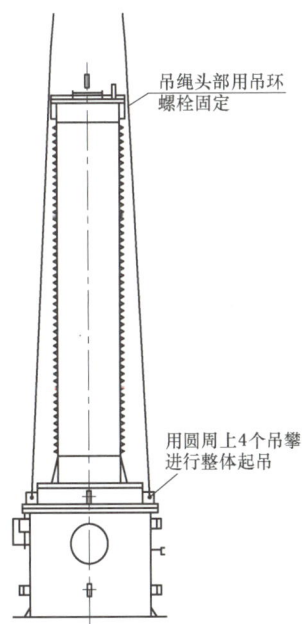

图 3-3-48　直起吊示意图

（5）测量确认高压线圈到法兰端面距离 L_1，430mm≤L_1≤460mm；高压线圈到法兰端面距离测量示意图如图3-3-49所示。

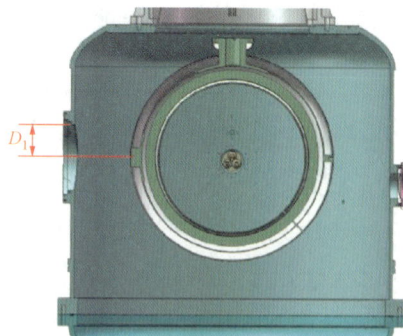

（6）把居中检测工装拧入高压线圈螺纹孔，然后测量确认工装与壳体法兰口上下左右四个点的居中偏差小于20mm；测量工装与壳体法兰口距离测量示意图如图3-3-50所示。

图3-3-49　高压线圈到法兰端面距离测量示意图　　图3-3-50　测量工装与壳体法兰口距离测量示意图

（7）更换运输支撑盖板位置密封圈，重新安装运输支撑盖板。

（8）用力矩扳手紧固安装固定螺栓，并做好标记。

4.7.3　更换吸附剂

（1）产品回气至微正压，破空至零表压。

（2）拆除接线盒对侧压力释放装置，并拆除内部吸附剂盖板，注意使用吸尘器吸干净螺栓端部异物，取出螺栓后再使用无尘布蘸无水乙醇擦拭干净螺栓孔内部，吸尘器吸干净螺栓孔内异物。

（3）更换新的吸附剂，注意吸附剂包装无破损，内部为真空状态，如出现非真空状态或者指示纸变色，则禁止使用。

（4）安装吸附剂盖板，更换防爆片密封圈，并将防爆片重新安装，用力矩扳手紧固安装固定螺栓，并做好标记。

（5）产品抽真空。抽真空至真空度≤5Pa，再保持抽真空≥12h。

（6）充气检漏。

1）将产品充气至额定气压（按铭牌参数），对重新安装的密封面进行定向检漏，合格后对现场重新安装的壳体法兰密封面进行局部包扎，包括运输支撑盖板、防爆装置，静置24h后定量检漏。

注意事项：

a. 应在晴朗干燥、通风良好的环境下进行充气，充气前检查被充入气体的水分符合标准要求。

b. 充气作业时管路、接口等充气工装保持清洁干燥、无泄漏点。

c. 产品充气时先用 SF_6 气体冲洗充气工装管路与接口处5～10s，去除原管路中残留水分，再对产品进行充气。

2）SF_6 气体含水量≤250μL/L（20℃）。

（7）端子连接。

1）在连接一次接线端子前，应确保一次端子板表面洁净无污物，无破损、氧化现象。用百洁布清洁铜—铜连接端并涂上导电膏，根据产品外形图一次接线端子连接方式进行连接，同时连接一次接线盒内的空气开关、压力传感器、温度传感器、温度采集器、开关电源、光纤转换器等器件，并确保紧固件连接端具有足够的接触压力。最后，检查一次接线盒内接地是否可靠。

2）连接二次接线端子前，应确保二次端子板表面洁净无污物，无破损，氧化现象。用百洁布清洁铜—铜连接端并涂上导电膏，根据产品外形图二次接线端子连接方式进行连接，并确保紧固件连接端具有足够的接触压力。

3）产品应通过壳体上的接地座可靠接地，在供能变压器的接地端和系统地电位间必须有一低电阻通路。

4.8　设备端子接触面处理

此部分做法参照国网公司"十步法"进行：

第一步，逐个制定接头工艺控制表，防止接头遗漏。

第二步，逐人开展专项技能培训并考试上岗，严格筛选作业人员。

第三步，对于阀厅超过 $10\mu\Omega$ 的接头进行解体处理。

第四步，用规定力矩检查紧固，对不满足要求的接头重新紧固并用记号笔画线标记。检查螺栓防松动措施是否良好。

第五步，拆卸接头，精细处理接触面。用 150 目细砂纸去除导电膏残留，无水酒精清洁接触面，用刀口尺和塞尺测量平面度。

第六步，均匀薄涂导电膏。控制涂抹剂量，用不锈钢尺刮平，再用百洁布擦拭干净，使接线板表面形成一薄层导电膏。

第七步，均衡牢固复装。复装时应先对角预紧、再用规定力矩拧紧，保证接线板受力均衡，并用记号笔做标记。

第八步，复测直流电阻，不满足要求的应返工。

第九步，80％力矩复验。检验合格后，用另一种颜色的记号笔标记，两种标记线不可重合。

第十步，专人负责全程监督，关键工序由作业人员和监督人员双签证，责任可追溯。

4.9　断路器试验

断路器试验项目表见表 3-3-3。

表 3-3-3　　　　　　　　　　　　试 验 项 目 表

序号	项目	内容	责任单位
1	绝缘电阻	检查二次系统绝缘性能是否正常	安装单位
2	供能系统电压检查	检查供能系统电压是否正常	安装单位
3	线路电流 TA 信号检查	检查线路电流 TA 测量回路是否正常	安装单位
4	内部接口通信测试	验证 DCBC 与本体保护单/双套三取二装置通信中断后，监控后台告警正确	制造厂
5	信号检查	主支路机械开关信号检查	制造厂
6	对时系统通信测试	验证 DCBC 与对时系统通信故障时，监控后台告警正确	制造厂
7	控制保护系统测试	（1）采用整机断路器开展试验 （2）直流断路器正常运行，且无任何异常告警信息	制造厂
8	控制保护逻辑详细测试	（1）直流断路器合位运行时故障逻辑测试 （2）直流断路器分位运行时故障逻辑测试	制造厂

5　人　员　组　织

5.1　人员配置

（1）安装单位组织管理人员、技术人员、施工人员及制造厂人员到位并熟悉现场及设备情况。

（2）相关人员上岗前，应根据设备的安装特点由制造厂向安装单位进行产品技术要求交底；安装单位对作业人员进行专业培训及安全技术交底。

（3）制造厂人员应服从现场各项管理制度，制造厂人员进场前应将人员名单及负责人信息报监理备案。

（4）安装单位应向制造厂提供安装人员组织结构名单。

（5）特殊工种作业人员应持证上岗。

人员配置表见表 3-3-4。

表 3-3-4　　　　　　　　　　　　　　人 员 配 置 表

序号	岗位	人员	职责
1	现场总指挥	1人	负责断路器安装的全面管理工作
2	技术负责	1人	负责断路器安装的技术指导工作，编制施工方案并进行技术交底
3	安全员	1人	负责断路器安装作业面的安全管理和控制
4	质检员	1人	负责断路器安装作业面的质量管理和控制
5	施工负责	10人	负责断路器安装工作，现场组织协调人员、机械、材料、物资供应等
6	吊装指挥	2人	负责断路器安装附件的吊装指挥工作
7	机具保管员	2人	负责现场工器具的登记保管、发放、清点回收工作
8	登高人员	4人	高处作业
9	辅助人员	4人	地面进行相关设备安装
10	厂家人员	5人	指导现场施工人员安装，完成厂家设备内部的施工内容

5.2　界面划分

安装单位现场安装，制造厂技术指导。制造厂现场安装的部分，归入工厂装配范围。制造厂与安装单位的职责界面分工表（管理方面）见表 3-3-5，职责界面分工表（安装方面）见表 3-3-6，职责界面分工表（试验方面）见表 3-3-7。

一般原则：谁安装，谁负责；谁提供，谁负责；谁保管，谁负责。

（1）安装单位与制造厂就各自安装范围内的工程质量负责。

（2）除制造厂提供的专用设备、机具、材料外，安装环节所需其他设备、机具、材料由安装单位提供。现场安装过程中所用到的设备、机具、材料等必须在检定有效期之内，并履行相关报审手续。提供单位对所提供的设备、材料、机具的质量负责。

（3）接收单位对货物保管负责（需要开箱的，开箱前仅对箱体负责）。制造厂负责将货物完好、足量地运抵合同约定场所，到货检验交接以后由安装单位负责保管，对于暂时无法开箱检验交接的，安装单位需对储存过程中包装箱的外观完好性负责。

（4）安装单位与制造厂应通力协作，相互支持与配合，负有配合责任的单位，应积极配合主导方开展任务。如配合工作不满足主导方相关要求，双方应积极协调解决，必要时应及时报告监理单位。

表 3-3-5　　　　　　　　　　　　　　职责界面分工表（管理方面）

序号	项目	内容	责任单位
1	总体管理	安装单位负责施工现场的整体组织和协调，确保现场的整体安全、质量和进度有序	安装单位
2	安全管理	安装单位负责对断路器厂家人员进行安全交底和培训，为其办理进出现场的工作证。对分批次到场的厂家人员，要进行补充交底和培训	安装单位

序号	项目	内容	责任单位
2	安全管理	安装单位负责现场的安全保卫工作，负责现场已接收物资材料的保管工作	安装单位
		安装单位负责现场的安全文明施工，负责安全围栏、警示图牌等设施的布置和维护，负责现场作业环境的清洁卫生工作，做到"工完料尽场地清"	安装单位
		厂家人员应遵守国网公司及现场的各项安全管理规定，在现场工作着统一工装并正确佩戴安全帽	制造厂
		安装单位负责对制造厂进行月度安全培训及考核	安装单位
3	劳动纪律	安装单位负责与制造厂沟通协商，制定符合现场要求的作息制度，制造厂和安装单位均应严格遵守纪律，不得迟到早退	安装单位
4	人员管理	安装单位参与断路器安装作业的人员，必须经过专业技术培训合格，具有断路器安装经验。安装单位向制造厂提供现场人员组织名单，便于联络和沟通	安装单位
		制造厂人员必须是从事断路器制造、安装且经验丰富的人员。入场时，制造厂向安装单位提供现场人员组织机构图，便于联络和管理	制造厂
		制造厂人员进场应将人员名单及负责人信息报监理备案，并向监理、物资、业主单位履行出入场制度	制造厂
		安装单位应向制造厂提供安装人员组织名单	安装单位
5	技术管理	安装单位负责根据制造厂提供的断路器设备安装作业指导书，编写设备安装施工方案，将制造厂现场安装人员纳入现场施工组织机构，并完成相关报审手续	安装单位
		制造厂编制作业指导书、出厂试验报告（随阀组件一起分批交付）等资料在第一批设备到货前10天交付现场	制造厂
		制造厂提供的作业指导书内容中提供图样、标明运输单元的清单、尺寸、重量、吊点	制造厂
		安装单位负责质量验评表等施工资料	安装单位
		设备本身不符合国网相关要求、并可能影响安装质量的，安装单位应告知制造厂	安装单位
		制造厂应执行国家、行业及国网公司对设备质量管控的相关要求。有特殊要求时，制造厂与建设管理单位协商确定	制造厂
		制造厂负责技术指导，并向安装单位进行产品技术要求交底；安装单位提出的技术疑问，制造厂应及时正确解答	制造厂
		制造厂按照业主要求编制有针对性的作业指导书	制造厂
		制造厂负责关键工艺管控卡收集填写	制造厂
6	进度管理	为满足安装工艺的连续性要求，制造厂提出加班时，安装单位配合。加班所产生的费用各自承担	安装单位
		制造厂按照现场设备需求单严格执行发货、到货节点及设备	制造厂
		制造厂协助安装单位编制本工程的断路器安装、调试进度计划，报监理单位审查、建设单位批准后实施	安装单位
		制造厂制定每日的工作计划，安装单位积极配合。若出现施工进度不符合整体进度计划的，制造厂需进行动态调整和采取纠偏措施，以保证按期完成	安装单位 制造厂
7	物资管理	安装单位负责提供保管场地，负责保管安装有关的材料、图纸、工器具、返厂工件	安装单位
		安装单位应提供规格标准、性能良好的施工器具、安全防护用具、起重机具，并对其安全性负责	安装单位
		安装单位提供符合要求的相关安装材料、常规工器具、起重机具等	安装单位

续表

序号	项目	内容	责任单位
7	物资管理	制造厂提供符合要求的专用工装、专用仪器等，制造厂负责按照现场管理要求，将回收件清理运走，安装单位配合	制造厂
		制造厂派遣专人协助安装单位核对设备发运清单，与需求计划一致	制造厂
		制造厂对装配部位按图纸进行核对并清点零部件明细、数量	制造厂
		在卸货、转运和安装过程中，由安装人员操作不当所引起的物资损坏由安装单位负责，由制造厂人员操作不当所引起的物资损坏由制造厂负责，并从相关制造厂采购	安装单位 制造厂
8	环境管理	安装单位负责阀厅内的无尘化施工布置及门禁管理	安装单位
		严格断路器安装前土建条件确认，禁止土建、安装交叉作业	土建单位
		安装单位提供适用于现场环境监测设备，制造厂提供设备参数	安装单位制造厂
		制造厂对安装前的环境进行动态确认	制造厂
		作业前，安装单位应布置有效的防蚊虫措施，制造厂进行确认	安装单位
9	备品资料管理	制造厂家向安装单位移交合同所要求的相关产品资料（含电子版）、备品备件、专用工具、仪器设备，并在监理的见证下，填写移交记录	制造厂

表 3-3-6　　　　　　　　　　　　　职责界面分工表（安装方面）

序号	项目	内容	责任单位
1	基础复测	检查混凝土基础达到的强度，负责检查基础表面清洁程度，负责检查构筑物的预埋件及预留孔洞应符合设计要求	安装单位制造厂
		检查与设备安装有关的建（构）筑物的基准、尺寸、空间位置	安装单位制造厂
2	设备检查	在监理见证下，制造厂和安装单位共同对开箱后的零部件进行清点，核对设备完好后，方可进行安装	安装单位制造厂
3	设备就位	设备拆包装	安装单位
		将设备转运到安装位置	安装单位
4	模块分装	安装公司在制造厂指导下进行一些小模块的分装	安装单位
5	平台总装	平台的高处安装作业	制造厂 安装单位
6	二次安装	安装单位负责就地汇控柜、控制柜的吊装就位，制造厂家确定就位的正确性	安装单位
		以断路器控保屏柜为界，本体至控保柜内的光缆、电缆为厂供，并负责接线（含光缆熔接）及光纤头插接确认	制造厂
		许继阀冷控制柜至阀内冷、外冷的光缆、电缆由厂家提供并接线、熔接	
		制造厂负责设备自身之间的联锁回路的调试	
		负责厂供电缆、光缆敷设。负责断路器控保和许继断路器冷保护柜至外部的电缆、光缆由安装单位敷设并接线	安装单位
7	冷却系统水供货	竣工投产前冷却系统相关的消耗材料由厂家供货	制造厂
8	问题整改	在安装、调试过程中，制造厂负责处理不符合基建和运检要求的产品自身质量缺陷	制造厂
		在安装、调试过程中，安装单位负责处理因施工造成的不符合基建和运检要求的质量缺陷	安装单位
9	质量验收	在竣工验收时，安装单位负责牵头质量消缺工作，制造厂配合	安装单位
		验收产生的缺陷，由制造厂产品本身原因造成的，由制造厂负责整改闭环；由安装单位原因所造成的，由安装单位负责整改闭环	安装单位制造厂

表3-3-7　　　　　　　　　　　　　职责界面分工表（试验方面）

序号	项目	内容	责任单位
1	绝缘电阻	检查二次系统绝缘性能是否正常	安装单位
2	供能系统电压检查	检查供能系统电压是否正常	安装单位
3	线路电流 TA 信号检查	检查线路电流 TA 测量回路是否正常	安装单位
4	内部接口通信测试	验证 DCBC 与本体保护单/双套三取二装置通信中断后，监控后台告警正确	制造厂
5	信号检查	主支路机械开关信号检查	制造厂
6	对时系统通信测试	验证 DCBC 与对时系统通信故障时，监控后台告警正确	制造厂
7	控制保护系统测试	(1) 采用整机断路器开展试验 (2) 直流断路器正常运行，且无任何异常告警信息	制造厂
8	控制保护逻辑详细测试	(1) 直流断路器合位运行时故障逻辑测试 (2) 直流断路器分位运行时故障逻辑测试	制造厂
9	电流开断试验	用于考核直流用于检测直流断路器开断故障电流的能力	制造厂

6　材料与准备

6.1　材料条件

装置类材料按合同约定、设计图确定提供方，具体材料配置表见表3-3-8。

表3-3-8　　　　　　　　　　　　　　具体材料配置表

序号	名称	数量/间隔	用途
1	无水酒精	2～3kg	零部件清理
2	记号笔（红、蓝）	2套	作紧固记号
3	无毛纸	300～400 张	零部件清理
4	百洁布	4块	零部件清理
5	螺纹锁固剂 243	2支	螺栓、牛眼轮紧固
6	OKS VP 980 润滑脂	4支	导体清理
7	白棉手套	2袋	装配用
8	塑料薄膜（0.06mm）	4卷	产品防护
9	防尘罩（大、小）	20个	产品防护
10	气泡垫	4卷	产品防护
11	打包带	2卷	零部件包装用

注　表中的数量依具体情况而定。

6.2　机具设备条件

6.2.1　大型机械、机具

安装单位提供满足安装需要的大型机械、机具，大型机械、机具配置表见表3-3-9。

表3-3-9　　　　　　　　　　　　　大型机械、机具配置表

序号	名称	规格/型号	数量	备注
1	汽车起重机	吊重25t	1 台	阀厅外卸货
2	对讲机	同频率	8个	
3	电动叉车	3t	4 台	阀厅内倒运设备

序号	名称	规格/型号	数量	备注
4	平板车	7t	2 台	阀厅内倒运设备
5	力矩扳手	5～25N·m（1/4） 20～100N·m（1/2） 20～100N·m（φ16） 60～300N·m（1/2） 60～300N·m（φ16） 110～550N·m（φ22）	各 2 个	
6	活动扳手	12 寸、18 寸、24 寸	各 2 个	
7	旋具套筒	3mm、4mm、5mm、6mm	各 2 个	
8	旋具套筒	8mm（1/2）	4 个	
9	旋具套筒	10mm、14mm	各 2 个	
10	内六角扳手	3mm、4mm、5mm、6mm、 8mm、10mm、14mm	各 2 个	
11	快扳	10mm、13mm、16mm、18mm、 24mm、30mm	各 2 个	
12	棘轮扳手	16mm、18mm、24mm、30mm	各 2 个	
13	套筒	10mm、13mm	各 2 个	
14	套筒	16mm、18mm、24mm、30mm、36mm	各 2 个	
15	开口扳头	13mm、16mm、18mm、24mm、 30mm、36mm	各 2 个	
16	加长杆	100mm、180mm	/	
17	电动螺丝刀	拆包装用	2 个	
18	电动扳手	1/2；M6～M16	1 个	
19	电动扳手	1/2；M12～M20	2 个	
20	十字批	/	4 个	
21	十字螺丝刀	中号	2 个	
22	一字螺丝刀	中号	2 个	
23	柔性吊带合成纤维吊装带	4t、5m 长	4 根	
24	柔性吊带合成纤维吊装带	4t、4m 长	4 根	
25	柔性吊带合成纤维吊装带	4t、3m 长	4 根	
26	柔性吊带合成纤维吊装带	2t、2m 长	4 根	
27	牵引绳	总长大于 15m	2 卷	
28	手拉葫芦	5t	4 副	
29	卸扣	5t	8 个	
30	卸扣	2t	4 个	
31	吊环螺钉	M12、M16、M20	各 4 个	
32	升降车	升降最高高度超 15m	2 台	
33	激光水平仪	能发出水平线和竖直线	1 个	
34	铅垂	带 4m 细绳	2 个	
35	真空泵	管路接口与供能变一致	1 个	
36	充气管	/	2 根	

续表

序号	名称	规格/型号	数量	备注
37	充气接头	/	2个	
38	电阻测试仪	CR‐IIIB	1个	
39	卷尺	10m	1个	
40	钢板尺	300mm	1个	
41	钢板尺	1000mm	1个	
42	游标卡尺	150mm	1个	
43	吸尘器	1000～2000W（并在吸管上配接细头嘴管和加长管）	2个	
44	移动电源	AC 220/380、30m 以上	2个	
45	照明设备	200W	2个	
46	热风枪	700W	1个	
47	小撬棍	/	4个	
48	手电钻	/	1个	
49	手锯	/	1个	
50	丝锥	M6～M12	1个	
51	装有台钳的工具案	/	1个	
52	安全帽	/	20个	
53	安全带	双钩；五点式	12根	
54	防雨篷布	10m×10m 户外、阴雨	2块	
55	长吊环	M16；100mm	70个	
56	锚点吊带	锚点吊带	40根	
57	人字爬梯	/	2个	
58	强光手电	/	2个	
59	防震橡皮锤	/	2个	
60	带盖方塑料盒	200mm×200mm×300mm	4个	
61	剪刀	/	1个	
62	冷压钳	/	2个	
63	斜口钳	/	2个	
64	剥线钳	/	2个	
65	压线钳	/	2个	
66	尖嘴钳	/	2个	
67	起钉钳	/	1个	
68	手提工具包	/	8个	
69	升降车	15m	4台	

6.2.2　试验、检测仪器

安装单位提供满足试验、检测要求的相关设备、仪器，且应经检定并在有效期内。

试验、检测仪器配置表见表 3‐3‐10。

表 3 - 3 - 10 试验、检测仪器配置表

序号	名称	推荐使用规格	数量
1	SF_6 气体检漏仪	Q200	1个
2	微量水分测量仪	DSW - Ⅱ	1个
3	回路电阻测试仪	100A	1个
4	开关测试仪	AI - 6000D	1个
5	SF_6 纯度分析仪	YTC - 711	1个
6	直流高压发生器	DHV - 300kV/5mA	1个
7	绝缘电阻表	2000V	1个
8	万用表	数字式	1个
9	水平仪	BB - Z4	1个
10	温湿度计	VAISAL	2个
11	卷尺	10m	1个
12	钢板尺	1000mm	1个
13	角度尺	/	1个

6.2.3 常用工器具

安装单位提供必要的常规安装工具，安装工具配置表见表 3 - 3 - 11。

表 3 - 3 - 11 安 装 工 具 配 置 表

序号	名称	规格	数量
1	移动电源	AC 220/380V、30m 以上	1个
2	撬棍	/	6个
3	安全帽	/	18个
4	安全带	/	8根
5	人字爬梯	/	1个
6	力矩扳手	300N·m	4个
7	电动扳手		2个

6.2.4 制造厂专用工器具

制造厂提供满足安装需要的专用工器具，制造厂专用工器具配置表见表 3 - 3 - 12。

表 3 - 3 - 12 制造厂专用工器具配置表

序号	名称	规格	数量
1	专用吊具	专用工具	1个
2	配重模块	专用工具	1个
3	充气接头	专用工具	2个
4	充气管	专用工具	2根

6.3 环境条件

6.3.1 土建交付安装的条件

土建交付安装条件见表 3 - 3 - 13。

表 3 - 3 - 13　　　　　　　　　　　　　　　土建交付安装条件

序号	施工必要边界条件
1	阀厅封闭、无扬尘作业、墙上箱体完成安装、锁具、门窗具备使用条件
2	土建基础（及预埋件）施工完成及验收，通过各级验收
3	阀厅周围封闭隔离条件，周边无土建开挖作业，进入阀厅的通道已回填夯实
4	阀厅内电缆沟入口的电磁屏蔽钢支架安装完毕，阀厅内电缆沟入口和墙体上的预留孔应临时封闭良好
5	阀厅无漏水隐患、无透光，阀厅微正压及环境条件满足安装要求
6	预埋件、基础中心线划好，复测满足厂家要求
7	阀厅内地面、电缆沟道施工完成，阀厅内无任何打磨、喷漆、扬尘工作
8	阀厅内行车轨道、行车梁符合设计要求，具备行车安装条件
9	阀厅正式照明灯具完成安装，具备运行条件
10	阀厅内空调通风系统安装完成，具备正常运行条件
11	阀厅内电缆沟、接地抽头已通过验收，符合设计要求
12	土建预埋管头已切平、钝化处理，便于电缆敷设及保护
13	阀厅各处无积尘污染、无焊渣、无金属粉末、保洁工作已完成，并通过各级验收
14	阀厅内套管孔洞临时封堵完成，无漏水、无漏风
15	阀厅内墙上检修箱已安装完成，具备使用条件
16	阀厅内电缆沟盖板应完成，并调整完成通过各级验收

6.3.2　现场布置

直流断路器阀厅安装时，清洁度要求特别严格，需在两个阀厅人员出入口分别设一个除尘处置间，除尘间内布置三道防尘措施，入门设置门帘和风帘机，用于阻止开门后外界风沙进入，出口设置风淋室，可以清除人体上的灰尘及尘土。除尘间内部设置面部识别考勤系统、办公桌、排椅、衣柜、鞋柜、液晶显示器等设备。

该独立空间用于：

（1）进入阀厅的施工人员更换专用无尘防尘防护分体服及工作鞋。

（2）管理人员或外来参观人员进入阀厅均需穿连帽防静电大褂、套上无纺布鞋套。

（3）管理人员进行人员出入登记。

（4）风淋室左墙上的液晶显示器显示着阀厅内部的监控录像，实时反映阀厅的情况；右侧液晶显示器显示阀厅内人员信息、人员数量。

阀厅内布置安全文明宣传区、站队"三交"工作交底区、机械设备摆放区、工器具摆放区、材料、设备摆放区以及专设金具摆放区等几个区域，便于安装过程管理。设备安装区阀塔外轮廓下部采用 3M 反光贴纸粘贴防碰撞地面标识，避免升降平台误碰设备。

为加强阀厅内安全文明施工管理，阀厅区域设置区域责任牌、党员责任区牌、施工平面布置图、材料展示图、工艺流程及控制要点图、风险控制牌、安全质量通病防治牌、设备安装简介牌等，同时配置大型喷绘机横幅，营造安全文明施工氛围，加强各施工人员的安全意识和质量意识。

由于极 1、极 2 阀厅内设备布置形式对称，阀厅设备安装平面布置图仅以极 2 为例进行说明。极 2 阀厅平面布置图如图 3 - 3 - 51 所示，除尘处置间如图 3 - 3 - 52 所示。

6.3.3　消防控制措施

（1）阀厅交安后，阀厅内严禁一切动火作业，严禁在阀厅内吸烟，工作人员及外来人员进出阀厅时，严禁携带火种。

（2）阀厅内施工用电采取统一管理，施工用电的接取和拆除必须经电气施工负责人同意，并

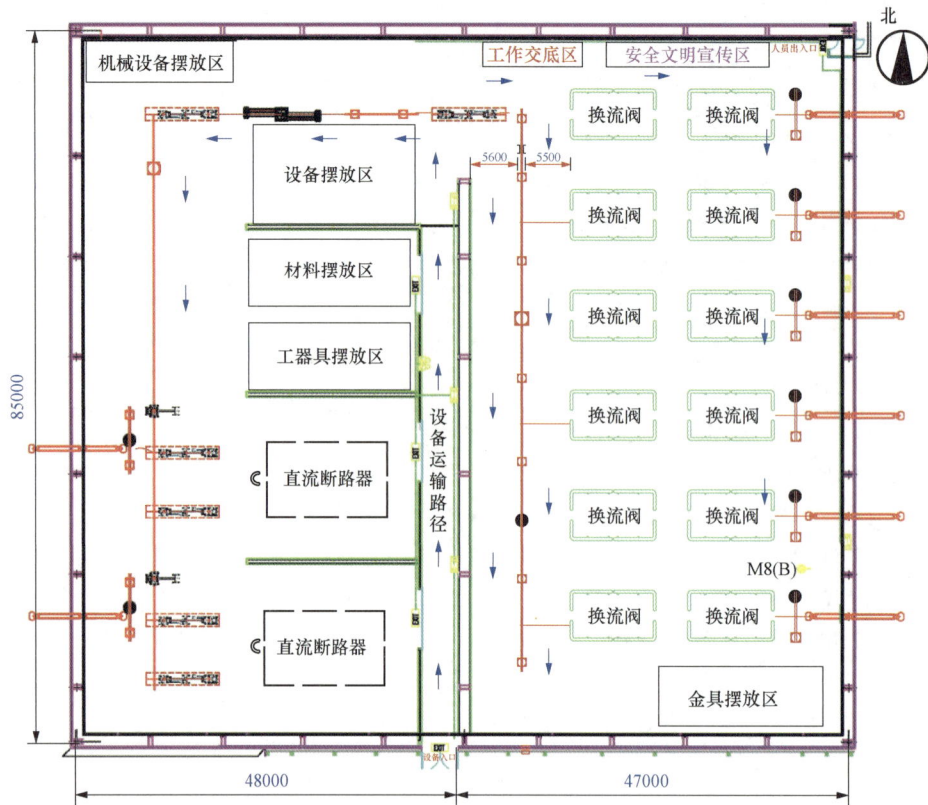

图 3-3-51　极 2 阀厅平面布置图

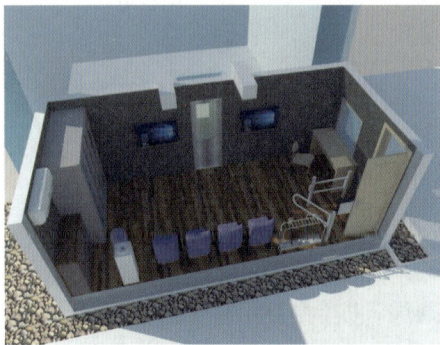

图 3-3-52　除尘处置间

由专业电工完成。

（3）阀厅内易燃易爆危险品实行定置化管理，无水乙醇按需取用，不准擅自存放；设备包装木箱、纸箱，设备包装泡沫、塑料布等易燃品应及时清出阀厅，厂家需要回收的协调厂家尽快运送到阀厅外指定地点存放，及时回收。

（4）阀厅内电源箱附近，设备存放处应设置干粉灭火器，安排专人定期检查压力，并做好跟踪检查记录。

6.3.4　阀厅环境保护措施

断路器是换流站内的核心设备，它的安装和运行对环境要求极高，断路器的产品技术说明书中对安装条件提出了明确要求。在模块安装之前，阀厅通风设备运行正常，阀厅温度 10～25℃。相对湿度不大于 60%，安装环境应满足 ISO 14644-1《洁净室及相关控制环境标准》中的 9 级要求，0.5μm 颗粒不大于 35 200 000 个/m³，1μm 颗粒不大于 8 320 000 个/m³，5μm 颗粒不大于 293 000 个/m³，阀厅内压力保持微正压，空气洁净度满足百万级，在阀厅内布置了阀厅设备安装环境监测系统，主要包括以下功能：

（1）温湿度监测。实时监测记录阀厅内的温湿度情况，并根据采集记录的数据与标准进行对比判断，发现温湿度超标时，提示作业人员注意。当温度超标时，施工人员应调低阀厅空调温度，并将阀厅内热源移出阀厅外。湿度超标时，将阀厅内潮湿物品移出阀厅或采取密封措施，并加大空调送风量，降低送风的湿度。

（2）粉尘度监测。阀厅内安装 6 个粉尘监测仪，监测阀厅空气粉尘情况。粉尘超标时排查阀厅封堵和阀厅内作业情况，消除粉尘源，采用扫地机对阀厅地面全面清洁，加大空调送风量，短时间内将阀厅内空气排出。

（3）大气压力监测。单极阀厅内各安装 2 个大气压力监测器，阀厅外安装 1 个大气压力监测器，监测阀厅内大气压力情况。阀厅内气压应保持微正压，空气从阀厅内向外部流动。如果阀厅内大气压力小于室外压力，空气从室外向室内流动，阀厅内温度湿度和粉尘颗粒度均无法保证。当阀厅内大气压力检测告警时，工作人员应检查阀厅封堵并加大空调出风量。

（4）视频记录。单极阀厅内周围安装 4 个摄像头，阀厅内设置 1 台 42 寸监控显示器，实时记录阀厅安装过程。环境监测系统通过显示器实现人机信息交换，实时显示室内环境指数。另外在关键工序安装阶段，施工人员采用具备监控功能的头盔进行作业，全程记录关键工序作业。

（5）无尘化控制措施。

1）作业环境"无尘化"。

措施 1：阀厅地面内满铺地板革，有效抑制升降平台移动等可能带来的扬尘，同时减少对地面损坏。

措施 2：每层设备安装完成后，及时用塑料薄膜和隔板及时覆盖，本体安装完成后、系统设备带电前，对本体采用塑料薄膜进行全面覆盖，起到有效的防尘及防护隔离的效果。

2）环境控制"车间化"。

措施 1：制定阀厅管理制度，实行人员进出登记制度及施工过程"四无"（场地无积水、无灰尘、无杂物、无垃圾）管理。

措施 2：引进扬尘温湿度检测系统，设置于安装区域东侧。系统含主机数据采集系统、防护箱、无线传输（含手机卡）、云平台、APP 手机端、LED 显示屏。满足厅内保持微正压，温度在 10～25℃为宜，相对湿度不大于 60% 的安装条件。

措施 3：本体及附件安装人员穿着专用的防尘服和防尘头套。

措施 4：阀厅配备大功率工业吸尘器和扫地机两台，专业班组维护阀厅内卫生。

措施 5：阀厅入口处设置门禁系统，施工人员进出必须刷卡进入，其他单位有相关工作必须提前申请并办理门禁卡，外来人员凭临时出入证进出。

3）成品保护"细致化"。

做好成品保护措施：

a. 升降平台和叉车的车轮胎外包裹保护套，避免对地面的划痕及轮胎印。

b. 支柱绝缘子外表层包裹"成品保护"喷绘布警示标识，避免碰撞破损。成品保护图如图 3-3-53 所示。

（a）　　　　　　　　　　　　　　　　（b）

图 3-3-53　成品保护图

（a）保护图一；（b）保护图二

6.4　技术准备条件

（1）设备安装前，必须熟悉设计图及制造厂装配图、电气接线图和安装使用说明书，针对设计要求及设备参数、性能，结合工程具体情况编制施工技术指导书并全员交底。

（2）根据施工图纸核对设备型号及技术参数，确定安装位置。

（3）安装施工前，针对审批的方案进行技术交底，需厂家技术指导人员参加，施工人员需熟悉总体安装程序和技术要求，确保安装质量工艺。

（4）阀厅内顶梁安装有 3 台 10t 单轨起重机，使用前仔细核对工况，满足使用要求。按照设计承载力要求，阀厅 2 区和 4 区，允许有且仅有 2 台起重机同时运行。

6.5　设备接收及验收

6.5.1　设备接收

断路器及附件到场后应进行到货验收，主要进行检查以下内容：

（1）检查发运清单，核对物品与清单一致。

（2）检查货物外观无异常，确认包装完整无损。

（3）检查冲撞记录仪数据符合制造厂要求。

（4）运输方向有特殊要求的对运输方向正确性进行检查。

（5）充有气体的运输单元，按产品技术规定检查压力值，并做好记录，有异常情况时应及时采取措施。

（6）开箱检查时应小心谨慎，避免损坏设备或零部件，开箱后，认真核对装箱清单，并按以下要求对设备进行全面检查：

1）产品的技术文件应齐全，如产品说明书、安装图纸、装箱单、试验记录及产品合格证件等技术件。根据制造厂提供相关资料，查看设备到货的状态与出厂时的状态是否相符。

2）包装箱开启后，检查包装箱内部元件是否按要求进行包装保护，不得有进水现象。

3）设备及所有部件外壳无损伤、变形、裂纹、锈蚀，设备漆面完好、无油污、无划伤。

4）玻璃制品或其他易碎品须完好。

5）设备紧固件无明显松动、脱落、损坏现象。

6）上架组合运输的套管，检查瓷件无损伤。

7）带有软外包装的零部件，应去除软包装后对表面的完好性进行验证。

8）暂时无法开箱检查的应先对包装箱的外观进行检查，确保其完好性。

9）设备和器材在运输和装卸过程中不得倒置、倾翻、碰撞和受到剧烈的振动。

（7）实物与装箱清单核对无误后，与安装单位办理交接并在清单上签字，并交由安装单位妥善保管。

6.5.2　现场储存保管

断路器现场储存保管应按照以下规定执行：

（1）设备和器材应按原包装置于干燥清洁的室内保管。室内温度和空气相对湿度应符合产品的技术规定。

（2）当保管期超过产品的技术规定时，应按产品技术要求进行处理。

（3）备品备件长期存放应符合产品的技术规定。

（4）断路器安装前，元器件的内包装不应拆解。当设备和器材受潮时，应采用干燥空气进行干燥，或拆解内包装后在空调环境中干燥及存放。

6.5.3　设备转运

为保证阀厅内无尘化施工环境，拉载附件箱的车辆在阀厅风淋间通道外停车等待卸货，在阀厅外使用25t汽车起重机和叉车将货物卸运至风淋间通道内，在此通道内使用吸尘器和清洗机对箱子表面尘土进行清理，最后再使用阀厅内电动叉车将清扫处理过的附件箱倒运至安装位置，通过使用阀厅顶梁安装的10t单轨起重机进行施工作业。

由于工程场地有限，断路器个别附件需要在备品库内安装，之后转运至阀厅内。此区段运输采用专用平板车工具，在运输过程中采用防雨布包裹，有效抑制扬尘进入设备内。

6.5.4　设备开箱

阀厅具备安装条件后方允许进行开箱检查。开箱检查提前48h通知监理，协调各相关单位共同进行。

开箱场地的环境条件应符合产品的技术规定，当拆解了内包装的元器件未及时安装时，应置于干燥清洁的室内临时保管。开箱检查清点，设备规格应符合设计要求，设备、器材及备品备件应齐全。同时还应进行下列检查：

（1）元器件的内包装应无破损。

（2）所有元件、附件及专用工器具应齐全，无损伤、变形及锈蚀。

（3）各连接件、附件及装置性材料的材质、规格、数量及安装编号应符合产品的技术规定。

（4）电子元件及电路板应完整，无锈蚀、松动及脱落。

（5）光纤的外护层应完好，无破损；光纤端头应清洁，无杂物，临时端套应齐全。

（6）均压环及屏蔽罩表面应光滑，色泽均匀一致，无凹陷、裂纹、毛刺及变形。

（7）瓷件及绝缘件表面应光滑，无裂纹及破损，胶合处填料应完整，结合应牢固，试验应合格。

（8）设备组件的紧固螺栓应齐全，无松动。

（9）对于许继公司生产的断路器冷却水管，临时封堵件应齐全。

7　质量管控

7.1　主要质量标准、技术规范

GB 50147—2010 电气装置安装工程　高压电器施工及验收规范

GB 50150—2016 电气装置安装工程　电气设备交接试验标准

DL 5009.3—2013 电力建设安全工作规程　第3部分：变电站

Q/GDW 11797—2017 柔性直流输电换流站电气安装工程施工及验收规范

Q/GDW 11953—2019 柔性直流换流站交接验收规程

国家电网公司防止直流换流站单双极强迫停运二十一项反事故措施（2021版）

国家电网公司十八项电网重大反事故措施（修订版）（国家电网设备〔2018〕294号）

Q/GDW 11957.1—2020 国家电网有限公司电力建设安全工作规程　第1部分：变电

Q/GDW 248—2016 输变电工程建设标准强制性条文实施管理规程

国家电网输变电工程质量通病防治手册（2020年版）

国家电网有限公司输变电工程标准工艺　变电工程电气分册（2022版）

国家电网有限公司输变电工程建设安全管理规定［国网（基建/2）173—2021］

Q/GDW 12152—2021 输变电工程建设施工安全风险管理规程

Q/GDW 10250—2021 输变电工程建设安全文明施工规程

工程设计图、工程施工合同、设备厂家技术资料

7.2 验收管理

明确验收管理组织，明确列出需要参加验收的单位与专业人员；按《国家电网公司输变电工程验收管理办法》的程序进行；明确验收缺陷的处理方式及争议处理方式。

7.2.1 验收组织

现场验收组织机构图如图3-3-54所示。

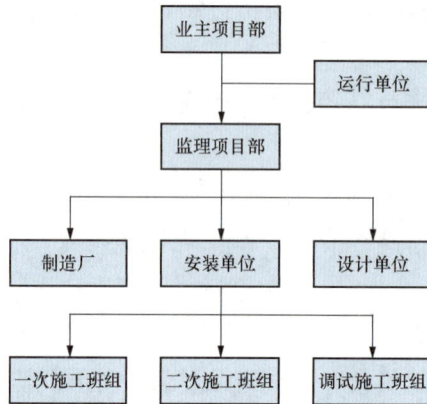

图3-3-54 现场验收组织机构图

7.2.2 验收要求

验收要点及要求表见表3-3-14。

表3-3-14 验收要点及要求表

验收要点	验收要求
基础验收	在断路器安装前，必须详细测量和核对整个基础面的标高、轴线、预埋件的尺寸，其质量标准符合有关规程，并满足厂家的公差要求，预埋件应做防腐处理
绝缘子安装验收	绝缘子钢支座与土建预埋铁焊接固定前，应严格控制钢支座的标高、轴线，误差控制在±1mm内，并对钢支座进行点焊固定，再测量，满足要求后方可进行满焊，焊接过程中要多次测量轴线和标高，发现问题及时进行调整
模块安装验收	（1）模块到达现场后，按照厂家技术资料的要求条件存放。特别是要求室内存放的，并且保证环境，如温度和湿度的要求，在存放地点设置温度计和干湿度计以监视温度和湿度。 （2）设备运转采用自带液压系统的转运小车，避免模块转运时剧烈的振动和碰撞。 （3）模块在安装前拆箱，模块的保护塑料膜是吊装时边拆边吊装。 （4）在每层设备安装时，保证阀厅的通风系统和空调系统正常运转，阀厅争取做到无尘，温度控制在10～25℃。相对湿度必须小于60%。吊装时支撑附件安装细心谨慎，防止敲击到模块的任一部分。 （5）螺栓连接紧固适当，按照设备的紧固力矩要求，严禁用力过猛紧固螺栓而使螺母陷进支柱或设备里面，损坏设备
通流回路接头端子验收	（1）主通流回路的金具/设备连接点均需进行直阻测试，并记录数据，并与质量标准进行比较，对测试结果进行判断，对不符合要求的连接点进行整改，并形成记录。 （2）设备连接安装前，使用600目细砂纸打磨去除表面氧化层，用丙酮清洗打磨面，再用干净的白棉布或卫生纸擦拭干净，最后进行安装连接。 （3）螺栓紧固时，均严格按照力矩紧固要求进行紧固，紧固力应采用100%标准螺栓紧力，紧固自检后划线。设备安装期间，对出厂前完成力矩紧固连接的部位应按照厂家给出的力矩值进行确定，避免由于连接部位力矩未到达规定值引起运行期间该位置局部发热。 （4）阀厅连接采用"1螺栓＋1螺母＋2平垫＋1弹垫"。 （5）主通流回路接线端子各个设备的等电位线、螺栓及螺母应做好防腐处理。 （6）电膏涂抹需均匀，避免涂抹过多结块，并记录涂抹导电膏型号
电气试验验收	所有设备的试验应按规程和厂家要求进行相关试验，并全部合格

7.2.3 整改处理方式

各类验收发现的问题需经整改闭环并经验收方认可方可开展后续工作。

（1）对于现场安装过程中出现的问题按照责任分工由责任单位整改。

（2）对于设备制造环节带来的问题由制造厂进行整改。

（3）存在争议的问题按合同约定或相关规定解决。

7.3 验收标准

（1）检查设备外观整洁，无损伤，螺栓齐全，紧固力矩满足厂家要求，通流回路直阻测试小于 $10\mu\Omega$。

（2）充气压力满足厂家规定，采用灵敏度不低于 1×10^{-6}（体积比）的检漏仪对密封部位进行检测，检漏仪不应报警（应在套管充气 24h 后进行检测）。

（3）二次回路检查回路绝缘良好，信号传输准确，密度继电器数据偏差在规范允许范围内，报警、跳闸等保护信号动作满足设备设计要求。二次接线防火、防潮措施有效落实。

（4）检查设备接地施工规范，接地电阻测试满足规范要求。

8 安 全 管 控

执行 Q/GDW 12152—2021 开展风险识别和风险预控。为确保设备和人身安全，对柔性直流断路器（机械式）安装固有风险进行辨识并编制控制措施，施工过程中应严格执行，同时应做好以下安全措施：

（1）柔性直流断路器（机械式）吊装前，技术人员应对施工人员进行详细的安全技术交底。

（2）起重、登高作业人员必须持证上岗；起重设备需经检验检测机构检验合格，并在特种设备安全监督部门登记；安装吊具应使用产品专用吊具或制造厂认可的吊具。

（3）吊装人员应仔细阅读厂家说明书，明确设备的重量、重心位置。

（4）吊装作业区域应设置护栏，进行安全隔离，并要求悬挂警示牌，禁止无关人员进入吊装作业区；起吊重物时，吊臂及被吊物上严禁站人或有浮置物；起重物及吊臂下严禁人员逗留。

（5）吊装作业前应对起重吊装设备、吊绳、临时拉线、链条、吊钩等各种机具进行检查，必须保证安全可靠，不准带病使用。

（6）柔性直流断路器（机械式）吊装、就位过程应平衡、平稳，两侧联系应通畅，应统一指挥。

（7）起吊电气设备宜用软吊带，设备吊装起吊前应检查起重设备及其安全装置；重物吊离地面 100mm 时应暂停起吊并进行全面检查，确认机构稳定，绑扎牢固后方可继续起吊。

（8）吊装起重操作人员应按指挥人员的指挥信号进行操作。对违章指挥、指挥信号不清或有危险时，操作人员应拒绝执行并立即通知指挥人员。操作人员对任何人发出的危险信号，均必须听从；指挥人员应站在使操作人员能看清指挥信号的安全位置上。当跟随负载进行指挥时，应随时指挥负载避开人及障碍物。

（9）防止螺栓、工器具等施工物从高空脱落，伤及绝缘子、设备和下部人员；高处进行螺栓紧固工作时，要正确佩戴安全带，禁止低挂高用，选择合适的着力点进行着力紧固螺栓。

（10）应注意各设备连接处连接螺栓齐全、紧固，特别是导电部分的搭接处理和紧固。

9 效 益 分 析

本典型施工方法具有简洁高效、资源利用率高等特点，可在合理的人员机械设备配备下，高质量、高效率完成柔性直流断路器安装，具有较高的经济效益。

柔性直流断路器为直流输电技术新型设备，施工方法尚未成熟定型。本典型施工方法对换流阀的工程现场安装流程、工艺、管控要点进行了明晰，可有效保证断路器施工质量，确保工程实体质量，可靠保障新能源送出消纳，具有较高的社会效益。

柔性直流输电技术作为电力系统重要组成部分，其安全稳定运行是保障电力可靠供应、避免大电网故障的关键环节。本典型施工方法可有力促进柔性直流技术可靠落地，保障国家能源大通道稳定供应，具有较高的政治效益。

10 应 用 实 例

该典型施工方法已在±500kV 张北柔性直流电网工程的换流阀安装中得到广泛应用，应用效果良好，有效保障了直流断路器安装的安全质量。

典型施工方法名称：柔性直流换流站工程分系统调试典型施工方法

典型施工方法编号：TGYGF004—2022—BD—DQ

编　制　单　位：国家电网有限公司特高压建设分公司

主　要　完　成　人：白光亚　郎鹏越　李同晗　马云龙　汪　序
　　　　　　　　　　李　远

<h1 style="text-align:center">目　次</h1>

1　前　　言

分系统调试是柔直换流站调试工作的重要环节，是保障系统调试顺利进行的前置条件。

柔性直流换流站分系统调试根据区域和设备特点，可分为交流场、换流变压器、启动区、双极阀厅、换流阀、极线直流断路器、直流场、其他二次系统和辅助系统九个区域。本典型施工方法涵盖柔性直流换流站内所有分系统调试工作，主要包括交流场设备、变压器、换流单元、直流断路器、直流分压器、电流互感器、耗能装置、直流控制保护系统等主设备分系统调试，以及远动通信系统、计量系统、故障录波系统、保护信息管理子站、交流站用电系统、站用直流电源、阀冷却系统、UPS不停电电源、空调系统、通风系统、火灾探测及消防系统、闭路电视及红外监视系统等辅助系统分系统调试。本工法重点介绍了柔性直流换流站工程分系统调试典型施工方法，为后续同类换流站的调试工作提供参考。

2　工 法 特 点

2.1　通过研究电流信号为判据的加压试验，检验耗能阀触发的正确性。

2.2　采用新型的光纤式电流互感器（Current Transformer，CT）一次注流方法，多点比较，同时检查复杂电流回路的正确性。

2.3　采用一次降压加压的方法，模拟高压电压对电压测量装置进行全回路检查。

2.4　采用分层推进，拆分再结合的方式，对重点难点区域设备调试编制有针对性的调试方案，优化的调试流程，提升现场作业的质量和效率。

3　适 用 范 围

本典型施工方法适用于柔性直流换流站工程现场分系统调试。工法项目覆盖全面、调试步骤清晰、描述准确，为后续柔性直流工程分系统调试工作提供了依据。

4　工 艺 原 理

柔性直流换流站分系统调试在设备安装及单体调试完成后进行，主要用来检验各子系统之间的通信和联动是否正常，各个分系统运行是否正常，各分系统的主要的检查和试验项目有电流电压回路的检查、整组传动检查、一次加压注流试验、二次加压注流试验、遥信遥控及回路检查、消防及火灾联动试验、模拟触发试验、顺序控制试验等，主要涉及9大区域设备及辅助系统分系统调试。在分系统调试完成并通过验收后，一、二次设备可以进入带电启动调试，即站系统和系统调试。

5　工法要点及试验内容

5.1　工法要点

柔性直流换流站分系统调试的主要工作是将换流站的全站系统进行拆分，区别于一次设备单体和二次设备单体试验，分系统调试的目的是将各单体设备进行连接，检验各设备的使用功能。合理地划分专业类别有利于各区域各专业之间的配合，大体可以分为包括交流场、换流变压器（联接变）、启动区、双极阀厅、换流阀、直流断路器、直流场、耗能装置、直流顺序控制、一次注流加压、水系统、远动系统、保护信息管理子站系统、安稳装置、站用电系统及其他辅助系统等子类，针对不同的子类，编制有针对性的子方案，与整体方案有机结合，从而提高分系统调试的工作效率。

柔性直流换流站分系统调试项目分类见表 3-4-1。

表 3-4-1 柔性直流换流站分系统调试项目分类

序号	调试项目	备注
1	交流场分系统调试	依据交流部分电压等级，可进一步划分，如：500kV 分系统、220kV 分系统等
2	换流变压器分系统调试	
3	启动区分系统调试	
4	双极阀厅分系统调试	
5	换流阀分系统调试	
6	直流断路器分系统调试	
7	直流场分系统调试	
8	耗能装置区域分系统调试	
9	直流顺序控制分系统调试	
10	水系统分系统调试	
11	远动系统分系统调试	
12	保护信息管理子站系统分系统调试	
13	安稳装置分系统调试	
14	站用电备自投装置分系统调试	
15	其他辅助系统	

5.2 交流场分系统调试

交流场分系统调试流程：试验仪器及资料准备→汇控柜端子箱屏蔽检查→二次线核对→二次回路及屏柜检查→交流场设备遥信联调→交流开关设备遥控联调→传动试验→二次回路通流、通压及二次回路负载试验→调度对点。

5.2.1 试验目的

交流场分系统调试是换流站交流场就地试验及与控制保护系统的联调试验，其目的是验证断路器与二次系统的接口功能正常，并检查其性能是否满足合同和有关标准、规范的要求。检查电流互感器、电压互感器二次回路的连续性，防止电流互感器二次回路开路，电压互感器二次回路短路；检查电流互感器、电压互感器二次绕组及相关保护、测量装置的接地及绝缘是否符合设计及反措要求；检查所有相关的模拟量、数字量的正确性。

5.2.2 试验条件

（1）相关设备单体试验已完成，试验合格。

（2）二次回路接线完成，并已正确核对，与设计资料及厂家资料相符。

（3）检查确认交流断路器汇控柜电源完整，包括控制电源、遥信电源、继电器电源和储能电源等。

5.2.3 试验项目和步骤

（1）汇控柜、端子箱电缆屏蔽及接地检查。检查汇控柜、端子箱内，动力电缆、控制电缆屏蔽接地情况，以及柜体、箱体接地情况。

（2）二次线核对。检查汇控柜至相关屏柜二次接线是否与设计相符，两端接线是否正确，是否符合设计要求。屏柜内设计图是否与厂家设计要求相对应，也应是二次线核对重点内容。

（3）二次回路及屏柜检查。

1）分系统调试单位用 1000V 绝缘电阻表对二次回路进行绝缘检查。回路对地电阻和回路之间应大于 10MΩ。

2）检查屏柜内照明是否正常；检查直流工作电压幅值和极性是否正确；检查直流屏内直流空开名称与对应保护装置屏柜是否一致；检查屏柜内加热器工作是否正常。

3）检查光纤、网线、总线等通信接线是否正确；任一路通信断开，后台应有报警信息。

（4）交流场设备遥信联调。

按设计图，逐一对各保护装置、断路器等相关信号进行联调，步骤如下：

1）断路器、刀闸等就地动作正确后，条件具备时，使交流场断路器、交流场控制保护小室内的二次保护装置（如线路保护、断路器保护、母差保护、短引线保护及其他保护）实际发出信号；条件不具备时，模拟发出信号（在信号源接点上模拟信号发生即将接点的两端短接）。

2）观察运行人员工作站信号事件列表上是否有该信号事件。若运行人员工作站上出现正确信号事件，试验通过，进行下一项试验；若运行人员工作站上没有正确信号事件，则查找原因并更正，重复进行上述步骤。

3）检查项目。检查交流断路器、刀闸位置及相关告警等信号；保护装置出口信号核对；故障录波信号核对；其他信号核对。

（5）交流开关设备遥控联调。

针对交流场的每台断路器和刀闸，验证其控制操作的正确性；交流断路器就地操作正确后进行遥控联调试验，步骤如下：

1）将三相控制箱的就地/远方开关的控制位置打到远方。

2）在运行人员工作站上对该间隔依次进行断路器、刀闸的分、合闸操作，若该间隔正确动作，试验通过，进行下一项试验；若该间隔未动作或动作行为不对，则进行检查，找到原因并更正后，重复进行上述步骤。

3）将三相控制箱的就地/远方开关的控制位置调到就地位置，在运行人员工作站上对断路器进行分、合闸操作：若不动作正确，试验通过，进行下一项试验；若动作行为不对，则进行动作逻辑检查，找到原因并更正后，重复进行上述步骤。

4）切换运行人员工作站至另一套系统，重复以上操作。

（6）保护传动。

按照设计图，逐一核对各保护装置跳闸逻辑，依次进行联调。

分别在各保护屏模拟各种故障，在保护动作出口检查确认保护与断路器的联合跳闸功能的正确性。

检查项目及传动步骤如下：

1）检查断路器本体正常，各电源均正常投入。

2）分别模拟线路保护、断路器保护、母线差动保护、变压器保护等保护 A 套动作。

3）检查断路器动作情况，正确则继续进行下一项，否则检查控制回路并更正，再继续进行。

4）相关保护之间的整组联动试验，如线路保护与开关保护之间、开关保护与母差保护之间、换流器接口屏与开关保护之间、保护与故障录波及保护信息子站之间报文正常等。

5）根据上述步骤，各保护 B 套重复进行。

（7）二次回路通流、通压及二次回路负载试验。

1）按照设计图，核对二次额定电流和额定电压，在二次注流和二次加压时，确保电流或电压不超过额定值。

2）在交流场断路器汇控箱及电压互感器端子箱内对所有电流、电压回路二次回路进行注流、加压，逐一核对各保护装置电流、电压量的采样值的正确性，判断控保系统所用电流、电压量的相序及采样值是否正确。

3）测量电流互感器二次回路电压，计算二次回路负载。

（8）保护联调。

线路两侧对应保护相互配合，分别在两侧保护屏模拟各种故障、保护动作出口，检查确认保护与断路器的联合跳闸功能的正确性。

（9）调度对点。

在交流场区域，依次按照调令要求，进行遥信、遥测、遥控对点。步骤如下。

1）根据调度命令，现场模拟信号动作、遥测点输入或调度对断路器、刀闸等进行遥控操作。

2）若该间隔动作正确或调度遥测量正确，试验通过，进行下一项试验；若该间隔未动作、动作行为不对或遥测量不正确，则进行检查，找到原理并更正后，重复进行上述步骤。

5.3 变压器分系统调试

试验仪器及资料准备→汇控柜端子箱屏蔽检查→二次线核对→二次回路及屏柜检查→开关量信号联调→模拟量信号联调→非电量保护传动→有载调压核对→冷却器投切操作→调度对点。

5.3.1 试验目的

变压器分系统调试是变压器与控制保护系统的联调试验，其目的是验证变压器与二次系统的接口功能正常，并检查其性能是否满足设计和有关标准、规范的要求。

5.3.2 试验条件

（1）相关设备试验已经完成，试验结果合格。

（2）检查二次回路接线，确保二次回路正确。

（3）检查确认变压器汇控柜电源，包括控制电源、遥信电源等。

（4）检查变压器分接头开关电机电源。

5.3.3 试验项目和步骤

准备及检查同 5.2。

（1）开关量信号联调。

按照变压器二次设计图，逐一核对各保护装置、变压器本体及相关设备信号，依次进行联调，步骤如下：

1）条件具备时，使变压器实际发出信号；条件不具备时，模拟发出信号（在信号源接点上模拟信号发生即将接点的两端短接）。

2）观察运行人员工作站信号事件列表上是否有该信号事件：若运行人员工作站上出现信号事件，试验通过，进行下一项试验；若运行人员工作站上没有信号事件，则进行查线，找到原因并更正后，重复进行上述步骤。

3）检查项目包括变压器本体信号核对、变压器保护装置信号核对、故障录波信号核对、保护信息子站信号核对等。

（2）模拟量信号联调。

针对变压器的每个模拟量输出信号，依次进行联调，步骤如下：

1）条件具备时，在信号源处测量模拟量信号的直流值；条件不具备时，模拟发出信号（在相应设备输出端施加直流值）。

2）在运行人员工作站上（或控制保护系统的输入端、软件）观察确认信号值：若与输入值相符，试验通过，进行下一项试验；若与输入值有差异，则进行查线，找到原因并更正后，重复进行上述步骤。

3）检查项目包括温度表显示值与后台温度显示进行比较、其他模拟量输入信号核对。

（3）非电量保护传动。

确保开关量信号联调正确的基础上，从非电量保护或变压器保护 A、B 屏分别任意短接一块屏的同一非电量动作信号。检查以下项目：

1）变压器非电量保护各保护动作出口的验证。

2）非电量保护动作出口闭锁及不启动失灵等相关出口逻辑的验证。

3）其他保护动作出口的验证。

4）从变压器本体实际模拟非电量保护动作出口的验证。

（4）有载调压核对。

按照变压器二次设计图，逐一核对变压器有载调压各挡位信号，依次进行联调，步骤如下：

1）条件具备时，使变压器实际发出信号；条件不具备时，模拟发出信号（在信号源接点上模拟信号发生即将接点的两端短接）。

2）观察运行人员工作站信号事件列表上是否有该信号事件：若运行人员工作站上出现信号事件，试验通过，进行下一项试验；若运行人员工作站上没有信号事件，则进行查线，找到原因并更正后，重复进行上述步骤。

3）将就地汇控柜调档切换的就地/远方平面的控制位置置于就地。

4）在就地控制有载开关进行变压器挡位切换，现场工作人员实际观察变压器本体挡位变化，若动作正确，试验通过，进行下一项试验；若不动作或动作不正确，检查原因并更正后，重新进行试验，重复以上步骤。

5）将就地汇控柜调档切换的就地/远方平面的控制位置置于远方。

6）运行人员在工作站遥控控制有载开关进行变压器挡位切换，现场工作人员实际观察变压器本体挡位变化，若动作正确，试验通过，进行下一项试验；若不动作或动作不正确，检查原因并更正后，重新进行试验，重复以上步骤。

（5）冷却器投切操作。

针对变压器的每组冷却器，验证其投切操作的正确性，步骤如下：

1）将就地汇控柜冷却器投切的就地/远方平面的控制位置置于就地。

2）在就地汇控柜对该变压器的每组冷却器依次进行投/切操作：若动作正确，试验通过，进行下一项试验；若动作不正确，则检查投切回路，找到原因并更正后，重复进行上述步骤。

3）将就地汇控柜的就地/远方平面的控制位置置于远方。

4）在运行人员工作站对该变压器的每组冷却器依次进行投/切操作。若动作正确，试验通过，进行下一项试验；若动作不正确，则检查投切回路，找到原因并更正后，重复进行上述步骤。

（6）调度对点。

同 5.2。

5.4 换流变压器分系统调试

试验仪器及资料准备→汇控柜端子箱屏蔽检查→二次线核对→二次回路及屏柜检查→换流变开关量遥信联调→换流变非电量保护传动→有载调压功能验证→风冷功能试验→二次通流及负载试验→分压器检查→调度对点→一次注流试验。

5.4.1 试验目的

换流变压器分系统调试是变压器与控制保护系统的联调试验，其目的是验证换流变压器与二次系统的接口功能正常，并检查其性能是否满足设计、技术和有关标准、规范的要求。

5.4.2 试验条件

（1）相关设备试验已经完成，试验结果合格。

（2）检查二次回路接线，确认整个二次回路连接的正确性。

（3）检查确认换流变压器汇控柜电源，包括控制回路电源、信号电源和冷却器交流电源。

（4）检查确认换流变压器分接头电机电源。

5.4.3 试验项目和步骤

准备及检查同 5.2。

（1）开关量信号联调。

按照换流变压器二次设计图，逐一核对各保护装置、换流变压器本体及相关设备信号，依次进行联调，步骤如下：

1）条件具备时，使换流变压器实际发出信号；条件不具备时，模拟发出信号（在信号源接点上模拟信号发生即将接点的两端短接）。

2）观察运行人员工作站信号事件列表上是否有该信号事件。若运行人员工作站上出现信号事件，试验通过，进行下一项试验；若运行人员工作站上没有信号事件，则进行查线，找到原因并更正后，重复进行上述步骤。

3）检查项目包括换流变压器本体信号核对、换流变压器保护装置信号核对、故障录波信号核对、保护信息子站信号核对等。

（2）模拟量信号联调。

针对换流变压器的每个模拟量输出信号，依次进行联调，步骤如下：

1）条件具备时，在信号源处测量模拟量信号的直流值；条件不具备时，模拟发出信号（在相应设备输出端施加直流值）。

2）在运行人员工作站上（或控制保护系统的输入端、软件）观察确认信号值。若与输入值相符，试验通过，进行下一项试验；若与输入值有差异，则进行查线，找到原因并更正后，重复进行上述步骤。

3）检查项目包括温度表显示值与后台温度显示进行比较、其他模拟量输入信号核对。

（3）换流变压器非电量保护传动。

确保开关量信号联调正确的基础上，从非电量保护或换流变压器保护 A、B 屏分别任意短接一块屏的同一非电量动作信号。检查以下项目：

1）换流变压器非电量保护各保护动作出口的验证。

2）非电量保护动作出口闭锁及不启动失灵等相关出口逻辑的验证。

3）其他保护动作出口的验证。

4）从换流变压器本体实际模拟非电量保护动作出口的验证。

（4）换流变压器有载调压试验。

1）条件具备时，使换每台流变压器挡位实际发出信号；条件不具备时，模拟发出信号（在信号源接点上模拟信号发生即将接点的两端短接）。

2）观察运行人员工作站信号事件列表上是否有该信号事件：若运行人员工作站上出现信号事件，试验通过，进行下一项试验；若运行人员工作站上没有信号事件，则进行查线，找到原因并更正后，重复进行上述步骤。

　　3）分接头挡位控制。针对换流变压器分接头的每个挡位，验证其控制操作的正确性，步骤如下：

　　a. 将三相控制箱的就地/远方开关的控制位置打到远方。

　　b. 将分接头位置调在起始位置。

　　c. 在运行人员工作站上对该单相换流变压器依次进行升分接头操作，直至其最高挡位：若分接头正确动作，试验通过，进行下一项试验；若分接头未动作或动作不对，则进行查线，找到原因并更正后，重复进行上述步骤。

　　d. 在运行人员工作站上对该单相换流变压器依次进行降分接头操作，直至其起始挡位：若分接头正确动作，试验通过，进行下一项试验；若分接头未动作或动作不对，则进行查线，找到原因并更正后，重复进行上述步骤。

　　e. 在运行人员工作站上对该组换流器六台换流变压器联合起来依次进行升、降分接头操作，直至其起始挡位。若分接头正确动作，试验通过，进行下一项试验；若分接头未动作或动作不对，则进行查线，找到原因并更正后，重复进行上述步骤。

　　（5）换流变压器风冷投切试验。

　　1）将就地汇控柜风冷投切的就地/远方平面的控制位置置于就地。

　　2）在就地汇控柜对该换流变压器的每组风冷依次进行投/切操作：若动作正确，试验通过，进行下一项试验；若动作不正确，则检查投切回路，找到原因并更正后，重复进行上述步骤。

　　3）将就地汇控柜的就地/远方平面的控制位置置于远方。

　　4）在运行人员工作站对该换流变压器的每组风冷依次进行投/切操作：若动作正确，试验通过，进行下一项试验；若动作不正确，则检查投切回路，找到原因并更正后，重复进行上述步骤。

　　（6）换流变压器保护传动联调。

　　1）电量保护整组出口。

　　分别在换流变压器 A、B、C 三套电量保护屏模拟各种故障，保护动作出口检查确认保护与断路器的联合跳闸功能及阀组保护跳换流变压器出口回路的正确性。检查以下项目。

　　a. 换流变压器电量保护各保护动作出口的验证。

　　b. 后台保护主机三取二逻辑的验证。

　　c. 电量保护在三套保护退出一套保护时，后台程序自动转化成二取一或二取二（按设计要求）动作出口逻辑的验证。

　　d. 电量保护动作出口启动失灵及闭锁阀组等相关出口逻辑的验证。

　　e. 其他保护动作出口的验证。

　　2）非电量保护整组出口。

　　从换流变压器非电量保护 A、B、C 屏分别任意短接两块屏的同一非电量动作信号，以及短接任意一块屏的非电量动作信号。检查以下项目：

　　a. 换流变压器非电量保护各保护动作出口的验证。

　　b. 后台保护主机三取二逻辑的验证。

　　c. 非电量保护在三套保护退出一套保护时，后台程序自动转化成二取一或二取二（按设计要求）动作出口逻辑的验证。

　　d. 非电量保护动作出口闭锁阀组及不启动失灵等相关出口逻辑的验证。

　　e. 其他保护动作出口的验证。

f. 从换流变压器本体实际模拟非电量保护动作出口的验证。

（7）二次回路通流、负载试验。

1）按照设计图，核对二次额定电流和额定电压，在二次通流时，确保电流或电压不超过额定值。

2）在换流变压器汇控箱内对所有电流二次回路进行注流，逐一核对各保护装置电流采样值的正确性，判断控保系统所用电流相序及采样值是否正确。

3）测量电流互感器二次回路电压，计算二次回路负载。

（8）换流变压器套管分压器检查。

1）根据设计要求，确定套管分压器的运行方式；

2）核对分压器二次接线；

3）分压器二次通压及绝缘试验。

（9）调度对点。

同 5.2。

（10）一次注流。

见 5.2.17。

5.5　启动区分系统调试

试验仪器及资料准备→汇控柜端子箱屏蔽检查→二次线核对→二次回路及屏柜检查→开关量遥信联调→遥控联调试验→联锁试验→保护传动→分压器检查→一次注流试验→调度对点。

5.5.1　试验目的

启动区分系统调试是启动区与控制保护系统的联调试验，其目的是验证启动区设备与二次系统的接口功能正常，并检查其性能是否满足设计、技术和有关标准、规范的要求。

5.5.2　试验条件

（1）相关设备试验已经完成，试验结果合格。

（2）检查二次回路接线，确认整个二次回路连接的正确性。

（3）检查确认启动区汇控柜电源，包括控制回路电源、信号电源和冷却器交流电源。

5.5.3　试验项目和步骤

准备及检查同 5.2。

（1）遥信联调试验。

按照设计图，逐一对各装置、断路器、隔离开关、接地刀闸等相关信号进行联调，步骤如下：

1）条件具备时，使一次设备（如断路器、隔离开关、接地刀闸及其他一次设备）控制保护小室内的二次保护装置实际发出信号；条件不具备时，模拟发出信号（在信号源接点上模拟信号发生即将接点的两端短接）。

2）观察运行人员工作站信号事件列表上是否有该信号事件：若运行人员工作站上出现正确信号事件，试验通过，进行下一项试验；若运行人员工作站上没有正确信号事件，则查找原因并更正，重复进行上述步骤。

检查项目的项目如下：

a. 旁路断路器本体及汇控柜信号核对。

b. 启动区隔离开关及接地刀闸报警信号核对。

c. 保护装置出口信号核对。

d. 故障录波信号核对。

e. 保护信息子站信号核对。

f. 其他信号核对。

（2）遥控联调试验。

针对启动区的每台断路器、隔离开关及接地刀闸，验证其控制操作的正确性；上述设备就地操作正确后进行遥控联调试验，步骤如下：

1）将三相控制箱的就地/远方开关的控制位置打到远方。

2）在运行人员工作站上对该间隔依次进行断路器分、合闸操作，若该间隔正确动作，试验通过，进行下一项试验；若该间隔未动作或动作行为不对，则进行检查，找到原因并更正后，重复进行上述步骤。

3）在运行人员工作站上对隔离开关、接地刀闸进行联锁逻辑操作：若动作逻辑正确，试验通过，进行下一项试验；若刀闸未动作或动作行为不对，则进行动作逻辑检查，找到原因并更正后，重复进行上述步骤。

（3）联锁试验。

针对每个断路器、隔离开关和接地刀闸，依照相关设计文件，在联锁条件满足/不满足时，分别进行合闸操作或者对照信号表在汇控箱的允许操作两个端子上测量电位是否一致，以验证联锁功能是否正确，步骤如下：

1）将就地汇控柜中就地/远方指示开关的控制位置置于远方位置。

2）依照相关联锁设计文件，设置联锁条件满足，在运行人员工作站对该刀闸进行分、合闸操作；若刀闸动作，试验通过，进行下一项试验；若刀闸未动作，进行回路检查并更正后，重复进行上述操作步骤。

3）依照相关设计文件，依次设置联锁条件不满足，在运行人员工作站上对刀闸进行分、合闸操作；若刀闸未动作，试验通过，进行下一项试验；若刀闸动作，则进行回路检查并更正后，重复进行上述操作步骤。

（4）保护传动试验。

启动区换流变压器阀侧断路器、启动电阻旁路断路器的保护传动，主要是通过直流控制保护出口跳闸。保护传动方法及步骤如下：

1）按照设计图，逐一核对各保护装置跳闸逻辑，依次进行联调。

2）检查启动区断路器状态正确，检查断路器操作箱状态，检查控制保护装置无与保护传动相关的异常告警。

3）在极保护等直流控制保护屏模拟各种故障，动作出口检查确认保护与断路器的联合跳闸功能的正确性。

4）非电量保护传动方面，需要与后续双极阀厅、直流场等分系统调试相配合，实际模拟穿墙套管、直流分压器 SF_6 压力低跳闸等非电量，进行保护传动。

5）检查直流故障录波、保护信息子站等信号的正确性。

（5）调度对点。

同5.2。

5.6 双极阀厅分系统调试

试验仪器及资料准备→汇控柜端子箱屏蔽检查→二次线核对→二次回路及屏柜检查→门联锁试验→模拟量输入信号联调→遥控联调试验→直流转换开关保护传动→光电流互感器一次注流试验→直流分压器一次加压试验→调度对点。

准备及检查同5.2.1。

5.6.1 阀厅门联锁分系统调试

（1）试验目的。

柔直阀厅门锁分系统调试是阀厅门锁系统与控制保护系统的联调试验，其目的是验证阀厅门锁系统与二次系统的接口功能正常，并检查其性能是否满足合同和有关标准、规范的要求。

（2）试验条件。

1）相关设备试验已经完成，试验结果合格。

2）确认相关二次回路连接正确，符合相关设计要求，回路参数测试完毕。

5.6.2 遥信、遥控联调试验

（1）试验目的。

确保各设备之间电气连接无误，信号能正确发送及接收。按照设计图，逐一核对各控制保护装置、阀厅内断路器和刀闸、门锁系统、穿墙套管压力报警信号，依次进行联调。

（2）试验条件。

1）相关设备试验已经完成，试验结果合格。

2）确认相关二次回路连接正确，符合相关设计要求，回路参数测试完毕。

（3）开关量信号联调。

对阀厅内直流转换开关、刀闸、门锁系统、穿墙套管等开关量输出信号，依次进行联调，试验方法和步骤如下：

1）条件具备时，使实际操作各保护装置、阀厅内断路器和刀闸、门锁系统发出信号；条件不具备时，模拟发出信号（在信号源接点上模拟信号发生即将接点的两端短接；软报文采用软件置数的方式实现）。

2）观察运行人员工作站信号事件列表上是否有该信号事件：若运行人员工作站上出现信号事件，试验通过，进行下一项试验；若运行人员工作站上没有信号事件，则进行查线，找到原因并更正后，重复进行上述步骤。

3）检查项目。

换流阀及阀控信号核对；换流阀厅断路器和刀闸信号核对；门锁系统信号核对；穿墙套管压力低告警信号核对；其他信号核对。

（4）模拟量输入信号联调。

针对穿墙套管、直流分压器SF_6压力表的模拟量输出信号，依次进行联调，步骤如下：

1）在信号源处测量模拟量信号的直流值。

2）在运行人员工作站上（或控制保护系统软件中）观察确认信号值。若与输入值相符，试验通过，进行下一项试验；若与输入值有差异，则进行查线，找到原因并更正后，重复进行上述步骤。

3）检查项目：对阀厅穿墙套管、直流分压器就地SF_6压力值与后台显示进行比较。

（5）遥控联调试验。

针对换流站阀厅内断路器和刀闸及门锁系统的遥控信号，依次进行联调，步骤如下：

1）将控制箱的就地/远方开关的控制位置打到远方。

2）在运行人员工作站上对断路器和刀闸依次进行分、合闸操作：若正确动作，试验通过，进行下一项试验；若动作不正确，则进行查线，找到原因并更正后，重复进行上述步骤。

3）在运行人员工作站上对断路器和刀闸进行顺控逻辑操作：若动作逻辑正确，试验通过，进行下一项试验；若动作不正确，则进行动作逻辑检查，找到原因并更正后，重复进行上述步骤。

（6）直流转换开关保护传动。

试验方法：直流转换开关的保护传动，是通过直流控制保护出口跳闸。保护传动方法及步骤如下：

1）按照设计图，逐一核对各保护装置跳闸逻辑，依次进行联调。

2）检查断路器状态正确，检查控制保护装置无与保护传动相关异常告警。

3）在极保护等直流控制保护屏模拟各种故障，进行保护主机三取二、二取一、一取一逻辑验证，动作出口，检查确认保护与断路器的联合跳闸功能的正确性。

4）在穿墙套管或直流分压器信号源处，模块 SF_6 压力低跳闸信号，进行保护主机三取二、二取一、一取一逻辑验证，非电量动作出口，检查确认非电量保护与断路器的联合跳闸功能的正确性。

5）非电量保护动作出口闭锁阀组及不启动失灵等相关出口逻辑的验证。

6）检查直流故障录波、保护信息子站等信号的正确性。

（7）调度对点。

同 5.2。

5.7　换流阀分系统调试

5.7.1　子模块低压加压试验

检查子模块内部的接线、板卡、功率器件等关键组部件是否正常，子模块是否具备正常工作的能力。换流阀完成阀塔安装之后，将阀控系统设置为检修模式，使用子模块功能测试仪，逐个对子模块进行低压加压试验，验证子模块功能完好。子模块低压加压试验过程中不得对原有电气接线进行更改。

检查子模块内部接线完好，板卡工作正常，功率器件正常开通关断，具体包括：电源工作正常；通信正常；IGBT 开通关断测试正常；旁路开关触发功能正常。

5.7.2　开关量信号联调

按照设计图，逐一核对各控制保护装置、阀厅内断路器和刀闸、门锁系统、穿墙套管压力报警信号，依次进行联调，步骤如下：

（1）条件具备时，使实际操作各保护装置、阀厅内断路器和刀闸、门锁系统发出信号；条件不具备时，模拟发出信号，（在信号源接点上模拟信号发生即将接点的两端短接；软报文采用软件置数的方式实现）。

（2）观察运行人员工作站信号事件列表上是否有该信号事件。若运行人员工作站上出现信号事件，试验通过，进行下一项试验；若运行人员工作站上没有信号事件，则进行查线，找到原因并更正后，重复进行上述步骤。

（3）检查项目。

1）换流阀及阀控信号核对。

2）其他信号核对。

5.7.3　保护跳闸传动联调

按照设计图，逐一核对各保护装置跳闸逻辑，依次进行联调。检查项目如下：

（1）阀厅穿墙套管非电量保护各保护动作出口的验证。

（2）保护主机三取二逻辑的验证。

（3）三套非电量保护退出其中一套时，程序自动转化成二取一动作出口逻辑的验证。

（4）非电量保护动作出口闭锁阀组及不启动失灵等相关出口逻辑的验证。

（5）其他保护动作出口的验证。

5.7.4 阀控和监视设备试验

（1）检查监控后台的进程与软件是否正常运行，阀控装置信息是否正常上送。

（2）模拟阀控装置通信故障、装置故障等，检查故障信息是否正常上送。

（3）按厂家提供阀控装置关键信号点表，检查监控后台关键信号是否提供完整。

5.7.5 冗余系统切换试验

检查阀控系统主备切换功能是否正常，无异常告警。

（1）阀控系统通过手动切换，进行 A、B 冗余系统之间的切换，系统切换过程中各装置和板卡指示灯状态正常，监控后台中系统切换事件正确上报，无异常告警；手动切换，阀控系统主备切换功能正常，无异常告警。

（2）阀控系统通过模拟故障自动切换等进行 A、B 冗余系统之间的切换，系统切换过程中各装置和板卡指示灯状态正常，监控后台中系统切换事件正确上报，无异常告警。模拟故障自动切换，阀控系统主备切换功能正常，无异常告警。

5.7.6 运行检修模式试验

检查阀控系统运行和检修状态下功能是否正常，模式切换是否正常。

（1）手动对运行、检修模式进行切换，观察切换是否正常，观察监控后台与录波文件是否正常；阀控系统运行检修状态模式切换正常。

（2）阀控系统检修模式下，对单个或多个子模块进行解锁上下管 IGBT、电压采集、中控板版本查看、触发旁路开关（一次性旁路开关除外）、通信检查。阀控系统可正常解锁上下管 IGBT、电压采集是否正常、中控板版本正确、可靠触发旁路开关（一次性旁路开关除外）、通信正确无误码。

5.8 直流断路器分系统调试

5.8.1 主支路电力电子模块信号检查

试验板卡电源检查。

（1）试验目的：检查主支路电力电子模块驱动板控制电源信号正常。

（2）试验条件：

1）确认主支路电力电子模块的一次及二次回路连接导线及光纤连接正常。

2）确认供能系统输入电压在正常范围内。

3）确认激光供能系统运行正常（如有）。

（3）试验方法和步骤。

确认供能系统输入电压正常后上电，供能系统运行正常；观察主支路电力电子模块控制板卡是否运行正常；监控后台中主支路电力电子模块的板卡无电源故障信号。

（4）试验判据。

供能系统上电后，主支路电力电子模块控制板卡状态正常；监控后台中无板卡电源故障信号上送。

5.8.2 主支路模块旁路开关位置检查

（1）试验目的。

检查主支路电力电子模块旁路开关位置信号正常。

（2）试验条件。

1）确认主支路旁路开关的一次及二次回路连接导线及光纤连接正常。

2）确认供能系统输入电压在正常范围。

（3）试验方法和步骤。

确认供能系统输入电压正常后上电。观察主支路旁路开关处于分闸状态；后台下发旁路动作指令，监控后台上报旁路开关闭合状态。

（4）试验判据。

供能系统上电后：主支路旁路开关控制板卡状态正常；下发旁路闭合指令后，监控后台上报旁路闭合状态。

5.8.3　主支路电力电子模块旁路开关的信号检查

（1）试验目的：检查主支路电力电子模块旁路开关控制板卡电源信号正常。

（2）试验条件。

1）确认主支路旁路开关的一次及二次回路连接导线及光纤连接正常。

2）确认供能系统输入电压在正常范围。

（3）试验方法和步骤。

确认供能系统输入电压正常后上电：观察主支路旁路开关控制板卡运行状态；监控后台中主支路旁路开关无板卡电源故障。

（4）试验判据。

供能系统上电后：主支路旁路开关控制板卡状态正常；监控后台中无板卡电源故障。

5.8.4　储能电容电压检查

（1）试验目的：验证主支路旁路开关储能电容电压采样正常。

（2）试验条件。

1）确认主支路旁路开关的一次及二次回路连接导线及光纤连接正常。

2）确认供能系统输入电压在正常范围。

（3）试验方法和步骤。

供能系统上电，待储能电容电压稳定后，观测监控后台电容电压显示数值是否与设计值一致。

（4）试验判据。

供能系统上电，待储能电容电压稳定后，观测监控后台电容电压显示值与设计值相一致。

5.8.5　板卡电源检查

（1）试验目的：检查转移支路电力电子模块驱动板控制电源信号正常。

（2）试验条件。

1）确认转移支路电力电子模块的一次及二次回路连接导线及光纤连接正常。

2）确认供能系统输入电压在正常范围内。

（3）试验方法和步骤。确认供能系统输入电压正常后上电，供能系统运行正常；观察转移支路电力电子模块控制板卡是否运行正常；监控后台中转移支路电力电子模块的板卡无电源故障信号。

（4）试验判据。供能系统上电后，转移支路电力电子模块控制板卡状态正常；监控后台中无板卡电源故障信号上送。

5.9　直流场分系统调试

5.9.1　屏柜检查

（1）汇控柜、端子箱电缆屏蔽及接地检查。

检查汇控柜、端子箱内，动力电缆、控制电缆屏蔽接地情况，以及柜体、箱体接地情况。

（2）汇控柜至相关屏柜二次线核对。

检查汇控柜至相关屏柜二次接线是否与设计相符，两端接线是否正确，是否符合设计要求。屏柜内设计图是否与厂家设计要求相对应，也应是二次线核对重点内容。

（3）二次回路绝缘检查。

分系统调试单位用1000V绝缘电阻表对二次回路进行绝缘检查。回路对地电阻和回路之间应大于10MΩ。

（4）屏柜电源检查。

检查屏柜内照明是否正常；检查直流工作电压幅值和极性是否正确；检查直流屏内直流空开名称与对应保护装置屏柜是否一致；检查屏柜内加热器工作是否正常。

（5）屏柜通信检查。

检查光纤、网线、总线等通信接线是否正确；任一路通信断开，后台应有报警信息。

5.9.2 直流场遥信、遥控试验

（1）开关量信号联调。

按照设计图，逐一核对各保护装置、断路器、隔离开关、接地刀闸信号，依次进行联调，步骤如下：

1）条件具备时，使直流场一次设备（断路器、隔离开关、接地刀闸、直流电压分压器）、直流场控制保护小室内的二次保护装置实际发出信号；条件不具备时，模拟发出信号（在信号源接点上模拟信号发生即将接点的两端短接）。

2）观察运行人员工作站信号事件列表上是否有该信号事件：若运行人员工作站上出现信号事件，试验通过，进行下一项试验；若运行人员工作站上没有信号事件，则进行查线，找到原因并更正后，重复进行上述步骤。

3）检查项目。

a. 直流场断路器本体及汇控柜信号核对。

b. 直流场隔离开关及接地刀闸报警信号核对。

c. 直流场控保装置出口信号核对。

d. 直流分压器柜信号核对。

e. 其他信号核对。

（2）遥控信号联调。

针对直流场每台断路器、隔离开关及接地刀闸，验证其控制操作的正确性，步骤如下：

1）将控制箱的就地/远方开关的控制位置打到远方。

2）在运行人员工作站进行断路器分、合闸操作，若正确动作，试验通过，进行下一项试验；若该间隔未动作或动作不正确，则进行检查，找到原因并更正后，重复进行上述步骤。

3）在运行人员工作站上对隔刀、接地刀闸进行联锁逻辑操作：若动作逻辑正确，试验通过，进行下一项试验；若刀闸未动作或动作不正确，则进行动作逻辑检查，找到原因并更正后，重复进行上述步骤。

4）在运行人员工作站上对顺控逻辑操作：若动作逻辑正确，试验通过，进行下一项试验；若顺控动作不正确，则进行动作逻辑检查，找到原因并更正后，重复进行上述步骤。

5.9.3 双极中性线区直流转换开关保护传动

直流转换开关的保护传动，是通过直流控制保护出口跳闸。保护传动方法及步骤如下：

（1）按照设计图，逐一核对各保护装置跳闸逻辑，依次进行联调。

（2）检查断路器状态正确，检查控制保护装置无与保护传动相关异常告警。

（3）在极保护等直流控制保护屏模拟各种故障，进行主机三取二、二取一、一取一逻辑验证，动作出口，检查确认保护与断路器的联合跳闸功能的正确性。

（4）检查直流故障录波、保护信息子站等信号的正确性。

5.9.4　调度对点

同 5.2。

5.10　耗能装置区域分系统调试

5.10.1　外观检查

确保阀塔安装后的正确性、完好性。在完成阀塔安装工作后，对每相阀塔进行以下检查项目：

（1）检查阀组件所有元件外观。

（2）检查阀组件之间的电气连接。

（3）检查阀塔安装螺栓及其力矩线标识。

（4）检查阀塔绝缘子外观。试验判据：

1）阀组件所有元件外观完好、无损伤。

2）阀组件之间电气连接准确，参考耗能装置晶闸管阀塔装配图。

3）阀塔安装螺栓紧固、力矩线无遗漏、无偏移。

4）阀塔绝缘子表面无损伤，无污秽。

5.10.2　阀塔光纤衰减测量及通信检查

（1）阀塔光纤衰减测量。

确保阀塔光纤在敷设过程中未造成损坏，阀塔至阀控装置光纤的衰减情况满足需求。在完成阀塔光纤敷设工作后，对每相阀塔进行以下检查项目：

1）检查阀塔所有光纤外观。

2）检查阀塔所有光纤连接。

3）使用专用光纤测量装置对阀塔至阀控装置光纤的衰减情况进行测量。试验判据：

a. 所有光纤外观无破损，连接可靠，单根光纤弯曲半径不低于 30mm。

b. 光纤连接正确，参考阀塔光纤连接图。

c. 衰减值不小于 -3dB。

（2）屏柜光纤衰减测量。

1）检查现场屏间光纤、与阀塔连接光纤、与站控连接光纤的正确性。

2）检查所有光纤外观；外观无破损，连接可靠，单根光纤弯曲半径不低于 30mm。

3）根据耗能阀控系统屏间光纤连接表进行光纤连接检查。

4）根据 VCE 阀控系统与换流阀光纤连接图进行光纤连接检查。

5）根据 VCE 阀控柜对外接口图进行光纤连接检查。

5.10.3　通信检查

（1）OWS 后台 VCE 事件检查。

该试验的目的在于验证阀控与站控间的接口信号通道的正确性。

在试验过程中，进行 VCE 至 OWS 后台事件核对，除核对控制信号产生、消失事件外，还需检查所有 VCE 机箱状态信息事件、事件等级、事件时标是否正确。VCE 与站控通信事件与点表对应正确，时标正确。

（2）信号录波功能测试。

该试验的目的在于测试阀控录波功能，检验 FCK213 机箱接口信号、板卡间信号状态正确性。

通过短接光纤设置阀控系统处于测试模式；通过网线连接 MC 板 J4 网口与笔记本电脑；"手动触发录波"，检查录波接口状态正常，与上位机通信正常；录波逻辑时序正常。

5.10.4　晶闸管级阻尼回路检测

确保晶闸管级阻尼回路 R、C 值的正确性。在完成阀塔光纤检查及衰减测量后，按照以下步骤对每个晶闸管级进行试验：

（1）将测试导线连接在被测晶闸管级阻尼回路的两端。

（2）使用 HVTT806 晶闸管级单元测试仪进行阻抗功能测试。HVTT806 晶闸管级单元测试仪合格指示灯亮。

5.10.5　晶闸管级触发试验

验证阀控装置和晶闸管级的触发、监视功能正常。

（1）通过短接光纤设置阀控 A 系统进行测试模式，解锁运行状态。

（2）将测试手柄放置在晶闸管级的两端，保持触头与散热器之间良好接触。

（3）使用 HVTT806 晶闸管级单元测试仪进行触发功能测试。

完成 A 系统测试模式下所有晶闸管级触发试验后，还应进行以下试验：A 系统为主 LE1 板工作，每个阀组件抽检 2 级；B 系统为主，对阀组每个组件抽检 2 级；B 系统为主 LE2 板工作，每个组件抽检 2 级。HVTT806 晶闸管级单元测试仪合格指示灯亮；OWS 后台上报事件和晶闸管级测试位置对应，无漏报、错报现象。

通过研究电流信号为判据的加压试验，检验耗能阀触发的正确性。

与常规直流换流阀不同，耗能装置没有电压互感器，无法获取电压信号，因此无法通过传统的低压加压并获取电压信号的方式，检验阀触发的正确性。通过研究耗能装置系统配置，提出通过获取耗能阀尾部 TA 电流信号方式来检验耗能阀触发的正确性。

耗能装置由耗能电阻、反向变联的耗能阀及耗能阀尾端 TA 组成，三相首尾相连形成三角形接线，在工频电压下，任一时刻反向并联的耗能阀总有一只是导通的，因此，在耗能系统投入的时间内，耗能电阻始终投入，耗能阀尾部 TA 采样的电流信号为连续的正弦波形，时间为耗能阀触发时间。耗能装置接线方式如图 3-4-1 所示。

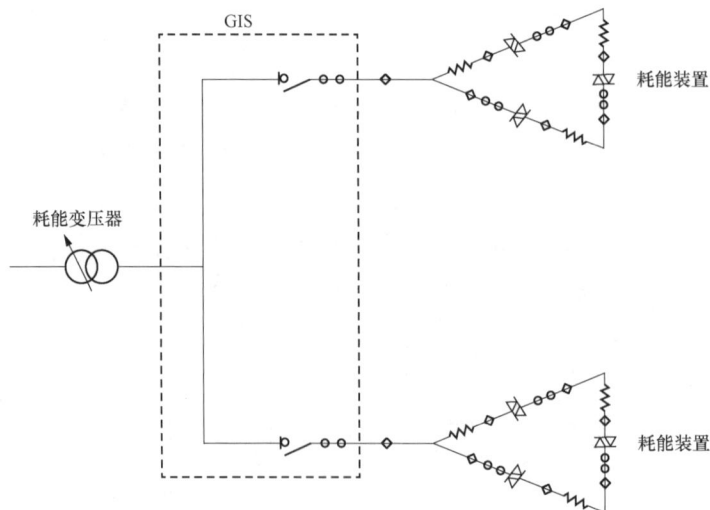

图 3-4-1　耗能装置接线方式

利用三相试验变压器为注流电源，以耗能变压器网侧套管为注流点，以 GIS 为通流回路，耗能电阻为负载，取耗能阀尾端 TA 为电流信号，耗能装置加压原理如图 3-4-2 所示。

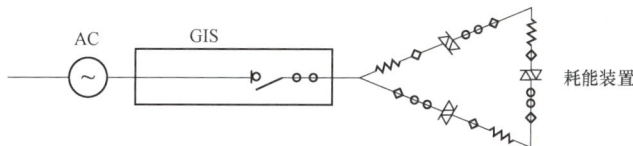

图 3-4-2　耗能装置加压原理

当试验电压为 380V 工频电压，对称负载电阻为 30Ω 时，理论计算的尾端 TA 信号为 380/30≈13A＝0.013kA。

通过录波装置获取尾端 TA 三相电流，三相电流如图 3-4-3 所示。

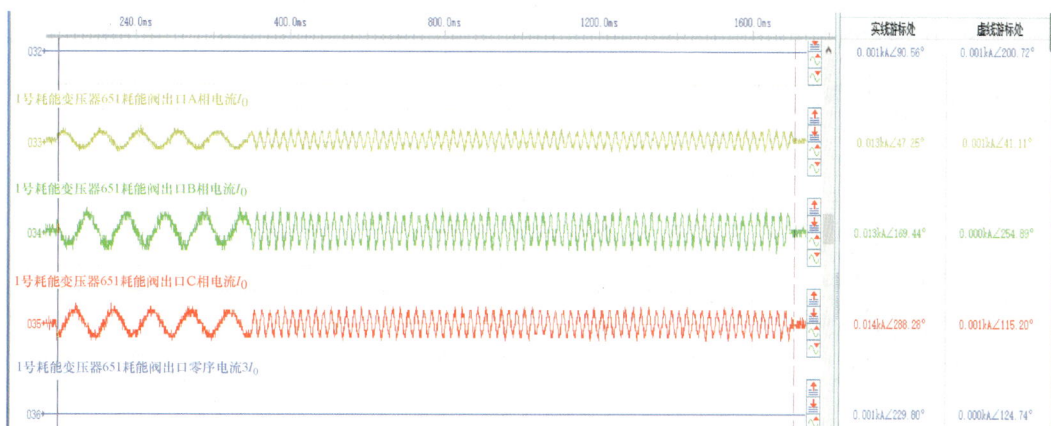

图 3-4-3　三相电流

由图 3-4-3 可看出，录波信号电流与理论计算值一致，持续时间为 1.5s，即为耗能阀在收到导通命令后的有效导通时间，符合装置特性要求。

通过试验可知，在不改变耗能装置结构或不增加额外设备的情况下，以耗能阀尾端 CT 电流信号代替电压信号，检验耗能阀正确触发是可行的、有效的。

5.10.6　运行模式切换测试

该试验的目的在于验证正常模式与测试模式的切换能够正确响应，系统在不同的模式下表征正常。

使用光纤短接 FCK412 机箱 MC 板 X1 与 X2 端口，设置对应系统为测试模式。测试模式下各机箱和板卡指示灯状态正常；连接 VCE 测试后台或观察控制系统 OWS，VCE 运行模式和状态信息事件正确上报。

5.10.7　主备系统切换测试

该试验的目的在于验证 VCE 主备系统切换时能够正确响应。阀控正常运行时，模拟主动系统故障，阀控进行系统切换。执行主备系统切换时各机箱和板卡指示灯状态正常；连接 VCE 测试后台或观察控制系统 OWS，VCE 事件正确上报。

5.10.8　站控接口信号测试

该试验的目的在于验证阀控与站控间的接口信号通道的正确性。

（1）试验前需确认通信状态，A/B 系统 FCK412 机箱与站控总线通信正常，GPS 对时通信正常；确认通信正常后方可进行该项试验。

（2）由站控通过置位将值班系统状态、耗能阀控上行通信 A 状态、耗能阀控上行通信 B 状态、耗能支路开关状态、耗能支路解锁命令分别置为有效/无效，检查 VCE 响应状态是否正确，检查 OWS 后台事件是否正确上报。

（3）由阀控模拟阀控运行状态、阀控值班状态、控制系统下行通信 A 状态、控制系统下行通信 B 状态、耗能支路请求退出状态、耗能支路不可用状态、触发反馈状态为有效/无效，检查站控响应状态是否正确。

（4）VCE 接收到站控信号后响应正确，机箱和板卡指示灯状态正确；站控接收到 VCE 信号后响应正确；OWS 后台事件正确上报。

5.10.9 低压加压试验

验证耗能电阻与耗能晶闸管阀一次接线的正确性，晶闸管阀触发功能的正确性及控制系统与晶闸管阀之间通信的正确性。按照以下步骤对每个支路或单相耗能支路进行试验：

（1）根据变压器容量、限流电阻数量初步核算，每相晶闸管阀参与试验的晶闸管为 10 级。

（2）完成一次试验回路的接线。

（3）阀控 VCE800 为正常运行模式。

（4）使用示波器监视耗能电阻的电压。

（5）闭合断路器 QF。

（6）站控下发耗能支路开关状态有效、解锁命令有效 1.5s。

（7）观察并记录示波器电压波形。

5.10.10 调度对点

依次按照调令要求，进行遥信对点。步骤如下：

（1）根据调度指令，现场模拟信号动作。

（2）若该间隔动作正确量正确，试验通过，进行下一项试验；若该间隔未动作、动作行为不对或遥测量不正确，则进行检查，找到原理并更正后，重复进行上述步骤。

5.11 直流顺序控制分系统调试

5.11.1 试验目的

直流顺序控制分系统调试是验证直流系统从停运状态到某种运行方式状态或从运行状态到停运状态的一系列操作逻辑。

5.11.2 试验条件

（1）相关设备试验和分系统调试已经完成，试验结果合格。

（2）换流站组网通信正常。

（3）相关设备试验已经完成，试验结果合格。

（4）确认整个二次回路连接的正确性。

5.11.3 试验方法和步骤

根据换流站运行要求对各个顺序状态进行试验，通过 OWS 系统对指定的状态采取顺序操作，验证其是否能按照既定的逻辑操作相应的电气机构使得整个换流站达到指定的运行状态。

在运行人员工作站上按以下步骤进行：

（1）接地。

（2）未接地。

（3）连接（孤岛和联网模式）。

（4）金属中性线 LY 连接和隔离。

（5）直流线路 LY 连接和隔离。

如果上述操作不能进行，在软件中检查该操作的逻辑允许条件是否满足，检查更正后，重复进行。

5.12　水系统分系统调试

水系统分系统调试可分为换流阀水系统试验和直流断路器水系统试验。该分系统调试是换流阀冷却控制系统、直流断路器冷却系统与控制保护系统的联调试验，其目的是验证阀冷却控制系统与二次系统的接口功能，并检查其性能是否满足合同和有关标准、规范的要求。

5.12.1　换流阀水系统试验

对阀塔水路检查，确保阀冷系统的水系统部分能正常运行，项目如下：

（1）水路检查。水路外观完好无损，无异物，无水及污渍，水管固定可靠、无接触摩擦现象。装配符合设计图纸要求。

（2）水管接头。水管接头无松动，符合力矩求。

（3）水路蝶阀。水路蝶阀可正常开关，无松动。

（4）排气阀、主水管等电位线。排气阀、主水管等电位线连接可靠，用万用表测量小于 1Ω。

（5）水系统压力检查。水系统加压到设计压力值，并维持一定时间。水路蝶阀、排气阀、各个接头处无渗漏。

（6）水系统流量检查。阀塔主水管流量测量。流量满足设计值。

（7）阀塔排气阀检查。排气阀外观及功能。打开排气阀时可靠排气，无漏水；关闭排气阀后在最大水压下无漏水。

（8）开关量输出信号联调。针对换流阀的每个开关量输出信号，依次进行联调，步骤如下：

1）条件具备时，使换流阀实际发出信号；条件不具备时，模拟发出信号（在信号源接点上模拟信号发生即将接点的两端短接）。

2）观察运行人员工作站信号事件列表上是否有该信号事件：若运行人员工作站上出现信号事件，试验通过，进行下一项试验；若运行人员工作站上没有信号事件，则进行查线，找到原因并更正后，重复进行上述步骤。

（9）输入信号联调。

针对换流阀的每个输入信号，依次进行联调，步骤如下：

1）在运行人员工作站上通过软件设置模拟发出信号。

2）检查阀是否正确收到信号。若结果正确，试验通过，进行下一项试验；若检查结果不对，则进行查线，找到原因并更正后，重复进行上述步骤。

5.12.2　直流断路器水系统试验

（1）试验目的。

检查水冷系统装置电源是否正常。

（2）试验条件。

水冷系统装置与监控后台通信连接正常。

（3）试验方法和步骤。

1）装置电源板卡一路断电，观测监控后台是否显示装置单路电源异常信号。

2）装置电源板卡两路断电，观测监控后台是否显示通信中断信号。

（4）试验判据。

1）装置电源板卡一路断电，监控后台显示装置单路电源异常信号。

2）装置电源板卡两路断电，监控后台显示通信中断信号。

5.13　远动系统分系统调试

5.13.1　试验目的

远动系统分系统调试是换流站直流控制保护系统与国调、有关网调和省调之间的通信联调试验，其目的是验证国调或网省调能够正确显示换流站设备状态和控制换流站设备操作。

5.13.2　试验条件

（1）相关设备试验已经完成，试验结果合格。

（2）换流站与国调、网省调之间的通信正常、可靠、规约正确。

5.13.3　试验项目和步骤

针对每个断路器、隔离开关、接地刀闸及换流阀、直流断路器等，依次进行信号联调，步骤如下：

（1）在换流站控制保护系统上分/合相关设备，通过电话确认各级调度的设备状态显示正确。

（2）在各级调度控制台，分别对换流站内设备进行操作，现场确认设备是否正确动作，确认换流站控制保护系统、各级调度设备状态显示正确。

（3）其他调度需要的开关量信号上送。

根据调度点表，针对每个模拟量，依次确认换流站控制保护系统、国调、网省调显示一致。

5.14　保护信息管理子站分系统调试

5.14.1　试验目的

保护信息子站分系统调试是换流站直流控制保护系统、交流保护与保护信息子站的通信联调试验，其目的是验证换流站交直流保护的信息是否接入到保护子站中，以及保护子站是否将交直流保护上送至主站或调度控制系统。

5.14.2　试验条件

（1）相关设备试验已经完成，试验结果合格。

（2）换流站站内 LAN 网和保护信息子站网通信正常、可靠。

（3）子站与主站或调度通信调试完成。

5.14.3　试验方法和步骤

（1）模拟交、直流保护动作，针对每个交、直流保护信号，依次进行信号联调，检查确认保护信息管理子站和运行人员工作站是否显示其状态正确。

（2）针对每个交、直流保护的下定值、复归等操作，依次检查确认保护信息管理子站操作正确。

（3）针对交、直流保护信号，确认调度、主站召唤正确。

5.15　安稳装置分系统调试

5.15.1　试验目的

安稳装置分系统调试的目的是验证安稳装置的接口功能正常，并检查其性能是否满足合同和有关标准、规范的要求。

5.15.2　试验条件

（1）相关设备试验已经完成，试验结果合格。

（2）检查二次回路接线，确认整个二次回路连接正确。

（3）相关通信功能正常。

5.15.3 试验项目和步骤

安稳装置根据预定策略发送功能提升/回降命令到换流站控制系统，换流站控制系统随即根据系统当前运行情况实施提升/回降操作，针对每个开关量输出信号，依次进行联调，步骤如下：

（1）检验各交流保护提供给安稳系统的开关量是否在各交流保护模拟保护动作信号，在安稳系统检查开关量输入。

（2）检验安稳系统的模拟量回路是否模拟交流设备至安稳系统的电流、电压量，检验安稳系统的采样逻辑正确。

5.15.4 通信联调

检查本站安稳装置接收命令正确。

5.16 站用电备自投装置分系统调试

5.16.1 试验目的

站用电备自投装置分系统调试是验证站用电备用自动投入功能的正确性。

5.16.2 试验条件

（1）相关设备试验已经完成，试验结果合格。

（2）检查二次回路接线，确认整个二次回路连接的正确性。

（3）试验现场悬挂"在此工作"标示牌和"止步，高压危险"标示牌，专人值守设备试验现场。

5.16.3 试验方法及步骤

备自投电气连接示意图如图 3-4-4 所示。

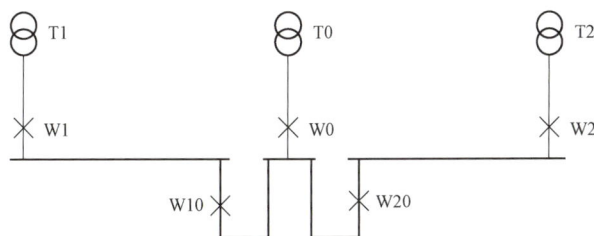

图 3-4-4 备自投电气连接示意图

（1）换流站站用电系统，采用三回线路供电模式，一回接入 220kV♯1 站用变压器，二回接入 220kV♯2 站用变压器，分别取自 220kV 一段和二段母线，三回取自 35kV 站外电源系统，第一回和第二回为主电源，第三回为备用电源，三回电源分别经站用变降压后接入三段 10KV 母线供电。

（2）当一回（或二回）站用电停电时，备自投检测到 10KV、1M（或 10KV、2M）母线失压后，自动投入联络开关，第三回站用电自动投入运行，当一回（或二回）站用电恢复正常后，联络开关自动断开，恢复正常运行方式。

（3）正常运行时，两段 400V 母线分别由两台 10kV/400V 变压器供电，联络开关 Q3 断开。当一回（或二回）站用电停电时，备自投检测到 400V、1M（或 2M）母线失压后，自动投入联络开关 Q3，当一回（或二回）站用电恢复正常后，联络开关自动断开，恢复正常运行方式。

5.17 光电流互感器一次注流

光电流互感器主要应用于启动区、直流场、阀厅等区域，用于交、直流电流量的测量。极线及中性线区一次注流示意图如图 3-4-5 所示。

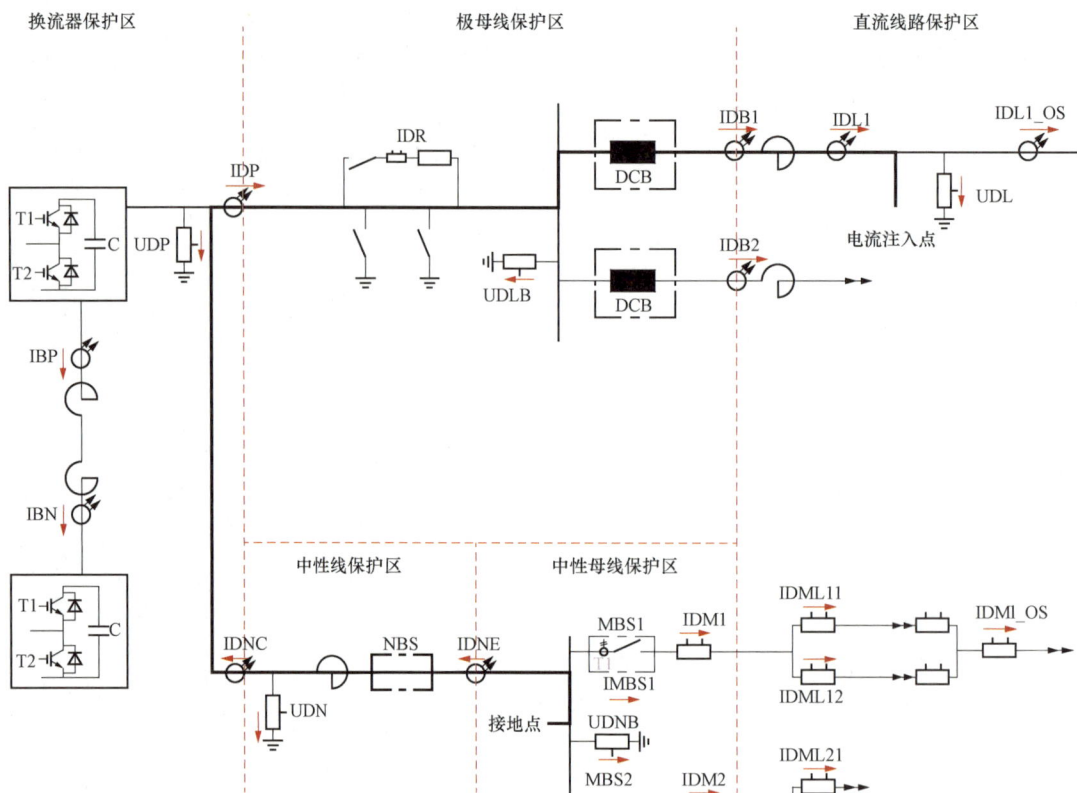

图 3-4-5　极线及中性线区一次注流示意图

5.17.1　试验目的

（1）检查电流互感器的采样值（不涉及精度校准），确认电流互感器的安装位置正确。

（2）检查电流互感器的采集装置（合并单元）采集精度。

（3）检查电流互感器二次绕组及相关保护、测量装置的接地是否符合要求。

（4）检查电流互感器的安装极性是否符合系统的要求。

（5）检查所有相关的模拟量、数字量。

5.17.2　试验条件

（1）相关设备试验已经完成，试验结果合格。

（2）确认相关二次回路连接正确，符合相关设计要求，回路参数测试完毕。

（3）对应采样装置（合并单元）试验合格，组网完成。

（4）相关保护、测量装置组网完成，调试完毕，具备启动条件。

5.17.3　试验方法及步骤

（1）按照设计图，核对一次额定电流，在一次注流时，确保电流不超过额定值。

（2）合理选择注流回路及注流点。通过贯穿电流方法检查所有间隔电流互感器电流极性，核对极母线保护采样和极性。

（3）核实直流线路保护、极母线保护、极保护、极控制等电流光缆连接的正确性，并进行光衰耗测量，确保衰耗合格。

（4）针对启动区，光电流互感器为交直流两用，但实际启动区电流量为交流分量。因此，需要进行两次注流，一是注交流电流量，确保光电流互感器采样值正确；二是注直流电流量，确保光电流互感器极性正确。针对换流阀直流侧及直流场，虽然光电流互感器同为交直流两用，但所采样始终为直流分量，可只进行直流注流即可。交流注流与直流注流，注流方法相同。

（5）通过对相应控制保护主机进行录波，后台录波或故障录波装置录波，分析录波文件，判断控保系统所用电流量的极性及采样值是否正确。

（6）核实各电流互感器绕组电流采样、极性、相位正确性，分析是否满足设计和保护装置要求的极性要求。

5.18　换流变压器一次注流

换流变压器一次注流试验原理图如图 3-4-6 所示。

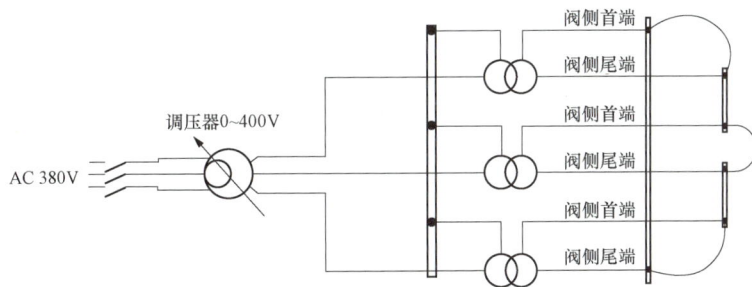

图 3-4-6　换流变压器一次注流试验原理图

5.18.1　试验目的

（1）检查换流变压器升高卒电流互感器的变比（不涉及精度校准）。

（2）检查电流互感器的二次回路的连续性，防止二次回路开路。

（3）检查电流互感器二次绕组及相关保护、测量装置的接地是否符合要求。

（4）检查电流互感器的安装极性是否符合系统的要求。

（5）检查所有相关的模拟量、数字量。

5.18.2　试验条件

（1）相关设备试验已经完成，试验结果合格。

（2）确认相关二次回路连接正确，符合相关设计要求，回路参数测试完毕。

（3）相关保护、测量装置组网完成，并调试完毕，具备启动条件。

5.18.3　试验方法及步骤

（1）根据换流变压器参数，利用短路阻抗试验方法，计算所选试验变压器是否满足要求，计算换流变压器一次注流理论一次值。

（2）短接换流变压器阀侧三相汇流母线。

（3）采用同步电流法注流，检验耗能装置一次接线方式的正确性。

（4）测量换流变压器套管升高电流互感器二次电流相量，并折算至一次值，与理论值相比。

（5）检查各保护、录波、监控后台实测值及波形。

（6）对波形进行分析，判断是否满足电流互感器控保极性要求。

对于角形接线，有多种接线方式，下面以 D1 和 D11 接线，分析其中的不同。

查阅根据系统设计，换流变接线方式为 D1 接线。此时，本工程 I_A 即为 GIS 支路的开关电流，I_{ab} 为对应的耗能阀尾端电流。

从网侧套管为加压点的方法，考虑到耗能阀的有效导通时间为 1.5s，对于试验数据的观察不利。利用短接耗能阀，以对称三相耗能电阻为负载，试验变压器作为稳压电源，控保装置可持续跟踪。耗能装置一次注流原理接线图如图 3-4-7 所示。

试验中，一次注流录波采样值如图 3-4-8 所示。

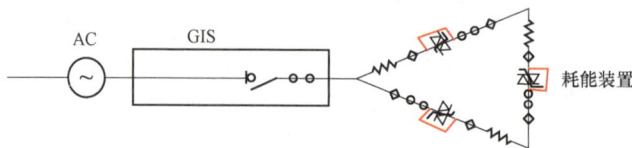

图 3-4-7 耗能装置一次注流原理接线图

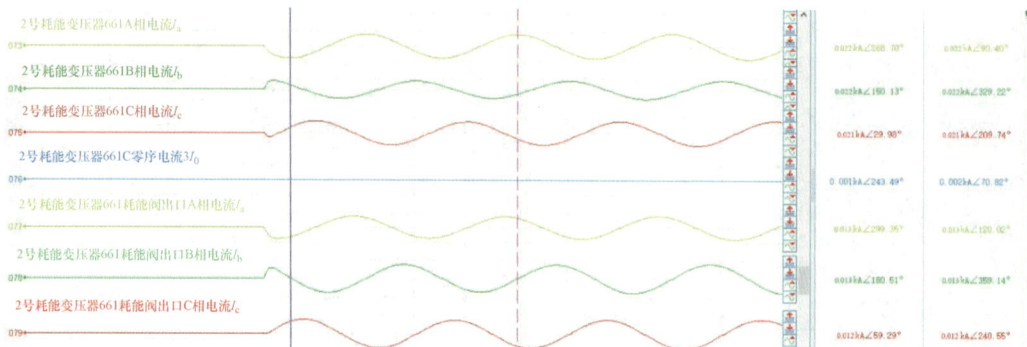

图 3-4-8 一次注流录波采样值

$I_A = 0.022\text{kA}$，$I_{ab} = 0.013\text{kA}$，$I_A = \sqrt{3} I_{ab}$，角度滞后 30°。B、C 相有类似结论，与理论计算值一致。试验中，保护采样与录波一致，差流为零。

由以上分析可知，以耗能阀尾端电流为同步电流，采用一次注流的方法，成功对一次接线方式与控保要求的一致性和正确性进行了检验，说明同步电流法进行接线方式的检验是可行的。

5.19 一次加压试验

5.19.1 交流电压互感器一次加压试验

针对交流电压互感器，可进行一次加压试验。其中，GIS 组合电气设备，电压互感器可结合设备耐压一并进行；独立式电压互感器，可利用介损试验仪进行一次加压试验。独立式电压互感器一次加压试验如图 3-4-9 所示。

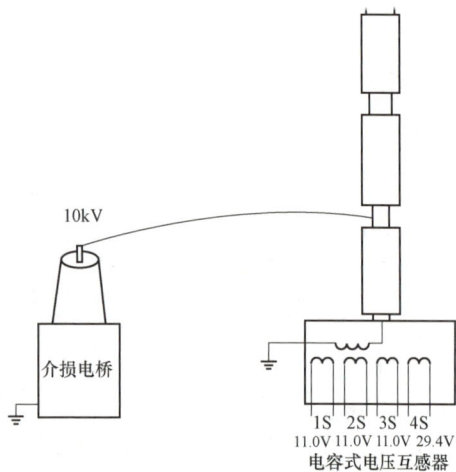

图 3-4-9 独立式电压互感器一次加压试验

（1）试验目的。

1）检查电压互感器的变比（不涉及精度校准），确认电压互感器的安装位置正确。

2）检查电压互感器的二次回路的连续性，防止二次回路短路。

3）检查电压互感器二次绕组及相关保护、测量装置的接地是否符合要求。

4）检查电压互感器的安装极性是否符合系统的要求。

5）检查所有相关的模拟量、数字量。

（2）试验条件。

1）相关设备试验已经完成，试验结果合格。

2）确认相关二次回路连接正确，符合相关设计要求，回路参数测试完毕。

3）相关保护、测量装置组网完成，调试完毕，具备启动条件。

（3）试验方法及步骤。

1）检查电压互感器二次回路，确保二次回路不短路。

2）检查电压互感器末屏、二次回路一点接地合格。

3）使用介损测试仪，由电压互感器一次加压。

4）检查各保护、录波及监控后台采样、波形等。

5）对波形及保护采样值进行分析，确保符合、规范要求。

5.19.2　直流电压分压器一次加压试验

直流分压器一次加压示意图如图3-4-10所示。

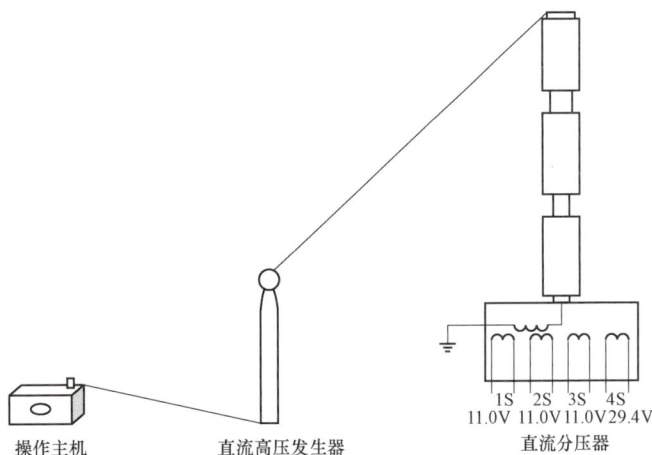

操作主机　　　直流高压发生器　　　直流分压器

1S　2S　3S　4S
11.0V 11.0V 11.0V 29.4V

图3-4-10　直流分压器一次加压示意图

（1）试验目的。

1）检查直流电压分压器的变比，确认电压分压器的安装位置正确，二次回路接线符合设计要求（直流分压器自身由厂家校准，不在现场调整）。

2）为满足测量需要，现场需要调整直流电压分压器的低压臂电容或电阻值，以补偿二次电缆分部电容和低通滤波器的电容，使最终低压臂的电容值与出厂的常规试验报告中记录的数值相等。

3）隔离放大器应进行现场校准，以补偿额定情况下加在分压器的电压和实际加在分压器的电压。

4）检查电压分压器的二次相关保护测量装置是否能够正确采样电压、测量装置的接地是否符合要求。

（2）试验条件。

1）相关设备试验已经完成，试验结果合格。

2）确认相关二次回路连接正确，符合相关设计要求，回路参数测试完毕。

3）配套的隔离放大器校准完毕，具备启动条件。

4）采样装置（合并单元）调试完成，与控保组网合格。

5）相关保护、测量装置调试完毕，组网完成，具备启动条件。

（3）试验方法及步骤。

1）按照设计图，核对一次额定电压。

2）合理选择加压试验点。通过倒刀闸状态，尽可能多地检查直流电压分压器的采样值及极性。

3）核实直流线路保护、极母线保护、极保护、极控制等电流光缆连接的正确性，并进行光衰耗测量，确保衰耗合格。

4）针对启动区，直流分压器为交直流两用，但实际启动区电压量为交流分量。因此，需要进行两次加压，一是注交流电压量，确保直流分压器采样值正确；二是注直流电压量，确保直流分压器采样同样正确。针对换流阀直流侧及直流场，虽然直流分压器同为交直流两用，但所采样始终为直流分量，可只进行直流电压量即可。直流分压器的交流加压与交流场电压互感器一次加压方法相同，可参照实施。

5）通过对相应控制保护主机进行录波，使用后台录波或故障录波装置录波，分析录波文件，判断控制保护系统所用电流量的极性及采样值是否正确。

6）核实各直流电压分压器电压采样、极性、相位正确性，分析是否满足设计和保护装置要求的极性要求。

5.20 消防分系统试验

5.20.1 试验目的

消防系统分系统试验是消防系统与监控系统的联调试验，其目的是验证消防系统与监控系统的联动功能正确，并检查其性能是否满足合同、有关标准及规程规范的要求。

5.20.2 试验条件

（1）相关设备试验已经完成，试验结果合格。

（2）相关二次回路接线完毕。

（3）消防系统汇控柜电源，包括控制回路电源、报警回路电源和操作回路电源正确。

5.20.3 试验项目和步骤

（1）开关量输出信号联调。

针对每个开关量输出信号，依次进行联调，步骤如下：

1）能实际发出的信号实际发出，不能实际发出的信号在信号端子排上模拟发引号（将端子排上信号接点两端短接）。

2）观察监控后台是否有该信号发生。若有该信号发生，试验通过，进行下一项试验；若没有信号事件，则进行查线，找到原因并更正后，重复进行上述步骤。

（2）就地/远方启、停泵操作。

针对每一个消防泵、稳压泵，验证消防系统就地/远方启、停泵操作的正确性，步骤如下：

1）将就地汇控柜中就地/远方控制把手打到就地，在监控后台上对泵进行启/停操作：若未动作，试验通过，进行下一项试验；若动作，则进行查线，找到原因并更正后，重复进行上述步骤。

2）将就地汇控柜中就地/远方控制把手打到远方，在监控后台上对泵进行启/停操作。若动作，试验通过，进行下一项试验；若未动作，则进行查线，找到原因并更正后，重复进行上述步骤。

（3）应急启动检测。

检查确认换流变压器雨淋阀应急启动功能的正确性。

5.21 火灾探测系统分系统试验

5.21.1 试验目的

火灾探测系统分系统试验是火灾探测系统与监控系统的联调试验，其目的是验证火灾探测系统与监控系统的联动功能正确、阀厅火灾报警系统自动跳闸功能的正确性和可靠性，并检查其性能是否满足合同、有关标准及规程规范的要求。

5.21.2 试验条件

（1）相关设备安装、试验已经完成，试验结果合格。

（2）相关二次回路接线完毕。

（3）被试验阀厅早期烟雾探测 vesda 系统、紫外火焰监测系统试验已通过验收，PLC 跳闸逻辑已验证，厂家确认可以进行跳闸功能测试。

5.21.3 试验项目和步骤

（1）开关量输出信号联调。

1）能实际发出的信号实际发出，不能实际发出的信号在信号端子排上模拟发引号（将端子排上信号接点两端短接）。

2）观察监控后台是否有该信号发生。若有该信号发生，试验通过，进行下一项试验；若没有信号事件，则进行查线，找到原因并更正后，重复进行上述步骤。

（2）阀厅火灾报警及跳闸联调。

1）阀厅烟雾探测系统，当检测到火灾信号，阀厅新风、送风管内早期烟雾探测系统检测到故障或检测到火警信号，闭锁跳闸出口。

2）阀厅紫外火焰监测系统，当检测到火灾信号，阀厅新风、送风管内检测到故障或检测到火警信号，闭锁跳闸出口。

3）将早期烟雾探测系统模拟为隔离、故障状态，同时紫外火焰监测系统检测到火警，闭锁跳闸出口。

4）将紫外火焰监测系统模拟为隔离、故障状态，早期烟雾探测系统检测到火警，闭锁跳闸出口。

5）阀厅早期烟雾探测系统检测到火灾信号，阀厅紫外火焰监测系统检测到火灾信号，阀厅新风、送风管内系统未检测到故障或检测到火警信号，启动跳闸出口。

6 材料与设备

6.1 仪表准备

6.1.1 仪器仪表

试验、检测仪器配置表见表 3-4-2。

表 3-4-2　　　　　　　　　　　试验、检测仪器配置表

序号	名称	推荐使用规格	数量	备注
1	万用表	FLUKE-15B	10	
2	继电保护测试仪	ONLLY-638	4	
3	大电流发生器	1000A	1	
4	直流电流发生器	PDC-4000A	1	
5	光功率表	/	1	
6	光源	/	1	
7	绝缘电阻测试仪	2500V	1	

6.1.2 常用工器具

安装工具配置表见表 3-4-3。

表 3-4-3　　　　　　　　　　　　　　　安装工具配置表

序号	名称	规格	数量	备注
1	移动电源	AC 220/380V、30m以上	1	
2	照明设备	200W	2	
3	安全帽	/	10	
4	安全带	/	4	
5	人字爬梯	/	2	

6.1.3　制造厂专用工器具

制造厂提供满足安装需要的专用工器具。制造厂专用工器具配置表见表 3-4-4。

表 3-4-4　　　　　　　　　　　　　制造厂专用工器具配置表

名称	规格	数量	备注
流阀子模块测试仪	专用工具	2	

6.2　材料准备

装置类材料按合同约定、设计图确定提供方，清洁类材料原则上由制造厂提供。材料配置表见表 3-4-5。

表 3-4-5　　　　　　　　　　　　　　材 料 配 置 表

序号	名称	规格	单位	数量
1	色带	12/18	盘	50
2	标签纸	A4	张	500

7　质 量 控 制

柔性直流换流站分系统调试质量控制应符合国家和行业的规程规范。组织编制各类试验的质量控制卡，试验过程中，根据质量控制卡及记录表，依次对重点工序进行严格把控。试验结束后，做好波形记录存档。

7.1　标准规范

GB/T 7261—2016　继电保护和安全自动装置基本试验方法

GB/T 22390—2008　高压直流输电系统控制与保护设备

GB 50150—2016　电气装置安装工程　电气设备交接试验标准

DL/T 1237—2013　1000kV继电保护及电网安全自动装置检验规程

DL/T 1129—2009　直流换流站二次电气设备交接试验规程

Q/GDW 11953—2019　柔性直流换流站交接验收规程

DL/T 1513—2016　柔性直流输电用电压源型换流阀电气试验

DL/T 1778—2017　柔性直流保护和控制设备技术条件

Q/GDW 11750—2017　特高压换流站分系统调试规范

Q/GDW 11486—2022　继电保护及安全自动装置验收规范

Q/GDW 11957.1—2020　国家电网有限公司电力建设安全工作规程　第1部分：变电

国家电网有限公司十八项电网重大反事故措施（修订版）（国家电网设备〔2018〕979号）

国家电网公司防止直流换流站单双极强迫停运二十一项反事故措施（2021版）

国家电网有限公司输变电工程建设安全管理规定［国网（基建/2）173—2021］

工程设计图、工程施工合同、设备厂家技术资料

7.2　质量保证措施

7.2.1　试验应选择晴好天气进行，试验宜在气温为 5～40℃，湿度不大于 70%，室外工作风速不大于 6 级时进行。

7.2.2　各类信号、电流、电压检查类项目，应在各类规程、质量控制卡、产品技术说明书、仪器使用说明书、设计图纸的指导下进行。

7.2.3　试验仪器应经检验合格，并在使用有效期内。参加试验人员应经专业培训，具备相应的业务水平，并接受详细的技术交底。

7.2.4　试验应记录试验人员、日期、设备名称、设备型号、编号及主要参数等，以便核查和分析判断。保证原始试验波形的规范性、完整性和可追溯性。试验波形记录应留存归档。

7.2.5　试验数据的判断分析，应结合试验条件、设计要求综合分析，判断试验结果是否合格。

7.2.6　试验过程中，应依据各设备基本原理和结构，有针对性地选择合适的试验方法，如电流、电压的数值，防止损坏仪器仪表。

7.3　质量控制卡

交流断路器分系统调试质量控制卡见表 3-4-6。

表 3-4-6　　　　　　　　　　　　交流断路器分系统调试质量控制卡

信号输出		重动设备	控制保护系统		备注
			接口屏 A	接口屏 B	
断路器分闸位置信号					
断路器合闸位置信号					
断路器就地操作					
断路器 SF$_6$ 低气压闭锁					
断路器低油压报警					
断路器低油压闭锁					
断路器低油位报警					
断路器油泵过载报警					
断路器油泵打压超时报警					
断路器非全相跳闸信号					
母线 CVT 空气断路器断开					
交流电源故障					
油泵启动信号					
联锁解除					
直流电源故障					
隔刀、地刀就地操作位置					
操作		就地操作	控制保护系统		备注
			A	B	
投第一路电源	就地单相分闸				
	三相合闸				
	三相分闸				
投第二路电源	就地单相分闸				
	三相分闸				

续表

操作		就地操作	控制保护系统		备注
			A	B	
分别投第一、二路电源	非全相跳闸				
同期功能试验					
防跳试验					
跳闸传动试验					
分系统调试结果					
操作（签章/日期）					
审核（签章/日期）					

开关量输入信号	控制保护系统		备注
	保护 I	保护 II	
投检修			
投 A 通道差动保护			
投 B 通道差动保护			
纵联保护投入			
投距离保护			
零序反时限投入			
5012 TWJ A			
5012 TWJ B			
5012 TWJ C			
5013 TWJ A			
5013 TWJ B			
5013 TWJ C			
远传			
投就地判别装置检修			
远跳			
投过电压保护			
投远方跳闸			
通道收信			
通道故障			
5012 三相跳闸位置			
5013 三相跳闸位置			

开关量输出信号（至监控系统）	控制保护系统		备注
	A	B	
通道接口装置失电告警信号			
装置故障告警，运行异常			
保护跳闸信号			
保护通道故障信号			
保护远跳收信信号			
保护远跳发信信号			
直流消失/空气断路器报警信号			
保护跳闸信号			

续表

开关量输出信号（至监控系统）	控制保护系统		备注
	A	B	
LOCKOUT 继电器动作			
线路保护动作信号			
通道告警			
线路保护柜装置告警			
线路保护柜直流消失/空气断路器报警信号			
装置远传收命令动作信号			
装置远传发命令动作信号			
远跳跳闸信号			
交流线路保护分系统调试记录			
开出信号	端子号	备注	
第一套保护 A 相跳闸 5012			
第一套保护 B 相跳闸 5012			
第一套保护 C 相跳闸 5012			
第一套保护 A 相跳闸 5013			
第一套保护 B 相跳闸 5013			
第一套保护 C 相跳闸 5013			
第一套保护启动 5012A 相失灵			
第一套保护启动 5012B 相失灵			
第一套保护启动 5012C 相失灵			
第一套保护启动 5013A 相失灵			
第一套保护启动 5013B 相失灵			
第一套保护启动 5013C 相失灵			
闭锁 5012 重合			
闭锁 5013 重合			
A 相跳闸录波			
B 相跳闸录波			
C 相跳闸录波			
交流线路保护分系统调试记录			
整组传动试验	跳闸线圈		备注
	动作	信号	
5012A 相跳闸			
5012B 相跳闸			
5012C 相跳闸			
5012 三相跳闸			
5013A 相跳闸			
5013B 相跳闸			
5013C 相跳闸			
5013 三相跳闸			
保护对调			

续表

整组传动试验	跳闸线圈		备注
	动作	信号	
分系统调试结果			
操作（签章/日期）			
审核（签章/日期）			

交流断路器保护分系统调试记录			
开关量输入信号	控制保护系统		备注
信号复归			
投充电保护			
投检修状态			
启动打印			
投远方控制			
A 相跳位			
B 相跳位			
C 相跳位			
低气压闭锁重合闸			
永跳闭锁重合闸			

开关量输入信号	控制保护系统		备注
（至监控系统）	A	B	
断路器保护柜失电告警			
断路器保护柜装置故障或运行异常			
断路器保护柜失灵保护动作			
断路器保护柜重合闸保护动作			
断路器保护柜 LOCKOUT 继电器动作			
断路器保护柜光耦输入重动继电器重动			
断路器柜第一组电源或第一组控制回路断线			
断路器柜第二组电源或第二组控制回路断线			
断路器保护柜操作箱第一组跳闸出口			
断路器保护柜操作箱第二组跳闸出口			
断路器保护柜事故音响			

开关量输出信号	启动失灵		备注
（至其他保护系统）	A	B	
A 相跳闸重动、启动重合闸			
B 相跳闸重动、启动重合闸			
C 相跳闸重动、启动重合闸			
三相跳闸重动、闭锁重合闸			
断路器保护柜操作箱跳闸录波			

失灵回路检查	本侧端子	对侧端子	备注
母线保护输入公共端			
断路器保护失灵启动母线开入 1			
母线保护输入公共端			
断路器保护失灵启动母线开入 2			

续表

失灵回路检查	本侧端子	对侧端子	备注
母线保护输入公共端			
断路器保护失灵启动母线开入 2			
断路器分合正电源端 1			
三跳断路器命令（启动失灵、不启动重合闸）			
断路器分合正电源端 1			
三跳断路器命令（启动失灵、不启动重合闸）			
Q1 断路器合/跳闸 A 正电源端			
三跳 Q1 断路器命令 A（不启动失灵、不启动重合闸）			

整组传动试验		跳闸线圈		备注
		动作	信号	
与线路保护的配合	光纤保护			
	高频保护			
	远方跳闸保护			
与母差保护的配合	母差 A 屏保护			
	母差 A 屏保护			
	母差 B 屏保护			
	母差 B 屏保护			
与其他断路器保护配合	瞬跳本断路器			
	本断路器联跳Ⅰ母边断路器			
	本断路器联跳Ⅱ母边断路器			
	本断路器联跳中间断路器			
分系统调试结果				
操作（签章/日期）				
审核（签章/日期）				

变压器分系统调试质量控制卡见表 3-4-7。

表 3-4-7　　　　　　　　　　变压器分系统调试质量控制卡

设备编号	变压器分系统调试记录		
开关量输出信号	控制保护系统		备注
	A	B	
绕组温度高跳闸			
油温高跳闸			
变压器重瓦斯跳闸			
调压开关重瓦斯跳闸			
压力释放跳闸			
绕组温度高报警			
油温高报警			
变压器轻瓦斯报警			
调压开关轻瓦斯报警			
冷却器故障			
电源故障			

模拟量输出信号	控制保护系统		备注
	A	B	
变压器绕组温度			
变压器油面温度			
变压器油气体监测			
变压器分接头位置	控制保护系统		备注
	A	B	
−5～+5			
升分接头	控制保护系统		备注
	A	B	
−5～+5			
降分接头	控制保护系统		备注
	A	B	
−5～+5			
冷却器操作	控制保护系统		备注
	A	B	
投冷却器			
切冷却器			
分系统调试结果			
操作（签章/日期）			
审核（签章/日期）			

500kV交流场电流回路检查质量控制卡见表3-4-8。

表3-4-8 　　　　　　　　　500kV交流场电流回路检查质量控制卡

500kV交流场××间隔电流回路检查							
回路用途	相序	二次负载及回路电阻			二次回路绝缘电阻（MΩ）	接地点	各接入点显示电流（A）
		电流（A）	电压（V）	二次回路单相直阻（Ω）			
本间隔电流绕组名称及用途	AN	1.0					
	BN	1.0					
	CN	1.0					
本间隔电流绕组名称及用途	AN	1.0					
	BN	1.0					
	CN	1.0					
本间隔电流绕组名称及用途	AN	1.0					
	BN	1.0					
	CN	1.0					

交流电压互感器分系统调试质量控制卡见表3-4-9。

表 3-4-9　　　　　　　　　　　　　交流电压互感器分系统调试质量控制卡

绕组编号	二次加压值（V）	相别	观测值（V）			备注
			电度表屏			
1S（x2：1、2、3）	30	A				
	40	B				
	50	C				

绕组编号	二次加压值（V）	相别	观测值（V）			备注
			测控接口屏			
1S（x2：5、7、9）	30	A				
	40	B				
	50	C				

绕组编号	二次加压值（V）	相别	观测值（V）			备注
			测控接口屏			
1S（x2：12、14、16）	30	A				
	40	B				
	50	C				

绕组编号	二次加压值（V）	相别	观测值（V）			备注
			保护 A 屏	测量接口 A 屏	测量屏 A	
2S（x3：1、4、7）	30	A				保护用
	40	B				
	50	C				

分系统调试结果	
操作（签章/日期）	
审核（签章/日期）	

换流变压器分系统调试记录表——遥信、遥控联调质量控制卡见表 3-4-10。

表 3-4-10　　　　　换流变压器分系统调试记录表——遥信、遥控联调质量控制卡

开关量输出信号	控制保护系统		备注
	A	B	
本体轻瓦斯			
有载轻瓦斯			
本体压力释放			
开关压力释放			
断流阀关报警			
本体低油位			
本体高油位			
相开关低油位			
相开关高油位			
阀侧 a 套管 SF_6 压力低			
阀侧 b 套管 SF_6 压力低			
OLTC 有载开关交流电源故障			
本体与电动机同步信号			
有载分接分接开关操作中			

开关量输出信号	控制保护系统		备注
	A	B	
有载分接开关切换动作未完成			
有载分接开关就绪状态			
有载分接开关滤油机故障			
有载分接开关就地控制			
冷却器油泵运行			
模拟量输出信号	控制保护系统		备注
	A	B	
换流变压器绕组温度			
换流变压器油面温度			
换流变压器油气体监测			
换流变压器分接头位置	控制保护系统		备注
	A	B	
−5～+5			
分系统调试结果			
操作（签章/日期）			
审核（签章/日期）			

换流变压器分系统调试记录表——保护传动质量控制卡见表 3-4-11。

表 3-4-11 换流变压器分系统调试记录表——保护传动质量控制卡

电量保护传动	控制保护系统			备注
	A	B	C	
网侧断路器				
阀侧断路器				
启失灵				
闭锁阀组				
非电量保护传动	控制保护系统			备注
	A	B	C	
网侧断路器				
阀侧断路器				
启失灵				
闭锁阀组				
分系统调试结果				
操作（签章/日期）				
审核（签章/日期）				

换流变压器电流回路检查质量控制卡见表 3-4-12。

表 3-4-12　　　　　　　　　　　换流变压器电流回路检查质量控制卡

| 回路用途 | 相序 | 二次负载及回路电阻 | | | 二次回路绝缘电阻（MΩ） | 接地点 | 各接入点显示电流（A） |
		电流（A）	电压（V）	二次回路单相直阻（Ω）			
换流变压器保护	AN	1.0					
	BN	1.0					
	CN	1.0					
极保护	AN	1.0					
	BN	1.0					
	CN	1.0					
极控制	AN	1.0					
	BN	1.0					
	CN	1.0					
故障录波	AN	1.0					
	BN	1.0					
	CN	1.0					
分系统调试结果							
操作（签章/日期）							
审核（签章/日期）							

双极阀厅分系统调试记录表——保护传动质量控制卡见表 3-4-13。

表 3-4-13　　　　　　　双极阀厅分系统调试记录表——保护传动质量控制卡

| 电量保护传动 | 控制保护系统 | | | 备注 |
	A	B	C	
直流转换开关				
闭锁阀组				

| 非电量保护传动 | 控制保护系统 | | | 备注 |
	A	B	C	
直流转换开关				
闭锁阀组				
不启动失灵				
分系统调试结果				
操作（签章/日期）				
审核（签章/日期）				

换流阀分系统调试质量控制卡见表 3-4-14。

表 3-4-14　　　　　　　　　　　换流阀分系统调试质量控制卡

| 开关量输出信号 | 阀组控制柜 | | 备注 |
	A	B	
谐波过负荷告警			
谐波过负荷跳闸			
桥臂过负荷告警			

续表

开关量输出信号	阀组控制柜		备注
	A	B	
阀控主机值班/备用/退出			
阀控主机故障			
监视单元告警			
主备系统间通道故障			
阀塔漏水告警			
ETDM 通道错误			
时间同步丢失			
PCI 故障			
通信故障			
ETDM 通道故障			
阀解锁信号			
手动闭锁信号			
换流器母线充电信号			
直流充电信号			
RFO 信号			
孤岛模式信号			
VCU 桥臂控制单元故障			
子模块故障			
子模块损害数量超定值			

直流一次加压调试质量控制卡见表 3 - 4 - 15。

表 3 - 4 - 15　　　　　　　　　　　　直流一次加压调试质量控制卡

分压器编号	控保代号	变比	相别	观测值（kV）			备注
				极保护	极控制	PMU	
P1. WP. U1	UV	/	A				
			B				
			C				
分压器编号	控保代号	变比	相别	观测值（kV）			备注
				极保护	极控制	PMU	
P2. WP. U1	UV	/	A				
			B				
			C				
分压器编号	控保代号	变比	相别	观测值（kV）			备注
				极保护	极控制	PMU	
P1. VH. U1	UDP	/	/				
分压器编号	控保代号	变比	相别	观测值（kV）			备注
				极保护	极控制	PMU	
P2. VH. U1	UDP	/	/				

直流一次加压调试质量控制卡见表 3 - 4 - 16。

表 3-4-16　　　　　　　　　　直流一次加压调试质量控制卡

开关量输入信号		控制保护系统		备注
		A	B	
AP4	远程启动阀冷系统			
	远程停止阀冷系统			
	直流控制系统激活状态			
	远程切换主循环泵			
	阀冷 A 系统报警			
	阀冷 A 系统准备就绪			
	阀冷 A 系统运行			
	阀冷 A 系统激活			
	阀冷 A 系统功率回降			
	阀冷 A 系统请求停阀冷			
	阀冷 A 系统失去冗余冷却能力			
	阀冷 A 系统跳闸			
	A 系统进阀温度			
	A 系统出阀温度			
	A 系统阀厅温度			
	A 系统室外温度			
AP5	远程启动阀冷系统			
	远程停止阀冷系统			
	直流控制系统激活状态			
	远程切换主循环泵			
	阀冷 B 系统报警			
	阀冷 B 系统准备就绪			
	阀冷 B 系统运行			
	阀冷 B 系统激活			
	阀冷 B 系统功率回降			
	阀冷 B 系统请求停阀冷			
	阀冷 B 系统失去冗余冷却能力			
	阀冷 B 系统跳闸			
	B 系统进阀温度			
	B 系统出阀温度			
	B 系统阀厅温度			
	B 系统室外温度			
分系统调试结果				
操作（签章/日期）				
审核（签章/日期）				

8　安　全　措　施

8.1　所有人员进入现场必须正确佩戴安全帽，着工作服，保持良好的精神状态，工作中严格按照安规要求工作，认真执行作业票制度，确保人身和设备安全。

8.2 试验前应进行详细的安全交底，办理安全作业票并执行安全监护制度，人员分工明确，设专职安全监护人。

8.3 试验区域应设有安全围栏，向外悬挂"止步，高压危险"警示牌并设专人监护，试验前确认与试验无关人员已撤离。

8.4 试验仪器的金属外壳应可靠接地，接地线应使用截面积不小于 $4mm^2$ 的多股软裸铜线。

8.5 试验前检查试验区域与交流系统、直流场已隔离，确认水冷系统工作正常，相关控制保护软件隔离正确。

8.6 试验中，若有异常情况，应首先断开试验电源，放电并接地后方可进行检查。

8.7 试验电源派专人全程看护。

8.8 危险源辨识及控制措施见表 3-4-17。

表 3-4-17 危险源辨识及控制措施

风险编号	工序	风险可能导致的后果	风险评定值D	风险级别	风险控制关键因素	预控措施	备注
03070000						变电站工程电气调试	
03070102	二次设备调试	触电、物体打击、高处坠落、其他伤害	36（6×6×1）	4		（1）试验作业前，必须规范设置安全隔离区域。设专人监护，严禁非作业人员进入。设备试验时，应将所要试验的设备与其他相邻设备做好物理隔离措施，避免试验带电回路串至其他设备上，导致人身事故。 （2）进入施工现场应使用安全防护用具，正确佩戴安全帽，高处作业时系好安全带，使用有防滑的梯子，并做好安全监护。 （3）调试过程试验电源应从试验电源屏或检修电源箱取得，严禁使用绝缘损坏的电源线，用电设备与电源点距离超过3m的，必须使用带漏电保护器的移动式电源盘，试验设备通电过程中，试验人员不得中途离开。工作结束后应及时将试验电源断开。 （4）新建站已带电的直流屏和低压配电屏上应悬挂"设备运行中"标示牌和装设安全围网，各抽屉开关必须断开，重要设备应上锁，防止误碰、误操作；带电设备设专人负责监护，若需操作送电，须经调试负责人、安装负责人许可后才可以合上开关，同时挂上"已送电"标示牌；对不能送电的抽屉开关必须悬挂"禁止合闸"标示牌。 （5）在TA、TV、交流电源、直流电源等带电回路进行测试或接线时，必须使用合格工具，落实好严防TA二次开路的措施。 （6）进行断路器、隔离开关、有载调压装置等主设备远方传动试验时，主设备处应设专人监视，并有通信联络或就地紧急操作的措施。 （7）试验前，被试设备应接地可靠。试验结束后，临时拆除的一二次接线（或接入的二次线）应及时恢复，并确保接触可靠，防止遗漏导致电网事故	

9 环 保 措 施

9.1 试验场地设备、试验线、工器具等合理布置、规范围挡，围栏整齐，标识醒目，施工场地整洁文明。

9.2 废弃物应及时清理，施工场地做到"工完、料尽、场地清"。

9.3 试验中可以再次利用的材料及时回收利用。

9.4 使用还有油的试验装置前进行全面检查，确保其性能完好，做好漏油防护措施。

10 效 益 分 析

10.1 经济效益

本成果成功解决了±500kV康保、延庆等换流站分系统调试中关键点和技术难点，提高试验效率和准确性；采用同步电流法进行耗能装置一次注流试验，提高注流效率的同时，保证分系统调试质量；研究制定各类子系统的分系统调试方案，优化调试流程等技术措施，保证调试质量、提高调试效率。通过这些关键技术的应用，将康保换流站耗能装置分系统调试周期提前30天，人员、工时及试验仪器台班也相应缩短。统计如下：

试验仪器仪表台班费：800元/（台班•天）×3台班×30天＝72 000元

吊车台班费：2800元/台班×8台班＝22400元

人工费：700元/（人•天）×6人×30天＝126000元

安全文明施工费约：22000元

试验设备制作成本：3000元

以上数据统计可知，由于"柔性直流换流站工程分系统调试典型施工方法"在±500kV康保换流站工程的成功应用，直接节约工程成本约24.54万元。

随着特高压建设，在以后的特高压建设工程中将会有更多的同类型项目。本研究成果可以继续为类似工程施工提供指导，节约施工费用，降低工程成本达到增加利润的目的，因此其直接经济效益是长效的。

10.2 节能减排

本成果目前在全国同行业内处于领先水平，其成功应用带来的社会效益可从以下几个方面进行分析：

（1）本成果在研究过程中，以现有装置、设备为基础，创新试验方法，避免改变系统接线方式或增加额外装置试验，减少试验结束后恢复不完善风险，具有重要的安全效益。

（2）±500kV康保、延庆等换流站分系统调试工作顺利进行，为康保换流站的建设奠定了基础，为康保换流站的按时竣工、投运奠定基础。

（3）逐步完善，形成相应的企业标准，提高我公司对直流特高压换流流站，尤其在柔性直流特高压输变电工程方面调试水平，为今后类似工程的应用和推广打下基础，提升公司在同行业的美誉度。

（4）张北工程是落实大气污染防治行动计划、响应2022年冬奥会提出的"低碳奥运、绿色奥运"理念的重点工程。康保换流站作为张北柔性直流输电示范工程的重要组成部分之一，其顺利投运及长期稳定运行，对于张北工程是重要电源端，为张北地区风电等清洁能源送出提供重要通道。

实践证明，本成果具有良好的经济效益、安全效益与社会效益，值得借鉴应用和长期研究完善。

本典型施工方法涵盖了柔性直流换流站所有分系统调试项目及内容，且对每项分系统调试工作均详细叙述并配有详尽检查图表，为后续柔性直流工程分系统调试提供了重要依据，具有较好的示范效应。

11 应 用 实 例

本典型施工方法已在±500kV张北柔性直流电网工程的分系统调试工作中得到广泛应用，应用效果良好，有效保障了换流站分系统调试质量，确保了工程系统调试顺利和按计划投运。